Grundlehren der
mathematischen Wissenschaften 6

A Series of Comprehensive Studies in Mathematics

Ludwig Bieberbach

Theorie der Differentialgleichungen

Dritte Auflage

Reprint

Springer-Verlag
Berlin Heidelberg New York 1979

CIP-Kurztitelaufnahme der Deutschen Bibliothek:

Bieberbach, Ludwig:
Theorie der Differentialgleichungen/Ludwig Bieberbach. - 3. Aufl., Reprint [d. Ausg.]
Berlin, Springer, 1930. - Berlin, Heidelberg, New York: Springer, 1979.
(Grundlehren der mathematischen Wissenschaften; Bd. 6)

    ISBN-13:978-3-642-67225-5   e-ISBN-13:978-3-642-67224-8
    DOI: 10.1007/978-3-642-67224-8

AMS Subject Classifications (1970): 34-01, 35-01

Das Werk ist urheberrechtlich geschützt. Die dadurch begründeten Rechte, insbesondere die der Übersetzung, des Nachdrucks, der Entnahme von Abbildungen, der Funksendung, der Wiedergabe auf photomechanischem oder ähnlichem Wege und der Speicherung in Datenverarbeitungsanlagen bleiben, auch bei nur auszugsweiser Verwertung, vorbehalten. Bei Vervielfältigungen für gewerbliche Zwecke ist gem. § 54 UrhG eine Vergütung an den Verlag zu zahlen, deren Höhe mit dem Verlag zu vereinbaren ist.

Copyright 1926 by Julius Springer in Berlin
Softcover reprint of the hardcover 1st edition 1926

Reprographischer Nachdruck: Proff GmbH & Co. KG, Bad Honnef
Einband: Graphischer Betrieb Konrad Triltsch, Würzburg

NY/3014-54321

DIE GRUNDLEHREN DER
MATHEMATISCHEN WISSENSCHAFTEN

IN EINZELDARSTELLUNGEN MIT BESONDERER
BERÜCKSICHTIGUNG DER ANWENDUNGSGEBIETE

GEMEINSAM MIT

W. BLASCHKE   M. BORN   C. RUNGE†
HAMBURG   GÖTTINGEN   GÖTTINGEN

HERAUSGEGEBEN VON

R. COURANT
GÖTTINGEN

BAND VI

THEORIE DER
DIFFERENTIALGLEICHUNGEN
VON
LUDWIG BIEBERBACH

BERLIN
VERLAG VON JULIUS SPRINGER
1930

THEORIE DER DIFFERENTIALGLEICHUNGEN

VORLESUNGEN AUS DEM
GESAMTGEBIET DER GEWÖHNLICHEN UND DER
PARTIELLEN DIFFERENTIALGLEICHUNGEN

VON

LUDWIG BIEBERBACH

O. Ö. PROFESSOR DER MATHEMATIK AN DER
FRIEDRICH-WILHELMS-UNIVERSITÄT IN BERLIN
MITGLIED DER PREUSSISCHEN AKADEMIE
DER WISSENSCHAFTEN

DRITTE NEUBEARBEITETE AUFLAGE

MIT 22 ABBILDUNGEN

BERLIN
VERLAG VON JULIUS SPRINGER
1930

ALLE RECHTE, INSBESONDERE DAS DER ÜBERSETZUNG
IN FREMDE SPRACHEN, VORBEHALTEN.

COPYRIGHT 1926 BY JULIUS SPRINGER IN BERLIN.

Vorwort zur dritten Auflage.

Mein Ziel war auch bei der dritten Auflage, ein modernes Buch über Differentialgleichungen zu schreiben, ein Werk also, das neben den unerläßlichen Elementen die Dinge bevorzugt, denen man heutzutage in erster Linie Geschmack abgewinnen dürfte.

Für die neue Auflage habe ich es mir besonders angelegen sein lassen, Druckfehler und sonstige Unstimmigkeiten zu beseitigen, die leider der zweiten Auflage noch anhafteten. Überall, wo mir das Wiederlesen des eigenen Buches, 3 Jahre nach dem Erscheinen der zweiten Auflage, den Eindruck erweckte, daß die Darstellung noch nicht zur restlosen Klarheit gediehen sei, habe ich getrachtet, bessernd die Hand anzulegen.

In manchem Betracht hat es die fortschreitende Wissenschaft erlaubt, andere Wege der Darstellung zu gehen. So habe ich die Randwertprobleme bei gewöhnlichen Differentialgleichungen im Gefolge einer höchst verdienstvollen Arbeit des Herrn PRÜFER neu dargestellt. Auch einiges habe ich neu aufgenommen, so z. B. einen Abriß der LIEschen Theorie, den POINCARÉschen Wiederkehrsatz, die asymptotische Integration. An anderen Stellen habe ich wenigstens durch Verweisungen auf neuste Literatur den Leser in Beziehung zu dem Wachstum der Wissenschaft zu setzen gesucht. Denn nicht jeder auch erhebliche Fortschritt läßt gleich eine Darstellung im Rahmen eines voraussetzungslosen und dazu noch umfangbeschränkten Lehrbuchs zu.

Möchte das Wohlwollen, das der Verfasser sich bemühte, seinen Lesern zu bezeugen, einen freundlichen Widerhall finden.

Berlin, März 1930.

L. BIEBERBACH.

Inhaltsverzeichnis.

                                                                               Seite

Einleitung 1

Erster Abschnitt.
Gewöhnliche Differentialgleichungen erster Ordnung.

I. Kapitel.
Elementare Integrationsmethoden.

	Seite
§ 1. Die Trennung der Variablen	6
1. Ein Beispiel	6
2. Die Methode	7
3. Substitutionen, die zur Trennung führen	8
4. Homogene Differentialgleichungen	8
5. Substitutionen, die auf homogene Differentialgleichungen führen	9
§ 2. Lineare Differentialgleichungen	11
1. Erste Methode	11
2. Zweite Methode	11
3. Die Bernoullische Differentialgleichung	12
§ 3. Einparametrige Kurvenscharen	13
1. Kurvenscharen	13
2. Differentialgleichungen	14
3. Beispiele	14
§ 4. Exakte Differentialgleichungen	15
1. Die Methode	15
2. Beispiele	16
§ 5. Der integrierende Faktor	17
1. Begriffsbestimmung	17
2. Auffindung eines Multiplikators	17
3. Beispiel	18
4. Mehrere Multiplikatoren	19
5. Beispiel	20
§ 6. Die Clairautsche Differentialgleichung und Verwandtes	21
1. Allgemeine Vorbemerkung	21
2. Die Clairautsche Differentialgleichung	21
3. Singuläres Integral	22
4. Weitere Integralkurven	24
5. Die Lagrangesche Differentialgleichung	24
§ 7. Ziel und Tragweite der elementaren Integrationsmethoden	25

II. Kapitel.
Die Methode der sukzessiven Approximationen und verschiedene Anwendungen derselben.

§ 1. Das Verfahren der sukzessiven Approximationen 27
   1. Existenzsatz 27
   2. Bemerkungen 32
   3. Integralkurven in Parameterdarstellung 33
   4. Systeme 34
   5. Zusatz 35
§ 2. Die graphische Darstellung der Differentialgleichungen 36
§ 3. Wie beurteilt man die Güte einer Näherung? 39
§ 4. Abhängigkeit von den Anfangsbedingungen 42
   1. Stetigkeit 42
   2. Differenzierbarkeit 44
   3. Zusatz 44
   4. Bemerkung 45
§ 5. Die EULER-CAUCHYsche Polygonmethode 45
   1. Die Methode 45
   2. Verallgemeinerung des Existenzsatzes 46
§ 6. Integration durch Potenzreihen 51
§ 7. Übertragung der SIMPSONschen Regel 53

III. Kapitel.
Die LIEsche Theorie.

§ 1. Die Transformationsgruppe und ihre infinitesimalen Transformationen 56
   1. Die Transformationen 56
   2. Die Gruppe 56
   3. Infinitesimale Transformationen 57
   4. Invariante Kurvenscharen 58
§ 2. Die erweiterte Gruppe 59
   1. Erweiterte Gruppe 59
   2. Differentialgleichungen mit Transformationen in sich 60
§ 3. Differentialgleichungen mit bekannter Transformationsgruppe oder mit bekannten infinitesimalen Transformationen 61
   1. Ermittlung von Multiplikatoren 61
   2. Die LIEsche Theorie der elementaren Integrationsmethoden . . 62
   3. Beispiele 62
   4. Eine allgemeine Substitutionsmethode 63
   5. Beispiel 65
§ 4. Projektive Transformationen 66
   1. Affine Gruppe 66
   2. Projektive Gruppe 66

IV. Kapitel.
Diskussion des Verlaufs der Integralkurven.

§ 1. Elementare Betrachtungen 68
§ 2. Singuläre Punkte 70
   1. Allgemeine Bemerkungen 70
   2. Typische Fälle 72

Inhaltsverzeichnis.

Seite

§ 3. Die homogene Differentialgleichung $y' = \dfrac{Cx + Dy}{Ax + By}$ 74

§ 4. Allgemeine Sätze über den Verlauf der Integralkurven im reellen Gebiet 78
    1. Vektorfeld 78
    2. Feld von Lösungskurven 79
    3. Verhalten der Lösungen für große Parameterwerte 79
    4. Geschlossene Integralkurven 81
    5. Periodische Lösungen und Spiralen 84
    6. Beispiel 87
    7. Änderung der Differentialgleichung 88
    8. Existenz singulärer Punkte 89
    9. Verlauf der Lösungen in der Nähe eines singulären Punktes . . . 90
   10. Bemerkungen 92
   11. Anwendung auf den POINCARÉschen Wiederkehrsatz 92

§ 5. Die Differentialgleichungen $x^m \dfrac{dy}{dx} = ay + bx + \mathfrak{P}(x, y)$ 94

§ 6. Die Differentialgleichungen $\dfrac{dy}{dx} = \dfrac{Cx + Dy + \delta(x, y)}{Ax + By + \varepsilon(x, y)}$ 97
    1. Fragestellung 97
    2. λ_1, λ_2 reell und von gleichem Vorzeichen 98
    3. λ_1, λ_2 konjugiert imaginär 100
    4. Knoten und Strudel 100
    5. Ein Satz von BENDIXSON 101
    6. λ_1, λ_2 konjugiert imaginär 104
    7. λ_1, λ_2 reell und von verschiedenem Vorzeichen 105
    8. Zusammenfassung 106
    9. Wirbel und Strudel 108
   10. Methode von POINCARÉ 109
   11. Methode von BENDIXSON 112
   12. Zusatz 113
   13. Bemerkungen 113

§ 7. Über die Verteilung der singulären Stellen 114
    1. Übergang zu Kurven auf Flächen 114
    2. Der Index 115
    3. Anwendung des EULERschen Polyedersatzes 116

§ 8. Singuläre Lösungen 118
    1. Diskriminantenkurve 118
    2. Beispiele 120
    3. Singuläre Lösungen 120
    4. Diskriminantenkurve und singuläre Lösung 121
    5. Singuläre Lösungen und Enveloppen 122
    6. Beispiele 122

V. Kapitel.
Differentialgleichungen erster Ordnung im komplexen Gebiet.

§ 1. Feste und bewegliche Singularitäten 125
    1. Einteilung der Singularitäten 125
    2. Differentialgleichungen mit lauter festen Singularitäten 129
    3. Bemerkung 130
    4. Analogon des PICARDschen Satzes 130
    5. Endlich vieldeutige Integrale 131
    6. Ein Satz von HERMITE 132

§ 2. Die Differentialgleichungen $\dfrac{dw}{dz} = \dfrac{Cz + Dw + \mathfrak{P}_2(z,w)}{Az + Bw + \mathfrak{P}_1(z,w)}$ in der Umgebung von $z = w = 0$ 132

Zweiter Abschnitt.
Gewöhnliche Differentialgleichungen zweiter Ordnung.

I. Kapitel.
Die Existenz der Lösungen.

§ 1. Die Methode der sukzessiven Approximationen 140
§ 2. Geometrische Veranschaulichung 141

II. Kapitel.
Elementare Integrationsmethoden.

§ 1. Einige Typen von Differentialgleichungen 143
§ 2. Die Differentialgleichung der Kettenlinie 145
§ 3. Lineare Differentialgleichungen 148
    1. Existenzsatz 148
    2. Die Gesamtheit der Lösungen 148
    3. Linear abhängig und linear unabhängig 149
    4. Je drei Lösungen von (2) sind linear abhängig 150
    5. Reduktion auf Gleichungen erster Ordnung 151
    6. Die adjungierte Differentialgleichung 151
    7. Die inhomogene Gleichung 152
    8. Konstante Koeffizienten 153
    9. Ein Beispiel 154
   10. Zusatz 155
   11. Die Riccatische Gleichung 155
   12. Nullstellen 156

III. Kapitel.
Gewöhnliche Differentialgleichungen zweiter Ordnung im reellen Gebiet.

§ 1. Randwertaufgaben 157
    1. Fragestellung 157
    2. Beispiele 158
    3. Die Alternative 159
    4. Explizite Lösung 160
§ 2. Die Gestalt der Integralkurven 161
    1. Ansatz 161
    2. Der Fall $q(x) < 0$ in $a \leq x \leq b$ 164
    3. Der Fall $q(x) > 0$ in $a \leq x \leq b$ 165
    4. Vergleich verschiedener Differentialgleichungen 165
    5. Differentialgleichungen mit Parameter 166
    6. Oszillationstheorem 167
    7. Eigenwerte und Eigenfunktionen 167
    8. Vergleich von Differentialgleichungen 168
    9. Sturm-Liouvillesche Differentialgleichungen 170
   10. Abschätzung der Nullstellen 171
   11. Abschätzung der Eigenwerte 172

Inhaltsverzeichnis.

	Seite
§ 3. Hilfssätze zum Beweis des Entwicklungssatzes	174
1. Interpolation	174
2. Die Abgeschlossenheit	176
§ 4. Beweis des Entwicklungssatzes	178
1. Reduktion auf eine Konvergenzfrage	178
2. Allgemeiner Konvergenzsatz über Orthogonalfunktionen	179
3. Entwicklungssatz	180
4. Fouriersche Reihen	183
§ 5. Die Besselsche Differentialgleichung	185
1. Besselsche Funktionen	185
2. Nullstellen	186
3. Orthogonalsystem	187
4. Entwicklungssatz	189
§ 6. Zusammenhang mit der Theorie der Integralgleichungen	190
§ 7. Geschlossene Integralkurven	191
1. Extremalen	191
2. Fragestellung	193
3. Die Methode von Signorini	195
4. Zusätze	198
5. Minimaxmethode	198
6. Geschlossene geodätische Linien	200
7. Methode der Schnittfläche	202

IV. Kapitel.
Lineare Differentialgleichungen zweiter Ordnung im komplexen Gebiet.

	Seite
§ 1. Lage der Singularitäten der Lösung	206
§ 2. Die Natur der Singularitäten	207
1. Die Fundamentalgleichung	207
2. Zwei verschiedene Nullstellen der Fundamentalgleichung	209
3. Doppelwurzel der Fundamentalgleichung	209
§ 3. Außerwesentliche und wesentliche Singularitäten	211
§ 4. Auflösung einer Differentialgleichung in der Nähe einer außerwesentlichen singulären Stelle	214
1. Ansatz	214
2. Konvergenzbeweis	215
3. Fundamentalsystem	217
§ 5. Anwendung auf die Besselsche Differentialgleichung	219
§ 6. Differentialgleichungen der Fuchsschen Klasse	220
§ 7. Die hypergeometrische Differentialgleichung	223
1. Aufstellung der Differentialgleichung	223
2. Hypergeometrische Funktionen	225
§ 8. Analytische Fortsetzung einer einzelnen Lösung	227
1. Konforme Abbildung durch den Quotienten zweier Lösungen	227
2. Schlichte Abbildung	230
3. Automorphe Dreiecksfunktionen	231
4. Zusätze	234
§ 9. Legendresche Polynome	235

	Seite
§ 10. Asymptotische Integration	238
1. Normalreihen	238
2. Berechnung der Normalreihen	239
3. Auflösung der Differentialgleichung	241
4. Asymptotische Darstellung durch die Normalreihen	242
§ 11. Integration durch bestimmte Integrale	245
1. Der allgemeine Ansatz	245
2. LAPLACEsche Transformation	246
3. BESSELsche Differentialgleichung	247

Dritter Abschnitt.

Partielle Differentialgleichungen erster Ordnung und Systeme von gewöhnlichen Differentialgleichungen.

§ 1. Lineare partielle Differentialgleichungen erster Ordnung	250
1. Die unbekannte Funktion kommt explizite nicht vor	250
2. Charakteristiken	253
3. Unität	253
4. Die allgemeine lineare Differentialgleichung	254
5. Charakteristiken	257
6. Unität	259
7. Beispiel	260
§ 2. Geometrische Deutung. Verallgemeinerung	261
§ 3. Vorläufige Betrachtung der allgemeinen partiellen Differentialgleichung erster Ordnung	264
§ 4. Die allgemeine Gleichung erster Ordnung	267
1. Charakteristische Streifen	267
2. Integralstreifen	269
3. Existenz von Integralflächen	270
4. Unität	272
5. Zusammenfassung	273
§ 5. Überbestimmte Systeme von partiellen Differentialgleichungen	276
§ 6. Über die Integration der für die charakteristischen Streifen aufgestellten Differentialgleichungen. Vollständige Integrale	279
1. Das vollständige Integral	279
2. Integration der partiellen Differentialgleichung	281
3. Bestimmung der charakteristischen Integralstreifen	282
4. Konstruktion vollständiger Integrale	283
5. Bemerkung	284
6. Beweisführung für das vollständige Integral	285
7. Eine weitere Methode zur Konstruktion eines vollständigen Integrals	285
§ 7. Integration einiger spezieller Differentialgleichungen	287
1. CLAIRAUTsche Differentialgleichung	287
2. $p = f(q, x)$	287
3. $f(x, p) = g(y, q)$	288
4. $f(z, p, q) = 0$	288
5. Bemerkung	289

	Seite
§ 8. Differentialgleichungen, in welchen die unbekannte Funktion nicht explizite vorkommt	289
§ 9. Anwendungen in der Mechanik	290
1. Die HAMILTONsche Gleichung	290
2. Anziehung eines Massenpunktes aus zwei festen Zentren	291
§ 10. Die Charakteristikentheorie im Fall von n unabhängigen Veränderlichen	294
1. Charakteristische Streifen	294
2. Aufbau von Integralflächen	297
3. Unität	298
§ 11. Das vollständige Integral im Falle von n unabhängigen Veränderlichen	299
1. Überbestimmte Systeme	299
2. Konstruktion eines vollständigen Integrals	301
3. Integration der Differentialgleichungen der Charakteristiken	305
4. Neue Methode zur Konstruktion eines vollständigen Integrals	308
5. Bemerkung	314
6. Zusätze	315
§ 12. Kanonische Transformationen und Berührungstransformationen	317
1. Übergang zu Differentialgleichungen, in denen z fehlt	317
2. Kanonische Transformationen	319
3. Beispiele	324
4. Berührungstransformationen	327
5. Gruppen von kanonischen Transformationen	329
6. Vollständige Integrale	330
§ 13. Systeme gewöhnlicher linearer Differentialgleichungen mit konstanten Koeffizienten	332
1. Rechnen mit Differentialausdrücken. Differentialgleichungen n-ter Ordnung	332
2. Systeme	335
3. Kanonischer Fall	335

Vierter Abschnitt.
Partielle Differentialgleichungen zweiter Ordnung.

I. Kapitel.
Allgemeines.

§ 1. Existenzsatz	337
1. Streifen	337
2. Integralflächen	339
§ 2. Charakteristiken	342
§ 3. MONGE-AMPÈREsche Differentialgleichungen	346
1. Charakteristiken erster Ordnung	346
2. Integralflächen	348
3. Zurückführung auf partielle Differentialgleichungen erster Ordnung	349
4. Beispiel	351
§ 4. Lineare Differentialgleichungen	351

II. Kapitel.
Hyperbolische Differentialgleichungen.

§ 1. Die LAPLACEsche Kaskadenmethode 353
§ 2. Die RIEMANNsche Integrationsmethode 354
    1. Existenzbeweis 354
    2. Die RIEMANNsche Methode 357
    3. Existenzbeweise 360
§ 3. Die Differentialgleichung der schwingenden Saite 363
    1. Die RIEMANNsche Methode 363
    2. Superposition von Partikularlösungen 364

III. Kapitel.
Elliptische Differentialgleichungen.

§ 1. Die GREENsche Formel 366
    1. Aufstellung der GREENschen Formel 366
    2. Die GREENsche Funktion 367
    3. Prinzip des Maximums 369
§ 2. Die erste Randwertaufgabe 370
    1. Das POISSONsche Integral 370
    2. Existenzbeweis 372
    3. Allgemeine Bereiche 373
    4. Bemerkungen 374
    5. Existenz der GREENschen Funktion 376
§ 3. Die Differentialgleichung $\Delta u + \lambda u = 0$ 377
    1. Zusammenhang mit der Theorie der Integralgleichungen 377
    2. Differentialgleichung der schwingenden Membran 378
    3. Spezialfall des Quadrates 379
    4. Verteilung der Eigenwerte 380
§ 4. Verallgemeinerungen 389

IV. Kapitel.
Parabolische Differentialgleichungen.

§ 1. Existenz und Unität der Lösungen 391
§ 2. Der lineare begrenzte Leiter 393
§ 3. Der unbegrenzte Leiter 394

Namenverzeichnis 397
Sachverzeichnis 398

Einleitung.

Unter einer *gewöhnlichen Differentialgleichung* versteht man eine Beziehung

$$f\left(x, y, \frac{dy}{dx}, \frac{d^2y}{dx^2}, \ldots, \frac{d^ny}{dx^n}\right) = 0$$

zwischen einer Funktion $y(x)$ einer Variablen x, einer Anzahl von Ableitungen dieser Funktion und der Veränderlichen x. Wenn Ableitungen bis zur n-ten Ordnung einschließlich vorkommen, so spricht man von einer *Differentialgleichung n-ter Ordnung*. So ist z. B.

$$\frac{dy}{dx} - x - y = 0$$

eine Differentialgleichung erster Ordnung.

$$\frac{d^2y}{dx^2} + 2\frac{dy}{dx} + y = 0$$

dagegen ist eine Differentialgleichung zweiter Ordnung. Die Benennung Ordnung bezieht sich auf die Höchstordnung der vorkommenden Ableitungen und ist nicht mit dem für einige Differentialgleichungen zu erklärenden Begriff des Grades zu verwechseln. Wir werden z. B.

$$\frac{dy}{dx} - x - y = 0$$

oder

$$\frac{dy}{dx} + x^2 y = 0$$

linear oder vom ersten Grad nennen, weil links lineare Funktionen von $y' = \frac{dy}{dx}$ und y stehen. Das Adjektiv *gewöhnlich* bezieht sich darauf, daß es sich um Funktionen $y(x)$ *einer* Variablen x handelt. Es setzt diese Differentialgleichungen in Gegensatz zu den *partiellen*, bei welchen es sich um Funktionen von zwei oder mehr Variablen handelt. So ist z. B.

$$\frac{\partial z}{\partial x} + \frac{\partial z}{\partial y} = e^x$$

eine partielle Differentialgleichung erster Ordnung.

Es kann auch vorkommen, daß ein *System* von mehreren Differentialgleichungen für mehrere Funktionen oder auch für eine Funktion *einer* oder *mehrerer* Variablen vorgelegt ist. Immer aber ist die

Aufgabe der Theorie darin zu sehen, *die Eigenschaften derjenigen Funktionen zu ermitteln, welche einer vorgelegten Differentialgleichung oder einem System von Differentialgleichungen genügen. Am nächsten liegt es, einen expliziten Ausdruck für diese Funktionen zu suchen. Schwieriger ist es, herauszubekommen, wie der funktionentheoretische Charakter, also z. B. der Verlauf des Kurvenbildes der lösenden Funktionen, von den Eigenschaften der Differentialgleichung abhängt und aus denselben bestimmt werden kann. Es erhebt sich die Frage, wie unter mehreren Lösungen eine mit gegebenen Eigenschaften zu finden ist, es handelt sich darum, den numerischen Verlauf einer als vorhanden erkannten Lösung zu finden,* und viele ähnliche Aufgaben werden der Theorie vom mathematischen Grübelgeist, vom Interesse des physikalischen, chemischen, astronomischen oder technischen Praktikers gestellt. *Allen diesen allerverschiedensten Aufgaben muß eine Theorie der Differentialgleichungen Rechnung tragen. Sie hat die Aufgaben zu klassifizieren und die Mittel zu ihrer Bewältigung bereitzustellen, so daß jeder Spezialfall dann nur noch eine mehr oder weniger große Einzelarbeit verlangt.*

Unsere nächste Aufgabe wird es sein, die einfachsten *Differentialgleichungen erster Ordnung* zu untersuchen. Sie sollen von der Form

$$(1) \qquad \frac{dy}{dx} = f(x, y)$$

sein. Dabei sei $f(x, y)$ in einem gewissen Bereich der x-y-Ebene als eindeutige und stetige Funktion gegeben[1].

Unter einer *Lösung* oder einem *Integral* einer Differentialgleichung verstehen wir irgendeine der Differentialgleichung genügende, also differenzierbare Funktion. Ihr geometrisches Bild heißt *Integralkurve*.

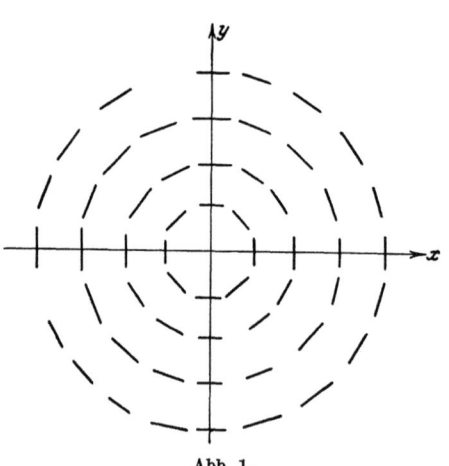

Abb. 1.

Wir wollen uns an Hand einer *geometrischen Deutung* zunächst eine ungefähre Vorstellung über die zu erwartenden Ergebnisse verschaffen.

Das geometrische Bild einer gewöhnlichen Differentialgleichung erster Ordnung (1) ist ein *Tangentenfeld*. Die Differentialgleichung erlaubt es nämlich, in jedem Punkt des

---

[1] Wegen der Begriffe „Bereich" und „stetige Funktion von zwei Variablen" vgl. man z. B. meinen Leitfaden der Differentialrechnung, 3. Aufl., auf S. 115 und auf S. 116.

Definitionsbereiches von $f(x,y)$ die Ableitung der gesuchten Funktion und damit die Tangente der gesuchten Kurve zu bestimmen. Wir können uns dieselbe in jedem Punkt durch ein Geradenstück markiert denken[1]. Abb. 1 veranschaulicht das Tangentenfeld der Differentialgleichung

(2) $$\frac{dy}{dx} = -\frac{x}{y}.$$

Man kann natürlich nicht in jedem Punkt, aber doch in einigen, die Richtung markieren und so schon eine gewisse Vorstellung über den Verlauf der Lösungen erlangen. Man kann dazu in irgendeinem Punkt des Bereiches beginnen und von da ein Stück Weges der dort vorgeschriebenen Tangente entlang bis zu einem Nachbarpunkt gehen. Man wird dort wieder der dort vorgeschriebenen Tangente folgen[2] bis zu einem Nachbarpunkt, dort wieder zu der veränderten neu vorgeschriebenen Tangente übergehen usw. So bekommt man etwa das Bild der Abb. 2. Man wird so durch jeden Punkt des Bereiches voraussichtlich eine Kurve finden.

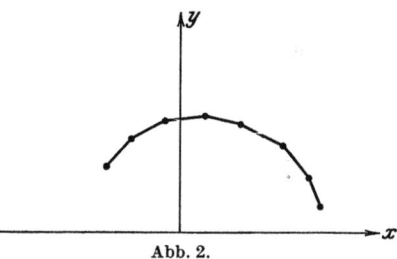

Abb. 2.

Gegen diese Überlegung kann man einwenden, daß man ja eigentlich schon sofort nach dem Verlassen des ersten Punktes die Tangente ändern müßte, nicht erst nach einer Weile, wenn anders die gefundene Kurve *überall* die vorgeschriebenen Tangenten besitzen soll. Doch kann man sich mit der — später durch einen bündigen Schluß zu bestätigenden — Vorstellung trösten, daß man sicher eine gewisse *Annäherung* an die wirkliche Lösungskurve erhalten wird, wenn man nur nie zu lange ein und dieselbe Richtung einhält. Eine gewisse Stütze kann ja auch diese Hoffnung schon vorläufig in einer Reminiszenz aus der Integralrechnung finden. Betrachten wir nämlich die Differentialgleichung

$$\frac{dy}{dx} = f(x),$$

so haben wir es gerade mit der Grundaufgabe der Integralrechnung zu tun, und wir wissen, daß dort tatsächlich die Näherungskurven bei

---

[1] Den Inbegriff eines Punktes und eines durch ihn gehenden Geradenstückes, also analytisch das Zahlentripel (x, y, y') nennen wir *Linienelement*.

[2] Es könnte zweifelhaft sein, in welcher der beiden möglichen Richtungen man die Tangente im neuen Punkt zu verfolgen hat. Indessen ist es doch klar, daß man so vorgehen wird, daß die eingeschlagenen Richtungen sich halbwegs stetig aneinanderreihen. Nimmt man auf diese Vorschrift Rücksicht, so kann man bei genügend kleinen Schritten nie im Zweifel sein, wie man weitergehen wird.

fortgesetzter Verfeinerung des Verfahrens gegen das Integral konvergieren. Die einzelnen Näherungen sind ja weiter nichts, als die geometrischen Bilder der Näherungssummen, welche man bei der Definition des bestimmten Integrales zu benutzen pflegt. Ersetzt man nämlich die Kurve des Integranden durch ein Treppenpolygon und zeichnet die Integralkurve dieses Treppenpolygons, so hält diese gerade in den einzelnen Teilintervallen je eine feste Richtung ein. Diese bei der „graphischen Integration" benutzten Kurven sind es, die als einfacher Spezialfall dessen auftreten, was wir auch bei den Differentialgleichungen antreffen. (Vgl. z. B. meinen Leitfaden der Integralrechnung, 3. Aufl. S. 50/52.)

Wir wollen aus unserer Überlegung die *Vermutung* entnehmen, *daß durch jeden Punkt unseres Bereiches genau eine Integralkurve der Differentialgleichung gehen muß, oder analytisch ausgedrückt, daß es genau eine der Differentialgleichung genügende differenzierbare Funktion $y(x)$ gibt, die für $x = x_0$ den gegebenen Wert $y = y_0$ annimmt, vorausgesetzt, daß der Punkt mit den Koordinaten x_0, y_0 dem gegebenen Bereiche angehört, in welchem $f(x, y)$ gewisse noch näher anzugebende Eigenschaften besitzt.*

Wir wenden uns nun dazu, in einigen Fällen auf einem ersten primitiven Wege die Lösungen einer vorgelegten Differentialgleichung wirklich alle anzugeben. Wir werden dann stets das eben Gefundene bestätigt finden, wie denn auch für

$$\frac{dy}{dx} = f(x)$$

durch

$$y = \int_{x_0}^{x} f(\xi)\, d\xi + y_0$$

diejenige Lösung gegeben ist, welche bei $x = x_0$ den Wert $y = y_0$ besitzt.

Man kann sich auch in dem vorhin gewählten Beispiel der Differentialgleichung (2), losgelöst von jeder allgemeinen Methode[1], leicht davon überzeugen, daß unsere Vermutung zutrifft. Denn da die Integralkurve den Punkt (x, y) mit der Steigung $-\frac{x}{y}$ passiert, muß ihre Tangente nach den Regeln der analytischen Geometrie auf der Verbindungsgeraden dieses Punktes mit dem Koordinatenursprung[2] senkrecht stehen. Da sie also in jedem ihrer Punkte den auch durch diesen Punkt gehenden im Koordinatenursprung zentrierten Kreis berührt,

---

[1] Wir werden bald eine solche auf diese Differentialgleichung anwendbare Methode kennen lernen.

[2] Ihre Steigung ist $\frac{y}{x}$, so daß das Produkt der beiden Steigungen tatsächlich -1 ist.

so sind die Kreise Kurven, welche überall die verlangte Tangente besitzen. Durch

(3) $$x^2 + y^2 = r^2$$

müssen also Lösungskurven dargestellt sein. Man rechnet nach, daß die aus der Gleichung

$$x^2 + y^2 = r^2$$

gewonnenen Funktionen tatsächlich der Differentialgleichung (2) genügen. Denn differenziert man diese Gleichung nach x, so hat man

$$x + yy' = 0.$$

Also ist wirklich die Differentialgleichung (2) von S. 3 durch die Kreise (3) erfüllt. Daß unsere Näherungskonstruktion eine gewisse Annäherung an die Kreise liefert, wird man nach Abb. 1 nicht verkennen. In Abb. 1 sind ja die Kreise recht deutlich zu sehen.

Erster Abschnitt.
Gewöhnliche Differentialgleichungen erster Ordnung.

I. Kapitel.
Elementare Integrationsmethoden.

§ 1. Die Trennung der Variablen.

1. Ein Beispiel. Wir wollen die Methode der *Trennung der Variablen* zunächst an der Differentialgleichung

(1) $$\frac{dy}{dx} + \frac{x}{y} = 0$$

darlegen. Die Methode geht von der — vorerst unbewiesenen — Annahme aus, daß diese Gleichung Lösungen besitzt. Denkt man sich dann für y eine der Lösungen der Gleichung eingesetzt, so muß die Gleichung

$$y \frac{dy}{dx} = -x$$

identisch in x gelten. Namentlich muß das Integral der linken Seite dem der rechten gleich sein. Das liefert

(2) $$\int_{x_0}^{x} y(\xi) \frac{dy}{d\xi} d\xi = \frac{x_0^2 - x^2}{2}.$$

Das Integral linker Hand wird durch die Substitutionsmethode berechnet, indem man durch $\eta = y(\xi)$ als neue Integrationsvariable die Lösung selbst einführt. Setzt man $y(x_0) = y_0$, so findet man

$$\frac{y^2 - y_0^2}{2} = \frac{x_0^2 - x^2}{2}.$$

Setzt man dann $x_0^2 + y_0^2 = r^2$, so hat man in

$$x^2 + y^2 = r^2$$

eine algebraische Gleichung, welcher die gesuchte Lösung genügen muß. Umgekehrt sieht man auch leicht, daß jede dieser Gleichung genügende Funktion $y(x)$ eine Lösung der Differentialgleichung ist. Damit ist dann der anfänglich noch ausstehende Beweis für die Existenz von Lösungen nachträglich erbracht. Da es genau einen Kreis um den Koordinatenursprung durch den Punkt x_0, y_0 gibt, so haben wir damit

§ 1. Die Trennung der Variablen.

genau eine Lösung der Differentialgleichung (1) gefunden, die für $x = x_0$ den Wert $y = y_0$ annimmt. Da für $y = 0$ die Differentialgleichung (1) sinnlos wird, so tragen unsere Lösungen sogar weiter, als zunächst zu erwarten war. Auf S. 34 wird diesem Umstand weitere Beachtung geschenkt werden.

Die Verwendung der Substitutionsmethode bei der Berechnung des Integrales (1) setzt weiter voraus, daß auf der betrachteten Integralkurve $\frac{dy}{dx}$ sein Vorzeichen nicht wechselt, daß man sich also auf das Innere eines durch die Koordinatenachsen bestimmten Quadranten beschränkt.

Trotzdem haben wir in den Kreisen auch Lösungskurven durch die Punkte der y-Achse gefunden. Es gibt also auch eine Lösung, die für $x = 0$ einen gegebenen Wert y_0 annimmt.

Bemerkung: Alle in diesem Kapitel zu besprechenden Methoden gehen von der Annahme aus, daß Lösungen existieren, und jedesmal kann dieser Beweis dadurch nachgetragen werden, daß man hinterher verifiziert, daß die gefundene Lösung tatsächlich der Differentialgleichung genügt. Wir wollen aber diese eintönigen Verifikationen in der Folge weder durchführen noch erwähnen, zumal wir auch im folgenden Kapitel einen allgemeingültigen Beweis für die Existenz der Lösungen kennen lernen werden.

Eine Differentialgleichung gilt stets dann als gelöst oder, wie man auch sagt, als *integriert*, wenn es gelungen ist, eine Lösungskurve durch einen beliebig gewählten Punkt des zugrunde gelegten Bereiches zu finden. Das ist in unserem Beispiel der Fall. Verlangt man nämlich einen Kreis durch den Punkt (x_0, y_0) der oberen oder der unteren Halbebene, so muß man nur $r^2 = x_0^2 + y_0^2$ setzen.

2. Die Methode. Die eben dargelegte Methode bleibt stets anwendbar, wenn die vorgelegte Differentialgleichung die Form

(3) $$\frac{dy}{dx} = \frac{f(x)}{\varphi(y)}$$

besitzt. Dabei möge $f(x)$ im Intervall $a \leq x \leq b$, $\varphi(y)$ dagegen im Intervall $\alpha \leq y \leq \beta$ stetig erklärt sein. $\varphi(y)$ soll daselbst überdies von Null verschieden sein[1]. Der Bereich, in dem wir die Differentialgleichung studieren, ist dann das Rechteck $a \leq x \leq b$, $\alpha \leq y \leq \beta$. Man kann die Gleichung so schreiben:

$$\varphi(y) \frac{dy}{dx} = f(x) .$$

Denkt man sich wieder für y irgendeine bestimmte Lösung eingesetzt, so kann man wie oben integrieren, und findet

$$\int_{y_0}^{y} \varphi(\eta) \, d\eta = \int_{x_0}^{x} f(\xi) \, d\xi$$

---

[1] Das sind Einschränkungen, die wieder die Verwendung der Substitutionsmethode gewährleisten werden.

als eine Gleichung für diejenige Lösung $y(x)$, welche für $x = x_0$ den Wert y_0 annimmt[1]. Wenn die Funktionen $f(x)$ und $\varphi(y)$ nicht zu kompliziert sind, wird man nun mit der weiteren Untersuchung der Lösung keine Schwierigkeiten mehr haben. In komplizierteren Fällen kann es aber geschehen, daß mit diesen einfachen Schritten erst die geringste Arbeit geleistet ist.

3. Substitutionen, die zur Trennung führen. Häufig tritt der Fall ein, daß erst nach Einführung einer neuen unbekannten Funktion oder nach Einführung einer neuen unabhängigen Variablen der eben eingeschlagene Weg gangbar wird. So hat z. B.

(4) $$\frac{dy}{dx} = x + y$$

nicht die bisher zugrunde gelegte Form (3). Wählt man aber

$$v = x + y$$

als neue unbekannte Funktion, so wird die Differentialgleichung

$$\frac{dv}{dx} = v + 1.$$

Nun können die Variablen getrennt werden, solange nicht $v = -1$ wird. Man findet dann

$$\log \left| \frac{v+1}{v_0+1} \right| = x - x_0$$

oder

$$v = -1 + (v_0 + 1) e^{x-x_0}.$$

Also wird

(5) $$y = -x - 1 + (1 + x_0 + y_0) e^{x-x_0}.$$

Dabei ist noch $v_0 = x_0 + y_0$ gesetzt. Tatsächlich stellt diese Gleichung eine Funktion dar, die für $x = x_0$ den Wert y_0 annimmt und die der Differentialgleichung genügt. Für sie wird nirgends $y + x = -1$, es sei denn, daß $x_0 + y_0 = -1$ vorgegeben wird. Dann ist aber die Lösung $y = -x - 1$ selbst, die also doch auch in (5) enthalten ist.

Durch die gleiche Substitution werden bei allen Differentialgleichungen von der Form

$$\frac{dy}{dx} = f(x + y)$$

die Variablen getrennt.

Ähnlich behandelt man $y' = f(\alpha x + \beta y)$.

4. Homogene Differentialgleichungen. Es gibt eine weitere ziemlich umfassende wichtige Klasse von Differentialgleichungen, in welchen

---

[1] Der Leser verifiziere, daß jede durch diese Gleichung definierte Funktion der Differentialgleichung (3) genügt und daß es wegen $\varphi(y_0) \neq 0$ nach dem Satz über implizite Funktionen solche Lösungen gibt.

sich durch eine einfache Substitution die Variablen trennen lassen. Ich meine die Differentialgleichungen der Form

(6) $$\frac{dy}{dx} = f\left(\frac{y}{x}\right).$$

Man pflegt Differentialgleichungen der Form (6) oft auch *homogen* zu nennen. Hier hilft die Substitution

$$v = \frac{y}{x},$$

durch die v als neue unbekannte Funktion eingeführt wird. Die Differentialgleichung wird dann

$$v' x + v = f(v)$$

oder

$$v' = \frac{f(v) - v}{x}.$$

Die Variablen sind also getrennt. Will man aber hier die Methode von S. 6 verwenden, so muß man neben $x \neq 0$ auch $f(v) - v \neq 0$ voraussetzen. Dadurch wird aber nicht nur das Intervall eingeschränkt, in dem die Bestimmung der Lösung mit Hilfe des Verfahrens gelingt, sondern es gehen auch gewisse Lösungen der Differentialgleichung $\frac{dy}{dx} = f\left(\frac{y}{x}\right)$ verloren. Wenn nämlich die Zahl α der Gleichung $f(\alpha) - \alpha = 0$ genügt, so ist $y = \alpha x$ eine Lösung der Gleichung (6).

Dieses Vorkommnis enthält einen Hinweis darauf, daß es wünschenswert sein kann, den Begriff der Lösung weiter zu fassen, als dies bisher geschehen ist, nämlich so, daß durch Transformationen, wie die eben benutzte, keine Lösungen verlorengehen. Wie das zu bewerkstelligen ist, wird später klar werden.

5. Substitutionen, die auf homogene Differentialgleichungen führen. In anderen Fällen führen andere Substitutionen auf homogene Differentialgleichungen. Führt man z. B. in

$$(x - y^2) + 2xy \frac{dy}{dx} = 0$$

$v = y^2$ ein, so erhält man die homogene Gleichung

$$1 - \frac{v}{x} + \frac{dv}{dx} = 0.$$

Auf homogene Differentialgleichungen lassen sich im allgemeinen auch die folgenden zurückführen:

(7) $$\frac{dy}{dx} = \frac{Ax + By + C}{ax + by + c}.$$

Falls nämlich $C = 0$ und $c = 0$ ist, so ist die Gleichung bereits homogen. Durch eine passende Transformation kann man aber diese Gestalt oft

herstellen. Der Gedanke ist der: Man betrachte die beiden Geraden
$$Ax + By + C = 0, \quad ax + by + c = 0.$$
Man bringe durch eine passende Verschiebung des Koordinatensystems, also durch eine Substitution der Form:

(8) $$x = u + h, \quad y = v + k$$

den Schnittpunkt der beiden Geraden in den Koordinatenanfang. Das geht immer, wenn $Ab - Ba \neq 0$ ist, d. h. wenn die beiden Geraden nicht parallel sind. Dies werde also zunächst angenommen.

Durch die Substitution (8) wird sowohl eine neue unabhängige Variable wie eine neue unbekannte Funktion eingeführt. Man findet leicht, daß
$$\frac{dv}{du} = \frac{dy}{dx}$$
ist. Die Substitution (8) liefert zunächst
$$\frac{dv}{du} = \frac{Au + Bv + (Ah + Bk + C)}{au + bv + (ah + bk + c)}.$$
Nun bestimme man h und k aus den beiden Gleichungen
$$Ah + Bk + C = 0, \quad ah + bk + c = 0.$$
Diese sind lösbar, weil $Ab - Ba \neq 0$ sein soll. Die transformierte Gleichung ist dann homogen.

Wenn aber $Ab - Ba = 0$ ist, so kann man die Gleichung *nicht* auf eine homogene Gleichung zurückführen, aber man kann für $b \neq 0$ die Differentialgleichung so schreiben:
$$\frac{dy}{dx} = \frac{\frac{B}{b}(ax + by + c) + C - \frac{Bc}{b}}{ax + by + c}.$$
Dann führe man durch
$$v = ax + by + c$$
eine neue unbekannte Funktion v ein. Die Gleichung wird dann
$$\frac{1}{b}\left(\frac{dv}{dx} - a\right) = \frac{\frac{B}{b}v + C - \frac{Bc}{b}}{v}$$
oder
$$\frac{dv}{ax} = \frac{(B + a)v + Cb - Bb}{v}.$$
Hier sind die Variablen getrennt. Dabei ist angenommen, daß $b \neq 0$ sei. Der Fall $b = 0$ erledigt sich ja von selbst, weil dann auch $B = 0$ oder $a = 0$ sein muß, wenn nicht wieder der vorweggenommene Fall
$$Ab - Ba \neq 0$$
vorliegen soll. Im Falle $B = 0$ sind aber die Variablen getrennt, während im Falle $a = 0$ nach S. 8 die Substitution $Ax + By = v$ zur Trennung der Variablen führt.

§ 2. Lineare Differentialgleichungen.

1. Erste Methode. Die linearen Differentialgleichungen erster Ordnung haben die Gestalt

(1) $$\frac{dy}{dx} + f(x)y + \varphi(x) = 0.$$

Die Koeffizienten $f(x)$ und $\varphi(x)$ mögen in einem Intervall stetig erklärt sein. Zur Integration der linearen Differentialgleichungen führt der Ansatz $y = u \cdot v$, durch den zwei Hilfsfunktionen $u(x)$ und $v(x)$ eingeführt werden. Die Gleichung wird dann

$$u(v' + fv) + u'v + \varphi = 0.$$

Nun bestimme man v aus der Gleichung:

(2) $$v' + f(x)v = 0.$$

Dann bleibt für u:

$$u'v + \varphi = 0.$$

In beiden Gleichungen können dann die Variablen getrennt werden. Man findet

$$v = v_0 e^{-\int_{x_0}^{x} f(\xi)d\xi}.$$

Daher wird

$$u = -\frac{1}{v_0}\int_{x_0}^{x} \varphi(\chi) e^{+\int_{x_0}^{\chi} f(\xi)d\xi} d\chi + u_0.$$

So hat man schließlich:

$$y = v_0 e^{-\int_{x_0}^{x} f(\xi)d\xi}\left\{u_0 - \frac{1}{v_0}\int_{x_0}^{x} \varphi(\chi) e^{+\int_{x_0}^{\chi} f(\xi)d\xi} d\chi\right\}.$$

Dann wird

$$y = e^{-\int_{x_0}^{x} f(\xi)d\xi}\left\{y_0 - \int_{x_0}^{x} \varphi(\chi) e^{+\int_{x_0}^{\chi} f(\xi)d\xi} d\chi\right\}$$

dasjenige Integral unserer Differentialgleichung, welches für $x = x_0$ den Wert y_0 annimmt. *Es ist in jedem Intervall stetig und mit stetiger erster Ableitung versehen, in dem die Koeffizienten von* (1) *stetig sind.*

2. Zweite Methode. Wir wollen die Integration der linearen Gleichung (1) noch etwas anders darstellen. Zwar ist es im Grunde genau das gleiche, doch wollen wir die Gelegenheit benutzen, um an einem einfachen Beispiel die *Methode der Variation der Konstanten* kennenzulernen. Wenn in der Gleichung

$$y' + f(x)y + \varphi(x) = 0$$

$\varphi(x) \equiv 0$ ist, die Gleichung also, wie man sagt, *homogen*[1] ist, so sind die Variablen getrennt und man findet als allgemeines Integral

$$y = c\, e^{-\int_{x_0}^{x} f(\xi)\, d\xi}.$$

Dabei ist c eine beliebige Konstante[2], die Integrationskonstante. Der Grundgedanke der neuen Methode ist es nun, in der *inhomogenen* Gleichung

$$y' + f(x)\, y + \varphi(x) = 0,$$

in der also nun $\varphi(x)$ nicht identisch verschwindet, den Ansatz

$$y = c(x)\, e^{-\int_{x_0}^{x} f(\xi)\, d\xi}$$

zu machen, also die Konstante $c(x)$ zu variieren, d. h. durch eine noch zu bestimmende *Funktion* von x zu ersetzen. (Man erkennt jetzt wieder das Produkt von zwei Funktionen, das bei der ersten Darstellung den Ausgang bildete.) Man findet dann

$$c' \cdot e^{-\int_{x_0}^{x} f(\xi)\, d\xi} + \varphi(x) = 0$$

und berechnet daraus $c(x)$. So findet man dann die schon vorhin angegebene Auflösungsformel wieder.

3. Die Bernoullische Differentialgleichung. Auf die linearen Gleichungen läßt sich die Bernoullische Differentialgleichung

$$y' + f(x)\, y + \varphi(x)\, y^n = 0 \qquad (n \neq 1)$$

zurückführen. Man hat sie nur so zu schreiben:

$$y^{-n} \cdot y' + y^{1-n} f(x) + \varphi(x) = 0,$$

um zu erkennen, daß die Substitution $v = y^{1-n}$ auf die lineare Gleichung

$$\frac{1}{1-n} v' + v \cdot f(x) + \varphi(x) = 0$$

führt.

Oft erweist es sich als nützlich, von der Differentialgleichung für die unbekannte Funktion $y(x)$ zur Differentialgleichung für die Umkehrungsfunktion $x(y)$ überzugehen. Ist nämlich $x(y)$ bestimmt, so

---

[1] Das Wort homogen wird also jetzt in anderem Sinne gebraucht als bei den Differentialgleichungen

$$\frac{dy}{dx} = f\left(\frac{y}{x}\right)$$

auf S. 9. Jetzt bezieht es sich darauf, daß die linke Seite eine homogene Funktion von y' und y ist, während es sich früher darauf bezog, daß die rechte Seite eine homogene Funktion von x und y war.

[2] Sie war vorhin mit v_0 bezeichnet.

ist natürlich damit auch implizite $y(x)$ bekannt; jedenfalls sind zu seiner Bestimmung keine Differentialgleichungen mehr zu lösen. Oft ist aber die Differentialgleichung der Umkehrungsfunktion leichter angreifbar.

Wenn z. B. die Gleichung
$$\frac{dx}{dy}(x^2 \sin y - yx) = 1$$
vorgelegt ist, so wird daraus
$$\frac{dx}{dy} + yx - \sin y \cdot x^2 = 0.$$

Das ist eine BERNOULLIsche Gleichung für x, die wir integrieren können.

§ 3. Einparametrige Kurvenscharen.

1. Kurvenscharen. In einem Bereich B sei die Funktion $\psi(x, y)$ eindeutig und stetig erklärt. Ihre Werte im Bereich B erfüllen dann eine gewisse Strecke einer Zahlengeraden, der c-Achse. Versteht man dann unter c irgendeinen Wert aus diesem Intervall, so definiert die Gleichung

(1) $$\psi(x, y) = c$$

eine Kurve des Bereichs B. Kurven, die zu verschiedenen c-Werten gehören, treffen sich nicht im Bereiche B, weil in diesem Bereich $\psi(x, y)$ eine eindeutige Funktion ist. Die Gesamtheit dieser Kurven bildet eine einparametrige Kurvenschar. c heißt der Parameter der Schar. Eine solche Schar kann auch durch eine Gleichung der Form

$$\varphi(x, y, c) = 0$$

definiert sein. Es wird dann im allgemeinen nicht zu jedem x-y-Paar nur ein c-Wert gehören. Es werden vielmehr im allgemeinen durch jeden Punkt des Bereiches B mehrere Kurven der Schar gehen. Die Auflösung kann dann mehrere Funktionen

$$c = \psi(x, y)$$

ergeben. Wir wollen voraussetzen, daß $\varphi(x, y, c)$ in einem gewissen Gebiete G der x, y, c eine eindeutige stetige Funktion von x, y, c ist, die stetige partielle Ableitungen nach x, nach y und nach c besitzt; $\frac{\partial \varphi}{\partial c}$ sei in G von Null verschieden. In der Umgebung eines jeden solchen der Gleichung $\varphi(x, y, c) = 0$ genügenden Wertetripels x_0, y_0, c_0 werden dann die bekannten Sätze[1] über implizite Funktionen verwendbar, und man hat daher in der Umgebung einer jeden solchen Stelle (x_0, y_0)

---

[1] Vgl. z. B. meinen Leitfaden der Differentialrechnung, 3. Aufl., S. 125ff.

eine oder mehrere eindeutige und stetige Auflösungen

$$c = \psi(x, y), \qquad c_0 = \psi(x_0, y_0),$$

den verschiedenen Werten c_0 entsprechend, die zusammen mit x_0, y_0 Stellen x_0, y_0, c_0 aus G ergeben, für die $\varphi(x_0, y_0, c_0) = 0$ ist.

2. Differentialgleichungen. Wir setzen nun weiter voraus, daß $\psi(x, y)$ mit stetigen ersten Ableitungen versehen sei und nehmen an, daß c_0, x_0, y_0 ein der Gleichung (1) genügendes Wertetripel sei, für das $\frac{\partial \psi}{\partial y}(x_0, y_0) \neq 0$ ist. Nach dem Satz über implizite Funktionen gibt es dann in der Umgebung von $x = x_0$ eine stetige mit stetiger erster Ableitung versehene Funktion $y(x)$, die der Gleichung $c_0 = \psi(x, y)$ genügt, und für die $y(x_0) = y_0$ ist. Das gleiche gilt aus Stetigkeitsgründen für alle c-Werte, die von c_0 hinreichend wenig verschieden sind. Dann gilt der Satz:

Die Kurven einer jeden einparametrigen Kurvenschar genügen (in einem, wie vorstehend beschriebenen, genügend kleinen Bereich) einer Differentialgleichung erster Ordnung.

Wenn man nämlich die Gleichung

$$c = \psi(x, y)$$

nach x differenziert, so bekommt man

$$0 = \frac{\partial \psi}{\partial x} + \frac{\partial \psi}{\partial y} \frac{dy}{dx},$$

und dies ist schon die gewünschte Beziehung zwischen x, y, y' der durch unsere Gleichung dargestellten Kurven.

Ist die Schar in der allgemeinen Form

(2) $$\varphi(x, y, c) = 0$$

gegeben, so wird analog

(3) $$\frac{\partial \varphi}{\partial x} + \frac{\partial \varphi}{\partial y} \frac{dy}{dx} = 0.$$

Eliminiert man dann c aus den beiden letzten Gleichungen (2) und (3), so erhält man die gewünschte Differentialgleichung.

3. Beispiele. Zwei Beispiele werden die Dinge vollends klarlegen. Die Tangenten einer Kurve

$$\eta = f(\xi)$$

machen eine einparametrige Kurvenschar

(2') $$y = f(\xi) + f'(\xi)(x - \xi)$$

aus. ξ ist der Parameter der Schar (vorhin c genannt). Differenziert man nach x, so findet man natürlich

(3') $$y' = f'(\xi)$$

für die Richtung der Tangenten. Nun hat man ξ aus beiden Gleichungen (2') und (3') zu eliminieren, wenn man nicht die beiden Gleichungen

$$y = f(\xi) + f'(\xi)(x - \xi)$$
$$y' = f'(\xi)$$

etwa als eine Parameterdarstellung der Differentialgleichung selbst ansehen will. Tatsächlich werden wir uns später mit Differentialgleichungen befassen, die in dieser Form gegeben sind oder auf diese Form gebracht werden können.

Wenn z. B.
$$\eta = \xi^2$$
die vorgelegte Kurve ist, so hat man
$$y = \xi^2 + 2\xi(x - \xi)$$
und
$$y' = 2\xi.$$
So erhält man die Differentialgleichung
$$y = \frac{y'^2}{4} + y'\left(x - \frac{y'}{2}\right) \quad \text{oder} \quad y'^2 - 4xy' + 4y = 0$$
der Parabeltangenten.

Durch
$$x^2 + y^2 = r^2$$
ist die Schar der konzentrischen Kreise gegeben. Also wird
$$x + yy' = 0$$
die Differentialgleichung der Schar.

Ebenso wird
$$2yy' - 1 = 0$$
die Differentialgleichung der Parabelschar
$$y^2 = x + C.$$

§ 4. Exakte Differentialgleichungen.

1. Die Methode. Die Betrachtungen des vorigen Paragraphen führen uns zu einer weiteren Integrationsmethode.

Wenn nämlich die Koeffizienten $P(x, y)$ und $Q(x, y)$ einer Differentialgleichung

(1) $$P + Q\frac{dy}{dx} = 0$$

in einem einfach zusammenhängenden Bereich B stetige mit stetigen ersten Ableitungen versehene Funktionen sind, welche der Integrabilitätsbedingung

$$\frac{\partial P}{\partial y} = \frac{\partial Q}{\partial x}$$

genügen — solche Differentialgleichungen heißen *exakt* —, so gibt es nach bekannten Sätzen der Integralrechnung eine in B eindeutige und stetige Funktion $\varphi(x, y)$, deren Ableitungen P und Q sind. Dann besagt aber die Differentialgleichung, die man dann in der Form

(2) $$\frac{\partial \varphi}{\partial x} + \frac{\partial \varphi}{\partial y}\frac{dy}{dx} = 0$$

schreiben kann, weiter nichts, als daß längs einer jeden Integralkurve der Differentialgleichung die Funktion $\varphi(x, y)$ einen konstanten Wert annimmt. Dann ist $\varphi(x, y) = C$ eine Schar von Integralkurven.

2. Beispiele. Wenn z. B. die Gleichung

$$x^2 + y^2 \frac{dy}{dx} = 0$$

vorliegt, eine homogene Gleichung, die man auch nach S. 9 behandeln könnte, so ist die Integrabilitätsbedingung für die Koeffizienten erfüllt. Man berechnet dann bekanntlich die Funktion $\varphi(x, y)$ so: Da die x-Ableitung von φ den Wert x^2 besitzt, so findet man

$$\varphi = \int x^2 dx + \psi(y) = \frac{x^3}{3} + \psi(y).$$

Hier bedeutet $\psi(y)$ eine Funktion von y, die nun aus der Bedingung zu bestimmen ist, daß

$$\frac{\partial \varphi}{\partial y} = y^2$$

sein soll. Das liefert aber

$$\psi'(y) = y^2.$$

Also wird

$$\psi(y) = \frac{y^3}{3} + c.$$

So finden wir

$$\varphi = \frac{x^3 + y^3}{3} + c.$$

Daß die Ableitungen dieser Funktion die richtigen Werte haben, bestätigt man leicht. So sind also

$$x^3 + y^3 = C$$

Lösungen unserer Differentialgleichung. Wünscht man insbesondere eine Integralkurve durch den Punkt x_0, x_0, so wird

$$x^3 + y^3 = x_0^3 + y_0^3$$

deren Gleichung.

Alle Differentialgleichungen, in denen die Variablen getrennt sind, können sofort als exakte Differentialgleichungen geschrieben werden. Aus

$$\frac{dy}{dx} = \frac{f(x)}{\varphi(y)}$$

folgt ja sofort
$$f(x) - \varphi(y)\frac{dy}{dx} = 0.$$
Man erkennt, daß die Integrabilitätsbedingung erfüllt ist.

§ 5. Der integrierende Faktor.

1. Begriffsbestimmung. Wenn die Koeffizienten der Differentialgleichung
$$(1) \qquad P(x, y) + Q(x, y)\frac{dy}{dx} = 0$$
nicht der Integrabilitätsbedingung des § 4 genügen, so kann man doch hoffen, dieselbe durch Multiplikation mit einer geeigneten Funktion $M(x, y)$, in eine exakte Differentialgleichung zu verwandeln. Man nennt diese *Multiplikator* oder auch *integrierender Faktor*. Wenn man annimmt, daß die Differentialgleichung Lösungen besitzt, und daß die Schar ihrer Lösungskurven durch
$$\varphi(x, y) = c$$
gegeben ist, und daß φ partielle Ableitungen erster Ordnung besitzt, so muß die Differentialgleichung auf die Form
$$\frac{dy}{dx} = -\frac{\frac{\partial \varphi}{\partial x}}{\frac{\partial \varphi}{\partial y}}$$
gebracht werden können. Daher muß
$$\frac{P}{Q} = \frac{\frac{\partial \varphi}{\partial x}}{\frac{\partial \varphi}{\partial y}}$$
sein. Daraus folgt
$$\frac{\frac{\partial \varphi}{\partial x}}{P} = \frac{\frac{\partial \varphi}{\partial y}}{Q}.$$
Setzt man den gemeinsamen Wert dieser beiden Quotienten gleich $M(x, y)$, so findet man, daß
$$\frac{\partial \varphi}{\partial x} = MP, \qquad \frac{\partial \varphi}{\partial y} = MQ$$
ist, daß also tatsächlich die Differentialgleichung
$$MP + MQ\frac{dy}{dx} = 0$$
exakt ist.

2. Auffindung eines Multiplikators. Wie kann man aber eine solche Funktion M wirklich bestimmen? *Wir setzen voraus*, daß M, P

und Q stetige partielle Ableitungen erster Ordnung besitzen, betrachten also weiterhin nur Differentialgleichungen, die dieser Voraussetzung genügen, und nennen auch nur Funktionen der angegebenen Art Multiplikatoren. Da dann die Funktionen MP und MQ der Integrabilitätsbedingung genügen müssen, so findet man für M die partielle Differentialgleichung

$$\frac{\partial(MP)}{\partial y} = \frac{\partial(MQ)}{\partial x}.$$

Man kann sie auch so schreiben:

$$P\frac{\partial M}{\partial y} - Q\frac{\partial M}{\partial x} + M\left(\frac{\partial P}{\partial y} - \frac{\partial Q}{\partial x}\right) = 0.$$

Man mag geneigt sein, die Integration dieser partiellen Differentialgleichung für schwieriger zu halten, als die der ursprünglich vorgelegten gewöhnlichen Differentialgleichung. Indessen muß man bedenken, daß man für unsere Zwecke nur irgendeine, lange nicht die allgemeinste Lösung der partiellen Differentialgleichung braucht. Und tatsächlich ist es oft leicht, aus dem bloßen Anblick dieser Gleichung eine ihrer Lösungen zu finden.

Wenn z. B.

$$\frac{1}{Q}\left(\frac{\partial P}{\partial y} - \frac{\partial Q}{\partial x}\right)$$

nur von x abhängt, so kann man der partiellen Differentialgleichung durch eine Funktion genügen, die nur von x abhängt. Denn macht man die Annahme

$$\frac{\partial M}{\partial y} = 0,$$

so reduziert sich die partielle Differentialgleichung auf

$$Q\frac{\partial M}{\partial x} = M\left(\frac{\partial P}{\partial y} - \frac{\partial Q}{\partial x}\right)$$

oder

$$\frac{M'}{M} = \frac{P_y - Q_x}{Q}.$$

Daraus findet man sofort

$$M = e^{\int \frac{P_y - Q_x}{Q} dx}.$$

3. Beispiel. Die linearen Differentialgleichungen können auf diese Weise integriert werden. Doch sind dies natürlich nicht die allgemeinsten hierher gehörigen Differentialgleichungen. Denn auch

$$y + xy + \sin y + (x + \cos y)\frac{dy}{dx} = 0$$

kann so integriert werden. Ein Multiplikator ist e^x. Das allgemeine Integral wird

$$e^x(xy + \sin y) = c.$$

§ 5. Der integrierende Faktor.

4. Mehrere Multiplikatoren. Manchmal kann man Vorteil aus der Kenntnis des Zusammenhanges zwischen den verschiedenen Multiplikatoren ein und derselben Differentialgleichung ziehen.

Wenn nämlich $M(x, y)$ ein Multiplikator, und $f(x, y) = c$ ein allgemeines Integral[1], *einer gewöhnlichen Differentialgleichung* (1) *sind, so ist auch $M \cdot f$ ein Multiplikator.* Denn man rechnet nach:

$$\frac{\partial (MfP)}{\partial y} - \frac{\partial (MfQ)}{\partial x} = \frac{\partial f}{\partial y} MP - \frac{\partial f}{\partial x} MQ + f \frac{\partial (MP)}{\partial y} - f \frac{\partial (MQ)}{\partial x}$$

$$= MP \frac{\partial f}{\partial y} - MQ \frac{\partial f}{\partial x} \qquad \text{wegen} \quad \frac{\partial (MP)}{\partial y} - \frac{\partial (MQ)}{\partial x} = 0$$

$$= - MQ \left(\frac{dy}{dx} \frac{\partial f}{\partial y} + \frac{\partial f}{\partial x} \right) \qquad \text{wegen} \quad P + Q \frac{dy}{dx} = 0$$

$$= 0 \qquad \text{wegen} \quad \frac{\partial f}{\partial x} + \frac{\partial f}{\partial y} \frac{dy}{dx} = 0.$$

Da weiter ein allgemeines Integral auch in der Form

$$\varphi(f) = C$$

geschrieben werden kann, wenn man unter $\varphi(w)$ eine willkürliche nirgends konstante differenzierbare Funktion versteht, so ergibt sich, daß auch

$$M \cdot \varphi(f)$$

ein Multiplikator ist.

Wenn umgekehrt der Quotient zweier Multiplikatoren M_1 und M_2 nicht von x und y unabhängig ist, so stellt

$$\frac{M_1}{M_2} = c$$

ein allgemeines Integral der Differentialgleichung dar. Wenn nämlich f und g in einem gemeinsamen Bereich erklärt sind, und wenn längs beliebiger Kurven $y = y(x)$, die dem Bereich angehören,

$$\frac{df}{dx} = M_1 P + M_1 Q \frac{dy}{dx}$$

und

$$\frac{dg}{dx} = M_2 P + M_2 Q \frac{dy}{dx}$$

ist, so stellen sowohl

$$f(x, y) = c \quad \text{wie} \quad g(x, y) = C$$

für einen gemeinsamen Bereich ein allgemeines Integral dar. Längs einer jeden Integralkurve des Bereiches haben sowohl f wie g konstante Werte. Die Werte von g sind also bestimmt, wenn die von f gegeben sind.

---

[1] Vorbehaltlich einer späteren schärferen Begriffsbestimmung werde unter einem allgemeinen Integral eine mit stetigen partiellen Ableitungen erster Ordnung versehene Funktion $f(x, y)$ verstanden, derart, daß man alle einem gegebenen Bereich B angehörigen Integralkurven durch $f(x, y) = c$ darstellen kann.

Daher kann g als Funktion von f dargestellt werden. Nun hat man aber längs einer beliebigen Kurve

$$\frac{dg}{df} = \frac{M_2(P+Qy')}{M_1(P+Qy')} = \frac{M_2}{M_1}.$$

Da aber weiter, wie wir eben sahen,

$$g = F(f)$$

ist, so ist auch

$$\frac{dg}{df} = F'(f).$$

Daher ist wirklich

$$\frac{M_2}{M_1} = F'(f) = c$$

ein allgemeines Integral. Denn $\frac{M_2}{M_1}$ hat längs einer jeden Integralkurve des Bereiches einen konstanten Wert und besitzt auch stetige partielle Ableitungen erster Ordnung, weil dies nach der Begriffsbestimmung des Multiplikators für M_1 und M_2 der Fall ist.

5. Beispiel. Man kann von diesen Bemerkungen auch auf die folgende Weise zur Integration von Differentialgleichungen Gebrauch machen. Es sei z. B. ein Multiplikator von

$$(y^3 + x) + (x^3 + y)\, y' = 0$$

zu bestimmen. Wir schreiben die Differentialgleichung so:

$$(y^3 + x^3 y') + (x + y\, y') = 0.$$

Betrachtet man dann erst einmal die beiden Differentialgleichungen

$$y^3 + x^3 y' = 0 \quad \text{und} \quad x + y\, y' = 0$$

gesondert für sich, so ist man leicht in der Lage, die sämtlichen Multiplikatoren einer jeden derselben zu bestimmen. Die erste besitzt den Multiplikator $x^{-3} y^{-3}$ und $x^{-2} + y^{-2} = c$ ist ein allgemeines Integral. Also ist

$$x^{-3} y^{-3}\, F(x^{-2} + y^{-2})$$

der allgemeinste Multiplikator der ersten Gleichung. Ein Multiplikator der zweiten ist 1 und $x^2 + y^2 = c$ ist ein allgemeines Integral. Also ist

$$f(x^2 + y^2)$$

ihr allgemeinster Multiplikator. *Wenn es nun gelingt, eine Funktion zu finden, die als Multiplikator der beiden Differentialgleichungen zugleich brauchbar ist, so ist dieselbe auch ein Multiplikator der ursprünglich gegebenen Differentialgleichung.* Es kommt also darauf an, der Bedingung

$$x^{-3} y^{-3}\, F(x^{-2} + y^{-2}) = f(x^2 + y^2)$$

zu genügen. Man sieht leicht, daß es hinreicht

$$f(x^2 + y^2) \equiv (x^2 + y^2)^{-3/2} \quad \text{und} \quad F(x^{-2} + y^{-2}) \equiv (x^{-2} + y^{-2})^{-3/2}$$

zu wählen. Daher ist

$$(x^2 + y^2)^{-3/2}$$

ein Multiplikator der gegebenen Differentialgleichung. Man prüfe die Richtigkeit dieser Angabe durch Betrachtung der Integrabilitätsbedingung nach.

§ 6. Die CLAIRAUTsche Differentialgleichung und Verwandtes.

1. Allgemeine Vorbemerkung. Die Differentialgleichungen

$$y = f(x, y')$$
$$y = f(y')$$
$$x = f(y')$$
$$x = f(y, y')$$

werden am zweckmäßigsten dadurch behandelt, daß man

$$y' = p$$

als neue unbekannte Funktion einführt. Kennt man nämlich erst einmal y' als Funktion von x, so setze man diese in die gegebene Differentialgleichung ein, um damit eine Gleichung zwischen x und y allein zu erhalten. Man verifiziert dann, daß sie ein Integral der Differentialgleichung liefert.

2. Die CLAIRAUTsche Differentialgleichung. Den Verlauf des Verfahrens wollen wir uns jetzt am Beispiel der CLAIRAUTschen Differentialgleichung

$$y = x y' + f(y')$$

etwas näher ansehen. Wir denken uns in die Differentialgleichung irgend eine Lösung derselben eingetragen. Von den Lösungen wird vorausgesetzt, daß sie eine stetige Ableitung y' haben. Um eine Differentialgleichung für die neue unbekannte Funktion

$$y' = p$$

zu bekommen, setzen wir voraus, daß y' eine Ableitung nach x und daß $f(y')$ eine Ableitung nach y' besitze. Wir differenzieren

$$y = x p + f(p)$$

nach x. So finden wir

$$p = p + x p' + f'(p) p'$$

oder

$$p'(x + f'(p)) = 0.$$

Diese Gleichung ist erfüllt, wenn entweder
$$p' = 0$$
oder wenn
$$x + f'(p) = 0.$$
Ist in einem Intervall $p' = 0$, so folgt
$$p = c = \text{constans}.$$
Daher wird dann
$$y = xc + f(c)$$
ein Integral. Man erhält so eine Schar von geraden Linien. Man wird dazu bemerken, daß
$$y = xc + f(c)$$
für konstantes c ein Integral der CLAIRAUTschen Differentialgleichung ist, unabhängig von jeder über die Eindeutigkeit hinausgehenden Voraussetzung über $f(c)$.

Im zweiten Falle aber sei in einem Intervall
$$x = -f'(p).$$
Dies mit
$$y = xp + f(p),$$
d. h. mit
$$y = -pf'(p) + f(p)$$
zusammen gibt, falls $f''(p) \neq 0$ ist, eine Parameterdarstellung einer bestimmten Kurve der x-y-Ebene mit p als Parameter, die gleichfalls der Differentialgleichung genügt. Denn auch für diese Kurve wird, wie man leicht ausrechnet,
$$y' = p.$$
Allerdings muß man dazu, wie gesagt, noch voraussetzen, daß f eine zweite nicht verschwindende Ableitung besitzt.

3. Singuläres Integral. Diese Einzelkurve, die zu der Geradenschar noch hinzutritt, nennt man ein *singuläres Integral*, während man im Gegensatz dazu die Geraden als *partikuläre Integrale* bezeichnet. Im Falle der CLAIRAUTschen Differentialgleichung ist das singuläre Integral die Enveloppe der einparametrigen Schar der partikulären Integrale. Will man nämlich die Enveloppe der Geradenschar
$$y = xc + f(c)$$
bestimmen, so hat man bekanntlich[1] diese Gleichung nach dem Para-

---

[1] Ohne jetzt auf eine allgemeine Theorie der Enveloppen einer beliebigen Kurvenschar eingehen zu wollen, sei hier nur so viel gesagt. Bei den Geradenscharen
$$y = xc + f(c)$$
mögen vorab die folgenden Bemerkungen Platz haben. Da wegen der Eindeutigkeit von $f(c)$ keine zwei Schargeraden einander parallel sind, so schneiden sich

§ 6. Die CLAIRAUTsche Differentialgleichung und Verwandtes.

meter c zu differenzieren und dann aus beiden Gleichungen c zu eliminieren. So findet man hier für die Enveloppe

$$x = -f'(c)$$
$$y = xc + f(c).$$

Das ist aber gerade die Parameterdarstellung des singulären Integrales. Da aber nun die Enveloppe von den Kurven des allgemeinen Integrals berührt wird, so genügen auch ihre Linienelemente der Differentialgleichung. Unter einem Linienelemente verstanden wir ja ein

---

je zwei derselben. Wenn man eine Kurve sucht, die von den Geraden der Schar berührt wird, so kann man sich gegenwärtig halten, daß zwei genügend benachbarte Tangenten sich in der Nähe ihrer Berührungspunkte schneiden und daß der Berührungspunkt der Geraden c als Grenzlage des Schnittpunktes der beiden Geraden c und $c + h$ für $h \to 0$ aufgefaßt werden kann. Der Schnittpunkt aber bestimmt sich aus den beiden Gleichungen

$$y = xc + f(c)$$
$$y = x(c+h) + f(c+h)$$

oder auch aus den beiden Gleichungen

$$y = xc + f(c)$$
$$0 = x + \frac{f(c+h) - f(c)}{h}.$$

Geht man nun zu $h \to 0$ über, so erhält man, wie im Text angegeben wurde, zur Bestimmung des Punktes, in dem die Gerade c die Enveloppe berührt, die beiden Gleichungen

$$\begin{aligned} y &= xc + f(c) \\ 0 &= x + f'(c), \end{aligned} \quad \text{oder} \quad \begin{aligned} y &= -cf'(c) + f(c) \\ x &= -f'(c), \end{aligned}$$

die man als eine auf den Parameter c bezogene Darstellung der Enveloppe auffassen mag. Man setze also wieder $f''(c) \neq 0$ voraus. Man überzeugt sich dann leicht, daß die Enveloppe in ihrem Punkt c von der Schargeraden c berührt wird. Denn die Gleichung der Tangente an die Enveloppe im Punkte c wird ja

$$y = xc + f(c).$$

Bei diesen letzten Darlegungen ist durch $f''(c) \neq 0$ angenommen, daß die beiden Gleichungen

$$x = -f'(c)$$
$$y = -cf'(c) + f(c)$$

tatsächlich eine Kurve bestimmen. Von Interesse ist aber auch der Fall, daß $f'(c)$ von c unabhängig ist. Sei etwa $f'(c) = a$. Dann wird $f(c) = ac + b$, also die Enveloppe durch den Punkt

$$x = -a, \quad y = b$$

geliefert. Tatsächlich bestehen dann ja auch die Lösungen der Differentialgleichung

$$y = xy' + ay' + b$$

aus den geraden Linien

$$y = xc + ac + b,$$

die alle durch den Punkt

$$x = -a, \quad y = b$$

hindurchgehen.

Wertetripel x, y, y' oder geometrisch einen Punkt x, y vereinigt mit einer ihn passierenden Geraden. Da dann aber alle Linienelemente der partikulären Integrale der Differentialgleichung genügen, so genügt auch ein jedes Linienelement, das ein solches partikuläres Integral mit der Enveloppe im Berührungspunkt gemeinsam hat, der Differentialgleichung. Da aber die Enveloppe nur solche Linienelemente besitzt, so ist es nicht verwunderlich, daß die Enveloppe der partikulären Integrale der Differentialgleichung genügt. In diesen Bemerkungen ist schon das allgemeine Gesetz begründet, daß *stets auch bei anderen Differentialgleichungen die Enveloppen der partikulären Integrale als singuläre Integrale der Differentialgleichung genügen.*

4. Weitere Integralkurven. Zum Schluß möchte ich nun noch auf eine sehr merkwürdige Tatsache aufmerksam machen. Man kann nämlich aus geradlinigen Stücken und einem Bogen der Enveloppe noch weitere Integralkurven zusammensetzen: Man gehe von einem Punkte aus und verfolge eine ihn passierende Gerade der Schar bis zu ihrem Berührungspunkte mit der Enveloppe und verfolge dann diese in der Ankunftsrichtung weiter bis zu einem beliebigen ihrer Punkte und gehe in diesem wieder auf die dort berührende Schargerade über. Eine solche Kurve besitzt in jedem Punkte eine stetig sich ändernde Tangente und ist aus lauter Linienelementen der Differentialgleichung zusammengesetzt, ist also eine Integralkurve. Wir haben so drei Arten von Integralkurven der CLAIRAUTschen Gleichung kennengelernt. Die Geraden, die Enveloppe und Kurven, die aus Geraden und einem Enveloppenbogen bestehen. Für die Existenz der Enveloppe mußten wir außer der Eindeutigkeit noch die zweimalige Differenzierbarkeit von f und $f'' \neq 0$ voraussetzen. KAMKE[1] und LIEBMANN[2] haben gezeigt, daß es weiter keine Integrale gibt. Die Beweise konnten dort sogar unter geringeren Voraussetzungen über f geführt werden.

5. Die LAGRANGEsche Differentialgleichung. Auch bei der LAGRANGEschen *Differentialgleichung*

$$x + y f(y') + \varphi(y') = 0$$

erlaubt es die Einführung von

$$y' = p,$$

die vorzunehmenden Auflösungsprozesse erst nach der Integration auszuführen. Führt man nämlich $y' = p$ ein und differenziert nach x, so erhält man

$$1 + p f(p) + y f'(p) p' + \varphi'(p) p' = 0.$$

Führt man nun noch y statt x als unabhängige Variable ein, so erhält man

$$1 + p f(p) + y f'(p) p \frac{dp}{dy} + \varphi'(p) p \frac{dp}{dy} = 0$$

---

[1] Math. Zeitschr. Bd. 27.   [2] Math. Zeitschr. Bd. 29.

§ 7. Ziel und Tragweite der elementaren Integrationsmethoden.

für $p(y)$. Geht man zur Umkehrungsfunktion $y(p)$ über, so wird

$$\frac{dy}{dp}(1 + p f(p)) + y p f'(p) + p \varphi'(p) = 0$$

und das ist eine lineare Differentialgleichung für $y(p)$.

Hat man aus ihr y als Funktion des Parameters p bestimmt, so liefert die Differentialgleichung selbst auch x als Funktion dieses Parameters. Daß man so wirklich die Lösungen in Parameterdarstellung gefunden hat, verifiziert man durch Einsetzen in die Differentialgleichung.

Ganz ähnlich verfährt man auch bei den anderen Differentialgleichungen, die zu Beginn dieses Paragraphen aufgeführt wurden.

§ 7. Ziel und Tragweite der elementaren Integrationsmethoden.

Nach unseren Erfahrungen kann man es wohl als das Ziel der elementaren Integrationsmethoden bezeichnen, geschlossene Ausdrücke für die Lösungen von Differentialgleichungen zu finden. Als Hilfsmittel werden dabei die elementaren Funktionen und die Quadraturen d. h. die bestimmten Integrale zugelassen. Es ist ja ein bekannter Satz von LIOUVILLE[1], daß man nicht alle Integrale elementarer Funktionen durch elementare Funktionen ausdrücken kann. Elementar heißen dabei alle Funktionen, die sich durch endlich oftmalige Anwendung algebraischer, exponentieller und logarithmischer Prozesse explizit darstellen lassen. Ebenso sollen jetzt noch endlich viele Quadraturen zugelassen werden. Es ist wieder ein Satz von LIOUVILLE, daß man nicht alle Differentialgleichungen erster Ordnung, die durch Nullsetzen elementarer Funktionen gegeben sind, auf diese Weise lösen kann. Die Beispiele, an denen das LIOUVILLE gezeigt hat, gehören dem Gebiet der sogenannten RICCATIschen Differentialgleichungen an. Darunter versteht man Differentialgleichungen von dieser Gestalt:

(1) $$y' = \alpha_0(x) + \alpha_1(x) y + \alpha_2(x) y^2.$$

EULER, dessen „Institutiones calculi integralis" auch heute noch die reichste Sammlung elementar integrierbarer Differentialgleichungen enthalten, hatte sich damit befaßt, elementar integrierbare Fälle der speziellen RICCATIschen Gleichung

(2) $$y' + y^2 = a x^m \qquad (a = \text{Konstante})$$

zu finden. Sein Ergebnis ist dieses: *Es läßt sich Trennung der Variablen stets dann erreichen, wenn der Exponent m unter Verwendung einer*

---
[1] CRELLES Journal Bd. 13.

ganzen positiven Zahl k in einer der beiden Formen

$$m = \frac{-4k}{2k+1} \quad \text{oder} \quad m = \frac{-4k}{2k-1}$$

geschrieben werden kann. Im ersten der beiden Fälle macht man die Substitution

$$x = t^{\frac{1}{m}+1}, \quad y = \frac{a}{m+1}Z - 1$$

und gelangt so zu der Differentialgleichung

$$Z' + Z^2 = \frac{a}{(m+1)^2} t^n \quad \text{mit} \quad n = -\frac{4k}{2k-1}.$$

In einer solchen geht man dann mit der Substitution

$$t = \frac{1}{\tau}, \quad Z = \frac{1}{t} - \frac{z}{t^2}$$

weiter und gelangt zu

$$z' + z^2 = \frac{a}{(m+1)^2} \tau^\nu \quad \text{mit} \quad \nu = \frac{-4(k-1)}{2(k-1)+1}.$$

Somit kommt man durch mehrmalige Verwendung solcher Substitutionen in allen erwähnten Fällen nach endlich vielen Schritten zu einer Differentialgleichung

$$y' + y^2 = \alpha$$

mit konstantem α, in welcher also die Variablen getrennt sind. Als Grenzfall $k \to \infty$ ist unter jenen Riccatischen Gleichungen auch noch

$$y' + y^2 = a x^{-2}$$

enthalten. Hier führt die Substitution $y = \frac{1}{z}$ zu einem der schon behandelten Typen. Liouville hat nun gezeigt, daß die hier aufgeführten die einzigen Fälle sind, in welchen spezielle Riccatische Gleichungen (2) elementar integrierbar sind. Damit hat er Beispiele von Differentialgleichungen gegeben, welche *nicht* elementar oder durch Quadraturen integrierbar sind. Die Liouvillesche Arbeit, auf die wegen des Beweises verwiesen werden muß, steht in Liouvilles Journal de mathématiques, Bd. 6 (1841).

Der Leser wird noch ein Wort über die allgemeine Riccatische Gleichung (1) vermissen. Sie wird durch die Substitution

(3) $$y = -\frac{1}{\alpha_2} \frac{d \log u}{dx}$$

in die lineare homogene Differentialgleichung zweiter Ordnung

(4) $$\alpha_2 u'' - (\alpha_2' + \alpha_1 \alpha_2) u' + \alpha_0 \alpha_2^2 u = 0$$

übergeführt[1]. Der von Euler behandelte spezielle Typus (2) führt auf

$$u'' - a x^m u = 0,$$

---

[1] Jede lineare homogene Differentialgleichung zweiter Ordnung kann durch Umkehrung dieses Prozesses auch in eine Riccatische verwandelt werden.

die also für $m = \dfrac{-4k}{2k \pm 1}$ elementar integriert werden kann. Elementar sind weiter diejenigen dem allgemeinen Typus (1) angehörigen Gleichungen zu integrieren, in welchen

$$a_0 \alpha_2 = c_1, \quad \frac{\alpha_2'}{\alpha_2} + \alpha_1 = c_2 \text{ ist (wo } c_1 \text{ und } c_2 \text{ Konstanten sind).}$$

Denn dann bekommt die lineare Differentialgleichung (3) konstante Koeffizienten und kann daher, wie wir S. 153 sehen werden, elementar behandelt werden. Bei Betrachtung der linearen Differentialgleichungen zweiter Ordnung werden wir nochmals auf die RICCATIschen zurückkommen und dann noch einen allgemeinen Satz über dieselben kennenlernen (S. 156).

II. Kapitel.
Die Methode der sukzessiven Approximationen und verschiedene Anwendungen derselben.

Die bisher verwendeten Methoden sind recht primitiv und dementsprechend ist ihre Tragweite gering. Natürlich kann man in hinreichend einfachen Fällen Ersprießliches mit denselben erzielen, aber in komplizierteren Fällen werden die Resultate rechnerisch recht umständlich. Daran ändern auch nichts die Überlegungen, durch die LIE die Theorie der elementaren Integrationsmethoden auf eine systematische Basis gestellt hat[1]. Aber die Ausbeute dieser an sich schönen Überlegungen ist für die Untersuchung der funktionentheoretischen Natur der Lösungen und ihres numerischen Verlaufes gering. Immerhin soll im Kap. III ein knapper Überblick über diese Gedankengänge gegeben werden.

Wir wollen nun zunächst eine bequeme, gut konvergente Methode zur näherungsweisen Integration von Differentialgleichungen kennen lernen. Wir werden uns dabei auch gleichzeitig vergewissern, daß in der Tat jede Differentialgleichung Lösungen besitzt, und damit auch die S. 4 ausgesprochene Vermutung beweisen.

§ 1. Das Verfahren der sukzessiven Approximationen.

1. Existenzsatz. Zunächst wollen wir den folgenden **Satz** beweisen.

Existenztheorem: *In der Differentialgleichung*

(1) $$\frac{dy}{dx} = f(x, y)$$

---

[1] SOPHUS LIE hat in seinem gemeinsam mit GEORG SCHEFFERS herausgegebenen Buch: *Vorlesungen über Differentialgleichungen mit bekannten infinitesimalen Transformationen* (Leipzig 1891) eine eingehende Theorie der elementaren Integrationsmethoden gegeben. Man vergleiche auch den Bd. III der gesammelten Abhandlungen von LIE, sowie L. BIANCHI: Lezioni sulla teoria dei gruppi continui di trasformazioni. Bologna 1928.

I. 2. Die Methode der sukzessiven Approximationen.

sei $f(x, y)$ *in einem gegebenen Bereiche*[1] *B der xy-Ebene stetig und genüge für jedes dem Bereiche angehörige Punktepaar* (x, y_1) *und* (x, y_2) *der* LIPSCHITZ*schen Bedingung*

(2) $$|f(x, y_1) - f(x, y_2)| \leq M |y_1 - y_2|,$$

wo M eine passende, von x, von y_1 *und von* y_2 *unabhängige positive Zahl ist. In B sei ferner*[2] $|f(x, y)| < M$. *Es seien weiter a und b zwei positive Zahlen, die der Bedingung*[2]

(3) $$aM < b$$

genügen, und für die das Rechteck R:

$$|x - x_0| \leq a, \qquad |y - y_0| \leq b$$

dem Bereiche B angehört. Dann gibt es genau eine samt ihrer ersten Ableitung in $|x - x_0| \leq a$ *stetige Funktion* $y = \varphi(x)$, *die der Differentialgleichung* (1) *genügt, für die also in* $|x - x_0| \leq a$

$$\varphi'(x) = f(x, \varphi(x))$$

gilt, und die zugleich durch den Punkt (x_0, y_0) *hindurchgeht, für die also* $\varphi(x_0) = y_0$ *ist*.

Die im Satz genannte LIPSCHITZsche Bedingung ist sicher dann erfüllt, wenn $f(x, y)$ eine in B stetige und beschränkte partielle Ableitung nach y besitzt. Denn wenn diese dann in B der Ungleichung $\left|\dfrac{\partial f}{\partial y}\right| < M$ genügt, dann lehrt der Mittelwertsatz, daß die LIPSCHITZsche Bedingung erfüllt ist.

Zum Beweis verwende ich das Verfahren der sukzessiven Approximationen. Um es einzuleiten, geht man von irgendeiner stetigen Fun-

---

[1] Unter einem „Bereiche der xy-Ebene" werde ein für allemal eine Punktmenge dieser Ebene verstanden, derart, daß es um jeden ihrer Punkte eine Kreisscheibe gibt, die ganz zur Menge gehört. Außerdem soll die Menge aus nur einem Stück bestehen, so daß man je zwei ihrer Punkte miteinander durch einen dem Bereiche angehörigen Polygonzug verbinden kann.

[2] Diese Bedingung entfällt, wenn der Bereich B so definiert ist: $\alpha \leq x \leq \beta$, y beliebig. Dies ist der Fall für lineare Differentialgleichungen

$$y' = f(x) + g(x) y,$$

aber auch z. B. für

$$y' = \sin y.$$

Denn ist im ersten Fall in $\alpha \leq x \leq \beta$

$$|g(x)| \leq M,$$

so folgt

$$|f(x, y_1) - f(x, y_2)| \leq M |y_1 - y_2|.$$

Im zweiten Fall aber ist

$$\sin y_1 - \sin y_2 = (y_1 - y_2) \cos(y_1 + \vartheta (y_2 - y_1)).$$

Also

$$|\sin y_1 - \sin y_2| \leq |y_1 - y_2|.$$

§ 1. Das Verfahren der sukzessiven Approximationen.

tion $y = y_0(x)$ aus, die nur der Anfangsbedingung $y_0(x_0) = y_0$ genügen und der eine dem Rechteck R angehörige Kurve entsprechen möge. Man kann als solche erste Näherung $y_0(x)$ etwa die Konstante $y_0(x) \equiv y_0$ wählen. Man kann aber auch, und das wird, wenn man eine rasche Annäherung an die Lösung anstrebt, zweckmäßiger sein, den Polygonzug nehmen, den wir schon auf S. 3 erwähnt haben und der den bekannten Näherungssummen der bestimmten Integrale entspricht. Ausgehend von $y = y_0(x)$ werden die weiteren Näherungen auf folgende Weise gewonnen. Falls

$$\frac{dy_0}{dx} = f(x, y_0(x))$$

ist, so ist $y_0(x)$ eine Lösung. Anderenfalls setze man

$$\frac{dy_1}{dx} = f(x, y_0(x))$$

und bestimme hieraus $y_1(x)$ so, daß $y_1(x_0) = y_0$ wird. Wie man aus der Integralrechnung weiß, ist hierdurch $y_1(x)$ eindeutig bestimmt, und zwar ist

$$y_1(x) = y_0 + \int_{x_0}^{x} f(\xi, y_0(\xi))\, d\xi.$$

Nun bestimmt man y_2 so aus $\frac{dy_2}{dx} = f(x, y_1(x))$, daß $y_2(x_0) = y_0$ wird, und findet

$$y_2(x) = y_0 + \int_{x_0}^{x} f(\xi, y_1(\xi))\, d\xi.$$

Allgemein wird y_n durch

$$\frac{dy_n}{dx} = f(x, y_{n-1}), \quad y_n(x_0) = y_0$$

definiert, so daß

$$y_n(x) = y_0 + \int_{x_0}^{x} f(\xi, y_{n-1}(\xi))\, d\xi$$

ist. Falls eine der hierbei vorkommenden Näherungen selbst Lösung ist, falls also z. B. $y'_n(x) = f(x, y_n(x))$, $y_n(x_0) = y_0$ ist, so wird $y_{n+p}(x) \equiv y_n(x)$ für $p \geq 0$. Anderenfalls ist zur Bestimmung einer Lösung noch die Konvergenz der $y_n(x)$ zu untersuchen. Dabei wird sich dann auch ergeben, daß die übrigen Behauptungen unseres Satzes zutreffen.

Wir wollen zeigen, daß der $\lim\limits_{n \to \infty} y_n(x)$ existiert und daß die Grenzfunktion $y(x) = \lim\limits_{n \to \infty} y_n(x)$ eine Lösung der vorgelegten Differentialgleichung ist. Zunächst erhebt sich aber die Frage, ob man die angegebenen Schritte tatsächlich ausführen kann. Das geht dann und nur dann, wenn die Kurven $y = y_n(x)$ für das Intervall $|x - x_0| \leq a$

alle dem zugrunde gelegten Bereich angehören. Dies ist ohne weiteres der Fall, wenn der Bereich B so definiert ist: $\alpha \leq x \leq \beta$, y beliebig. Liegt aber ein allgemeinerer Bereich vor, so muß man unter Heranziehung der Bedingung (3) so schließen: Wir nahmen an, daß $y = y_0(x)$ für $|x - x_0| \leq a$ eine Kurve aus dem Rechteck R ist. Nehmen wir im Sinne der vollständigen Induktion an, daß $y = y_{n-1}(x)$ eine Kurve aus B ist. Dann wird

$$|y_n(x) - y_0| \leq \int_{x_0}^{x} |f(\xi, y_{n-1})| \, d\xi < M|x - x_0|.$$

Nun ist
$$|x - x_0| \leq a \quad \text{und} \quad Ma < b.$$
Also ist
$$|y_n(x) - y_0| < b.$$

Daher liegen für $|x - x_0| \leq a$ alle Näherungskurven $y = y_n(x)$ im Rechteck R[1].

Weiter bemerkt man, daß für $|x - x_0| \leq a$

$$\left| \frac{y_1(x) - y_0(x)}{x - x_0} \right|$$

beschränkt ist. Wählt man also N passend, so ist

$$|y_1(x) - y_0(x)| \leq N|x - x_0|.$$

Ferner wird

$$|y_2(x) - y_1(x)| = \left| \int_{x_0}^{x} |(f(\xi, y_1) - f(\xi, y_0)) \, d\xi \right| \leq M \int_{x_0}^{x} |y_1(\xi) - y_0(\xi)| \, d\xi$$

$$\leq MN \left| \int_{x_0}^{x} |\xi - x_0| \, d\xi \right| = MN \frac{|x - x_0|^2}{2}.$$

Allgemein wird, wie man durch vollständige Induktion nachweist,

$$|y_n(x) - y_{n-1}(x)| \leq M^{n-1} \cdot N \cdot \frac{|x - x_0|^n}{n!}.$$

Denn nimmt man

$$|y_{n-1}(x) - y_{n-2}(x)| \leq M^{n-2} \cdot N \frac{|x - x_0|^{n-1}}{(n-1)!}$$

als richtig an, so folgt aus

$$y_n(x) - y_{n-1}(x) = \int_{x_0}^{x} \{f(\xi, y_{n-1}) - f(\xi, y_{n-2})\} \, d\xi,$$

daß

$$|y_n(x) - y_{n-1}(x)| \leq M \left| \int_{x_0}^{x} |y_{n-1} - y_{n-2}| \, d\xi \right| \leq M^{n-1} \cdot N \cdot \frac{|x - x_0|^n}{n!}$$

ist.

---

[1] Dies ist die einzige Stelle, wo von der Voraussetzung (3) oder von $|f(x, y)| < M$ Gebrauch gemacht wird.

§ 1. Das Verfahren der sukzessiven Approximationen.

Die Reihe
$$y(x) = \lim_{n \to \infty} y_n(x)$$
$$= y_0(x) + (y_1(x) - y_0(x)) + \cdots + (y_n(x) - y_{n-1}(x)) + \cdots$$
konvergiert hiernach absolut und gleichmäßig für alle x mit $|x - x_0| \leq a$. Die Konvergenz ist mit der der Reihe für die Exponentialfunktion vergleichbar. Sie ist also sehr gut. Wegen der gleichmäßigen Konvergenz ist $y(x)$ stetig in $|x - x_0| \leq a$. Da $y_n(x)$ in R verläuft, ist $f(x, y_n)$ erklärt und eine stetige Funktion von x. Aus der LIPSCHITZ-Bedingung folgt
$$|f(x, y) - f(x, y_n)| \leq M |y - y_n|$$
und daher existiert auch
$$\lim_{n \to \infty} f(x, y_n) = f(x, y)$$
gleichmäßig. Aus
$$y_n(x) = y_0 + \int_{x_0}^{x} f(\xi, y_{n-1}) \, d\xi$$
ergibt sich daher für $n \to \infty$
$$y(x) = y_0 + \int_{x_0}^{x} f(\xi, y) \, d\xi.$$
Daraus folgt
$$\frac{dy}{dx} = f(x, y).$$

So haben wir also eine Lösung der Differentialgleichung gefunden, die der gegebenen Anfangsbedingung genügt. Für $|x - x_0| < a$ gilt[1] für dieselbe $|y(x) - y_0| < a M < b$.

Wir wollen uns noch überzeugen, daß sie tatsächlich die *einzige* Lösung ist, die die im Existenzsatz ausgesprochenen Eigenschaften besitzt. Nimmt man an, $Y(x)$ und $y(x)$ seien zwei Lösungen, die der Bedingung
$$y(x_0) = Y(x_0) = y_0$$
genügen. μ sei das Maximum der Differenz $|Y(x) - y(x)|$ für $x_0 \leq x \leq x_0 + \alpha$. α ist dabei eine Zahl, über die wir gleich noch näher verfügen werden. Dann ist
$$|f(x, Y) - f(x, y)| \leq M |Y - y|.$$
Aus
$$Y' - y' = f(x, Y) - f(x, y)$$
folgt weiter
$$|Y - y| \leq M \mu |x - x_0| \leq M \mu \cdot \alpha.$$

---

[1] Diese Aussage entfällt in den Fällen, wo M nicht eingeführt wurde.

Sei nun weiter $\alpha < \dfrac{1}{2M}$, so ist

$$|Y(x) - y(x)| \leq \frac{\mu}{2} \quad \text{für} \quad x_0 \leq x \leq x_0 + \alpha,$$

was nur dann keinen Widerspruch gegen die Definition von μ bedeutet, wenn $\mu = 0$ ist. Dann fallen aber zwischen $x = x_0$ und $x = x_0 + \alpha$ beide Lösungen zusammen. Ebenso schließt man im Intervall $x_0 - \alpha \leq x \leq x_0$ usw. Tatsächlich existiert also nur eine Lösung bei gegebener Anfangsbedingung[1]. *Anfangsbedingung* heißt dabei die Bedingung, daß für $y(x_0) = y_0$ sein soll. Es ist also am Anfang eines Intervalles, in dem eine Lösung gefunden werden soll, ihr Wert vorgeschrieben. Der eingangs ausgesprochene Satz ist nun in allen Teilen bewiesen. Die Gesamtheit der nach ihm vorhandenen Integrale machen das *allgemeine Integral* der Differentialgleichung aus. Jedes einzelne derselben heißt ein *partikuläres Integral*. (Vgl. dazu die vorläufige Erklärung S. 19.)

2. Bemerkungen: 1. Unsere Beweisführung läßt nicht erkennen, inwieweit die gemachten Voraussetzungen für die Richtigkeit der Behauptungen notwendig sind. In dieser Hinsicht hebe ich folgendes hervor. Für die Existenz der Lösungen reicht die Stetigkeit von $f(x, y)$ hin. Erst für die Einzigkeit der Lösung, d. h. ihre eindeutige Bestimmtheit durch die Anfangsbedingungen muß eine weitere Bedingung wie die LIPSCHITZsche gefordert werden. Dies hat zuerst PEANO erkannt[2]. Einen besonders durchsichtigen Beweis hat PERRON[3] gegeben. Einen Beweis dafür, daß (1) bei bloßer Stetigkeit von $f(x, y)$ vorausgesetzter Stetigkeit stets Lösungen besitzt, findet der Leser auf S. 46 ff. dieses Buches. Daß die Einzigkeit der Lösung ohne LIPSCHITZ-Bedingung verlorengehen kann, sieht man schon bei der Differentialgleichung

$$y' = \begin{cases} +\sqrt{|y|} & \text{für} \quad x > 0 \\ 0 & \text{für} \quad x = 0 \\ -\sqrt{|y|} & \text{für} \quad x < 0 \end{cases}$$

an der Stelle $x = y = 0$. Denn $y = 0$ und $y = \dfrac{x|x|}{4}$ sind zwei Lösungen durch diesen Punkt. Vgl. auch S. 70 ff.

2. Die Güte der Konvergenz unseres Verfahrens, d. h. die Zahl der Schritte, welche man nötig hat, um eine gewisse Annäherung an die Integralkurve zu erzielen, hängt wesentlich von der Zahl M, d. h. von dem Maximum von $\dfrac{\partial f}{\partial y}$ in dem Rechteck ab. Man kann sich geometrisch leicht überlegen, daß man es in einem gewissen Maße in der Hand hat durch eine passende Substitution, die geometrisch auf eine Drehung des xy-Koordinatensystems hinausläuft, hier

---

[1] Man kann unschwer unser Ergebnis dahin ergänzen, daß es außer der gefundenen keine Lösung gibt, für die $\lim_{x \to x_0} f(x) = y_0$ ist. Wenn man also von einer Lösung $f(x)$ nur voraussetzt, daß sie für $x_0 < x < x_0 + a$ differenzierbar ist, und daß $\lim_{x \to x_0} f(x) = y_0$ ist, so ist sie schon mit der im Existenztheorem angegebenen identisch.

[2] Math. Ann. Bd. 37. 1890. Vgl. dazu G. MIE: Math. Ann. Bd. 43. 1893.

[3] Math. Ann. 76.

§ 1. Das Verfahren der sukzessiven Approximationen.

einigermaßen günstige Verhältnisse zu schaffen. Schon S. 2 war von der geometrischen Deutung der Differentialgleichung die Rede. Ihr geometrisches Äquivalent war ein Feld von Linienelementen. Man kann demselben eine gewisse Übersichtlichkeit dadurch verschaffen, daß man die Linien einzeichnet, in deren Punkten Linienelemente gleicher Richtung liegen. Wir wollen sie die *Isoklinen* der Differentialgleichung nennen. Wenn nun $\frac{\partial f}{\partial y}$ einen großen Wert hat, so bedeutet das geometrisch, daß sich auf den Parallelen zur y-Achse die Richtung der Linienelemente rasch ändert, daß also diese geraden Linien die verschiedenen Isoklinen in rascher Folge durchsetzen. Wenn man also das Koordinatensystem so legt, daß die Isoklinen einigermaßen senkrecht zur Richtung der x-Achse stehen, so wird im neuen System $\frac{\partial f}{\partial y}$ einigermaßen klein werden und dann wird die Konvergenz unseres Verfahrens besser. Das würde auch bei der zeichnerischen Durchführung der Methode der sukzessiven Approximationen zur Geltung kommen.

3. Integralkurven in Parameterdarstellung. Durch eine Differentialgleichung wird jedem Punkte des Bereiches B eine Gerade zugeordnet. Dabei ist es gemäß den über $f(x, y)$ gemachten Voraussetzungen ausgeschlossen, daß die gegebenen Geraden der y-Achse parallel werden. Die geometrische Auffassung läßt somit als willkürlich erscheinen, was uns wohl bisher als vernünftige Annahme erschien. Drehung des Koordinatensystems kann bewirken, daß $f(x, y)$ an einzelnen Stellen unendlich wird, und umgekehrt kann man ein solches Unendlichwerden von $f(x, y)$ durch Änderung des Koordinatensystems in der Umgebung eines Punktes vielfach beseitigen, indem man durch Drehung des Koordinatensystems zu einer anderen Differentialgleichung übergeht, die auch in dem bisherigen Ausnahmepunkt unseren Voraussetzungen genügt, die aber in seiner Umgebung dieselben Geraden vorschreibt, wie die gegebene. Ein Unendlichwerden von $f(x, y)$ braucht also nicht notwendig ein singuläres Vorkommen im Geradenfeld zu bedeuten. Es kann einfach auf der Lage des Koordinatensystems beruhen, und bedeuten, daß eine Integralkurve des Geradenfeldes[1] der y-Achse parallel wird. Wenn z. B. $\frac{1}{f(x, y)}$ stetig bleibt, können wir durch Vertauschung von x und y zum Ziele gelangen. Am besten entspricht aber der Übergang zur Parameterdarstellung der geometrischen Sachlage. Man kann durch irgendeine Gleichung $\frac{dx}{dt} = \varphi(x, y)$ mit stetigem $\varphi(x, y)$ den Parameter t einführen. $\varphi(x, y)$ soll dabei längs einer Integralkurve nirgends verschwinden. Trägt man nämlich rechts die Gleichung $y = f(x)$ einer Lösung ein, so gewinnt man hieraus durch Quadratur ihre Parameterdarstellung[2], wobei noch der $t = 0$ entsprechende Punkt auf jeder Lösung beliebig wählbar bleibt, wie es der noch auftretenden Integrationskonstanten entspricht. Durch Einführung dieses Parameters t kann

---
[1] d. h. eine Kurve, die in jedem ihrer Punkte die Feldgerade berührt.
[2] Es wird also $\frac{dx}{dt} = \varphi(x, f(x))$, also $t = \int \frac{dx}{\varphi(x, f(x))}$.

BIEBERBACH, Differentialgleichungen. 3. Aufl.

man dann statt $\frac{dy}{dx} = f(x, y)$ auch schreiben $\frac{dy}{dt} = f \cdot \varphi$ und so diese eine Differentialgleichung durch das System $x' = \varphi$, $y' = f \cdot \varphi$ ersetzen. Ein entsprechender Existenzsatz lehrt dann wieder, daß es unter entsprechenden Bedingungen für f und φ genau eine Lösung gibt, die für $t = t_0$ die Werte x_0 und y_0 annimmt. Denkt man noch an die Willkür in der Wahl des $t = 0$ entsprechenden Punktes, so kann man auch sagen, es gehe nach wie vor durch jeden Punkt x_0, y_0 genau eine Integralkurve des Geradenfeldes, d. h. jetzt eine Lösung des angegebenen Systems[1]. Diese Betrachtungen legen es nahe, den Existenzsatz auf Systeme von Differentialgleichungen auszudehnen.

4. Systeme. Man kann nun aber auch auf Systeme direkt die Methode der sukzessiven Approximationen ohne jede nennenswerte Änderung übertragen und so auch noch allgemeinere Systeme betrachten wie z. B.

$$\frac{dy}{dx} = f(x, y, z),$$

$$\frac{dz}{dx} = g(x, y, z).$$

Hier wird man dann x, y, z als drei Raumkoordinaten deuten. Geometrisch bedeuten dann diese Gleichungen wieder, daß jedem Raumpunkt aus einem gewissen Bereich ein Linienelement zugeordnet wird. Und dann geht wieder durch jeden Punkt eine Lösung. Ich formuliere nun gleich den Satz für das allgemeinste System:

$$\frac{dy_i}{dx} = f_i(x, y_1, \ldots, y_n) \qquad (i = 1, 2 \ldots n).$$

Die Funktionen $f_i(x, y_1, \ldots, y_n)$ *seien in einem gewissen Bereich der* x, y_i, *also z. B. in dem Bereich* R: $|x - x_0| < a$, $|y_i - y_i^0| < b_i$ *ein-*

---

[1] Die durch einen Punkt gehende Integralkurve des Geradenfeldes ändert sich nicht, wenn man vom Parameter t zu einem anderen übergeht. Denn ist $\frac{dx}{dt} = f(x, y)$, $\frac{dy}{dt} = g(x, y)$ ein System, das jedem Punkt eine Feldgerade zuweist, so ist auch

$$\frac{dx}{d\tau} = f(x, y) h(x, y), \qquad \frac{dy}{d\tau} = g(x, y) h(x, y)$$

für jedes nicht verschwindende $h(x, y)$ ein ebensolches System. Es geht aus dem ersten hervor, wenn man durch $\frac{dt}{d\tau} = h(x, y)$ den neuen Parameter τ einführt. Ist dann $x = x(t)$, $y = y(t)$, $x(t_0) = t_0$, $y(t_0) = y_0$ eine Integralkurve des ersten Systems, so ist $x = x(t(\tau))$, $y = y(t(\tau))$, $t(\tau_0) = t_0$ offenbar dieselbe Kurve, aber auch Integralkurve des zweiten Systems, da $t(\tau)$ durch

$$\tau = \tau_0 + \int_{t_0} \frac{dt}{h(x(t), y(t))}$$

geliefert wird.

§ 1. Das Verfahren der sukzessiven Approximationen.

deutig und stetig erklärt. Es sei darin

(4) $\qquad |f_i| < M_i$ *und es sei* $b_i > a M_i$.

Endlich sei in R die LIPSCHITZ-*Bedingung*

(5) $|f(x, y'_1, \ldots, y'_n) - f(x, y''_1, \ldots, y''_n)| < M\{|y'_1 - y''_1| + \cdots + |y'_n - y''_n|\}$

erfüllt. Dann gibt es genau n in $|x - x_0| < a$ *stetige und mit stetigen ersten Ableitungen versehene Funktionen* $y_i(x)$, *welche diesen Differentialgleichungen genügen, für welche* $y_i(x_0) = y_i^{(0)}$ *ist, und die in* $|x - x_0| < a$ *stetig sind*[1].

5. Zusatz. Kommt insbesondere auf der rechten Seite x nicht vor, so kann man x längs vielen Integralkurven als Parameter auffassen und zu einem eine Gleichung weniger umfassenden System übergehen. Durch jeden Punkt des x, y_i-Raumes geht dann genau eine Lösung, die das ursprüngliche System in Parameterdarstellung liefert. Denken wir insbesondere an das ebene System zurück, wo also zwei auf einen Parameter t bezogene Differentialgleichungen $x' = f(x, y)$, $y' = g(x, y)$ vorliegen, so ist dieser Rückgang auf eine Gleichung nur dann nicht möglich, wenn an einer Stelle x_0, y_0 sowohl $f(x_0, y_0)$ wie $g(x_0, y_0)$ verschwinden. Dann wollen wir diese Stelle eine *singuläre* nennen. Wir werden solche singuläre Stellen bald noch ausführlicher behandeln. Hier sei nur einiges angeführt, was aus unseren bisherigen Darlegungen von selbst sich ergibt. Der für Systeme ausgesprochene Existenzsatz ist auch hier ohne weiteres anwendbar. Es gibt genau eine Lösung, welche für $t = t_0$ die Werte x_0 und y_0 annimmt, das ist eben die Lösung $x = x_0$, $y = y_0$, der geometrisch in der x-y-Ebene keine Kurve, sondern eben nur der singuläre Punkt entspricht. Auch hier ist wieder[2] zu bemerken, daß unsere Beweisführung die Behauptung mit umfaßt, daß es auch keine weiteren Lösungen gibt, die bei endlichem t_0 für $t \to t_0$ gegen x_0 und y_0 konvergieren. Wohl aber kann es weitere Lösungen geben, welche für $t \to \infty$ gegen x_0 und y_0 konvergieren. So sind ja z. B. für die Differentialgleichung

$$\frac{dy}{dx} = \frac{y}{x},$$

deren singulärer Punkt $x = y = 0$ ist, alle Geraden $y = mx$ Lösungen. In Parameterdarstellung kann man das System $x' = x$, $y' = y$ wählen, und

$$x = e^t x_0, \qquad y = e^t y_0$$

---

[1] Es sei dem Leser als nützliche Übung überlassen, die für eine einzelne Differentialgleichung in diesem Paragraphen vorgetragene Beweisführung auf Systeme zu übertragen. Besonders mag aber für spätere Anwendung hervorgehoben werden, daß auf die Bedingung (4) dann verzichtet werden kann, wenn der Bereich R so erklärt ist: $|x - x_0| < a$, alle y beliebig. Das trifft insbesondere für Systeme linearer Differentialgleichungen zu, d. h. dann, wenn die f_i lineare Funktionen der y sind. Ebenso entfallen die Voraussetzungen (4) für alle diejenigen unter den f, die z. B. in den y linear sind.

[2] Vgl. die Fußnote [1] auf S. 32.

werden Lösungen, welche für $t \to -\infty$ gegen $x = 0$ und gegen $y = 0$ streben, obwohl $x = 0$ und $y = 0$ die einzige Lösung des Systems ist, welcher der Koordinatenursprung angehört.

Eine jede Differentialgleichung höherer Ordnung kann als Spezialfall eines Systems aufgefaßt werden. Betrachten wir z. B. die Differentialgleichung zweiter Ordnung

(6) $$y'' = f(x, y, y'),$$

so kann man $y' = z$ setzen. Dann ist (6) äquivalent mit dem System

(7) $$y' = z$$
$$z' = f(x, y, z).$$

So folgt aus dem Existenzsatz für Systeme auch ein Existenzsatz für Differentialgleichungen höherer Ordnung. Wir kommen S. 140 darauf zurück.

§ 2. Die graphische Darstellung der Differentialgleichungen.

Für unsere Zwecke ist die Darstellung vermittels der Isoklinen die wichtigste. Wir haben oben schon dargelegt, daß eine Differentialgleichung

$$\frac{dy}{dx} = f(x, y)$$

oder ein System von Differentialgleichungen

$$\frac{dx}{dt} = g(x, y), \qquad \frac{dy}{dt} = h(x, y)$$

jedem Punkt eines Bereiches B, in dem $f(x, y)$, $g(x, y)$, $h(x, y)$ eindeutig, stetig und mit stetigen Ableitungen erster Ordnung versehen sein sollen, und in dem g und h nirgends gleichzeitig verschwinden, eine Gerade zuordnet, und daß also eine Differentialgleichung durch ein Feld von Linienelementen graphisch dargestellt wird. Um nun in diese Darstellung eine gewisse Übersichtlichkeit zu bringen, verbanden wir die Punkte des Bereiches, welchen die gleiche Richtung zugeordnet ist, durch Kurven, die wir Isoklinen nannten (vgl. S. 33). Wir versehen die einzelnen Isoklinen mit Nummern und merken uns in einem nebenan verzeichneten Geradenplan die zugehörigen Geraden an[1].

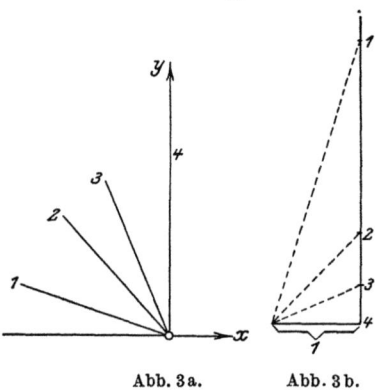

Abb. 3a. Abb. 3b.

---

[1] Man könnte natürlich auch gerade Linien der verlangten Stellung an die

§ 2. Die graphische Darstellung der Differentialgleichungen.

In Abb. 3 verzeichnen wir das Bild der Differentialgleichung
$$\frac{dy}{dx} = -\frac{x}{y}.$$

Abb. 4 zeigt die Differentialgleichung
$$\frac{dy}{dx} = x^2 + y^2,$$

wobei der kleinste Kreisradius als Längeneinheit gedacht ist.

Eine besondere Eigentümlichkeit weisen die Linienelemente der *linearen Differentialgleichungen* auf. Diejenigen Linienelemente nämlich, welche zu Punkten mit gleicher Abszisse gehören, sind auf einen festen Punkt hingerichtet. Wenn nämlich die Differentialgleichung

$$y' + f(x) y + g(x) = 0$$

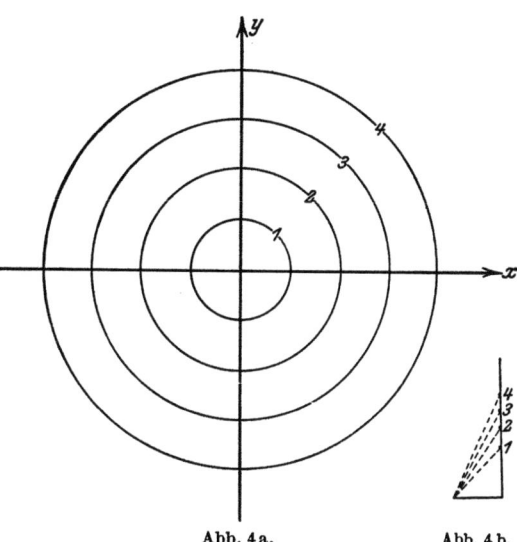

Abb. 4a. Abb. 4b.

gegeben ist, so gehört das Linienelement des Punktes x, y der Geraden

$$\eta = y - (f(x) y + g(x))(\xi - x)$$

an. Das Linienelement des Punktes x, y_1 aber liegt auf

$$\eta = y_1 - (f(x) y_1 + g(x))(\xi - x).$$

Beide Geraden schneiden sich im Punkt

$$\xi = x + \frac{1}{f(x)}, \qquad \eta = -\frac{g(x)}{f(x)},$$

dessen Koordinaten also nur von x, nicht von y oder y_1 abhängen. Man kann daher die *Leitkurve*

$$\xi = x + \frac{1}{f(x)}, \qquad \eta = -\frac{g(x)}{f(x)}$$

statt der Isoklinen verwenden, wenn man zu jedem ihrer Punkte die zugehörige Abszisse x derjenigen Linienelemente x, y, y' anmerkt, welche auf diesen Punkt hingerichtet sind. Natürlich kann man von

---

Isoklinen selbst zeichnen. Es würde aber Wirrwarr geben, wollte man sie hier so lang wählen, daß man mit einiger Sicherheit dann durch andere Punkte Parallelen dazu ziehen kann.

hier aus auch leicht das Isoklinenfeld selbst zeichnen. Abb. 5 zeigt das Bild der Differentialgleichung

$$y' = yx + 1$$

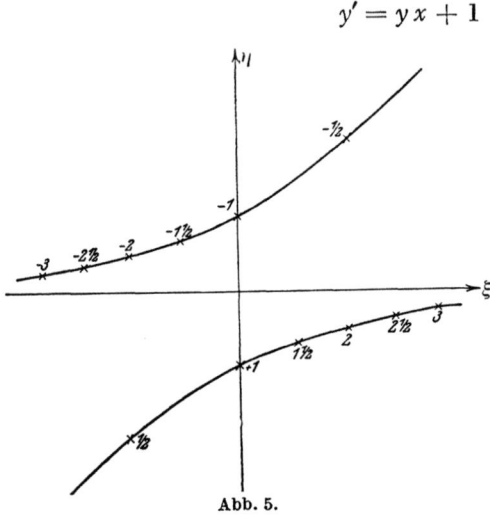

Abb. 5.

mit der Leitkurve

$$\xi = x - \frac{1}{x}, \quad \eta = -\frac{1}{x}$$

oder

$$\eta^2 - \eta\xi - 1 = 0.$$

Will man also z. B. das zum Punkt $(2, 3)$ gehörige Linienelement finden, so sucht man den Punkt der Leithyperbel, dessen Ordinate $\eta = -\frac{1}{2}$ ist und verbindet ihn mit $(2, 3)$. Dies liefert die Richtung des Linienelements. (Vgl. Abb. 5; an die Hyperbelpunkte sind die Abszissen x angeschrieben. In unserem Beispiel ist also der Hyperbelpunkt zu nehmen, an dem 2 steht.)

Will man ausgehend von der Leitkurve die Isoklinen zeichnen, z. B. die zu $y' = 2$ gehörige, so lege man durch alle Punkte der Leitkurve Parallele zu der gewünschten Richtung der Linienelemente und bringe diese mit den zu den einzelnen Kurvenpunkten gehörigen Parallelen zur y-Achse zum Schnitt. So erhält man zu jeder Abszisse denjenigen Punkt, dessen Linienelement die gewünschte Richtung hat.

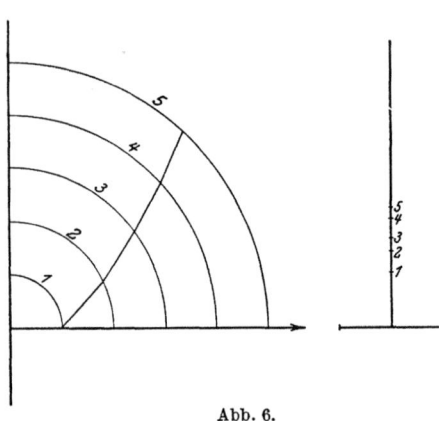

Abb. 6.

Sowohl Isoklinenfeld wie Leitkurve können auch mit Vorteil verwendet werden, wenn es sich darum handelt, in der schon angedeuteten Weise eine erste Näherungslösung der Differentialgleichung zu zeichnen. Abb. 6 zeigt eine solche für die Differentialgleichung

$$y' = x^2 + y^2.$$

Man kann die Näherungen dadurch verbessern, daß man die Isoklinen dichter wählt. Auch empfiehlt es sich, in dem Streifen zwischen zwei aufeinanderfolgenden Isoklinen die Näherungskurve nicht mit einer der auf den Isoklinen vorgeschriebenen Richtungen zu zeichnen, sondern dazu das arithmetische Mittel der auf beiden vorgeschriebenen Richtungen zu verwenden. Daß dies Verfahren bei genügender Verfeinerung gegen die wahre Lösung konvergiert, werden wir bald beweisen und dabei gleichzeitig auch die Güte der bei jedem Schritt erreichten Näherung abschätzen.

§ 3. Wie beurteilt man die Güte einer Näherung?

Wenn man fragt, wie gut eine Näherung mit einer Lösung übereinstimmt, so verlangt man damit eine Abschätzung der Differenz zwischen der Näherung und der Lösung. Oben, bei der zeichnerischen Behandlung der Differentialgleichung, waren wir in Versuchung, schon zufrieden zu sein, wenn wir nur sahen, daß die betreffende Funktion angenähert der Differentialgleichung genügt, oder anders ausgedrückt, wenn sich herausstellte, daß die Tangenten der Lösungen angenähert mit den in den Punkten der Kurve im Feld vorgeschriebenen Geraden übereinstimmten. Und hier erhebt sich das Problem. Ich formuliere es so: Man hat zwei Differentialgleichungen

(1) $$\frac{dy}{dx} = f(x, y),$$

(2) $$\frac{dY}{dx} = f(x, Y) + A(x, Y).$$

$f(x, y)$ soll in einem Bereich B stetig und beschränkt sein und einer LIPSCHITZschen Bedingung genügen. $A(x, y)$ soll in B beschränkt sein[1]. Dazu kommt noch eine gleich zu nennende weitere Voraussetzung. Man wünscht zu wissen, wie groß die Differenz zweier Lösungen der beiden Gleichungen sein kann, wenn diese Lösungen den gleichen Anfangsbedingungen genügen. Man wird natürlich erwarten, daß ein kleines $A(x, y)$ einen geringen Unterschied der Lösungen bedingt, oder mit anderen Worten, daß die Lösungen sich stetig mit der Differentialgleichung ändern. Es soll sich aber auch darum handeln, den Unterschied der Lösungen abzuschätzen.

Man braucht nur wieder die Lösungen nach der Methode der sukzessiven Approximationen zu konstruieren; dabei ergibt sich die Beantwortung unserer Frage mit Leichtigkeit. Zur Vereinfachung der Rechnung wollen wir bei beiden Differentialgleichungen die gleiche erste Näherung verwenden. Als solche Näherung benutzt man eine Lösung $Y(x)$ der zweiten Differentialgleichung, weil man sonst angesichts der wenigen über $A(x, Y)$ gemachten Voraussetzungen nicht sicher ist, daß das Verfahren konvergiert. Ich setze neben der Existenz

---
[1] Stetigkeit wird nicht vorausgesetzt.

I. 2. Die Methode der sukzessiven Approximationen.

dieser Lösung voraus, daß diese Lösung stetig und mit einer Ableitung versehen sei, die bis auf endlich viele Sprünge stetig ist. Diese erste Näherung sei

$$y_0(x) = Y(x).$$

Die Lösungen sollen so bestimmt werden, daß sie für $x = x_0$ den Wert $y = y_0$ erhalten. Namentlich ist also $y_0(x_0) = Y_0(x_0) = y_0$. Ich setze

$$|A(x,y)| < \delta.$$

Dann finde ich zunächst die beiden Näherungen

$$y_1(x) = y_0 + \int_{x_0}^{x} f(\xi, y_0(\xi)) \, d\xi$$

und

$$Y(x) = y_0 + \int_{x_0}^{x} f(\xi, y_0(\xi)) \, d\xi + \int_{x_0}^{x} A(\xi, y_0(\xi)) \, d\xi.$$

Ihr Unterschied kann sofort abgeschätzt werden:

$$|Y(x) - y_1(x)| < \delta |x - x_0|.$$

Daher wird weiter[1]

$$|f(x, Y) - f(x, y_1)| < M|Y - y_1| < \delta M |x - x_0|.$$

So erhält man dann die Abschätzung

$$|Y(x) - y_2(x)| =$$

$$= \left| \int_{x_0}^{x} \{f(\xi, Y) - f(\xi, y_1)\} d\xi + \int_{x_0}^{x} A(\xi, Y) d\xi \right| < \delta M \frac{|x - x_0|^2}{2} + \delta |x - x_0|.$$

Daraus ergibt sich wieder

$$|f(x, Y) - f(x, y_2)| < M|Y - y_2| < \delta M^2 \frac{|x - x_0|^2}{2} + \delta M |x - x_0|.$$

Und daraus findet man

$$|Y - y_3| < \delta M^2 \frac{|x - x_0|^3}{3!} + \delta M \frac{|x - x_0|^2}{2} + \delta |x - x_0|.$$

Durch vollständige Induktion bestätigt man, daß allgemein

$$|Y - y_n| < \delta M^{n-1} \frac{|x - x_0|^n}{n!} + \delta M^{n-2} \frac{|x - x_0|^{n-1}}{(n-1)!} + \cdots + \delta |x - x_0|.$$

Da aber nun für die Lösungen $Y(x)$ und $y(x)$ selbst

$$Y(x) - y(x) = \lim_{n \to \infty} \{Y(x) - y_n(x)\}$$

wird, so findet man aus unseren Abschätzungen:

(3) $$|Y(x) - y(x)| < \delta |x - x_0| e^{M|x - x_0|}.$$

---

[1] Unsere Annahme über $Y_0(x)$ hat zur Folge, daß alle $Y_i(x)$ mit $Y(x)$ übereinstimmen. M hat die auf S. 28 angegebene Bedeutung.

§ 3. Wie beurteilt man die Güte einer Näherung?

Diese Formel ist es, die wir gewinnen wollten. Sie gilt für jedes Intervall, in dem nach S. 27ff. das Verfahren der sukzessiven Approximationen konvergiert. Die Länge dieses Intervalles hängt daher nur vom Bereich B und vom Maximum des absoluten Betrages von $f(x, y)$ ab.

Sie bringt u. a. zum Ausdruck, *daß sich bei festen Anfangsbedingungen die Lösungen stetig mit der Differentialgleichung ändern.*

Ich wende dies insbesondere auf den Fall an, daß die rechte Seite einer Differentialgleichung

$$\frac{dy}{dx} = f(x, y, \mu)$$

stetig von einem Parameter μ abhängt, genauer, daß sie eine stetige Funktion von x, y und dem Parameter μ ist, solange x, y einem Bereich B und μ einem Intervall I angehören. Dann hängen auch die Lösungen bei fester, d. h. von μ unabhängiger Anfangsbedingung stetig von μ ab. Wenn außerdem $f(x, y, \mu)$ erste Ableitungen nach y und nach μ besitzt, die ihrerseits stetig von x, y, μ abhängen, so besitzen auch die Lösungen erste Ableitungen nach μ, die stetig von x und μ abhängen.

Die erste Hälfte der Behauptung, welche sich auf die stetige Abhängigkeit der Lösungen von x und μ bezieht, ergibt sich unmittelbar als Anwendung der voraufgegangenen Betrachtungen. So bleibt nur noch der auf die Differenzierbarkeit bezügliche Teil der Behauptung zu beweisen. Dazu bilde man den nach μ genommenen Differenzenquotienten auf beiden Seiten der Identität

(4) $$\frac{dy(x, \mu)}{dx} = f(x, y(x, \mu), \mu).$$

Man erhält

$$\frac{d}{dx}\left(\frac{y(x, \mu + \Delta\mu) - y(x, \mu)}{\Delta\mu}\right) = \frac{f(x, y + \Delta y, \mu + \Delta\mu) - f(x, y, \mu)}{\Delta\mu}.$$

Dafür kann man kurz schreiben[1]

(5) $$\frac{d}{dx}\left(\frac{\Delta y}{\Delta\mu}\right) = \frac{\partial f}{\partial y}(x, y + \vartheta\Delta y, \mu + \vartheta\Delta\mu)\frac{\Delta y}{\Delta\mu}$$
$$+ \frac{\partial f}{\partial \mu}(x, y + \vartheta\Delta y, \mu + \vartheta\Delta\mu) \qquad (0 < \vartheta < 1).$$

Das ist bei festem μ und $\Delta\mu$ eine lineare Differentialgleichung für den Differenzenquotienten $\frac{\Delta y}{\Delta\mu}$, eine Gleichung, deren Koeffizienten an der Stelle $\Delta\mu = 0$ noch stetig von dem in die Lösung eingehenden Parameter $\Delta\mu$ abhängen[2]. Für $\Delta\mu \to 0$ gehen die Koeffizienten der Dif-

---

[1] Im Falle, wo $f(x, y, \mu)$ analytisch von y, μ abhängt, entwickle man rechts nach Potenzen von Δy und $\Delta \mu$ (statt der Anwendung des Mittelwertsatzes).

[2] Unter den Ableitungen denken wir uns die Funktion $y(x, \mu)$, also auch Δy eingetragen. Ebenso denken wir uns ϑ als Funktion von x und μ und $\Delta \mu$ eingesetzt. Die Koeffizienten der linearen Differentialgleichung können also als

ferentialgleichung (5) in die der linearen Differentialgleichung

(6) $$\frac{dz}{dx} = \frac{\partial f}{\partial y}(x,y,\mu)z + \frac{\partial f}{\partial \mu}(x,y,\mu)$$

über. Für μ ist nämlich eine feste Zahl zu nehmen, so daß $y(x,\mu)$ eine wohlbestimmte Funktion von x ist. Daher ist auch bei festem $\Delta\mu$, Δy eine wohlbestimmte Funktion von x, die für $\Delta\mu \to 0$ gleichmäßig in x gegen Null geht. Daher unterscheiden sich bei festem $\Delta\mu$ die Koeffizienten von (5) von denen von (6) um Funktionen von x, die für $\Delta\mu \to 0$ gleichmäßig in x gegen Null streben. Man wird vermuten, daß die bei x_0 verschwindende Lösung von (5) bei diesem Grenzübergang $\Delta\mu \to 0$ stetig in die bei x_0 verschwindende Lösung von (6) übergeht. Falls dies richtig ist, so besitzt $\frac{\Delta y}{\Delta\mu}$ für $\Delta\mu \to 0$ einen Grenzwert, und somit ist die bei x_0 der Bedingung $y(x_0) = y_0$ genügende Lösung von (4) eine differenzierbare Funktion von μ, deren Ableitung nach μ stetig von x und μ abhängt. Den Beweis erbringt man am besten durch direkte Integration der linearen Gleichungen (5) und (6) (vgl. S. 11). Die dort gegebene Auflösungsformel läßt die Richtigkeit unserer Vermutung sofort erkennen. Man kann den Beweis aber auch dadurch führen, daß man das über die Differentialgleichungen (1) und (2) gewonnene Ergebnis (3) auf die Differentialgleichungen (6) und (5) anwendet, wobei also (1) durch (6) und (2) durch (5) zu ersetzen ist.

Wendet man die gleiche Betrachtung auf (6) an, dessen Lösung $z = \frac{\partial y}{\partial \mu}$ ist, so erkennt man, daß aus der Existenz und Stetigkeit der Ableitungen von f nach y und μ bis zur n-ten Ordnung einschließlich die Existenz und Stetigkeit von $\frac{\partial y^n}{\partial \mu^n}$ folgt.

Bemerkung: Alle Ergebnisse lassen sich auf Systeme übertragen. Der Leser überlege sich, welche der vorgetragenen Beweismethoden man zweckmäßig verwendet.

§ 4. Abhängigkeit von den Anfangsbedingungen.

1. Stetigkeit. Der naiven Anschauung liegt die Auffassung nahe, daß eine geringe Änderung der Anfangsbedingungen eine nur geringe Änderung der Lösung nach sich zieht. Wir wollen die Richtigkeit dieser Ansicht bestätigen und zugleich eine Abschätzung der Lösungsänderung gewinnen. Auch hierzu leistet die Methode der sukzessiven Approximationen gute Dienste. Es sei

(1) $$\frac{dy}{dx} = f(x,y)$$

---

gegebene Funktionen von x angesehen werden. Der Differenzenquotient $\frac{\Delta y}{\Delta \mu}$ ist zwar auch bekannt. Doch soll gerade die lineare Differentialgleichung benutzt werden, um Näheres über ihn zu erfahren.

§ 4. Abhängigkeit von den Anfangsbedingungen. 43

die Differentialgleichung[1]. Die Anfangsbedingung für die Lösung $Y(x)$ derselben sei
$$Y(x_0) = y_0;$$
für die Lösung $y(x)$ aber sei $y(x_0) = y_0 + \varepsilon$, wo $|\varepsilon| < \eta$ sei. η bedeutet eine vorgegebene positive Zahl.

Dann seien

$$Y_0(x) = y_0 \qquad\qquad y_0(x) = y_0 + \varepsilon$$
$$Y_1(x) = y_0 + \int_{x_0}^{x} f(\xi, Y_0(x))\,d\xi \qquad y_1(x) = y_0 + \varepsilon + \int_{x_0}^{x} f(\xi, y_0(\xi))\,d\xi$$
$$Y_2(x) = y_0 + \int_{x_0}^{x} f(\xi, Y_1)\,d\xi \qquad y_2(x) = y_0 + \varepsilon + \int_{x_0}^{x} f(\xi, y_1(\xi))\,d\xi$$
$$\cdots\cdots\cdots\cdots\cdots\cdots\cdots\cdots\cdots\cdots\cdots\cdots\cdots\cdots\cdots$$

Folgen von Näherungslösungen.

Daraus gewinnt man
$$|Y_1(x) - y_1(x)| < \eta + M\eta|x - x_0|$$
$$|Y_2(x) - y_2(x)| < \eta + M\eta|x - x_0| + M^2\eta\frac{|x - x_0|^2}{2}.$$

Vollständige Induktion lehrt allgemein
$$|Y_n(x) - y_n(x)| < \eta + M\eta|x - x_0| + M^2\eta\frac{|x - x_0|^2}{2} + \cdots + M^n\eta\frac{|x - x_0|^n}{n!}.$$

Durch Grenzübergang folgt
$$(2) \qquad |Y(x) - y(x)| \leqq \eta\, e^{M|x - x_0|}.$$

Wir haben damit zugleich auch die Größe des Einflusses abgeschätzt, welchen eine Änderung der Anfangsbedingungen auf den Verlauf der Integralkurve äußerstens haben kann. Hätte es sich uns lediglich darum gehandelt, aufzuweisen, daß die Lösung stetig von y_0 abhängt, so hätte die Bemerkung genügt, daß die Näherungslösungen stetig von y_0 abhängen und daß die Reihe
$$y_0 + \sum (y_n - y_{n-1})$$
gleichmäßig in y_0 konvergiert. Das folgt einfach daraus, daß die Abschätzungen auf S. 30 von der speziellen Wahl von y_0 unabhängig sind, wofern nur (x_0, y_0) ein Punkt aus dem S. 28 eingeführten Rechteck ist. Man gehe nur unter diesem Gesichtspunkt die Betrachtungen von S. 28 ff. erneut durch!

Die Lösungen sind also stetige Funktionen der Anfangsbedingungen:
$$y = y(x, y_0).$$

Zu einem zweiten Beweis dieses Ergebnisses gelangt man durch Anwendung des auf S. 40 gewonnenen Satzes. Man mache, um das

---
[1] Wir knüpfen an die Voraussetzungen und die Bezeichnungen der S. 27 ff. an.

einzusehen, in (1) die Substitution $y(x) = z(x) + \varepsilon$. Dadurch geht (1) in

(3) $$\frac{dz}{dx} = f(x, z + \varepsilon)$$

über. Die Lösung $y(x)$ von (1) mit der Anfangsbedingung $y(x_0) = y_0 + \varepsilon$ geht in eine Lösung von (3) mit der Anfangsbedingung $z(x_0) = y_0$ über. Man hat also eine Lösung $Y(x)$ von (1) und eine Lösung $z(x)$ von (3) mit gleicher Anfangsbedingung zu vergleichen. Daher liefert die Abschätzung (3) von S. 40

$$|Y(x) - z(x)| < \eta M |x - x_0| e^{M|x-x_0|}.$$

Daraus folgt

$$|Y(x) - y(x)| < \eta + \eta M |x - x_0| e^{M|x-x_0|},$$

ein Ergebnis, das je nach den Werten von η, $M|x - x_0|$ besser oder schlechter sein kann, als das oben auf direktem Wege gewonnene (2).

Die Länge des Intervalls, in dem die gefundenen Abschätzungen gelten, ist allein dadurch bestimmt, daß das benutzte Verfahren der sukzessiven Approximationen konvergiert. Nach S. 40/41 hängt daher die Intervallänge nur vom Bereich B und vom Maximum des absoluten Betrages von f ab.

2. Differenzierbarkeit. Die eben verwendete Methode hat aber den Vorteil, daß sie auch Aufschluß über die Differenzierbarkeit der Lösungen als Funktionen der Anfangsbedingungen liefert. Wir können nämlich ε in (3) als einen Parameter μ auffassen, von dem die Lösungen abhängen. So liefert der auf S. 41 bewiesene Satz unmittelbar das Ergebnis, *daß die Lösungen von* (1) *eine stetige erste Ableitung nach y_0 besitzen, falls $f(x, y)$ eine stetige erste Ableitung nach y besitzt, sowie daß die Ableitungen der Lösungen nach y_0 bis zur n-ten Ordnung einschließlich existieren und stetig sind, wenn die Ableitungen von $f(x, y)$ nach y bis zur n-ten Ordnung einschließlich stetig sind.*

3. Zusatz. Die Betrachtungen dieses Paragraphen lassen sich wieder auf Systeme übertragen. Hieraus oder auch direkt kann man weiter schließen, daß die Lösungen auch stetig von dem Anfangswert x_0 abhängen. Man kann sie also in der Form

(4) $$y = \varphi(x; x_0, y_0)$$

schreiben und hat dann, falls noch die ersten Ableitungen von $f(x, y)$ nach x und y stetig sind, in $\varphi(x; x_0, y_0)$ eine samt ihren Ableitungen erster Ordnung stetige Funktion vor sich. Man kann diese Gleichung nach y_0 auflösen und schließen, daß die Auflösung

$$y_0 = \psi(x, y, x_0)$$

selbst samt ihren ersten Ableitungen stetig von x, y, x_0 abhängt. Die Auflösung von (4) ist nämlich durch

$$y_0 = \varphi(x_0; x, y)$$

gegeben. Wenn man nämlich mit (x, y) einen Punkt der durch (x_0, y_0) gehenden Lösung bezeichnet, so ist diese Lösung auch durch diesen Punkt bestimmt. Demnach muß insbesondere die durch x, y bestimmte Lösung durch $x_0 y_0$ gehen. Also ist

$$y_0 = \varphi(x_0; x, y),$$

und diese Funktion ist samt den ersten Ableitungen stetig in den mehrerwähnten Rechtecken.

4. Bemerkung: Die Überlegungen dieses Paragraphen erlauben es auch, den Einfluß einer gleichzeitigen Änderung von Anfangsbedingung und Differentialgleichung zu beurteilen. Wenn man dies z. B. auf Differentialgleichungen anwendet, deren rechte Seite

$$f(x, y, \mu)$$

stetig von x, y und einem Parameter μ abhängt, so erkennt man, daß die Lösung, welche für $x = x_0$ den Wert y_0 annimmt, stetig von den beiden Variablen y_0 und μ abhängt. Denn eine gleichzeitige geringe Änderung von y_0 und μ zieht eine geringe Änderung von $f(x, y, \mu)$ und also eine geringe Änderung der Lösung y nach sich.

§ 5. Die EULER-CAUCHYsche Polygonmethode.

1. Die Methode. CAUCHY hat die bekannte zur Definition des bestimmten Integrales dienende Methode auf Differentialgleichungen übertragen. Wir haben den Ansatz dieser Methode schon mehrfach zur näherungsweisen Integration verwendet. Schon EULER lehrte ein genähertes Integral dadurch finden, daß man vom Anfangspunkt aus in der dort vorgeschriebenen Richtung ein Stück weit vorgeht, in einem gewissen Punkte dann zu der dort vorgeschriebenen Richtung übergeht, um diese ein Stück weit einzuhalten usw. Aber erst CAUCHY hat *bewiesen*, daß die Polygone gegen Integralkurven konvergieren. Daß dem so ist, kann man mit den uns zu Gebote stehenden Mitteln am raschesten folgendermaßen einsehen. Die durch das Polygon dargestellte Funktion ist die genaue Lösung einer allerdings unstetigen Differentialgleichung

$$\frac{dY}{dx} = F(x, Y).$$

Man definiere nämlich $F(x, Y) = f(x, Y)$ überall außer in den Punkten des Polygons. In den ihm angehörigen Punkten setze man $F(x, Y)$ gleich dem Richtungskoeffizienten der oder einer der hindurch gehenden Polygonseiten.

Ich schreibe dann die Hilfsdifferentialgleichung so

$$\frac{dY}{dx} = f(x, Y) + \{F(x, Y) - f(x, Y)\}.$$

Setze ich dann noch $F - f = \Delta$, so werden die Betrachtungen von S. 39 ff. anwendbar. Jedenfalls soll $f(x, y)$ der LIPSCHITZschen Be-

dingung genügen. Daher konvergieren die auf
$$\frac{dy}{dx} = f(x, y)$$
bezüglichen Näherungen y_n. Die auf
$$\frac{dY}{ax} = F(x, Y)$$
bezüglichen Näherungen Y_n sind aber offenbar alle identisch, wenn man wie S. 39 für Y_0 die genaue Lösung $Y(x)$ dieser Differentialgleichung, das bekannte EULER-CAUCHYsche Polygon, nimmt. Diese Tatsachen genügen aber, um die Betrachtungen von S. 39ff. anwendbar zu machen. Man findet daher für den Unterschied zwischen der genauen Lösung durch (x_0, y_0) und der EULER-CAUCHYschen Näherung
$$|Y(x) - y(x)| < \delta |x - x_0| e^{M|x-x_0|}.$$
Dabei ist offenbar δ weiter nichts als eine obere Schranke für den absoluten Betrag der Differenz zwischen dem in einem Punkte des Polygons durch die Differentialgleichung vorgeschriebenen Richtungskoeffizienten und dem im gleichen Punkte vom Polygon innegehaltenen Richtungskoeffizienten. δ kann daher wegen der gleichmäßigen Stetigkeit von $f(x, y)$ dadurch beliebig klein gemacht werden, daß man die Polygonseiten hinreichend kurz wählt. Man hat also das Resultat:

Wenn längs einer jeden Seite des EULER-CAUCHY*schen Polygons die Schwankung von* $f(x, y)$ *kleiner als* δ *bleibt, und wenn ferner im ganzen Bereich* $f(x, y)$ *der* LIPSCHITZ*schen Bedingung von S. 28 genügt, so ist der Unterschied zwischen der genauen Lösung von*
$$\frac{dy}{dx} = f(x, y)$$
und der EULER-CAUCHY*schen Näherung kleiner als*
$$\delta |x - x_0| e^{M|x-x_0|}.$$

2. Verallgemeinerung des Existenzsatzes. Ich will noch eine Anwendung der EULER-CAUCHYschen Methode angeben. Es soll sich darum handeln — wie schon S. 32 in Aussicht genommen wurde — zu beweisen, daß der Existenzsatz von S. 27/28 für Differentialgleichungen

(1) $$\frac{dy}{dx} = f(x, y)$$

mit einer gewissen Einschränkung schon dann gilt, wenn nur $f(x, y)$ in einem gewissen Bereich B stetig ist. Die Einschränkung liegt darin, daß jetzt durch jeden Punkt von B zwar *mindestens* eine Lösung von (1) geht, daß es aber jetzt, wie schon S. 32 bemerkt wurde, im allgemeinen mehr als eine Lösung durch einen gegebenen Punkt gibt. Ich werde also folgendes beweisen:

§ 5. Die EULER-CAUCHYsche Polygonmethode.

Wenn $f(x, y)$ im Bereiche B stetig ist und wenn x_0, y_0 ein Punkt aus B ist, so gibt es eine Zahl $a > 0$ derart, daß mindestens eine für $|x - x_0| < a$ stetige Funktion $y(x)$ existiert, für die (1) in $|x - x_0| < a$ identisch erfüllt ist, und für die $y(x_0) = y_0$ ist.

Zum Beweise grenze ich um x_0, y_0 ein B angehöriges Rechteck $|x - x_0| \leq \alpha$, $|y - y_0| \leq \beta$ ab und ersetze alsdann (1) durch eine Differentialgleichung

$$(2) \qquad \frac{dy}{dx} = g(x, y),$$

deren rechte Seite im ganzen Streifen $|x - x_0| \leq \alpha$ stetig ist, und wo im Rechteck und an seinem Rande

$$g(x, y) = f(x, y)$$

gilt. Eine solche Funktion erhält man, wenn man außerhalb des Rechtecks

$$g(x, y) = f(x, y_0 \pm \beta)$$

definiert, wo das obere oder das untere Zeichen gelten soll, je nachdem $y - y_0 > \beta$ oder $y - y_0 < -\beta$ ist. Dieser Kunstgriff hat den Vorteil, daß wir für die neue Gleichung (2) im ganzen Intervall $|x - x_0| \leq \alpha$ eine Lösung erhalten, die dann für alle die x-Werte der Gleichung (1) genügt, für die sie im Rechteck verläuft. Dadurch ist dann die Zahl a des Satzes bestimmt. Diese ist wegen der Stetigkeit der Lösung sicher positiv.

Zur Konstruktion einer Lösung bedienen wir uns der Polygonmethode. Zur Herstellung des n-ten Polygones teilen wir das Intervall $|x - x_0| \leq \alpha$ in 2^n gleiche Teile ein, so daß die zum n-ten Polygon gehörige Einteilung durch Halbierung aller der Intervalle entsteht, die beim $n - 1$-sten Polygon auftraten. Ausgehend vom Punkte x_0, y_0 konstruieren wir dann das n-te Polygon, indem wir stets in dem zwischen zwei x-Teilpunkten gelegenen Streifen eine feste Richtung einhalten, nämlich diejenige, die über dem x_0 zunächst gelegenen Teilpunkt vorgeschrieben ist.

$$\eta = \psi_n(x)$$

sei die dem n-ten Polygon zugehörige Richtungsfunktion, so daß das n-te Polygon selbst durch

$$(3) \qquad y_n(x) = y_0 + \int_{x_0}^{x} \psi_n(t)\, dt$$

gegeben ist[1]. Wir betrachten noch

$$(4) \qquad y_n^*(x) = y_0 + \int_{x_0}^{x} g(t, y_n(t))\, dt.$$

---

[1] Die für $\psi_n(x)$ vorhin durch Worte gegebene Definition läßt sich dann so in Formeln ausdrücken. Ein Teilintervall sei von x_k und x_{k+1} begrenzt. x_k sei der x_0 zunächst gelegene Teilpunkt. Dann ist ψ_n zwischen x_k und x_{k+1} so erklärt: $\psi_n(x) = g(x_k, y_n(x_k))$ und in den an x_0 anstoßenden Intervallen ist $\psi_n(x) = g(x_0, y_0)$.

Alle bei den verschiedenen Polygonen vorkommenden x-Teilpunkte bilden eine abzählbare Menge. Die Funktionen $|\psi_n(x)|$ liegen alle unter einer festen Schranke M, denn das sind Werte, die $g(x, y)$ in geeigneten Punkten annimmt. Daher sind nach (3) und (4) auch die $|y_n(x)|$ und $|y_n^*(x)|$ unter einer festen Schranke gelegen. Daher kann man aus der Folge der $y_n(x)$ eine Teilfolge auswählen, derart, daß an allen Teilpunkten der

$$\lim_{n\to\infty} y_n(x)$$

existiert. Man numeriere, um das einzusehen, die Teilpunkte und betrachte die Werte der $y_n(x)$ am ersten Teilpunkte. Da sie beschränkt sind, kann man eine konvergente Teilfolge auswählen. Die dazu gehörigen Funktionen $y_n(x)$ betrachte man am zweiten Teilpunkte und wähle daraus eine auch dort konvergente Teilfolge aus usw.

So möge man nacheinander die Folgen

$$y_{\lambda_1}(x), \quad y_{\lambda_2}(x) \ldots$$
$$y_{\mu_1}(x), \quad y_{\mu_2}(x) \ldots$$
$$\cdot \quad \cdot \quad \cdot \quad \cdot \quad \cdot \quad \cdot \quad \cdot \quad \cdot$$

erhalten, deren jede eine Teilfolge der vorhergehenden ist, und die derart beschaffen sind, daß die n-te Folge an den n ersten Teilpunkten konvergiert. Die Diagonalfolge

$$y_{\lambda_1}(x), \quad y_{\mu_2}(x) \ldots$$

konvergiert dann an allen Teilpunkten.

Ich werde nun zeigen, daß diese Diagonalfolge sogar für *alle* x aus $|x - x_0| \leq \alpha$ konvergiert.

Sei nämlich x_1 eine beliebige Stelle mit $|x_1 - x_0| \leq \alpha$, so gibt es zwischen x_0 und x_1 beliebig nahe bei x_1 Teilpunkte. x_2 sei ein zwischen x_0 und x_1 gelegener Teilpunkt, über den wir nun gleich passend verfügen werden. Jedenfalls ist

$$y_n(x_1) - y_n(x_2) = \int_{x_2}^{x_1} \psi_n(x)\, dx.$$

Daher ist

$$|y_n(x_1) - y_n(x_2)| < M|x_1 - x_2|$$

für *alle* n. Man gebe eine Zahl $\varepsilon > 0$ vor und wähle x_2 so nahe an x_1, daß

$$M|x_1 - x_2| < \frac{\varepsilon}{3}$$

wird. Dann ist also

$$|y_n(x_1) - y_n(x_2)| < \frac{\varepsilon}{3},$$

einerlei, wie sonst x_1 und x_2 gewählt sein mögen.

§ 5. Die EULER-CAUCHYsche Polygonmethode.

Ferner wähle man alsdann n so groß, daß für alle $p > 0$

$$|y_{n+p}(x_2) - y_n(x_2)| < \frac{\varepsilon}{3}$$

ist. Da auch

$$|y_{n+p}(x_1) - y_{n+p}(x_2)| < \frac{\varepsilon}{3}$$

ist, so wird

$$|y_{n+p}(x_1) - y_n(x_1)| < \varepsilon,$$

woraus die Konvergenz folgt. Es gibt also eine Grenzfunktion $y(x)$, für die

$$y(x) = \lim_{n \to \infty} y_n(x)$$

in $|x - x_0| \leq \alpha$ gilt. Ich zeige, daß diese Grenzfunktion stetig ist.

Dies folgt daraus, daß, wie eben schon bemerkt wurde, für *irgend* zwei Werte x_1 und x_2, für die

$$M|x_1 - x_2| < \varepsilon$$

ist, auch für alle n

$$|y_n(x_1) - y_n(x_2)| < \varepsilon$$

ist. Daher ist auch

$$|y(x_1) - y(x_2)| \leq \varepsilon,$$

sobald

$$M|x_1 - x_2| < \varepsilon$$

ist.

Weiter streben die durch (4) erklärten $y^*(x)$ derselben Grenzfunktion $y(x)$ zu, wie die $y_n(x)$. Denn aus (3) und (4) folgt

$$y_n^*(x) - y_n(x) = \int_{x_0}^{x} [g(t, y_n(t)) - \psi_n(t)] \, dt.$$

Nun aber sind die Werte von $\psi_n(t)$ in den einzelnen Teilintervallen konstant, und zwar stets gleich dem Wert, den $g(t, y_n(t))$ in der am einen Ende des Teilintervalles gelegenen Ecke des Polygones $y_n(x)$ annimmt. Daher ist wegen der gleichmäßigen Stetigkeit von $g(x, y)$

$$|g(t, y_n(t)) - \psi_n(t)| < \eta,$$

sobald nur n groß genug ist, d. h., sobald alle Teilintervalle klein genug sind. Daraus folgt sofort, daß

$$\lim_{n \to \infty} (y_n^*(x) - y_n(x)) = 0$$

gleichmäßig für $|x - x_0| \leq \alpha$ gilt.

Ich zeige noch, daß die $y_n(x)$ gleichmäßig gegen $y(x)$ konvergieren. Dies kann den vorausgegangenen Betrachtungen sofort entnommen werden. Denn wir haben folgendes bewiesen: Wenn

$$|x_1 - x_2| < \frac{\varepsilon}{3M}$$

ist, so folgt aus
$$|y_{n+p}(x_2) - y_n(x_2)| < \frac{\varepsilon}{3},$$
daß
$$|y_{n+p}(x_1) - y_n(x_1)| < \varepsilon.$$

Man gebe daher ein $\varepsilon > 0$ beliebig vor und teile das Intervall
$$|x - x_0| \leq \alpha$$
in endlich viele Teilintervalle ein, deren Länge kleiner als $\frac{\varepsilon}{3M}$ ist[1]. Zu jedem Teilintervall gehört dann eine Nummer N derart, daß im ganzen Intervall
$$|y_{n+p}(x) - y_n(x)| < \varepsilon$$
ist für beliebiges $p > 0$ und $n > N$.

Das größte dieser endlich vielen N sei N'. Es hat die Eigenschaft, daß für $n > N'$ und $p > 0$ in jedem der Intervalle, also auch im ganzen Intervalle
$$|y_{n+p}(x) - y_n(x)| < \varepsilon$$
ist. Daher folgt aus
$$y_n^*(x) = y_0 + \int_{x_0}^{x} g(t, y_n(t)) \, dt$$
in Verbindung mit der gleichmäßigen Existenz der Grenzwerte
$$y(x) = \lim_{n \to \infty} y_n(x),$$
und
$$y(x) = \lim_{n \to \infty} y_n^*(x)$$
und in Verbindung mit der Stetigkeit von $g(x, y)$, daß
$$y(x) = y_0 + \int_{x_0}^{x} g(t, y) \, dt$$
ist, und daraus folgt durch Differentiation, daß $y(x)$ eine Lösung von (2) ist, für die $y(x_0) = y_0$ gilt.

---

[1] Dann läßt sich nämlich in jedem der Intervalle eine Stelle x_2 finden, so daß für alle anderen Stellen x_1 des Intervalles
$$|x_1 - x_2| < \frac{\varepsilon}{3M}$$
ist. An jeder Stelle, also auch bei x_2, existiert $\lim_{n \to \infty} y_n(x_2)$. Also gibt es ein N, so daß für alle $n > N$ und alle $p > 0$
$$|y_{n+p}(x_2) - y_n(x_2)| < \frac{\varepsilon}{3}$$
ist. Also ist für alle Stellen x_1 des Intervalles, für $n > N$ und alle $p > 0$
$$|y_{n+p}(x_1) - y_n(x_1)| < \varepsilon.$$

Wir haben schon S. 32 bemerkt, daß es im allgemeinen noch weitere dieser Anfangsbedingung genügende Lösungen gibt. Man vgl. auch noch die Bemerkungen auf S. 70 ff.

§ 6. Integration durch Potenzreihen.

Wenn $f(x, y)$ eine analytische Funktion seiner Argumente ist, so werden auch die Lösungen der Differentialgleichung

$$\frac{dy}{dx} = f(x, y)$$

analytische Funktionen. Wir wollen uns davon überzeugen.

Ich setze voraus[1], daß $f(z, w)$ in dem durch $|z - z_0| \leq A$ und $|w - w_0| \leq B$ bestimmten Bereich eine eindeutige analytische Funktion der beiden komplexen Variablen z und w sei[2]. In diesem Bereich sei weiter

$$|f(z, w)| < M.$$

Ferner seien $a \leq A$, $b \leq B$ so gewählt, daß

$$b > aM.$$

Es soll eine Lösung der Differentialgleichung

$$\frac{dw}{dz} = f(z, w)$$

gefunden werden, die für $z = z_0$ den Wert $w = w_0$ annimmt. Man kann auch jetzt die Lösung nach der Methode der sukzessiven Approximationen finden. Nur müssen jetzt einige Abschätzungen etwas anders gewonnen werden. Wir benötigen vor allem eine Abschätzung

$$|f(z, w_1) - f(z, w_2)| \leq M |w_1 - w_2|.$$

Diese gewannen wir S. 28 aus dem Mittelwertsatz[3]. Hier muß etwas anders geschlossen werden. Man muß ja nur erkennen, daß

$$\left| \frac{f(z, w_1) - f(z, w_2)}{w_1 - w_2} \right| \leq M$$

ist bei passender Wahl von M. Nun ist aber

$$f(z, w_1) - f(z, w_2) = \int_{w_1}^{w_2} \frac{\partial f}{\partial w}(z, w) \, dw$$

---

[1] Man vgl. die Voraussetzungen auf S. 27/28.
[2] Sie soll also nach z und nach w differenzierbar und als Funktion der beiden Variablen z und w stetig sein.
[3] Der Leser vergleiche zum folgenden stets die entsprechenden Darlegungen von S. 29ff.

In $|z-z_0|\leq A$, $|w-w_0|\leq B$ ist $\frac{\partial f}{\partial w}(z,w)$ gleichfalls analytisch. Daher gibt es eine Zahl $M>0$, so daß für alle diese z, w

$$\left|\frac{\partial f}{\partial w}(z,w)\right|\leq M$$

ist. Also ist $|f(z,w_1)-f(z,w_2)|\leq M|w_1-w_2|$, da man geradlinig von w_1 nach w_2 integrieren kann. Also gibt es eine Schranke M, wie wir sie suchen. Wir können nun wie auf S. 29 ff. die Methode der sukzessiven Approximationen ansetzen. Wir wählen nur aus bald ersichtlichen Gründen als erste Näherung $w_0(z)$ eine analytische Funktion. Ich setze z. B. $w_0(z)=w_0$. Dann wird

$$w_1(z)=w_0+\int_{z_0}^{z}f(\zeta,w_0)\,d\zeta.$$

Hier kann die z_0 mit z verbindende Gerade als Integrationsweg gewählt werden. Dann erkennt man, daß

(1) $\qquad |w_1(z)-w_0|<\mathsf{M}|z-z_0|$

ist. Genau wie auf S. 30 kann man nun die weiteren Näherungen abschätzen, wofern man nur geradlinig von z_0 nach z integriert. Wir müssen uns nur noch ähnlich wie auf S. 30 vergewissern, daß das Einsetzen der gefundenen Näherungen $w_n(z)$ in $f(z,w)$ zu analytischen Funktionen $f(z,w_n(z))$ führt. Dazu ist erforderlich, daß die Werte von z dem Kreise $|z-z_0|\leq A$, und daß die Werte, die $w_n(z)$ annimmt, dem Kreis $|w-w_0|\leq B$ angehören. Setzt man $|z-z_0|\leq a$ voraus, so ist nach (1) $|w_1-w_0|<a\,\mathsf{M}<b$. Wir wollen zeigen, daß für alle n und $|z-z_0|\leq a$ auch $|w_n-w_0|<b$ ist. Wir nehmen dem Verfahren der vollständigen Induktion entsprechend an, daß $|w_{n-1}-w_0|<b$ für $|z-z_0|\leq a$. Dann ist wegen

$$w_n(z)=w_0+\int_{z_0}^{z}f(\zeta,w_{n-1})\,d\zeta$$

ersichtlich, daß

$$|w_n(z)-w_0|\leq \mathsf{M}|z-z_0|<\mathsf{M}a<b.$$

So gelangen wir zu einer Folge von analytischen Näherungsfunktionen $w_n(z)$, die für $|z-z_0|\leq a$ gegen eine gleichfalls analytische Grenzfunktion konvergiert. Der Konvergenzbeweis ergibt sich genau so wie S. 30. Es sei eine nützliche Übung für den Leser, das näher durchzuführen. Die Grenzfunktion $w(z)$ ist dann die gesuchte Lösung der Differentialgleichung. Daß es keine weitere gibt, die denselben Anfangsbedingungen genügt, erkennt man, wie auf S. 31.

Als analytische Funktion kann man sie in eine in $|z-z_0|<a$ konvergente Potenzreihe

(2) $\qquad w(z)=w_0+c_1(z-z_0)+\cdots$

entwickeln. Da man nun einmal weiß, daß man ihre Koeffizienten so wählen kann, daß sie eine Lösung der Differentialgleichung darstellt, so kann man ihre wirkliche Bestimmung auch auf anderem bequemeren Wege vornehmen. Dazu bietet sich die Methode der unbestimmten Koeffizienten dar. Man geht mit der Reihe (2) in die Differentialgleichung hinein und bekommt dadurch gewisse Bedingungsgleichungen für die Koeffizienten, aus welchen man sie berechnen kann.

Wenn nämlich der Differentialgleichung

$$\frac{dw}{dz} = f(z, w) = \sum a_{ik}(z - z_0)^i (w - w_0)^k$$

die Funktion

$$w = w_0 + c_1(z - z_0) + \cdots$$

genügen soll, so sind zur Bestimmung ihrer Koeffizienten c_k nur die Ableitungen von w an der Stelle z_0 zu berechnen. Denn es ist ja

$$c_k = \frac{1}{k!} \frac{d^k w}{dz^k}\bigg|_{z=z_0}.$$

Man entnimmt aber sofort der Differentialgleichung, daß

$$c_1 = \frac{dw}{dz}\bigg|_{z=z_0} = f(z_0, w_0) = a_{00}$$

ist. Differenziert man die Gleichung einmal nach z und setzt $z = z_0$, so findet man

$$2!\, c_2 = \frac{d^2 w}{dz^2}\bigg|_{z=z_0} = \frac{\partial f}{\partial z}\bigg|_{w=w_0} + \frac{\partial f}{\partial w}\bigg|_{w=w_0} \cdot \frac{dw}{dz}\bigg|_{z=z_0} = a_{10} + a_{01} c_1.$$

So kann man nacheinander die Koeffizienten berechnen. Denn jede neue Gleichung erlaubt es, einen weiteren Koeffizienten durch die vorher schon bestimmten auszudrücken.

Auch die weiteren Betrachtungen von S. 39 ff. lassen sich nun unverändert übertragen. Insbesondere lehrt die Überlegung von S. 41 ff., daß die Lösungen analytisch von den Anfangsbedingungen abhängen und analytische Funktionen eines selbst analytisch in die Differentialgleichung eingehenden Parameters sind.

Auch auf Systeme lassen sich die Betrachtungen ohne weiteres übertragen.

§ 7. Übertragung der SIMPSONschen Regel.

In der Integralrechnung lernt man verschiedene Formeln zur numerischen Quadratur kennen. Die bekannteste ist die SIMPSONsche Regel. Sie lehrt, daß das Integral

$$J(h) = \int_a^{a+h} f(x)\, dx$$

angenähert durch die Formel

$$J_1(h) = \frac{h}{6}\left\{f(a) + 4f\left(a + \frac{h}{2}\right) + f(a + h)\right\}$$

ausgewertet werden kann. Die Güte der Übereinstimmung kommt darin zum Ausdruck, daß die Entwicklungen von $J(h)$ und von $J_1(h)$ nach Potenzen von h bis zu den Gliedern vierter Ordnung einschließlich übereinstimmen. Auch kennt man Formeln zur Abschätzung des Fehlers.

Es ist ein gemeinsamer Zug aller dieser Formeln, den Integralwert näherungsweise durch eine lineare Funktion geeignet gewählter Funktionswerte auszudrücken. RUNGE hat es zuerst unternommen, nach diesem Gedanken Näherungsformeln zur Auflösung von Differentialgleichungen zu gewinnen. KUTTA[1] hat in Verfolg dieser Untersuchungen durch eine längere Rechnung folgendes Ergebnis gefunden.

Dasjenige Integral der Differentialgleichung

$$\frac{dy}{dx} = f(x, y),$$

welches für $x = x_0$ den Wert y_0 besitzt, wird für $x = x_0 + h$ angenähert durch die folgende RUNGE-KUTTAsche Formel dargestellt:

$$y(x_0 + h) = y_0 + \frac{h}{6}(K_1 + 2K_2 + 2K_3 + K_4).$$

Hier ist

$$K_1 = f(x_0, y_0),$$
$$K_2 = f\left(x_0 + \frac{h}{2},\ y_0 + \frac{K_1 h}{2}\right),$$
$$K_3 = f\left(x_0 + \frac{h}{2},\ y_0 + \frac{K_2 h}{2}\right),$$
$$K_4 = f(x_0 + h,\ y_0 + K_3 h).$$

Entwickelt man sowohl die Lösung, wie diese Näherung nach Potenzen von h, so erhält man Übereinstimmung bis zu den Gliedern vierter Ordnung einschließlich.

Was nun die Abschätzung des Fehlers anlangt, den man bei Anwendung dieser Regel begeht, so gewinnt man durch einige Rechnung auf Grund des TAYLORschen Satzes das folgende Ergebnis: Der Unterschied zwischen der wahren Lösung y_w und der Näherungslösung y_n durch den Punkt (x_0, y_0) genügt der Ungleichung

$$|y_w - y_n| < \frac{6\,M\,N\,|x - x_0|^5\,|N^5 - 1|}{|N - 1|}.$$

Dabei ist folgendes vorausgesetzt: Im Gebiete $B: |x - x_0| < a$, $|y - y_0| < b$ genügt $f(x, y)$ samt seinen partiellen Ableitungen der

---

[1] Zeitschr. für Math. u. Phys. Bd. 46. 1901.

§ 7. Übertragung der Simpsonschen Regel.

vier ersten Ordnungen den folgenden Bedingungen:

$$|f(x,y)| < M,$$

$$\left|\frac{\partial^{(i+k)} f}{\partial x^i \partial y^k}\right| < \frac{N}{M^{k-1}} \quad (i+k \leq 3).$$

Ferner soll

$$|x - x_0| N < 1$$
$$a M < b$$

sein. Ich will die dazu führenden Rechnungen nicht reproduzieren. Auf eine Aufstellung ähnlicher Fehlerabschätzungen im komplexen Gebiet kann verzichtet werden.

Ich will z. B. für $x = 0{,}2$ dasjenige Integral von

$$y' = x + y$$

berechnen, welches für $x = 0$ verschwindet. Die Näherungsformel liefert 0,0214, die genaue Lösung

$$y = e^x - x - 1$$

ergibt auf vier Dezimalen genau gleichfalls 0,0214.

Die Approximation ist also besser, als sie die allgemeine Abschätzung erwarten ließ. Denn diese liefert für $M = 1$, $N = 1$, $a = 0{,}1$, $b = 0{,}2$ immerhin als äußersten möglichen Fehler noch $\frac{6 \cdot 2^4}{10^4}$. Hätte man für $x = 0{,}1$ gerechnet, so hätte man als möglichen Fehler nur $\frac{3}{10^4}$ gefunden. Will man auch für 0,2 eine größere Genauigkeit erreichen, so kann man erst den Wert der Lösung für 0,1 berechnen und dann mit dem gefundenen Wert als Anfangswert nochmals die Runge-Kuttasche Regel anwenden. Man hat dann außer dem zweimal vorkommenden Fehler von $\frac{3}{10^4}$ noch den Fehler zu berücksichtigen, der davon herrührt, daß man am Anfang des zweiten Intervalles einen um höchstens $\frac{3}{10^4}$ falschen Anfangswert verwendet hat. Das macht aber nach S. 43 für den Wert der Lösung bei 0,2 höchstens $\frac{3}{10^4}$ aus. Daher findet man durch zweimalige Anwendung der Runge-Kuttaschen Regel in der eben angegebenen Weise die Lösung für $x = 0{,}2$ bis auf einen Fehler von äußerstens $\frac{9}{10^4}$.

Wer sich näher für praktische Integration interessiert, möge zu dem in dieser Sammlung erschienenen Buch von Runge und König über numerisches Rechnen greifen.

III. Kapitel.

Die Liesche Theorie.

§ 1. Die Transformationsgruppe und ihre infinitesimalen Transformationen.

1. Die Transformationen. Ist ein System von Differentialgleichungen

(1) $$\frac{dx_1}{dt} = P_1(x_1, x_2), \qquad \frac{dx_2}{dt} = P_2(x_1, x_2)$$

vorgelegt[1], so kann diejenige Lösung, welche für $t = t_0$ die Werte $x_1 = x_{10}$, $x_2 = x_{20}$ annimmt, in der Form

(2) $$x_1 = f_1(t - t_0, x_{10}, x_{20}), \qquad x_2 = f_2(t - t_0, x_{10}, x_{20})$$

geschrieben werden. Die genannte Lösung geht nämlich durch die Substitution $\tau = t - t_0$ aus derjenigen Lösung von

$$\frac{dx_i}{d\tau} = P_i(x_1, x_2) \qquad (i = 1, 2)$$

hervor, welche für $\tau = 0$ die Werte $x_i = x_{i0} (i = 1, 2)$ annimmt. Es ist also

(3) $$x_{i0} = f(0, x_{10}, x_{20}) \qquad (i = 1, 2).$$

Für jeden einzelnen Wert von t stellen die Gleichungen (2) eine Transformation dar, welche den Punkt (x_{10}, x_{20}) aus B in den Punkt (x_1, x_2) desselben Bereiches überführt, solange $|t - t_0|$ nicht zu groß ist. Wir wollen, um diese Annahme nicht immer erwähnen zu müssen, lieber voraussetzen, daß die $P_i(x_1, x_2)$ samt ihren ersten Ableitungen in der vollen (x_1, x_2)-Ebene stetig seien. Läßt man t von t_0 an sich ändern, so erhält man eine Schar solcher Transformationen. Jede derselben transformiert den Punkt $P_{t_0}(x_{10}, x_{20})$ in einen Punkt P_t der durch P_{t_0} bestimmten Lösungskurve der Differentialgleichungen (1). Man nennt daher diese Integralkurven auch Bahnkurven der Transformation und denkt sich den Parameter t als Zeitparameter gedeutet.

2. Die Gruppe. Diese einparametrige Schar von Transformationen (2) bilden eine *Gruppe*. Um das einzusehen, haben wir zu zeigen, daß 1. die aus zwei Transformationen zusammengesetzte zur Schar gehört, und daß 2. die inversen Transformationen zur Schar gehören.

Sind

$$\mathfrak{T}_1: \quad x_i' = f_i(t_1 - t_0, x_{10}, x_{20}) \qquad (i = 1, 2)$$

$$\mathfrak{T}_2: \quad x_i'' = f_i(t_2 - t_1, x_1', x_2') \qquad (i = 1, 2)$$

---

[1] Die $P_i(x_1, x_2)$ mögen in einem Bereich B samt ihren partiellen Ableitungen erster Ordnung stetig sein.

§ 1. Die Transformationsgruppe und ihre infinitesimalen Transformationen.

zwei Transformationen der Schar, so ist nach (2)
$$\mathfrak{T}_3: \quad x_i'' = f_i(t_2 - t_0, x_{10}, x_{20}), \qquad (i = 1, 2)$$
so daß also hierdurch die zusammengesetzte Transformation $\mathfrak{T}_3 = \mathfrak{T}_2 \mathfrak{T}_1$ gegeben ist.

Insbesondere ist daher
$$x_{i0} = f_i(t_0 - t, x_1, x_2) \qquad (i = 1, 2)$$
die zu (2) inverse Transformation.

Dies erkennt man nach (3), wenn man in der vorausgegangenen Betrachtung $t_2 = t_0$ setzt.

Will man die Transformation $\overline{\mathfrak{T}}_3 = \mathfrak{T}_1 \mathfrak{T}_2$ haben, so schreibe man
$$\mathfrak{T}_2: \quad x_i^* = f_i(t_2 - t_1, x_{10}, x_{20})$$
$$\mathfrak{T}_1: \quad \overline{x}_i = f_i(t_1 - t_0, x_1^*, x_2^*)$$
$$\overline{\mathfrak{T}}_3: \quad \overline{x}_i = f_i(t_2 - t_0, x_{10}, x_{20}).$$
Es ist somit $\overline{\mathfrak{T}}_3 = \mathfrak{T}_3$. Die Transformationen sind also vertauschbar. Es liegt eine ABELsche Gruppe vor. Die Parameterwerte $t - t_0$, welche die einzelne Transformation der Schar festlegen, werden bei der Zusammensetzung addiert und die Summe der Parameter ist der Parameter der zusammengesetzten Transformation.

3. Infinitesimale Transformationen. Ist nun eine Funktion $F(x_1, x_2)$ vorgelegt, so wird es interessieren, ihren Wert in einem Bildpunkt (x_1, x_2) mit dem Wert im Originalpunkt (x_{10}, x_{20}) zu vergleichen. Trägt man (2) in $F(x_1, x_2)$ ein, so findet man

(4) $\quad F(t) = F(f_1(t - t_0, x_{10}, x_{20}), f_2(t - t_0, x_{10}, x_{20})).$

Es wird
$$F'(t_0) = \frac{\partial F}{\partial x_1}(x_{10}, x_{20}) P_1(x_{10}, x_{20}) + \frac{\partial F}{\partial x_2}(x_{10}, x_{20}) P_2(x_{10}, x_{20}).$$
Will man $F(t)$ nach Potenzen von $t - t_0$ entwickeln, so wird der Anfang der Entwicklung
$$F(t) = F(t_0) + (t - t_0) F'(t_0) + \cdots.$$
Also

(5) $\quad F(x_1, x_2) = F(x_{10}, x_{20}) + (t - t_0) U F(x_{10}, x_{20}) + \cdots,$

wenn man in üblicher Weise zur Abkürzung
$$UF = \frac{\partial F}{\partial x_1} P_1 + \frac{\partial F}{\partial x_2} P_2$$
setzt. Nimmt man die P_i als genügend oft differenzierbar an, so werden die weiteren Koeffizienten der Entwicklung erhalten, indem man die Operation U wiederholt anwendet. So wird dann der Koeffizient von $\frac{(t - t_0)^2}{2}$
$$U^2 F = U(UF) = \frac{\partial}{\partial x_1}(UF) P_1 + \frac{\partial}{\partial x_2}(UF) P_2.$$

In erster Annäherung ist die Änderung von F unter dem Einfluß einer Transformation der Gruppe durch die in (5) angeschriebenen Glieder gegeben. Diese Annäherung wird um so besser sein, je kleiner $t - t_0$ ist, d. h. je weniger die Transformation von der identischen abweicht. Denn letztere kommt ja heraus, wenn man $t = t_0$ nimmt. Die in (5) angeschriebenen Glieder würden den Einfluß der Transformation genau wiedergeben, wenn diese durch

$$(6) \qquad x_i = x_{i0} + (t - t_0) P_i(x_{10}, x_{20}) \qquad (i = 1, 2)$$

dargestellt wäre, d. h. wenn es sich um die Integration von Differentialgleichungen

$$\frac{dx_i}{dt} = P_i(x_{10}, x_{20})$$

mit konstanten rechten Seiten handelte. Man hat sich gewöhnt, die Transformationen (6) *infinitesimale* Transformationen zu nennen und zu ihrer Bezeichnung UF zu verwenden. Insbesondere wird nämlich

$$U x_i = P_i(x_1, x_2),$$

so daß man statt (6) auch schreiben kann

$$x_i = x_{i0} + (t - t_0) U x_{i0} \qquad (i = 1, 2).$$

Die Kenntnis von UF lehrt nach (4), den Einfluß der Transformation auf irgendeine Funktion zu ermitteln. Den ungefähren Ort des Bildpunktes kann man durch mehrmalige Anwendung von (6) wie folgt ermitteln. Man bilde nacheinander

$$x_{i1} = x_{i0} + (t_1 - t_0) P_i(x_{10}, x_{20})$$
$$x_{i2} = x_{i1} + (t_2 - t_1) P_i(x_{11}, x_{21})$$
$$\vdots$$
$$x_{in} = x_{in-1} + (t_n - t_{n-1}) P_i(x_{1n-1}, x_{2n-1}).$$

Dann wähle man die $t_k - t_{k-1}$, genügend klein. Je kleiner sie sind, um so genauer wird (x_{1n}, x_{2n}) die Lage von

$$x_i = f_i(t_n - t_0, x_{10}, x_{20}) \qquad (i = 1, 2)$$

besitzen. Man wendet also sukzessive immer Transformationen an, die wenig von der Identität abweichen. Die dabei herauskommenden Zwischenpunkte sind weiter nichts als die Ecken eines der S. 45 betrachteten EULERschen Polygone, die die Lösungskurven der Differentialgleichungen (1), d. h. also in unserer jetzigen Sprechweise, die Bahnkurven der Transformation approximieren.

4. Invariante Kurvenscharen. Es möge nun durch

$$F(x_1, x_2) = \text{const}$$

eine Kurvenschar gegeben sein. Wir wollen feststellen, unter welchen Bedingungen durch die Transformation (2) jede Kurve der Schar wieder in eine Kurve der Schar übergeht. Dafür ist notwendig und hinreichend, daß aus allen den Punkten, wo F einen festen Wert hat, wieder Punkte werden, in denen F wieder einen festen Wert hat, mag dies nun derselbe oder ein anderer sein. Dafür wieder ist notwendig und hinreichend, daß das $F(t)$ von (4) eine Funktion von t und von $F(x_{10}, x_{20})$ allein ist. Nun ist

$$F(t+h) = F\{f_1(t+h-t_0, x_{10}, x_{20}), f_2(t+h-t_0, x_{10}, x_{20})\}$$
$$= F\{f_1(h, x_1, x_2), f_2(h, x_1, x_2)\},$$

wenn man

$$x_i = f_i(t-t_0, x_{10}, x_{20})$$

setzt. Dies folgt aus dem oben über die Zusammensetzung der Transformationen Gesagten. Also wird

$$F'(t) = \frac{\partial F}{\partial x_1}(x_1, x_2) P_1(x_1, x_2) + \frac{\partial F}{\partial x_2}(x_1, x_2) P_2(x_1, x_2) = U(F).$$

Ist dann $F(t+h)$ eine Funktion von h und von $F(x_1, x_2)$ allein, so folgt, daß $U(F)$ eine Funktion von F allein ist. Diese notwendige Bedingung für eine invariante Kurvenschar erweist sich nun aber auch als hinreichend. Denn ist $U(F) = \Phi(F)$, so wird

$$\frac{dF}{dt} = \Phi(F).$$

Also

$$t - t_0 = \int_{F_0} \frac{dF}{\Phi(F)} = \psi(F, F_0).$$

Also

$$F = \omega(F_0, t - t_0).$$

Wir haben somit das Ergebnis:

Dafür, daß die Kurvenschar $F = $ const durch die Transformationen (2) in sich übergeführt wird, ist notwendig und hinreichend, daß $U(F) = \Phi(F)$ ist, wo $\Phi(F)$ eine passende Funktion von F ist.

Ist insbesondere $\Phi(F) \equiv 0$, so folgt $F'(t) = 0$. D. h. F bleibt ungeändert. Dann geht jede Kurve der Schar in sich über. D. h. $F = $ const stellt die Bahnkurven der Transformation (2), d. h. die Integralkurven der Differentialgleichungen (1) dar. Dies Ergebnis ist uns in der Tat schon S. 15 ff. in etwas anderer Fassung begegnet.

§ 2. Die erweiterte Gruppe.

1. Erweiterte Gruppe. Die Kurven $F = $ const werden im allgemeinen die Integralkurven einer von (1) verschiedenen Differentialgleichung sein. Es ist der Grundzug der LIEschen Theorie, zu ermitteln, welchen Nutzen für die Integration einer Differentialgleichung die Kenntnis der infinitesimalen Transformationen einer Gruppe besitzt, welche die Integralkurven derselben ineinander überführt. Um dies darlegen zu können, wird es zunächst nötig sein, festzustellen, ob man nicht einem System von Differentialgleichungen

(7) $$\frac{dx_i}{d\tau} = Q_i(x_1, x_2) \qquad (i = 1, 2)$$

schon vor der Integration, d. h. bevor man die Integralkurven in der Form $F = $ const kennt, ansehen kann, ob seine Integralkurven eine Transformationsgruppe (2) gestatten. Zu dem Zwecke wollen wir zunächst feststellen, welchen Einfluß die Transformationen (2) auf ein Linienelement haben. Ist

$$x_{i0} = x_{i0}(\tau)$$

eine stetig differenzierbare Kurve, so wird nach (2)

(8) $$x_i(\tau) = f_1(t - t_0, x_{10}(\tau), x_{20}(\tau))$$

ihre Bildkurve bei festem t. Also wird

$$\frac{dx_i}{d\tau} = \frac{\partial f_i}{\partial x_{10}}\frac{dx_{10}}{d\tau} + \frac{\partial f_i}{\partial x_{20}}\frac{dx_{20}}{d\tau} \qquad (i = 1, 2)$$

oder abgekürzt

(2') $$\dot{x}_i = F_i(t - t_0, x_{10}, x_{20}, \dot{x}_{10}, \dot{x}_{20}).$$

Die Transformationen (2) zusammen mit den (2') bilden wieder eine Gruppe, die sogenannte *erweiterte* Gruppe. Die Funktionen F_i von (2') sind nämlich die Integrale der Differentialgleichungen

(1') $$\frac{d\dot{x}_i}{dt} = \frac{\partial P_i}{\partial x_1}\dot{x}_1 + \frac{\partial P_i}{\partial x_2}\dot{x}_2. \qquad (i = 1, 2)$$

Wegen (8) ist nämlich für jedes τ

$$\frac{dx_i(\tau)}{dt} = P_i(x_1(\tau), x_2(\tau)).$$

Also

$$\frac{d\dot{x}_i}{dt} = \frac{\partial P_i}{\partial x_1}\dot{x}_1 + \frac{\partial P_i}{\partial x_2}\dot{x}_2.$$

2. Differentialgleichungen mit Transformationen in sich. Nun kann man die Betrachtungen des vorigen Paragraphen auf das von den Differentialgleichungen (1) und (1') gebildete System ohne weitere Umstände übertragen. Insbesondere wollen wir die Frage beantworten, wann das Vektorfeld einer Differentialgleichung (7) durch die Transformationen der erweiterten Gruppe in sich übergeführt wird. Dies ist gleichbedeutend mit der Frage, wann durch eine Transformationsgruppe die Richtigkeit der Gleichung

$$F(x_1, x_2, \dot{x}_1, \dot{x}_2) \equiv \dot{x}_1 Q_2 - \dot{x}_2 Q_1 = 0$$

nicht gestört wird. Nach den Darlegungen des § 1 ist dafür notwendig und hinreichend, daß für die erweiterte Gruppe $UF = 0$ ist immer dann, wenn $F = 0$ ist. Es ist aber jetzt

$$UF \equiv \frac{\partial F}{\partial x_1} P_1 + \frac{\partial F}{\partial x_2} P_2 + \frac{\partial F}{\partial \dot{x}_1}\left(\frac{\partial P_1}{\partial x_1} \dot{x}_1 + \frac{\partial P_1}{\partial x_2} \dot{x}_2\right)$$
$$+ \frac{\partial F}{\partial \dot{x}_2}\left(\frac{\partial P_2}{\partial x_1} \dot{x}_1 + \frac{\partial P_2}{\partial x_2} \dot{x}_2\right).$$

Oder

$$UF \equiv \left(\dot{x}_1 \frac{\partial Q_2}{\partial x_1} - \dot{x}_2 \frac{\partial Q_1}{\partial x_1}\right) P_1 + \left(\dot{x}_1 \frac{\partial Q_2}{\partial x_2} - \dot{x}_2 \frac{\partial Q_1}{\partial x_2}\right) P_2$$
$$+ Q_2 \left(\frac{\partial P_1}{\partial x_1} \dot{x}_1 + \frac{\partial P_1}{\partial x_2} \dot{x}_2\right) - Q_1 \left(\frac{\partial P_2}{\partial x_1} \dot{x}_1 + \frac{\partial P_2}{\partial x_2} \dot{x}_2\right).$$

An nicht singulären Stellen der Differentialgleichung (7) ist die Bedingung, daß UF mit F gleichzeitig verschwinden soll, damit gleichbedeutend, daß

(9) $$\left(Q_1 \frac{\partial Q_2}{\partial x_1} - Q_2 \frac{\partial Q_1}{\partial x_1}\right) P_1 + \left(Q_1 \frac{\partial Q_2}{\partial x_2} - Q_2 \frac{\partial Q_1}{\partial x_2}\right) P_2$$
$$+ Q_2 \left(\frac{\partial P_1}{\partial x_1} Q_1 + \frac{\partial P_1}{\partial x_2} Q_2\right) - Q_1 \left(\frac{\partial P_2}{\partial x_1} Q_1 + \frac{\partial P_2}{\partial x_2} Q_2\right) = 0$$

ist. Wenn $P_1 Q_2 - P_2 Q_2 \neq 0$ ist, so kann man hierfür schreiben

(10) $$\frac{\partial}{\partial x_1}\left(\frac{Q_1}{Q_1 P_2 - Q_2 P_1}\right) + \frac{\partial}{\partial x_2}\left(\frac{Q_2}{Q_1 P_2 - Q_2 P_1}\right) = 0.$$

Dafür also, daß die Integralkurven der Differentialgleichung (7) durch die zu (1) gehörige Transformationsgruppe in Integralkurven von (7) übergeführt werden, ist notwendig und hinreichend, daß entweder $P_1 Q_2 - P_2 Q_1 = 0$ oder daß (10) erfüllt ist. Die erste Möglichkeit entspricht natürlich dem Fall, daß die Integralkurven von (7) bei den Transformationen der Gruppe jede einzeln in sich selber übergehen.

§ 3. Differentialgleichungen mit bekannter Transformationsgruppe oder mit bekannten infinitesimalen Transformationen.

1. Ermittlung von Multiplikatoren. Die Form (10) der Bedingung dafür, daß die zu (1) gehörige Transformationsgruppe, die die Integralkurven von (7) untereinander vertauscht, ohne sie einzeln festzulassen, zeigt, daß aus der Kenntnis dieser Transformationsgruppe, ja schon ihrer infinitesimalen Transformation, die Kenntnis eines Multiplikators folgt. Denn die Gleichung (10) besagt ja unmittelbar, daß

$$\frac{1}{Q_1 P_2 - Q_2 P_1}$$

ein Multiplikator des Differentialausdruckes

(7') $$Q_1 \frac{d x_2}{d \tau} - Q_2 \frac{d x_1}{d \tau}$$

ist. Ist also $\Phi(x_1, x_2)$ eine Funktion, für die

$$\frac{\partial \Phi}{\partial x_1} = \frac{Q_2}{Q_1 P_2 - Q_2 P_1}, \quad \frac{\partial \Phi}{\partial x_2} = \frac{-Q_1}{Q_1 P_2 - Q_2 P_1}$$

ist, so ist längs den Integralkurven von (7)

$$\Phi(x_1, x_2) = \text{const}.$$

Das sind also die Integralkurven von (7).

2. Die Liesche Theorie der elementaren Integrationsmethoden. Die Liesche Theorie der elementaren Integrationsmethoden besteht nun in der Bemerkung, daß es in all den im Kap. I besprochenen Fällen relativ leicht ist, infinitesimale Transformationen anzugeben, die die betreffende Differentialgleichung in sich überführen (ohne daß dabei die Integralkurven derselben einzeln festbleiben). Alle Beispiele von § 1 erscheinen so als Spezialfälle des allgemeinen Falles, in dem man infinitesimale Transformationen kennt, die die Differentialgleichung in sich überführen. Die allgemeine Aufgabe, alle infinitesimalen Transformationen von (7) zu finden, ist mit der Aufgabe identisch, alle Funktionenpaare P_1, P_2 anzugeben, welche die partielle Differentialgleichung (9) befriedigen. Es genügt aber für die Integration von (7) ein solches Funktionenpaar zu kennen.

Die Schreibweise (10) der Gleichung (9) lehrt, daß aus der Kenntnis eines Multiplikators von (7) die Kenntnis eines Funktionenpaars entnommen werden kann, das (9) genügt. Ist nämlich M ein Multiplikator von (7'), so ist

$$\frac{\partial}{\partial x_1}(M Q_1) + \frac{\partial}{\partial x_2}(M Q_2) = 0.$$

Man bestimme zwei Funktionen P_1 und P_2 so, daß $M = \dfrac{1}{Q_1 P_2 - Q_2 P_1}$ ist. Dann genügen diese beiden (10) und daher (9), und daher bestimmen P_1, P_2 eine nichttriviale infinitesimale Transformation von (7). Damit sind die Ausführungen von § 4 und 5 aus Kap. I der allgemeinen Theorie untergeordnet.

3. Beispiele. Betrachten wir noch einige weitere Fälle aus Kap. I.

Wir haben damals nicht bemerkt, daß man im Falle der linearen Differentialgleichung

$$y' + f(x) y + \varphi(x) = 0$$

leicht einen Multiplikator angeben kann. Für die Liesche Theorie schreiben wir diese Differentialgleichung so:

$$\frac{d x_2}{d \tau} = -f(x_1) x_2 - \varphi(x_1)$$

$$\frac{d x_1}{d \tau} = 1.$$

§ 3. Differentialgleichungen mit bekannter Transformationsgruppe. 63

Es ist also $Q_1 = 1$, $Q_2 = -f(x_1)x_2 - \varphi(x_1)$. Macht man den Ansatz $P_1 = 0$, so bleibt für P_2 nach (9) übrig:

$$-f(x_1)P_2 - \frac{\partial P_2}{\partial x_1} + (f(x_1)x_2 + \varphi(x_1))\frac{\partial P_2}{\partial x_2} = 0.$$

Es liegt nahe, $\frac{\partial P_2}{\partial x_2} = 0$ zu nehmen. Dann bleibt für das nur noch von x_1 abhängige P_2 übrig:

$$f(x_1)P_2 + \frac{\partial P_2}{\partial x_1} = 0.$$

Man kann also

$$P_2 = e^{-\int f(x_1)dx_1}$$

nehmen. Somit ist

$$e^{\int f(x_1)dx_1}$$

ein Multiplikator. Die Differentialgleichungen

$$\frac{dx_1}{dt} = 0, \quad \frac{dx_2}{dt} = e^{-\int f(x_1)dx_1}$$

liefern Transformationen der linearen Differentialgleichung in sich.

4. Eine allgemeine Substitutionsmethode. Im ersten Kapitel wurden mehrfach Substitutionsmethoden herangezogen, die zur Trennung der Variablen führten. Auch diese lassen sich von der LIEschen Auffassung her systematischer verstehen. Betrachten wir z. B. die homogene Differentialgleichung

$$\frac{dy}{dx} = f\left(\frac{y}{x}\right)$$

oder als System geschrieben

(11)
$$\frac{dx_1}{d\tau} = 1$$
$$\frac{dx_2}{d\tau} = f\left(\frac{x_2}{x_1}\right).$$

Die Gruppe von Transformationen

$$x_1 = e^t x_{10}$$
$$x_2 = e^t x_{20},$$

die sich aus der Integration der Differentialgleichungen

$$\frac{dx_1}{dt} = x_1, \quad \frac{dx_2}{dt} = x_2$$

ergeben, führen offenbar die Differentialgleichungen (11) in sich über. In der Tat genügen ja auch

$$P_1 = x_1, \quad P_2 = x_2$$
$$Q_1 = 1, \quad Q_2 = f\left(\frac{x_2}{x_1}\right)$$

der Differentialgleichung (9). In

$$\frac{1}{x_1 f\left(\frac{x_2}{x_1}\right) - x_2}$$

hat man also einen Multiplikator. Wir arbeiteten aber auf S. 9 mit der Substitution

$$v = \frac{x_2}{x_1}.$$

Anders ausgedrückt: Wir führten durch

$$y_1 = x_1$$
$$y_2 = \frac{x_2}{x_1}$$

neue Variablen ein. Die Kurven $y_1 =$ const und $y_2 =$ const sind dabei die Niveaulinien des neuen Koordinatensystems. Die Linien $y_2 =$ const sind die Bahnkurven der Transformationsgruppe, und die Linien $y_1 =$ const stellen eine Kurvenschar vor, die durch die Operationen der Gruppe in sich übergeführt wird.

Damit haben wir eine allgemeine Substitutionsmethode erkannt: Man führe die Bahnkurven einer Transformationsgruppe, welche die Differentialgleichung in sich überführt, sowie eine weitere, bei dieser Gruppe invariante Kurvenschar als neue Koordinatenlinien ein. Dann sind in dieser neuen Veränderlichen — die man *kanonische* nennt — die Variablen getrennt.

In den neuen Veränderlichen erhalten wir ein Paar von Differentialgleichungen für die Operationen der Transformationsgruppe, deren Lösungen $x_2 =$ const sind und die zugleich Bahnkurven der Transformationen sind. Ferner sind die $x_1 =$ const eine invariante Kurvenschar der Gruppe.

Damit

$$\frac{dx_1}{dt} = P_1(x_1, x_2)$$
$$\frac{dx_2}{dt} = P_2(x_1, x_2)$$

durch $x_2 =$ const befriedigt wird, muß $U x_2 = P_2(x_1, x_2) \equiv 0$ sein. Damit $x_1 =$ const eine invariante Kurvenschar ist, muß nach S. 59

$$U x_1 = P_1(x_1, x_2)$$

eine Funktion von x_1 allein sein. Die Gruppe ist also durch

$$\frac{dx_1}{dt} = P_1(x_1), \quad \frac{dx_2}{dt} = 0$$

definiert. Diese Gruppe muß nun die transformierten Differentialgleichungen in sich überführen. Die Q_1 und Q_2 müssen also der partiellen Differentialgleichung genügen, die sich ergibt, wenn man in (10)

§ 3. Differentialgleichungen mit bekannter Transformationsgruppe.

$P_1 = P_1(x_1)$, $P_2 = 0$ einträgt. Das liefert

$$-\frac{\partial}{\partial x_1}\left(\frac{Q_1}{Q_2 P_1}\right) = 0.$$

Also ist

$$\frac{Q_1}{Q_2 P_1} = \frac{1}{\varphi(x_2)}$$

eine Funktion von x_2 allein. D. h.

$$\frac{Q_1}{Q_2} = \frac{P_1(x_1)}{\varphi(x_2)}.$$

Also $Q_1 = \lambda(x_1, x_2) P_1(x_1)$, $Q_2 = \lambda(x_1, x_2) \varphi(x_2)$ für ein passendes λ. Die transformierten Differentialgleichungen werden also

$$\frac{dx_1}{d\tau} = \lambda(x_1, x_2) P_1(x_1)$$

$$\frac{dx_2}{d\tau} = \lambda(x_1, x_2) \varphi(x_2).$$

Führt man durch

$$\frac{d\tau}{d\tau_1} = \frac{1}{\lambda(x_1 x_2)}$$

einen neuen Parameter τ_1 ein, so kann man auch schreiben

$$\frac{dx_1}{d\tau_1} = P_1(x_1), \quad \frac{dx_2}{d\tau_1} = \varphi(x_2)$$

oder auch $\frac{dx_2}{dx_1} = \frac{\varphi(x_2)}{P_1(x_1)}$. Die Variablen sind also getrennt.

5. Beispiel. Diese allgemeine Bemerkung erklärt auch den Erfolg, den die Substitution

$$v = x + y$$

auf S. 8 bei der Differentialgleichung

$$\frac{dy}{dx} = f(x + y)$$

hatte. Denn schreibt man

$$\frac{dx_1}{d\tau} = 1, \quad \frac{dx_2}{d\tau} = f(x_1 + x_2),$$

so erkennt man, daß die Operationen

$$x_1 = x_{10} + t, \quad x_2 = x_{20} - t$$

die Differentialgleichung in sich überführen. Diese Transformationsgruppe entstammt den Differentialgleichungen

$$\frac{dx_1}{dt} = 1, \quad \frac{dx_2}{dt} = -1.$$

Bahnkurven sind die Geraden

$$x_1 + x_2 = \text{const},$$

eine invariante Kurvenschar die Geraden

$$x_1 = \text{const}.$$

In der Tat wird auch (9) bzw. (10) von S. 61 durch $P_1 = 1$, $P_2 = -1$, $Q_1 = 1$, $Q_2 = f(x_1 + x_2)$ befriedigt.

§ 4. Projektive Transformationen.

Besonderen Reiz dürfte es haben, die voraufgegangenen Betrachtungen mit den Vorstellungen der projektiven Geometrie in Verbindung zu bringen. Dies wird in verschiedener Richtung geschehen.

1. Affine Gruppe. Wann ist die durch

$$\frac{dx_i}{d\tau} = Q_i(x_1, x_2) \qquad (i = 1, 2)$$

definierte Gruppe eine Gruppe affiner Transformationen? Die Gruppe soll also so aussehen

(12) $$x_i = a_{0i} + a_{1i} x_{10} + a_{2i} x_{20} \qquad (i = 1, 2),$$

wo die a_{ki} passende Funktionen von $t - t_0$ sind. Durch Differentiation nach t kommt

(13) $$x_i' = a_{0i}' + a_{1i}' x_{10} + a_{2i}' x_{20}.$$

Da in (12) die Determinante $\begin{vmatrix} a_{11} & a_{21} \\ a_{12} & a_{22} \end{vmatrix} \neq 0$ sein soll, so kann man aus (12) die x_{i0} entnehmen und in (13) eintragen. Also kommen hier Differentialgleichungen der Form

(14) $$x_i' = \alpha_{0i} + \alpha_{1i} x_1 + \alpha_{2i} x_2 \qquad (i = 1, 2)$$

in Frage. Hier sind dann die α_{ki}, die zunächst von t abhängen könnten, Konstante, da wir Differentialgleichungen betrachten wollen, deren rechte Seiten vom Parameter nicht abhängen.

Die so gefundene Bedingung ist auch hinreichend. S. 9/10 haben wir uns nämlich gerade mit der Integration von Differentialgleichungen der Art (14) befaßt. Sie waren nur damals nicht als System geschrieben. Den dortigen Ergebnissen kann man tatsächlich entnehmen, daß die Lösungen von (14) in der durch (12) angedeuteten Weise von den Anfangswerten abhängen.

2. Projektive Gruppe. Die affinen Transformationen sind ein Spezialfall der projektiven. Zu der Behandlung der letzteren führt man am besten homogene Koordinaten x_1, x_2, x_3 ein. So lautet jetzt die Frage nach denjenigen Differentialgleichungen, deren Integrale sich in der Form

(15) $$x_i = \sum_{k=1}^{3} a_{ki} x_{0k} \qquad i = 1, 2, 3$$

schreiben lassen. Die a_{ki} sind dabei passende Funktionen von $t-t_0$ mit nicht verschwindender Determinante. Eine der in 1. angestellten ganz analoge Überlegung führt jetzt auf Differentialgleichungen

$$(16) \qquad x'_i = \sum_{k=1}^{3} \alpha_{ik} x_k \qquad (i=1, 2, 3),$$

wo die α_{ik} Konstanten sind. Daß auch umgekehrt die Lösungen von (16) sich in der Form (15) schreiben lassen, ergibt sich so: Unter den Integralkurven von (16) kommt stets mindestens eine reelle Gerade vor. Man unterwirft die Gleichungen (16) einer projektiven Transformation, die diese Integralgerade zur uneigentlichen Geraden macht. Dabei entstehen wieder lineare homogene Differentialgleichungen mit konstanten Koeffizienten. Da aber jetzt $x_3 = 0$ eine Integralgerade ist, so hat die letzte Differentialgleichung die Form

$$x'_3 = \alpha_{33} x_3.$$

Geht man dann zu inhomogenen Koordinaten über, indem man $\xi_1 = \dfrac{x_1}{x_3}$, $\xi_2 = \dfrac{x_2}{x_3}$ setzt, so erhält man für die ξ_i Differentialgleichungen der Form (14). Aus dem für diese schon geläufigen Ergebnis folgt, daß auch bei den (16) die Lösungen die Form (15) haben. Da man ebenso auch die x_{0k} durch die x_i ausdrücken kann, ist die Determinante von Null verschieden. Man kann also sagen, daß man die Lösungen von (16) aus den Lösungen von Differentialgleichungen (14) durch projektive Abbildung bekommt. Die Differentialgleichungen (14) können durch Parallelverschiebung nach S. 9/10 homogen gemacht werden. Daher gehen die Lösungen der Differentialgleichungen (16) durch projektive Transformation aus den Lösungen von Differentialgleichung

$$\frac{dy}{dx} = \frac{ax + by}{cx + dy}$$

hervor. Die Lösungen solcher werden wir S. 74 in anderem Zusammenhang ausführlich diskutieren.

Es sei eine nützliche Übung für den Leser, die hier skizzierten Gedankengänge in allen Einzelheiten durchzuführen und auch den hier stillschweigend unterdrückten, S. 9/10 aber erwähnten Ausnahmefall durchzuarbeiten.

Hier werde nur noch angemerkt, daß man in der Literatur den inhomogen geschriebenen Differentialgleichungen (16) überflüssigerweise den Namen JACOBIsche *Differentialgleichung* zu geben pflegt, weil man sich immer noch daran erinnert, daß JACOBI, in präprojektiver Zeit diese Differentialgleichung zuerst studiert hat. Setzt man

$$x = \frac{x_1}{x_3}, \quad y = \frac{x_2}{x_3},$$

so wird

$$\frac{dy}{dx} = \frac{x_3 x_2' - x_3' x_2}{x_3 x_1' - x_3' x_1} = \frac{(\alpha_{21}x + \alpha_{22}y + \alpha_{23}) - y(\alpha_{31}x + \alpha_{32}y + \alpha_{33})}{(\alpha_{11}x + \alpha_{12}y + \alpha_{13}) - x(\alpha_{31}x + \alpha_{32}y + \alpha_{33})}$$

die JACOBIsche Differentialgleichung.

Die Lösungen solcher Differentialgleichungen pflegt man nach KLEIN und LIE als W-Kurven zu bezeichnen[1].

Wir beschließen damit unsere knappe Skizze der LIEschen Gedankengänge, soweit sie für die Theorie der Differentialgleichungen erster Ordnung in Betracht kommen. Wir verweisen den interessierten Leser erneut auf die S. 27 erwähnte Literatur für weiteres Eindringen in analoge Theorien bei Differentialgleichungen höherer Ordnung und bei partiellen Differentialgleichungen.

IV. Kapitel.

Diskussion des Verlaufs der Integralkurven.

§ 1. Elementare Betrachtungen.

In diesem Kapitel soll rein qualitativ ein Überblick über den Verlauf der Integralkurven gewonnen werden. Wir werden ihr Steigen und Fallen, ihre Konvexität und Konkavität, ihre Wendepunkte und einige weitere Dinge, die wir bald angeben werden, untersuchen. Zunächst soll in diesem Paragraphen angedeutet werden, wie man oft schon durch ganz simple Betrachtungen über die eben genannten Fragen Aufschluß gewinnen kann. Wenn die Differentialgleichung $f(x, y, y') = 0$ vorgelegt ist, so stellt $f(x, y, 0) = 0$ im allgemeinen Kurven dar, welche die Teile des Geradenfeldes, in welchen die Integralkurven bei wachsendem x steigen, von denjenigen trennen, wo sie fallen[2]. Differenziert man die Differentialgleichung nach x, so erhält man $f_x + f_y \cdot y' + f_{y'} \cdot y'' = 0$. Daher sind die Wendepunkte der Integralkurven unter den Punkten (x, y) enthalten, für die bei passender Wahl von y' die beiden Gleichungen

$$f(x, y, y') = 0, \qquad \frac{\partial f}{\partial x} + \frac{\partial f}{\partial y} y' = 0$$

gelten. Diese Punktmenge oder Kurve, wenn man so sagen will, trennt die Teile des Richtungsfeldes, wo die Integralkurven konkav sind, von den-

---

[1] Math. Ann. Bd. 4. 1871.

[2] Der Zusatz „im allgemeinen" deutet darauf hin, daß unter Umständen $f(x, y, 0) = 0$ keine Kurve ist, wie z. B. bei $f \equiv y'$ oder daß unter Umständen auch die Integralkurven überall steigen, wie z. B. für $f \equiv x^2 - y'$, wo also $f(x, y, 0) = 0$ nicht trennen kann. Sind aber Stellen beiderlei Art im Feld vorhanden, so werden sie durch $f(x, y, 0) = 0$ voneinander getrennt.

§ 1. Elementare Betrachtungen. 69

jenigen, wo sie konvex sind. Ohne weiteren Zusatz können diese Angaben nur dann verwendet werden, wenn die Differentialgleichung in der Form $y' = F(x, y)$ vorgelegt ist, und wenn dabei $F(x, y)$ in einem Bereich B samt seinen ersten Ableitungen als eindeutige und stetige Funktion erklärt ist. Dann wird $F(x, y) = 0$ der Ort derjenigen Punkte, wo die Integralkurven der x-Achse parallel sind und

$$\frac{\partial F}{\partial x} + \frac{\partial F}{\partial y} F = 0$$

wird der Ort der Wendepunkte. Wir wollen an einem Beispiele die Verwertung der Angaben näher kennenlernen.

Es sei $y' = 1 + xy$ vorgelegt. Der Ort horizontaler Tangenten ist die Hyperbel $1 + xy = 0$, während die Wendepunkte auf der Kurve dritter Ordnung $x + y + x^2 y = 0$ liegen[1]. Beide Kurven sind in Abb. 7 punktiert eingetragen. Schon diese wenigen Bemerkungen erlauben es, zu erkennen, daß die Integralkurven den in Abb. 7 verzeichneten ungefähren Verlauf haben müssen. Man kann durch Betrachtung der Isoklinen der Genauigkeit der Zeichnung noch etwas zu Hilfe kommen, z. B. beachten, daß die Achsen stets unter 45 Grad durchsetzt werden. Aber nicht alle Integralkurven können die x-Achse treffen. Auch solche Kurven sind in Abb. 7 zu sehen. Wenn man nämlich z. B. vom Punkte $(+ 2, - 2)$ beginnend eine Integralkurve für wachsende x verfolgt, so fällt sie ständig, verfolgt man sie aber für abnehmende x, so steigt sie an, bis sie die punktierte Hyperbel trifft. Hier ist sie der x-Achse parallel, um dann bei weiter abnehmendem x wieder zu fallen.

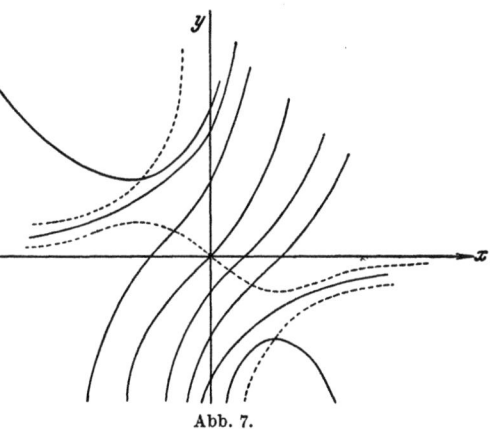

Abb. 7.

---

[1] Die Punkte dieser C_3 sind tatsächlich Wendepunkte der Integralkurven. Denn für das y''' der Integralkurven findet man $y''' = 2 + 3xy + x^2 + x^3 y$. Die Kurve $2 + 3xy + x^2 + x^3 y = 0$ hat aber keinen eigentlichen Punkt mit der C_3 gemein. Man kann noch hinzufügen, daß jede Integralkurve, welche die C_3 trifft, in diesem Schnittpunkt dieselbe auch durchsetzt. Denn in einem solchen Schnittpunkt (x_0, y_0) gilt für die Richtung y_0' der Integralkurve: $y_0' = 1 + x_0 y_0$, während sich die Richtung y_1' der C_3 aus $1 + 2 x_0 y_0 + (1 + x_0^2) y_1' = 0$ ergibt. Im Falle einer Berührung beider im Punkte (x_0, y_0) müßte $y_0' = y_1'$ sein. Das kann aber nur für $y_0 = 0$ möglich sein. Hier aber ist wegen der Gleichung der C_3 auch $x_0 = 0$. In diesem Punkte $(0, 0)$ aber ist $y_0' = 1$, $y_1' = -1$.

I. 4. Diskussion des Verlaufs der Integralkurven.

§ 2. Singuläre Punkte.

1. Allgemeine Bemerkungen. Wir haben S. 27 ff. bewiesen, daß unter gewissen Voraussetzungen durch jeden Punkt eines Gebietes B nur eine Lösung der Differentialgleichung $y' = f(x, y)$ geht. Die Voraussetzungen aber waren diese: $f(x, y)$ soll in B eindeutig und stetig sein und einer LIPSCHITZ-Bedingung

$$|f(x, y_1) - f(x, y_2)| \leq M |y_1 - y_2|$$

genügen. Dabei ist M eine von x und dem Wertepaar y_1, y_2 nicht abhängende passende feste Zahl. Wir wollen uns nun die Frage vorlegen, inwieweit die Bedingungen für die Gültigkeit des Ergebnisses auch *notwendig* sind. Zunächst erinnern wir uns (vgl. S. 47), daß die bloße Stetigkeit von $f(x, y)$ schon die Existenz der Lösungen zur Folge hat. Wenn nur $f(x, y)$ eine stetige Funktion ist, so geht durch jeden Punkt von B *mindestens* eine Lösung hindurch. Aber ohne weitere Voraussetzungen über $f(x, y)$ kann man nicht nachweisen, daß durch jeden Punkt *nur* eine Lösung geht. Tatsächlich kann man Differentialgleichungen mit stetigem $f(x, y)$ angeben, welche mehrere Lösungen durch ein und denselben Punkt schicken. Das gilt z. B. bei der Differentialgleichung

$$y' = + \sqrt{|y|}.$$

Denn ihre Lösungen sind neben $y = 0$ die Parabeln

$$y = \tfrac{1}{4}(x + h)^2 \qquad \text{(für } x \gseq - h)[1]$$
$$y = -\tfrac{1}{4}(x + h)^2 \qquad \text{(für } x \lseq - h),$$

welche bei $x = -h$ die x-Achse berühren.

Aber erinnern wir uns an die Definition der Lösung: Lösung heißt jede differenzierbare Funktion, welche der Differentialgleichung genügt. Daher sind auch solche Kurven als Lösungen anzusprechen, welche aus einem geradlinigen Stück und einem Parabelbogen bestehen. Z. B.

$$y = 0 \qquad \text{für } x \leq a$$
$$y = \tfrac{1}{4}(x - a)^2 \qquad \text{für } x \geq a \quad (a \geq 0).$$

Durch den Punkt $x = 0$, $y = 0$ geht außer diesen Lösungen auch die Lösung $y = 0$ hindurch[2].

Ein weiteres Beispiel ist dieses: Die Lösungen sollen durch folgende Kurven geliefert werden:

$$y = \alpha, \qquad \alpha \leq 0 \qquad \text{für } y \leq 0$$
$$y = \beta x^2, \quad 0 \leq \beta \leq 1 \qquad \text{für } 0 \leq y \leq x^2 \qquad (\alpha, \beta, \gamma \text{ Parameter}$$
$$y = x^2 + \gamma, \quad \gamma \geq 0 \qquad \text{für } y \geq x^2. \qquad \text{der Kurvenscharen)}$$

---

[1] Für $x < -h$ wäre y' nicht mehr positiv, so daß also nur diese Parabelbogen der Differentialgleichung genügen.

[2] Auch anläßlich der Betrachtung der CLAIRAUTschen Differentialgleichung ist bereits ein ähnliches Vorkommnis erwähnt worden.

§ 2. Singuläre Punkte.

Daraus ergibt sich für das $f(x, y)$ der Differentialgleichung

$$f(x, y) = 0 \quad \text{für} \quad y \leq 0$$

$$f(x, y) = \begin{cases} 2\frac{y}{x}, & x \neq 0 \\ 0, & x = 0 \end{cases} \quad \text{für} \quad 0 \leq y \leq x^2$$

$$f(x, y) = 2x \quad \text{für} \quad y \geq x^2.$$

Dies so für alle x, y erklärte $f(x, y)$ ist durchweg stetig[1]. Gleichwohl gehen durch den Koordinatenanfangspunkt unendlich viele Lösungen, nämlich die zwischen $y = 0$ und $y = x^2$ gelegenen Parabeln $y = \beta x^2$.

Man hat zeigen können, daß stets dann, wenn durch einen Punkt P, wo $f(x, y)$ stetig ist, mehrere Lösungen gehen, dieselben zwischen zwei äußersten Lösungen liegen und einen von beiden bestimmten Bereich in der Umgebung von P lückenlos ausfüllen[2].

Eine hinreichende Bedingung dafür, daß eine stetige Differentialgleichung durch jeden Punkt nur eine Lösung schickt, haben wir in der LIPSCHITZ-Bedingung erkannt. OSGOOD[3] ist in der Frage nach hinreichenden Bedingungen für die Einzigkeit der Lösungen zu folgendem Ergebnis gekommen: $\varphi(u)$ sei eine stetige Funktion, $\varphi(0) = 0$, $\varphi(u) > 0$ für $u > 0$, $\lim\limits_{\varepsilon \to 0} \int\limits_{\varepsilon}^{u_0} \frac{du}{\varphi(u)} = \infty$, $0 < \varepsilon < u_0$. Es sei

$$|f(x, y_1) - f(x, y_2)| \leq \varphi(|y_1 - y_2|),$$

in dem der Betrachtung unterliegenden Bereich. Dann gibt es bei gegebener Anfangsbedingung nur eine Lösung. Man kann also z. B. mit $\varphi(u) = u \log u$ arbeiten. TAMARKINE[3] hat eine hinreichende Bedingung für die Existenz mehrerer Lösungen hinzugefügt. Es sei $\psi(u)$ stetig und monoton wachsend, $\psi(0) = 0$ und $\int\limits_{0}^{u_0} \frac{du}{\psi(u)}$ konvergent, ferner

$$|f(x, y_1) - f(x, y_2)| \geq \psi(|y_1 - y_2|)$$

in der Umgebung von (x_0, y_0). Dann gehen durch diesen Punkt mehrere Lösungen[4].

---

[1] Für $(x, y) = (0, 0)$ folgt dies daraus, daß für alle $(x, y) | f(x, y) | \leq 2 | x |$ ist.
[2] Man vgl. W. F. OSGOOD in den Monatsheften für Mathematik und Physik Bd. 9, S. 331. 1898. Ferner H. KNESER in den Sitzgsber. preuß. Akad. Wiss., Physik.-math. Kl. 1923, S. 171, wo ein analoger Satz für Systeme bewiesen wird.
[3] Math. Zeitschr. Bd. 16, S. 207. 1993.
[4] Wegen weiterer Literatur, auch betr. Ausdehnung auf Systeme, vgl. den zusammenfassenden Bericht von M. MÜLLER im Jahresbericht der Deutsch. Math. Ver. Bd. 37, S. 33 ff. 1928.

I. 4. Diskussion des Verlaufs der Integralkurven.

Nun will ich weiter noch Differentialgleichungen betrachten, bei welchen die *Stetigkeit des Richtungsfeldes in einzelnen Punkten unterbrochen ist*.

Eine Stelle, wo eine oder die andere Voraussetzung unseres Existenzsatzes von S. 27/28 nicht erfüllt ist, soll stets eine *singuläre* Stelle heißen.

2. Typische Fälle. 1. Ich betrachte

$$\frac{dy}{dx} = \frac{y}{x}$$

und will den Verlauf der Lösungen dieser Differentialgleichung in der Nähe des Koordinatenanfanges untersuchen. Da die Lösungen die Geraden $y = cx$ sind, so zeigt sich, daß alle Integralkurven den Koordinatenanfang passieren. Denn jede Integralkurve ist durch einen ihrer Punkte (x_0, y_0) festgelegt. Die durch diesen Punkt gehende Integralkurve ist $y = \frac{y_0}{x_0} x$. Tatsächlich ist ja auch $\frac{y}{x}$ für $(x, y) = (0, 0)$ nicht stetig, und das ermöglicht es, daß durch diesen Punkt nicht eine, sondern alle Lösungen gehen. Aber nicht jede Unstetigkeit am Koordinatenanfang hat diese Folge.

2. Wir brauchen nur die Gleichung

(1) $$\frac{dy}{dx} = a \frac{y}{x}, \quad a \neq 1$$

zu betrachten, um dies einzusehen. Man findet nämlich $y = c x^a$ als Lösungen. Je nach der Beschaffenheit von a zeigen diese aber verschiedenes Verhalten. Den Fall $a = 1$ haben wir ja schon vorweggenommen. Ist a *positiv*, so erkennt man, daß nach wie vor alle Integralkurven durch den Koordinatenanfang gehen. Sie berühren dort alle die x-Achse, wenn $a > 1$ ist. Sie berühren alle bis auf eine die y-Achse, wenn $a < 1$ ist.

Wir sagen in all den bisher behandelten Fällen, es liege in $(0,0)$ ein *Knotenpunkt* der Lösungen vor.

Ein ganz anderes Bild bieten die Fälle $a < 0$ dar. Dann sind nämlich durch

$$y = c x^a$$

hyperbelartige Kurven dargestellt, deren Asymptoten die x- und die y-Achse sind. Die eine der beiden Geraden, nämlich $y = 0$ gehört auch zu den Lösungen. Beide Geraden werden Lösungen, wenn man statt der Gleichung (1) das System $\frac{dx}{dt} = x$, $\frac{dy}{dt} = ay$ betrachtet. Es hat abgesehen von $x = 0$ die gleichen Lösungen wie (1). Wir sagen in diesem Falle, es liege ein *Sattelpunkt* vor, weil die Integralkurven ähnlich aussehen wie die Höhenlinien in der Nähe eines Gebirgssattels.

In allen diesen Fällen gibt es also Integralkurven durch den Koordinatenanfang, also durch den *singulären Punkt* der Differentialgleichung.

§ 2. Singuläre Punkte.

Darunter waren immer — wenn wir an den Systemfall denken — mindestens zwei Geraden. Nur eine Gerade kommt unter den Integralkurven von

3. $y' = \dfrac{x+y}{x}$ vor. Die Integralkurven sind nämlich

$$y = x(c + \log|x|)$$

und darunter kommt nur die Gerade $x = 0$ vor. Alle Integralkurven gehen durch den Koordinatenanfang, weil für $x \to 0$ auch $y \to 0$ strebt. Wir haben also noch einen Knotenfall.

Nun werden wir endlich noch Fälle kennenlernen, wo keine Integralkurven durch den singulären Punkt gehen.

4. So sind z. B. die Integralkurven von

$$\frac{dy}{dx} = -\frac{x}{y}$$

die Kreise

$$x^2 + y^2 = c.$$

Wenn, wie in diesem Beispiel die Integralkurven sich geschlossen um den singulären Punkt herumlegen, spricht man von einem *Wirbelpunkt*.

5. Endlich betrachte ich noch die Differentialgleichung der logarithmischen Spiralen

$$\frac{dy}{dx} = \frac{x+ay}{ax-y}.$$

Zur Integration dieser Gleichung führt man am besten Polarkoordinaten durch

$$x = r \cos \varphi$$
$$y = r \sin \varphi$$

ein. Dann wird die Gleichung

$$\frac{dr}{d\varphi} = ra.$$

Also sind wirklich die logarithmischen Spiralen

$$r = c e^{a\varphi}$$

die Lösungen. Diese durchsetzen bekanntlich alle Strahlen durch den Ursprung unter einem festen Winkel, dessen Tangens $\dfrac{1}{a}$ ist. Daß dies der Fall ist, kann man ja auch direkt aus der Differentialgleichung ablesen. Setzt man nämlich

$$\frac{1}{a} = \operatorname{tg} \alpha$$

und

$$\frac{y}{x} = \operatorname{tg} \varphi,$$

so kann man ja die Differentialgleichung so schreiben
$$y' = \operatorname{tg}(\alpha + \varphi).$$

Jedesmal dann, wenn, wie in diesem Beispiel die Integralkurven sich asymptotisch um den singulären Punkt herum winden, spricht man von einem *Strudelpunkt*.

Die hier untersuchten Beispiele sind nun zunächst typisch für die homogene Differentialgleichung
$$\frac{dy}{dx} = \frac{Cx+Dy}{Ax+By},$$
wie wir im nächsten Paragraphen sehen werden. Sie sind aber auch typisch für eine ausgedehnte weitere Klasse von Differentialgleichungen (§ 6).

§ 3. Die homogene Differentialgleichung $y' = \frac{Cx+Dy}{Ax+By}$.

Ich setze voraus, daß in dieser Differentialgleichung $AD - BC \neq 0$ ist. Denn sonst sind auf der rechten Seite Zähler und Nenner proportional, so daß sich die Gleichung auf $y' = $ const bzw. im Systemfall auch auf $x' = 0$ reduziert.

Die an den Beispielen des § 2 und schon früher gesammelten Erfahrungen lassen es zweckmäßig erscheinen, statt

(1) $$y' = \frac{Cx+Dy}{Ax+By}$$

das System

(2) $$\frac{dx}{dt} = Ax + By$$
$$\frac{dy}{dt} = Cx + Dy$$

zu untersuchen. Jede Lösung von (1) gibt zu einer Lösung von (2) Anlaß und umgekehrt führt jede Lösung von (2) zu einer Lösung von (1), es sei denn, daß für dieselbe $\frac{dx}{dt} = 0$ ist, d.h. daß es sich um eine Parallele zur y-Achse handelt. Man kann also auch sagen, daß der Übergang von (1) zu (2) eine Erweiterung des Begriffs „Lösung von (1)" bedeutet.

Ich will zunächst zusehen, welche Vereinfachungen das System (2) durch eine lineare Koordinatentransformation erfahren kann. Ich führe durch[1]

(3) $$\begin{cases} \xi = \alpha x + \beta y \\ \eta = \gamma x + \delta y \end{cases}$$

($\alpha, \beta, \gamma, \delta$ sind Konstanten, für die $\alpha\delta - \beta\gamma \neq 0$ ist)

---

[1] Ein Leser, der den Matrizenkalkül beherrscht, wird die folgenden Betrachtungen knapper fassen können. Vgl. z. B. L. BIEBERBACH: Analytische Geometrie. S. 79. Leipzig: B. G. TEUBNER 1930.

§ 3. Die homogene Differentialgleichung $y' = \dfrac{Cx + Dy}{Ax + By}$.

die neuen Veränderlichen ξ, η ein. Ich erhalte

$$\frac{d\xi}{dt} = \alpha \frac{dx}{dt} + \beta \frac{dy}{dt}, \qquad \frac{d\eta}{dt} = \gamma \frac{dx}{dt} + \delta \frac{dy}{dt}.$$

Ich will versuchen, durch passende Wahl der $\alpha, \beta, \gamma, \delta$ das System auf die Gestalt

(4) $\qquad \dfrac{d\xi}{dt} = \lambda_1 \xi, \qquad \dfrac{d\eta}{dt} = \lambda_2 \eta \qquad (\lambda_1, \lambda_2$ konstant)

zu bringen. Das führt dazu, daß für alle x, y die beiden Gleichungen

$$x(\alpha A + \beta C) + y(\alpha B + \beta D) = \lambda_1 (\alpha x + \beta y)$$
$$x(\gamma A + \delta C) + y(\gamma B + \delta D) = \lambda_2 (\gamma x + \delta y)$$

gelten. Daher muß sein:

(5) $\quad \begin{aligned} \alpha(A - \lambda_1) + \beta C &= 0 \\ \alpha B + \beta(D - \lambda_1) &= 0 \end{aligned}$ und $\begin{aligned} \gamma(A - \lambda_2) + \delta C &= 0 \\ \gamma B + (D - \lambda_2)\delta &= 0. \end{aligned}$

Das sind zwei Paar linearer Gleichungen mit je zwei Unbekannten α, β bzw. γ, δ. Sollen dieselben nichttriviale Lösungen besitzen, so müssen λ_1 und λ_2 die beiden Wurzeln der quadratischen Gleichung

(6) $\qquad \begin{vmatrix} A - \lambda & C \\ B & D - \lambda \end{vmatrix} = 0$

oder

$$\lambda^2 - \lambda(A + D) + AD - BC = 0$$

sein. Man nennt sie die *charakteristische* Gleichung des Systems (2).

Wenn diese Gleichung zwei voneinander verschiedene Wurzeln besitzt, so gehören dazu vermöge der zwei Paar linearer Gleichungen (5) vier Zahlen $\alpha, \beta, \gamma, \delta$, deren Determinante $\alpha\delta - \beta\gamma$ von Null verschieden ist. Anderenfalls wäre das dem einen Gleichungspaar (5) genügende Zahlenpaar α, β dem Zahlenpaar γ, δ proportional, das dem anderen Gleichungspaar (5) genügt. Da es sich um homogene Gleichungen handelt, so darf man $\gamma = \alpha$ und $\delta = \beta$ nehmen. Dann würden aber die beiden oberen Gleichungen (5) zur Folge haben, daß $\alpha \lambda_1 = \alpha \lambda_2$ ist. Wegen $\lambda_1 \neq \lambda_2$ wäre also $\alpha = 0$. Aus demselben Grund wäre $\beta = 0$. Wir hätten es also doch mit den trivialen Lösungen der Gleichungen (5) zu tun. Es ist also $\alpha\delta - \beta\gamma \neq 0$. Daher ist durch (3) eine lineare Substitution erklärt, welche das System (2) auf die Form (4) bringt. Da $AD - BC \neq 0$ angenommen wurde und da nach (6) $AD - BC = \lambda_1 \lambda_2$ ist, so kann keines der beiden λ verschwinden. Sind insbesondere λ_1 und λ_2 reell, so sind sofort einige der im vorigen Paragraphen besprochenen Fälle wieder zu erkennen. Wenn aber die λ_1 und λ_2 konjugiert komplex sind, so bleibt erst noch zu untersuchen, welcher der im vorigen Paragraphen besprochenen Fälle sich unter dieser komplexen Form verbirgt. Um das zu erkennen, mache ich in (4) die neue Substitution

$$\xi = r e^{i\varphi}, \qquad \eta = r e^{-i\varphi}.$$

I. 4. Diskussion des Verlaufs der Integralkurven.

So erhält man das System
$$r' = \frac{r(\lambda_1 + \lambda_2)}{2}, \qquad \varphi' = \frac{\lambda_1 - \lambda_2}{2i}.$$
Die Integralkurven sind also
$$r = c_1 \exp\left(\frac{\lambda_1 + \lambda_2}{2} t\right), \qquad \varphi = \frac{\lambda_1 - \lambda_2}{2i}(t + c_2),$$
d. h.
(8) $$r = c \exp\left(i \frac{\lambda_1 + \lambda_2}{\lambda_1 - \lambda_2} \varphi\right).$$

Dabei sind c_1, c_2, c Konstanten und $\exp(x)$ bedeutet e^x.
Die Integralkurven werden also Spiralen, es sei denn, daß
$$\lambda_1 + \lambda_2 = 0$$
ist. Dann sind es geschlossene Kurven (Ellipsen, da die x, y mit den ξ, η durch eine affine Transformation verbunden sind). Es liegt also ein Strudelpunkt oder ein Wirbelpunkt vor.

Nun bleibt noch der Fall zu behandeln, *wo die quadratische Gleichung* (6) *zwei zusammenfallende Wurzeln hat*.
Ich betrachte erst den Fall, daß die Gleichungen (5) identisch erfüllt sind. Dann kann man $\alpha = 1$, $\beta = 0$, $\gamma = 0$, $\delta = 1$ nehmen. Die Substitution ist also $\xi = x$, $y = \eta$. Daher hat jetzt das System (2) von vornherein die Gestalt:
$$\frac{dx}{dt} = \lambda_1 x, \qquad \frac{dy}{dt} = \lambda_1 y$$
mit lauter geradlinigen Integralkurven. Sind aber die Gleichungen (5) nicht identisch erfüllt, so wollen wir die Koeffizienten α, β aus (5) bestimmen, die γ, δ aber zunächst noch beliebig annehmen, aber so, daß $\alpha\delta - \beta\gamma \neq 0$ ist. Dadurch wird dann (2) auf die Form
(9) $$\frac{d\xi}{dt} = \lambda_1 \xi, \qquad \frac{d\eta}{dt} = \Gamma \xi + \Delta \eta$$
gebracht.

Hier ist aber $\Delta = \lambda_1$. Dies folgt daraus, *daß die charakteristischen Gleichungen für das ursprüngliche System* (2) *und das transformierte* (9) *übereinstimmen*. Geht nämlich durch irgendeine Transformation (3) das System (2) in
(10) $$\frac{d\xi}{dt} = A\xi + B\eta$$
$$\frac{d\eta}{dt} = \Gamma\xi + \Delta\eta$$
über, und ist
$$x = \alpha'\xi + \beta'\eta$$
$$y = \gamma'\xi + \delta'\eta$$

§ 3. Die homogene Differentialgleichung $y' = \dfrac{Cx+Dy}{Ax+By}$.

die zu (2) inverse Transformation, so wird (im Sinne des Matrizenkalküls

$$\begin{pmatrix} A & B \\ \Gamma & \Delta \end{pmatrix} = \begin{pmatrix} \alpha & \beta \\ \gamma & \delta \end{pmatrix} \begin{pmatrix} A & B \\ C & D \end{pmatrix} \begin{pmatrix} \alpha' & \beta' \\ \gamma' & \delta' \end{pmatrix}$$

und also)

$$\begin{vmatrix} A-\lambda & B \\ \Gamma & \Delta-\lambda \end{vmatrix} = \begin{vmatrix} \alpha & \beta \\ \gamma & \delta \end{vmatrix} \begin{vmatrix} A-\lambda & B \\ C & D-\lambda \end{vmatrix} \begin{vmatrix} \alpha' & \beta' \\ \gamma' & \delta' \end{vmatrix},$$

wie man sofort nachprüft. Die charakteristische Gleichung des transformierten Systems hat also dieselben Wurzeln wie die charakteristische Gleichung von (2). Daher ist in (9) auch $\Delta = \lambda_1$. In dem so erhaltenen System

$$\frac{d\xi}{dt} = \lambda_1 \xi, \qquad \frac{d\eta}{dt} = \Gamma \xi + \lambda_1 \eta$$

mache man im Falle $\Gamma \neq 0$ nun weiter die Substitution $\Gamma \xi = \lambda_1 \xi_1$. Dann geht es in

$$\frac{d\xi_1}{dt} = \lambda_1 \xi_1, \qquad \frac{d\eta}{dt} = \lambda_1 (\xi_1 + \eta)$$

über, und dies haben wir schon im vorigen Paragraphen untersucht.

Von Koordinatentransformationen abgesehen, sind also die im vorigen Paragraphen studierten Fälle die einzigen, welche bei den in der Überschrift dieses Paragraphen genannten Differentialgleichungen vorkommen.

Ich merke noch die rechnerischen Ergebnisse der Überlegungen an. Unsere Differentialgleichungen (2) zerfallen zunächst mit Rücksicht auf die Gleichung (6) in drei Klassen:

Klasse I: $(A-D)^2 + 4BC > 0$
„ II: $(A-D)^2 + 4BC < 0$
„ III: $(A-D)^2 + 4BC = 0$.

Bei Klasse I sind alle Integrale in

$$(\gamma x + \delta y)^{-\lambda_1} (\alpha x + \beta y)^{\lambda_2} = \text{const}$$

enthalten. λ_1 und λ_2 sind die beiden Wurzeln der Gleichung (6). $\alpha, \beta, \gamma, \delta$ können aus (5) berechnet werden. Wenn dann λ_1 und λ_2 gleiches Vorzeichen haben, d. h. wenn

$$AD - BC > 0$$

ist, so haben wir einen Knotenpunkt. Wenn aber λ_1 und λ_2 verschiedene Vorzeichen haben, wenn also

$$AD - BC < 0$$

ist, so liegt ein Sattelpunkt vor.

Bei Klasse II kann gleichfalls das allgemeine Integral auf die Form

$$(\gamma x + \delta y)^{-\lambda_1} (\alpha x + \beta y)^{\lambda_2} = \text{const}$$

gebracht werden. Das ist keine reelle Schreibweise. Die Betrachtungen von S. 75 und von S. 76 lehren aber, wie dieselbe zu erhalten ist. Man findet beim Übergang zu Polarkoordinaten von ξ, η aus nach (8)

$$(\alpha x + \beta y)(\gamma x + \delta y) = c\, e^{\frac{\lambda_1+\lambda_2}{\lambda_2-\lambda_1}\log\frac{\alpha x+\beta y}{\gamma x+\delta y}}.$$

Es liegt im allgemeinen ein Strudelpunkt und ausnahmsweise ein Wirbelpunkt vor. Insbesondere arten die Spiralen in Ellipsen aus, wenn $\lambda_1 + \lambda_2 = 0$ ist. Ihre Gleichung wird

$$|\alpha x + \beta y|^2 = c.$$

Setzt man

$$\alpha = \alpha_1 + i\alpha_2$$
$$\beta = \beta_1 + i\beta_2,$$

so wird ihre Gleichung

$$(\alpha_1 x + \beta_1 y)^2 + (\alpha_2 x + \beta_2 y)^2 = c.$$

Bei der Klasse III liegt wieder ein Knotenpunkt mit einer einzigen Geraden

$$\alpha x + \beta y = 0$$

vor, deren Koeffizienten α, β sich aus (2) bestimmen.

§ 4. Allgemeine Sätze über den Verlauf der Integralkurven im reellen Gebiet.

1. Vektorfeld. Die bloße Anwendung der Sätze über die stetige Abhängigkeit der Integralkurven von den Anfangsbedingungen läßt weitgehende Schlüsse über den Verlauf der Integralkurven einer Differentialgleichung

(1) $$\frac{dy}{dx} = \frac{Q(x,y)}{P(x,y)}$$

in einem Gebiete B zu, wo Zähler und Nenner als eindeutige und stetige mit stetigen ersten Ableitungen nach x und y versehene Funktionen erklärt sind. $|P(x,y)|$ und $|Q(x,y)|$ mögen in B unter einer Schranke M bleiben. Es erweist sich für die Betrachtung als zweckmäßig, die Integralkurven auf einen Parameter t zu beziehen und also die Differentialgleichungen in der Form

(2) $$\frac{dx}{dt} = P(x,y), \quad \frac{dy}{dt} = Q(x,y)$$

anzunehmen. Durch diese Einführung wird das durch (1) definierte Feld von Linienelementen durch ein Feld von Vektoren (gerichteten Geraden) ersetzt. Denn durch (2) wird nicht nur die Tangente der Integralkurve im Punkte (x, y) gegeben, sondern auch die Richtung bestimmt, in welcher für wachsende t die Integralkurve den Punkt passiert. Nur in den Punkten, wo P und Q beide verschwinden, wird

§ 4. Allgemeine Sätze über den Verlauf der Integralkurven im reellen Gebiet. 79

keine bestimmte Richtung erklärt. Wir nennen solche Punkte *singuläre Stellen des Vektorfeldes*. Bei den folgenden Darlegungen aus diesem von H. POINCARÉ[1] begründeten Gebiet stütze ich mich im wesentlichen auf eine Arbeit von BENDIXSON[2]:

2. Feld von Lösungskurven. Zunächst betrachten wir einen Kurvenbogen $x = x(\tau)$, $y = y(\tau)$ ($\tau_0 \leq \tau \leq \tau_1$), der nirgends den Feldvektor berühren soll und für den $x'(\tau)$ und $y'(\tau)$ stetig sind und nicht gleichzeitig verschwinden.

Die Lösungen durch die Punkte dieses Kurvenbogens bilden in einer gewissen Umgebung desselben ein Feld, d. h. sie erfüllen einen diesen Kurvenbogen enthaltenden Bereich völlig derart, daß durch jeden Punkt desselben genau eine Lösung geht. Es seien

(3) $$x = x(t, \tau), \quad y = y(t, \tau)$$

diese Lösungen. Es sei

$$x(t_0, \tau) = x(\tau), \quad y(t_0, \tau) = y(\tau).$$

Dann ist

$$\frac{d(x, y)}{d(t, \tau)} = \frac{\partial x}{\partial t}\frac{\partial y}{\partial \tau} - \frac{\partial x}{\partial \tau}\frac{\partial y}{\partial t}$$

nach S. 41 für $\tau_0 \leq \tau \leq \tau_1$ und alle t einer gewissen Umgebung von t_0 stetig und von Null verschieden. Denn für $t = t_0$ ist dies der Fall, da die Anfangskurve die Lösungen nicht berührt. Nach bekannten Sätzen über implizite Funktionen kann man daher für alle x, y aus einer gewissen Umgebung der Anfangskurve die Gleichungen (3) auf genau eine Weise durch Werte t aus der Nähe von t_0 und Werte τ aus jenem Intervall befriedigen, worin unsere Behauptung liegt.

3. Verhalten der Lösungen für große Parameterwerte. Wir haben schon S. 35 festgestellt, daß zu jedem Punkt $x = x_0$, $y = y_0$ des Gebietes B und endliches t_0 genau eine Lösung gehört, für die $\lim\limits_{t \to t_0} x(t) = x_0$, $\lim\limits_{t \to t_0} y(t) = y_0$ ist. Eine Änderung des endlichen Wertes t_0, welchen man dem Punkte zuordnet, ändert an der Lösungs*kurve* $x = x(t)$, $y = y(t)$ nichts; dadurch ändert sich nur die Parameterdarstellung. Das folgt sofort daraus, daß eine Substitution $t_1 = t + h$ die Differentialgleichungen, auf deren rechter Seite ja der Parameter fehlt, nicht ändert. *Hat man also zwei Lösungen*

$$x_1(t), y_1(t) \quad \text{und} \quad x_2(t^*), y_2(t^*)$$

derart, daß für $t = t_0$, $t^* = t_0 + h$

$$x_1(t_0) = x_2(t_0 + h), \quad y_1(t_0) = y_2(t_0 + h)$$

---

[1] Die in Betracht kommenden Arbeiten POINCARÉS aus den Jahren 1878—1887 sind in dem Bd. 1 der Oeuvres de HENRI POINCARÉ bequem zugänglich.
[2] Acta mathematica Bd. 24. 1900.

I. 4. Diskussion des Verlaufs der Integralkurven.

ist, so ist für alle τ

$$x_1(t_0 + \tau) = x_2(t_0 + h + \tau), \quad y_1(t_0 + \tau) = y_2(t_0 + h + \tau).$$

Eine solche durch einen Punkt x_0, y_0 festgelegte Lösung wollen wir nun auf ihrem weiteren Verlauf verfolgen. Sie möge etwa von x_0, y_0 ausgehend ein Stück weit nach der Methode der sukzessiven Approximationen durch eine Reihe dargestellt sein. Ist dann x_1, y_1 mit dem Parameterwert t_1 ein weiterer durch diese Darstellung erfaßter Punkt der Lösung, so können wir für x_1, y_1, t_1 erneut das Verfahren der sukzessiven Approximationen ansetzen und so die Lösung ein Stück weiter verfolgen. Nun sind zwei Fälle denkbar. Entweder kann man dabei bei fallenden oder bei wachsenden Parametern nicht über einen gewissen endlichen Grenzwert T des Parameters hinauskommen, oder aber man kann dabei zu beliebig großen Werten des Parameters gelangen. Es genügt dabei völlig, wachsende Parameter zu betrachten. Der andere Fall wird durch die Substitution $t_1 = -t$ auf diesen zurückgeführt. Zunächst ist leicht zu sehen: *Wenn man bei der Fortsetzung nicht zu beliebig großen Parameterwerten gelangen kann, wenn also die obere Grenze T der längs der Kurve in B erreichbaren Parameterwerte endlich ist, so kann die Lösungskurve für gegen T wachsende Parameterwerte nicht im Inneren eines abgeschlossenen Teiles des Bereiches B bleiben.* Denn nach Voraussetzung gilt längs der Kurve:

$$|P(x(t), y(t))| < M, \quad |Q(x(t), y(t))| < M \quad \text{für} \quad t_0 \leq t < T.$$

Daraus folgt

$$|x(t_1) - x(t_2)| < M|t_1 - t_2|, \quad |y(t_1) - y(t_2)| < M|t_1 - t_2|.$$

Das bedeutet aber die Existenz der Grenzwerte

$$\lim_{t \to T} x(t) = a, \quad \lim_{t \to T} y(t) = b.$$

Der Punkt (a, b) müßte somit dem Inneren von B angehören. Das widerspricht aber der vorhin erwähnten Feststellung von S. 35, weil man sonst die Lösung für T übertreffende Parameterwerte verfolgen könnte. Der Punkt (a, b) liegt also am Rand des Bereiches und gegen ihn konvergiert die Kurve für $t \to T$.

Ich wende mich zu dem anderen der beiden unterschiedenen Fälle. In ihm kann man die Lösung für beliebig große Parameterwerte in B verfolgen, ohne einen gewissen abgeschlossenen Teilbereich von B dabei zu verlassen.

Ich will den *Spezialfall vorwegnehmen*, daß beide Grenzwerte

$$\lim_{t \to \infty} x(t) = a, \quad \lim_{t \to \infty} y(t) = b$$

existieren. *Dann ist, wie ich zeigen will,*

$$P(a, b) = 0 \quad \text{und} \quad Q(a, b) = 0.$$

§ 4. Allgemeine Sätze über den Verlauf der Integralkurven im reellen Gebiet.

(a, b) liegt nämlich in B; wäre z. B. $P(a, b) \neq 0$, so wäre jedenfalls für genügend große t, z. B. für $t \geq m$,

$$|P(x(t), y(t))| > \left|\frac{P(a,b)}{2}\right|.$$

Daher wäre wegen der Stetigkeit von $P(x(t), y(t))$ für große t entweder ständig

$$P(x(t), y(t)) > \frac{P(a,b)}{2} > 0,$$

oder ständig

$$P(x(t), y(t)) < \frac{P(a,b)}{2} < 0.$$

In beiden Fällen folgt durch Integration

$$|x(t) - x(m)| > \frac{|P(a,b)|}{2}(t - m),$$

so daß also gegen Annahme $\lim_{t \to \infty} |x(t)| = \infty$ sein müßte. Stellen (a, b), für welche $P(a, b) = 0$ und $Q(a, b) = 0$ ist, nannten wir S. 72 singuläre Stellen der Differentialgleichung (1), wofern nicht das gleichzeitige Verschwinden von $P(x, y)$ und $Q(x, y)$ durch Beseitigung eines gemeinsamen Faktors zu beheben ist. Übertragen wir die dort gegebene Definition sinngemäß auf das System (2) so gehört der Punkt (a, b) jedenfalls nicht zu den singulären, weil die im Existenzsatz von S. 34/35 formulierten Voraussetzungen jedenfalls erfüllt sind. Tatsächlich geht ja durch den Punkt (a, b) die Lösung $x = a, y = b$, welche das allgemeine Existenztheorem liefert. Es ist aber nach dem eben Festgestellten nicht ausgeschlossen, daß unter Umständen noch eine weitere Integralkurve diesem Punkte für $t \to \infty$ zustrebt. Auch stellt ja die vom Existenztheorem gelieferte Lösung $x = a, y = b$ in der x-y-Ebene keine eigentliche Kurve dar. Schon die Betrachtungen des vorigen Paragraphen haben uns einigen Aufschluß über die hier etwa zu erwartenden Möglichkeiten gegeben. *Wir wollen* diesem Sachverhalt entsprechend *die Stellen* (a, b), wie schon S. 35 erwähnt, *zu den singulären rechnen.* Der Wortlaut unserer Definition von S. 72 schließt ja auch eine solche *Erweiterung der Begriffsbestimmung* nicht aus.

4. Geschlossene Integralkurven. *Ich betrachte nun einen Kurvenbogen $x = x(t), y = y(t), t \geq t_0$, der keinen singulären Punkt der Differentialgleichungen (2) trifft. Die Punkte $x(t), y(t)$ sollen für $t \to \infty$ mehrere Häufungspunkte in B besitzen. Es soll also im Inneren von B Punkte geben, denen $|x(t), y(t)|$ für beliebig große t beliebig nahe kommt. Am Rande von B und in singulären Punkten sollen dagegen solche Häufungspunkte nicht liegen. Dann ist die Kurve L: $x = x(t), y = y(t)$ entweder selbst eine geschlossene Kurve, oder aber die Häufungspunkte für $t \to \infty$ liegen auf einer anderen geschlossenen Integralkurve.*

I. 4. Diskussion des Verlaufs der Integralkurven.

Diese Aussage entspricht der schon für den Fall der Existenz der Grenzwerte gemachten besonderen Feststellung. Denn die einem singulären Punkte (a, b) entsprechende Lösung $x = a$, $y = b$ gehört zu den geschlossenen Lösungen.

Zum Beweise unterscheide ich *zwei Fälle.* Ich nehme *zunächst* an, *ein Häufungspunkt gehöre der Lösung L selbst an.* Die Lösung soll also einem ihrer Punkte für beliebig große t beliebig nahe kommen. *Dann ist die Lösung notwendig geschlossen.*

Als geschlossene Lösung wird eine Lösung angesprochen, auf welcher zu einzelnen Punkten mehrere Parameterwerte gehören. D. h. also: einen solchen Punkt passiert die Kurve nicht allein für $t = t_0$, sondern noch für einen anderen Wert $t_0 + h$. Daraus folgt aber, daß auch beliebige Parameterwerte $t_0 + \tau$ und $t_0 + h + \tau$ dieselben Punkte ergeben (S. 79/80). Die sämtlichen Kurvenpunkte sind also durch die zwischen t_0 und $t_0 + h$ gelegenen Parameterwerte bereits erschöpft.

Ich will also jetzt *beweisen, daß die Lösung L notwendig geschlossen ist, wenn einer ihrer zu $t \to \infty$ gehörigen Häufungspunkte auf ihr liegt.* P sei ein solcher Häufungspunkt. Ich errichte in demselben die Kurvennormale. Falls die Lösung nicht geschlossen ist, so muß diese Normale von der Lösung in unendlich vielen Punkten getroffen werden, die sich in P häufen. Denn sei Q irgendein weiterer Punkt der Lösung. P gehöre zum Parameter p, Q zum Parameter q. Dann lehrt der Satz von der stetigen Abhängigkeit der Lösungen von den Anfangspunkten, daß in einem beliebig gegebenen Parameterintervall $p - \delta < t < p + \delta$ die Lösung von den zu den um $q - p$ größeren Parameterwerten $q - \delta < t < q + \delta$ gehörigen Lösungspunkten nur wenig abweicht, wofern nur Q hinreichend nahe bei P gewählt ist. Stellt man also diese Überlegung für eine gegen P konvergierende Folge von Punkten Q_ν der Lösung L an, deren Parameterwerte $q_\nu \to \infty$ streben, so erhält man unendlich viele Kurvenbogen, die beliebig nahe an dem um P abgegrenzten Bogen der Lösung L entlang laufen. Wenn die Kurve L geschlossen ist, dann fallen alle diese Bogen zusammen. Unsere Annahme, die Kurve sei nicht geschlossen, hat zur Folge, daß alle diese Bogen die Normale überschreiten, und zwar müssen sie alle in hinreichender Nähe von P bei wachsenden Parameterwerten die Normale im gleichen Sinne überschreiten. Auch dies folgt ja aus der Stetigkeitsbetrachtung, weil doch in hinreichender Nähe von P nur geringe Richtungsunterschiede der Integralkurven vorkommen. Dies aber führt zu einer gestaltlichen Unmöglichkeit. Man gebe ein P enthaltendes Normalenstück ν vor, das so kurz gewählt sei, daß es von allen Bogen im gleichen Sinn überschritten wird. Man verfolge die Lösung von P aus im Sinne wachsender Parameter, bis sie zum ersten Male die Normale des Punktes P trifft. Dieser Treffpunkt sei P_1. Der Kurvenbogen PP_1 und das Normalenstück PP_1 begrenzen dann nach dem JORDANschen Kurven-

§ 4. Allgemeine Sätze über den Verlauf der Integralkurven im reellen Gebiet.

satz[1] einen Bereich, aus welchem die Lösung nie wieder austreten (Abb. 8a) oder in den sie nie wieder eintreten kann (Abb. 8b), da sie ja das Normalenstück PP_1, wenn überhaupt, so nur immer im selben Sinne überschreiten kann, und da sie keinen Punkt des Bogens PP_1 treffen kann, ohne mit diesem Bogen im weiteren Verlauf übereinzustimmen. Der Bogen PP_1 enthält nämlich nach Voraussetzung keinen singulären Punkt. Daraus folgt, daß auf der Normalen die Schnittpunkte in derselben Reihenfolge aufeinander folgen, wie die zugehörigen Parameterwerte auf der Kurve. P_1 ist also der P zunächst gelegene Schnittpunkt auf der Normalen. 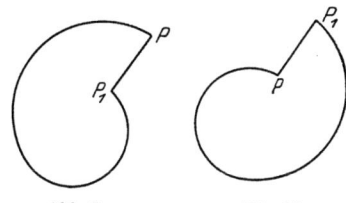 P könnte also nicht Häufungspunkt der Schnittpunkte sein. Die Lösung L muß also selbst geschlossen sein. Denn die Annahme, sie sei nicht geschlossen, führt zu unmöglichen Konsequenzen.

Abb. 8a.   Abb. 8b.

Ich betrachte nun den *anderen Fall*. *P sei also ein Häufungspunkt, der nicht auf der zu untersuchenden Lösung L liegt. Alsdann will ich zeigen, daß die durch P gehende Lösung L' geschlossen ist.* Jedenfalls ist sofort zu sehen, daß jeder Punkt der durch P gehenden Lösung L' ein Häufungspunkt von L für $t \to \infty$ ist. Das folgt wie eben durch Betrachtung einer gegen P konvergierenden Folge von Punkten Q_ν von L. Sind nämlich Q_ν auf L und P auf L' gelegene Punkte, so betrachte man die Integralkurven L und L', die für $t = t_0$ durch Q_ν oder P gehen. Für ein beliebiges Intervall[2] $t_0 \leq t \leq T$ sind sie dann um so weniger voneinander verschieden, je näher Q_ν und P beieinander liegen. Daher kann auch L' keinem singulären Punkt und auch nicht dem Rande von B beliebig nahe kommen, weil sonst dasselbe (gegen Annahme) für L zutreffen müßte[3]. Wenn nämlich L' für $t \to \infty$ dem singulären Punkt σ beliebig nahe käme, so bestimme man T so, daß der zu $t = T$ gehörige Punkt von L' um weniger als eine vorgegebene Zahl $\frac{\varepsilon}{2} > 0$ von σ entfernt ist. Alsdann bestimme man Q_ν auf L so nahe bei P, daß für $t_0 \leq t \leq T$ die Kurve L um weniger als $\frac{\varepsilon}{2}$ von L' abweicht. Dann hat der zu $t = T$ gehörige Punkt von L eine Entfernung von σ,

---

[1] Der beste heute bekannte Beweis ist der von E. Schmidt in den Sitzgsber. preuß. Akad. Wiss. 1923, S. 318—329.

[2] Dies folgt mit Hilfe des Borelschen Überdeckungssatzes sofort aus dem, was S. 44 über die Intervalle gesagt wurde, für die dort die Stetigkeit bewiesen wurde. Die dort angestellten Betrachtungen lassen sich ja mit Leichtigkeit auf Systeme übertragen.

[3] In dem Falle, wo neben anderen auch Häufungspunkte von L in singuläre Punkte fallen, lehrt unsere Betrachtung, daß jedenfalls ein beiderseits von singulären Punkten begrenzter Bogen von L' von Häufungspunkten besetzt ist.

die ε nicht übertrifft. Da man aber $\varepsilon > 0$ beliebig wählen kann, so kommt man in Widerspruch mit den über L gemachten Annahmen.

L' verläuft also für $t \geqq t_0$ völlig in einem abgeschlossenen Teilbereich von B, an dessen Rand kein singulärer Punkt von B liegt. Daher muß L' im Innern von B für $t \to \infty$ Häufungspunkte besitzen, die nicht singulär sind. Diese Häufungspunkte liegen aber notwendig auf L'. Anderenfalls sei R ein solcher Häufungspunkt von L'. Dann mache ich im Punkte R bei L' dieselbe Betrachtung wie im vorigen Falle im Punkte P bei L. Die durch R gehende Lösung heißt dann L''. Auf ihr errichte ich in R die Normale und schneide diese mit L'. Wieder erkenne ich, daß auf dieser Normalen in genügender Nähe von R die Schnittpunkte mit L' in derselben Reihenfolge liegen wie die zugehörigen Parameterwerte auf L'. Es seien also R_1, R_2, R_3 drei solche Schnittpunkte mit L' und $t_1 < t_2 < t_3$ die zugehörigen Parameterwerte. Nun aber kann man einsehen, daß zwischen R_1 und R_2 sowohl wie zwischen R_2 und R_3 die Normale nur einmal von L geschnitten werden kann. Daraus würde dann folgen, daß R_2 nicht Häufungspunkt von L sein kann, entgegen der schon bekannten Tatsache, daß jeder Punkt von L' ein solcher Häufungspunkt ist. Um z. B. zu erkennen, daß die Normale zwischen R_1 und R_2 nur einmal von L geschnitten werden kann, muß man nur bemerken, daß alle etwa vorhandenen Überschreitungen, falls nur R_1, R_2, R_3 genügend nahe an R gewählt sind, im selben Sinn erfolgen müßten. Da aber der Bogen $R_1 R_2$ von L' keinen singulären Punkt trifft und da er zusammen mit dem Geradenstück $R_1 R_2$ einen Bereich begrenzt, so müßten die Überschreitungen abwechselnd in der einen oder in der anderen Richtung geschehen, den Ein- und Austritten von L aus diesem Bereich entsprechend. Denn L kann ja L' nicht schneiden, ohne mit ihm zusammenzufallen. Da somit die Annahme, R läge nicht auf L', zu Ungereimtheiten führt, so muß R auf L' liegen. Daher ist L' geschlossen.

5. Periodische Lösungen und Spiralen. Unser Satz ist damit bewiesen. Er kann aber noch durch die folgenden Bemerkungen ergänzt werden. Die Kurve L ist jedenfalls eine Spirale, die sich in immer engeren Windungen an das geschlossene L' heranlegt. L' nennt man einen *Grenzzykel* oder auch eine *periodische* Lösung. Ist x_0, y_0, t_0 ein Punkt der Lösung und ist τ die kleinste positive Zahl, für die

(4) $\qquad x_0 = x(t_0) = x(t_0 + \tau), \qquad y_0 = y(t_0) = y(t_0 + \tau)$

ist, so heißt τ die Periode der Lösung. τ ist davon unabhängig, welchen Punkt der Lösung man mit x_0, y_0, t_0 bezeichnet hat. Denn aus (4) folgt für beliebige t nach S. 79/80

$$x(t) = x(t + \tau), \qquad y(t) = y(t + \tau).$$

Nun ergibt sich weiter, daß alle Lösungen, welche nur irgend einmal genügend

§ 4. Allgemeine Sätze über den Verlauf der Integralkurven im reellen Gebiet. 85

nahe an L' herankommen und welche mit L zusammen auf derselben Seite von L' liegen, Spiralen sein müssen, die sich für gegen ∞ wachsende t dem L' asymptotisch nähern. Um das zu erkennen, beschränken wir die Betrachtung auf einen an L' nach der Seite von L angrenzenden zweifach zusammenhängenden Bereich, der frei von singulären Punkten ist. Solche können nämlich nur da liegen, wo P und Q gleichzeitig verschwinden. Da auf L' solche singuläre Stellen nicht liegen, so gibt es aus Stetigkeitsgründen einen solchen zweifach zusammenhängenden Bereich. Wir wählen auf L einen Punkt derart, daß alle zu größeren Parameterwerten gehörenden Punkte von L ganz jenem zweifach zusammenhängenden Bereich angehören. Wir errichten in einem Punkt von L' nach der Seite, auf der L liegt, eine Normale so kurz, daß sie jenen Bereich nicht verläßt, und daß sie von jeder sie treffenden Lösung immer im gleichen Sinn getroffen wird. Von L behalten wir nur noch den Teilbogen bei, der

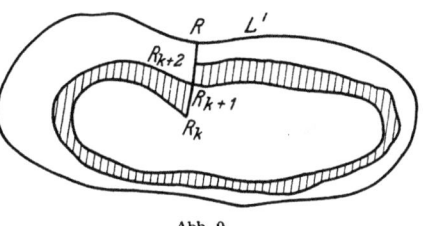

Abb. 9.

in einem solchen Treffpunkt R_0 beginnt, und der sich über alle größeren Parameterwerte erstreckt. Den Teilbogen von L, der zwischen zwei aufeinanderfolgenden der Treffpunkte $R_1, R_2, R_3, \ldots$ mit der Normalen liegt, nennen wir eine Windung von L. Jede Windung von L bildet mit dem ihre Endpunkte verbindenden Normalenstück eine geschlossene Jordankurve. Eine solche können wir zur Begrenzung des zweifach zusammenhängenden Bereiches verwenden. Durch die den übrigen Windungen entsprechenden Jordankurven erscheint dieser dann in Teilbereiche zerlegt (Abb. 9). Wir stellen zunächst fest, daß keine geschlossenen Lösungen existieren, welche das Normalenstück zwischen R und R_0 treffen. Möge z. B. eine solche Lösung die Normale zwischen R_k und R_{k+1} beim Parameterwert t_0 treffen. Dann verläuft sie für wachsende t in dem in der Abb. 9 schraffierten Bereich. Soll sie geschlossen sein, so muß sie für wachsendes t wieder einmal an die Stellen gelangen, die sie für $t < t_0$ in genügender Nähe von t_0 passierte. Diese liegen aber außerhalb des schraffierten Bereiches. Daher kann eine solche Lösung nicht geschlossen sein. Wir wollen nun weiter zeigen, daß jede in einem Punkt des Normalenstückes beginnende Lösung eine sich an L' anschmiegende Spirale ist. Dazu braucht nur gezeigt zu werden, daß jede zwischen R_k und R_{k+1} beginnende Lösung den schraffierten Bereich der Abb. 9 zwischen R_{k+1} und R_{k+2} wieder verläßt. Denn dann gilt das gleiche für den durch die nächste Windung bestimmten Bereich usw. Wenn die Lösung überhaupt den Bereich wieder verlassen soll, so kann dies nur auf dem genannten Normalenstück geschehen. Verläßt die Lösung den Bereich nicht, so kann sie diesem

86   I. 4. Diskussion des Verlaufs der Integralkurven.

Normalenstück auch nicht beliebig nahe kommen. Denn nach S. 79 bedecken die in Punkten dieses Normalenstückes beginnenden Lösungen, nach vorwärts und nach rückwärts verfolgt, einen gewissen das Normalenstück enthaltenden Bereich lückenlos. Die Lösung verliefe daher ganz im schraffierten Bereich ohne seinem Rand nahe zu kommen und müßte daher, da sie selbst nicht geschlossen sein kann (sie trifft ja die Normale) und da im schraffierten Bereich kein singulärer Punkt liegt, sich asymptotisch an eine geschlossene Lösung anschmiegen, die selber ganz dem schraffierten Bereich angehört, da sie ja die Normale als geschlossene Lösung nicht treffen kann. Andererseits müssen alle Lösungen, die genügend nahe bei R_k zwischen R_k und R_{k+1} die Normale treffen, wegen der stetigen Abhängigkeit von der Anfangsbedingung die Normale in der Nähe von R_{k+1} und zwar auf $R_{k+1}R_{k+2}$ treffen. Bezeichnen wir mit R' einen Punkt zwischen R_k und R_{k+1} derart, daß alle zwischen R_k und R' beginnenden Lösungen das nächste Normalenstück treffen, daß dies aber für Lösungen, die jenseits R' dicht bei R' beginnen, nicht mehr so ist und betrachten die Lösung durch R'. Sie kann dann selbst die Normale nicht wieder treffen, da sonst alle Nachbarlösungen auch noch die Normale wieder träfen. Sie bleibt daher im schraffierten Bereich und schmiegt sich wie schon gesagt einer diesem schraffierten Bereich angehörigen geschlossenen Lösung an. Macht man aber bei dieser dann eine analoge Konstruktion wie bei L', so sieht man (vgl. Abb. 10), daß alle in der Nähe von R' beginnenden Lösungen in dem in der neuen Abbildung schraffierten Bereich von einem gewissen Parameterwert an verbleiben müssen. Das träfe auch für diejenigen dicht vor R' beginnenden Lösungen zu, von denen wir gerade vorhin sahen, daß sie sich an L' anschmiegen. Da sich beides widerspricht, so kann es keinen Punkt R' mit den angegebenen Eigenschaften geben. Daher sind alle auf dem Normalenstück beginnenden Lösungen Spiralen, die sich an L' anschmiegen. Wir zeigen nun noch, daß sie den an L' sich anschließenden zweifach zusammenhängenden Bereich schlicht und lückenlos erfüllen.

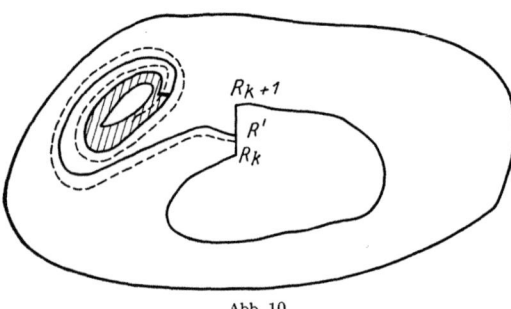

Abb. 10.

Um das einzusehen, brauchen wir nur einen von den Spiralen bedeckten Punkt dieses Bereiches mit einem eventuell nicht bedeckten zu verbinden. Wir führen längs der Verbindungskurve einen Parameter ein, der von dem bedeckten zu dem unbedeckten Punkt hin von 0 bis 1 wachsen möge. Wir betrachten die obere Grenze der Parameterwerte,

§ 4. Allgemeine Sätze über den Verlauf der Integralkurven im reellen Gebiet.

welchen bedeckte Punkte entsprechen. Möge der dieser oberen Grenze entsprechende Punkt P z. B. im schraffierten Bereich der Abb. 9 liegen. Die durch P gehende Lösung trifft dann die Normale nicht. Denn sonst gehörte sie zu den Spiralen und die Nachbarspiralen würden eine volle Umgebung von P bedecken. Da also die Lösung durch P nicht zu den Spiralen gehört und die Normale also nicht trifft, verläuft sie ganz im schraffierten Bereich und schmiegt sich wieder an eine geschlossene Lösung aus diesem Bereiche an. Dann aber ist das gleiche für alle Lösungen durch Nachbarpunkte der Fall. Aber darunter sind ja Spiralen, die sich an L' anschließen, also nicht im schraffierten Bereich bleiben. Dieser Widerspruch lehrt, daß ein an L' sich anschließender zweifachzusammenhängender Bereich lückenlos von den Spiralen bedeckt wird.

6. Beispiel. Ich schließe noch einige Betrachtungen über das Verhalten der Lösungen in der Umgebung einer geschlossenen Lösung an. Daß eine geschlossene Lösung von einer Schar geschlossener Lösungen umgeben sein kann, haben wir schon im vorigen Paragraphen am Beispiel

$$\frac{dx}{dt} = -y, \qquad \frac{dy}{dt} = x.$$

gesehen. Hier sind die Lösungen Kreise um den Ursprung als Mittelpunkt. Daß auch in der Umgebung einer geschlossenen Lösung Spiralen liegen können, und noch manches andere, sieht man an dem folgenden Beispiel, in dem δ eine beliebige Zahl bedeutet.

$$\left.\begin{aligned}\frac{dx}{dt} &= -y + \delta(x^2 + y^2 - 1)x \sin\frac{1}{x^2 + y^2 - 1} \\ \frac{dy}{dt} &= x + \delta(x^2 + y^2 - 1)y \sin\frac{1}{x^2 + y^2 - 1}\end{aligned}\right\} \text{ für } x^2 + y^2 \neq 1.$$

Aber $\frac{dx}{dt} = -y$ und $\frac{dy}{dt} = x$ für $x^2 + y^2 = 1$.

Führt man nämlich Polarkoordinaten ein ($x = r\cos\vartheta, y = r\sin\vartheta$), so werden diese Gleichungen

$$\frac{dr}{d\vartheta} = \delta r(r^2 - 1)\sin\frac{1}{r^2 - 1} \qquad \text{für } r \neq 1$$

$$\frac{dr}{d\vartheta} = 0 \qquad \text{für } r = 1.$$

Unter den Lösungen sind, den unendlich vielen Nullstellen von $\sin\frac{1}{r^2-1}$ entsprechend, unendlich viele Kreise enthalten, die sich gegen den Kreis $r = 1$ häufen. Zwischen zwei aufeinanderfolgenden dieser Kreise verlaufen aber die Lösungen als Spiralen, die sich um jeden der beiden Grenzkreise herumwinden. Dazwischen hängt nämlich r monoton von ϑ ab.

Es fällt auf, daß sich die Differentialgleichung zwar in der Umgebung der isolierten Kreise analytisch verhält, daß sie aber auf dem Häufungskreis selbst nicht analytisch ist. Daß tatsächlich so etwas im analytischen Fall nicht vorkommen kann, ist leicht einzusehen. Ich will nämlich zeigen, *daß in der Umgebung einer geschlossenen Lösung, auf der sich die Differentialgleichung analytisch verhält, entweder nur geschlossene Lösungen oder nur Spiralen liegen.* Nehme ich nämlich an, gegen eine geschlossene Lösung häuften sich andere geschlossene Lösungen, dann errichte ich in einem Punkt P der Häufungslösung eine Normale, und führe auf dieser Normalen den Abstand s von P als Parameter ein. Durch einen beliebigen Punkt s der Normalen lege ich eine Lösung. Diese verfolge ich in Richtung wachsender Parameter, bis sie zum ersten Male wieder die Normale trifft. Das geschehe bei dem Parameter s_1. Dann ist s_1 nach S. 53 eine analytische Funktion $f(s)$ für alle s, die zu Punkten der Normalen aus der Umgebung der Häufungslösung gehören. Für diejenigen unendlich vielen Werte s aber, welche geschlossene Lösungen bestimmen, ist dann $f(s) = s$. Da dies aber nun in einem Intervall, in dem $f(s)$ analytisch ist, unendlich oft der Fall ist, so ist nach bekannten Sätzen über analytische Funktionen für alle $s: f(s) = s$ und das heißt, daß alle Lösungen aus einer gewissen Umgebung der Häufungslösung geschlossen sein müssen.

7. Änderung der Differentialgleichung. Ich füge noch eine Bemerkung über das *Verhalten geschlossener Lösungen bei hinreichend geringer Abänderung der Differentialgleichung* an.

Daß bei hinreichend geringer Abänderung einer Differentialgleichung geschlossene Lösungen wieder in geschlossene -Lösungen übergingen, wird man schon angesichts des letzten Beispieles, in dem man ja δ beliebig klein wählen kann, nicht behaupten wollen. Wohl aber kann man eine solche Aussage machen, wenn man von einer Differentialgleichung mit einer *isolierten geschlossenen Lösung* L *ungerader Ordnung* ausgeht. Darunter will ich eine Lösung verstehen, an die sich von außen und innen andere Lösungen spiralig anschließen. Daher die Benennung *isoliert*. Es möge aber außerdem der Windungssinn der Spiralen außen und innen *derselbe* sein, d. h. so, daß sämtliche Spiralen für $t \to +\infty$ sich der geschlossenen Lösung nähern. Nur dann soll die geschlossene Lösung *von ungerader Ordnung* heißen. Alsdann gilt der Satz, *daß eine jede andere Differentialgleichung, die in einer gewissen Umgebung dieser geschlossenen Lösung hinreichend wenig von der ersten verschieden ist, in dieser Umgebung selbst mindestens eine geschlossene Lösung besitzt.* Zum Beweise betrachte ich wieder die schon vorhin eingeführte Funktion $s_1 = f(s)$, bei der man aber jetzt, wo die Differentialgleichung nur den zu Beginn dieses Paragraphen formulierten Voraussetzungen genügt, nur von der Stetigkeit Gebrauch machen kann. Die entsprechende Funktion für die abgeänderte Differentialgleichung

§ 4. Allgemeine Sätze über den Verlauf der Integralkurven im reellen Gebiet.

sei $s_1 = g(s)$. Hier ist nun dem geringen Unterschied beider Differentialgleichungen entsprechend die zweite Funktion nur wenig von der ersten verschieden. Nach unseren Voraussetzungen erfährt nun beim Durchgang durch $s = 0$ die stetige Funktion $f(s) - s$ einen Vorzeichenwechsel. Daher gilt das gleiche auch für die Funktion $g(s) - s$ für einen oder mehrere $s = 0$ benachbarte Werte von s. Auch die abgeänderte Differentialgleichung besitzt also geschlossene Lösungen, die dazu noch in der Nähe der geschlossenen Lösung der ursprünglichen verlaufen. Unsere Betrachtung läßt außerdem deutlich erkennen, inwiefern die Voraussetzung, daß die geschlossene Lösung von ungerader Ordnung sei, wesentlich ist. Anderenfalls braucht tatsächlich die Gleichung $s = g(s)$ keine Lösung zu besitzen.

8. Existenz singulärer Punkte. Über geschlossene Lösungen gilt weiter der folgende Satz: *Im Inneren einer jeden geschlossenen Lösung L liegt mindestens ein singulärer Punkt der Differentialgleichung. Dabei ist vorausgesetzt, daß die Lösungskurve einen einfach zusammenhängenden Bereich umschließt, in dem die Koeffizienten $P(x, y)$, $Q(x, y)$ der Differentialgleichung den zu Beginn dieses Paragraphen angegebenen Voraussetzungen genügen.*

Beim Beweise stütze ich mich darauf, daß die Differentialgleichungen (2), die ich im Gegensatz zur Behauptung als singularitätenfrei annehme, in einem L enthaltenden einfach zusammenhängenden Bereich ein stetiges Vektorfeld erklären. Verfolgt man den Feldvektor längs L und durchläuft dabei L so, daß sein Inneres zur Linken liegt, so erleidet der Vektor, da er zugleich Tangentenvektor von L ist, beim vollen Umlauf eine Gesamtdrehung um 2π. Dies steht im Gegensatz zur Annahme, daß das Vektorfeld im Inneren von L frei von Singularitäten ist. Verfolgt man nämlich den Feldvektor z. B. längs eines genügend kleinen Dreiecks, so ist seine Gesamtdrehung wegen der Stetigkeit des Vektorfeldes Null. Längs eines jeden Sehnenpolygons, das L genügend nahe approximiert, ist die Änderung des Feldvektors gleichfalls 2π. Dies Polygon kann Selbstüberkreuzungen haben. Aber man kann es in einfach geschlossene Polygone zerlegen. Längs eines jeden ist die Drehung des Feldvektors ein Vielfaches von 2π und längs mindestens eines derselben ist sie ein positives Vielfaches von 2π. Ein solches Polygon zerlegt man durch Diagonale in Dreiecke. Bei Umlaufung mindestens eines derselben ist die Gesamtdrehung des Feldvektors ein positives Vielfaches von 2π. Denn umläuft man alle Dreiecke im gleichen Sinne, so ist die Summe der einzelnen Drehungsänderungen des Feldvektors gleich der Gesamtdrehung bei Umlaufung des Polygons. Ein solches Dreieck, bei dem die Drehung des Feldvektors von Null verschieden ist, zerlege man durch Parallele zu den Seiten, die man durch die Seitenmitten zieht, in vier kongruente Dreiecke. Bei mindestens einem desselben ist die Gesamtdrehung ein von Null verschiedenes

Vielfaches von 2π. Dies zerlege man in der gleichen Weise. Durch Fortsetzung dieses Verfahrens erhält man beliebig kleine Dreiecke, bei deren Durchlaufung der Feldvektor sich jeweils um ein von Null verschiedenes Vielfaches von 2π dreht. Das widerspricht aber den vorhin festgestellten Tatsachen, daß längs genügend kleinen Dreiecken die Änderung des Feldvektors Null ist, falls das Feld frei von Singularitäten ist, d. h. frei von Stellen, wo die zugeordneten Vektoren Nullvektoren sind. Also besitzt das Feld innerhalb von L Singularitäten[1].

Man kann, wie man leicht sieht, und wie der Leser des näheren durchüberlegen möge, aus den vorausgegangenen Betrachtungen den folgenden Schluß ziehen:

Ein Bogen einer Lösung, der für alle positiven t ganz im Inneren eines einfach zusammenhängenden Bereiches verläuft, der in seinem Inneren höchstens eine singuläre Stelle P enthält, ist entweder eine P umschließende geschlossene Kurve, oder ist eine Spirale, die sich einem Grenzzykel anschmiegt, welcher P umschließt, oder er mündet im singulären Punkt, oder er ist eine Spirale, die sich an eine Lösung anschließt, die sowohl für $t \to +\infty$ wie für $t \to -\infty$ im singulären Punkt mündet, oder aber sie strebt für $t \to +\infty$ gegen den Rand.

Hat man weiter eine Lösung, die für alle positiven und negativen t ganz im Inneren eines einfach zusammenhängenden Bereiches bleibt, der in seinem Inneren höchstens eine singuläre Stelle enthält, so muß jeder der sich für positive und negative t ergebenden Lösungsbogen einer der eben beschriebenen Arten angehören. Beachtet man noch, daß wegen der Stetigkeit der Richtungsvektoren sich nicht beide Bogen demselben Grenzzykel anschließen können, so bleiben nur folgende Möglichkeiten:

1. geschlossene Lösung um P;
2. geschlossene Lösung durch P;
3. ein Ende mündet im Rand, das andere ist Spirale oder mündet in P;
4. beide Enden münden im Rand;
5. ein Ende mündet in P, das andere ist Spirale.

9. Verlauf der Lösungen in der Nähe eines singulären Punktes. Ich beschließe diese gestaltlichen Betrachtungen mit dem folgenden nützlichen Satz. *Eine singuläre Stelle P sei von einem Kreise umschlossen, in dem keine weiteren singulären Stellen liegen. Von zwei Punkten seiner Peripherie mögen Lösungen L_1 und L_2 ausgehen, die in P münden. Diese mögen zusammen mit der Peripherie des Kreises einen Bereich G bestimmen, in welchem keine weitere in P mündende Lösung verläuft.*

---

[1] Zu diesem Beweis vgl. man den PRINGSHEIMschen Beweis des CAUCHYschen Integralsatzes oder den Beweis des WEIERSTRASSschen Monodromiesatzes. Vgl. BIEBERBACH: Lehrbuch der Funktionentheorie Bd. I, 3. Aufl. 1930.

§ 4. Allgemeine Sätze über den Verlauf der Integralkurven im reellen Gebiet. 91

Dann kann man um jeden auf L_1 und jeden auf L_2 gelegenen Punkt (P_1 und P_2) durch Kreisbogen aus G solche Gebiete ausschneiden, daß jede Lösung L', die in dem einen beginnt, auch das andere Gebiet passiert (Abb. 11).

Ersichtlich ist dies eine Verallgemeinerung des Satzes von der stetigen Änderung der Lösungen bei Änderung der Anfangswerte. Man kann diesen ja offenbar in ganz ähnlicher Weise formulieren. Zum Beweise errichte ich in den beiden Punkten P_1 und P_2 Normalen, die in G hineinführen, und die so kurz sind, daß sie einander nicht treffen, und verbinde gemäß Abb. 11 ihre Endpunkte P_1' und P_2' in G durch einen Kur-
venbogen. Der von $P_1 P P_2 P_2' P_1' P_1$ begrenzte Bereich sei B'. Alsdann lasse ich
in einem Punkte R der Normalen zwischen
P_1 und P_1' eine Lösung beginnen. Diese
kann nicht in P münden. Sie kann nicht
geschlossen sein, da es sonst neben P noch
singuläre Punkte gäbe, sie kann sich aus
demselben Grund keiner geschlossenen Lösung anschmiegen, sie kann sich aber auch

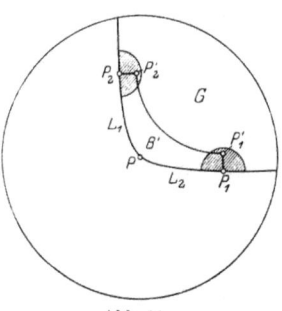

Abb. 11.

keiner mit beiden Enden in P mündenden Lösung anschmiegen, da dies sich mit unseren Annahmen nicht verträgt. Sie kann auch in keinem Punkt von B' münden, da dieser singulär sein müßte. Also muß sie einmal wieder B' verlassen. Wir betrachten den ersten Austrittspunkt. Das muß ein Punkt der Verbindungslinie $P_1 P_1' P_2' P_2$ sein. Ich kann durch genügend kurze Wahl der Normalen erreichen, daß dieser Austritt S weiter von P_1 ab, also näher an P_2 heran, als der Beginn R liegt. Den Anfangspunkt lasse ich sich nun stetig auf P_1 hin bewegen. Dann bewegt sich der Endpunkt S stetig von P_1 weg einer Grenzlage zu. Ich behaupte, daß diese Grenzlage P_2 sein muß. Denn anderenfalls sei V der zwischen P_1 und P_2 gelegene Grenzpunkt. Ich behaupte, daß die durch ihn gehende Lösung in P münden müßte. Die Lösung durch V muß dann im Punkte V in der Feldrichtung B' verlassen. Läge sie nämlich in der Umgebung von V ganz außerhalb von B', so müßte jede durch einen V benachbarten Randpunkt von B' bestimmte Lösung in der Nähe von V ein zweites Mal den Rand von B' treffen. Es läge also kurz vor ihrem Austrittspunkt aus B' noch ein Treffpunkt mit dem Rand von B', in dem sie in B' eintritt. Das widerspricht unseren Annahmen über V. Also verläßt die durch V bestimmte Lösung bei V den Bereich B'. Verfolgt man sie rückwärts, so muß man irgendwo auf $P_1 P_1' P_2' P_2$ ihren Eintrittspunkt U in B' antreffen. Sie kann ja nicht in P münden. Auf der Strecke $P_1 P_1' V$ kann dieser Punkt U nicht liegen. Er liegt also auf $V P_2' P_2$. Wäre er von P_2 verschieden, so müßten die durch alle Nachbarpunkte von U bestimmten Lösungen in allen Nachbarpunkten von V den Bereich B' verlassen. Das widerspricht der Definition von V. Also müßte die durch V bestimmte Lösung rückwärts verfolgt durch P_2 gehen, also auf die durch P_2 bestimmte Lösung fallen. Diese geht aber nicht nach V, sondern nach P. Also kann V nicht vor P_2 liegen. Also muß V mit P_2 zusammenfallen. Darin liegt aber der Beweis unseres Satzes. In G verlaufen also die Lösungen ähnlich wie in der Umgebung eines Sattelpunktes. Wegen weiterer Sätze über gestaltliche Verhältnisse sei auf die S. 79 erwähnte Arbeit von BENDIXSON verwiesen. Ich gehe jetzt zu Anwendungen auf spezielle Differentialgleichungen über.

10. Bemerkungen. 1. Wir haben die Sätze dieses Paragraphen für Differentialgleichungen gewonnen, welche der LIPSCHITZ-Bedingung genügen. BROUWER hat in einigen Arbeiten über stetige Vektorverteilung auf Oberflächen in den Amsterdamer Berichten von 1910 den allgemeineren Fall von nur stetigen Differentialgleichungen behandelt und dort entsprechende Ergebnisse gewonnen.

2. Hinsichtlich der Übertragung dieser Sätze über den Gesamtverlauf von Lösungen auf Systeme ist noch wenig bekannt. Wir werden insbesondere später bei Differentialgleichungen zweiter Ordnung näher auf die Dinge eingehen. Hier liegen weitergehende Untersuchungen vor.

11. Anwendung auf den POINCARÉschen Wiederkehrsatz. Die Lösungen

$$x = f(t - t_0, x_0, y_0),$$
$$y = g(t - t_0, x_0, y_0)$$

der Differentialgleichungen (2) S. 78 bilden nach S. 56 eine Gruppe und man kann auch schreiben

(5)
$$x_0 = f(t_0 - t, x, y),$$
$$y_0 = g(t_0 - t, x, y).$$

Wir nehmen an, daß ein gewisser Bereich B durch die Operationen dieser Gruppe in sich transformiert werde — d. h. die Lösungskurven, deren Anfangspunkte im Bereich B liegen, sollen für alle t dem Bereich B angehören. Außerdem sollen die Operationen der Gruppe inhalttreu sein. D. h. durch jede Abbildung der Gruppe soll jeder Teilbereich von B in einen von gleichem Inhalt abgebildet werden[1].

---

[1] Ich bemerke nur beiläufig, daß für die Inhalttreue notwendig und hinreichend ist, daß in B

$$\frac{\partial P}{\partial x} + \frac{\partial Q}{\partial y} \equiv 0$$

sei. Denn es soll für jedes G_0 sein

$$\iint_{G_0} dx_0\, dy_0 = \iint_{G_t} dx\, dy$$

Nach (5) ist

$$\iint_{G_0} dx_0\, dy_0 = \iint_{G_t} \begin{vmatrix} \dfrac{\partial x_0}{\partial x} & \dfrac{\partial x_0}{\partial y} \\ \dfrac{\partial y_0}{\partial x} & \dfrac{\partial y_0}{\partial y} \end{vmatrix} dx\, dy.$$

§ 4. Allgemeine Sätze über den Verlauf der Integralkurven im reellen Gebiet.

Da jede Lösungskurve ganz in B verläuft, so ist nach S. 81 jede Lösung entweder geschlossen oder asymptotisch zu einer geschlossenen, wofern in B keine Singularitäten der Differentialgleichungen (2), also auch keine Stellen liegen, an denen P und Q zugleich verschwinden. Da aber nach S. 89 aus dem Vorhandensein von geschlossenen Lösungen auf das Vorhandensein singulärer Stellen geschlossen werden kann, so können inhaltstreue Gruppen für einfach zusammenhängende Bereiche bei Ausschluß von Singularitäten nicht existieren.

Ziehen wir also mehrfach zusammenhängende Bereiche B heran. Dann folgt aus unseren Betrachtungen, daß *alle Lösungskurven geschlossen sind*. Denn zunächst folgt nach den eben schon berührten Überlegungen, daß jedenfalls geschlossene Lösungen vorkommen. Sei L eine solche, so sind die Nachbarlösungen entweder geschlossen oder zu L asymptotisch. Dies letztere ist aber mit der vorausgesetzten Inhaltstreue nicht verträglich, weil dann durch eine Transformation mit genügend großem Parameter t der in Abb. 9 S. 85 schraffierte Bereich oder ein Teilbereich desselben in einem anderen abgebildet würde, der sich beliebig eng an L anschließt und der daher nicht denselben Inhalt haben könnte.

Deutet man die Transformationen (5) durch den zeitlichen Ablauf einer Strömung, so kann man also auch sagen, daß jeder Punkt P_0 im Verlauf der Zeit beliebig oft wieder seine Ausgangslage annimmt. Der POINCARÉsche Wiederkehrsatz ist eine Verallgemeinerung dieses Ergebnisses auf Systeme von mehr als zwei Differentialgleichungen. Zwar kann man hier nicht behaupten, daß jeder Punkt seine Ausgangslage immer wieder passiert, sondern nur, daß alle Punkte mit Ausnahme solcher, die einer Menge vom LEBESGUEschen Maß Null angehören, immer wieder der Ausgangslage beliebig nahe kommen. Für diesen von

---

Daher ist

$$\begin{vmatrix} \dfrac{\partial x_0}{\partial x} & \dfrac{\partial x_0}{\partial y} \\ \dfrac{\partial y_0}{\partial x} & \dfrac{\partial y_0}{\partial y} \end{vmatrix} = 1$$

notwendig und hinreichend für die Inhaltstreue. Da aber diese Funktionaldeterminante für $t = t_0$ zu 1 wird, so ist ihre Konstanz notwendig und hinreichend. Und dafür ist wieder notwendig und hinreichend, daß für $t_0 = t$ die Ableitung nach t_0 verschwinde. Für $t_0 = t$ aber wird $x_0 = x$, $y_0 = y$, also $\dfrac{\partial x_0}{\partial x} = 1$, $\dfrac{\partial x_0}{\partial y} = 0$, $\dfrac{\partial x_0}{\partial x} = 0$, $\dfrac{\partial y_0}{\partial y} = 1$. Daher wird für $t_0 = t$

$$\frac{d}{dt_0} \begin{vmatrix} \dfrac{\partial x_0}{\partial x} & \dfrac{\partial x_0}{\partial y} \\ \dfrac{\partial y_0}{\partial x} & \dfrac{\partial y_0}{\partial y} \end{vmatrix} = \frac{\partial P}{\partial x} + \frac{\partial Q}{\partial y}.$$

94 I. 4. Diskussion des Verlaufs der Integralkurven.

Poincaré ersonnenen Wiederkehrsatz vgl. man den einfachen Beweis, den Carathéodory[1] gegeben hat.

§ 5. Die Differentialgleichungen $x^m \frac{dy}{dx} = ay + bx + \mathfrak{P}(x, y)$.

$\mathfrak{P}(x, y)$ sei dabei eine Potenzreihe, die keine Glieder von niedrigerer als der zweiten Dimension enthält und die in der Umgebung von $(0, 0)$ konvergiert. Von dem zu gewinnenden Ergebnis werden wir im folgenden Paragraphen eine Anwendung machen. m werde stets als ganze positive Zahl vorausgesetzt. Wir gehen wieder zur Parameterdarstellung über und setzen

$$\frac{dx}{dt} = x^m$$

$$\frac{dy}{dt} = ay + bx + \mathfrak{P}(x, y)$$

Ich unterscheide mehrere Fälle.

1. *m eine ungerade ganze Zahl, $a < 0$.*

Zunächst wählen wir eine Umgebung des Ursprungs, in welcher kein weiterer singulärer Punkt liegt. Als solche Umgebung kann ein parallel den Koordinatenachsen orientiertes Rechteck genommen werden. Es wird durch die Lösung $x = 0$ in zwei Teilrechtecke zerlegt, die wir getrennt zu betrachten haben. Zunächst wähle ich die Zahl $\delta > 0$ so, daß die Punkte $(0, \delta)$ und $(0, -\delta)$ dem Rechteck angehören und daß

$$a\delta + \mathfrak{P}(0, \delta) < 0$$

$$-a\delta + \mathfrak{P}(0, -\delta) > 0$$

ist. Dann kann man weiter die Zahl $\varepsilon > 0$ so wählen, daß das von den Geraden $x = \pm \varepsilon$, $y = \pm \delta$ begrenzte Rechteck ganz im erstgenannten enthalten ist und daß für $|x| \leq \varepsilon$

$$a\delta + bx + \mathfrak{P}(x, \delta) < 0,$$

$$-a\delta + bx + \mathfrak{P}(x, -\delta) > 0$$

gilt. Ich betrachte dann zunächst denjenigen Teil des kleineren Rechtecks, in dem $x < 0$ ist. In ihm gibt es, wie ich zeigen will, genau eine Lösung der Differentialgleichung, welche im Ursprung mündet. Ich lege durch irgendeinen inneren Punkt P der Begrenzungsstrecke $y = \delta$ dieses Rechtecks eine Lösung der Differentialgleichung. Da in diesem Punkt und in seiner Umgebung $\frac{dy}{dx} > 0$ ist, so verläßt diese Lösung mit zunehmendem x das Rechteck. Ebenso steht es auf der gegen-

---

[1] C. Carathéodory: Über den Wiederkehrsatz von Poincaré. Sitzber. preuß. Akad. d. Wiss. 1919, S. 580—584.

§ 5. Die Differentialgleichungen $x^m \dfrac{dy}{dx} = ay + bx + \mathfrak{P}(x, y)$. 95

überliegenden Rechteckseite, wo $\dfrac{dy}{dx} < 0$ ist. Verfolgt man daher eine solche Lösung für abnehmende x ins Rechteck hinein, so muß sie die Rechteckseite $x = -\varepsilon$ treffen[1]. Ich lasse nun den Anfangspunkt P_1 auf $y = \delta$ gegen den Punkt $(0, \delta)$ konvergieren. Die Punkte, in welchen die zugehörigen Lösungen die Rechteckseite $x = -\varepsilon$ treffen, hängen dabei stetig von der Lage des Punktes P_1 ab und rücken monoton auf die Rechteckseite $y = -\delta$ zu. Sie streben daher einer Grenzlage S_1 mit den Koordinaten $(-\varepsilon, s_1)$ zu, wenn P_1 seiner angegebenen Grenzlage zustrebt. Betrachtet man ebenso die Lösung durch einen Punkt P_2 auf $y = -\delta$ und läßt wieder P_2 von links her gegen $(0, -\delta)$ konvergieren, so streben die stets vorhandenen Schnittpunkte dieser Lösungen mit $x = -\varepsilon$ einer Grenzlage S_2 mit den Koordinaten $(-\varepsilon, s_2)$ zu. Hier ist $s_1 \geqq s_2$, weil sich sonst eine von einem Punkte von $y = \delta$ ausgehende Lösung mit einer von einem Punkte von $y = -\delta$ ausgehenden im Inneren des linken Teilrechtecks treffen müßte. Legt man dann durch S_1 eine Lösung, so muß dieselbe im Ursprung münden. Denn man kann sie bis zum Verlassen des Rechtecks verfolgen. Dies kann nur auf $y = \pm \delta$ oder im Ursprung geschehen. Denn $x = 0$ ist eine sonst von Singularitäten freie Lösung und der y-Achse parallele Tangenten kommen auf der zu untersuchenden Lösung nicht vor. Wenn aber die Lösung durch S_1 in einem inneren Punkt einer der beiden Rechtecksseiten $y = \pm \delta$ endete, so müßte das aus Stetigkeitsgründen bei allen Lösungen durch, S_1 beiderseits benachbarte, Punkte ebenso sein. Das widerspricht aber der Definition von S_1. Die Lösung durch S_1 muß also im Ursprung münden. Die gleiche Überlegung gilt für die durch S_2 gehende Lösung. Daraus ergibt sich $S_1 = S_2$. Denn es gibt nur eine in der Rechteckshälfte $x < 0$ gelegene Lösung, welche im Ursprung mündet. Anderenfalls seien nämlich $y_1(x)$ und $y_2(x)$ zwei derartige Lösungen. Dann hat man

$$x^m \frac{d(y_1 - y_2)}{dx} = (y_1 - y_2)(a + f(x)).$$

Hier ist $f(x) = \dfrac{\mathfrak{P}(x, y_1) - \mathfrak{P}(x, y_2)}{y_1 - y_2}$ eine Funktion von x, die sich nach Potenzen von x, y_1 und y_2 entwickeln läßt und die für $x = 0$ verschwindet. Daher gibt es eine Zahl σ derart, daß

$$|f(x)| < \frac{a}{2} \quad \text{für} \quad |x| < \sigma.$$

Ist dann $-\sigma < x_0 < 0$, so ist (für $x_0 < x < 0$)

$$y_1(x) - y_2(x) = [y_1(x_0) - y_2(x_0)] e^{\int_{x_0}^{x} \frac{a + f(\xi)}{\xi^m} d\xi}$$

---

[1] Sollte sie nämlich über $y = +\delta$ oder über $y = -\delta$ das Rechteck verlassen, so müßten beide Male der y-Achse parallele Tangenten auf ihr zu finden sein, was für $x < 0$ unmöglich ist.

Daher ist

$$|y_1(x) - y_2(x)| > |y_1(x_0) - y_2(x_0)| e^{\frac{1}{2}\int_{x_0}^{x}\frac{a}{\xi^m}d\xi}$$
$$> |y_1(x_0) - y_2(x_0)|$$

und das widerspricht der Annahme, daß $y_1(x)$ und $y_2(x)$ im Ursprung münden sollen. *In der Rechteckhälfte $x < 0$ gibt es also genau eine im Ursprung mündende Lösung. Das gleiche ist in der Rechteckhälfte $x > 0$ der Fall.* Das erkennt man am raschesten, indem man diesen Fall auf den vorigen durch Vorzeichenänderung von x zurückführt.

2. *m ungerade ganze Zahl, $a > 0$.*

Ich konstruiere ein Rechteck genau wie im vorigen Fall. Jetzt ist aber für $|x| < \varepsilon$

$$a\delta + bx + \mathfrak{P}(x, \delta) > 0$$
$$-a\delta + bx + \mathfrak{P}(x, -\delta) < 0.$$

Ich betrachte zuerst die Hälfte $x > 0$ des Rechtecks. Eine in diesem beginnende Lösung kann bei abnehmendem x nach diesen Ungleichungen das Rechteck weder auf $y = +\delta$ noch auf $y = -\delta$ verlassen. Sie kann ihm aber auch nicht über $x = 0$ entrinnen. Sie muß also entweder im Ursprung münden oder geschlossen sein oder sich einer geschlossenen anschmiegen. Die beiden letzten Fälle sind ausgeschlossen, weil sonst im Rechteck weitere singuläre Punkte lägen. Also münden alle Lösungen im Ursprung. Ebenso schließt man in der Hälfte $x < 0$ für wachsende x. *Jetzt ist also der Ursprung ein Knoten, insofern als alle im Rechteck beginnenden Lösungen im Ursprung münden.*

3. *m gerade ganze Zahl, $a < 0$.* Es sind keine neuen Erörterungen mehr nötig. *Für $x < 0$ schließt man wie eben auf ein Knotengebiet* und *für $x > 0$ greift die Überlegung von Fall 1. wieder Platz. In $x > 0$ liegt also nur eine im Ursprung mündende Lösung.*

4. *m gerade ganze Zahl, $a > 0$. Man schließt für $x > 0$ wieder auf Knoten und für $x < 0$ auf eine einzige im Ursprung mündende Lösung.*

Die Fälle $a = 0$ erfordern eine eindringendere Behandlung. Auch sie sind erledigt, wie wir sehen werden, wenn allgemein davon die Rede sein wird, wie man allgemeinere analytische Differentialgleichungen

$$\frac{dy}{dx} = \frac{\mathfrak{P}_1(x, y)}{\mathfrak{P}_2(x, y)}$$

in der Nähe des Ursprungs behandeln kann. Da wird sich zeigen, daß man alles auf die eben behandelten Typen zurückführen kann.

Es wird nun aber noch von Interesse sein, zu sehen, wie man in allen besprochenen Fällen die unter Umständen nur in einem Exemplar vorhandene, im Ursprung mündende Lösung wirklich berechnen kann.

§ 6. Die Differentialgleichungen $\frac{dy}{dx} = \frac{Cx+Dy+\delta(x,y)}{Ax+By+\varepsilon(x,y)}$.

Das geschieht mit Hilfe einer von BENDIXSON herrührenden Methode der sukzessiven Approximationen. Man kann sie auch im Knotenfall zur Berechnung der Lösungen bis in den Ursprung hinein verwenden. Überhaupt erhält man so auch eine neue rechnerische Herleitung unserer Ergebnisse. PERRON hat in einer schönen Arbeit (Math. Annalen 75) mit dieser Methode noch wesentlich allgemeinere Differentialgleichungen von der Form

$$\varphi(x)\frac{dy}{dx} = f(x, y)$$

erledigen können, wo dann für $\varphi(x)$ und $f(x, y)$ nur gewisse Stetigkeitsbedingungen erfüllt zu sein brauchen. Ich möchte mich aber hier damit begnügen, für den erwähnten Fall die Methode zu schildern.

Es genügt, den Fall $m = 1$, $a < 0$ zu betrachten.

Dann nehme man als erste Näherung $y_0 = 0$ und bestimme y_1 aus

$$x\frac{dy_1}{dx} = a y_1 + b x + \mathfrak{P}(x, 0)$$

so, daß entweder $\lim_{x \to +0} y_1(x) = 0$ oder $\lim_{x \to -0} y_1(x) = 0$ ist. Ich will den zweiten Fall weiter verfolgen. Man überlegt sich leicht, daß

$$y_1 = -x^a \int_x^0 (b\xi + \mathfrak{P}(\xi, 0))\xi^{-a-1} d\xi$$

der gestellten Forderung genügt. Dann trage man y_1 ein und setze

$$y_2 = -x^a \int_x^a (b\xi + \mathfrak{P}(\xi, y_1))\xi^{-a-1} d\xi.$$

Setzt man dies Verfahren fort, so erhält man eine Folge von Funktionen $y_\varkappa$. Diese konvergieren gleichmäßig gegen eine Grenzfunktion y, welche der Differentialgleichung genügt und für die $\lim_{x \to -0} y(x) = 0$ ist. Das Nähere der Beweisführung möge der Leser sich entweder selbst zurechtlegen oder bei BENDIXSON oder PERRON nachlesen.

§ 6. Die Differentialgleichungen $\frac{dy}{dx} = \frac{Cx+Dy+\delta(x,y)}{Ax+By+\varepsilon(x,y)}$.

1. Fragestellung. Unter ziemlich allgemeinen Voraussetzungen kann man den Satz aussprechen, daß für das Verhalten der Lösungen dieser Differentialgleichung in der Umgebung von $x = y = 0$ das Verhalten der Lösungen von

$$\frac{dy}{dx} = \frac{Cx+Dy}{Ax+By}$$

in der Umgebung desselben Punktes maßgebend ist. Der Punkt $x = y = 0$ soll auch für die vorgelegte Differentialgleichung ein singulärer sein; es sei also $\delta(0,0) = \varepsilon(0,0) = 0$. Obwohl unsere Überlegungen meist viel allgemeiner gelten, wollen wir uns weiter einer formal einfacheren Darstellung zuliebe auf den Fall beschränken, daß δ und ε als Potenzreihen in x, y gegeben sind, die mit Gliedern frühestens zweiter Dimensionen beginnen. Die Determinante der linearen Glieder $AD - BC$ sei von Null verschieden. Wir schreiben außerdem die Differentialgleichung in Parameterdarstellung:

$$(1) \quad \begin{cases} \dfrac{dx}{dt} = Ax + By + \mathfrak{P}_1(x, y) \\ \dfrac{dy}{dt} = Cx + Dy + \mathfrak{P}_2(x, y). \end{cases}$$

2. λ_1, λ_2 reell und von gleichem Vorzeichen. Ich beginne mit dem einfachsten Fall. *Die beiden Wurzeln λ_1, λ_2 der charakteristischen Gleichung*

$$(2) \quad \begin{vmatrix} A - \lambda & B \\ C & D - \lambda \end{vmatrix} \equiv \lambda^2 - \lambda(A + D) + AD - BC = 0$$

seien reell und mit dem gleichen Vorzeichen versehen[1]. *Dann läßt sich eine Umgebung um den Ursprung abgrenzen, derart, daß die durch die Punkte dieser Umgebung bestimmten Lösungen alle in den singulären Punkt hineinlaufen.*

Wie wir von S. 74 ff. wissen, kann man durch eine Koordinatentransformation die Differentialgleichungen auf die Gestalt

$$(3) \quad \begin{aligned} x_1' &= \lambda_1 x_1 + \mathfrak{P}_1(x_1, y_1) \\ y_1' &= \mu x_1 + \lambda_2 y_1 + \mathfrak{P}_2(x_1, y_1) \end{aligned}$$

bringen. Dabei sind λ_1 und λ_2 die beiden Wurzeln der charakteristischen Gleichung und μ ist nur dann vielleicht von Null verschieden, wenn $\lambda_1 = \lambda_2$ ist. $\mathfrak{P}_1, \mathfrak{P}_2$ sind wieder zwei Potenzreihen, die keine Glieder nullter oder erster Dimension enthalten. Ich nehme zunächst $\mu = 0$ an. Dann betrachte ich $x_1^2 + y_1^2$ d. i. das Quadrat der Entfernung der Punkte einer Lösungskurve vom Ursprung. Aus (3) folgt

$$(4) \quad x_1 x_1' + y_1 y_1' = \lambda_1 x_1^2 + \lambda_2 y_1^2 + x_1 \mathfrak{P}_1 + y_1 \mathfrak{P}_2.$$

$\lambda_1 x_1^2 + \lambda_2 y_1^2$ ist eine definite quadratische Form, da λ_1 und λ_2 gleiches Vorzeichen besitzen. Sind z. B. λ_1 und λ_2 *negativ*, so ist nach (4) $\dfrac{d}{dt}(x_1^2 + y_1^2) < 0$ und daher nähert sich bei zunehmendem Parameterwert die Lösungskurve ständig dem Ursprung. Grenzt man eine genügend kleine Umgebung um den Ursprung ab, so besitzt darin dieser Ausdruck stets dasselbe Vorzeichen wie $\lambda_1 x_1^2 + \lambda_2 y_1^2$. Es sei z. B. für $x_1^2 + y_1^2 \leq \delta$ stets

$$|x_1 \mathfrak{P}_1 + y_1 \mathfrak{P}_2| \leq \tfrac{1}{2} |\lambda_1 x_1^2 + \lambda_2 y_1^2|.$$

Dann ist

$$x_1 x_1' + y_1 y_1' \leq \tfrac{1}{2}(\lambda_1 x_1^2 + \lambda_2 y_1^2) \quad \text{für} \quad x_1^2 + y_1^2 \leq \delta.$$

---
[1] Wegen $AD - BC \neq 0$ ist $\lambda = 0$ keine Wurzel von (2).

§ 6. Die Differentialgleichungen $\dfrac{dy}{dx} = \dfrac{Cx + Dy + \delta(x,y)}{Ax + By + \varepsilon(x,y)}$.

Wir zeigen dann, daß jede Lösungskurve durch einen Punkt von $x_1^2 + y_1^2 \leq \delta$ im Ursprung mündet, d. h. für hinreichend große positive t ist $x^2 + y^2$ beliebig klein. Denn wären z. B. alle Punkte einer solchen Lösungskurve um mindestens $\sqrt{\sigma}$ vom Ursprung entfernt, wäre also stets $x_1^2 + y_1^2 \geq \sigma$, so wäre auf derselben, da $\sigma < \delta$ ist, die Ableitung $x_1 x_1' + y_1 y_1'$ wegen (5) ständig unterhalb einer angebbaren Schranke. Bezeichnet man nämlich mit m das Minimum von $-\lambda_1 x_1^2 - \lambda_2 y_1^2$ für $x_1^2 + y_1^2 = 1$, so ist

$$-\lambda_1 x_1^2 - \lambda_2 y_1^2 \geq m\sigma \quad \text{für} \quad x_1^2 + y_1^2 \geq \sigma.$$

Also wäre

$$\frac{d}{dt}(x_1^2 + y_1^2) \leq -m\sigma$$

und

$$x_1^2(t) + y_1^2(t) - x_1^2(t_0) - y_1^2(t_0) \leq -m\sigma(t - t_0),$$

wenn t_0 der Parameterwert eines Kurvenpunktes aus $x_1^2 + y_1^2 \leq \delta$ und $t > t_0$ ist.

Es wäre somit $x_1^2 + y_1^2 \leq \delta - m\sigma(t - t_0)$, was für genügend große $t - t_0$ ein Widerspruch gegen $x_1^2 + y_1^2 \geq \sigma$ ist.

Es gibt also entweder einen endlichen Wert τ von t, so daß $\lim\limits_{t \to \tau} x(t) = \lim\limits_{t \to \tau} y(t) = 0$, oder aber es ist $\lim\limits_{t \to -\infty} x(t) = \lim\limits_{t \to -\infty} y(t) = 0$. Die erstgenannte Möglichkeit steht nach S. 79 im Widerspruch mit der Tatsache, daß es außer der trivialen Lösung $x \equiv 0$, $y \equiv 0$ keine andere geben kann, die für $t = \tau$ die Werte $x = 0$, $y = 0$ annimmt.

Auf die gleiche Weise sieht man auch, daß

$$\frac{1}{2}\frac{d}{dt}(x_1^2) = \lambda_1 x_1^2 + x_1 \mathfrak{P}_1(x_1, y_1)$$

sowie

$$\frac{1}{2}\frac{d}{dt}(y_1^2) = \lambda_2 y_1^2 + y_1 \mathfrak{P}_2(x_1, y_1)$$

für hinreichend kleine x_1 und y_1 im Falle $\lambda_1 < 0, \lambda_2 < 0$ negativ sind, daß also für zunehmende $t \to +\infty$ sowohl $x_1(t)$ wie $y_1(t)$ monoton gegen Null abnehmen.

Ähnlich kann man im Falle schließen, wo $\mu \neq 0$, also die beiden Zahlen λ_1 und λ_2 gleich sind. Dann betrachte man den Ausdruck

$$x_1^2 + k y_1^2,$$

der ja für positives k definit ist. Für seine Ableitung folgt aus (3)

$$x_1 x_1' + k y_1 y_1' = \lambda_1 x_1^2 + k\mu x_1 y_1 + k\lambda_1 y_1^2 + x_1 \mathfrak{P}_1 + k y_1 \mathfrak{P}_2$$

und das ist nun für genügend kleines positives k in einer genügend kleinen Umgebung des Ursprungs wieder definit. Daher schließt man genau wie eben, daß alle Lösungen in den Ursprung einmünden.

7*

In diesem Falle sieht man weiter analog wie vorhin ein, daß

$$\frac{1}{2}\frac{d}{dt}(x_1^2) = \lambda_1 x_1^2 + x_1 \mathfrak{P}_1(x_1, y_1)$$

für hinreichend kleine x_1, y_1 im Falle $\lambda_1 < 0$ negativ ist, daß also jetzt wenigstens $x_1(t)$ für $t \to +\infty$ monoton gegen Null abnimmt.

Geometrisch gesprochen besagen die eben angestellten Überlegungen, daß für Wurzeln λ_1 und λ_2 mit gleichem Vorzeichen alle Lösungen im Ursprung münden, und daß sie dabei nicht spiralig verlaufen können. D. h. sie können nicht alle Geraden des Ursprungs in dessen Umgebung beliebig oft treffen. Denn sonst könnte $x_1(t)$ nicht monoton gegen Null abnehmen. Daraus werden wir bald zu schließen lernen, daß die Lösungen in bestimmten Richtungen im Ursprung münden.

3. λ_1, λ_2 konjugiert imaginär. Offenbar versagen unsere Überlegungen für den Fall, daß die Wurzeln der charakteristischen Gleichung zwar reell sind, aber verschiedenes Vorzeichen besitzen. Wohl aber bleiben sie anwendbar in dem Falle, daß die Wurzeln der charakteristischen Gleichung konjugiert imaginär sind. Setzt man dann

$$\lambda_1 = \mu_1 + i\mu_2, \qquad \lambda_2 = \mu_1 - i\mu_2,$$

so kann man x_1 durch $x_1 - iy_1$ und y_1 durch $x_1 + iy_1$ ersetzen und so die Differentialgleichungen (3), in denen dann wieder $\mu = 0$ ist, auf die Form

(5) $\quad \begin{cases} x_1' = \mu_1 x_1 + \mu_2 y_1 + \mathfrak{P}_1(x_1, y_1) \\ y_1' = -\mu_2 x_1 + \mu_1 y_1 + \mathfrak{P}_2(x_1, y_1) \end{cases}$

bringen, wo wieder die Potenzreihen $\mathfrak{P}_1, \mathfrak{P}_2$ erst mit den Gliedern zweiter Dimension beginnen. Wir betrachten wieder $x_1^2 + y_1^2$, dessen Ableitung

$$2(x_1 x_1' + y_1 y_1') = 2\mu_1(x_1^2 + y_1^2) + 2x_1 \mathfrak{P}_1 + 2y_1 \mathfrak{P}_2$$

ist. Betrachten wir den Fall $\mu_1 \neq 0$ näher. In einer genügend kleinen Umgebung des Ursprungs ist wieder $x_1 x_1' + y_1 y_1'$ definit, und daraus folgt wieder, daß alle Lösungen dieser Umgebung in den Ursprung einmünden. Ist aber $\mu_1 = 0$, so gilt ein solcher Schluß nicht, und die Erinnerung an den früher betrachteten Strudelpunkt lehrt auch, daß jetzt nicht mehr immer die Lösungen in den Ursprung münden müssen. Zur Klärung dieser Dinge sind tiefergreifende Erörterungen nötig, die wir noch zurückstellen wollen. *Zur Entscheidung darüber, ob im Falle $\mu_1 = 0$, d. h. rein imaginärer Wurzeln der charakteristischen Gleichung (2), Strudel oder Wirbel vorliegt, reichen nicht mehr die Glieder erster Ordnung hin.*

4. Knoten und Strudel. Unsere Betrachtung läßt bei den bisher behandelten Fällen noch nicht den spezifischen Unterschied zwischen Knoten und Strudel oder Wirbel erkennen, den wir in dem vorvorigen

§ 6. Die Differentialgleichungen $\frac{dy}{dx} = \frac{Cx+Dy+\delta(x,y)}{Ax+By+\varepsilon(x,y)}$. 101

Paragraphen bei den homogenen Gleichungen herausgearbeitet hatten. Bevor wir uns also dem noch ausstehenden Fall reeller λ_1 und λ_2 mit verschiedenem Vorzeichen zuwenden, wollen wir diese Frage noch erörtern. Es wird sich wieder zeigen, daß bei reellen Wurzeln gleichen Vorzeichens stets der Knotenfall vorliegt. Bei komplexen Wurzeln aber liegt Strudel oder Wirbel vor.

5. Ein Satz von BENDIXSON. Diese Untersuchung beruht auf einem von BENDIXSON herrührenden Satz, den ich zunächst angeben will. Der Satz bezieht sich sogar auf etwas allgemeinere Differentialgleichungen. Ich will ihn in dieser allgemeinen Fassung aussprechen, dann aber nur für unseren Fall beweisen. An der Beweismethode wird dabei nichts Wesentliches verlorengehen. Der Satz bezieht sich auf Differentialgleichungen von der Form

$$(6) \quad \begin{cases} \frac{dx}{dt} = X_m + \mathfrak{P}_1(x,y) \\ \frac{dy}{dt} = Y_m + \mathfrak{P}_2(x,y). \end{cases}$$

Dabei sind X_m und Y_m ganze rationale homogene Funktionen m-ter Ordnung, während die Potenzreihen $\mathfrak{P}_1$ und $\mathfrak{P}_2$ Glieder m-ter oder niedrigerer Ordnung nicht enthalten. Der Satz lautet dann: *Eine Lösung der Differentialgleichung, welche im Ursprung mündet, ist entweder eine Spirale oder sie mündet mit einer bestimmten Tangente ein. Diese genügt der Gleichung $xY_m - yX_m = 0$.*

Ich beschränke mich, wie schon gesagt, beim Beweis auf den Fall $m = 1$. Hier ist $X_1 \equiv Ax + By$, $Y_1 \equiv Cx + Dy$. Man führt Polarkoordinaten ein: $x = \varrho \cos \vartheta$, $y = \varrho \sin \vartheta$. Die Differentialgleichungen werden dann

$$(7) \quad \begin{cases} \varrho' = \varrho \{\cos \vartheta \cdot X_1(\cos \vartheta, \sin \vartheta) + \sin \vartheta \, Y_1(\cos \vartheta, \sin \vartheta)\} + \varrho^2 f_1(\varrho, \vartheta) \\ \vartheta' = \cos \vartheta \cdot Y_1(\cos \vartheta, \sin \vartheta) - \sin \vartheta \, X_1(\cos \vartheta, \sin \vartheta) + \varrho f_2(\varrho, \vartheta). \end{cases}$$

Dabei ist

$$\varrho^2 f_1(\varrho, \vartheta) = \cos \vartheta \, \mathfrak{P}_1(\varrho \cos \vartheta, \varrho \sin \vartheta) + \sin \vartheta \, \mathfrak{P}_2(\varrho \cos \vartheta, \varrho \sin \vartheta)$$

$$\varrho f_2(\varrho, \vartheta) = - \sin \vartheta \, \mathfrak{P}_1(\varrho \cos \vartheta, \varrho \sin \vartheta) + \cos \vartheta \, \mathfrak{P}_2(\varrho \cos \vartheta, \varrho \sin \vartheta).$$

Es gibt dann eine Zahl R, so daß die beiden Funktionen f_1 und f_2 sich für $\varrho \leq R$, $-\infty < \vartheta < +\infty$ nach Potenzen von ϱ entwickeln lassen. Wir betrachten nun eine einzelne im Ursprung mündende Lösung. Man darf ohne Beschränkung der Allgemeinheit annehmen, daß man für wachsende t auf der Lösung dem singulären Punkt zustrebt. Bloße Vorzeichenänderung von t bringt dies ja nötigenfalls mit sich. Man kann dann eine Zahl T so bestimmen, daß für $t > T$ die Lösung ganz im Kreise $\varrho \leq R$ bleibt. Während man sich auf der Lösung dem

Ursprung nähert, muß $t \to \infty$ streben. Wäre nämlich für ein endliches $t = \tau$
$$\lim_{t \to \tau} x(t) = 0, \qquad \lim_{t \to \tau} y(t) = 0,$$
so erhielten wir nach S. 79 einen Widerspruch mit der Tatsache, daß es eine andere Lösung gibt, welche für $t = \tau$ die Werte $x = 0$ und $y = 0$ annimmt; das ist nämlich die triviale Lösung $x = 0$, $y = 0$, für die x und y für alle t den Wert Null haben.

Wir nehmen also an, daß für $t > T$ die zu betrachtende Lösung ganz im Kreise $\varrho \leq R$ liegt und daß sie für $t \to \infty$ gegen den Ursprung konvergiert. Wir hatten schon Polarkoordinaten ϱ, ϑ eingeführt. Deuten wir diese wieder als rechtwinklige Koordinaten einer neuen Ebene, so verläuft die zu betrachtende Lösung[1] für $t > T$ ganz im Streifen $0 \leq \varrho \leq R$ und strebt für $t \to \infty$ gegen die Gerade $\varrho = 0$. Wir fragen nach den Häufungspunkten, die die Punkte der Kurve dabei auf $\varrho = 0$ besitzen und beweisen, daß es deren nicht mehr als einen geben kann. Dieser Nachweis ergibt sich besonders leicht in dem Fall, daß $xY_1 - yX_1$ *nicht identisch verschwindet*. Dann gibt es nämlich (bis auf Vielfache von 2π) nur endlich viele Werte ϑ, für die

(8) $\qquad \cos\vartheta \cdot Y_1(\cos\vartheta, \sin\vartheta) - \sin\vartheta \cdot X_1(\cos\vartheta, \sin\vartheta) = 0$

ist. Wenn dann unsere Lösung auf $\varrho = 0$ zwei verschiedene Häufungspunkte hat, $\vartheta = \alpha$ und $\vartheta = \beta$, so wählen wir einen Wert $\vartheta = \gamma$ zwischen beiden, für den $\cos\gamma \cdot Y_1(\cos\gamma, \sin\gamma) - \sin\gamma \cdot X_1(\cos\gamma, \sin\gamma) \neq 0$ ist und wählen R so klein, daß für $\vartheta = \gamma, \varrho \leq R$ gemäß (7) auch $\vartheta' \neq 0$ ist. Dann kann die den Streifen $0 \leq \varrho \leq R$ durchsetzende Gerade $\vartheta = \gamma$ von unserer Lösung nur einmal überschritten werden; denn wegen des festen Vorzeichens von ϑ' müßten alle Überschreitungen in der gleichen Richtung geschehen, also entweder in Richtung wachsender oder in Richtung abnehmender ϑ. Daher muß unsere Lösung von einem gewissen Parameterwert an entweder ständig oberhalb oder ständig unterhalb der Geraden $\vartheta = \gamma$ bleiben. Daraus folgt, daß nicht $\vartheta = \alpha$ und $\vartheta = \beta$ (die zu beiden Seiten von $\vartheta = \gamma$ liegen) auf $\varrho = 0$ beide Häufungspunkte sein können, so daß die Lösung nur einen Häufungspunkt auf $\varrho = 0$ besitzen kann. Liegt dieser im Unendlichen, so bedeutet das offenbar, daß die entsprechende Lösung in der x-y-Ebene eine Spirale ist, da sie jede Gerade durch den Ursprung dann unendlich oft durchsetzt. (Die Geraden $\vartheta = \vartheta_0$, $\vartheta = \vartheta_0 + 2\pi$ ... der ϱ-ϑ-Ebene geben ja alle dieselbe Gerade der x-y-Ebene.) Ist der Grenzpunkt aber ein endlicher Punkt $\vartheta = \alpha$, so bedeutet dies, daß unsere Lösung in der x-y-Ebene in bestimmter Richtung α in den Ursprung

---

[1] Wir legen ihr Bild in der ϱ-ϑ-Ebene dadurch eindeutig fest, daß wir in einem Punkte dies bei ϑ zunächst unbestimmte Vielfache von 2π irgendwie fixieren. So erhalten wir eine wohlbestimmte Lösung von (7).

§ 6. Die Differentialgleichungen $\frac{dy}{dx} = \frac{Cx + Dy + \delta(x,y)}{Ax + By + \varepsilon(x,y)}$. 103

einmündet. Diese Richtung ist durch die ϑ-Koordinate des Punktes auf $\varrho = 0$ bestimmt, dem die Lösung in der ϱ-ϑ-Ebene zustrebt. Dieser ϑ-Wert aber genügt der Gleichung (8). Denn auch $\varrho = 0$ ist Lösung der Differentialgleichungen (7). Der Grenzpunkt $\vartheta = \alpha$ muß also ein singulärer Punkt für diese Differentialgleichungen sein und daher muß (8) für $\vartheta = \alpha$ erfüllt sein. Das bedeutet aber doch, daß längs der Tangente

$$xY_1 - yX_1 = 0$$

ist.

Da X_1 und Y_1 lineare Funktionen von x und y sind, so ist dies eine quadratische Gleichung. *So erkennt man, daß in dem Falle, daß $xY_1 - yX_1$ nicht identisch verschwindet, nicht mehr als zwei Richtungen in Betracht kommen, in welchen Lösungen in den Ursprung einmünden können. Ob aber in jeder dieser beiden Richtungen oder auch nur in einer von ihnen Lösungen einmünden, ist eine erst nachher zu entscheidende Frage.* Darüber enthält auch der augenblicklich zu beweisende Satz von BENDIXSON keine Aussage. Diesen haben wir durch die vorstehenden Betrachtungen für den Fall bewiesen, daß $xY_1 - yX_1$ nicht identisch verschwindet.

Er bleibt nur noch zu beweisen für den Fall, daß $xY_1 - yX_1$ *identisch verschwindet*. Dann ist offenbar

$$xY_1 \equiv yX_1 \equiv a_0 xy,$$

wo a_0 konstant und $\neq 0$ ist. (X_1 und Y_1 verschwinden nach S. 98 nicht identisch.)

Also ist $X_1 = a_0 x$ und $Y_1 = a_0 y$. In Polarkoordinaten werden dann die Gleichungen:

$$\varrho' = \varrho a_0 + \varrho^2 f_1(\varrho, \vartheta)$$
$$\vartheta' = \varrho^{r+1} \cdot S_{2+r}(\cos\vartheta, \sin\vartheta) + \varrho^{r+2} f_2(\varrho, \vartheta).$$

Dabei ist r eine passende positive oder verschwindende ganze Zahl und S_{2+r} ein Polynom, von der durch den Index angegebenen Ordnung. Durch die Gleichung $\frac{dt_1}{dt} = \varrho$ führen wir nun längs der zu untersuchenden Lösung einen neuen Parameter t_1 ein. Dann werden die Differentialgleichungen

(9) $$\varrho' = a_0 + \varrho f_1$$
$$\vartheta' = \varrho^r S_{2+r} + \varrho^{r+1} f_2.$$

Nun sei $\vartheta = \alpha$ irgendein Punkt auf $\varrho = 0$. Es ist ein regulärer Punkt für das Gleichungssystem (9), das wegen $a_0 \neq 0$ auf $\varrho = 0$ keine singulären Punkte besitzt. Daher geht durch diesen Punkt genau eine Lösung von (9). Diese ist aber, anders wie im vorigen Falle, *nicht* $\varrho = 0$. Denn diese Kurve ist gar nicht Lösung von (9), wegen $a_0 \neq 0$. Ihr entspricht in der x-y-Ebene eine Lösung von (6), die in der Richtung α in den Ursprung einmündet. Umgekehrt entspricht auch jeder Lösung der Gleichungen (6), welche in der Richtung α in den Ursprung einmündet, eine Lösung von (9), welche durch $\varrho = 0$, $\vartheta = \alpha$ hindurchgeht[1]. Da dies aber ein regulärer Punkt ist, so gibt es auch nur eine Lösung von (6), welche in der Richtung α in den Ursprung einmündet. Ich betrachte weiter die durch $\varrho = 0$, $\vartheta = \alpha + 2\pi$ gehende Lösung von (9). Ihr entspricht dieselbe Lösung von (6). Beide Kurven der ϱ-ϑ-Ebene schneiden für hinreichend kleines R aus dem Streifen $0 \leq \varrho \leq R$ ein Gebiet G aus, das als umkehrbar eindeutiges Bild von $\varrho \leq R$ der x-y-Ebene anzusprechen ist. In diesem Gebiet müssen nun die Bilder aller anderen Lösungen von (6) liegen, welche durch Punkte $\varrho \leq R$ hindurchgehen. Da nun bisher ja α ganz beliebig war, so haben wir in jeder Richtung durch den Ursprung genau eine Lösung. Dieser entspricht eine durch $\varrho = 0$, $\vartheta = \alpha$ hindurchgehende. Alle so erhaltenen Lösungen von (9) bedecken nun aber offenbar das Gebiet G vollständig; d. h. durch jeden Punkt dieses Gebietes geht genau eine der gefundenen Lösungen hindurch. Das folgt sofort daraus, daß diese Lösungen stetig vom Anfangspunkt $\varrho = 0$, $\vartheta = \alpha$ abhängen. Daher sind damit alle Lösungen von (6) im Gebiete $\varrho \leq R$ erschöpft.

Den auf S. 101 angegebenen Satz von BENDIXSON haben wir nun bewiesen. *Wir haben erkannt, daß in dem Falle, wo $xY_1 - yX_1 \equiv 0$ ist, jede Lösung in einer bestimmten Richtung im Ursprung mündet, und daß zu jeder Richtung auch genau eine Lösung gehört. Wenn aber $xY_1 - yX_1$ nicht identisch verschwindet, so mündet entweder jede Lösung, in einer der beiden $xY_1 - yX_1 = 0$ genügenden Richtungen in den Ursprung, oder aber alle Lösungen nähern sich spiralig dem Ursprung, d. h. so, daß jede Lösung jeden Strahl des Ursprungs in dessen Umgebung unendlich oft schneidet, oder es gibt überhaupt keine im Ursprung mündende Lösung.*

6. λ_1, λ_2 konjugiert imaginär. Wenden wir nun diesen Satz von BENDIXSON an. Er lehrt, daß in dem Falle, wo die *charakteristische Gleichung* (2) *komplexe Wurzeln hat, nur spiralige Lösungen in den Ursprung* münden können. Denn die Gleichung für die Tangenten wird dann

$$x(Cx + Dy) - y(Ax + By) = 0$$

oder

$$Cx^2 + (D - A)xy - By^2 = 0$$

und dies hat keine reellen Nullgeraden. Denn es ist

$$(D - A)^2 + 4BC = (D + A)^2 - 4(AD - BC) < 0,$$

weil die charakteristische Gleichung (2) keine reellen Wurzeln hat. *Im Falle komplexer, aber nicht rein imaginärer Wurzeln der charakte-*

---

[1] Es sei wieder daran erinnert, daß die Darlegungen sich stets auf den Fall $m = 1$ von (6) beziehen.

§ 6. Die Differentialgleichungen $\frac{dy}{dx} = \frac{Cx + Dy + \delta(x,y)}{Ax + By + \varepsilon(x,y)}$.

ristischen Gleichung münden somit alle einer gewissen Umgebung des Ursprungs angehörigen Lösungen spiralig in demselben. Der Fall rein imaginärer Wurzeln bleibt wie auf S. 100 noch unentschieden. Aus dem Satz von BENDIXSON ergibt sich auch, daß im Falle reeller Wurzeln gleichen Vorzeichens der charakteristischen Gleichungen die Lösungen alle unter bestimmten Tangentenrichtungen in den Ursprung münden. Diese Aussage ist in dem Falle, wo $xY_1 - yX_1$ identisch verschwindet, nach dem vorhin Gesagten direkt im Satze von BENDIXSON enthalten. Das ist also der Fall, wo in (3) $\lambda_1 = \lambda_2$ und $\mu = 0$ ist. Allgemein haben wir aber auf S. 100 für charakteristische Wurzeln von gleichem Vorzeichen bereits festgestellt, daß spiralige Lösungen *nicht* vorkommen *Also münden für reelle λ von gleichem Vorzeichen alle Lösungen in bestimmten Richtungen im Ursprung.*

Wir werden bald noch näher untersuchen, inwieweit die nach dem Satz von BENDIXSON möglichen Richtungen wirklich vorkommen.

7. λ_1, λ_2 reell und von verschiedenem Vorzeichen. *Wir wenden uns jetzt dem Falle zu, daß die charakteristische Gleichung reelle Wurzeln von verschiedenen Vorzeichen besitzt.* Diese seien dann $\lambda_1 = \lambda > 0$ und $\lambda_2 = -\lambda' < 0$. Dann kann man die Differentialgleichungen (1) auf die Form

(10) $\quad\begin{aligned} x' &= \lambda x + \mathfrak{P}_1(x,y) \\ y' &= -\lambda' y + \mathfrak{P}_2(x,y) \end{aligned}$

bringen. Da es uns vor allem auf die den Ursprung passierenden Lösungen ankommt, so machen wir die Substitution $y = xy_1$. Dann finden wir die Differentialgleichungen

(11) $\quad\begin{aligned} x' &= \lambda x + x^2 \mathfrak{Q}_1(x, y_1) \\ y_1' &= -(\lambda + \lambda') y_1 + x \mathfrak{Q}_2(x, y_1). \end{aligned}$

Dabei sind $\mathfrak{Q}_1$ und $\mathfrak{Q}_2$ neue Potenzreihen, die nach Potenzen von x und y_1 fortschreiten. Wir müssen diejenigen Lösungen dieser Gleichung aufsuchen, die für $x \to 0$ endlich bleiben, oder doch so schwach unendlich werden, daß $xy_1 \to 0$ strebt. Wir wollen zunächst diejenigen Lösungen von (11) suchen, die durch $x = 0$, $y_1 = 0$ hindurchgehen. Dazu gehört namentlich $x = 0$ selbst. Dieser Lösung entspricht aber bei den Gleichungen (10) nur die triviale Lösung $x = 0$, $y = 0$. Auf jede Lösung kann man in der Umgebung von $x = 0$, $y_1 = 0$ durch

$$\frac{d\tau}{dt} = \lambda + x\mathfrak{Q}_1(x, y_1)$$

den neuen Parameter τ einführen. Für genügend kleine x, y_1 wächst er wegen $\lambda > 0$ mit t zugleich. Nach Einführung dieses Parameters gehen die Differentialgleichungen (11) in

(12) $\quad\begin{aligned} x' &= x \\ y_1' &= \frac{-(\lambda + \lambda')y_1 + x\mathfrak{Q}_2(x,y_1)}{\lambda + x\mathfrak{Q}_1(x,y_1)} = -\frac{(\lambda + \lambda')}{\lambda} y_1 + x\mathfrak{Q}_3(x, y_1) \end{aligned}$

über, wo $\mathfrak{Q}_3$ eine neue Potenzreihe ist, die nach Potenzen von x, y_1 fortschreitet. Auf (12) wenden wir die Ergebnisse von S. 94 ff. an. Darnach gibt es noch genau zwei weitere Lösungen von (11) durch den Ursprung. Diesen entsprechen dann Lösungen von (10), welche durch den Ursprung gehen und dort $y = 0$ berühren. Es gibt deren also genau zwei, von denen übrigens die eine die positive, die andere die negative x-Achse berührt. Genau ebenso können wir dann mittels der Substitution $x = yx_1$ zwei Lösungen von (10) ausfindig machen, welche durch den Ursprung gehen und dort $x = 0$ berühren. Damit sind dann alle Lösungen bestimmt, welche im Ursprung eine der beiden Koordinatenachsen berühren. Der Satz von BENDIXSON lehrt aber dann weiter, daß alle dem Ursprung zustrebenden Lösungen von (10) dort unter bestimmten Tangenten ankommen. Denn spiralige Lösungen müßten die beiden schon gefundenen Lösungen in regulären Punkten treffen. Weiter lehrt der Satz von BENDIXSON, daß als solche Tangentenrichtungen nur die beiden Koordinatenachsen in Betracht kommen. *Daher haben wir dann alle Lösungen durch den Ursprung gefunden. Es sind genau vier. Je zwei berühren eine der beiden Koordinatenachsen von verschiedenen Seiten herkommend.*

8. Zusammenfassung. *Ich stelle nun zunächst zusammen, was wir bis jetzt für die in der Überschrift dieses Paragraphen genannten Differentialgleichungen erreicht haben.* Im Falle reeller Wurzeln der charakteristischen Gleichung gehen bei gleichem Vorzeichen sämtliche einer gewissen Umgebung des Ursprungs angehörige Lösungen in diesen hinein. Das gleiche ist im Falle komplexer Wurzeln der Fall, es sei denn, daß die Wurzeln rein imaginär sind. Dieser Fall ist noch unentschieden. Im Falle reeller Wurzeln von verschiedenem Vorzeichen gehen genau vier Lösungen in den Ursprung hinein. Im Falle komplexer Wurzeln wurde weiter erkannt, daß die im Ursprung mündenden Lösungen Spiralen sind. Im Falle reeller Wurzeln gleichen Vorzeichens münden alle Lösungen in bestimmten Tangentenrichtungen. In dem Falle, wo $xY_1 - yX_1 \equiv 0$ ist, d. h. wo $A = D = 0, B = C$, d. h. $\lambda_1 = \lambda_2, \mu = 0$ ist, mündet nach dem Satz von BENDIXSON in jeder Richtung genau eine Lösung. Wie sich die Richtungen der Lösungen auf die beiden Nullgeraden von $xY_1 - yX_1 = 0$ verteilen, bleibt in den anderen Fällen noch zu untersuchen. *Im Falle* $\lambda_1 = \lambda_2$, $\mu \neq 0$ ist die Antwort ohne weiteres klar. Denn hier wird $xY_1 - yX_1 \equiv \mu x_1^2$, so daß *alle Lösungen im Ursprung* $x_1 = 0$ *berühren. So bleibt nur noch der Fall, daß die beiden Wurzeln der charakteristischen Gleichung reell und verschieden sind.* Die beiden in Betracht kommenden Tangentenrichtungen sind dann aus

(13) $\qquad xY_1 - yX_1 \equiv x(Cx + Dy) - y(Ax + By) = 0$

zu bestimmen. Sie sind, wie man leicht sieht, verschieden, sind es

§ 6. Die Differentialgleichungen $\frac{dy}{dx} = \frac{Cx + Dy + \delta(x, y)}{Ax + By + \varepsilon(x, y)}$.

doch die Richtungen der geradlinigen durch den Ursprung gehenden Lösungen der zugehörigen homogenen Gleichungen, die entstehen, wenn man $\mathfrak{P}_1$ und $\mathfrak{P}_2$ durch Null ersetzt. Wir dürfen das Koordinatensystem so legen, daß die Koordinatenachse $x = 0$ in keine dieser Richtungen fällt. Somit ist $B \neq 0$. Wir machen in den Gleichungen (1) die Substitution: $y = x\eta$. Sie führt uns auf

(14) $$\frac{dx}{dt} = Ax + Bx\eta + x^2 \mathfrak{P}_1^*(x, \eta)$$
$$\frac{d\eta}{dt} = C + D\eta - \eta(A + B\eta) + x \mathfrak{P}_2^*(x, \eta).$$

Ihre auf der Lösung $x = 0$ gelegenen singulären Punkte werden durch

(15) $\quad C + D\eta - (A + B\eta)\eta \equiv -B(\eta - \eta_1)(\eta - \eta_2) = 0$

gegeben. Es sind also zwei voneinander verschieden reelle Punkte, deren η-Koordinaten η_1 und η_2 nach (13) mit den Richtungen der eventuellen Tangenten übereinstimmen. In der Umgebung dieser beiden singulären Stellen gehört diese Differentialgleichung dem in der Paragraphenüberschrift genannten Typus an. Die Wurzeln der zugehörigen charakteristischen Gleichungen sind beide Male reell[1].

Daher lehren die Betrachtungen dieses Paragraphen, daß durch jeden der beiden singulären Punkte außer $x = 0$ noch weitere Lösungen hindurchgehen. Daraus folgt, durch Eintragen dieser für $x \to 0$ gegen bestimmte Grenzwerte konvergierenden Funktionen in $y = \eta x$, daß durch den Ursprung gewisse Lösungen von (1) mit bestimmter Tangentenrichtung hindurchgehen. Daher gehen nach S. 104 alle im Ursprung mündenden Lösungen in bestimmten Richtungen in diesen Punkt hinein. Gleichzeitig wird erkannt, daß in jeder der beiden möglichen Richtungen Lösungen im Ursprung münden.

Nunmehr ist es leicht, zu zeigen, daß tatsächlich ein *Knotenpunkt vorliegt, daß also tatsächlich alle Lösungen bis auf zwei mit derselben der beiden Tangenten einmünden.* Zu dem Zweck müssen wir zeigen, daß der eine der beiden singulären Punkte von (14) auf $x = 0$ ein Knoten, der andere ein Sattel ist, daß also in den einen alle, in den anderen nur vier Lösungen einmünden. Zwei von diesen vier werden durch $x = 0$ selbst absorbiert, den beiden anderen entsprechen dann

---

[1] Betrachtet man z. B. die Wurzel η_1 von (15) und setzt $\eta - \eta_1 = H$, so werden die linearen Glieder von (14), wenn man rechts nach Potenzen von x und H entwickelt: $(A + B\eta_1)x$ und $-B(\eta_1 - \eta_2)H + x\mathfrak{P}_2^*(0, \eta_1)$. Hier kann aber die Determinante der Koeffizienten der linearen Glieder nicht verschwinden. Denn dann müßte entweder $A + B\eta_1 = 0$ oder $-B(\eta_1 - \eta_2) = 0$ sein. Im ersten Falle wäre, da η_1 eine Wurzel von (15) ist, auch $C + D\eta_1 = 0$ und daher müßte $AD - BC = 0$ sein, gegen unsere Annahme. Im anderen Falle wäre η_1 eine Doppelwurzel von (15) entgegen einer bereits gemachten Feststellung. Die charakteristische Gleichung wird $(A + B\eta_1 - \lambda)(-B(\eta_1 - \eta_2) - \lambda) = 0$, hat also reelle Wurzeln.

zwei mit der einen der beiden möglichen Tangenten einmündende Lösungen von (17), während alle übrigen dem Verhalten des anderen singulären Punktes von (14) entsprechend in der anderen Richtung einmünden. Um nun diese Verhältnisse der beiden singulären Punkte von (14) einzusehen, muß man sich ihre charakteristischen Gleichungen ansehen. Falls η_1 und η_2 die beiden singulären Punkte auf $x = 0$ sind, so werden, wie man ausrechnet,

und
$$(A + B\eta_1 - \mu)(B(\eta_1 - \eta_2) + \mu) = 0$$

$$(A + B\eta_2 - \mu)(B(\eta_2 - \eta_1) + \mu) = 0$$

ihre charakteristischen Gleichungen. Um zu sehen, daß im einen Fall die beiden Wurzeln verschiedenes, im andern aber beide gleiches Vorzeichen haben, ist nur festzustellen, daß das Produkt aller vier negativ ist. Dies Produkt ist aber

$$-(A + B\eta_1)(A + B\eta_2) B^2 (\eta_1 - \eta_2)^2.$$

Und das ist wegen (15) gleich,

$$-(AD - BC) B^2 \cdot (\eta_1 - \eta_2)^2.$$

Die Determinante $AD - BC$ ist aber positiv, denn nach (2) ist sie das Produkt der beiden $\lambda_1 \lambda_2$, die gleiches Vorzeichen haben. Nach S. 107 ist $B \neq 0$.

Es läßt sich auch noch feststellen, daß die Richtung, welche von fast allen Lösungen im Ursprung eingehalten wird, die gleiche ist, wie bei der zugehörigen homogenen Gleichung. Der Leser möge das selbst nachprüfen.

Damit ist nun die Diskussion der Differentialgleichungen

$$\frac{dy}{dx} = \frac{Cx + Dy + \mathfrak{P}_2(x, y)}{Ax + By + \mathfrak{P}_1(x, y)}$$

in dem in Aussicht genommenen Falle, daß $AD - BC \neq 0$ ist, zu Ende geführt. Man kann das Ergebnis dahin aussprechen, daß für das qualitative Verhalten der Lösungen in der Nähe des Ursprungs in der Regel allein die linearen Glieder maßgebend sind. Diese bestimmen sogar die Richtungen, in welchen die Lösungen im Ursprung münden.

9. Wirbel und Strudel. Freilich konnten wir bisher im Falle rein imaginärer Wurzeln der charakteristischen Gleichungen nicht den Wirbelfall vom Strudelfall trennen. Hier sind eben tatsächlich die linearen Glieder nicht mehr allein maßgebend. Das erkennt man sofort an zwei Beispielen, in welchen die linearen Glieder die gleichen sind. So wird

$$x' = y + 2y^3, \qquad y' = -x - 2x^3$$

durch die geschlossenen Kurven

$$x^2 + y^2 + x^4 + y^4 = \text{konst.}$$

§ 6. Die Differentialgleichungen $\frac{dy}{dx} = \frac{Cx + Dy + \delta(x,y)}{Ax + By + \varepsilon(x,y)}$. 109

gelöst. Hier liegt also ein Wirbel vor. Dagegen liegt bei

$$x' = y + x(x^2 + y^2)$$
$$y' = -x + y(x^2 + y^2)$$

ein Strudel vor. Denn in Polarkoordinaten werden diese Gleichungen

$$\varrho' = \varrho^3, \quad \vartheta' = -1.$$

Ihre Lösungen sind die Spiralen

$$\varrho^2 = \frac{1}{2\vartheta + c}.$$

Da wir jetzt an eine Stelle gekommen sind, wo im Falle von Differentialgleichungen, deren Koeffizienten im Ursprung sich nicht analytisch verhalten, die Dinge anders liegen können, so will ich auch dafür noch ein Beispiel geben. Ich betrachte

$$\frac{dx}{dt} = y + (x^2 + y^2) x \sin\frac{1}{x^2 + y^2}$$
$$\frac{dy}{dt} = -x + (x^2 + y^2) y \sin\frac{1}{x^2 + y^2}.$$

Führt man Polarkoordinaten ein, so kommt

$$\varrho' = \varrho^3 \sin\frac{1}{\varrho^2}, \quad \vartheta' = -1$$

oder

$$\frac{d\varrho}{d\vartheta} = -\varrho^3 \sin\frac{1}{\varrho^2}$$

und daraus erkennt man, den unendlich vielen gegen Null sich häufenden Nullstellen der rechten Seite entsprechend, daß der Differentialgleichung durch unendlich viele Kreise mit dem Nullpunkt als Mittelpunkt genügt wird. In einem von zwei aufeinanderfolgenden derartigen Kreisen begrenzten Ring liegen aber keine weiteren geschlossenen Integrale. Denn in einem solchen Ring ist ϱ' von einerlei Vorzeichen. Die hier verlaufenden Integralkurven wickeln sich also spiralig um die Begrenzungskreise herum.

10. Methode von POINCARÉ. Kehren wir zurück zum analytischen Fall. Wir legen uns die Frage vor, *wie man nun bei einer vorgelegten Differentialgleichung entscheiden kann, ob sie zum Strudelfall oder zum Wirbelfall gehört.* Man kennt dafür zwei verschiedene Methoden, eine von POINCARÉ und eine von BENDIXSON. Die POINCARÉsche beruht auf folgenden Gedanken. Wenn eine Schar geschlossener Integralkurven den Ursprung umschließen soll, so wird man die Gleichung derselben in der Form $F =$ konst. annehmen dürfen. Es liegt nahe, es hier einmal mit einer Funktion F zu versuchen, die sich nach Potenzen von x und y entwickeln läßt. Für F ergibt sich dann aus den Differentialgleichungen

I. 4. Diskussion des Verlaufs der Integralkurven.

die Bedingung
$$0 = \frac{dF}{dt} = \frac{\partial F}{\partial x}\frac{dx}{dt} + \frac{\partial F}{\partial y}\frac{dy}{dt}.$$

Um F dieser Bedingung gemäß bestimmen zu können, denken wir uns die Entwicklung von F nach homogenen Polynomen der x, y geordnet:
$$F = F_1 + F_2 + \cdots$$
Dabei ist F_k ein homogenes Polynom k-ter Ordnung. Die Differentialgleichung dürfen wir nach S. 100 in der Form
$$\frac{dx}{dt} = y + X_2 + \cdots$$
$$\frac{dy}{dt} = -x + Y_2 + \cdots$$
annehmen[1]. Daraus erkennt man sofort, daß $F_1 = 0$ sein muß. Ebenso leicht findet man $F_2 = x^2 + y^2$. Denn auf einen konstanten Faktor kommt es bei der Bestimmung von F nicht an. Und ferner hat man die Bedingung, daß bei Ordnung von $\frac{dF}{dt}$ nach homogenen Polynomen alle diese einzelnen Polynome verschwinden müssen. Für das Polynom F_k findet man hiernach die Bedingung

(16) $$y\frac{\partial F_k}{\partial x} - x\frac{\partial F_k}{\partial y} = G_k.$$

Dabei ist G_k ein Polynom k-ten Grades, das sich aus der Differentialgleichung und denjenigen F_i zusammensetzt, deren Ordnung niedriger als k ist. Zur weiteren Rechnung führt man am bequemsten Polarkoordinaten ein: $x = \varrho \cos \vartheta$, $y = \varrho \sin \vartheta$. Dann erkennt man leicht, daß für ein homogenes Polynom k-ten Grades
$$G_k = \varrho^k \sum (p_n \cos n\vartheta + q_n \sin n\vartheta)$$
gilt. In der Fourierreihe kommen dabei nur solche Glieder vor, deren Nummer n dieselbe Parität hat wie k, und k nicht übertrifft. Man sieht auch leicht ein, daß umgekehrt diese Bedingung dafür hinreichend ist, daß das ϱ^k-fache der Fourierreihe ein homogenes Polynom k-ten Grades ist. Setzt man dann $F_k = \varrho^k \varphi(\vartheta)$ und $G_k = \varrho^k \psi(\vartheta)$, so wird aus der Gleichung (16) die folgende:
$$-\frac{d\varphi}{d\vartheta} = \psi(\vartheta).$$
Man kann ihr also dann und nur dann genügen, wenn das Absolutglied in der Fourierreihe für $\psi(\vartheta)$, d. i. also $p_0 = 0$ ist. Das ist für

---

[1] Das zunächst noch vorhandene μ_2 kann man durch die Parametertransformation
$$\frac{d\tau}{dt} = \mu_2, \quad \text{d. i. } \tau = t\,\mu_2$$
zu Eins machen.

§ 6. Die Differentialgleichungen $\dfrac{dy}{dx} = \dfrac{Cx + Dy + \delta(x, y)}{Ax + By + \varepsilon(x, y)}$. 111

ungerades k offenbar von selbst erfüllt, da ja $\varrho^k \psi(\vartheta)$ ein homogenes Polynom sein soll. Für ungerades k ist dann $\varphi(\vartheta)$ eindeutig bestimmt, da doch auch in $\varphi(\vartheta)$ das Absolutglied Null sein muß. Bei geradem k indessen bedeutet Verschwinden von p_0 eine besondere Bedingung, und jetzt ist auch $\varphi(\vartheta)$ nur bis auf eine additive Konstante bestimmt. Ich behaupte nun, daß das Verschwinden der p_0 eine notwendige Bedingung für das Vorliegen eines Wirbels ist. Nehme ich nämlich an, diese Bedingung des Verschwindens der p_0 sei bis zur Nummer $k = 2n$ erfüllt, für $k = 2n$ selbst aber sei sie nicht mehr erfüllt, dann kann man eine Funktion $\varphi(\vartheta)$ aus

$$-\frac{d\varphi}{d\vartheta} = \psi(\vartheta) - p_0$$

bestimmen. Das ist gleichbedeutend mit der Bestimmung eines zugehörigen homogenen Polynoms aus der Gleichung

$$y \frac{d\overline{F}_{2n}}{\partial x} - x \frac{d\overline{F}_{2n}}{\partial y} = G_{2n} - p_0 (x^2 + y^2)^n.$$

Nun setze ich

$$F = x^2 + y^2 + F_3 + \cdots + F_{2n-1} + \overline{F}_{2n}.$$

Dabei mögen die $F_3, \ldots, F_{2n-1}, \ldots$, aus den Gleichungen (16) bestimmt sein. Dann fallen in dem Ausdruck

$$\frac{dF}{dt}$$

alle Glieder von kleinerer als $2n$-ter Ordnung weg, während das Glied $2n$-ter Ordnung

$$- p_0 (x^2 + y^2)^n$$

wird. Daraus folgt, daß in genügender Nähe des Ursprungs $\dfrac{dF}{dt}$ von einerlei Vorzeichen ist. Ich will annehmen, es sei das negative. Dann folgt hieraus, daß auf einer, dieser Umgebung des Ursprungs angehörigen, Integralkurve $x = x(t)$, $y = y(t)$ bei wachsendem Parameter t die Funktion F monoton abnimmt. Mit wachsendem t nähert sich also die Integralkurve immer mehr dem Ursprung. Sie mündet daher entweder in denselben für $t \to \infty$ oder aber sie hat eine Kurve $F = c$ als Grenzzykel. Nun aber können in unserem Falle einer analytischen Differentialgleichung und einer analytischen Funktion F nur endlich viele Kurven $F = c$ Integralkurven sein. Denn aus $F = c$ findet man als Gleichung der Integralkurve $y = f(x, c)$, und dies hängt algebraisch vom Parameter c ab. Wenn diese Funktion nun für unendlich viele sich gegen Null häufende Werte von c der Differentialgleichung genügte, so müßte dies nach allgemeinen Sätzen über analytische Funktionen für alle c so sein, während wir doch von einer Integralkurve ausgingen, auf der F sich monoton ändert, statt konstant zu sein. Somit gibt es in unserem Falle, wo ein $p_0 \neq 0$ ist, in einer gewissen Umgebung vom Ursprung keine geschlossenen Integralkurven. Daher müssen alle einer solchen Umgebung angehörigen Integralkurven im Ursprung münden. Daher ist für den Wirbelfall das Verschwinden aller p_0 eine notwendige Bedingung. Daß sie auch hinreicht, zeigt POINCARÉ durch den Nachweis, daß die für F so zu findende unendliche Reihe konvergiert. Doch will ich darauf nicht mehr eingehen.

11. Methode von BENDIXSON. Lieber will ich noch die Methode von BENDIXSON schildern. Dieser setzt von vornherein die Differentialgleichung in Polarkoordinaten an. Man kann sie dann auf die Form

$$\frac{d\varrho}{d\vartheta} = \varrho\, c_1(\vartheta) + \varrho^2 c_2(\vartheta) + \cdots$$

bringen. Diejenige Lösung, welche für $\vartheta = 0$ den Wert ϱ_0 annimmt, hängt analytisch von ϱ_0 ab (S. 53). Sie läßt sich also für hinreichend kleine ϱ_0 durch eine für alle $0 \leq \vartheta \leq 2\pi$ konvergente Reihe

$$\varrho = \varrho(\vartheta, \varrho_0) = \varrho_0 u_1(\vartheta) + \varrho_0^2 u_2(\vartheta) + \cdots$$

darstellen. Aus $\varrho(0, \varrho_0) = \varrho_0$ folgt, da dies für alle genügend kleinen ϱ_0 gelten soll, $u_1(0) = 1$, $u_k(0) = 0\, (k = 2, 3 \ldots)$. Trägt man diese Reihe in die Differentialgleichung ein, so erhält man für die u_k die folgenden Differentialgleichungen

$$\frac{du_1}{d\vartheta} = u_1 c_1(\vartheta)$$

$$\frac{du_2}{d\vartheta} = u_2 c_1(\vartheta) + u_1^2 c_2(\vartheta)$$

$$\frac{du_3}{d\vartheta} = u_3 c_1(\vartheta) + 2 u_1 u_2 c_2(\vartheta) + u_1^3 c_3(\vartheta).$$

$$\cdot \ \cdot \ \cdot \ \cdot \ \cdot \ \cdot \ \cdot \ \cdot \ \cdot \ \cdot \ \cdot \ \cdot \ \cdot$$

Die Lösungen sind durch die bei $\vartheta = 0$ vorgeschriebenen Werte völlig bestimmt. Für die Geschlossenheit der Lösungen ist hinreichend, daß die u_k periodische Funktionen der Periode 2π sind. Diese Bedingung ist aber auch notwendig. Denn wären etwa $u_1, u_2, \ldots u_\nu$ periodisch, $u_{\nu+1}$ aber nicht periodisch, so sei z. B.

$$u_{\nu+1}(2\pi) - u_{\nu+1}(0) = d < 0.$$

Dann wird

$$\varrho(2\pi, \varrho_0) - \varrho(0, \varrho_0) = \varrho_0^{\nu+1}[d + \varrho_0\{u_{\nu+2}(2\pi) - u_{\nu+2}(0)\} + \cdots].$$

Daher ist für hinreichend kleine ϱ_0

$$\varrho(2\pi, \varrho_0) - \varrho(0, \varrho_0) < 0.$$

Also wird durch wiederholte Anwendung dieses Schlusses

$$\varrho(0, \varrho_0) > \varrho(2\pi, \varrho_0) > \varrho(4\pi, \varrho_0) > \cdots.$$

§ 6. Die Differentialgleichungen $\frac{dy}{dx} = \frac{Cx + Dy + \delta(x, y)}{Ax + By + \varepsilon(x, y)}$.

Daher wird $\vartheta = 0$ unendlich oft von jeder Lösung getroffen. Die Bedingung ist also auch notwendig.

Man muß sich aber vor Augen halten, daß die Tragweite dieser Betrachtungen begrenzt ist. Sie enthalten insbesondere bisher keine Rechenvorschrift, nach der man in einem konkreten Fall vorgehen kann. In dieser Richtung liegt nur eine Arbeit von DULAC[1] vor, der für die Differentialgleichung

$$\frac{dy}{dx} = \frac{y + a_1 x^2 + b_1 xy + c_1 y^2}{-x + a_2 x^2 + b_2 xy + c_2 y^2}$$

die Diskussion völlig durchgeführt hat. Hier genügen acht der unendlich vielen Bedingungen, wie man bei direkter Ausführung der Integration sieht.

12. Zusatz. Zum Schluß dieser Betrachtungen noch den Hinweis, daß in der Arbeit von BENDIXSON eine Methode entwickelt wird, die das Verhalten der Lösungskurven einer jeden Differentialgleichung

$$\frac{dy}{dx} = \frac{\mathfrak{P}_1(x, y)}{\mathfrak{P}_2(x, y)}$$

in der Nähe des Ursprungs festzustellen erlaubt. Durch eine Kette bilinearer Transformationen wird eine jede solche Differentialgleichung auf die in diesem und dem vorigen Paragraphen ausführlich diskutierten Typen zurückgeführt.

13. Bemerkungen: 1. In zwei neueren Arbeiten in der Math. Zeitschr. Bd. 15 u. Bd. 16 hat PERRON den Gegenstand dieses Paragraphen erneut vorgenommen und in weitem Umfang die Bedingungen für $\delta(x, y)$ und $\varepsilon(x, y)$ angegeben, unter denen die Sätze dieses Paragraphen richtig bleiben.

2. Die Übertragung der vorliegenden Ergebnisse auf Systeme hat bisher nur dürftige Ergebnisse gezeigt. Sie beschränken sich wesentlich auf die durch gewisse Reihenentwicklungen gewonnene Erkenntnis, daß im Falle, wo ν der Wurzeln der charakteristischen Gleichung einen negativen Realteil haben, eine ν-parametrige Schar von Lösungen für $t \to \infty$ gegen den Ursprung konvergiert. Wenn z. B. alle diese Wurzeln positiv reell sind, so kann dies ganz analog wie S. 98 bewiesen werden. Ein dem allgemeinen Satz dieses Paragraphen entsprechender ist bisher nicht bekannt. Doch hat das Wenige, was bekannt ist, schon für Fragen der Mechanik wichtige Dienste getan. Vollständig kann man natürlich analog zu § 3 die Diskussion für Systeme linearer Gleichungen mit konstanten Koeffizienten durchführen. Anläßlich der linearen Gleichungen zweiter Ordnung werden wir noch weitere Fälle betrachten (vgl. auch S. 143 ff.).

3. Die Betrachtungen dieses Paragraphen legen den Gedanken nahe, durch eine umkehrbar eindeutige Transformation die vorgelegte Differentialgleichung in eine mit linearer rechter Seite zu verwandeln. So würde es in die Augen springen, daß der Verlauf der Lösungskurven durch die linearen Glieder bestimmt ist. Dies Verfahren ist tatsächlich durchgeführt worden[2] und bietet auch Möglichkeiten zur wirklichen Berechnung der Lösungen.

---

[1] Bull. des sc. math. Bd. 32. 1908.
[2] H. DULAC: Solutions d'un système d'équations différentielles dans le voisinage de valeurs singulières. Bull. de la soc. math. de France Bd. 40, 324—383,

§ 7. Über die Verteilung der singulären Stellen.

1. Übergang zu Kurven auf Flächen. Man darf immer annehmen, daß durch eine vorgelegte Differentialgleichung einem jeden Punkt einer geschlossenen Fläche eine sie berührende Richtung zugeordnet sei und daß es sich also darum handelt, auf der geschlossenen Fläche Kurven zu finden, die jeden Punkt in der dort vorgeschriebenen Richtung passieren. Denn wenn ein System

$$\frac{dx}{dt} = f(x,y)$$

$$\frac{dy}{dt} = g(x,y)$$

in einem Bereich der x, y vorgelegt ist, so kann man ein Stück dieses Bereiches durch stereographische Projektion auf eine Kugeloberfläche projizieren. Hierdurch wird jedem Punkt dieses sphärischen Bereiches eine Tangentenrichtung zugeordnet. Die so in einem Stück dieser Fläche vorliegende Erklärung der Differentialgleichung kann man dann über den Rest der Fläche so ergänzen, daß eine auf der geschlossenen Kugeloberfläche erklärte Differentialgleichung herauskommt. Dieser Gedanke gibt auch die Möglichkeit an die Hand, die bisher besprochenen Ergebnisse auf Differentialgleichungen der Form $f(x, y, y') = 0$ zu übertragen, wo etwa $f(x, y, y')$ ein Polynom sein möge. Dann ist das Problem, diese Gleichung zu untersuchen, nach POINCARÉ gleichwertig mit der Untersuchung der Differentialgleichungen

$$\frac{dx}{dt} = -\frac{\partial f}{\partial z}, \qquad \frac{dy}{dt} = -z\frac{\partial f}{\partial z}$$

$$\frac{dz}{dt} = \frac{\partial f}{\partial x} + z\frac{\partial f}{\partial y}$$

auf der Fläche $f(x, y, z) = 0$ und somit haben wir in manchen Fällen wieder eine Differentialgleichung, die jedem Punkt einer geschlossenen Fläche in eindeutiger Weise eine sie berührende Richtung zuordnet. Tatsächlich definieren diese drei Differentialgleichungen Raumkurven, deren Projektion auf die x-y-Ebene $\frac{dy}{dx} = \frac{dy}{dt} : \frac{dx}{dt} = z$ liefert, so daß also diese Projektionen der Differentialgleichung $f(x, y, y') = 0$ genügen. Tatsächlich liegen diese Raumkurven auf der Fläche $f(x, y, z) = 0$, falls man ihre Anfangspunkte darauf wählt. Denn längs der Kurven ist $\frac{df}{dt} = 0$.

1912. G. D. BIRKHOFF: Divergente Reihen und singuläre Punkte gewöhnlicher Differentialgleichungen. Sitzber. d. preuß. Akad. d. Wiss. 1929, S. 171—183. G. D. BIRKHOFF and F. R. BRAMFORTH: Divergent series and singular points of ordinary differential equation. Trans. Am. math. Soc. Bd. 32, S. 114—146. 1930.

§ 7. Über die Verteilung der singulären Stellen.

An diesen Ansatz können wir anknüpfen, wenn wir jetzt noch einen allgemeinen Satz über die Verteilung der Singularitäten erörtern wollen.

Zunächst betrachten wir eine einzelne singuläre Stelle S eines Systems

(1) $$\frac{dx}{dt} = f(x, y), \qquad \frac{dy}{dt} = g(x, y).$$

Dabei sollen $f(x, y), g(x, y)$ in der Umgebung von $x = 0, y = 0$ eindeutig und stetig erklärt sein und einer LIPSCHITZ-Bedingung genügen. Im Punkte $x = 0, y = 0$ selbst sollen $f(0, 0) = g(0, 0) = 0$ sein, während in der betrachteten Umgebung keine weiteren singulären Stellen liegen. Jedem von $(0, 0)$ verschiedenen Punkt ist dann durch (1) ein gerichtetes Linienelement zugeordnet.

2. Der Index. Nach POINCARÉ ordnen wir der isolierten singulären Stelle S einen *Index j* zu. Mit BIRKHOFF erklären wir ihn so: Man lege um die singuläre Stelle eine einfach geschlossene Kurve $\mathfrak{C}$, welche aus endlich vielen, stetig differenzierbaren Bogen besteht und außer S keine andere singuläre Stelle umschließt. Durchläuft man dieselbe im positiven Sinn, so erfährt dabei der durch die Differentialgleichungen erklärte Vektor eine Drehung $j \cdot 2\pi$. j heißt dann *Index der singulären Stelle*. Man erkennt nämlich sofort, daß die ganze Zahl j von der Wahl der umschließenden Kurve unabhängig ist. Denn bei stetiger Änderung derselben müßte sich auch j stetig ändern und bleibt daher als ganze Zahl unverändert.

Bei den Differentialgleichungen des § 6 ist es leicht, den Index zu bestimmen. Er ist nämlich stets dem Index der bei Beschränkung auf die linearen Glieder entstehenden homogenen Gleichung gleich. Setzt man nämlich $\frac{dx}{dt} + i\frac{dy}{dt} = re^{i\varphi}$, so wird der Index der $\frac{1}{2\pi}$-fachen Änderung gleich, welche φ bei Durchlaufung einer geschlossenen Kurve um die singuläre Stelle erfährt. Ist $x = x(\tau), y = y(\tau), 0 \leq \tau \leq 1$ die geschlossene Kurve, so wird somit

$$j = \frac{1}{2\pi} \int_0^1 \frac{d\varphi}{d\tau} d\tau = \frac{1}{2\pi i} \int_0^1 \frac{d}{d\tau} \log(re^{i\varphi}) d\tau.$$

Denn $\log r$ ändert sich beim Umlauf nicht. Also ist

$$j = \frac{1}{2\pi i} \int_0^1 \frac{f' + ig'}{f + ig} d\tau,$$

wenn

$$\frac{dx}{dt} = f(x, y), \qquad \frac{dy}{dt} = g(x, y)$$

die Differentialgleichungen sind, und f' und g' die Ableitungen von f und g nach τ bedeuten. Ist insbesondere $f = Ax + By + \mathfrak{P}_1(x, y)$,

116   I. 4. Diskussion des Verlaufs der Integralkurven.

$g = Cx + Dy + \mathfrak{P}_2(x, y)$, wie im § 6, wo also $\mathfrak{P}_1$ und $\mathfrak{P}_2$ Potenzreihen sind, die nur Glieder von höherer als der zweiten Ordnung enthalten, so wird bei Verwendung von Kurven, die hinreichend nahe den Ursprung umschließen, geschlossen, daß

$$j = \frac{1}{2\pi i} \int_0^1 \frac{(Ax' + By') + i(Cx' + Dy')}{(Ax + By) + i(Cx + Dy)} d\tau$$

ist. Man erkennt dies ähnlich wie beim ROUCHÉschen Satz der Funktionentheorie, indem man statt $\mathfrak{P}_1$ und $\mathfrak{P}_2$ zunächst $\lambda \mathfrak{P}_1, \lambda \mathfrak{P}_2$, $0 \leq \lambda \leq 1$ einträgt und bemerkt, daß das Integral so lange stetig von λ abhängt, als der unter dem Integral vorkommende Nenner nicht verschwindet. Dies aber ist für $0 \leq \lambda \leq 1$ sicher dann der Fall, wenn längs der geschlossenen Kurve $\mathfrak{P}_1$ und $\mathfrak{P}_2$ hinreichend klein sind, d. h. wenn die Kurve hinreichend nahe am Ursprung verläuft. Da aber das Integral eine ganze Zahl als Wert hat, so ist es von λ unabhängig.

Für die homogenen Gleichungen ist aber der Index leicht zu bestimmen. Man erschließt seinen Wert unmittelbar aus den auf S. 74ff. gemachten Angaben.

Im Knotenfall, im Strudelfall und im Wirbelfall ist darnach $j = 1$, im Sattelfall aber ist $j = -1$.

3. Anwendung des EULERschen Polyedersatzes. Wir betrachten nun eine geschlossene Fläche vom Geschlecht p mit eindeutig erklärter Indikatrix. Auf ihr sei wieder durch Differentialgleichungen mit eindeutigen stetigen und der LIPSCHITZ-Bedingung genügenden Koeffizienten ein Vektorfeld gegeben. Es möge endlich viele singuläre Stellen aufweisen. Wir zerlegen dann durch irgendwelche endlich viele JORDANsche Kurvenbogen mit stetig sich ändernder Tangente die geschlossene Fläche in endlich viele einfach zusammenhängende Gebiete, deren jedes an seinem Rand keine, in seinem Inneren nicht mehr als eine singuläre Stelle besitzen möge. Diese Einteilung der Oberfläche kann als Polyeder aufgefaßt werden, und so hat man nach dem EULERschen Polyedersatz zwischen der Anzahl e der Ecken, k der Kanten, und f der Flächenstücke die Beziehung[1]

$$e + f - k = 2 - 2p.$$

Falls nun in einer Ecke ν Kanten zusammenstoßen, so gilt noch $\sum_{1}^{e} \nu_i = 2k$. Wir bestimmen nun für jedes der Gebiete den Index j. Dabei ist der Index derjenigen Gebiete, die keine singuläre Stelle ent-

---

[1] Man kann sie als Definition des Geschlechts p ansehen. p ist immer eine positive ganze Zahl und kann auch als die Maximalzahl der punktfremden geschlossenen JORDANkurven erklärt werden, die man gleichzeitig auf der Fläche anbringen kann, ohne sie zu zerstücken.

§ 7. Über die Verteilung der singulären Stellen.

halten, Null. Zur Bestimmung des Index für die anderen Bereiche bedienen wir uns des folgenden Verfahrens. Wir betrachten den Winkel ϑ, um den man den Tangentenvektor der Randkurve im Sinne der Indikatrix der Fläche drehen muß, um ihn in den Feldvektor überzuführen. Die Randkurve sei im Sinne der Indikatrix umlaufen. In den Ecken gibt es den beiden Tangentenrichtungen entsprechend auch zwei Erklärungen des Winkels ϑ. Dann ist die Winkeländerung des Feldvektors gleich der Summe der Änderungen, die der Tangentenvektor längs der Randbogen und in den Ecken erfährt, vermehrt um die entsprechenden Änderungen des Winkels zwischen Tangentenvektor und Feldvektor. Die erstere Änderung ist 2π. Die letztere ist ein Vielfaches von 2π, das man findet, wenn man abzählt, wie oft der Winkel im wachsenden bzw. im abnehmenden Sinn ein Vielfaches von π durchläuft[1]. Die ersteren nennen wir innere, die anderen äußere Berührungen des Feldvektors mit dem Tangentenvektor. Nun aber heben sich die Anteile, welche Berührungen von Lösungen mit inneren Kantenpunkten zuzuschreiben sind, gegenseitig auf, wenn man die Summe aller Indizes bildet. Denn eine solche Berührung ist für das eine der angrenzenden Gebiete eine innere, für das andere eine äußere. Es bleiben also nur die Berührungen mit Lösungen in den Ecken der Gebiete. Geht aber eine Lösung durch eine Ecke, so passiert sie dort das Innere zweier Gebiete und berührt die $\nu - 2$ anderen von außen, es sei denn, daß eine Lösung eine Ecke in einer Kantenrichtung passiert. Man darf aber immer die Einteilungslinien so wählen, daß dies nicht der Fall ist. Somit hat man in einer Ecke $\nu - 2$ äußere Berührungen. Bildet man nun die Summe der Indizes über alle Bereiche, so wird sie gleich $-\sum \frac{\nu_i - 2}{2} + f$. Denn alle inneren und äußeren Berührungen heben sich auf, mit Ausnahme der in den Ecken stattfindenden Berührungen. Eine jede äußere Berührung aber gibt eine Abnahme um π und die f Flächen geben der Winkeländerung der Tangente entsprechend einen Zuwachs um 2π. Zur Bestimmung des Index ist durch 2π zu dividieren. Somit wird

$$\sum j = e + f - k = 2 - 2p.$$

Für die Kugel ist $p = 0$; hier besitzt also eine Kurvenschar stets mehr als eine Singularität, falls nur Singularitäten der bisher betrachteten Art vorkommen. Denkt man sich andererseits auf der Kugel das Kreisbüschel, das entsteht, wenn man sie mit einem Ebenenbüschel durch eine ihrer Tangenten schneidet, so ist dies eine Kurvenschar mit nur einem singulären Punkt. Der Index muß also 2 sein. Um das nachzuprüfen, denken wir uns die Kugel stereographisch auf eine Ebene

---

[1] Punkte, in denen eine Lösung die Randkurve berührt und durchsetzt, werden nicht gezählt, weil da der Winkel zwischen Tangentenvektor und Feldvektor zwar ein Vielfaches von π erreicht, aber es nicht passiert.

so projiziert, daß wir das Kreisbüschel
$$(x - a)^2 + y^2 = a^2$$
erhalten. Als Differentialgleichung findet man
$$x' = 2xy, \qquad y' = y^2 - x^2.$$
Sie gehört also nicht zu den im vorigen Paragraphen untersuchten Fällen. Verfolgt man das Vektorfeld dieser Differentialgleichung längs eines Kreises um den Ursprung, so bestätigt man leicht, daß der Index 2 ist (vgl. Abb. 12). Hier liegt auch im gestaltlichen Verhalten der Lösungen etwas Neues vor. Es treten sogenannte *„geschlossene Knotengebiete"* in dem betrachteten Kreise auf. Das sind Bereiche, in welchen jede Lösung aus dem Ursprung kommend wieder im Ursprung mündet. Früher kamen *„Sattelgebiete"* vor. Diese waren von Lösungen begrenzt, die im Ursprung mündeten, und darin gingen die Lösungen alle am Ursprung vorbei. In allen bisher betrachteten Fällen besteht zwischen dem Index j, der Zahl k der geschlossenen Knotengebiete und der Zahl λ der Sattelgebiete die Relation

Abb. 12.

$$j = \frac{k - \lambda + 2}{2}.$$

BENDIXSON hat in der S. 79 genannten Arbeit gezeigt, daß diese plausible Relation stets dann richtig ist, wenn die Zahlen k und λ endlich sind, und dies ist, wie er gezeigt hat, bei allen Differentialgleichungen

$$\frac{dx}{dt} = \mathfrak{P}_1(x, y), \qquad \frac{dy}{dt} = \mathfrak{P}_2(x, y)$$

der Fall, wo $\mathfrak{P}_1$ und $\mathfrak{P}_2$ Potenzreihen sind, die in der Umgebung des Ursprungs konvergieren. Z. B. ist für einen regulären Punkt, wo $\mathfrak{P}_1$ und $\mathfrak{P}_2$ nicht beide verschwinden, $k = 0$, $\lambda = 2$. Also $j = 0$.

§ 8. Singuläre Lösungen.

1. Diskriminantenkurve. Schon gelegentlich der CLAIRAUTschen Gleichung lernten wir auf S. 22 das eigentümliche Vorkommen von singulären Lösungen kennen. Wir machten damals die Erfahrung, daß durch einzelne Punkte zwei sich dort berührende Integralkurven gingen. Die singuläre Lösung trat als Enveloppe der die CLAIRAUTsche Gleichung lösenden Geradenschar auf. Nun wollen wir von allgemeineren

§ 8. Singuläre Lösungen.

Wir betrachten eine Differentialgleichung
$$(1) \qquad f(x, y, y') = 0.$$
$f(x, y, p)$ sei samt seinen partiellen Ableitungen erster und zweiter Ordnung für alle in Betracht kommenden Linienelemente (x, y, p) eindeutig und stetig. Die in Betracht zu ziehenden Linienelemente seien: (x, y) aus einem Bereich B, p beliebig.

Um die bisher aufgestellten Sätze anwendbar zu machen, muß erst die Auflösung nach p bewerkstelligt werden. Darüber gibt der bekannte Satz über implizite Funktionen Aufschluß. Er lehrt folgendes: Wenn man ein Wertetripel x_0, y_0, p_0 hat, das der Gleichung $f(x, y, p) = 0$ genügt, und wenn für dies Wertetripel die Ableitung
$$\frac{\partial f}{\partial p}(x_0, y_0, p_0)$$
nicht auch verschwindet, so gibt es in einer gewissen Umgebung von (x_0, y_0) eine einzige wohlbestimmte eindeutige stetige Funktion
$$p = F(x, y),$$
die der Gleichung genügt, und die für $x = x_0$, $y = y_0$ den Wert $p = p_0$ annimmt, und welche stetige Ableitungen erster und zweiter Ordnung nach x und y besitzt. Oft werden so zu jedem Wertepaar, d. h. zu jedem Punkt x_0, y_0 mehrere Werte p_0 und damit mehrere Funktionen $p = F(x, y)$ gehören, die der Gleichung genügen. Gewissermaßen wird das Feld der Linienelemente aus mehreren Schichten bestehen. Eine besondere Rolle müssen nach allem aber jedenfalls die Linienelemente spielen, welche auch noch der Gleichung
$$(2) \qquad \frac{\partial f}{\partial p}(x, y, p) = 0$$
genügen. Alle diese Linienelemente genügen den beiden Gleichungen
$$(3) \qquad f(x, y, p) = 0, \quad \frac{\partial f}{\partial p}(x, y, p) = 0.$$
Wir betrachten die Menge derjenigen (x, y), zu welchen p-Werte gehören, die zusammen mit den (x, y) den beiden Gleichungen (3) genügen. Wir nennen die von diesen (x, y) gebildete Menge die *Diskriminantenkurve*. Man kann sie in vielen Fällen durch Elimination von p aus (3) gewinnen. Dies gelingt z. B. in der Umgebung derjenigen Linienelemente, für die $\frac{\partial^2 f}{\partial p^2} \neq 0$ ist. Dann kann man aus der zweiten Gleichung (3) p als stetige mit stetigen Ableitungen versehene Funktion gewinnen und in die erste Gleichung (3) eintragen. Aus ihr gewinnt man dann die Diskriminantenkurve als mit stetig sich ändernder Tangente versehene Kurve in der Nähe derjenigen (x, y), für die nicht auch $\frac{\partial f}{\partial x}$ und $\frac{\partial f}{\partial y}$ verschwinden. Die Linienelemente, die den beiden Gleichungen (3) genügen, heißen *singuläre Linienelemente*.

2. Beispiele. Betrachten wir z. B. die Differentialgleichung

$$y'^2 = x.$$

Ihre singulären Linienelemente genügen den beiden Gleichungen

$$p^2 = x,$$
$$2p = 0.$$

Sie sind alle der x-Achse parallel und liegen auf der Kurve $x = 0$. Man stellt weiter leicht den Verlauf der Integralkurven fest. Nur für positive x sind reelle Integralkurven vorhanden. Dieselben treffen die Diskriminantenkurve senkrecht.

Die Lösungen sind $y = \pm \frac{2}{3} x^{\frac{3}{2}} + c$. Den beiden Schichten $y' = +\sqrt{x}$ und $y' = -\sqrt{x}$ entsprechend gehen durch jeden Punkt mit positiver Abszisse x zwei Integralkurven hindurch.

Ich betrachte weiter die Gleichung

$$y'^2 = y.$$

Hier genügen die singulären Linienelemente den beiden Gleichungen

$$p^2 = y,$$
$$2p = 0.$$

Sie sind alle der x-Achse parallel, liegen aber jetzt auf der Kurve $y = 0$. Diese Kurve ist daher selbst Lösung, und die übrigen Integralkurven $y = \frac{(x+c)^2}{4}$ berühren dieselbe. Wir sagen in diesem Fall, die Diskriminantenkurve sei singuläre Lösung.

3. Singuläre Lösungen. *Wir verstehen also unter einer singulären Lösung eine aus lauter singulären Linienelementen aufgebaute Lösung.* Nach der Definition der Diskriminantenkurve kann eine singuläre Lösung nur aus einzelnen Bogen der Diskriminantenkurve bestehen. Denn diese ist der Ort der Punkte, welche singuläre Linienelemente tragen. Aber das erste Beispiel lehrt zugleich, daß die Diskriminantenkurve ganz und gar nicht immer eine singuläre Lösung der Differentialgleichung ist. Damit dies der Fall ist, müssen vielmehr noch besondere Zusatzbedingungen bestehen. Diese wollen wir jetzt herleiten. Wir müssen ja nur feststellen, unter welchen Umständen die Richtung der Diskriminantenkurve mit der in ihren Punkten vorgeschriebenen singulären Feldrichtung übereinstimmt. Wenn dies längs eines Bogens derselben der Fall ist, so ist dieser Bogen singuläre Lösung. Um aber die Richtung der Diskriminantenkurve zu bestimmen, hat man ihre Gleichung (3) zu differenzieren. Das liefert

$$\frac{\partial f}{\partial x} + \frac{\partial f}{\partial y}\frac{dy}{dx} + \frac{\partial f}{\partial p}\cdot\frac{dp}{dx} = 0.$$

§ 8. Singuläre Lösungen.

Da aber längs der Diskriminantenkurve

$$\frac{\partial f}{\partial p} = 0$$

ist, so erhält man die Bedingung

$$\frac{\partial f}{\partial x} + \frac{\partial f}{\partial y}\frac{dy}{dx} = 0.$$

Soll daher das $\frac{dy}{dx}$ der Diskriminantenkurve mit dem p des Feldes übereinstimmen, so muß

$$\frac{\partial f}{\partial x} + \frac{\partial f}{\partial y}p = 0$$

sein. Daher erhält man zur Bestimmung der singulären Lösungen die drei Gleichungen

(4) $$\begin{cases} f(x,y,p) = 0 \\ \dfrac{\partial f}{\partial p}(x,y,p) = 0 \\ \dfrac{\partial f}{\partial x}(x,y,p) + \dfrac{\partial f}{\partial y}(x,y,p) \cdot p = 0. \end{cases}$$

Wenn umgekehrt zu jedem Punkt einer Kurve ein Wert des Parameters p gehört, derart daß die drei Gleichungen (4) erfüllt sind, so ist sie eine singuläre Lösung der Differentialgleichung, falls nicht auch noch für alle ihre Punkte

$$\frac{\partial f}{\partial y}(x,y,p) = 0$$

ist. Denn wenn man zur Bestimmung der Richtung die erste der drei Gleichungen (4) differenziert, so erhält man unter Berücksichtigung der zweiten

$$\frac{\partial f}{\partial x} + \frac{\partial f}{\partial y} \cdot y' = 0.$$

Daher ist nach der dritten

$$\frac{\partial f}{\partial y}(y' - p) = 0.$$

Hieraus ergibt sich wegen der auf $\frac{\partial f}{\partial y}$ bezüglichen Bedingung

$$y' = p,$$

so daß für das y' der durch (4) erklärten Kurve wegen der ersten Gleichung (4) $f(x,y,y') = 0$ gilt. Sie ist also eine Lösung, und zwar eine singuläre, wegen des Bestehens der zweiten der drei Gleichungen. Die drei Gleichungen (4) zusammen mit $\frac{\partial f}{\partial y}(x,y,p) \neq 0$ legen daher die singulären Lösungen fest.

4. Diskriminantenkurve und singuläre Lösung. Man sieht aus den vielen für eine singuläre Lösung notwendigen Bedingungen, daß *im* *allgemeinen* die Diskriminantenkurve *nicht* singuläre Lösung sein wird. Sie wird vielmehr im allgemeinen Ort derjenigen Stellen sein, durch die zwei einander berührende Integralkurven gehen (vgl. das erste Beispiel). *Übrigens kann sehr wohl auch die Diskriminantenkurve Lösung sein, ohne aus singulären Linienelementen zu bestehen.* Sie kann mit anderen Worten auch nichtsinguläre Lösung sein. So ist es z. B. bei

$$(y'^2 - x + y)(y' - 1) = 0.$$

Für die singulären Elemente muß

$$(p^2 - x + y)(p - 1) = 0$$

und

$$2p(p-1) + p^2 - x + y = 0$$

sein. Elimination von p liefert als Diskriminantenkurve

$$(x - y)(y - x + 1) = 0.$$

Auf $x = y$ sind $p = 0$ die singulären Richtungen. Auf $y = x - 1$ sind $p = 1$ die singulären Richtungen; $y = x$ ist also Lösung, ohne singuläre Lösung zu sein. Das kommt dadurch zustande, daß ein anderer Zweig, der durch $f(x, y, p) = 0$ definierten Funktion $p = F(x, y)$ längs der Diskriminantenkurve deren Richtungen liefert.

5. Singuläre Lösungen und Enveloppen. Nach diesen Darlegungen ist es klar, daß eine jede Enveloppe einer Schar von Integralkurven, d. h. eine jede Kurve, die in jedem ihrer Punkte von einer Integralkurve berührt wird, eine singuläre Lösung ist, im Sinne der vorhin aufgestellten Definition. Denn da durch jedes ihrer Linienelemente zwei verschiedene Integralkurven gehen, muß der vorhin erwähnte Satz über implizite Funktionen in seiner Anwendung auf die Linienelemente der Enveloppe versagen[1]. Solche Linienelemente nannten wir aber singulär. Die Enveloppe besteht also nur aus singulären Elementen.

Man darf aber nicht umgekehrt schließen wollen, daß alle singulären Lösungen als Enveloppen einer Schar von Integralkurven aufgefaßt werden können. Es ist also nicht immer der Fall, daß die singuläre Lösung in ihren Punkten von anderen Integralkurven berührt wird.

6. Beispiele. Einige Beispiele sollen die Verhältnisse klarstellen. Ich betrachte die Tangenten der kubischen Parabel

$$y = x^3.$$

---

[1] Es sollen nur solche Linienelemente betrachtet werden, für die $\dfrac{\partial f}{\partial y'}$ existiert. Ebenso mag die Möglichkeit beiseite bleiben, daß man zwar in der Umgebung des betreffenden Linienelementes die Gleichung $f(x, y, y') = 0$ nach y' auflösen kann, daß aber für die aufgelöste Gleichung $y' = f(x, y)$ die LIPSCHITZ-Bedingung nicht erfüllt ist. Auch so könnte es ja kommen, daß mehrere Lösungen durch das Linienelement gehen.

§ 8. Singuläre Lösungen.

Sie genügen der Gleichung
(5) $$27(y - y'x)^2 = 4y'^3.$$
Wenn man die singulären Integrale derselben sucht, so hat man noch die beiden Gleichungen
(6) $$54(y - y'x)x + 12y'^2 = 0$$
(7) $$-54(y - y'x)y' + y' 54(y - y'x) = 0$$
aufzustellen. Da (7) identisch erfüllt ist, so hat man zur Auffindung der singulären Lösungen nur y' aus (5) und (6) zu eliminieren. Das führt auf
$$108 \cdot 4 y'^3 x^2 - 144 y'^4 = 0.$$
Daher ist entweder
$$y' = 0$$
oder
$$y' = 3x^2.$$
Die erste Möglichkeit führt zu der singulären Lösung
$$y = 0,$$
die zweite zur Parabel
$$y = x^3.$$
Während diese als Enveloppe der die Gleichung befriedigenden Geradenschar aufzufassen ist, gibt es keinerlei Integralkurven, die die Gerade $y = 0$ in ihren einzelnen Punkten berührten. Sie ist keine Enveloppe. Trotzdem besteht sie aus singulären Linienelementen. Diese Erscheinung tritt stets bei den Wendetangenten der Leitkurve einer Differentialgleichung auf, deren Lösungen durch die Tangenten dieser Leitkurve bestimmt sind.

Wenn nämlich
$$\eta = f(\xi)$$
die Gleichung der Leitkurve ist, so sind
$$y - f(\xi) = f'(\xi)(x - \xi)$$
die Gleichungen ihrer Tangenten. S. 14 haben wir gelernt, wie man die Differentialgleichung einer solchen Kurvenschar bestimmt. Sie ergibt sich durch Elimination von ξ aus den beiden Gleichungen
$$y - f(\xi) = f'(\xi)(x - \xi)$$
$$y' = f'(\xi).$$
Zur Bestimmung der singulären Lösungen dieser Gleichung hat man die ξ-Ableitung der ersten Gleichung Null zu setzen. Das liefert aber
$$f''(\xi)(x - \xi) = 0.$$

Also
$$x - \xi = 0$$
und
$$f''(\xi) = 0.$$

Der erste Fall liefert die Leitkurve. Der zweite Fall führt zu den Wendetangenten, da ja die Wendepunkte durch $f''(\xi) = 0$ charakterisiert sind. (Zu den Wendetangenten zählen wir also alle Tangenten, die in höherer als der ersten Ordnung die Kurve berühren.)

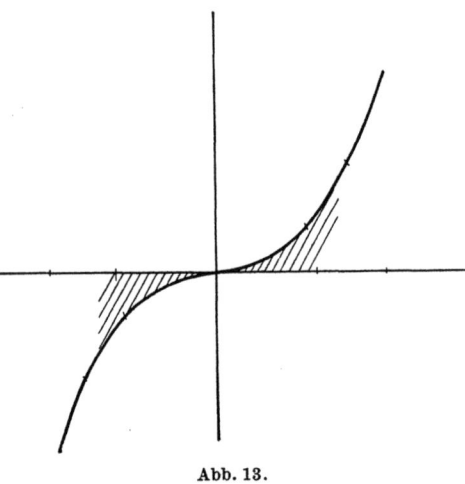

Abb. 13.

Warum gerade diese Wendetangenten mit zu den singulären Lösungen, also auch mit zu der Diskriminantenkurve gehören, läßt sich am vorigen Beispiel der Gleichung

$$27(y - y'x)^2 = 4y'^3$$

leicht erläutern, wenn man beachtet, daß von den Punkten des in Abb. 13 schraffierten Gebietes drei Tangenten an die Parabel gehen, von den Punkten des nicht schraffierten Gebietes aber nur eine. Beide Gebiete werden naturgemäß durch die Diskriminantenkurve getrennt, denn das ist deren geometrische Bedeutung.

Ich betrachte noch ein zweites Beispiel, in dem die singulären Lösungen nicht als Enveloppen auftreten. Das ist der Fall bei der Differentialgleichung

$$y'^2 = y^3.$$

Ihre Lösungen sind

$$y = \frac{4}{(x+c)^2}.$$

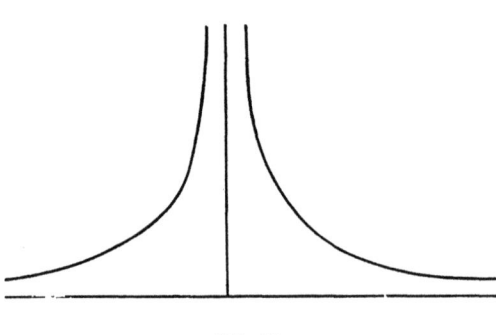

Abb. 14.

Dazu kommt noch die singuläre Lösung

$$y = 0.$$

Sie wird von keiner anderen Integralkurve im Endlichen berührt, tritt vielmehr als gemeinsame Asymptote aller Integralkurven auf, die sich ihr beliebig nahe anschmiegen. Diese gehen nämlich auseinander durch Parallelverschiebung in Richtung der x-Achse hervor.

§ 1. Feste und bewegliche Singularitäten. 125

Wenn daher eine der Kurven, z. B. $y = \frac{4}{x^2}$ (Abb. 14), für $x > 20$ nur um höchstens $\frac{1}{100}$ von $y = 0$ abweicht, so kann man sie so parallel verschieben, daß eine Kurve entsteht, die schon für $x > x_0$ nur noch um $\frac{1}{100}$ von $y = 0$ abweicht. x_0 kann dabei ganz beliebig gewählt werden. Denn
$$y = \frac{4}{(x + 20 - x_0)^2}$$
ist die gewünschte Kurve.

V. Kapitel.

Differentialgleichungen erster Ordnung im komplexen Gebiet.

§ 1. Feste und bewegliche Singularitäten.

1. Einteilung der Singularitäten. Für z-Werte, welche einem Bereich B der komplexen z-Ebene, und für w-Werte, welche einem Bereich G der komplexen w-Ebene angehören, sei $f(z, w)$ eine eindeutige, bis auf gewisse Singularitäten reguläre analytische Funktion. B_1 und G_1 seien abgeschlossene Teilbereiche von B und G. Auf diese werden z und w weiterhin beschränkt. Uns wird hier allein der Fall beschäftigen, daß $f(z, w)$ für die genannten Werte (z, w) durchweg von rationalem Charakter ist. Wir wollen also $f(z, w)$ als Quotient zweier in dem Bereiche regulärer Funktionen annehmen. Es sei $f(z, w) = \frac{f_1(z, w)}{f_2(z, w)}$, wo $f_1(z, w)$ und $f_2(z, w)$ im zugrunde gelegten Bereiche regulär sind. Dann stellen wir uns die Aufgabe, die Lösungen der Differentialgleichung

(1) $$\frac{dw}{dz} = \frac{f_1(z, w)}{f_2(z, w)}$$

in diesem Bereiche zu untersuchen. Solche Lösungen sind durch ihre Anfangsbedingungen bestimmt, und wir wissen von S. 51 her folgendes: Wenn die Anfangswerte z_0, w_0 so gewählt sind, daß $f(z, w)$ an dieser Stelle regulär ist, daß also mit anderen Worten daselbst der Nenner nicht verschwindet, dann gibt es genau eine in der Umgebung von z_0 eindeutige reguläre Funktion $w(z)$, für die $w(z_0) = w_0$ gilt und die der Differentialgleichung genügt. Wir wissen weiter, daß es auch keine andere nichtanalytische dieser Bedingung genügende Lösung gibt, ja man kann der Fußnote[1] von S. 32 sogar entnehmen, daß es keine weitere der Bedingung $\lim_{z \to z_0} w(z) = w_0$ genügende Lösung gibt. Wir haben S. 52 auch eine Festsetzung über den Konvergenzkreis gemacht: Ist $\left|\frac{f_1(z, w)}{f_2(z, w)}\right| < M$ in $|z - z_0| \leq a$, $|w - w_0| \leq b$, und ist $a\,M < b$, so ist die $w(z)$ darstellende Potenzreihe in $|z - z_0| \leq a$ konvergent.

Die weitere Aufgabe ist nun, mit Hilfe funktionentheoretischer Methoden eine solche durch ihre Anfangsbedingungen festgelegte Lösung vermittelst analytischer Fortsetzung in ihrem weiteren Verlauf zu verfolgen. Wo sind z. B. die Singularitäten einer solchen Lösung zu suchen? Ich nehme an, bei Fortsetzung längs eines bestimmten Weges könne man bis an eine Stelle z_0 aus B heran, nicht aber über dieselbe hinaus gelangen. Hier sind nun zwei Fälle zu unterscheiden. *Entweder konvergiert bei Annäherung an die Stelle z_0 die Funktion $w(z)$ einem bestimmten Grenzwert zu oder nicht.* Ich betrachte erst den *zweitgenannten Fall*. Es wird sich zeigen, daß er nur dann eintritt, wenn $f_2(z, w) = 0$ ist für alle w. Da nämlich der Nenner $f_2(z, w)$ im abgeschlossenen Bereich G regulär ist, so gibt es in G nur endlich viele Stellen w_i, für die $f_2(z_0, w_i) = 0$ ist, falls nicht $f_2(z_0, w) \equiv 0$ ist. Man umgebe sie durch Kreise vom Radius 2δ und konzentrische Kreise vom Radius δ, über deren Kleinheit noch zu verfügen sein wird. Dann kann man eine von der Kleinheit der Kreise abhängende Zahl 2ϱ so bestimmen, daß für $|z - z_0| \leq 2\varrho$ die Wurzeln w von $f_2(z, w) = 0$ alle im Innern der Kreise vom Radius δ liegen. Dann gibt es eine positive Zahl M derart, daß für $|z - z_0| \leq \varrho$ und für ein jedes nicht den Kreisen vom Radius δ angehörige w stets $|f_2(z, w)| > M$ gilt. Ich nenne D_1 die Menge: $|z - z_0| \leq 2\varrho$ und w aus dem Äußeren der Kreise vom Radius δ. Dann gibt es auch eine Zahl M, so daß in D_1 durchweg

$$\left|\frac{f_1(z, w)}{f_2(z, w)}\right| < M$$

ist[1]. Wählt man nun die Kreise genügend klein, so muß es beliebig nahe bei z_0 auf dem der Fortsetzung zugrunde gelegten Wege Stellen geben, wo die Werte der Lösung außerhalb oder auf der Peripherie der Kreise vom Radius 2δ liegen. Denn sonst müßte gegen die Annahme $w(z)$ für $z \to z_0$ gegen einen Grenzwert konvergieren. Nun gibt es zwei Zahlen[2] $0 < \varrho_1 \leq \varrho$, $0 < \delta_1 \leq \delta$ derart, daß $\varrho_1 < \delta_1 M$ und daß man um jede Stelle (z_1, w_1) von D_2 einen Bereich: $|z - z_1| \leq \varrho_1$, $|w - w_1| \leq \delta_1$ abgrenzen kann, derart, daß darin noch

$$\left|\frac{f_1(z, w)}{f_2(z, w)}\right| \leq M$$

ist. Die Lösung der Differentialgleichung, welche an der Stelle z_1 den Wert w_1 annimmt, ist dann in $|z - z_1| \leq \varrho_1$ regulär. Da somit zu jeder Stelle aus D_2 ein endlicher Konvergenzkreis gehört, dessen Radius

---

[1] Analog sei D_2 der Bereich: $|z - z_0| \leq \varrho$ und w aus dem Äußern der Kreise vom Radius 2δ. D_2 ist ein Teilbereich von D_1.

[2] Sie werden mit Rücksicht auf die Ränder von S_1 und wegen $\varrho_1 < \delta_1 M$ eingeführt.

§ 1. Feste und bewegliche Singularitäten.

stetig vom Entwicklungsmittelpunkt abhängt, so können bei Annäherung an z_0 die Konvergenzradien nicht gegen Null streben. Denn sie besitzen in D_2 ein positives Minimum. Somit ist tatsächlich nur der *erste* der beiden aufgezählten Fälle wirklich möglich. Wenn also die Fortsetzung über z_0 hinaus nicht möglich ist, ohne daß $f_2(z_0, w) = 0$ ist für alle w, so muß $w(z)$ bei Annäherung an z_0 einem bestimmten Grenzwert w_0 zustreben. Die Betrachtung lehrt dann außerdem, daß $f_2(z_0, w_0) = 0$ ist. Jetzt bleibt es unentschieden, ob $f_2(z_0, w)$ für alle w oder nur für einzelne w verschwindet. Nun haben wir drei Fälle zu unterscheiden:

Im *ersten* Falle sei $f_2(z_0, w_0) = 0$, aber $f_2(z_0, w) \neq 0$ für $w \neq w_0$ in der Umgebung von w_0, ferner $f_1(z_0, w_0) \neq 0$. Wir nennen dann (z_0, w_0) eine *bewegliche* Singularität. Denn der Grenzwert w_0, mit dem wir in z_0 ankommen, hängt von dem Anfangswert der untersuchten Lösung ab. Es erweist sich dann also bei Fortsetzung längs desselben Weges eine andere Lösung unter Umständen in z_0 als nicht singulär, falls sie nämlich für $z \to z_0$ einen von w_0 verschiedenen Grenzwert hat. Im *zweiten* Falle sei $f_2(z_0, w) = 0$ für alle w. Dann sagen wir, es liege an der Stelle z_0 eine *feste* Singularität vor. Denn nun wird für jede Lösung bei Annäherung an z_0 der Nenner $f_2(z, w)$ Null. Hier werde nicht besonders unterschieden, ob $f_1(z_0, w)$ für kein w oder für einzelne w verschwindet. Ein Fall, in dem $f_1(z_0, w)$ und $f_2(z_0, w)$ identisch in w verschwinden, verdient keine Beachtung, weil er durch Wegheben einer Potenz von $z - z_0$ aus Zähler und Nenner beseitigt werden kann. Der *dritte* noch zu unterscheidende Fall ist der, daß außer $f_2(z_0, w_0) = 0$ auch $f_1(z_0, w_0) = 0$ ist. Wieder sei $f_2(z_0, w) \neq 0$ für $w \neq w_0$ in einer gewissen Umgebung von w_0. Wir nennen solche Stellen (z_0, w_0) singuläre Stellen dritter Art.

Der *erste* der eben aufgezählten Fälle werde näher betrachtet. In diesem Falle, wo zwar $f_2(z_0, w_0) = 0$ ist, in der Umgebung von w_0 aber $f_2(z_0, w)$ nicht weiter verschwindet, und wo $f_1(z_0, w_0) \neq 0$ ist, ist in der Differentialgleichung

(2) $$\frac{dz}{dw} = \frac{f_2(z, w)}{f_1(z, w)},$$

welcher die Umkehrungsfunktion genügt, die rechte Seite in der Umgebung von z_0, w_0 regulär. Die rechte Seite verschwindet zwar für z_0, w_0, aber sie verschwindet nicht für z_0 und beliebiges w. Daher kommen in der Entwicklung der rechten Seite Glieder vor, die von $z - z_0$ unabhängig sind. *Dann läßt sich diejenige Lösung, welche für $w = w_0$ den Wert z_0 besitzt, in eine um $w = w_0$ konvergente Potenzreihe entwickeln:*

(3) $$z = z_0 + c_{m+1}(w - w_0)^{m+1} + \cdots,$$

wo m eine passende positive ganze Zahl ist.

I. 5. Differentialgleichungen erster Ordnung im komplexen Gebiet.

Denn sei

(4) $\quad \dfrac{dz}{dw} = a_m (w - w_0)^m \mathfrak{P}_1 (w - w_0) + (z - z_0) \mathfrak{P}_2 (z - z_0, w - w_0),$

wo $\mathfrak{P}_1$ und $\mathfrak{P}_2$ Potenzreihen bedeuten, die in der Umgebung von $w = w_0$ bzw. $z = z_0, w = w_0$ konvergieren, und wo $a_m \neq 0$, $\mathfrak{P}_1(0) \neq 0$ sei. Dann mache man nach S. 53 den Ansatz

$$z = z_0 + c_1 (w - w_0) + \cdots.$$

Dann ist

$$c_k = \frac{1}{k!} \left(\frac{d^k z}{d w^k} \right)_{(w = w_0)}.$$

Man sieht aber aus (4) sofort, daß daher $c_1 = c_2 = \ldots = c_m = 0$, $c_{m+1} \neq 0$ ist.

Die Umkehrung der Reihe (3) lehrt, daß w in der Umgebung von z_0 nach Potenzen von $(z - z_0)^{\frac{1}{m+1}}$ entwickelt werden kann. Es liegt also für die Lösung ein $m + 1$-*blättriger algebraischer Verzweigungspunkt* vor. Daß dieser Verzweigungspunkt auftrat, ist aber durchaus dadurch bedingt, daß wir gerade die Lösung betrachteten, die für $z \to z_0$ gegen w_0 strebte. Denn verlangen wir diejenige Lösung von (4), welche für $w = w_1$ den Wert z_0 annimmt, so finden wir für dieselbe eine Reihe

$$z = z_0 + \alpha_1 (w - w_1) + \cdots,$$

in der jetzt der Koeffizient α_1 der ersten Potenz nicht verschwindet, falls nur w_1 hinreichend nahe bei w_0 liegt, nämlich so nahe, daß

$$f_2(z_0, w_1) \neq 0$$

ist. Dann wird aber

$$w = w_1 + \frac{1}{\alpha_1} (z - z_0) + \cdots$$

in der Umgebung von z_0 regulär. So erklärt sich die nicht ganz treffende Bezeichnung „bewegliche" oder auch „verschiebbare" Singularität.

Alle beweglichen Singularitäten sind algebraische Verzweigungspunkte.

Im *zweiten* der drei Fälle, wo $f_2(z_0, w) = 0$ ist für alle w, würde die gleiche Überlegung nur zu der Lösung $z = z_0$ führen, mit der wir für unseren Zweck weiter nichts anfangen können. Bei Annäherung an eine derartige Singularität zweiter Art kann nun tatsächlich die Lösung $w(z)$ unbestimmt werden. So sind ja z. B. die Lösungen von

$$\frac{dw}{dz} = \frac{w}{z^2}$$

durch $w = C e^{-\frac{1}{z}}$ gegeben. Sie werden für $C \neq 0$ bei Annäherung an $z = 0$ längs der imaginären Achse tatsächlich unbestimmt, d. h. sie streben keinem Grenzwert zu. Hier sprechen wir von einer *festen* Singularität.

§ 1. Feste und bewegliche Singularitäten.

Eine große Menge von Untersuchungen befaßt sich damit, bei gegebener Differentialgleichung die Natur der Lösungen in der Nähe einer solchen festen singulären Stelle z_0 zu untersuchen. BRIOT und BOUQUET haben die Untersuchungen begonnen, PICARD, POINCARÉ, DULAC, BENDIXSON, HORN und neuerdings MALMQUIST haben sie gefördert. Ich verweise wegen alles Weiteren auf eine Arbeit von MALMQUIST im Arkiv för matematik, astronomi och fysik, Bd. 15, wo auch die Literatur erwähnt ist. Hier sei nur so viel gesagt: Den Ausgangspunkt der Untersuchung bildet immer ein Zweig der Lösung, welcher einem bestimmten Grenzwert w_0 zustrebt, wenn sich z auf einem passenden Wege der singulären Stelle nähert. Dieser Wert w_0 erfüllt aber dann immer mit z_0 zusammen $f_1(z_0, w_0) = 0$. Dies folgt sofort aus der schon mehrfach angestellten Überlegung, welche an (2) anknüpft. Diese Gleichung wäre ja sonst in der Umgebung von z_0, w_0 regulär. Aber ihre einzige Lösung, welche für $w \to w_0$ gegen z_0 strebt, ist $z = z_0$, das aber nicht Umkehrung der jetzt zu betrachtenden Lösung sein kann. Hier reihen sich die singulären Stellen der *dritten* Art an, welche wir im reellen Gebiet schon ausführlich untersucht haben.

Wir haben bei diesen Betrachtungen endliche z_0 und w_0 angenommen. Aber man weiß aus der Funktionentheorie, wie man durch die Substitutionen $\frac{1}{z} = \mathfrak{z}$ oder $\frac{1}{w} = \mathfrak{w}$ dem Unendlichfernen beikommt.

2. Differentialgleichungen mit lauter festen Singularitäten. In diesem Paragraphen möchte ich nur noch die Frage behandeln, *ob es Differentialgleichungen mit lauter festen singulären Stellen gibt, und wodurch diese, von beweglichen Verzweigungspunkten ihrer Lösungen freien, Differentialgleichungen charakterisiert sind.* Wir beschränken uns dabei von vornherein auf Differentialgleichungen (1), in welchen die *rechte Seite rational* ist. Zähler und Nenner sollen ganze rationale teilerfremde Funktionen sein. Die festen singulären Stellen sind diejenigen Stellen z_0, für welche der Nenner für alle w verschwindet. Dazu kommt eventuell noch der unendlich ferne Punkt, wenn der Übergang zu $z = \frac{1}{\mathfrak{z}}$ die Stelle $\mathfrak{z} = 0$ zu den festen Singularitäten überführt. Die Substitution $z = \frac{1}{\mathfrak{z}}$ aber führt die Differentialgleichung (1) in

$$(3) \qquad \frac{dw}{d\mathfrak{z}} = - \frac{f_1\left(\frac{1}{\mathfrak{z}}, w\right)}{f_2\left(\frac{1}{\mathfrak{z}}, w\right)} \cdot \frac{1}{\mathfrak{z}^2}$$

über. Und hier kann man alle gewünschten Feststellungen leicht machen. Außerhalb dieser festen Singularitäten besitzt ein jedes Integral nach unseren Überlegungen allenfalls noch Pole.

Soll nun eine Differentialgleichung (1) der angegebenen Art nur feste Singularitäten nichtrationalen Charakters besitzen, so muß der

Nenner der rechten Seite für jedes z_0, für das er überhaupt verschwindet, identisch in w verschwinden. Er ist daher ein Produkt einer Funktion von z allein und einer Funktion von w allein. Beide Faktoren sind Polynome. Richtet man die Aufmerksamkeit auf diejenigen z, für die der erste Faktor nicht verschwindet, so erkennt man, daß im Nenner das w gar nicht vorkommt. Die Differentialgleichung muß daher von der Form

$$\frac{dw}{dz} = \varphi(z, w)$$

sein, wo $\varphi(z, w)$ ein Polynom in w ist mit Koeffizienten, die rational von z abhängen. Damit sind bewegliche Singularitäten ausgeschlossen, in welchen w endlich bleibt. Nun müssen noch diejenigen ausgeschlossen werden, in welchen w unendlich wird. Daher mache ich die Substitution $w = \frac{1}{\mathfrak{w}}$. Damit geht die Differentialgleichung (1) in

(4) $$\frac{d\mathfrak{w}}{dz} = -\mathfrak{w}^2 \varphi\left(z, \frac{1}{\mathfrak{w}}\right)$$

über. Nun muß wieder der Nenner von $\mathfrak{w}$ unabhängig sein (nachdem man etwaige gemeinsame Faktoren von Zähler und Nenner entfernt hat). Daher kann $\varphi(z, w)$ in w höchstens vom zweiten Grade sein. Damit haben wir den Satz:

Die einzigen rationalen Differentialgleichungen, deren Lösungen keine beweglichen algebraischen Verzweigungspunkte besitzen, sind die vom Riccati*schen Typus*

(5) $$\frac{dw}{dz} = A_0(z) + A_1(z)\, w + A_2(z)\, w^2.$$

3. Bemerkung. Auch für die allgemeineren Differentialgleichungen

$$f(x, y, y') = 0,$$

wo $f(x, y, y')$ ein Polynom in x, y, y' ist, wurde durch Fuchs und Poincaré das Problem gelöst, alle Differentialgleichungen mit nur festen Verzweigungspunkten zu bestimmen. Das Ergebnis ist dieses: Das allgemeine Integral ist entweder eine algebraische Funktion, oder aber man kann die Differentialgleichung durch eine algebraische Substitution entweder auf eine Riccatische oder auf die Differentialgleichung

$$y' = g(x)\sqrt{(1-y^2)(1-k^2 y^2)}$$

transformieren.

4. Analogon des Picardschen Satzes. Aus unseren bisherigen Ergebnissen ergibt sich leicht ein dem Picardschen Satz für ganze transzendente Funktionen entsprechender Satz für die Lösungen unserer Differentialgleichungen. Er lautet: *In der Differentialgleichung*

$$\frac{dw}{dz} = f(z, w)$$

sei die rechte Seite eine rationale Funktion. $w(z)$ sei ein Integral derselben, welches eine unendlich vieldeutige Umkehrungsfunktion $z(w)$ be-

§ 1. Feste und bewegliche Singularitäten. 131

sitzt. Dann gibt es nur endlich viele Ausnahmewerte W, für welche die Gleichung $w(z) = W$ nur endlich viele Lösungen besitzt.

Zum *Beweise* betrachtet man die Differentialgleichung

$$\frac{dz}{dw} = \frac{1}{f(z, w)},$$

welcher die Umkehrungsfunktion unseres Integrals genügt. Feste Singularitäten und Singularitäten dritter Art derselben sind nur in endlicher Zahl vorhanden. Wir betrachten eine Stelle W, welche nicht zu diesen Singularitäten gehört. An dieser Stelle nimmt die Funktion $z(w)$ Werte an, unter denen, wie ich zeigen will, unendlich viele verschiedene vorkommen. Es ist nämlich jeder Zweig unserer Funktion an der Stelle W von algebraischem Charakter. Ein jeder Zweig aber ist durch seinen bei W angenommenen Wert festgelegt. Da aber die Funktion nach Voraussetzung unendlich vieldeutig ist, und da jeder ihrer Zweige auf jedem, die angegebenen Singularitäten vermeidenden Weg bis nach W fortgesetzt werden kann, nimmt die Funktion $z(w)$ an der Stelle W unendlich viele verschiedene Werte an. Darin liegt der Beweis unseres Satzes.

5. Endlich vieldeutige Integrale. Der Satz in **2.** legt die Frage nach den endlich vieldeutigen Integralen der Differentialgleichung (1) nahe. Es wurde schon bewiesen, daß die einzigen rationalen Differentialgleichungen ohne verschiebbare algebraische Verzweigungen die RICCATIschen sind. Daher sind jedenfalls auch die Differentialgleichungen, welche *nur* eindeutige Integrale besitzen, bei welchen also überhaupt keine, also auch keine verschiebbaren Verzweigungen vorkommen, unter den RICCATIschen zu suchen. Die Bedingungen dafür, daß eine RICCATIsche Gleichung nur eindeutige Integrale besitzt, sind noch unbekannt[1]. Für andere Differentialgleichungen hat aber MALMQUIST den folgenden schönen Satz bewiesen[2]:

Wenn die rationale Differentialgleichung $\frac{dw}{dz} = f(z, w)$ keine RICCATIsche ist, so ist jedes eindeutige Integral derselben eine rationale Funktion.

MALMQUIST hat in der gleichen Arbeit einen analogen Satz über rationale Differentialgleichungen mit endlich vieldeutigen Integralen bewiesen. Er ist auch damit über den Inhalt der Vermutungen und Beweisversuche PAINLEVÉs, dem man die Fragestellung verdankt, hinausgegangen. Dieser weitergehende Satz lautet:

Wenn eine rationale Differentialgleichung $\frac{dw}{dz} = f(z, w)$ ein endlich vieldeutiges Integral besitzt, so ist dasselbe entweder eine algebraische

---

[1] Der auf S. 156 gegebenen Darstellung ihrer Koeffizienten durch drei Integrale von (1) S. 25 kann man eine Antwort auf diese Frage entnehmen, die aber nicht voll befriedigt.

[2] Acta mathematica Bd. 36.

Funktion, oder aber man kann die Differentialgleichung durch eine Substitution der Form

$$\mathfrak{w} = \frac{w^n + \alpha_2 w^{n-2} + \cdots + \alpha_n}{w^{n-1} + \beta_2 w^{n-2} + \cdots + \beta_n}$$

in eine RICCATI*sche Gleichung*

$$\frac{d\mathfrak{w}}{dz} = a_0 + a_1 \mathfrak{w} + a_2 \mathfrak{w}^2$$

überführen. In dieser sowohl wie in der Substitution sind dabei alle Koeffizienten rationale Funktionen von z.

Wegen der Beweise dieser Sätze sei auf die Originalarbeit von MALMQUIST verwiesen.

6. Ein Satz von HERMITE. Von HERMITE rührt der folgende Satz her, den er in seinem Cours d'analyse angibt und für den auch in PICARDS Traité d'analyse ein Beweis zu finden ist (Bd. 3, S. 62). *Wenn* $f(z_1, z_2)$ *ein Polynom ist, so ist das allgemeine Integral der Gleichung* $f(w, w') = 0$ *nur dann eindeutig, wenn die algebraische Kurve* $f(z_1, z_2) = 0$ *vom Geschlecht* 0 *oder* 1 *ist.*

§ 2. Die Differentialgleichungen $\frac{dw}{dz} = \frac{Cz + Dw + \mathfrak{P}_2(z, w)}{Az + Bw + \mathfrak{P}_1(z, w)}$ in der Umgebung von $z = w = 0$.

Wir wollen wie im reellen Gebiet auf S. 98 annehmen, daß die Potenzreihen $\mathfrak{P}_1$ und $\mathfrak{P}_2$ in einer gewissen Umgebung von $z = w = 0$ für alle komplexen z und w konvergieren, und keine Glieder von niedrigerer als der zweiten Ordnung enthalten. Wir wollen das Verhalten der Integrale in der Nähe von $z = w = 0$ im komplexen Gebiet untersuchen und so in dieser Richtung unsere im reellen Gebiet gewonnenen Ergebnisse erweitern. Wir beschränken uns dabei — weiter reichen die zu entwickelnden Methoden noch nicht — auf den Fall, wo man durch eine lineare Transformation der z und w erreichen kann, daß $C = B = 0$ ist. Wir nehmen ferner statt der Differentialgleichung der Überschrift wieder das System

(1) $$\begin{aligned} \frac{dx_1}{dt} &= \lambda_1 x_1 + \mathfrak{P}_1(x_1, x_2) = P_1(x_1, x_2), & \lambda_1 \neq 0 \\ \frac{dx_2}{dt} &= \lambda_2 x_2 + \mathfrak{P}_2(x_1, x_2) = P_2(x_1, x_2), & \lambda_2 \neq 0 \end{aligned}$$

vor. Die von POINCARÉ erdachte, von LINDELÖF verallgemeinerte Methode beruht darauf, daß man die Schar der Lösungskurven in der Form

(2) $$u(x_1, x_2) = \text{const}$$

Die Diff.-Gleich. $\frac{dw}{dz} = \frac{Cz+Dw+\mathfrak{P}_2(z,w)}{Az+Bw+\mathfrak{P}_1(z,w)}$ in der Umgebung von $z=w=0$.

geschrieben denkt. Dann ist u eine Lösung der linearen partiellen Differentialgleichung

(3) $$P_1 \frac{\partial u}{\partial x_1} + P_2 \frac{\partial u}{\partial x_2} = 0$$

und umgekehrt liefert jede (3) genügende Funktion u vermöge (2) Lösungskurven von (1). Es handelt sich also darum, diejenigen Integrale u von (3) zu untersuchen, welche im Ursprung verschwinden. Die Untersuchung soll für den Fall geleistet werden, daß λ_1 und λ_2 bei ihrer Deutung als Punkte in der komplexen λ-Ebene *beide auf derselben Seite (nicht auf) einer passend gewählten Geraden durch den Ursprung der λ-Ebene liegen*. Die Voraussetzung ist durch die anzuwendende Methode bedingt. Der Grundgedanke ist dieser. Man betrachtet an Stelle von (3) zunächst die beiden anderen Differentialgleichungen

(4) $$P_1 \frac{\partial u_1}{\partial x_1} + P_2 \frac{\partial u_1}{\partial x_2} = \lambda_1 u_1,$$

(5) $$P_1 \frac{\partial u_2}{\partial x_1} + P_2 \frac{\partial u_2}{\partial x_2} = \lambda_2 u_2.$$

Hat man dann ein Integral u_1 von (4) und ein Integral u_2 von (5) gefunden, so ist

(6) $$u = \frac{u_2^{\frac{1}{\lambda_2}}}{u_1^{\frac{1}{\lambda_2}}}$$

ein Integral von (3).

Denn multipliziert man (4) mit

$$\frac{1}{\lambda_1} u_1^{\frac{1}{\lambda_1}-1},$$

so sieht man, daß

$$U_1 = u_1^{\frac{1}{\lambda_1}}$$

der Differentialgleichung

(7) $$P_1 \frac{\partial U_1}{\partial x_1} + P_2 \frac{\partial U_1}{\partial x_2} = U_1$$

genügt. Ebenso findet man für

$$U_2 = u_2^{\frac{1}{\lambda_2}}$$

(8) $$P_1 \frac{\partial U_2}{\partial x_1} + P_2 \frac{\partial U_2}{\partial x_2} = U_2.$$

Multipliziert man dann (7) mit U_2 und (8) mit U_1 und subtrahiert man beides voneinander, so sieht man, daß für (6) die Gleichung (3) gilt.

Wir schreiten zur Durchführung des Ansatzes. Wir suchen Integrale von (4) und (5) nach der Methode der unbestimmten Koeffizienten zu bestimmen. Setzen wir also z. B. in (4) an

$$\text{(9)} \qquad u_1 = x_1 + \sum_{\nu_1+\nu_2=2}^{\infty} C_{\nu_1 \nu_2} x_1^{\nu_1} x_2^{\nu_2},$$

so erhält man

$$\text{(10)} \qquad \lambda_1 x_1 \frac{\partial u_1}{\partial x_1} + \lambda_2 x_2 \frac{\partial u_1}{\partial x_2} - \lambda_1 u_1 = \sum_{\nu_1+\nu_2=2}^{\infty} R_{\nu_1 \nu_2} x_1^{\nu_1} x_2^{\nu_2}.$$

Hier ist

$$\text{(10')} \qquad \sum_{\nu_1+\nu_2=2}^{\infty} R_{\nu_1 \nu_2} x_1^{\nu_1} x_2^{\nu_2} = \mathfrak{P}_1 \frac{\partial u_1}{\partial x_1} + \mathfrak{P}_2 \frac{\partial u_1}{\partial x_2},$$

wo das u_1 von (9) einzusetzen ist.

Hier bedeuten die $R_{\nu_1 \nu_2}$ ganze rationale Funktionen derjenigen $C_{\mu_1 \mu_2}$, für die $\mu_1 + \mu_2 < \nu_1 + \nu_2$ ist, und der Koeffizienten von $\mathfrak{P}_1$ und $\mathfrak{P}_2$. Die Methode der unbestimmten Koeffizienten lehrt also, wenn man auch auf der linken Seite von (10) das (9) einträgt

$$\text{(11)} \qquad (\lambda_1 \nu_1 + \lambda_2 \nu_2 - \lambda_1) C_{\nu_1 \nu_2} = R_{\nu_1 \nu_2} \qquad (\nu_1 + \nu_2 \geq 2).$$

Hieraus kann man rekurrent die $C_{\nu_1 \nu_2}$ bestimmen, wofern niemals

$$\lambda_1 \nu_1 + \lambda_2 \nu_2 - \lambda_1 = 0$$

wird. In diesem Falle wird die Bestimmung unmöglich, weil die rechte Seite $R_{\nu_1 \nu_2}$ ja nicht gleichzeitig zu verschwinden braucht. Wir wollen daher nach LINDELÖF statt (4) die Differentialgleichung

$$\text{(12)} \qquad P_1 \frac{\partial u_1}{\partial x_1} + P_2 \frac{\partial u_1}{\partial x_2} = \lambda_1 u_1 + \varphi$$

betrachten, wo

$$\varphi = \sum_{\nu_1+\nu_2=2}^{\infty} \varphi_{\nu_1 \nu_2} x_1^{\nu_1} x_2^{\nu_2}$$

eine noch passend zu bestimmende Funktion bedeutet. Machen wir in (12) wieder den Ansatz (9), so erhalten wir statt (10)

$$\text{(13)} \qquad \lambda_1 x_1 \frac{\partial u_1}{\partial x_1} + \lambda_2 x_2 \frac{\partial u_1}{\partial x_2} - \lambda_1 u_1 = \sum_{\nu_1+\nu_2=2}^{\infty} (R_{\nu_1 \nu_2} + \varphi_{\nu_1 \nu_2}) x_1^{\nu_1} x_2^{\nu_2}$$

und statt (11) kommt

$$\text{(14)} \qquad (\lambda_1 \nu_1 + \lambda_2 \nu_2 - \lambda_1) C_{\nu_1 \nu_2} = R_{\nu_1 \nu_2} + \varphi_{\nu_1 \nu_2} \qquad (\nu_1 + \nu_2 \geq 2).$$

Nunmehr kann man stets dann, wenn

$$\lambda_1 \nu_1 + \lambda_2 \nu_2 - \lambda_1 = 0$$

wird,

$$\varphi_{\nu_1 \nu_2} = - R_{\nu_1 \nu_2}$$

setzen und so erreichen, daß man (14) erfüllen kann. $C_{\nu_1 \nu_2}$ freilich bleibt willkürlich. Wir wollen dann stets $C_{\nu_1 \nu_2} = 0$ setzen.

Bevor wir die Konvergenz der so zu findenden Reihen untersuchen, wollen wir uns die so zu erreichenden Ergebnisse etwas näher ver-

Die Diff.-Gleich. $\dfrac{dw}{dz} = \dfrac{Cz + Dw + \mathfrak{P}_2(z,w)}{Az + Bw + \mathfrak{P}_1(z,w)}$ in der Umgebung von $z=w=0$.

gegenwärtigen. Da λ_1 und λ_2 nach Voraussetzung dem Inneren einer Halbebene angehören, deren Rand durch den Ursprung geht, so kann es keine Relation
$$p_1\lambda_1 + p_2\lambda_2 = 0$$
geben, in der p_1 und p_2 beide nichtnegativ sind. Besteht also eine Relation $\nu_1\lambda_1 + \nu_2\lambda_2 - \lambda_1 = 0$, in der ν_1 und ν_2 nichtnegativ sind und $\nu_1 + \nu_2 \geq 2$ ist, so muß $\nu_1 = 0$ sein. Dann ist also

(15) $$\lambda_1 = \nu_2\lambda_2 \qquad (\nu_2 \geq 2)$$

und man sieht, daß es nicht mehr als eine einzige Relation
$$\nu_1\lambda_1 + \nu_2\lambda_2 - \lambda_1 = 0$$
gibt und daß diese die Form (15) hat.

Stellen wir die gleichen Betrachtungen bei (5) an, so werden wir auf Relationen
$$\lambda_1\nu_1 + \lambda_2\nu_2 = \lambda_2 \qquad (\nu_1 + \nu_2 \geq 2)$$
geführt und sehen, daß es nicht mehr als eine geben kann und daß diese dann notwendig von der Form

(16) $$\lambda_2 = \nu_1\lambda_1 \qquad (\nu_1 \geq 2)$$

ist. Vergleicht man (15) und (16), so sieht man, daß man höchstens bei einer der beiden Gleichungen (4) oder (5) auf eine Relation (15) oder (16) stoßen kann. Nehmen wir an, bei (12) käme keine solche Relation vor, so können wir hier $\varphi \equiv 0$ nehmen und erhalten durch unsere Überlegung — sowie die Konvergenz bewiesen ist — eine Lösung u_1 von (4). Stoßen wir auch bei (5) auf keine Relation, so können wir auch dort $\varphi \equiv 0$ nehmen und finden ein Integral von (5), kommt aber eine Relation (16) vor, so können wir
$$\varphi = K u_1^{\nu_1}$$
nehmen und dann K so bestimmen, daß die zu (14) analogen Gleichungen
$$(\lambda_1\nu_1 + \lambda_2\nu_2 - \lambda_2) C_{\nu_1\nu_2} = R_{\nu_1\nu_2} + \varphi_{\nu_1\nu_2}$$
stets lösbar sind. Dazu genügt es, wenn

(17) $$\lambda_2 = \mu\lambda_1 \qquad (\mu \geq 2 \text{ ganzzahlig})$$

die Relation ist,
$$R_{\mu 0} + K = 0$$
zu nehmen, also $\varphi = -R_{\mu 0} u_1^\mu$ zu setzen.

In dem Falle, wo eine Relation (17) besteht, ist $u_2 = u_1^\mu$ eine Lösung von (5), wenn u_1 eine Lösung von (4) ist. Man setze nur u_1 in (4) ein und multipliziere mit $u_1^{\mu-1}$.

Aus
$$P_1 \dfrac{\partial u_1^\mu}{\partial x_1} + P_2 \dfrac{\partial u_1^\mu}{\partial x_2} = \lambda_2 u_1^\mu$$

und
$$P_1\frac{\partial u_2}{\partial x_1} + P_2\frac{\partial u_2}{\partial x_2} = \lambda_2 u_2$$
aber folgt, daß

(18) $$u = u_1^\mu - u_2$$

der Gleichung (3) genügt. In dem Falle, wo man weder bei (4) noch bei (5) auf eine Relation stößt, ist

(19) $$u = \frac{u_2^{\frac{1}{\lambda_2}}}{u_1^{\frac{1}{\lambda_1}}}$$

eine Lösung von (3). Daher werden die Lösungen von (1) entweder durch
$$u_2^{\frac{1}{\lambda_2}} - C u_1^{\frac{1}{\lambda_1}} = 0$$
oder durch
$$u_1^\mu - u_2 = C$$
in einer genügend kleinen Umgebung von $x_1 = x_2 = 0$ dargestellt.

Alles kommt also nun schließlich auf den Nachweis an, daß die Reihen, auf die wir geführt wurden, in einer gewissen Umgebung von $x_1 = x_2 = 0$ gleichmäßig konvergieren.

Ich gebe zunächst noch einmal den zu beweisenden Konvergenzsatz an.

Es werden Zahlen $C_{\nu_1 \nu_2}$ rekurrent aus den Gleichungen

(20) $$(\lambda_1 \nu_1 + \lambda_2 \nu_2 - \lambda_k) C_{\nu_1 \nu_2} = R_{\nu_1 \nu_2} + \varphi_{\nu_1 \nu_2} \quad (\nu_1 + \nu_2 \geq 2)$$

bestimmt. Dabei sind die $R_{\nu_1 \nu_2}$ bekannte ganze rationale Funktionen der $C_{\mu_1 \mu_2}$ und $\mu_1 + \mu_2 < \nu_1 + \nu_2$ und $\sum \varphi_{\nu_1 \nu_2} x_1^{\nu_1} x_2^{\nu_2}$ ist eine in der Umgebung von $x_1 = x_2 = 0$ gleichmäßig konvergente Reihe, über deren Bestimmung vorhin das Nähere gesagt wurde. k ist 1 oder 2. Es gibt eine oder keine Wahl der ν_1, ν_2, so daß
$$\lambda_1 \nu_1 + \lambda_2 \nu_2 - \lambda_k = 0$$
ist. Wird das aber Null, so wird auch die rechte Seite von (20) Null und wir setzen $C_{\nu_1 \nu_2} = 0$. Zu zeigen ist, daß
$$x_k + \sum_{\nu_1 + \nu_2 = 2}^\infty C_{\nu_1 \nu_2} x_1^{\nu_1} x_2^{\nu_2}$$
in der Umgebung von $x_1 = x_2 = 0$ gleichmäßig konvergiert.

Besteht keine Relation
$$\nu_1 \lambda_1 + \nu_2 \lambda_2 - \lambda_k = 0,$$
so gibt es eine Zahl $\varepsilon > 0$, so daß

(21) $$\left|\frac{\nu_1 \lambda_1 + \nu_2 \lambda_2 - \lambda_k}{\nu_1 + \nu_2 - 1}\right| > \varepsilon > 0$$

Die Diff.-Gleich. $\frac{dw}{dz} = \frac{Cz + Dw + \mathfrak{P}_2(z,w)}{Az + Bw + \mathfrak{P}_1(z,w)}$ in der Umgebung von $z = w = 0$.

für $\nu_1 + \nu_2 \geqq 2$. Schreibt man nämlich diesen Ausdruck in der Form

$$\alpha = \frac{\dfrac{\lambda_1 \nu_1 + \nu_2 \lambda_2}{\nu_1 + \nu_2} - \dfrac{\lambda_k}{\nu_1 + \nu_2}}{1 - \dfrac{1}{\nu_1 + \nu_2}},$$

so sieht man, daß der Punkt α der komplexen Ebene für wachsende $\nu_1 + \nu_2$ sich unbegrenzt einem Punkt der Strecke nähert, die λ_1 mit λ_2 verbindet, und die also der eingangs genannten Halbebene angehört. Da aber der Zähler nie verschwindet, so folgt daraus die Existenz von ε. Besteht aber eine Relation

$$\nu_1 \lambda_1 + \nu_2 \lambda_2 - \lambda_k = 0,$$

bei der $\nu_1 + \nu_2 = \mu$ ist, so gilt (21) für alle $\nu_1 + \nu_2 > \mu$.

Zum Konvergenzbeweis bedienen wir uns der sogenannten Majorantenmethode, indem wir die $C_{\nu_1 \nu_2}$ mit gewissen Zahlen $C^*_{\nu_1 \nu_2}$ vergleichen, die wir jetzt erklären wollen. Wir betrachten die Funktionen P_1^* und P_2^*, die aus P_1 und P_2 dadurch hervorgehen, daß man jeden Koeffizienten durch seinen absoluten Betrag ersetzt. Die $R^*_{\nu_1 \nu_2}$ seien aus den $C^*_{\mu_1 \mu_2}$ und den Koeffizienten der P_1^* und P_2^* ebenso gebildet, wie $R_{\nu_1 \nu_2}$ aus den $C_{\mu_1 \mu_2}$ und den Koeffizienten der P_1 und P_2. Für $\nu_1 + \nu_2 \leqq \mu$ setze man

$$C^*_{\nu_1 \nu_2} = |C_{\nu_1 \nu_2}|$$

und für $\nu_1 + \nu_2 > \mu$ bestimme man die $C^*_{\nu_1 \nu_2}$ rekurrent aus

(22) $$\varepsilon(\nu_1 + \nu_2 - 1) C^*_{\nu_1 \nu_2} = R^*_{\nu_1 \nu_2} + |\varphi_{\nu_1 \nu_2}|.$$

Dann ist

$$C^*_{\nu_1 \nu_2} \geqq |C_{\nu_1 \nu_2}|.$$

Wir betrachten dann die Reihe

$$F^* = x_k + \sum_{\nu_1 + \nu_2 = 2}^{\infty} C^*_{\nu_1 \nu_2} x_1^{\nu_1} x_2^{\nu_2},$$

setzen $\mathfrak{P}_1^*$, $\mathfrak{P}_2^*$ für die Potenzreihen mit Koeffizienten, die absolute Beträge der Koeffizienten von $\mathfrak{P}_1$ und $\mathfrak{P}_2$ sind, und haben dann analog zu (10') die formal richtige Gleichung

(23) $$\mathfrak{P}_1^* \frac{\partial F^*}{\partial x_1} + \mathfrak{P}_2^* \frac{\partial F^*}{\partial x_2} = \sum_{\nu_1 + \nu_2 = 2}^{\infty} R^*_{\nu_1 \nu_2} x_1^{\nu_1} x_2^{\nu_2}.$$

Formal richtig, d. h. die Koeffizienten gleicher $x_1^{\nu_1} x_2^{\nu_2}$ auf beiden Seiten stimmen überein. Die Relation (22) ist die Grundlage der Konvergenzbetrachtungen. Es mögen $\mathfrak{P}_1$ und $\mathfrak{P}_2$ sowie φ für $|x_1| \leqq r$, $|x_2| \leqq r$ absolut konvergieren. Dann sei $0 \leqq t \leqq r$ eine reelle Variable. Ich schreibe

$$F^*_\varrho = x_k + \sum_{\nu_1 + \nu_2 = 2}^{\varrho} C^*_{\nu_1 \nu_2} x_1^{\nu_1} x_2^{\nu_2},$$

setze darin $x_1 = x_2 = t$ und untersuche

$$F^*_{\varrho+1} - F^*_\varrho = t^{\varrho+1} \sum_{\nu_1+\nu_2=\varrho+1} C^*_{\nu_1\nu_2}.$$

Wegen (22) ist für $\varrho > \mu$ und $\nu_1 + \nu_2 = \varrho + 1$

$$\varrho \varepsilon \sum C^*_{\nu_1\nu_2} = \sum R^*_{\nu_1\nu_2} + \sum |\varphi_{\nu_1\nu_2}| \qquad (\nu_1 + \nu_2 = \varrho + 1).$$

Nach (23) aber ist[1] für positive x_1, x_2

$$\sum_{\nu_1+\nu_2=\varrho+1} R^*_{\nu_1\nu_2} x_1^{\nu_1} x_2^{\nu_2} = \left[\mathfrak{P}^*_1 \frac{\partial F^*}{\partial x_1} + \mathfrak{P}^*_2 \frac{\partial F^*}{\partial x_2}\right]_{\varrho+1} = \left[\mathfrak{P}^*_1 \frac{\partial F^*_\varrho}{\partial x_1} + \mathfrak{P}^*_2 \frac{\partial F^*_\varrho}{\partial x_2}\right]_{\varrho+1}$$

$$\leqq \mathfrak{P}^*_1 \frac{\partial F^*_\varrho}{\partial x_1} + \mathfrak{P}^*_2 \frac{\partial F^*_\varrho}{\partial x_2}.$$

Also wird insbesondere für $x_1 = x_2 = r$

$$r^{\varrho+1} \sum_{\nu_1+\nu_2=\varrho+1} R^*_{\nu_1\nu_2} \leqq \left[\mathfrak{P}^*_1 \frac{\partial F^*_\varrho}{\partial x_1} + \mathfrak{P}^*_2 \frac{\partial F^*_\varrho}{\partial x_2}\right]_{x_1=x_2=r}.$$

Nun sei für $x_1 = x_2 = r$

$$|\mathfrak{P}^*_1| < M, |\mathfrak{P}^*_2| < M, F^*_\varrho = M_\varrho.$$

Dann findet man durch Differenzieren, weil alle Koeffizienten von F^*_ϱ positiv sind

$$\left|\frac{\partial F^*_\varrho}{\partial x_k}\right|_{x_1=x_2=r} < \frac{\varrho M_\varrho}{r} \qquad (k = 1, 2).$$

Dann ist

$$\sum_{\nu_1+\nu_2=\varrho+1} R^*_{\nu_1\nu_2} < \frac{2 M \cdot M_\varrho \cdot \varrho}{r^{\varrho+1} \cdot r}.$$

Daher wird

$$\sum_{\nu_1+\nu_2=\varrho+1} C^*_{\nu_1\nu_2} < \frac{2 M M_\varrho}{r \varepsilon r^{\varrho+1}} + \frac{\Phi}{r^{\varrho+1} \cdot \varrho \varepsilon},$$

wenn unter Φ eine geeignete positive Zahl verstanden wird.

So wird

$$0 \leqq F^*_{\varrho+1} - F^*_\varrho < \left(\frac{t}{r}\right)^{\varrho+1} M_\varrho \omega_\varrho,$$

wo

$$\omega_\varrho = \frac{2M}{r\varepsilon} + \frac{\Phi}{M \varrho \varepsilon}$$

gesetzt ist und $0 \leqq t \leqq r$ ist. Für $t = r$ folgt

$$M_{\varrho+1} < M_\varrho (1 + \omega_\varrho).$$

Weiter wird

$$0 \leqq F^*_{\varrho+2} - F^*_{\varrho+1} < \left(\frac{t}{r}\right)^{\varrho+2} M_{\varrho+1} \omega_{\varrho+1} < \omega_{\varrho+1}(1 + \omega_\varrho) M_\varrho \left(\frac{t}{r}\right)^{\varrho+2}.$$

Für $t = r$ wird

$$M_{\varrho+2} < (1 + \omega_\varrho)(1 + \omega_{\varrho+1}) M_\varrho.$$

---

[1] $[f]_{\varrho+1}$ bedeutet die Glieder $(\varrho+1)$-ter Ordnung von f.

Die Diff.-Gleich. $\frac{dw}{dz} = \frac{Cz+Dw+\mathfrak{P}_2(z,w)}{Az+Bw+\mathfrak{P}_1(z,w)}$ in der Umgebung von $z=w=0$.

Allgemein wird

$$0 \leq F^*_{\varrho+k+1} - F^*_{\varrho+k} < \left(\frac{t}{r}\right)^{\varrho+k+1} \omega_{\varrho+k+1}(1+\omega_{\varrho+k}) \ldots (1+\omega_\varrho)$$

$$M_{\varrho+k+1} < (1+\omega_\varrho)(1+\omega_{\varrho+1}) \ldots (1+\omega_{\varrho+k+1}) M_\varrho.$$

Also sind für $x_1 = x_2 = t$ die Glieder der Reihe

$$F^*_\varrho + (F^*_{\varrho+1} - F^*_\varrho) \ldots$$

kleiner als die Glieder der Reihe

$$M_\varrho \left(1 + \omega_\varrho \left(\frac{t}{r}\right)^{\varrho+1} + (1+\omega_\varrho)\omega_{\varrho+1}\left(\frac{t}{r}\right)^{\varrho+2} \ldots \right) \quad (0 \leq t \leq r).$$

Der Quotient zweier aufeinanderfolgender Glieder ist

$$(1+\omega_{\varrho+k})\frac{\omega_{\varrho+k+1}}{\omega_{\varrho+k}}\frac{t}{r}.$$

Für $k \to \infty$ aber konvergiert $w_{\varrho+k}$ gegen $\frac{2M}{r\varepsilon}$. Daher konvergiert unsere Reihe, sobald

$$t < \frac{r}{1+\frac{2M}{r\varepsilon}}$$

ist. Die Reihe

$$x_k + \sum_{\nu_1+\nu_2=2}^{\infty} C_{\nu_1\nu_2} x_1^{\nu_1} x_2^{\nu_2}$$

konvergiert also absolut und gleichmäßig, solange

$$|x_1| < \frac{r}{1+\frac{2M}{r\varepsilon}}, \quad |x_2| < \frac{r}{1+\frac{2M}{r\varepsilon}}$$

bleiben.

Man kann diese Betrachtungen auch auf Systeme ausdehnen. Man vgl. dazu LINDELÖF[1]. Wir haben uns im vorstehenden im wesentlichen an diese Arbeit angeschlossen.

---

[1] Sur la forme des intégrales des équations differentielles au voisinage des points singuliers. Acta soc. Sc. Fenn. Bd. 22. 1897.

Zweiter Abschnitt.

Gewöhnliche Differentialgleichungen zweiter Ordnung.

I. Kapitel.
Die Existenz der Lösungen.

§ 1. Die Methode der sukzessiven Approximationen.

Schon S. 36 wurde gezeigt, wie man die Differentialgleichung

(1) $$y'' = f(x, y, y')$$

als System schreiben kann. Setzt man $y' = z$, so ist (1) äquivalent mit dem System

(2) $$y' = z,$$
$$z' = f(x, y, z).$$

Der S. 34/35 angeführte Existenzsatz liefert dann in Anwendung auf (2) folgenden Existenzsatz für (1)

In einem Bereich B: $|x - x_0| < a$, $|y - y_0| < b$, $|z - y_0'| < c$ *sei* $f(x, y, z)$ *eine stetige Funktion. Es gebe ein M, so daß in B*

(3) $$|f(x, y_1, z_1) - f(x, y_2, z_2)| < M\{|y_1 - y_2| + (z_1 - z_2)\}.$$

Ferner sei[1] *in B*

(4) $$|f(x, y, z)| < M, \quad b > aM.$$

Dann gibt es genau eine samt ihrer ersten Ableitung in $|x - x_0| < a$ *stetige Funktion* $y(x)$, *für die*

$$y(x_0) = y_0, \quad y'(x_0) = y_0'$$

ist.

Man kann geometrisch den Sachverhalt auch so aussprechen: Ein gewisser Bereich der x-y-Ebene ist vorgelegt; jedem Punkt sind gewisse zulässige Tangenten zugeordnet. Das Wertetripel x, y, y', wo x, y einem Bereichpunkt, y' einer zulässigen Tangente in diesem

---

[1] Die Annahme (3) entfällt wieder, wenn B so erklärt ist: $|x - x_0| < a$, y und z beliebig. Dies trifft also z. B. für alle linearen Differentialgleichungen zweiter Ordnung zu.

Punkt zugehören, werde als Koordinatentripel eines Punktes des dreidimensionalen Bereiches aufgefaßt. Diese Punkte machen einen Bereich aus, in dem $f(x, y, y')$ eindeutig und stetig erklärt ist und stetige Ableitungen $\frac{\partial f}{\partial y}$, $\frac{\partial f}{\partial y'}$ besitzt. *Dann geht durch jeden Bereichpunkt der x-y-Ebene in jeder zulässigen Richtung genau eine Lösung.*

Auch die früher bewiesenen Sätze über die stetige Abhängigkeit der Lösungen von den Anfangsbedingungen und vom Parameter lassen sich ohne weiteres übertragen.

§ 2. Geometrische Veranschaulichung.

Ähnlich wie Differentialgleichungen erster Ordnung kann man auch Differentialgleichungen zweiter Ordnung geometrisch veranschaulichen. Jeder Gleichung zweiter Ordnung entspricht ein *Krümmungsfeld*. Denn die Gleichung ordnet jedem Linienelement x, y, y' den Wert $f(x, y, y')$ für die zweite Ableitung y'' zu. Dadurch ist aber der Krümmungskreis der Integralkurve bestimmt. Die Differentialgeometrie lehrt ja, daß

$$r = \left| \frac{\sqrt{1 + y'^2}^3}{y''} \right|$$

$$\xi = x - \frac{1 + y'^2}{y''} y'$$

$$\eta = y + \frac{1 + y'^2}{y''}$$

den Krümmungsradius und den Krümmungsmittelpunkt festlegen. Man kann sich hiernach näherungsweise die Konstruktion einer Integralkurve so denken: Man fixiere zunächst das Anfangselement, also Anfangspunkt und Anfangsrichtung. Alsdann bestimme man den zugehörigen Krümmungskreis und gehe auf demselben ein Stück weiter. Man halte an und bestimme zu der letzten Kreisrichtung den neuen zugehörigen Krümmungskreis und gehe auf diesem ein Stück weiter usw.

Man hat also nun nicht mehr nur eine Anfangsbedingung nötig, um eine Lösung festzulegen, sondern deren zwei. Es genügt nicht, den Anfangspunkt zu kennen, es muß auch die Anfangsrichtung in diesem Punkt gegeben sein, um die Lösung festzulegen. Die Lösungen bilden also eine zweiparametrige Schar von Kurven. Als Parameter können die zu einer bestimmten Abszisse x gehörigen Ordinaten und ersten Ableitungen angesehen werden.

Man überzeugt sich leicht, daß auch umgekehrt jede zweiparametrige Kurvenschar unter den nötigen Differenzierbarkeitsbedingungen als Lösungsschar einer Differentialgleichung 2. Ordnung aufgefaßt werden kann. Denn aus der Schargleichung

$$\varphi(x, y, a, b) = 0$$

und den abgeleiteten Gleichungen
$$\varphi_x + \varphi_y y' = 0,$$
$$\varphi_{xx} + 2\varphi_{xy} y' + \varphi_{yy} y'^2 + \varphi_y y'' = 0$$

wird man im allgemeinen a und b eliminieren können und dadurch eine Differentialgleichung 2. Ordnung erhalten.

Eine hübsche Bemerkung ist es, daß man die vorhin gegebene geometrische Deutung manchmal zur vollen Integration einer Differentialgleichung ausbeuten kann. Ich will das am Beispiel
$$y'' = 2\frac{(1 + y'^2)(xy' - y)}{x^2 + y^2}$$

kurz darlegen. Man findet für den zum Linienelement x_0, y_0, y_0' gehörigen Krümmungsmittelpunkt die Koordinaten
$$\xi = \frac{(x_0^2 - y_0^2) y_0' - 2 x_0 y_0}{2(x_0 y_0' - y_0)},$$
$$\eta = \frac{x_0^2 - y_0^2 + 2 x_0 y_0 y_0'}{2(x_0 y_0' - y_0)}.$$

Für variables y_0' hat man hier bei festem x_0, y_0 den Ort der Krümmungsmittelpunkte aller zum Punkt x_0, y_0 gehörigen Linienelemente. Es ist die gerade Linie
$$2\xi x_0 + 2\eta y_0 = x_0^2 + y_0^2.$$

Sie ist die Mittelsenkrechte der Strecke vom Ursprung nach dem Punkt x_0, y_0. Daher sind die Krümmungskreise die Kreise durch den Ursprung und durch x_0, y_0. Da für jedes Linienelement eines solchen Kreises die gleiche Konstruktion gilt, so besteht er aus lauter Krümmungselementen der Differentialgleichung, und daher ist jeder dieser Kreise eine Integralkurve. So erkennt man, daß die Integralkurven aus der Gesamtheit der Kreise durch den Ursprung bestehen. Ihre Gleichung ist
$$(x - a)^2 + (y - b)^2 = a^2 + b^2.$$

Man verifiziert leicht nachträglich durch Rechnung die Richtigkeit dieses Resultates.

Nun zu den Systemen von zwei Gleichungen mit zwei unbekannten Funktionen. Seien also die rechten Seiten des Systems
$$\frac{dy}{dx} = \varphi(x, y, z), \qquad \frac{dz}{dx} = \psi(x, y, z)$$

in einem Bereich eindeutig, stetig und stetig differenzierbar erklärt. Jedem Punkt ist dann eine Gerade zugeordnet und die Integrale sind geometrisch als Raumkurven zu deuten, die in jedem Punkt die dort vorgeschriebene Gerade berühren. Die Grund- und Aufrißmethode der darstellenden Geometrie gibt leicht die Mittel zur näherungsweisen Konstruktion der Integralkurven an die Hand: Man geht vom Anfangspunkt aus ein Stückchen auf der dort vorgeschriebenen Geraden weiter, im so erreichten Punkt geht man zu der dort vorgeschriebenen Tangente über und verfolgt sie ein Stückchen usw.

Will man im Reellen — nur davon ist bei diesen Konstruktionen die Rede — die Genauigkeit dieser Näherungen prüfen, so muß man sich wieder an die Darlegungen des vorigen Paragraphen erinnern. Denn betrachten wir z. B. noch einmal die Gleichungen 2. Ordnung. Unsere Näherungsmethode läuft dann darauf hinaus, längs der einzelnen Kreisbogen des zur Näherung benutzten Kreisbogenpolygons y'' konstant zu nehmen. Kennt man also die Schwankung von $f(x, y, z)$ längs des Polygons, so läuft unsere Näherung darauf hinaus, das gegebene System

$$\frac{dz}{dx} = f(x, y, z), \qquad \frac{dy}{dx} = z$$

durch ein System

$$\frac{dz}{dx} = f(x, y, z) + A(x, y, z),$$

$$\frac{dy}{dx} = z$$

zu ersetzen, in dem $A(x, y, z)$ dem Betrag nach nicht größer ist als die erwähnte Maximalschwankung. Daher kann man wie S. 39 ff. an Hand der Methode der sukzessiven Approximationen die Güte der Näherung abschätzen.

Ähnlich kann man bei der für Systeme angegebenen Näherung vorgehen. Hier sind die Näherungen geradlinige Polygone des x-y-z-Raumes und längs jeder Polygonseite nehmen wir statt des vorgeschriebenen Feldes die durch die Polygonseiten bestimmten Konstanten $\frac{dy}{dx}$ und $\frac{dz}{dx}$. Für das Näherungsfeld gilt also

$$\frac{dy}{dx} = \varphi(x, y, z) + A(x, y, z),$$

$$\frac{dz}{dx} = \psi(x, y, z) + B(x, y, z).$$

Hier können A und B dem Betrag nach die Schwankung der Funktionen φ und ψ längs der Seiten des Näherungspolygons nicht übertreffen. Damit werden die früheren Methoden wieder anwendbar, um den Unterschied zwischen Lösung und Näherung abzuschätzen.

II. Kapitel.

Elementare Integrationsmethoden.

§ 1. Einige Typen von Differentialgleichungen.

Bei der Gleichung

$$y'' = f(y)$$

ermöglicht ein kleiner Kunstgriff leicht die Integration. Multipliziert man nämlich die Gleichung mit y', so hat man
$$y'y'' = y' f(y).$$
Integriert man beide Seiten nach x, so erhält man
$$\tfrac{1}{2} y'^2 = \int f(y)\,dy + h$$
und das ist dann eine durch Trennung der Variablen zu behandelnde Differentialgleichung 1. Ordnung.

Auch

(1) $$y'' = f(y')$$

läßt sich elementar integrieren. Man führt $y' = p$ als neue unbekannte Funktion ein und reduziert damit die Gleichung auf eine der 1. Ordnung:
$$p' = f(p).$$
Das liefert sofort

(2) $$x = \int \frac{dp}{f(p)}.$$

Um nun aber weiter zu integrieren, müßte man erst nach p auflösen. Daher ist es besser, p als Parameter aufzufassen. Dann hat man ja durch (2) schon x in Parameterdarstellung. Um das noch fehlende y zu bekommen, geht man von
$$\frac{dy}{dp} = \frac{dy}{dx} \cdot \frac{dx}{dp} = p \cdot \frac{1}{f(p)}$$
aus und findet

(3) $$y = \int \frac{p}{f(p)}\,dp.$$

(2) und (3) stellen, wie man leicht verifiziert, in jedem Stetigkeitsintervall von $f(p)$, in dem $f(p) \neq 0$ ist, eine Lösung von (1) dar.

Auch die allgemeineren Gleichungen
$$f(x, y', y'') = 0$$
werden durch die Einführung von $y' = p$ sofort auf Gleichungen 1. Ordnung zurückgeführt:
$$f(x, p, p') = 0.$$
An
$$f(y'', y', y) = 0$$
kommt man durch Vertauschung von x und y heran. Dadurch wird die Gleichung zu
$$f\left(\frac{-x''}{(x')^3}, \frac{1}{x'}, y\right) = 0,$$
ein Typus, von dem gerade die Rede war.

Bei
$$f\left(x, \frac{y'}{y}, \frac{y''}{y}\right) = 0$$

§ 2. Die Differentialgleichung der Kettenlinie.

führt der Ansatz
$$\frac{y'}{y} = u$$
zum Ziel. Man hat dann
$$y' = uy,$$
$$y'' = uy' + u'y = u'y + u^2 y.$$
Trägt man dies in die Gleichung ein, so wird sie
$$f(x, u, u^2 + u') = 0.$$
Diese letzte Gleichung zusammen mit
$$y' = uy$$
ist mit der gegebenen Gleichung gleichwertig.

§ 2. Die Differentialgleichung der Kettenlinie.

Diese Differentialgleichung gehört zwar zu den schon im vorigen Paragraphen behandelten Typen. Wir wollen aber an ihrem Beispiel erkennen, daß es häufig schwieriger ist, die Integrationskonstanten so zu bestimmen, daß den gegebenen Anfangsbedingungen genügt wird, als alle Lösungen der Differentialgleichung zu finden. Gerade solche Fragen stehen bei den Gleichungen zweiter Ordnung im Vordergrund des Interesses. Es ist nur ein ganz spezieller Fall der Randwertaufgaben, d. i. der Bestimmung der Integrationskonstanten aus gegebenen Bedingungen, wenn man diejenige Lösung verlangt, welche für $x = x_0$ den Wert y_0 und deren Ableitung daselbst den Wert y_0' annimmt. Bei der Aufgabe der Kettenlinie handelt es sich darum, die Gestalt eines Seiles von gegebener Länge zu bestimmen, das zwischen zwei gegebenen Punkten aufgespannt ist. In mathematischer Formulierung besagt dies: man soll diejenige Lösung von

$$y'' = \lambda \sqrt{1 + y'^2}$$

finden[1], welche für $x = x_0$ den Wert y_0 und für $x = x_1$ den Wert y_1 hat und deren zwischen diesen beiden Punkten (x_0, y_0) und (x_1, y_1) gelegener Bogen die Länge L hat. Es scheint auffällig, daß man drei Bedingungen an die zwei Integrationskonstanten stellen kann. Man sollte meinen, daß die beiden Bedingungen, die darin liegen, daß die Kettenlinie durch zwei gegebene Punkte gehen soll, schon zur Bestimmung der beiden Integrationskonstanten ausreichten. Wie sich dieser scheinbare Widerspruch aufklärt, wird sich bald zeigen[2]. Trägt man $y' = p$ in die Gleichung ein, so hat man

$$p' = \lambda \sqrt{1 + p^2}$$

---

[1] λ ist eine Konstante.
[2] Es liegt daran, daß λ auch von der Länge L der Kette abhängt.

zu integrieren. Das liefert[1]
$$x = \frac{1}{\lambda}\operatorname{Ar}\mathfrak{Sin} p + h_1.$$
Daraus folgt
$$y' = p = \mathfrak{Sin}(x - h_1)\lambda.$$
Nochmalige Integration liefert
$$y = \frac{1}{\lambda}\mathfrak{Cof}(x - h_1)\lambda + h_2.$$
Nun wird die Länge des Kettenlinienstückes zwischen x_0 und x_1
$$L = \int_{x_0}^{x_1}\sqrt{1+y'^2}\,dx = \frac{1}{\lambda}\int_{x_0}^{x_1}y''\,dx = \frac{1}{\lambda}(\mathfrak{Sin}(x_1-h_1)\lambda - \mathfrak{Sin}(x_0-h_1)\lambda)$$
$$= \frac{2}{\lambda}\mathfrak{Cof}\left(\frac{x_0+x_1-2h_1}{2}\lambda\right)\mathfrak{Sin}\left(\frac{x_1-x_0}{2}\lambda\right).$$
Also haben wir die Bedingung

(1) $$L = \frac{2}{\lambda}\mathfrak{Cof}\left(\frac{x_0+x_1-2h_1}{2}\lambda\right)\mathfrak{Sin}\left(\frac{x_1-x_0}{2}\lambda\right).$$

Ferner aber haben wir die beiden „Randbedingungen" für Intervallanfang und -ende:
$$y_0 = \frac{1}{\lambda}\mathfrak{Cof}(x_0 - h_1)\lambda + h_2,$$
$$y_1 = \frac{1}{\lambda}\mathfrak{Cof}(x_1 - h_1)\lambda + h_2.$$

---

[1] Dabei ist in bekannter Weise der hyperbolische Kosinus durch
$$\mathfrak{Cof} x = \frac{e^x + e^{-x}}{2} = \cos i x \qquad (i = \sqrt{-1}),$$
der hyperbolische Sinus durch
$$\mathfrak{Sin} x = \frac{e^x - e^{-x}}{2} = -i \sin i x$$
erklärt. Daraus ergibt sich
$$\frac{d\mathfrak{Cof} x}{dx} = \mathfrak{Sin} x \quad \text{und} \quad \frac{d\mathfrak{Sin} x}{dx} = \mathfrak{Cof} x$$
und
$$\mathfrak{Cof}^2 x - \mathfrak{Sin}^2 x = 1.$$
Die Umkehrungsfunktionen sind
$$\operatorname{Ar}\mathfrak{Cof} x \quad \text{und} \quad \operatorname{Ar}\mathfrak{Sin} x.$$
Für sie findet man in bekannter Weise
$$\frac{d\operatorname{Ar}\mathfrak{Cof} x}{dx} = \frac{1}{\sqrt{x^2-1}} \quad \text{und} \quad \frac{d\operatorname{Ar}\mathfrak{Sin} x}{dx} = \frac{1}{\sqrt{1+x^2}}.$$
Mit Hilfe der oben angegebenen Beziehungen zu den trigonometrischen Funktionen lassen sich leicht die goniometrischen Formeln übertragen, die wir im Text zum Teil benutzen werden.

§ 2. Die Differentialgleichung der Kettenlinie.

Subtraktion beider liefert

(2) $$y_1 - y_0 = \frac{2}{\lambda} \sinh\left(\frac{x_0 + x_1 - 2h_1}{2}\right) \sinh\left(\frac{x_1 - x_0}{2}\lambda\right).$$

Die beiden Bedingungen (1) und (2) müßten also für die eine Integrationskonstante h_1 bestehen. Es erscheint ausgeschlossen, daß man h_1 diesen beiden Forderungen gemäß wählen kann. Vielmehr muß man auch noch den Koeffizienten λ der Differentialgleichung als unbestimmt ansehen. Dann wird sich zeigen, daß man h_1 und λ so wählen kann, daß die beiden Gleichungen (1) und (2) erfüllt sind. Das hat physikalisch einen wohl bestimmten Sinn, denn der Koeffizient λ ist gleich dem Quotienten aus dem Gewicht der Ketteneinheit und der Horizontalkomponente der Kettenspannung. Diese letztere hängt aber von der Kettenlänge, und damit von den Randbedingungen ab in einer Art und Weise, die eben erst nach Integration der Differentialgleichung in der nun gleich anzugebenden Weise ausfindig gemacht werden kann. Ich eliminiere zunächst h_1 aus (1) und (2), indem ich beide quadriere und subtrahiere. Das liefert

$$L^2 - (y_1 - y_0)^2 = \frac{4}{\lambda^2} \sinh^2\left(\frac{x_1 - x_0}{2}\lambda\right)$$

oder

$$\frac{\sinh \frac{x_1 - x_0}{2}\lambda}{\frac{x_1 - x_0}{2}\lambda} = \frac{\sqrt{L^2 - (y_1 - y_0)^2}}{x_1 - x_0}.$$

Setze ich

$$\frac{x_1 - x_0}{2}\lambda = \xi \quad \text{und} \quad \frac{\sqrt{L^2 - (y_1 - y_0)^2}}{x_1 - x_0} = \alpha,$$

so habe ich die Gleichung

$$\frac{\sinh \xi}{\xi} = \alpha$$

nach ξ aufzulösen. Das liefert mir den Wert von λ. Die Auflösung geschieht graphisch oder mit Hilfe einer hyperbolischen Sinustafel[1].

Man sieht sofort, daß das wegen $x_1 > x_0$ und nach der physikalischen Bedeutung von λ notwendig positive ξ durch α eindeutig bestimmt ist. Somit ist auch der Parameter λ durch die Seillänge und die Intervallänge eindeutig festgelegt. Kennt man erst einmal λ, so bietet ersichtlich die Bestimmung zunächst von h_1 aus (2) und dann von h_2 mit Hilfe von Tafeln keine wesentlichen Schwierigkeiten. Es mag auffallen, daß nur für $\alpha > 1$ sich Gerade $\eta = \alpha \xi$ und Sinuskurve $\eta = \sinh \xi$ außerhalb des Nullpunktes schneiden, denn diese geht unter 45 Grad durch den Nullpunkt. Der innere Grund hierfür liegt darin, daß doch sicher die Seillänge größer sein muß als der Abstand der

---

[1] Z. B. JAHNKE-EMDE: Funktionentafeln mit Formeln und Kurven. Leipzig 1909.

beiden durch das Seil zu verbindenden Punkte. Der Quotient beider Längen ist aber gerade α.

Man überzeugt sich übrigens leicht durch geometrische Betrachtungen, daß für jeden Wert des Parameters λ genau eine Kettenlinie von passender Länge durch die beiden gegebenen Punkte geht. Denn alle Kettenlinien gehen, wie ein Blick auf ihre Gleichung zeigt, bei festem λ durch Parallelverschiebungen auseinander hervor. Man erhält also alle Lösungen durch einen der beiden Punkte, wenn man eine Kettenlinie an diesem Punkt entlang schiebt. Dann nimmt sie aber ein einziges Mal eine Lage an, bei der sie auch durch den anderen Punkt geht.

§ 3. Lineare Differentialgleichungen.

1. Existenzsatz. Eine lineare gewöhnliche Differentialgleichung zweiter Ordnung hat die Form

(1) $$p_0(x) y'' + p_1(x) y' + p_2(x) y + p_3(x) = 0.$$

Sie heißt *inhomogen*, wenn $p_3(x)$ nicht für alle in Betracht gezogenen x verschwindet. Sie heißt homogen, wenn $p_3(x)$ identisch Null ist. Eine homogene Gleichung hat also die Form

(2) $$p_0(x) y'' + p_1(x) y' + p_2(x) y = 0.$$

Wir setzen voraus, daß die Funktionen $p_i(x)$ in einem Intervall $a \leq x \leq b$ stetig seien, und daß in diesem Intervall $p_0(x)$ überdies nirgends verschwinde. Dann ist der *Existenzsatz* von § 1 anwendbar. Die dort vorgetragene Methode lehrt, daß *es genau eine Lösung von* (1) *gibt, die an einer Stelle x_0 des Intervalles einen gegebenen Wert y_0, und deren Ableitung daselbst einen gegebenen Wert y_0' hat. Überdies ist diese Lösung samt ihren Ableitungen erster und zweiter Ordnung im ganzen Intervall stetig.*

2. Die Gesamtheit der Lösungen. *Sind $y_1(x)$ und $y_2(x)$ irgend zwei Lösungen einer linearen homogenen Differentialgleichung* (2) *und sind c_1 und c_2 zwei Konstanten, so ist auch*

$$y = c_1 y_1(x) + c_2 y_2(x)$$

eine Lösung von (2).

Setzt man nämlich zur Abkürzung

(3) $$L(y) \equiv p_0 y'' + p_1 y' + p_2 y,$$

so ist

$$L(y) = c_1 L(y_1) + c_2 L(y_2),$$

wie man sofort nachrechnet. Aus $L(y_1) = L(y_2) = 0$ folgt daher $L(y) = 0$.

§ 3. Lineare Differentialgleichungen.

3. Linear abhängig und linear unabhängig. Zwei Lösungen y_1 und y_2 von (2) heißen *linear abhängig*, wenn man die beiden Konstanten c_1 und c_2 so wählen kann, daß

(4) $$c_1 y_1 + c_2 y_2 = 0$$

ist für alle x, ohne daß c_1 und c_2 beide verschwinden. Gibt es kein solches Konstantenpaar, so heißen die Lösungen *linear unabhängig*. Sind zwei Lösungen linear abhängig, so folgt aus (4), daß ihr Quotient konstant ist. Dann ist mit (4) auch

(5) $$c_1 y_1' + c_2 y_2' = 0$$

erfüllt, ohne daß c_1 und c_2 beide verschwinden. Daher ist die Determinante beider Gleichungen (4) und (5) Null. D. h. es ist für zwei linear abhängige Lösungen

(6) $$y_1 y_2' - y_2 y_1' = 0$$

für alle x. Umgekehrt folgt aus (6), daß y_1 und y_2 linear abhängig sind. Ist $y_1 = 0$ für alle x, so ist dies gewiß richtig, da dann

$$c_1 y_1 + 0 y_2 = 0$$

ist für beliebige c_1. Ist y_1 nicht für alle x Null, so ist z. B.

$$y_1(x_0) \neq 0.$$

Dann setze man an

(7) $$y_2(x) = \frac{y_2(x_0)}{y_1(x_0)} y_1(x) + d(x).$$

Trägt man dies in (6) ein, so folgt

(8) $$y_1 d' - d y_1' = 0,$$

also eine lineare homogene Differentialgleichung erster Ordnung für d. Da nun aber $d(x_0) = 0$ ist, so ist $d = 0$ für alle x. Denn (8) besitzt nur diese eine Lösung, die für $x = x_0$ den gegebenen Wert 0 hat. Aus (7) folgt also

$$\frac{y_2(x_0)}{y_1(x_0)} y_1(x) - y_2(x) = 0$$

für alle x. Daher sind y_1 und y_2 linear abhängig.

(6) *stellt also die notwendige und hinreichende Bedingung für die lineare Abhängigkeit zweier Lösungen von* (2) *dar.*

Ist y_1 irgendeine Lösung von (2), so ist jedes Multiplum von y_1 linear abhängig von y_1. Ist nämlich

$$y_2 = c y_1 \qquad (c \text{ konstant})$$

ein solches Multiplum, so ist

$$y_2 - c y_1 = 0$$

für alle x.

Ist y_1 festgelegt durch $y_1(x_0) = 0$, $y_1'(x_0) = 1$ und y_2 durch $y_2(x_0) = 1$, $y_2'(x_0) = 0$, so ist
$$y_1(x_0) y_2'(x_0) - y_2(x_0) y_1'(x_0) = -1.$$
Also sind $y_1(x)$ und $y_2(x)$ linear unabhängig.

Ist (6) *nur an einer einzigen Stelle erfüllt, so ist es für alle x erfüllt und die Lösungen y_1 und y_2 sind linear abhängig.* Geht man nämlich von
$$p_0 y_1'' + p_1 y_1' + p_2 y_1 = 0,$$
$$p_0 y_2'' + p_1 y_2' + p_2 y_2 = 0$$
aus und multipliziert die erste Gleichung mit $-y_2$, die zweite mit y_1 und addiert, so kommt
$$p_0(-y_1'' y_2 + y_2'' y_1) + p_1(-y_1' y_2 + y_1 y_2') = 0,$$
d. h.
$$(9) \qquad p_0 \frac{d}{dx}(y_1 y_2' - y_2 y_1') + p_1(y_1 y_2' - y_2 y_1') = 0.$$

Das ist aber eine lineare homogene Differentialgleichung für die linke Seite von (6), und daraus folgt nach einer schon einmal benutzten Schlußweise unsere Behauptung.

4. Je drei Lösungen von (2) sind linear abhängig. D. h.: Sind $y_1(x)$, $y_2(x)$, $y_3(x)$ drei Lösungen von (2), so gibt es drei Zahlen c_1, c_2, c_3, die nicht alle verschwinden, derart, daß
$$c_1 y_1 + c_2 y_2 + c_3 y_3 = 0$$
ist für alle x.

Sind y_1 und y_2 linear abhängig, also z. B.
$$c_1 y_1 + c_2 y_2 = 0$$
für alle x, ohne daß c_1 und c_2 beide verschwinden, so ist
$$c_1 y_1 + c_2 y_2 + 0 y_3 = 0,$$
also unsere Angabe richtig. Sie bleibt für den Fall zu beweisen, daß y_1 und y_2 linear unabhängig sind. Alsdann greife man eine beliebige Stelle x_0 heraus und bestimme die Zahlen c_1 und c_2 so, daß an dieser Stelle
$$y_3(x_0) = c_1 y_1(x_0) + c_2 y_2(x_0),$$
$$y_3'(x_0) = c_1 y_1'(x_0) + c_2 y_2'(x_0)$$
besteht. Dann ist
$$y_4 = c_1 y_1 + c_2 y_2$$
eine Lösung von (2), die bei x_0 mit y_3 übereinstimmt und dieselbe erste Ableitung wie y_3 hat. Sie ist daher nach dem Existenzsatz mit y_3 identisch.

Zwei linear unabhängige Lösungen y_1 und y_2 von (2) nennt man ein *Fundamentalsystem* von (2). Denn nach der eben bewiesenen Tatsache kann man jede andere Lösung von (2) gewinnen, indem man

§ 3. Lineare Differentialgleichungen.

y_1 und y_2 mit passenden Konstanten multipliziert und die Ergebnisse addiert. Man bekommt also alle Lösungen durch lineare Kombination eines Fundamentalsystems.

5. Reduktion auf Gleichungen erster Ordnung. *Kennt man eine nicht identisch verschwindende Lösung von* (2), *so können alle übrigen Lösungen von* (2) *durch Quadraturen gefunden werden.* Ist y_1 eine solche bekannte Lösung von (2), so gilt (9) für jede andere Lösung y_2 von (2). Aus (9) aber folgt[1]

$$(10) \qquad y_1 y_2' - y_2 y_1' = C \cdot \exp\left(-\int_a^x \frac{p_1}{p_0} d\xi\right) \qquad (C \text{ konstant}),$$

und dies ist eine lineare Differentialgleichung erster Ordnung für y_2. Solche haben wir S. 11 durch Quadraturen gelöst.

6. Die adjungierte Differentialgleichung. Die Frage liegt hiernach nahe, ob man nicht in gewissen Fällen eine solche Lösung leicht finden kann. Dies ist z. B. dann der Fall, wenn die linke Seite von (2) die Ableitung eines Differentialausdruckes erster Ordnung ist. Ist z. B.

$$(11) \qquad L(y) = \frac{d}{dx}(L_1(y))$$

so folgt aus
$$L(y) = 0,$$
daß
$$L_1(y) = \text{konst.},$$

d. i. eine lineare Differentialgleichung erster Ordnung für jedes y. Je nach Wahl der Konstanten bekommt man alle y heraus.

Ist (11) nicht unmittelbar erfüllt, so kommt man zum gleichen Ziel, wenn man eine Funktion $z(x)$ kennt, für die

$$z L(y) = \frac{d}{dx}(L_1(y))$$

ist, wo $L_1(y)$ wieder ein Differentialausdruck erster Ordnung ist. Die Bestimmung einer solchen Funktion $z(x)$ gelingt manchmal auf Grund der LAGRANGEschen Identität, wonach

$$z L(y) - y \overline{L}(z) = \frac{d}{dx}(y' p_0 z - (p_0 z)' y + y z p_1)$$

ist, wenn man

$$(12) \qquad \overline{L}(z) = \frac{d^2}{dx^2}(p_0 z) - \frac{d}{dx}(p_1 z) + p_2 z$$

setzt. (12) heißt der zu $L(z)$ *adjungierte Differentialausdruck*. Wählt man z so, daß $\overline{L}(z) = 0$ ist, so wird $z \cdot L(y)$ die erste Ableitung eines Differentialausdrucks erster Ordnung. Unter Umständen kann es ja leicht sein,

---
[1] $\exp(z) = e^z$.

eine Lösung von $L(z) = 0$ anzugeben. Es kommt aber auch vor, daß $\overline{L}(z)$ mit $L(z)$ identisch ist. Man nennt dann $L(z)$ einen *selbstadjungierten* Differentialausdruck. In diesem Falle kommt man wieder auf das zurück, was weiter oben über den Nutzen gesagt war, den man aus der Kenntnis einer speziellen Lösung von $L(y) = 0$ ziehen kann.

Damit
$$\overline{L}(z) \equiv L(z)$$
ist, muß
$$\overline{L}(z) = p_0 z'' + z'(2 p_0' - p_1) + z(p_2 - p_1' + p_0'')$$
mit
$$L(z) = p_0 z'' + z' p_1 + z p_2$$
identisch sein. Dafür ist notwendig und hinreichend, daß $p_1 = p_0'$ ist. Also ist
$$\frac{d}{dx}\left(p_0 \frac{dz}{dx}\right) + p_2 z$$
der allgemeinste selbstadjungierte Differentialausdruck (zweiter Ordnung). Für einen selbstadjungierten Differentialausdruck wird

(13) $$z L(y) - y L(z) = \frac{d}{dx}(p_0(zy' - yz')).$$

Man nennt dies wieder die Identität von LAGRANGE.

7. Die inhomogene Gleichung. *Die Integration der inhomogenen Gleichung* (1) *kann durch die Methode der Variation der Konstanten, auf die der homogenen* (2) *reduziert werden.* Ist $y_1(x)$, $y_2(x)$ ein Fundamentalsystem von (2), so gehe man mit dem Ansatz

(14) $$y = c_1(x) y_1(x) + c_2(x) y_2(x)$$

in die Gleichung (1) hinein. Man hat

(15) $$y' = c_1 y_1' + c_2 y_2',$$

wenn man

(16) $$c_1' y_1 + c_2' y_2 = 0.$$

setzt. Dann wird aus (15)

(17) $$y'' = c_1 y_1'' + c_2 y_2'' - p_3(x),$$

wenn man

(18) $$c_1' y_1' + c_2' y_2' + p_3(x) = 0$$

setzt. Trägt man (14), (15), (17) in (1) ein, so sieht man, daß (1) erfüllt ist. Die Integration von (1) ist also darauf zurückgeführt, $c_1(x)$ und $c_2(x)$ aus (16) und (18) zu ermitteln. Dies liefert

$$c_1(x) = \int_{x_0}^{x} \frac{p_3(\xi) y_2(\xi) d\xi}{y_1(\xi) y_2'(\xi) - y_2(\xi) y_1'(\xi)} + h_1 = d_1(x) + h_1,$$

$$c_2(x) = \int_{x_0}^{x} \frac{p_3(\xi) y_1(\xi) d\xi}{y_2(\xi) y_1'(\xi) - y_1(\xi) y_2'(\xi)} + h_2 = d_2(x) + h_2,$$

wo h_1 und h_2 zwei willkürliche Konstanten sind. Somit ist
$$y = d_1(x) y_1(x) + d_2(x) y_2(x) + h_1 y_1(x) + h_2 y_2(x)$$
die allgemeinste Lösung von (2).

8. Konstante Koeffizienten. Bei linearen Differentialgleichungen (2) mit *konstanten Koeffizienten* reicht das bisher Vorgetragene aus, um durch elementare Rechnung alle Integrale zu finden. Sei

(19) $$y'' + a_1 y' + a_2 y = 0$$

die Differentialgleichung mit konstanten Koeffizienten. Der Ansatz
$$y = e^{rx}$$
führt auf die quadratische Gleichung

(20) $$r^2 + a_1 r + a_2 = 0.$$

Hat dieselbe zwei verschiedene Wurzeln r_1 und r_2, so sind

(21) $$y_1 = e^{r_1 x}, \qquad y_2 = e^{r_2 x}$$

zwei Lösungen von (19), die ein Fundamentalsystem bilden. Damit ist also

(22) $$y = c_1 e^{r_1 x} + c_2 e^{r_2 x}$$

mit konstanten c_1 und c_2 die allgemeinste Lösung.

Sind a_1 und a_2 reelle Zahlen, so wird man Wert darauf legen, auch ein Fundamentalsystem aus reellen Lösungen anzugeben. Sind r_1 und r_2 reell, so sind (21) dazu brauchbar. Anderenfalls sei

$$r_1 = -\frac{a_1}{2} + \frac{i}{2} \sqrt{4a_2 - a_1^2},$$
$$r_2 = -\frac{a_1}{2} - \frac{i}{2} \sqrt{4a_2 - a_1^2}.$$

Dann bilden
$$\frac{e^{r_1 x} + e^{r_2 x}}{2} \quad \text{und} \quad \frac{e^{r_1 x} - e^{r_2 x}}{2i},$$

d. h.

$$e^{-\frac{a_1}{2}x} \cos \frac{x}{2} \sqrt{4a_2 - a_1^2} \quad \text{und} \quad e^{-\frac{a_1}{2}x} \sin \frac{x}{2} \sqrt{4a_2 - a_1^2}$$

ein reelles Fundamentalsystem.

Hat aber (20) eine *Doppelwurzel*, so kennt man aus dem gemachten Ansatz erst eine Lösung

$$e^{-\frac{a_1}{2}x}.$$

Wir haben aber oben Methoden kennengelernt, hieraus alle anderen Lösungen zu ermitteln. Man findet in

$$x e^{-\frac{a_1}{2}x}$$

eine weitere Lösung, so daß dann

$$e^{-\frac{a_1}{2}x}(c_1 + c_2 x)$$

mit konstanten c_1 und c_2 die allgemeinste Lösung wird. Hierauf wird man übrigens auch durch einen Grenzübergang geführt. Denn sind zunächst

$$r_1 \quad \text{und} \quad r_1 + \delta$$

zwei verschiedene Lösungen von (20), so ist stets

(23) $$\frac{e^{(r_1+\delta)x} - e^{r_1 x}}{\delta}$$

eine Lösung von (19). Läßt man $\delta \to 0$ streben, so wird aus (19) eine Differentialgleichung, deren *charakteristische Gleichung* (20) eine Doppelwurzel hat, und aus (23) erhält man in

$$x e^{r_1 x} = x e^{-\frac{a_1}{2}x}$$

eine Lösung von (19).

9. Ein Beispiel. Von Interesse ist folgende spezielle Differentialgleichung:

(24) $$y'' + \lambda y = a \cos b x \quad (\lambda, a, b \text{ sind konstant}).$$

Statt der Durchführung der eben dargelegten allgemeinen Methode erweist sich hier der Ansatz

$$y = \beta \cdot a \cos b x$$

mit konstantem β als zweckmäßiger. Er führt zu der Bedingungsgleichung

$$-\beta b^2 + \lambda \beta = 1$$

für β; so wird

$$y = \frac{a}{\lambda - b^2} \cos b x$$

eine Lösung der inhomogenen Gleichung. Man kann aber dann leicht alle angeben, wenn man nur beachtet, daß die Zufügung irgendeiner Lösung der homogenen Gleichung stets eine neue Lösung der inhomogenen Gleichung liefert und daß die Differenz zweier Lösungen der inhomogenen Gleichung stets eine Lösung der homogenen ergibt. Daher ist

$$y = \frac{a}{\lambda - b^2} \cos b x + h_1 \cos \sqrt{\lambda} x + h_2 \sin \sqrt{\lambda} x$$

das allgemeine Integral unserer Gleichung. Dies Verfahren versagt nur, wenn $\lambda = b^2$ wird. Aber man kann dann durch Grenzübergang leicht eine Lösung der inhomogenen Gleichung finden. Jedenfalls ist

§ 3. Lineare Differentialgleichungen.

nämlich stets
$$\frac{A}{b+\sqrt{\lambda}}\frac{\cos bx - \cos\sqrt{\lambda}x}{\sqrt{\lambda}-b}$$
eine Lösung der inhomogenen Gleichung, solange noch $\sqrt{\lambda} \neq b$ ist. Macht man aber hier den Grenzübergang $b \to \sqrt{\lambda}$, so erhält man
$$\frac{A}{2\sqrt{\lambda}} x \sin\sqrt{\lambda}x,$$
und das erweist sich tatsächlich als eine Lösung der inhomogenen Gleichung
$$y'' + \lambda y = a \cos\sqrt{\lambda}x.$$

10. Zusatz. Nahe verwandt mit den Gleichungen mit konstanten Koeffizienten sind die Gleichungen
$$y'' + \frac{g}{x} y' + \frac{h}{x^2} y = 0.$$
g und h sind dabei wieder konstant. Man kann sie durch die Substitution
$$x = e^t$$
auf Gleichungen mit konstanten Koeffizienten zurückführen. Darin liegt schon, daß der Ansatz
$$y = x^\varrho$$
zum Ziel führen muß. Er führt ja in der Tat auf die Bedingungsgleichung
(25) $\qquad \varrho(\varrho - 1) + g\varrho + h = 0.$
Hat die Gleichung (25) zwei verschiedene Wurzeln ϱ_1 und ϱ_2, so sind
$$y_1 = x^{\varrho_1} \quad \text{und} \quad y_2 = x^{\varrho_2}$$
Lösungen, die ein Fundamentalsystem bilden.
Hat die Gleichung (25) aber zwei gleiche Wurzeln, so sind
$$y_1 = x^{\frac{1-g}{2}} \quad \text{und} \quad y_2 = x^{\frac{1-g}{2}} \log x$$
Lösungen, die ein Fundamentalsystem bilden.

11. Die Riccatische Gleichung. Wir hatten auf S. 26 die Riccatische Gleichung (1) der S. 25 durch die Substitution (3) in die lineare Gleichung (4) S. 26 übergeführt. Durch diese Substitution wird nun auch aus dem allgemeinen Integral der einen das allgemeine Integral der anderen, wobei noch ein konstanter Faktor der Lösungen der linearen unerheblich bleibt. Wenn nun u_1 und u_2 zwei Lösungen von (4) S. 26 sind, welche durch die Anfangsbedingungen $u_1(x_0) = 0$, $u_1'(x_0) = 1$, $u_2(x_0) = 1$, $u_2'(x_0) = 0$ festgelegt sein mögen, so ist somit
$$y = -\frac{1}{\alpha_2} \frac{c_1 u_1' + c_2 u_2'}{c_1 u_1 + c_2 u_2}$$

das allgemeine Integral der RICCATIschen Gleichung. Insbesondere ist also

$$y = -\frac{1}{\alpha_2} \frac{- y_0 \alpha_2 (x_0) u_1' + u_2'}{- y_0 \alpha_2 (x_0) u_1 + u_2}$$

dasjenige Integral, welches bei x_0 den Wert y_0 hat. Es hängt also linear von der Integrationskonstanten y_0 ab. Das bedeutet geometrisch, daß das Doppelverhältnis von irgend vier Lösungen konstant ist. Wenn man daher drei verschiedene Integrale y_1, y_2, y_3 der Differentialgleichung (1) von S. 25 kennt, so kann man diese Differentialgleichung so schreiben:

$$\begin{vmatrix} y' & 1 & y & y^2 \\ y_1' & 1 & y_1 & y_1^2 \\ y_2' & 1 & y_2 & y_2^2 \\ y_3' & 1 & y_3 & y_3^2 \end{vmatrix} = 0.$$

Und daraus kann man entnehmen, wie man die Koeffizienten von (1) S. 25 durch die drei Integrale y_1, y_2, y_3 darstellen kann.

12. Nullstellen. Wir wollen aus den allgemeinen Sätzen dieses Paragraphen noch einige Folgerungen ziehen.

Eine jede nicht identisch verschwindende Lösung von (2) besitzt höchstens endlich viele Nullstellen in $a \leq x \leq b$. In einem Häufungspunkt wäre die Lösung samt ihrer ersten Ableitung Null. Nach dem Existenzsatz wäre daher die Lösung identisch Null. Für (1) gilt natürlich ein solcher Satz nicht, da man ja $p_3(x)$ immer so wählen kann, daß bei fest angenommenen p_0, p_1, p_2 eine gegebene, zweimal stetig differenzierbare Funktion (1) befriedigt.

Zwischen je zwei aufeinanderfolgenden Nullstellen einer Lösung $y_1(x)$ von (2) liegt genau eine Nullstelle einer jeden von $y_1(x)$ linear unabhängigen Lösung von (2).

Sind ξ und η zwei aufeinanderfolgende Nullstellen von (2), so lehrt (10), daß

$$y_2(\xi) y_1'(\xi) \quad \text{und} \quad y_2(\eta) y_1'(\eta)$$

das gleiche Vorzeichen haben[1]. Da aber $y_1'(\xi)$ und $y_1'(\eta)$ als Ableitungen in zwei aufeinanderfolgenden Nullstellen verschiedenes Vorzeichen haben, so haben auch $y_2(\xi)$ und $y_2(\eta)$ verschiedenes Vorzeichen. Daher liegt zwischen ξ und η mindestens eine Nullstelle von $y_2(\xi)$. Lägen dazwischen mehrere, so läge zwischen je zwei derselben nach der gleichen Schlußweise wieder mindestens eine von $y_1(x)$. Es waren aber ξ und η aufeinanderfolgende Nullstellen von $y_1(x)$.

---

[1] Wäre $y_2(\xi)$ oder $y_2(\eta)$ Null, so wären y_1 und y_2 linear abhängig. Wäre $y_1'(\xi)$ oder $y_1'(\eta)$ Null, so wäre $y_1(x) \equiv 0$.

III. Kapitel.
Gewöhnliche Differentialgleichungen zweiter Ordnung im reellen Gebiet.
§ 1. Randwertaufgaben.

1. Fragestellung. Bisher hatten wir eine Lösung meist durch ihren Wert und den Wert ihrer Ableitung an einer Stelle festgelegt. Schon bei der Kettenlinie trat uns die Aufgabe entgegen, eine Lösung dadurch zu bestimmen, daß für zwei Werte von x die Werte der Lösung gegeben werden. Da diese in dem von diesen beiden Stellen begrenzten Intervall zu untersuchen ist und die Lösung somit durch Bedingungen an den Rändern des Intervalles festgelegt werden soll, so sprechen wir von einer *Randwertaufgabe*. Es gibt deren noch andere. Es wird immer darauf ankommen, durch zwei Bedingungen die beiden Integrationskonstanten festzulegen. Diese Bedingungen mögen durch zwei Gleichungen zwischen den Werten von $y(x)$ und $y'(x)$ an den Enden des Intervalles $x_0 \leqq x \leqq x_1$ geliefert werden, und zwar wollen wir uns auf den Fall beschränken, daß eine lineare Differentialgleichung

(1) $$p_0 y'' + p_1 y' + p_2 y + p_3 = 0,$$

vorgelegt ist, in der p_0, p_1, p_2, p_3 in $a \leqq x \leqq b$ stetig sein, p_0 nirgends verschwinden möge. Zwei lineare Gleichungen mögen die Randbedingungen liefern. Diese werden allgemein so aussehen:

(2) $$\begin{aligned} a_{00} y(a) + a_{01} y'(a) + a_{10} y(b) + a_{11} y'(b) &= A \\ a'_{00} y(a) + a'_{01} y'(a) + a'_{10} y(b) + a'_{11} y'(b) &= A'. \end{aligned}$$

Wir teilen die Randwertaufgaben zunächst in homogene und inhomogene ein. Bei den homogenen sind sowohl Differentialgleichung wie Randbedingungen homogen, d. h. es verschwinden sowohl in (1) wie in (2) die von den y freien Glieder, so daß wie im vorigen Paragraphen eine Lösung nur bis auf einen konstanten Faktor bestimmt sein kann. Die *Randwertaufgabe*, die uns im vorigen Paragraphen begegnete, und die auch bei der Kettenlinie vorlag, wollen wir die *erste* nennen. Hier sind also an den Intervallenden die Werte der unbekannten Funktion vorgeschrieben. Von der *zweiten* wollen wir reden, wenn an Anfang und Ende der Wert der Ableitung gegeben ist. Darüber hinaus gibt es noch mancherlei andere, denen wir keine besonderen Namen geben wollen. Bei der ersten homogenen Randwertaufgabe liegt also eine Differentialgleichung

(3) $$p_0 y'' + p_1 y' + p_2 y = 0$$

vor und es werden Lösungen gesucht, für die

(4) $$y(a) = 0, \quad y(b) = 0$$

ist. Bei der zweiten homogenen Randwertaufgabe wird statt (4) gefordert

(5) $$y'(a) = 0, \quad y'(b) = 0.$$

Besonderes Interesse haben die STURM-LIOUVILLEschen Probleme gefunden. Bei ihnen handelt es sich darum, Lösungen einer selbstadjungierten Differentialgleichung

(6) $$\frac{d}{dx}\left(p_0 \frac{dy}{dx}\right) + p_2 y = 0$$

zu finden, während

(7) $$\begin{aligned} a_{11} y(a) + a_{12} y'(a) &= 0, \\ a_{21} y(b) + a_{22} y'(b) &= 0 \end{aligned}$$

vorgeschrieben ist. Diese Probleme werden uns auch in den folgenden Paragraphen in erster Linie beschäftigen.

2. Beispiele. Zunächst möge an einigen Beispielen die Sachlage etwas geklärt werden. Betrachten wir z. B. die Differentialgleichung

$$y'' - y = 0.$$

Ihre allgemeinste Lösung ist

$$y = c_1 e^x + c_2 e^{-x}.$$

Betrachten wir das Intervall $a \leq x \leq b$ und suchen die erste Randwertaufgabe zu lösen: Es soll sein

$$c_1 e^a + c_2 e^{-a} = 0,$$
$$c_1 e^b + c_2 e^{-b} = 0.$$

Die Determinante des Gleichungssystems ist

$$e^{a-b} - e^{b-a}.$$

Dies ist aber für $a \neq b$ nie Null. Also muß $c_1 = c_2 = 0$ sein. Die einzige Lösung unseres Randwertproblemes ist die triviale $y = 0$. Sollte das stets so sein, so hätte es wenig Sinn, jene Aufgabe zu behandeln. Betrachten wir ein weiteres Beispiel:

$$y'' + y = 0.$$

Die allgemeinste Lösung ist

$$y = c_1 \sin x + c_2 \cos x.$$

Nehmen wir das Intervall

$$a \leq x \leq b$$

und studieren die erste Randwertaufgabe. Es sei

$$c_1 \sin a + c_2 \cos a = 0,$$
$$c_1 \sin b + c_2 \cos b = 0.$$

Die Determinante ist

$$\sin(a-b)$$

und dies wird Null wenn $a - b = h\pi$ und h ganzzahlig ist. Nehmen wir also z. B. $a = 0$, $b = \pi$, so haben wir in

$$y = \sin x$$

eine nichttriviale Lösung der ersten Randwertaufgabe. Ebenso gibt es hier Lösungen jedesmal dann, wenn die Intervallänge ein Vielfaches von π ist. Für
$$y'' + c^2 y = 0$$
wird
$$y = \sin c x$$
eine Lösung der ersten Randwertaufgabe für das Intervall

$$0 \leq x \leq \frac{\pi}{|c|}.$$

Diese Beispiele mögen lehren, daß es lohnen mag, den Randwertaufgaben etwas näher nachzugehen.

3. Die Alternative. Ich beginne mit einer allgemeinen Beziehung zwischen homogenen und inhomogenen Randwertaufgaben, die in den linken Seiten von (1) und (3) übereinstimmen. Da gilt der Satz: *Die inhomogene Aufgabe ist stets dann lösbar, wenn die zugehörige homogene keine triviale, d. h. nicht identisch verschwindende Lösung besitzt. Ist aber die homogene lösbar, so besitzt eine zugehörige inhomogene nur dann Lösungen, wenn die rechten Seiten noch gewisse Zusatzbedingungen erfüllen, ist also im allgemeinen nicht lösbar.* Diese *Alternative* erinnert an eine bekannte Alternative aus der Theorie der linearen algebraischen Gleichungen, und tatsächlich folgt auch unser Satz unmittelbar aus diesem algebraischen. Wenn nämlich y_1 und y_2 ein Fundamentalsystem der homogenen Gleichung (3) bilden, so ist nach S. 152/153 die allgemeine Lösung von (1) selbst durch

$$(8) \qquad y(x) = \int_a^x \frac{y_1(x) y_2(\xi) - y_2(x) y_1(\xi)}{y_1(\xi) y_2'(\xi) - y_2(\xi) y_1'(\xi)} p_3(\xi) \, d\xi + h_1 y_1(x) + h_2 y_2(x)$$

gegeben, während die allgemeinste Lösung der homogenen Gleichung (3)

$$y(x) = h_1 y_1(x) + h_2 y_2(x)$$

ist. Im homogenen Fall liefern dann die Randbedingungen (2) mit $A = A' = 0$ für h_1 und h_2 die beiden homogenen linearen Gleichungen

$$h_1 L_1 + h_2 L_2 = 0,$$
$$(9) \qquad h_1 L_1' + h_2 L_2' = 0.$$

Hierbei sind die linken Seiten von (2) abkürzend mit L_i und L_i' bezeichnet, wenn sie für $y = y_i$ gebildet werden. Im inhomogenen Falle (1), (2) stehen auf der rechten Seite von (9) gemäß (8) statt 0 Ausdrücke, die h_1, h_2 nicht enthalten, sondern durch A, A', p_3 bestimmt sind.

160 II. 3. Gewöhnliche Differentialgleichungen zweiter Ordnung im reellen Gebiet.

Hiernach ist nach bekannten Eigenschaften der linearen Gleichungen die Alternative sofort klar.

4. Explizite Lösung. Wir wollen nun noch im STURM-LIOUVILLEschen Fall die Randwertaufgabe im inhomogenen Fall explizite lösen, wofern die homogene Aufgabe Lösungen nicht besitzt. Wir beschränken uns dabei auf homogene Randbedingungen (7).

Zunächst schreiben wir (8) etwas anders. Nach S. 151 ist

$$y_1(x) y_2'(x) - y_2(x) y_1'(x) = C e^{-\int_a^x \frac{p_1}{p_0} d\xi}.$$

Im STURM-LIOUVILLEschen Fall ist $p_1 = p_0'$, also haben wir

$$y_1(x) y_2'(x) - y_2(x) y_1'(x) = C \frac{p_0(a)}{p_0(x)}.$$

Trägt man hier $x = a$ ein, so wird

$$C = y_1(a) y_2'(a) - y_2(a) y_1'(a).$$

Also haben wir

$$\frac{y_1(x) y_2'(x) - y_2(x) y_1'(x)}{y_1(a) y_2'(a) - y_2(a) y_2'(a)} = \frac{p_0(a)}{p_0(x)}.$$

Nun wollen wir noch die in y_1 und y_2 willkürlichen konstanten Faktoren so wählen, daß

$$p_0(a) (y_1(a) y_2'(a) - y_2(a) y_2'(a)) = 1$$

ist. Dann kann man (8) so schreiben

(8') $\quad y = \int_a^\omega (y_1(x) y_2(\xi) - y_2(x) y_1(\xi)) p_3(\xi) p_0(\xi) d\xi + h_1 y_1(x) + h_2 y_2(x).$

Nun wollen wir zur Randwertaufgabe übergehen und annehmen, daß es keine Lösung von (6) gibt, für die (7) gilt. Dann soll die Randwertaufgabe für

(9) $\qquad \dfrac{d}{dx}\left(p_0 \dfrac{dy}{dx}\right) + p_2 y + p_3 = 0, \qquad p_3 \not\equiv 0$

gelöst werden. (8') ist die allgemeine Lösung. h_1 und h_2 sollen so bestimmt werden, daß für (8') die (7) gelten. Wir entscheiden uns zunächst für eine zweckmäßige Wahl des Fundamentalsystems. Wir wählen nämlich y_1 so, daß es bei $x = a$ der Randbedingung (7) genügt, und y_2 so, daß es bei $x = b$ die Randbedingung (7) befriedigt. Dann sind gewiß y_1 und y_2 linear unabhängig, da doch für (6) die Randwertaufgabe nicht lösbar sein soll.

Zur Bestimmung von h_1 und h_2 liefern dann die Randbedingungen (7) die Gleichungen

$h_2(a_{11} y_2(a) + a_{12} y_2'(a)) = 0,$

$h_1(a_{21} y_1(b) + a_{22} y_1'(b)) + \int_a^b (a_{11} y_1(b) + a_{12} y_1'(b)) y_2(\xi) p_3(\xi) p_0(\xi) d\xi = 0.$

§ 2. Die Gestalt der Integralkurven.

Also wird
$$h_1 = -\int_a^b y_2(\xi)\, p_3(\xi)\, p_0(\xi)\, d\xi, \qquad h_2 = 0.$$
Die Lösung der Randwertaufgabe (7) für (9) wird also
$$y(x) = \int_a^x (y_1(x)\, y_2(\xi) - y_2(x)\, y_1(\xi))\, p_3(\xi)\, p_0(\xi)\, d\xi$$
$$- y_1(x) \int_a^b y_2(\xi)\, p_3(\xi)\, p_0(\xi)\, d\xi$$
$$= -\int_x^b y_1(x)\, y_2(\xi)\, p_3(\xi)\, p_0(\xi) - \int_a^x y_2(x)\, y_1(\xi)\, p_3(\xi)\, p_0(\xi)\, d\xi.$$
Wir setzen nun
$$(10) \qquad G(x,\xi) = y_2(x)\, y_1(\xi)\, p_0(\xi) \quad \text{in} \quad a \leq \xi \leq x,$$
$$= y_1(x)\, y_2(\xi)\, p_0(\xi) \quad \text{in} \quad x \leq \xi \leq b.$$
Diese Funktion heißt die GREENsche *Funktion* der Differentialgleichung (6) für das Randwertproblem (7). Man kann die Lösung von (9), (7) dann so schreiben
$$(11) \qquad y(x) = -\int_a^b G(x,\xi)\, p_3(\xi)\, d\xi.$$
Die GREENsche Funktion ist in $a \leq x \leq b, a \leq \xi \leq b$ stetig. Sie ist symmetrisch. D. h. es ist
$$G(x, \xi) = G(\xi, x),$$
wie man an (10) abliest. Ihre erste Ableitung $\dfrac{\partial G}{\partial x}$ erleidet bei $x = \xi$ einen Sprung. Es ist nämlich
$$\left.\frac{\partial G}{\partial x}\right|_{x=\xi+0} - \left.\frac{\partial G}{\partial x}\right|_{x=\xi-0} = (-y_1'(\xi)\, y_2(\xi) + y_1(\xi)\, y_2'(\xi))\, p_0(\xi) = 1.$$

§ 2. Die Gestalt der Integralkurven.

1. Ansatz. Wir knüpfen unsere Betrachtungen weiterhin stets an die Differentialgleichungen von STURM-LIOUVILLEschem Typus an. Es sei also
$$(1) \qquad \frac{d}{dx}\left(p(x)\frac{dy}{dx}\right) + q(x)\, y = 0$$
vorgelegt. Hier seien $p(x)$ und $q(x)$ in $a \leq x \leq b$ stetig und[1] $p(x) > 0$. Man mag noch bemerken, daß man die allgemeinste lineare Differentialgleichung
$$p_0(x)\, y'' + p_1(x)\, y' + p_2(x)\, y = 0,$$
$p_0 > 0$, alle p_i und p_0' stetig,

---
[1] Wenn man will, mag man noch $p'(x)$ als stetig annehmen. Man kommt aber stets ohne diese Annahme aus.

162 II. 3. Gewöhnliche Differentialgleichungen zweiter Ordnung im reellen Gebiet.

durch die Substitution
$$y = u e^{-\int \frac{p_1 - p_0'}{p_0} dx}$$
in eine vom STURM-LIOUVILLEschen Typus überführen kann.

Zur Diskussion des Verlaufes der Integralkurven ist es zweckmäßig, (1) als System zu schreiben

(2)
$$\frac{dz}{dx} + qy = 0,$$
$$\frac{dy}{dx} - \frac{z}{p} = 0.$$

Nun führe man durch

(3) $\qquad y = \varrho \sin \vartheta, \qquad z = \varrho \cos \vartheta$

zwei neue unbekannte Funktionen ϱ und ϑ ein. Dann werden nach kurzer Rechnung die Differentialgleichungen

(4)
$$\frac{d\varrho}{dx} = \left(\frac{1}{p} - q\right) \varrho \sin \vartheta \cos \vartheta,$$
$$\frac{d\vartheta}{dx} = \frac{1}{p} \cos^2 \vartheta + q \sin^2 \vartheta.$$

Zur zweiten mag noch bemerkt werden, daß ein Faktor ϱ, der zunächst auf beiden Seiten auftritt, gestrichen worden ist. Wir haben damit nur darauf verzichtet, auch die triviale Lösung $y = 0$ von (1) auf die zweite Gleichung (4) mit herüber zu nehmen. Dann entsprechen die Lösungen von (1) und die von (4) mit $\varrho > 0$ (oder die mit $\varrho < 0$) einander umkehrbar eindeutig. Es fällt nämlich auf, daß in der zweiten Differentialgleichung (4) nur ϑ und x vorkommen und daß man aus der ersten (4) ϱ durch eine Quadratur ermitteln kann, wenn man erst $\vartheta(x)$ kennt[1]. Man findet ja dann

(5) $\qquad \log |\varrho| = \int\limits_a^x \left(\frac{1}{p} - q\right) \sin \vartheta \cos \vartheta \, d\xi + \text{konst.}$

Hiernach ist $y(x)$ durch $\vartheta(x)$ bis auf einen konstanten Faktor bestimmt: *Linear abhängige Lösungen von* (1) *führen zum gleichen* $\vartheta(x)$ *und gleiches* $\vartheta(x)$ *führt zu lauter linear abhängigen Lösungen von* (1).

Das führt zu der Frage, wodurch die Lösungen von (1) charakterisiert werden können, die zum gleichen $\vartheta(x)$ von (4) gehören. Sei z. B. $\vartheta(a) = \alpha$. Dann ist nach (3)

$$y(a) \cos \alpha - z(a) \sin \alpha = 0$$

oder

(5) $\qquad y(a) \cos \alpha - p(a) y'(a) \sin \alpha = 0.$

---

[1] Der Existenzsatz S. 27/28 lehrt, daß jede Lösung $\vartheta(x)$ in $a \leq x \leq b$ stetig ist.

§ 2. Die Gestalt der Integralkurven.

Die Lösungen von (1) also, die zwei Randbedingungen vom STURM-LIOUVILLEschen Typus

(6) $$y(a) \cos \alpha - p(a) y'(a) \sin \alpha = 0,$$
$$y(b) \cos \beta - p(b) y'(b) \sin \beta = 0$$

genügen, gehen in diejenigen Lösungen von (4) über, für die

(7) $$\vartheta(a) = \alpha, \qquad \vartheta(b) = \beta$$

ist. Dabei sind α und β natürlich nur bis auf Vielfache von π durch (6) bestimmt. Für die erste Randwertaufgabe hat man insbesondere[1]

$$\alpha \equiv 0, \qquad \beta \equiv 0 \mod \pi,$$

für die zweite

$$\alpha \equiv \frac{\pi}{2}, \qquad \beta \equiv \frac{\pi}{2} \mod \pi$$

zu nehmen. Übrigens sind die (6) die allgemeinsten Randbedingungen von der Form

$$a_{11} y(a) + a_{12} y'(a) = 0,$$
$$a_{21} y(b) + a_{22} y'(b) = 0.$$

Denn man kann z. B. Zahlen λ und α stets so bestimmen, daß

$$a_{11} = \lambda \cos \alpha, \qquad a_{12} = -\lambda p(a) \sin \alpha$$

ist. Man muß nur sorgen, daß

$$a_{11}^2 + \frac{a_{12}^2}{p^2(a)} = \lambda^2$$

ist und kann dann α ermitteln.

Wir wollen nun zunächst den Lösungen von (1) nur eine der Randbedingungen (6) auferlegen, z. B. verlangen, daß

(8) $$y(a) \cos \alpha - p(a) y'(a) \sin \alpha = 0$$

ist und wollen uns einiges über den Verlauf einer solchen Lösung vergegenwärtigen: Wir können sie dann noch eindeutig festlegen, indem wir entweder den Wert von $y(a)$ oder den von $y'(a)$ noch vorschreiben. Dann sind also stets $y(a)$ und $y'(a)$ vorgeschrieben. Für (4) bedeutet dies, daß wir $\vartheta(a)$ und $\varrho(a)$ vorschreiben. Wir interessieren uns zunächst für $\vartheta(x)$. Die Fälle, wo $q(x) < 0$ ist, unterscheiden sich z. B. wesentlich von denen, wo $q(x) > 0$ ist. Da aber mit $\vartheta(x)$ auch $\vartheta(x) + h\pi$, h ganz eine Lösung von (4) ist, so genügt es, anzunehmen

$$0 \leq \vartheta(a) = \alpha < \pi.$$

An jeder Stelle, wo $\vartheta = h\pi$ ist, wird $\frac{d\vartheta}{dx} = p > 0$; an jeder Stelle, wo $\vartheta(x) = (2h+1)\frac{\pi}{2}$ ist, wird $\frac{d\vartheta}{dx} = q$. Zur näheren Untersuchung

---

[1] $\beta \equiv 0 \mod \pi$ heißt: $\beta = 0$ bis auf Vielfache von π.

lassen wir nun eine Einteilung nach dem Vorzeichen von q eintreten. Insbesondere interessieren uns die beiden Fälle, wo in $a \leq x \leq b$ durchweg $q(x) < 0$ oder durchweg $q(x) > 0$ ist.

2. Der Fall $q(x) < 0$ in $a \leq x \leq b$. Jede Lösung $\vartheta(x)$ passiert wachsend die Vielfachen von π und abnehmend die ungeraden Vielfachen von $\frac{\pi}{2}$. Daraus folgt, daß jede Lösung, die durch $\vartheta(a) = \alpha$ bestimmt ist, im Intervall $a \leq x \leq b$ zwischen zwei Schranken liegt. Die untere Schranke ist das größte unter α gelegene Vielfache von π, die obere Schranke das kleinste über α gelegene ungerade Vielfache von $\frac{\pi}{2}$.

Zwischen diesen Schranken liegt höchstens ein ungerades Vielfaches von $\frac{\pi}{2}$ und höchstens ein Vielfaches von π. Daher verschwinden $\cos \vartheta$ und $\sin \vartheta$ für $a \leq x \leq b$ nur höchstens je einmal. Und zwar ist nie sowohl eine Nullstelle von $\cos \vartheta$ wie eine von $\sin \vartheta$ vorhanden. Da $\varrho(x)$ stets einerlei Vorzeichen hat, so folgt, daß $y(x)$ und $y'(x)$ nur je einen Zeichenwechsel erfahren können und daß nur bei höchstens einer der Funktionen ein Zeichenwechsel vorkommt. Daher sind für $y(x)$ in $a \leq x \leq b$ nur folgende Fälle denkbar:

	$y(x)$	$y'(x)$
1.	> 0	> 0
2.	> 0	< 0
3.	Vorzeichenwechsel	$y' > 0$
4.	> 0	Vorzeichenwechsel

sowie die Lösungen, die sich hieraus durch gleichzeitigen Vorzeichenwechsel von y und y' ergeben.

Im Falle $p = 1$, d. h. für

$$y'' + q(x) y = 0,$$

kann man dies übrigens aus der Untersuchung von Konvexität und Konkavität der Lösung auch unmittelbar entnehmen. Im vorliegenden allgemeineren Falle sind natürlich Angaben über Konvexität und Konkavität der Lösung ohne weitere Annahmen über $p(x)$ nicht möglich.

Jedenfalls lehren diese Betrachtungen, daß für keine Differentialgleichung mit $q(x) < 0$ die erste oder die zweite Randwertaufgabe lösbar sein kann. Natürlich kann man für jede gegebene Lösung α und β so wählen, daß durch (6) Randbedingungen geliefert werden, die gerade durch die gegebene Lösung befriedigt werden. Man kann aber nicht am Anfang und am Ende unabhängig voneinander beliebige Randbedingungen vorschreiben.

§ 2. Die Gestalt der Integralkurven. 165

3. Der Fall $q(x) > 0$ in $a \leq x \leq b$. Jetzt ist durchweg $\frac{d\vartheta}{dx} > 0$. ϑ ist also eine monoton wachsende Funktion. Sobald ϑ ein Vielfaches von π wird, wird $y(x) = 0$ und sobald es ein ungerades Vielfaches von $\frac{\pi}{2}$ wird, ist $y'(x) = 0$. Nunmehr ist es durchaus denkbar, daß gegebenen Randbedingungen (6) bzw. (7) für passende positive q genügt werden kann. Es wird nicht für jedes q jeder Randbedingung genügt werden können, da ja durch Angabe von $\vartheta(a)$ das $\vartheta(x)$, also auch $\vartheta(b)$, bestimmt ist. Aber es ist jetzt durchaus denkbar, daß für gewisse Differentialgleichungen die erste Randwertaufgabe lösbar ist.

4. Vergleich verschiedener Differentialgleichungen. Um darüber Klarheit zu gewinnen, untersuchen wir, wie bei gegebenem $\vartheta(a)$ das $\vartheta(b)$ von q abhängt. Wir stellen fest:

Sind zwei Differentialgleichungen (1) *bzw. zwei Systeme* (4) *gegeben mit $q = q_1(x)$ und $q = q_2(x)$ und ist $q_2(x) > q_1(x)$ in $a \leq x \leq b$ und sind $\vartheta_1(x)$ und $\vartheta_2(x)$ die entsprechenden Lösungen von* (4), *$\vartheta_1(a) = \vartheta_1(b)$, so ist $\vartheta_2(x) > \vartheta_1(x)$ für $a < x \leq b$.*

Es ist nämlich

(9) $$\frac{d\vartheta_2}{dx} = \frac{1}{p}\cos^2\vartheta_2 + q_2\sin^2\vartheta_2,$$

(10) $$\frac{d\vartheta_1}{dx} = \frac{1}{p}\cos^2\vartheta_1 + q_1\sin^2\vartheta_1.$$

In einem gemeinsamen Punkt beider Lösungen ist

$$\frac{d\vartheta_2}{dx} \gtreqless \frac{d\vartheta_1}{dx}.$$

Das Gleichheitszeichen steht hier nur dann, wenn an jener Stelle $\sin\vartheta_2 = \sin\vartheta_1 = 0$ ist (es ist ja $q_2 > q_1$ angenommen). Da $\vartheta_2(x)$ wie $\vartheta_1(x)$ monoton wachsende Funktionen sind, gibt es nur endlich viele solcher Schnittpunkte. Wenn aber in einem derselben $\vartheta_2 - \vartheta_1$ von positiven zu negativen Werten überginge, so betrachte man statt $\vartheta_2(x)$ eine Lösung $\bar{\vartheta}_2(x)$ von (9), die durch einen anderen Punkt von $\vartheta = \vartheta_1(x)$ geht, der genügend nahe bei dem eben betrachteten Schnittpunkt liegt. Daher ginge in der Nähe des bisherigen Schnittpunktes auch $\bar{\vartheta}_2(x) - \vartheta_1(x)$ von positiven zu negativen Werten über. Da es sich aber jetzt um Schnittpunkte handelt, in denen ϑ_1 bzw. $\bar{\vartheta}_2$ kein Vielfaches von π ist, so ist dies nicht möglich. Daher geht in jedem Schnittpunkt $\vartheta_2 - \vartheta_1$ bei wachsendem x zu positiven Werten über. Da $\vartheta_2(a) = \vartheta_1(a)$ ist, so ist $\vartheta_2 > \vartheta_1$ für $a < x \leq b$. Namentlich also ist $\vartheta_2(b) > \vartheta_1(b)$.

Bei dem eben bewiesenen Satz ist kein Gebrauch von $q_1 > 0$ gemacht worden. Es gilt also für beliebige stetige Funktionen $q_1(x)$.

5. Differentialgleichungen mit Parameter. Wir betrachten nun namentlich eine einparametrige Schar von Funktionen

$$q(x) = q(x, \lambda)$$

und nehmen an, daß gleichmäßig in $a \leq x \leq b$ sei

(11)
$$\lim_{\lambda \to -\infty} q(x, \lambda) = -\infty,$$
$$\lim_{\lambda \to +\infty} q(x, \lambda) = +\infty.$$

Man kann also z. B. $q(x, \lambda) = q_0(x) + \lambda r(x), r(x) > 0$ nehmen. Betrachten wir die Differentialgleichungen

$$\frac{d\vartheta_\lambda}{dx} = \frac{1}{p}\cos^2\vartheta_\lambda + \frac{1}{q}\sin^2\vartheta_\lambda,$$

so wird nach dem Bisherigen $\vartheta_\lambda(b)$ eine mit λ zugleich monoton wachsende Funktion von λ. Dazu ist jetzt

$$\lim_{\lambda \to -\infty} \vartheta_\lambda(b) = 0, \quad \lim_{\lambda \to +\infty} \vartheta_\lambda(b) = +\infty,$$

wenn man $0 \leq \vartheta_\lambda(a) = \alpha < \pi$ annimmt, wie schon weiter oben bemerkt war. Man wähle eine Zahl α', für die $0 \leq \alpha < \alpha' < \pi$ ist. Wir wählen alsdann eine Zahl λ_0 so, daß für $\lambda < \lambda_0$ und

(12)
$$0 < \beta \leq \vartheta \leq \alpha',$$
$$\frac{1}{p}\cos^2\vartheta + \frac{1}{q}\sin^2\vartheta < 0$$

ausfällt. Die Kurve $\vartheta = \vartheta_\lambda(x)$ kann dann keinen Punkt mit der Geraden

$$\vartheta = \alpha' + (x - a)\frac{\beta - \alpha'}{b - a}$$

gemein haben. Denn für $x = a$ ist $\vartheta_\lambda(a) < \alpha'$, die Kurve also unter der Geraden gelegen, und in jedem Punkt der Geraden, die ja dem Streifen (12) angehört, wäre

$$\frac{d\vartheta_\lambda}{dx} < 0.$$

Also ist

$$\vartheta_\lambda(b) < \beta.$$

Da man $0 < \beta < \alpha'$ beliebig annehmen kann, so ist damit

$$\lim_{\lambda \to -\infty} \vartheta_\lambda(b) = 0$$

bewiesen.

Man wähle andererseits eine Zahl $\beta > \alpha$ und bestimme einen die Punkte (a, α) und (b, β) bestimmenden Streckenzug der (x, ϑ)-Ebene so, daß für ϑ Werte, die Vielfache von π sind, seine Ableitung kleiner als $\frac{1}{p}$ wird. Wählt man dann λ hinreichend groß, so ist für alle Punkte des

§ 2. Die Gestalt der Integralkurven. 167

Streckenzugs
$$\frac{d\vartheta_\lambda}{dx}$$
größer als das $\frac{d\vartheta}{dx}$ des Streckenzugs. Da aber bei $x = a$ die Kurve $\vartheta = \vartheta_\lambda(x)$ den Streckenzug schneidet, so muß sie in ihrem weiteren Verlauf stets eine größere Ordinate haben. Also ist
$$\vartheta_\lambda(b) > \beta.$$
Und damit ist auch
$$\lim_{\lambda \to +\infty} \vartheta_\lambda(b) = +\infty$$
bewiesen.

Aus diesen Überlegungen folgt, daß man λ stets auf genau eine Weise so wählen kann, daß $\vartheta(a) = \alpha$, $\vartheta(b) = \beta$ gegebene Werte sind, für die $0 \leq \alpha < \pi$, $\beta > 0$ ist.

Hieraus wieder fließt der Beweis für das

6. Oszillationstheorem. *In $a \leq x \leq b$ seien die Koeffizienten $p(x)$, $q_0(x), r(x)$ von*

(13) $$\frac{d}{dx}\left(p(x)\frac{dy}{dx}\right) + (q_0 + \lambda r(x))y = 0$$

stetig, dazu sei $p > 0, r > 0$. Dann gibt es genau eine Folge von Parameterwerten
$$\lambda_0 < \lambda_1 < \ldots$$
mit $\lambda_n \to \infty$ derart, daß die Differentialgleichung (13) für $\lambda = \lambda_n$ eine den Randbedingungen (6) genügende Lösung besitzt. Die zu λ_n gehörige Lösung ist bis auf einen Faktor eindeutig bestimmt und besitzt im Intervallinneren $a < x < b$ genau n (einfache) Nullstellen.

Es gibt genau einen Wert λ_n, für den
$$\frac{d\vartheta_n}{dx} = \frac{1}{p}\cos^2\vartheta_n + (q_0 + \lambda_n \cdot r)\sin^2\vartheta_n$$
eine Lösung besitzt, für die $\vartheta(a) = \alpha$, $\vartheta(b) = \beta + n\pi$ ist $(0 \leq \alpha < \pi)$, $(0 \leq \beta < \pi)$. Diese Lösung ist eindeutig bestimmt. Die ihr zugeordneten Lösungen y_n von (1) sind bis auf einen Faktor bestimmt. Für sie ist (6) erfüllt. Da $\vartheta(\beta)$ monoton mit λ wächst, so ist $\lambda_{n+1} > \lambda_n$, und da $\vartheta(b) \to \infty$ für $\lambda \to \infty$, so ist $\lambda_n \to \infty$ für $n \to \infty$.

7. Eigenwerte und Eigenfunktionen. Man nennt die λ_n die *Eigenwerte* und die $y_n(x)$ die *Eigenfunktionen* der Differentialgleichung

(14) $$\frac{d}{dx}\left(p\frac{dy}{dx}\right) + (q_0 + \lambda r)y = 0$$

für die gegebenen Randbedingungen (6). Die S. 152 angegebene Identität
$$yL(z) - zL(y) = \frac{d}{dx}(p(yz' - zy'))$$

lehrt, wenn man sie auf
$$L(u) = \frac{d}{dx}\left(p\,\frac{du}{dx}\right) + q_0 u$$
und zwei verschiedene Eigenwerte λ_n und λ_m und die zugehörigen Eigenfunktionen y_n und y_m anwendet:
$$\frac{d}{dx}(p\,(y_n y'_m - y_m y'_n)) = (\lambda_n - \lambda_m)\, r\, y_n y_m\,.$$
Daraus folgt wegen (6) und wegen $\lambda_n \neq \lambda_m$
$$\int_a^b r(x)\, y_n(x)\, y_m(x)\, dx = 0\,.$$
Wir sprechen dies aus, indem wir sagen: die Eigenfunktionen verschiedener Eigenwerte seien *orthogonal* zueinander. Da y_n nur bis auf einen Faktor bestimmt ist, so darf man annehmen, daß
$$\int_a^b r\, y_n^2\, dx = 1$$
ist. Wir nennen dann die Eigenfunktionen *normiert*. Ist

(15) $\qquad f(x) = c_0 y_0(x) + c_1 y_1(x) + \cdots$

eine gleichmäßig konvergente Reihe mit konstanten Koeffizienten c_μ, so folgt durch gliedweises Integrieren analog wie in der Theorie der FOURIERschen Reihen

(16) $\qquad\qquad c_n = \int_a^b r\, f\, y_n\, dx\,.$

So erhebt sich die Frage, inwieweit man gegebene Funktionen $f(x)$ durch (15) und (16) in Reihen nach den Eigenfunktionen entwickeln kann. Die nun folgenden Ausführungen haben die Beantwortung dieser Frage zum Ziel. Wir nennen den sich schließlich ergebenden Satz den Entwicklungssatz.

8. Vergleich von Differentialgleichungen. Zum Schluß dieses Paragraphen mögen nun noch einige Abschätzungen mitgeteilt werden, betreffend die Lage der Nullstellen der Lösungen einer Differentialgleichung (1) und damit im Zusammenhang, betreffend die Größe der Eigenwerte. Die zum Beweis des Oszillationstheorems vorgeführte, von PRÜFER erdachte Methode erscheint für diesen Zweck hervorragend geeignet, da sie es erlaubt, in bequemer Weise die Erfüllbarkeit beider Randbedingungen nachzuprüfen. Es mag auch eine reizvolle Aufgabe sein, den Beweis für die monotone Abhängigkeit des $\vartheta_\lambda(b)$ von λ auf S. 166/167 zu einer Abschätzung durchzubilden. Einfacher erscheint es mir aber, zu diesem Zwecke unmittelbar an die Differentialgleichung (1) anzuknüpfen. Für sie gilt nämlich eine Bemerkung analog der, die wir S. 165 für die zweite Differentialgleichung (4) bewiesen haben. Hier

§ 2. Die Gestalt der Integralkurven. 169

gehört in gewissem Sinne zur Differentialgleichung mit größerem q die kleinere Lösung.

Sind nämlich

(17)
$$\frac{d}{dx}(p y_1') + q_1 y_1 = 0,$$
$$\frac{d}{dx}(p y_2') + q_2 y_2 = 0$$

zwei Differentialgleichungen mit gleichem p, aber verschiedenem q, so mögen Lösungen betrachtet werden, die bei $x = a$ derselben Randbedingung (6) genügen. Multipliziert man die erste Differentialgleichung (17) mit y_2 und die zweite mit y_1 und subtrahiert, so wird

$$y_2 \frac{d}{dx}(p y_1') - y_1 \frac{d}{dx}(p y_2') + (q_1 - q_2) y_1 y_2 = 0$$

oder, was dasselbe ist,

(18) $$\frac{d}{dx}(p(y_2 y_1' - y_1 y_2')) - (q_1 - q_2) y_1 y_2 = 0.$$

Nun ist bei $x = a$

$$y_2 y_1' - y_1 y_2' = 0.$$

Denn wir haben ja dort

$$\cos \alpha \, y_1(a) - p(a) \sin \alpha \, y_1'(a) = 0,$$
$$\cos \alpha \, y_2(a) - p(a) \sin \alpha \, y_2'(a) = 0.$$

Da aber $\cos \alpha$ und $p(a) \sin \alpha$ nicht beide verschwinden, so ist die Determinante dieser beiden Gleichungen Null. Integriert man daher (18) von a bis x, so kommt

(19) $$p(y_2 y_1' - y_1 y_2') = \int_a^x (q_2(\xi) - q_1(\xi)) y_1(\xi) y_2(\xi) d\xi.$$

Nun sei $q_2(x) > q_1(x)$ in $a \leq x \leq b$. Weiter seien bei $x = a$ sowohl $y(a)$ wie $y'(a)$ vorgeschrieben, und zwar $y_1(a) = y_2(a)$, $y_1'(a) = y_2'(a)$ und es sei entweder $y_1(a) > 0$, oder $y_1'(a) > 0$, so daß also entweder bei $x = a$ oder dicht hinter $x = a$ sowohl $y_1(x) > 0$, als $y_2(x) > 0$ gilt. Dann ist die rechte Seite von (19) positiv, solange $x > a$ so nahe bei a liegt, daß keine weitere Nullstelle von $y_1(x)$ oder von $y_2(x)$ zwischen a und x liegt. So lange ist also

$$y_2 y_1' - y_1 y_2' > 0.$$

Also auch

$$\frac{y_2 y_1' - y_1 y_2'}{y_2^2} > 0$$

für alle diese $x > a$. D. h.

$$\frac{d}{dx}\left(\frac{y_1}{y_2}\right) > 0$$

II. 3. Gewöhnliche Differentialgleichungen zweiter Ordnung im reellen Gebiet.

für alle diese $x > a$. Da aber
$$\lim_{x \to a} \frac{y_1}{y_2} = 1$$
ist, so folgt, daß

(20) $$y_1(x) > y_2(x)$$

für alle $x > a$, die so beschaffen sind, daß zwischen a und x weder eine Nullstelle von y_1 noch eine von y_2 liegt. (20) lehrt aber, daß die auf a folgende Nullstelle von $y_1(x)$ sicher weiter von a entfernt ist, als die auf a folgende von $y_2(x)$. Je größer also q wird, um so näher rückt eine etwa vorhandene, zunächst bei a gelegene Nullstelle an a heran. Können wir also für irgendein q die Existenz und Lage einer auf a folgenden Nullstelle angeben, so haben wir für alle größeren q eine obere, für alle kleineren q eine untere Schranke für den Abstand, den die auf a folgende Nullstelle von a besitzt. Zu präzisen zahlenmäßigen Abschätzungen gelangt man also durch das Studium spezieller Differentialgleichungen.

Am bequemsten zu übersehen sind nun Differentialgleichungen
$$z'' + m^2 z = 0$$
mit konstantem m und mit ihnen sind dann bequem Differentialgleichungen

(21) $$z'' + Q(\xi) z = 0$$

zu vergleichen.

9. Sturm-Liouvillesche Differentialgleichungen. Sturm-Liouvillesche Differentialgleichungen (1) sind nun aber durch eine gewisse Substitution in Differentialgleichungen (21) überzuführen. Betrachten wir nämlich die Funktion

(22) $$y(x) = \frac{1}{\sqrt[4]{p(x)}} z\left(\int_a^x \frac{dt}{\sqrt{p(t)}}\right),$$

so wird
$$\frac{d}{dx}\left(p \frac{dy}{dx}\right) + q(x) y(x) \equiv p^{1/4} \left(z'' + z\left[\frac{q}{p^{1/2}} - \frac{1}{4} \frac{1}{p^{1/4}} \left(\frac{p'}{p^{1/4}}\right)'\right]\right).$$

Drücken wir also in dem Koeffizienten von z gemäß
$$\xi = \int_a^x \frac{dt}{\sqrt{p(t)}}$$
x durch ξ aus und bezeichnen ihn dann mit $Q(\xi)$, so wird durch (22) eine umkehrbar eindeutige Beziehung zwischen den Lösungen von (21) und denen von (1) hergestellt. Beachtet man noch, daß dabei das Intervall $a \leq x \leq b$ in $0 \leq \xi \leq \int_a^b \frac{dt}{\sqrt{p(t)}}$ übergeht und daß Randbedin-

§ 2. Die Gestalt der Integralkurven. 171

gungen (6) in gleichartige Randbedingungen für z an den Enden des Bildintervalles übergehen, so mag es gerechtfertigt erscheinen, wenn wir die weiteren Betrachtungen an Sturm-Liouvilleschen Differentialgleichungen mit $p \equiv 1$ anknüpfen.

10. Abschätzung der Nullstellen. Wir betrachten also nun weiter

(23) $$\frac{d^2 y}{d x^2} + q(x) y = 0$$

mit Randbedingungen (6).

Wir betrachten zunächst die Randwertaufgabe (6) für

$$y'' + m^2 y = 0$$

bei konstantem $m^2 > 0$. Setzt man die allgemeine Lösung in der Form

$$y = c_1 \cos m(x-a) + c_2 \sin m(x-a)$$

an, so rechnet man leicht nach, daß die Randbedingungen (6) dann, und nur dann, eine nichttriviale Lösung zulassen, wenn m der Gleichung

$$\sin m(b-a)(\cos\alpha\cos\beta + m^2 \sin\alpha\sin\beta) - m\cos m(b-a)\sin(\beta-\alpha) = 0$$

genügt. Also sind z. B.

$$m^2 = \frac{h^2 \pi^2}{(b-a)^2} \qquad (h = 1, 2, 3 \ldots)$$

die Eigenwerte für $\alpha = \beta$. Merkwürdigerweise sind es für alle diese Randbedingungen dieselben. Also Eigenfunktionen ergeben sich

$$y = m \sin\alpha \cdot \cos m(x-a) + \cos\alpha \sin m(x-a).$$

Für beliebige m genügen diese der Randbedingung (6) bei $x = a$. Ist m ein Eigenwert, so genügen sie beiden Randbedingungen (6). Führt man noch einen Winkel γ ein, für den

$$\sin m\gamma = \frac{m \sin\alpha}{\sqrt{\cos^2\alpha + m^2 \sin^2\alpha}}, \quad \cos m\gamma = \frac{\cos\alpha}{\sqrt{\cos^2\alpha + m^2 \sin^2\alpha}}$$

ist, so kann man auch $(0 \leq \alpha < \pi)$, $(0 \leq \gamma < \pi)$

$$\sin m\gamma \cos m(x-a) + \cos m\gamma \sin m(x-a),$$

d. h.
$$y = \sin m(x - a + \gamma)$$

als Eigenfunktionen betrachten. Ihre erste auf a folgende Nullstelle liegt bei

$$a + \frac{\pi}{m} - \gamma,$$

und die übrigen Nullstellen unterscheiden sich davon um Vielfache von $\frac{\pi}{m}$. Betrachtet man dann eine Differentialgleichung

(22) $$y'' + q(x) y = 0,$$

in der $q > m^2$ ist, und betrachtet für sie auch die Randbedingung (6), so besitzt die zugehörige Lösung nach den schon durchgeführten Überlegungen jedenfalls zwischen

$$a \quad \text{und} \quad a + \frac{\pi}{m} - \gamma$$

eine Nullstelle, wofern $\frac{\pi}{m} - \gamma \leq b - a$ ist, also sicher dann, wenn $\pi < m(b-a)$. Betrachtet man aber eine Differentialgleichung mit $q < m^2$ und löst für sie die Randwertaufgabe (6), so besitzt die Lösung sicher keine Nullstelle zwischen

$$a \quad \text{und} \quad a + \frac{\pi}{m} - \gamma.$$

Wie steht es aber mit den übrigen Nullstellen? Hier ergibt sich aus unseren allgemeinen Betrachtungen über den Vergleich der Lösungen zweier STURM-LIOUVILLEscher Differentialgleichungen das folgende Resultat:

Wenn in dem Intervall $a \leq x \leq b$

(23) $$0 < m^2 \leq q(x) \leq M^2$$

ist, so gilt für den Abstand δ zweier aufeinanderfolgender Nullstellen einer beliebigen Lösung von (22) die Abschätzung

(24) $$\frac{\pi}{M} \leq \delta \leq \frac{\pi}{m}.$$

Betrachtet man nämlich zwei aufeinanderfolgende Nullstellen einer Lösung von (22) aus dem Intervall $a \leq x \leq b$, so ziehe man zum Vergleich diejenigen Lösungen der Differentialgleichungen

$$y'' + m^2 y = 0,$$
$$y'' + M^2 y = 0$$

heran, die an derjenigen der beiden Stellen verschwindet, welche die kleinere Abszisse besitzt, und wende unter Heranziehung der ersten Randwertaufgabe das bisher Gesagte an.

11. Abschätzung der Eigenwerte. Hieraus ergeben sich unmittelbar Abschätzungen über die Anzahl der Nullstellen, welche eine Lösung von (22) bei (23) in $a \leq x \leq b$ besitzt. Es ist nämlich, wenn man nur die Nullstellen im Intervallinneren zählt, für ihre Anzahl n

(25) $$\frac{b-a}{\pi} m \leq n \leq \frac{b-a}{\pi} M.$$

Da nun nach dem Oszillationstheorem der n-te Eigenwert dadurch charakterisiert ist, daß in das Intervallinnere n Nullstellen der Lösung fallen, so ergibt sich z. B. für Differentialgleichungen

$$y'' + \lambda q(x) y = 0$$

§ 2. Die Gestalt der Integralkurven. 173

für den n-ten Eigenwert die Abschätzung

(26) $$\frac{n^2 \pi^2}{(b-a)^2 M^2} \leq \lambda_n \leq \frac{n^2 \pi^2}{(b-a)^2 m^2}.$$

Betrachten wir weiter Differentialgleichungen
(27) $$y'' + (q(x) + \lambda) y = 0.$$
Dann folgt nach (25) für die Anzahl der Nullstellen

$$\frac{b-a}{\pi} \sqrt{m^2 + \lambda_n} \leq n \leq \frac{b-a}{\pi} \sqrt{M^2 + \lambda_n}.$$

Also

$$\frac{(b-a)^2}{\pi^2}\left(\frac{m^2}{n^2} + \frac{\lambda_n}{n^2}\right) \leq 1 \leq \frac{(b-a)^2}{\pi^2}\left(\frac{M^2}{n^2} + \frac{\lambda_n}{n^2}\right).$$

Für $n \to \infty$ folgt hieraus

$$\lim_{n \to \infty} \frac{(b-a)^2}{\pi^2} \frac{\lambda_n}{n^2} = 1.$$

Man schreibt dafür auch

$$\lambda_n \sim \frac{n^2 \pi^2}{(b-a)^2}.$$

Dies bemerkenswerte Ergebnis besagt, daß das asymptotische Verhalten der Eigenwerte für alle Randwertaufgaben (6) der Differentialgleichung (27) das gleiche ist.

Das Ergebnis (25) kann man noch wie folgt verschärfen: Man betrachte zwei Differentialgleichungen:

$$y_1'' + q_1(x) y_1 = 0,$$
$$y_2'' + q_2(x) y_2 = 0 \qquad q_2 > q_1 \text{ in } a \leq x \leq b.$$

Man betrachte Lösungen beider, die bei $x = a$ die gleiche Randbedingung (6) erfüllen. Dann wird die k-te auf a folgende Nullstelle von $y_2(x)$ vor der k-ten auf a folgenden Nullstelle von $y_1(x)$ angetroffen. Für die erste auf a folgende Nullstelle wurde diese Angabe oben bewiesen. Wir beweisen sie durch vollständige Induktion allgemein. Sie sei also für die n-ten Nullstellen richtig. Die n-te Nullstelle η_n von $y_2(x)$ liege also vor der n-ten Nullstelle ξ_n von $y_1(x)$. Alsdann konstruiere man eine Lösung $\bar{y}_1(x)$ der ersten Differentialgleichung, welche bei η_n verschwindet und suche ihre folgende Nullstelle. Die erste auf η_n folgende Nullstelle von $\bar{y}_1(x)$ liegt dann erst jenseits von η_{n+1}, weil $\bar{y}_1(x)$ und $y_2(x)$ bei η_n beide verschwinden und $\bar{y}_1$ zur Differentialgleichung mit kleinerem q gehört. Die beiden Lösungen $y_1(x)$ und $\bar{y}_1(x)$ dieser Differentialgleichungen stimmen nun entweder in ihren Nullstellen überein, oder aber zwischen je zwei aufeinanderfolgenden der einen liegt nach S. 156 genau eine Nullstelle der anderen. Da aber ξ_n zwischen den beiden aufeinanderfolgenden Nullstellen η_n und $\bar{\xi}_{n+1}$ von $\bar{y}_1$ liegt, so liegt ξ_{n+1} erst jenseits $\bar{\xi}_{n+1}$, also erst recht (wie $\bar{\xi}_{n+1}$) jenseits η_{n+1}.

§ 3. Hilfssätze zum Beweis des Entwicklungssatzes.

1. Interpolation. *Sind $y_0, y_1, \ldots, y_{n-1}$ die n ersten Eigenfunktionen, so kann man stets n Zahlen $c_0, \ldots, c_{n-1}$ so bestimmen, daß*

$$c_0 y_0 + \cdots + c_{n-1} y_{n-1}$$

an n in $a < x < b$ gelegenen Stellen vorgeschriebene Werte annimmt.

Sind $x_1 \ldots x_n$ die Stellen, $f_1 \ldots f_n$ die vorgeschriebenen Werte, so handelt es sich um die Auflösung des linearen Gleichungssystems

(1) $$\sum_{j=0}^{n-1} c_j y_j(x_i) = f_i \qquad (i = 1, 2, \ldots, n).$$

Dazu ist zu zeigen, daß

$$\sum_{j=0}^{n-1} c_j y_j(x_i) = 0 \qquad (i = 1, 2, \ldots, n)$$

nur durch

$$c_0 = c_1 = \cdots = c_{n-1} = 0$$

befriedigt werden kann. Daraus folgt ja, daß dann die Determinante von (1) von Null verschieden ist. Es ist also zu zeigen:

Hat

$$c_0 y_0(x) + \cdots + c_{n-1} y_{n-1}(x)$$

n verschiedene Nullstellen in $a < x < b$, so ist

$$c_0 = c_1 = \cdots = c_{n-1} = 0.$$

Der Beweis beruht auf den folgenden Eigenschaften, die nach § 2 der Funktion $y_k(x)$ zukommen.

a) Es gibt drei in $a < x < b$ definierte Funktionen, p, q, r, so daß $p > 0, r > 0$ und daß jedes $y_k(x)$ für einen geeigneten Wert von λ einer Differentialgleichung

(2) $$\frac{d}{dx}\left(p \frac{dy}{dx}\right) + (q + \lambda r) y = 0$$

genügt. Für verschiedene y_k hat der Parameter λ verschiedene Werte.

b) Für $x \to a$, und für $x \to b$ ist

(3) $$\lim p(y_0 y_k' - y_k y_0') = 0.$$

c) Für $x \to a$ und für $x \to b$ existiert

(4) $$\cdot \lim \frac{y_k}{y_0}$$

und ist $\neq 0$.

d) $y_k(x)$ hat in $a < x < b$ höchstens k Nullstellen.

Die genannten vier Eigenschaften kommen auch den Funktionen

(5) $$z_k = p(y_0 y_{k+1}' - y_{k+1} y_0'), \qquad (k = 0, 1 \ldots n-1)$$

zu.

§ 3. Hilfssätze zum Beweis des Entwicklungssatzes.

1. Wendet man nämlich die LAGRANGEsche Identität (13) von S. 152 auf $y = y_0$ und $z = y_{k+1}$ an, so kommt

(6) $\quad \frac{d}{dx} p(y_0 y'_{k+1} - y_{k+1} y'_0) = y_0 L(y_{k+1}) - y_{k+1} L(y_0).$

Dabei ist

(7) $\quad\quad\quad\quad L(y) = \frac{d}{dx}\left(p \frac{dy}{dx}\right) + q y.$

Also ist

(8) $\quad\quad\quad\quad \frac{d z_k}{dx} = (\lambda_0 - \lambda_{k+1}) r y_0 y_{k+1}.$

Daher wird

(9) $\quad \frac{d}{dx}\left(\frac{1}{r y_0^2} \frac{d z_k}{dx}\right) = \frac{d}{dx}\left(\frac{1}{r y_0^2}(\lambda_0 - \lambda_{k+1}) r y_0 y_{k+1}\right) = (\lambda_0 - \lambda_{k+1}) \frac{z_k}{p y_0^2}.$

2. Es ist für $x \to a$ und für $x \to b$

$$\lim z_k = 0.$$

Nach (8) existiert wegen (4) der Grenzwert von

$$\frac{1}{r y_0^2} \frac{d z_k}{dx} = (\lambda_0 - \lambda_{k+1}) \frac{y_{k+1}}{y_0}.$$

Daher ist für $x \to a$ und für $x \to b$

$$\lim \frac{1}{r y_0^2}(z_0 z'_k - z_k z'_0) = 0.$$

3. Aus $z_k \to 0$ folgt wegen (4), daß

$$\lim \frac{z_k}{z_0} = \lim \frac{z'_k}{z'_0} = \lim \frac{(\lambda_0 - \lambda_{k+1}) r y_0 y_{k+1}}{(\lambda_0 - \lambda_1) r y_0 y_1}$$

existiert und $\neq 0$ ist.

4. *Zwischen zwei aufeinanderfolgenden Nullstellen von y_k liegt höchstens eine Nullstelle von z_k.* Wegen (8) kann nämlich z'_k sein Vorzeichen nicht wechseln, solange y_{k+1} ein festes Vorzeichen hat. Denn auch r und y_0 wechseln ihr Vorzeichen nicht. Zwischen a und der ersten Nullstelle von y_{k+1}, und zwischen der letzten Nullstelle von y_{k+1} und b kann z_k nicht verschwinden. Denn dazwischen hat z'_k einerlei Vorzeichen und es ist $y_k \to 0$ für $x \to a$ und für $x \to b$.

Nun kann die Behauptung über die Interpolation durch vollständige Induktion bewiesen werden. Sie ist gewiß richtig für $n = 1$, weil y_0 im Intervall nirgends verschwindet. Sie sei richtig für weniger als n Funktionen, also z. B. für $z_0 \ldots z_{n-2}$. Hat dann

$$f(x) = c_0 y_0 + \cdots + c_{n-1} y_{n-1}$$

mehr als n Nullstellen in $a < x < b$, so hat

$$p y_0^2 \frac{d}{dx}\left(\frac{f}{y_0}\right) = c_1 z_1 + \cdots + c_{n-1} z_{n-2}$$

mindestens n Nullstellen. Daher ist $c_1 = c_2 = \cdots = c_{n-1} = 0$ und also
$$f(x) = c_0 y_0.$$
Diese hat aber für $c_0 \neq 0$ überhaupt keine Nullstellen in $a < x < b$. Also ist auch $c_0 = 0$.

2. Die Abgeschlossenheit. *Ist eine stetige Funktion $f(x)$ zu allen Eigenfunktionen orthogonal, so ist sie identisch Null.*

Aus

(10) $$\int_a^b r f y_n dx = 0 \qquad (n = 0, 1, \ldots)$$

folgt also $f \equiv 0$ in $a \leq x \leq b$.

a) Wir nehmen an, es gebe eine nicht identisch verschwindende stetige Funktion $f(x)$, die allen Gleichungen (10) genügt und konstruieren eine weitere solche Funktion $g(x)$, die außerdem eine stetige Ableitung hat, und für die $p g'$ ebenfalls eine stetige Ableitung besitzt, und die außerdem den Randbedingungen (6) auf S. 163 genügt. Wir nennen eine solche Funktion *regulär*. Man wähle für λ einen Wert, der von allen Eigenwerten verschieden ist, und bestimme g so, daß

$$\frac{d}{dx}\left(p \frac{dg}{dx}\right) + (q + \lambda r) g = r f$$

ist, und daß (6) von S. 163 erfüllt ist. Da λ kein Eigenwert ist, so ist dies nach S. 159 möglich. Nun wende man die LAGRANGEsche Identität (13) von S. 152 auf g und y_n an. Man setze darin

$$L(u) = \frac{d}{dx}\left(p \frac{du}{dx}\right) + q u.$$

Dann liefert sie

$$-g \lambda_k r y_k + y_k \lambda r g - y_k r f = \frac{d}{dx}(p_0 (g y_k' - y_k g')).$$

Man integriere von a bis b, so kommt

$$\int_a^b (\lambda - \lambda_k) r g y_k dx = \int_a^b r f y_k dx.$$

Denn für $x = a$ und für $x = b$ ist

(11) $$g y_k' - y_k g' = 0.$$

Z. B. bei $x = a$ ist doch

$$\cos \alpha \, y_k(a) - \sin \alpha \, p(a) y_k'(a) = 0,$$
$$\cos \alpha \, g(a) - \sin \alpha \, p(a) g'(a) = 0.$$

Da $\cos \alpha$ und $p(a) \sin \alpha$ nicht beide verschwinden, so gilt (11). Aus $\lambda \neq \lambda_k$ und $\int_a^b r f y_k dx = 0$ folgt also

$$\int_a^b r g y_k = 0.$$

§ 3. Hilfssätze zum Beweis des Entwicklungssatzes.

b) *Verschwindet eine reguläre Funktion* $g(x)$ *für alle in* $a < x < b$ *gelegenen Nullstellen eines* $y_k(x)$, *so ist*

(12) $$\int_a^b gL(g)\,dx + \lambda_k \int_a^b r g^2\,dx \leq 0.$$

Da g denselben Randbedingungen wie y_k genügt und im Intervallinneren an den gleichen Stellen wie y_k verschwindet, so ist $\frac{g}{y_k}$ in $a \leq x \leq b$ stetig. Wenn nämlich y_k am Rande verschwindet, so auch g wegen der Randbedingungen. y_k hat aber nur einfache Nullstellen, weil es nicht $\equiv 0$ ist.

Nun ist nach der Identität von LAGRANGE

$$\frac{d}{dx}\left(\frac{gp}{y_k}(y_k g' - g y_k')\right) = \frac{g}{y_k}(y_k L(g) - g L(y_k))$$

$$+ \frac{p}{y_k^2}(y_k g' - y y_k')^2$$

$$= g L(g) + \lambda_k r g^2 + p\left(g' - \frac{g}{y_k} y_k'\right)^2$$

an allen Stellen richtig, wo $y_k \neq 0$ ist. Da aber $\frac{g}{y_k}$ durchweg stetig ist, so liefert die Integration von a bis b

$$0 = \int_a^b g L(g)\,dx + \lambda_k \int_a^b r g^2\,dx + \int_a^b p\left(g' - \frac{g}{y_k} y_k'\right)^2 dx,$$

worin die Behauptung liegt.

c) *Genügt eine reguläre Funktion* f *den Gleichungen*

$$\int_a^b r f y_k\,dx = 0, \qquad k = 0, 1, \ldots, n-1,$$

so ist

(13) $$\int_a^b f L(f)\,dx + \lambda_n \int_a^b r f^2\,dx \leq 0.$$

Man bestimme nach 1. einen Punkt

$$c_0 y_0 + \cdots + c_{n-1} y_{n-1},$$

der an den n Nullstellen von $y_n(x)$ aus $a < x < b$ mit f übereinstimmt. Dann ist

$$g(x) = f(x) - c_0 y_0 \cdots - c_{n-1} y_{n-1}$$

regulär und verschwindet an den n Nullstellen von y_n aus $a < x < b$. Daher ist b) auf g anwendbar. Aus der LAGRANGEschen Identität folgt aber

$$\int_a^b y_i L(f)\,dx = \int_a^b f L(y_i)\,dx = -\lambda_i \int_a^b r f y_i\,dx = 0 \quad (i = 0, 1, \ldots, n-1).$$

BIEBERBACH, Differentialgleichungen. 3. Aufl.

Ferner ist für normierte Eigenfunktionen y_k

$$\int_a^b y_i L(y_j)\,dx = -\lambda_j \int_a^b r y_i y_j\,dx = \begin{cases} 0 \text{ für } i \neq j, \\ -\lambda_j \text{ für } i = j. \end{cases}$$

Daher wird

$$\int_a^b g L(g)\,dx = \int_a^b f L(f)\,dx - \sum_{i=0}^{n-1} c_i^2 \lambda_i,$$

$$\int_a^b r g^2\,dx = \int_a^b r f^2\,dx + \sum_{i=0}^{n-1} c_i^2.$$

Trägt man dies in die in b) bewiesene Formel ein, so wird

$$\int_a^b f L(f)\,dx + \lambda_n \int_a^b r f^2\,dx + \sum_{i=0}^{n-1} c_i^2 (\lambda_n - \lambda_i) \leq 0.$$

Wegen

$$\lambda_n > \lambda_i \qquad (i = 0, 1, \ldots, n-1)$$

folgt hieraus die Behauptung c).

d) Wenn nun ein $f(x)$ den Gleichungen (10) genügt, so bilde man nach a) ein reguläres $f(x)$, das dieselben Gleichungen erfüllt. Nach c) wird dann für alle n

(14) $$\lambda_n \int_a^b r f^2\,dx \leq -\int_a^b f L(f)\,dx.$$

Nun ist aber $\lambda_n \to \infty$ für $n \to \infty$. Wäre $\int_a^b r f^2\,dx \neq 0$, so enthielte (14) etwas Ungereimtes. Daher ist $\int_a^b r f^2\,dx = 0$. Da f stetig ist, so folgt hieraus $f \equiv 0$, womit die Abgeschlossenheit bewiesen ist.

§ 4. Beweis des Entwicklungssatzes.

1. Reduktion auf eine Konvergenzfrage. Der in § 3 bewiesene Abgeschlossenheitssatz erlaubt es, die Entwicklungsfrage auf eine Konvergenzfrage zu reduzieren. Wenn nämlich $f(x)$ eine stetige Funktion ist, und wenn die mit den Koeffizienten

$$c_k = \int_a^b r y_k f\,dx \qquad (k = 0, 1 \ldots)$$

gebildete Reihe[1]

$$c_0 y_0 + c_1 y_1 + \cdots$$

in $a \leq x \leq b$ gleichmäßig konvergiert, so ist

$$f(x) = c_0 y_0 + c_1 y_1 + \cdots$$

---

[1] Die y_k sind normierte Eigenfunktionen.

§ 4. Beweis des Entwicklungssatzes.

in $a \leq x \leq b$. Setzt man nämlich
$$D(x) = f(x) - c_0 y_0 - c_1 y_1 \ldots$$
so ist $D(x)$ in $a \leq x \leq b$ stetig und
$$\int_a^b r y_k D \, dx = 0 \qquad (k = 0, 1 \ldots)$$

Nach dem Abgeschlossenheitssatz ist daher $D(x) \equiv 0$ in $a \leq x \leq b$.

Es bleibt somit nur die gleichmäßige Konvergenz jener Reihe für gewisse Funktionenklassen $f(x)$ zu beweisen.

Der Beweis ergibt sich aus einem allgemeinen Konvergenzsatz, den ERHARD SCHMIDT an die Spitze seiner klassischen Abhandlungen über Integralgleichungen gestellt hat, Abhandlungen, die weit über die Probleme hinaus, denen sie zunächst galten, bahnbrechend gewirkt haben.

2. Allgemeiner Konvergenzsatz über Orthogonalfunktionen. *Es sei*
$$\varphi_1(x), \quad \varphi_2(x), \quad \ldots,$$
eine Folge in $a \leq x \leq b$ *stetiger normierter Orthogonalfunktionen. Es sei also*

(15) $$\int_a^b \varphi_i \varphi_j \, dx = \begin{cases} 0 & i \neq j, \\ 1 & i = j. \end{cases}$$

Es sei $f(x)$ *in* $a \leq x \leq b$ *erklärt und es existiere*
$$\int_a^b F(x) \, dx \quad \text{und} \quad \int_a^b F[(x)]^2 \, dx.$$

Es sei $G(x, \xi)$ *für* $a \leq x \leq b$, $a \leq \xi \leq b$ *erklärt; es sei*

(16) $$\int_a^b [G(x, \xi)]^2 \, dx = G(\xi) < M^2$$

für alle $a \leq \xi \leq b$, *wobei* M *eine von* ξ *unabhängige Zahl ist. Dann konvergiert*
$$\sum_{n=1}^{\infty} \int_a^b F \varphi_n \, dx \cdot \int_a^b G \varphi_n \, dx$$
in $a \leq \xi \leq b$ *absolut und gleichmäßig.*

Aus (15) folgt
$$\int_a^b [F - \sum_1^n \varphi_i \int_a^b F \varphi_i \, dx]^2 \, dx = \int_a^b F^2 \, dx - \sum_1^n \{\int_a^b F \varphi_i \, dx\}^2 \geq 0.$$

Da somit die Partialsummen der Reihe nichtnegativer Glieder

(17) $$\sum_1^{\infty} \{\int_a^b F \varphi_i \, dx\}^2$$

unter der von n unabhängigen Schranke

$$\int_a^b F^2\,dx$$

liegen, so ist die Reihe (17) konvergent. Schreibt man statt F ein G und hält ξ fest, so findet man durch die gleichen Überlegungen und unter Beachtung von (16), daß

$$\sum_{n=1}^{\infty}\{\int_a^b G(x,\xi)\varphi_i\,dx\}^2 < M^2.$$

Nun beachte man, daß

$$\{\sum_{i=n}^{n+p}|\int_a^b F\varphi_i\,dx|\,|\int_a^b G\varphi_i\,dx|\}^2 \leq \sum_{i=n}^{n+p}\{\int_a^b F\varphi_i\,dx\}^2 \cdot \sum_{i=n}^{n+p}\{\int_a^b G\varphi_i\,dx\}^2$$

ist[1].

Daher ist

(18) $$\sum_{i=n}^{n+p}|\int_a^b F\varphi_i\,dx|\,|\int_a^b G\varphi_i\,dx| \leq M\sqrt{\sum_{i=n}^{\infty}\{\int_a^b F\varphi_i\,dx\}^2}.$$

Da aber die Reihe (17) konvergiert, so kann man n so groß wählen, daß die rechte Seite kleiner als eine vorgeschriebene positive Zahl ε wird. Da die Schranke, oberhalb deren dazu n liegen muß, von p unabhängig ist, so ist die Reihe linker Hand von (18) konvergent. Damit ist der allgemeine Konvergenzsatz bewiesen.

3. Entwicklungssatz. Wir formulieren nun den Entwicklungssatz.

Entwicklungssatz[2]: Ist $f(x)$ in $a \leq x \leq b$ stetig und zerfällt das Intervall $a \leq x \leq b$ in endlich viele abgeschlossene Intervalle, in deren jedem $f(x)$ eine stetige Ableitung besitzt, ist außerdem $f(x)$ an jedem Intervallende Null, an dem für die Eigenfunktionen y_n verschwindende Randwerte vorgeschrieben sind, so ist die Reihe

$$\sum_{n=0}^{\infty} y_n(x)\int_a^b r f y_n\,d\xi$$

in $a \leq x \leq b$ absolut und gleichmäßig konvergent.

---

[1] Setzt man

$$a_i = |\int_a^b F\varphi_i\,dx|, \qquad b_i = |\int_a^b G\varphi_i\,dx|,$$

so bedeutet dies, daß

$$(\sum a_i b_i)^2 \leq \sum a_i^2 \cdot \sum b_i^2$$

ist. Nun aber ist für beliebige reelle x_1, x_2

$$\sum(x_1 a_i + x_2 b_i)^2 = x_1^2 \sum a_i^2 + 2 x_1 x_2 \sum a_i b_i + x_2^2 \sum b_i^2 \geq 0.$$

Also ist

$$(\sum a_i b_i)^2 - \sum a_i^2 \cdot \sum b_i^2 \leq 0.$$

[2] Man vgl. die Bemerkungen von S. 178/179 über die Möglichkeit, den Entwicklungssatz als Konvergenzsatz zu formulieren.

§ 4. Beweis des Entwicklungssatzes.

Man gewinnt den Beweis, wenn man in dem allgemeinen Konvergenzsatz statt der φ_n, F, G geeignete Funktionen einträgt. Wir nehmen

$$\varphi_n = \frac{\sqrt{p}}{\sqrt{\lambda_n - \lambda_0}}\left(y'_n - \frac{y_n}{y_0}y'_0\right), \quad n = 1, 2\ldots$$

Wenn an einem Intervallende Randwerte Null vorgeschrieben sind, so verstehe man dort unter $\frac{y_n}{y_0}$ den Grenzwert von $\frac{y_n(x)}{y_0(x)}$ bei Annäherung an den Randpunkt. Dann sind die $\varphi_n(x)$ in $a \leq x \leq b$ stetig. Sie sind normiert und orthogonal. Denn es ist

$$\int_a^b \varphi_i \varphi_j \, dx = \frac{1}{\sqrt{\lambda_i - \lambda_0}\sqrt{\lambda_j - \lambda_0}} \int_a^b p(y_0 y'_i - y_i y'_0)\left(\frac{y_0 y'_j - y_j y'_0}{y_0^2}\right) dx$$

$$= \frac{1}{\sqrt{\lambda_i - \lambda_0}\sqrt{\lambda_j - \lambda_0}} \int_a^b p(y_0 y'_i - y_i y'_0) \frac{d}{dx}\left(\frac{y_j}{y_0}\right) dx$$

$$= \frac{1}{\sqrt{\lambda_i - \lambda_0}\sqrt{\lambda_j - \lambda_0}} \left\{\left[\frac{y_j}{y_0} p(y_0 y'_i - y_i y'_0)\right]_a^b \right.$$

$$\left. - \int_a^b \frac{y_j}{y_0} \frac{d}{dx}(p(y_0 y'_i - y_i y'_0)) dx\right\}.$$

Der ausintegrierte Bestandteil ist Null nach einer schon S. 176 benutzten Bemerkung. Unter dem Integral wende man die Identität von LAGRANGE an. Dann bekommt man

$$\int_a^b \varphi_i \varphi_j \, dx = -\frac{1}{\sqrt{\lambda_i - \lambda_0}\sqrt{\lambda_j - \lambda_0}} \int_a^b \frac{y_j}{y_0}(y_0 L(y_i) - y_i L(y_0)) dx$$

$$= -\frac{1}{\sqrt{\lambda_i - \lambda_0}\sqrt{\lambda_j - \lambda_0}} \int_a^b \frac{y_j}{y_0}(-\lambda_i r y_i y_0 + \lambda_0 r y_i y_0) dx$$

$$= \frac{\lambda_i - \lambda_0}{\sqrt{\lambda_i - \lambda_0}\sqrt{\lambda_j - \lambda_0}} \int_a^b r y_i y_j \, dx = \begin{cases} 0 & i \neq j, \\ 1 & i = j. \end{cases}$$

Nun nehme man

$$F = \sqrt{p}\left(f' - \frac{f}{y_0}y'_0\right).$$

Das Intervall zerfällt nach unseren Voraussetzungen über f in endlich viele abgeschlossene Intervalle, in deren jedem F stetig ist. Daher existiert

$$\int_a^b F \, dx \quad \text{und} \quad \int_a^b F^2 \, dx.$$

Dann ist
$$\int_a^b F y_i \, dx = \sqrt{\lambda_i - \lambda_0} \int_a^b r f y_i \, dx.$$

Man beweist dies, indem man in der gerade vorhin angestellten Betrachtung φ_j durch $\dfrac{F}{\sqrt{\lambda_j - \lambda_0}}$, also y_j durch $\dfrac{f}{\sqrt{\lambda_j - \lambda_0}}$ ersetzt. Da f stetig ist, kann auch die partielle Integration unverändert durchgeführt werden.

Weiter setze man
$$G(x, \xi) = \frac{y_0(\xi)}{\sqrt{p(x)}\, y_0(x)} \int_a^x r(t)\, y_0^2(t)\, dt, \qquad a \leq x < \xi,$$

$$G(x, \xi) = \frac{y_0(\xi)}{\sqrt{p(x)}\, y_0(x)} \int_b^x r(t)\, y_0^2(t)\, dt, \qquad \xi < x \leq b.$$

$G(x, \xi)$ ist beschränkt und für $x \neq \xi$ stetig[1]. Für $x = \xi$ aber wird
$$G(\xi+0, \xi) - G(\xi-0, \xi) = -\frac{1}{\sqrt{p(\xi)}} \int_a^b r(t)\, y_0^2(t)\, dt = -\frac{1}{\sqrt{p(\xi)}}.$$

Somit existiert
$$\int_a^b G(x, \xi)\, dx \quad \text{und} \quad \int_a^b G^2(x, \xi)\, dx$$

und gibt es eine Zahl M^2, so daß
$$\int_a^b G^2(x, \xi)\, dx < M^2$$

für alle $a \leq \xi \leq b$. Dann wird

$$\int_a^b G \varphi_i \, dx = \int_a^\xi \frac{y_0(\xi)}{\sqrt{p(x)}\, y_0(x)} \int_a^x r(t)\, y_0(t)\, dt \cdot \frac{\sqrt{p(x)}}{\sqrt{\lambda_i - \lambda_0}} \left(y_i' - \frac{y_i}{y_0} y_0' \right) dx$$

$$+ \int_\xi^b \frac{y_0(\xi)}{\sqrt{p(x)}\, y_0(x)} \int_b^x r(t)\, y_0^2(t)\, dt \, \frac{\sqrt{p(x)}}{\sqrt{\lambda_i - \lambda_0}} \left(y_i' - \frac{y_i}{y_0} y_0' \right) dx$$

---

[1] Wenn z. B. $y_0(a) = 0$ sein sollte, so ist für $x < \xi$
$$\lim_{x \to 0} \frac{1}{y_0(x)} \int_a^x r(t)\, y_0^2(t)\, dt = 0$$

und für $x > \xi$ und genügend nahe bei a gelegene x
$$|\varphi_0(\xi)| < |\varphi_0(x)|.$$

§ 4. Beweis des Entwicklungssatzes.

$$\int_a^b G\varphi_1\,dx = \frac{y_0(\xi)}{\sqrt{\lambda_i-\lambda_0}} \int_a^\xi \frac{d}{dx}\left(\frac{y_i}{y_0}\right) \int_a^x r(t)\,y_0^2(t)\,dt \cdot dx$$

$$+ \frac{y_0(\xi)}{\sqrt{\lambda_i-\lambda_0}} \int_\xi^b \frac{d}{dx}\left(\frac{y_i}{y_0}\right) \int_b^x r(t)\,y_0^2(t)\,dt \cdot dx$$

$$= \frac{y_0(\xi)}{\sqrt{\lambda_i-\lambda_0}} \frac{y_i(\xi)}{y_0(\xi)} \int_a^\xi r(t)\,y_0^2(t)\,dt - \frac{y_0(\xi)}{\sqrt{\lambda_i-\lambda_0}} \int_a^\xi \frac{y_i(x)}{y_0(x)} r(x)\,y_0^2(x)\,dx$$

$$- \frac{y_0(\xi)}{\sqrt{\lambda_i-\lambda_0}} \frac{y_i(\xi)}{y_0(\xi)} \int_b^\xi r(t)\,y_0^2(t)\,dt + \frac{y_0(\xi)}{\sqrt{\lambda_i-\lambda_0}} \int_b^\xi \frac{y_i(x)}{y_0(x)} r(x)\,y_0^2(x)\,dx$$

$$= \frac{y_i(\xi)}{\sqrt{\lambda_i-\lambda_0}} \int_a^b r(t)\,y_0^2(t)\,dt - \frac{y_0(\xi)}{\sqrt{\lambda_i-\lambda_0}} \int_a^b r\,y_0\,y_i\,dx$$

$$= \frac{y_i(\xi)}{\sqrt{\lambda_i-\lambda_0}}.$$

Trägt man die gefundenen Ergebnisse in den allgemeinen Konvergenzsatz ein, so erkennt man die Richtigkeit des Entwicklungssatzes.

4. Fouriersche Reihen. Dieser allgemeine Entwicklungssatz erinnert an den analogen Satz in der Theorie der Fourierschen Reihen[1]. Dort wird gelehrt, daß man jede in $-\pi \leq x \leq \pi$ abteilungsweise stetig differenzierbare Funktion in der Form

$$f(x) = \frac{1}{2} a_0 + \sum_{n=1}^{\infty} (a_n \cos nx + b_n \sin nx)$$

entwickeln kann. Hier ist

$$\left.\begin{aligned} a_n &= \frac{1}{\pi}\int_{-\pi}^{\pi} f(x)\cos nx\,dx, \\ b_n &= \frac{1}{\pi}\int_{-\pi}^{\pi} f(x)\sin nx\,dx. \end{aligned}\right\} \quad n = 0, 1 \ldots$$

Die Fourierschen Reihen sind kein Spezialfall der allgemeinen Sturm-Liouvilleschen Entwicklungen. Denn die Funktionen

(19) $1,\ \cos x,\ \cos 2x,\ldots,\quad \sin x,\ \sin 2x,\ldots$

sind keine Funktionenfolge, die für $-\pi \leq x \leq \pi$ Randbedingungen

---

[1] Vgl. z. B. meinen Leitfaden der Integralrechnung. 3. Aufl., S. 78ff. Leipzig: B. G. Teubner 1928.

vom STURM-LIOUVILLEschen Typus genügen. Sie sind gewiß Integrale der Differentialgleichungen

$$y'' + n^2 y = 0$$

der $\cos nx$ und $\sin nx$ genügen. Bei $x = \pi$ aber sind

$$\cos \alpha \, y_n(\pi) - \sin \alpha \, y_n'(\pi) = \begin{cases} \cos \alpha \cos n\pi & \text{für} \quad y_n = \cos nx, \\ \sin \alpha \cos n\pi & \text{für} \quad y_n = \sin nx. \end{cases}$$

Für kein α sind beide Werte Null. Daher ist die Folge (19) keine Folge STURM-LIOUVILLEscher Eigenfunktionen. Wenn aber $f(x)$ in $-\pi \leq x \leq \pi$ stetig ist und $f(-\pi) = f(\pi)$ ist, so entwickle man

$$\frac{f(x) + f(-x)}{2}$$

in $0 \leq x \leq \pi$ nach den Eigenfunktionen von

(20) $$y'' + \lambda y = 0,$$

und den Randbedingungen

$$u'(0) = u'(\pi) = 0$$

und

$$\frac{f(x) - f(-x)}{2}$$

in $0 \leq x \leq \pi$ nach den Eigenfunktionen von (20), die

$$u(0) = u(\pi) = 0$$

genügen. Beide Male sind die Eigenwerte $\lambda = n^2$. Im ersten Fall sind die Eigenfunktionen abgesehen von der Normierung

$$1, \cos x, \cos 2x, \ldots,$$

im zweiten Falle

$$\sin x, \sin 2x, \ldots.$$

Also wird

$$\frac{f(x) + f(-x)}{2} = \frac{a_0}{2} + a_1 \cos x + \cdots,$$

$$\frac{f(x) - f(-x)}{2} = b_1 \sin x + \cdots.$$

Daher ist

$$f(x) = \frac{a_0}{2} + (a_1 \cos x + b_1 \sin x) + \cdots \quad \text{für} \quad 0 \leq x \leq \pi$$

und

$$f(-x) = \frac{a_0}{2} + (a_1 \cos x - b_1 \sin x) + \cdots \quad \text{für} \quad 0 \leq x \leq \pi.$$

Somit ist

$$f(x) = \frac{a_0}{2} + (a_1 \cos x + b_1 \sin x) + \cdots \quad \text{auch für} \quad -\pi \leq x \leq 0.$$

Die Voraussetzung $f(\pi) = f(-\pi)$ mußte gemacht werden, damit

$$\frac{f(x) - f(-x)}{2}$$

für $x = 0$ und für $x = \pi$ verschwindet. Denn die hier gewählten Eigenfunktionen verschwinden bei 0 und π. Unser allgemeiner Entwicklungssatz bezieht sich aber in solchen Fällen auf Funktionen, die gleichfalls bei 0 und π verschwinden.

§ 5. Die BESSELsche Differentialgleichung
$$y'' + \frac{1}{x} y' + \left(1 - \frac{n^2}{x^2}\right) y = 0.$$

1. BESSELsche Funktionen. Ich behandle sie als Beispiel zu den allgemeinen Erörterungen der vorstehenden Paragraphen, obwohl dabei nicht alle Voraussetzungen jener Paragraphen erfüllt sind. n sei eine reelle, nichtnegative, nicht notwendig ganze Zahl.

Zunächst wollen wir feststellen, daß diese Differentialgleichung stets ein bei $x = 0$ endliches Integral besitzt, obwohl $x = 0$ ein singulärer Punkt ist. Zu diesem Zweck machen wir den Ansatz

$$y = x^n \cdot v \qquad (n \geqq 0).$$

Für v ergibt sich dann die Differentialgleichung

$$x v'' + (2n + 1) v' + x v = 0.$$

Wir versuchen nun, derselben durch eine Potenzreihe

$$v = a_0 + a_1 x + a_2 x^2 + \cdots$$

zu genügen. Setzt man sie ein, so erhält man

$$xv = a_0 x + a_1 x^2 + \cdots + a_{2m} x^{2m+1} + a_{2m+1} x^{2m+2} + \cdots$$
$$(2n+1)v' = (2n+1) a_1 + 2(2n+1) a_2 x + 3(2n+1) a_3 x^2 + \cdots$$
$$+ (2n+1)(2m+2) a_{2m+2} x^{2m+1}$$
$$+ (2n+1)(2m+3) a_{2m+3} x^{2m+2} + \cdots$$
$$x v'' = 2 a_2 x + 6 a_3 x^2 + \cdots + (2m+2)(2m+1) a_{2m+2} x^{2m+1}$$
$$+ (2m+3)(2m+2) a_{2m+3} x^{2m+2} \cdots$$

Da die Summe Null sein soll, so genügt man der Gleichung, wenn man die Koeffizienten der einzelnen x-Potenzen in der Summe Null setzt. Das führt zu den Gleichungen

$$a_1 = 0$$
$$a_0 + 4(n+1) a_2 = 0$$
$$a_1 + 3(2n+3) a_3 = 0$$
$$a_2 + 8(n+2) a_4 = 0$$
$$\vdots$$
$$a_{2m} + a_{2m+2} \cdot 2(2m+2)(m+n+1) = 0$$
$$a_{2m+1} + a_{2m+3}(2m+3)(2(n+m)+3) = 0.$$

Man berechnet daraus

$$a_1 = 0$$
$$a_2 = -\frac{1}{4}\frac{1}{n+1}a_0$$
$$\vdots$$
$$a_{2m} = (-1)^m \cdot \frac{1}{2^{2m}}\frac{1}{m!} \cdot \frac{1}{n+1} \cdot \frac{1}{n+2} \cdots \frac{1}{n+m} \cdot a_0$$
$$a_{2m+1} = 0.$$

So findet man als Lösung schließlich

(1) $$v = a_0 \sum_{m=0}^{m=\infty} (-1)^m \frac{1}{2^{2m}}\frac{1}{m!}\frac{1}{\prod_{h=1}^{h=m}(n+h)} \cdot x^{2m}.$$

Da diese Potenzreihe nun offenbar einen von Null verschiedenen Konvergenzradius hat, so ist nachträglich einzusehen, daß unser Verfahren, das ein gliedweises Differenzieren der Reihe usw. benutzte, in Ordnung ist.

Die Methode, die wir hier verwendeten, heißt Methode der unbestimmten Koeffizienten. Wir werden sie noch häufig bei der Integration der linearen Differentialgleichungen zweiter Ordnung verwenden.

Ich setze nun noch wie üblich

$$a_0 = \frac{1}{2^n}\frac{1}{\Gamma(n+1)}$$

und bezeichne

(2) $$J_n(x) = \frac{x^n}{2^n \cdot \Gamma(n+1)} v = \sum_{m=0}^{\infty}(-1)^m \frac{1}{2^{n+2m}}\frac{1}{\Gamma(m+1)}\frac{1}{\Gamma(m+n+1)} x^{n+2m}.$$

Man nennt die hierdurch dargestellte ganze Funktion die BESSELsche *Funktion n-ter Ordnung*[1].

2. Nullstellen. Über ihre Nullstellen bekommen wir Aufschluß, wenn wir durch die Substitution

$$y = \frac{1}{\sqrt{x}} \cdot z$$

---

[1] Wir wollen uns jetzt nicht dabei aufhalten, nachzuweisen, daß das gefundene das einzige bei $x=0$ endliche Integral ist. Denn später, S. 219, wird sich das aus allgemeinen Methoden ganz von selbst ergeben. Bei nicht ganzzahligem n allerdings kann man sich davon sehr leicht im Rahmen der eben angestellten Rechnung überzeugen. Man braucht nur, statt wie eben in dem Ansatz $y = x^n v$ n positiv zu nehmen, $y = x^{-n} v (n>0)$ anzusetzen. Man findet dann wieder für v eine konvergente Potenzreihe. Aber y wird nun bei $x=0$ unendlich, unterscheidet sich also von der ersten Lösung nicht bloß um einen konstanten Faktor und bildet daher mit dieser zusammen ein Fundamentalsystem. Daher sind alle anderen Lösungen bei $x=0$ unendlich. Die Durchführung zeigt, daß nur für nicht ganzzahliges n ein neues Integral $J_{-n}(x)$ gefunden wird. Für ganzzahlige n aber wird $J_{-n}(x)$ sinnlos. Wie man hier ein zweites nicht endliches Integral findet, wird sich S. 220 ergeben.

§ 5. Die BESSELsche Differentialgleichung.

von der BESSELschen Differentialgleichung zu einer anderen übergehen, in der die erste Ableitung fehlt. Die durch
$$z = \sqrt{x} \cdot J_n(x)$$
erklärte[1] Funktion genügt dann der Differentialgleichung
$$(3) \qquad z'' + \left(1 - \frac{4n^2 - 1}{4x^2}\right) z = 0.$$
Da mit wachsendem x der Koeffizient gegen Eins strebt, so strebt nach S. 172 der Abstand zweier aufeinanderfolgender Nullstellen mit wachsender Nummer gegen π. Ich betrachte die positiven Nullstellen α_μ von $z(x)$ und denke sie mir der Größe nach numeriert. Da sie sich im Endlichen nach S. 156 nirgends häufen, und alle einfach sind, so bilden sie eine monoton gegen Unendlich wachsende Zahlenfolge. Zu jedem $\varepsilon > 0$ gehört eine ganze positive Zahl $k = k(\varepsilon)$, so daß
$$1 - \varepsilon < 1 - \frac{4n^2 - 1}{4x^2} < 1 + \varepsilon \quad \text{für} \quad x \geqq \alpha_k.$$
Für die μ-te auf α_k folgende Nullstelle ist daher nach S. 172
$$\frac{\alpha_{k+\mu} - \alpha_k}{\pi}(1 - \varepsilon) < \mu < \frac{\alpha_{k+\mu} - \alpha_k}{\pi}(1 + \varepsilon).$$
Daher ist
$$\left(1 - \frac{\alpha_k}{\alpha_{k+\mu}}\right)(1 - \varepsilon) + \frac{k\pi}{\alpha_{k+\mu}} < \frac{(\mu + k)\pi}{\alpha_{k+\mu}} < \left(1 - \frac{\alpha_k}{\alpha_{k+\mu}}\right)(1 + \varepsilon) + \frac{k\pi}{\alpha_{k+\mu}}.$$
Daher gibt es eine positive Zahl $\mu(\varepsilon)$, so daß für $\mu > \mu(\varepsilon)$
$$1 - 2\varepsilon < \frac{(\mu + k)\pi}{\alpha_{\mu+k}} < 1 + 2\varepsilon.$$
Daher ist
$$\lim_{\nu \to \infty} \frac{\alpha_\nu}{\nu \pi} = 1,$$
wofür man $\alpha_\nu \sim \nu \pi$ zu schreiben pflegt.

3. Orthogonalsystem. Nunmehr betrachte ich die Funktion
$$(4) \qquad \psi(x) = z(\lambda x) = \sqrt{\lambda x} J_n(\lambda x).$$
Sie genügt der Differentialgleichung
$$(5) \qquad \psi'' + \left(\lambda^2 - \frac{4n^2 - 1}{4x^2}\right) \psi = 0.$$
Ich fasse λ als Parameter auf und suche ihn so zu bestimmen, daß die Differentialgleichung Lösungen besitzt, welche bei $x = 0$ und bei $x = 1$ verschwinden. Dies ist dann und nur dann der Fall, wenn λ einer Nullstelle α_μ von $J_n(x)$ gleichgesetzt wird. Denn $\sqrt{\alpha_\mu x} J_n(\alpha_\mu x)$ ist

---
[1] Unter $\sqrt{x}$ sei der positive Wert verstanden.

II. 3. Gewöhnliche Differentialgleichungen zweiter Ordnung im reellen Gebiet.

bei $x = 0$ Null; aber es ist auch für $x = 1$ Null. Denn es ist $J_n(\alpha_\mu) = 0$. Ist aber $\psi(1) = 0$, so ist $\sqrt{\lambda}\, J_n(\lambda) = 0$, d. h. λ einer der Nullstellen von $J_n(x)$ gleich (oder Null). Diese Eigenfunktionen sind nach S. 168 zueinander orthogonal. Daher sind alle α_μ reell. Denn sonst müßten zwei konjugiert imaginäre Eigenfunktionen, als zu verschiedenen Eigenwerten gehörig, zueinander orthogonal sein, ohne daß die Eigenfunktionen identisch verschwinden. Das geht aber nicht an. Die Eigenfunktionen sind aber noch nicht normiert. λ_μ und λ_ν seien zwei beliebige Werte des Parameters λ, also nicht unbedingt Eigenwerte. Ich setze

$$\psi_\mu = \sqrt{\lambda_\mu x}\, J_n(\lambda_\mu x) \quad \text{und} \quad \psi_\nu = \sqrt{\lambda_\nu x}\, J_n(\lambda_\nu x).$$

Ich schreibe die beiden Differentialgleichungen

$$\psi_\mu'' + \left(\lambda_\mu^2 - \frac{4n^2 - 1}{4x^2}\right)\psi_\mu = 0,$$

$$\psi_\nu'' + \left(\lambda_\nu^2 - \frac{4n^2 - 1}{4x^2}\right)\psi_\nu = 0$$

an, multipliziere die erste mit ψ_ν, die zweite mit ψ_μ und subtrahiere:

$$\psi_\mu''\psi_\nu - \psi_\nu''\psi_\mu = (\lambda_\nu^2 - \lambda_\mu^2)\,\psi_\mu\psi_\nu.$$

Nun untegriere ich von Null bis Eins und erhalte

$$\psi_\mu'(1)\,\psi_\nu(1) - \psi_\nu'(1)\,\psi_\mu(1) = (\lambda_\nu^2 - \lambda_\mu^2) \int_0^1 \psi_\mu\psi_\nu\, dx.$$

Wenn insbesondere λ_ν und λ_μ zwei verschiedene Eigenwerte sind, dann ist

$$\psi_\nu(1) = \psi_\mu(1) = 0,$$

$$\int_0^1 \psi_\mu\psi_\nu\, dx = 0$$

und wir haben aufs neue die Orthogonalitätseigenschaft. Nun schreibe ich aber bei beliebigen λ_μ, λ_ν das Resultat unter Verwendung von (4) so:

$$\frac{\sqrt{\lambda_\mu \cdot \lambda_\nu}}{\lambda_\mu + \lambda_\nu} \cdot \frac{\lambda_\mu J_n'(\lambda_\mu) J_n(\lambda_\nu) - \lambda_\nu J_n'(\lambda_\nu) J_n(\lambda_\mu)}{\lambda_\nu - \lambda_\mu} = \int_0^1 \psi_\mu \cdot \psi_\nu\, dx$$

und mache den Grenzübergang $\lambda_\nu \to \lambda_\mu$. Nach den Regeln der Differentialrechnung erhält man dann

$$\lambda_\mu J_n'^2(\lambda_\mu) - J_n'(\lambda_\mu) J_n(\lambda_\mu) - \lambda_\mu J_n''(\lambda_\mu) J_n(\lambda_\mu) = 2\int_0^1 \psi_\mu^2\, dx.$$

Wählt man nun für λ_μ einen Eigenwert α_μ, so hat man wegen $J_n(\alpha_\mu) = 0$

$$\int_0^1 \psi_\mu^2\, dx = \tfrac{1}{2}\alpha_\mu \cdot J_n'^2(\alpha_\mu).$$

Dividiert man also die

$$\psi_\mu(x)$$

§ 5. Die BESSELsche Differentialgleichung.

durch
$$\sqrt{\frac{\alpha_\mu}{2}} \cdot J_n'(\alpha_\mu),$$
so erhält man die normierten Eigenfunktionen
$$\varphi_\mu(x) = \sqrt{\frac{2}{\alpha_\mu}} \frac{1}{J_n'(\alpha_\mu)} \psi_\mu(x) = \frac{\sqrt{2x}}{J_n'(\alpha_\mu)} \cdot J_n(\alpha_\mu x),$$
deren Quadrat von Null bis Eins integriert den Wert 1 liefert.

In den $J_n(\alpha_\mu x)$ schreiben sich die abgeleiteten Orthogonalitätsrelationen so:
$$\int_0^1 x J_n(\alpha_\mu x) \cdot J_n(\alpha_\nu x) \, dx = 0 \qquad (\mu \neq \nu)$$

$$\int_0^1 x J_n^2(\alpha_\mu x) \, dx = \tfrac{1}{2} J_n'^2(\alpha_\mu).$$

4. Entwicklungssatz. Nun erhebt sich weiter die Frage nach den Entwicklungen nach diesem Orthogonalsystem. Die Überlegungen der §§ 1 bis 4 sind hier nicht ohne weiteres verwendbar. Denn die dort gemachten Voraussetzungen sind nicht erfüllt. Bei $x = 0$ liegt ja ein Pol der Koeffizienten. In der Tat bemerkten wir ja auch schon S. 186 und werden es S. 220 näher bestätigt finden, daß es bis auf einen konstanten Faktor nur eine bei $x = 0$ endliche Lösung von (5) gibt. Dementsprechend haben wir es hier mit einem anderen Randwertproblem zu tun, als den bisher behandelten. Es handelt sich hier darum, Funktionen zu betrachten, die bei $x = 0$ endlich bleiben und die bei $x = 1$ verschwinden.

Ein ähnliches Randwertproblem kommt auch bei den Kugelfunktionen vor. Hier bei den LEGENDREschen Polynomen handelt es sich um die bei $x = +1$ und bei $x = -1$ endlichen Lösungen von
$$\frac{d}{dx}\left((1 - x^2) \frac{dy}{dx}\right) + \lambda y = 0.$$
Wir werden sie später S. 235 ff. bestimmen lernen.

Wir dürfen hier um so eher auf eine weitere Darlegung verzichten, als die Entwicklung nach BESSELschen Funktionen in dem dieser Sammlung angehörigen Buch von COURANT und HILBERT: Methoden der mathematischen Physik, eine ausführliche Darstellung gefunden hat. Zugleich möchte ich noch auf die sehr einfache und elegante Darstellung hinweisen, die Herr PRÜFER kürzlich in den Mathematischen Annalen Bd. 95 gegeben hat. Er hat in dieser Arbeit, die auch in den §§ 1 bis 4 wesentlich herangezogen wurde, gezeigt, wie sich seine Methode auch für die BESSELschen Funktionen und für die LEGENDREschen Polynome umbauen läßt.

§ 6. Zusammenhang mit der Theorie der Integralgleichungen.

Wir dürfen nicht zu anderen Fragen übergehen, ehe wir nicht wenigstens in großen Zügen den Zusammenhang der Randwertprobleme mit der Theorie der *Integralgleichungen* aufgedeckt haben. Wir zeigen ihn wieder am Beispiel der ersten Randwertaufgabe. Es sei die Differentialgleichung

(1) $$\frac{d}{dx}\left(p\frac{dy}{dx}\right) + (q + \lambda r) y = 0$$

so beschaffen, daß für $\lambda = 0$ eine gegebene Randwertaufgabe (6) von S. 163 nicht lösbar ist. Dann besitzt diese Gleichung, wie wir wissen, eine GREENsche Funktion $G(x, \xi)$. Somit gilt nach (11) S. 161 für die den Randbedingungen (6) der S. 163 genügende Lösung von (1) die homogene Integralgleichung

(2) $$y(x) = -\lambda \int_a^b G(x, \xi)\, r(\xi)\, y(\xi)\, d\xi.$$

Ebenso findet man für die an den Rändern verschwindende Lösung der inhomogenen Gleichung

(3) $$\frac{d}{dx}\left(p\frac{dy}{dx}\right) + (q + \lambda r) y + s(x) = 0$$

die inhomogene Integralgleichung

(4) $$y = -\lambda \int_a^b G(x, \xi)\, r(\xi)\, y(\xi)\, d\xi - \int_a^b G(x, \xi)\, s(\xi)\, d\xi.$$

Unsere Sätze lehren also, daß die Alternative besteht, wonach entweder die homogene oder die inhomogene Integralgleichung lösbar ist. Beide zugleich sind aber nur für gewisse Funktionen $s(x)$ lösbar. Ferner wissen wir, daß die homogene Gleichung nur für gewisse Eigenwerte λ_i durch gewisse Eigenfunktionen $y_i(x)$ lösbar ist. Diese Sätze sind Spezialfälle der gleichlautenden Sätze über allgemeinere lineare Integralgleichungen mit symmetrischem Kern $K(x, \xi)$. Symmetrisch soll dabei der Kern heißen, wenn wie bei den GREENschen Funktionen $K(x, \xi) = K(\xi, x)$ ist.

Wir betrachten dann die beiden Integralgleichungen:

(5) $$\varphi(x) - \lambda \int_a^b K(x, \xi)\, \varphi(\xi)\, d\xi = 0,$$

(6) $$\varphi(x) - \lambda \int_a^b K(x, \xi)\, \varphi(\xi)\, d\xi = \psi(x).$$

Über den Kern ist dabei vorauszusetzen, daß er stetig ist für $a \leq x \leq b$, $a \leq \xi \leq b$ oder daß er doch wenigstens quadratisch integrierbar ist,

d. h. daß das Integral
$$\int_a^b \int_a^b [K(x,\xi)]^2\, dx\, d\xi$$
konvergiert. Die von unseren Randwertproblemen herkommenden Integralgleichungen sind anscheinend nicht mit einem symmetrischen Kern versehen. Denn der Kern scheint $G(x,\xi)r(\xi)$ zu sein. Man kann aber z. B. die Integralgleichung (2) sofort auch so schreiben

(7) $\quad y(x)\sqrt{r(x)} + \lambda \int_a^b \sqrt{r(x)}\, G(x,\xi)\, \sqrt{r(\xi)} \cdot y(\xi) \sqrt{r(\xi)}\, d\xi = 0.$

Setzt man dann

$$y(x)\sqrt{r(x)} = \varphi(x), \qquad \sqrt{r(x)}\, G(x,y)\, \sqrt{r(\xi)} = -K(x,\xi),$$

so geht sie in die Gleichung (5) über. Man kann die Theorie dieser Integralgleichungen selbständig entwickeln, wie es Fredholm, Hilbert, E. Schmidt getan haben, und hat damit einen neuen Zugang zu den Randwertproblemen. Auch der Entwicklungssatz gilt für die Eigenfunktionen dieser allgemeineren Integralgleichungen.

§ 7. Geschlossene Integralkurven.

1. Extremalen. Der qualitative Verlauf der Lösungen gewisser Gleichungen zweiter Ordnung ist Gegenstand vielfältiger Untersuchung gewesen. Es handelt sich dabei einerseits um lineare Differentialgleichungen, die wir in den vorausgegangenen Paragraphen ausführlich behandelt haben. Andererseits sind die Lösungen gewisser nichtlinearer Differentialgleichungen eingehend durchforscht. Ich will hier im Anschluß an eine Arbeit von Birkhoff[1] einiges herausheben. Die Gleichungen, welche wir betrachten wollen, sind von relativ spezieller Gestalt. Es sollen die Eulerschen Gleichungen gewisser definiter Variationsprobleme sein. Die Aufgabe, Kurven so zu bestimmen, daß das Integral

(1) $\quad J = \int_{t_0}^{t_1} F(x, y, x', y')\, dt$

möglichst klein wird, führt auf die beiden Differentialgleichungen

(2) $\quad \dfrac{d}{dt}\left(\dfrac{\partial F}{\partial x'}\right) - \dfrac{\partial F}{\partial x} = 0, \qquad \dfrac{d}{dt}\left(\dfrac{\partial F}{\partial y'}\right) - \dfrac{\partial F}{\partial y} = 0,$

die man die Eulerschen Gleichungen des Variationsproblemes nennt. Die Funktion F sei samt ihren ersten und zweiten Ableitungen in einem gewissen Bereiche B stetig.

---

[1] Dynamical systems with two degrees of freedom. Trans. amer. math. Soc. Bd. 18, S. 199 bis 300. 1917.

II. 3. Gewöhnliche Differentialgleichungen zweiter Ordnung im reellen Gebiet.

Daß die gesuchten Kurven den beiden Differentialgleichungen genügen müssen, sieht man nach den Regeln der Variationsrechnung so ein:

Es sei $x = x(t)$, $y = y(t)$ für $t_0 \leq t \leq t_1$ eine Kurve aus B, welche die Punkte (x_0, y_0) und (x_1, y_1) verbindet; x und y seien in diesem Intervall zweimal stetig differenzierbar; t_0 und t_1 sollen die den beiden Punkten (x_0, y_0) und (x_1, y_1) entsprechenden Werte des Parameters t sein. $x = x(t) + \varepsilon \eta_1(t)$, $y = y(t) + \varepsilon \eta_2(t)$ stelle für alle ε mit genügend kleinem absolutem Betrag Kurven aus B dar, welche dieselben Punkte verbinden; es sei also $\eta_1(t_0) = \eta_1(t_1) = \eta_2(t_0) = \eta_2(t_1) = 0$; die η_1 und η_2 seien stetig differenzierbar; ε sei ein Parameter. Für diese Kurve wird das Integral

$$J = \int_{t_0}^{t_1} F(x + \varepsilon \eta_1, y + \varepsilon \eta_2, x' + \varepsilon \eta_1', y' + \varepsilon \eta_2') \, dt,$$

und diese Funktion von ε soll für $\varepsilon = 0$ ein Minimum besitzen. Daher muß die Ableitung nach ε für $\varepsilon = 0$ verschwinden. Differentiation aber liefert

$$0 = \int_{t_0}^{t_1} \left\{ \eta_1 \frac{\partial F}{\partial x} + \eta_1' \frac{\partial F}{\partial x'} + \eta_2 \frac{\partial F}{\partial y} + \eta_2' \frac{\partial F}{\partial y'} \right\} dt.$$

Durch partielle Integration kann man dies Integral auf die folgende Form bringen:

$$(3) \qquad 0 = \int_{t_0}^{t_1} \left[\eta_1 \left\{ \frac{\partial F}{\partial x} - \frac{d}{dt}\left(\frac{\partial F}{\partial x'}\right) \right\} + \eta_2 \left\{ \frac{\partial F}{\partial y} - \frac{d}{dt}\left(\frac{\partial F}{\partial y'}\right) \right\} \right] dt.$$

Die ausintegrierten Bestandteile fallen dabei weg, weil η_1 und η_2 am Anfang und Ende des Intervalles verschwinden sollen. Soll nun aber dieses Integral bei beliebiger Wahl der Funktionen η_1 und η_2 verschwinden, so müssen, wie man leicht nachweist, die beiden Klammern Null sein. Das sind aber gerade die linken Seiten der beiden EULERschen Differentialgleichungen. Wäre z. B. die erste Klammer, die nach den gemachten Voraussetzungen eine stetige Funktion von t ist, nicht überall Null, so gäbe es ein Intervall $t_0 + h \leq t \leq t_1 - k$ ($h > 0$, $k > 0$), in dem sie von Null verschieden ist. Dann wähle man $\eta_1 = 0$ für $t_0 \leq t \leq t_0 + h$ und für $t_1 - k \leq t \leq t_1$, aber $\eta_1 < 0$ für $t_0 + h < t < t_1 - k$, ferner $\eta_2 = 0$ für $t_0 \leq t \leq t_1$. Bei dieser Wahl von η_1 und η_2 wäre aber das in (3) vorkommende Integral nicht Null.

Einem Leser, welcher dieser Betrachtung aufmerksam gefolgt ist, wird sich die Bemerkung schon aufgedrängt haben, daß den beiden Differentialgleichungen (2) nicht nur diejenigen Kurven genügen, welche dem Integral (1) einen kleineren Wert erteilen, als alle genügend benachbarten Kurven, sondern auch die, für welche es größer wird als

§ 7. Geschlossene Integralkurven.

für die Nachbarkurven, sowie überhaupt alle die Kurven, für welche es einen stationären Wert bekommt, d. h. für welche jene Ableitung nach ε für $\varepsilon = 0$ und beliebige η_1 und η_2 verschwindet. Wegen dieses Sachverhaltes nennt man auch die Lösungen von (2) mit einem etwas neutraleren Namen: *Extremalen*.

2. Fragestellung. Die Frage, deren Lösung das Weitere gewidmet ist, ist nun die nach den *geschlossenen Extremalen*. Für die Methoden, die wir verwenden, ist die Heranziehung des Variationsproblemes charakteristisch. Wir erhalten damit zugleich eine Probe für das Eingreifen der Variationsrechnung in die Theorie der Differentialgleichungen. Das sind Dinge, die sich leicht noch viel weiter verfolgen ließen, und ein anderes Buch dieser Sammlung läßt noch mehr die Bedeutung dieses Ansatzes hervortreten[1].

Die Schwierigkeiten, auf die sich die Methode wird einstellen müssen, liegen darin, daß die Art des Extrems noch recht verschieden sein kann. D. h. die Menge der Kurven, innerhalb deren die geschlossene Extremale ein Extrem liefert, kann recht verschieden sein. Z. B. kleinerer Integralwert als *alle* genügend benachbarten Kurven, oder nur kleinerer Wert als *gewisse* genügend benachbarte Kurven oder auch nur überhaupt stationärer Charakter. Man muß nur an die analogen Verhältnisse bei den Maxima und Minima der Funktionen einer oder zweier Veränderlichen denken, um sich klarzumachen, daß es auch Extremalen geben wird, die weder ein Minimum noch ein Maximum liefern. Sie werden den Sattelpunkten der Flächen entsprechen.

BIRKHOFFs Verdienst gegenüber seinen Vorgängern ist es, alle diese verschiedenen Vorkommnisse ausgenutzt zu haben. Er hat allen diesen Möglichkeiten durch besondere Methoden Rechnung getragen. Wir wollen im folgenden darzustellen versuchen, welche Gedanken da ausschlaggebend sind.

Die Beweismethoden stützen sich namentlich auf einen bestimmten Satz der Variationsrechnung, den wir nun zuerst angeben wollen und dessen Heranziehung die Beschränkung auf Variationsprobleme bestimmter Art, nämlich auf die sogenannten positiv definiten Variationsprobleme erfordert[2].

Zunächst sei erwähnt, daß $F(x, y, x', y')$ eine positiv homogene Funktion von x' und y' von der Ordnung Eins sein soll, d. h. es soll $F(x, y, kx', ky') = kF(x, y, x', y')$ sein für $k > 0$. Der Sinn dieser Voraussetzung ist der: Unabhängigkeit des Integrales von der Wahl des Parameters t, für den Fall, daß zu einem anderen Parameter τ

---

[1] COURANT-HILBERT: Methoden der mathematischen Physik.
[2] Wegen der hier aufgezählten Tatsachen aus der Variationsrechnung vgl. man z. B. O. BOLZA: Vorlesungen über Variationsrechnung. Leipzig: B. G. TEUBNER 1909.

übergegangen wird, der mit t zugleich wächst; dann wird nämlich

$$\frac{dt}{d\tau} = \frac{1}{k}, \quad \frac{dx}{dt} = \frac{dx}{d\tau}k, \quad \frac{dy}{dt} = \frac{dy}{d\tau}k, \quad k > 0.$$

Das Variationsproblem heißt definit, wenn in dem zugrundegelegten Bereich B der x, y für beliebige nicht gleichzeitig verschwindende x' und y' die Funktion $F_1(x, y, x', y')$ von einerlei Vorzeichen ist. Dabei ist F_1 durch

$$\frac{\partial^2 F}{\partial y'^2} = x'^2 F_1, \quad \frac{\partial^2 F}{\partial x' \partial y'} = -x'y' F_1, \quad \frac{\partial^2 F}{\partial x'^2} = y'^2 F_1$$

definiert. Im Falle des Minimums muß namentlich $F_1 \gtreqless 0$ sein, und so wollen wir weiter $F_1 > 0$ voraussetzen. Diese Voraussetzungen sind z. B. für $F \equiv \sqrt{a x'^2 + 2b x' y' + c y'^2} + \alpha x' + \beta y'$ erfüllt, wenn man $a > 0$, $ac - b^2 > 0$ voraussetzt. a, b, c, α, β sind dabei Funktionen von x und y. Zu unserem Problem gehört für $\alpha = \beta = 0$ namentlich das der geodätischen Linien auf einer Fläche, deren erste Fundamentalform durch $s'^2 = ax'^2 + 2bx'y' + cy'^2$ erklärt ist. Ein Satz der Variationsrechnung lautet nun so: *Satz I*: *Wenn die Funktion F mit ihren Ableitungen der beiden ersten Ordnungen in einem Bereich B der x, y für beliebige nicht gleichzeitig verschwindende x', y' stetig ist, wenn $F_1 > 0$ ist, so kann man jedem Punkt P von B eine Umgebung zuordnen, derart, daß man von P nach jedem Punkt derselben einen Extremalenbogen ziehen kann, der ganz in dieser Umgebung verläuft und der dem Integral (1) einen kleineren Wert erteilt, als jede andere in der Umgebung verlaufende, die beiden Punkte verbindende abteilungsweise stetig differenzierbare Kurve. Man kann die Umgebung so klein wählen, daß das über die Extremalenbogen erstreckte Integral einen Wert, nicht größer als eine beliebig vorgegebene Zahl ε bekommt*[1]. *Setzt man, wie es von nun an geschehen soll, weiter voraus, daß $F > 0$ sei, für alle x, y des Bereiches und beliebige x', y', so ist der Integralwert sogar kleiner als der zu irgendeiner anderen in B verlaufenden, die beiden Punkte verbindenden Kurve gehörige Integralwert*[2]. *Dann gehört jeder Punkt P_1, der mit einem Punkt P durch eine abteilungsweise stetige Kurve verbunden ist, für die der Integralwert kleiner ist als das ε einer ε-Umgebung von P zu dieser ε-Umgebung, kann also mit P durch eine Extremale verbunden werden, deren Integralwert kleiner als ε ist*. Ein allen aufgezählten Voraussetzungen genügendes Variationsproblem heißt positiv und positiv definit. Beim erwähnten Problem der geodätischen Linien sind alle Voraussetzungen erfüllt.

Die Problemstellung selbst ist uns auch bei den Gleichungen erster Ordnung nicht fremd gewesen. Man rufe sich nur den Satz von S. 81 ins Gedächtnis zurück. Er behauptet unmittelbar die Existenz von ge-

---

[1] Wir nennen sie dann eine ε-Umgebung.
[2] Wegen des Beweises sei auf BOLZA: Variationsrechnung, S. 274 ff. verwiesen.

§ 7. Geschlossene Integralkurven. 195

schlossenen Integralkurven in Bereichen folgender Beschaffenheit: Legt man durch einen Punkt des Bereiches eine Integralkurve, so verläßt sie in ihrem weiteren Verlauf den Bereich nicht und mündet auch nicht in einem singulären Punkt.

Hier wollen wir *Bereiche B* betrachten, die in folgendem Sinne *konvex* sind: *Es soll eine positive Zahl η geben derart, daß zwei Punkte des Bereiches sich stets dann durch einen dem Bereich angehörigen Extremalenbogen verbinden lassen, wenn es eine Kurve gibt, die beide verbindet und für die das Integral* (1) *einen Wert kleiner als η annimmt. Man kann das kurz ausdrücken, indem man sagt: Zwei genügend nahe beieinander gelegene Punkte des Bereiches lassen sich durch einen Extremalenbogen verbinden, welcher vollständig dem Bereich angehört.* Konvex in diesem Sinne wird also z. B. eine geschlossene Fläche sein, und wenn wir weiterhin beweisen, daß es in einem konvexen Bereich geschlossene Extremalen gibt, so liegt darin insbesondere der Satz begründet, daß es auf geschlossenen Flächen geschlossene geodätische Linien gibt.

3. Die Methode von SIGNORINI. Zunächst suchen wir geschlossene Extremalen vom Minimaltypus, die also einen kleineren Integralwert liefern sollen als alle benachbarten Kurven. Da gilt folgender

Satz II: Vorgelegt ist ein konvexer Bereich[1] *B. In seinem Inneren liegt eine geschlossene rektifizierbare Kurve $\mathfrak{C}$, für welche $J \leq J_0$ ist bei passender Wahl von J_0. $\mathfrak{C}$ soll nicht unter Festhaltung von $J \leq J_0$ innerhalb B auf einen Punkt stetig zusammengezogen werden können. Dann kann $\mathfrak{C}$ stetig in eine geschlossene Extremale deformiert werden*[2], *für welche auch $J \leq J_0$ ist und die vom Minimaltypus ist, entweder in bezug auf alle genügend benachbarten Kurven, oder doch wenigstens in bezug auf die ihr auf einer ihrer beiden Seiten genügend benachbarten Kurven. In diesem letzteren Falle ist sie eine Randkurve des Bereiches.*

Der Beweis dieses Satzes beruht auf einer von SIGNORINI[3] zuerst verwendeten sinnreichen Methode. Durch sie wird das Problem auf eines der gewöhnlichen Minima zurückgeführt.

Wir gehen zunächst von der in B gegebenen geschlossenen rektifizierbaren Kurve $\mathfrak{C}$ zu einem aus Extremalenbogen gebildeten Polygon über. Wir dürfen annehmen, daß $\mathfrak{C}$ keine geschlossene Extremale ist; denn in diesem Falle brauchen wir nicht zu beweisen, daß $\mathfrak{C}$ in eine geschlossene Extremale deformiert werden kann. Wir teilen $\mathfrak{C}$ in n Teilbogen ein, derart, daß längs eines jeden derselben das Integral einen

---

[1] Statt dessen genügt es auch, vorauszusetzen, daß man diejenigen Randkurven, die nicht konvex sind, mit Kurven, deren $J \leq J_0$ ist, nicht beliebig genau approximieren kann.

[2] Der hier gemeinte Deformationsprozeß wird während der Beweisführung näher beschrieben werden.

[3] Palermo Rendiconti 33 (1912).

Wert bekommt kleiner oder gleich[1] $\frac{J_0}{n}$ und derart, daß der Endpunkt eines jeden Bogens einer seinem Anfangspunkt auf Grund von Satz I zugeordneten Umgebung angehört[2]. Weiter soll $\frac{J_0}{n} < \eta$ sein[3], d. i. die bei der Definition des konvexen Bereichs verwendete Zahl.

Man kann dann nach Satz I den Anfangspunkt eines jeden Bogens mit seinem Endpunkt durch einen Extremalenbogen verbinden. Das aus diesen Extremalenbogen gebildete Polygon ℭ' — das nicht frei von Selbstüberschneidungen zu sein braucht — erteilt bei passender Wahl[3] seiner Eckpunkte dem Integral einen Wert kleiner als J_0. Ferner kann man das Polygon ℭ' durch stetige Deformation aus ℭ herstellen. Um das einzusehen, betrachte man einen einzelnen der n Bogen von ℭ. Man lasse einen Punkt P diesen Bogen durchlaufen und betrachte dabei ständig den Extremalenbogen, welcher vom Anfangspunkt des Bogens von ℭ zu P hinreicht. Dieser Extremalenbogen ändert sich stetig mit P. Und so geht der Extremalenbogen durch stetige Abänderung aus dem entsprechenden Bogen von ℭ hervor. Nunmehr betrachte man in B irgendwelche n Punkte P_i folgender Art. P_{i+1} heiße der auf P_i folgende Punkt. P_1, wofür wir auch P_{n+1} schreiben, folge wieder auf P_n. So hat jeder Punkt P_i einen Vorgänger und einen Nachfolger. Jeder Punkt soll weiter in der seinem Vorgänger nach Satz I zugeordneten Umgebung und überdies so nahe bei diesem liegen, daß das Integral (1) über den beide nach Satz I verbindenden Extremalenbogen höchstens gleich $\frac{J_0}{n}$ wird.

Der Integralwert des so durch $P_1 \ldots P_n$ bestimmten Polygons werde als Funktion der P_i mit $J(P_1 \ldots P_n)$ bezeichnet. Dies ist dann eine stetige Funktion der P_i, die in einer gewissen abgeschlossenen[4] Menge eines $2n$-dimensionalen Raumes der Koordinaten (x_i, y_i) der P_i erklärt ist und in diesem Bereiche nur Werte nicht über J_0 annimmt.

---

[1] Dazu geht man auf der Kurve von einem beliebig gewählten ersten Teilpunkt so lange weiter, bis der Integralwert gerade gleich $\frac{J_0}{n}$ geworden ist. Hier legt man den zweiten Teilpunkt hin usw.

[2] Dazu muß man nur n hinreichend groß annehmen.

[3] Da ℭ keine geschlossene Extremale sein soll, so gibt es auf ihr Punkte P, die nicht innere Punkte von ℭ angehörigen Extremalenbogen sind. Man wähle dann einen Punkt vor P und einen Punkt hinter P als Anfang und Ende eines Bogens von ℭ'. Dieser gibt nach Satz I dem Integral (1) einen kleineren Wert als der entsprechende Bogen von ℭ. Wie man dann auch die übrigen Eckpunkte von ℭ' wählen mag, sicher liefert ℭ' einen kleineren Integralwert als ℭ.

[4] Hat man eine Folge von Polygonen $(P_1^{(\nu)} \ldots P_n^{(\nu)})$ derart, daß immer $P_k^{(\nu)}$ in der $\frac{J_0}{n}$-Umgebung von $P_{k-1}^{(\nu)}$ liegt und konvergieren die $P_k^{(\nu)}$ gegen P_k für $\nu \to \infty$, so liegt immer P_k in der $\frac{J_0}{n}$-Umgebung von P_{k-1}.

§ 7. Geschlossene Integralkurven.

Diese Menge kann aus mehreren getrennten Stücken bestehen; wir betrachten diejenige maximale[1] zusammenhängende abgeschlossene Teilmenge, der der repräsentierende Punkt des zuerst erhaltenen Polygones $\mathfrak{C}'$ angehört. In einem gewissen Punkt $\mathfrak{E}$ dieser Menge besitzt $J(P_1 \ldots P_n)$ sein absolutes Minimum in bezug auf diese Menge. Diesem Punkt entspricht eine Kurve, welche durch stetige Abänderung aus $\mathfrak{C}'$ gewonnen werden kann. Denn man kann ja in der Menge den Minimumspunkt $\mathfrak{E}$ mit dem Ausgangspunkte $\mathfrak{C}'$ durch eine stetige Kurve verbinden. Jedem Punkt der Verbindungskurve entspricht ein Extremalenpolygon, und diese ändern sich stetig mit dem repräsentierenden Punkt. Nun aber muß das dem absoluten Minimum entsprechende Polygon $\mathfrak{E}$ eine einzige geschlossene Extremale sein[2]. Ich nehme zum Beweise an[3], es käme eine echte Ecke vor, d. h. ein im bisherigen Sinne verstandener Eckpunkt des Polygones $\mathfrak{E}$, der nicht innerer Punkt eines $\mathfrak{E}$ angehörigen Extremalenbogens ist. Diese Ecke möge bei P_2 liegen. Die Bogen $P_1 P_2$ und $P_2 P_3$ bilden die Ecke. Das über beide erstreckte Integral ist höchstens gleich $2\frac{J_0}{n}$. Nehme ich auf jedem der beiden Bogen in hinreichender Nähe der Ecke P_2 einen Punkt P_1' und P_3' an, so kann man beide sicher durch einen einzigen Extremalenbogen verbinden, über den das Integral nach Satz I einen kleineren Wert bekommt als über $P_1' P_2 P_3'$. Also ist auch das über $P_1 P_1' P_3' P_3$ erstreckte Integral kleiner als $\frac{2J_0}{n}$. Daher kann man auf dem Bogen $P_1' P_3'$ einen Punkt P_2' so bestimmen, daß sowohl das Integral über $P_1 P_1' P_2'$ wie das Integral über $P_2' P_3' P_3$ kleiner sind als $\frac{J_0}{n}$. Daher kann man nach Satz I nun sowohl P_2 mit P_2' wie P_2' mit P_3 durch je einen Extremalenbogen verbinden; für beide wird das Integral kleiner als $\frac{J_0}{n}$. Über $P_1 P_2' P_3$ wird überdies das Integral kleiner als über $P_1 P_1' P_3' P_3$ und dies war kleiner als das über $P_1 P_2 P_3$. Ersetzt man also die Ecke P_2 durch P_2', so erhält man ein neues Polygon, das ein *kleineres* Integral liefert. Das widerspricht der Minimaleigenschaft des Polygons $P_1, P_2, \ldots, P_n$. Also besteht unser Extremalenpolygon aus einer einzigen geschlossenen Extremalen. Sie kann im Innern oder auch im Rand des Bereiches verlaufen. A priori wäre es aber auch denkbar, daß sie nur einzelne Punkte mit dem Rande gemeinsam hat. Dies kann aber noch durch besondere hier nicht durchzuführende Betrachtungen als unmöglich erkannt werden. Ebensowenig will ich hier des näheren ausführen, daß

---

[1] D. h. daß sie nicht echte Teilmenge einer anderen zusammenhängenden Teilmenge sein soll. Zusammenhängend heißt eine abgeschlossene Menge, wenn man sie nicht als Vereinigungsmenge abgeschlossener punktfremder nicht leerer Mengen darstellen kann.

[2] In jeder Ecke haben dann die beiden Polygonseiten die gleiche Tangente.

[3] Die nun folgende Schlußweise verdanke ich Herrn R. BRAUER.

die geschlossene Extremale einen Integralwert liefert, der von keiner ihr im Bereiche genügend benachbarten Kurve unterschritten werden kann. Denn hier kommt es uns mehr auf die geschlossenen Lösungen unserer Differentialgleichungen als auf die Extremaleigenschaften derselben an.

4. Zusätze. Als Anwendung des so bewiesenen Satzes ergibt sich z. B. folgendes: Auf jeder geschlossenen Fläche, deren Geschlecht mindestens Eins ist, gibt es geschlossene geodätische Linien in unendlicher Anzahl. Denn man überzeugt sich leicht, daß es unendlich viele geschlossene Kurven von topologisch verschiedenem Typus gibt, d. h. Kurven, die sich nicht auf der Fläche ineinander deformieren lassen.

Der Satz II behauptet ganz und gar nicht, daß jeder mehrfach zusammenhängende konvexe Bereich geschlossene allerkürzeste Extremalen in seinem *Inneren* enthält. Tatsächlich gilt auch ein solcher Satz nicht wie man an dem Beispiel eines zweifach zusammenhängenden Stückes einer passend gewählten Rotationsfläche sehen kann. Dieselbe möge dadurch entstehen, daß man das über $-\frac{\pi}{2} \leq x \leq \frac{3\pi}{2}$ gelegene Stück der Kurve $y = \sin x$ um die sie nicht treffende Gerade $y = -2$ rotieren läßt. Das zweifach zusammenhängende Stück ist von zwei aufeinanderfolgenden Kehlkreisen begrenzt. Alle dem Flächenstück angehörigen nicht auf einen Punkt zusammenziehbaren Kurven sind länger als diese Kehlkreise. Diese Kurven des absoluten Minimums liegen also nicht im Bereichinneren. Gleichwohl befinden sich in dem Bereich geschlossene Extremalen, nämlich der Kreis der weitesten Ausbuchtung. Unsere Methode liefert also keine Handhabe, die Existenz derselben zu erkennen. Darin liegt schon eine Andeutung für die Tragweite der Methode. Man kann darüber mit BIRKHOFF noch eingehendere Erörterungen anstellen. Jedenfalls wird es nötig, andere Methoden auszudenken, mit welchen man auch andere Sorten von geschlossenen Extremalen gewinnen kann; andere, d. h. solche, die nicht einen kleineren Integralwert liefern als alle genügend benachbarten Kurven.

5. Minimaxmethode. Zu einer solchen Methode führt uns die Bemerkung, daß unter einer gleich zu nennenden weiteren Voraussetzung über das zu behandelnde Variationsproblem jeder innere Punkt des vorhin betrachteten Polygonraumes, in dem alle ersten partiellen Ableitungen von $J(P_1 \ldots P_n)$ verschwinden, entweder eine Nullkurve, d. h. eine in einen Punkt ausgeartete Kurve ($J = 0$) oder aber eine geschlossene Extremale liefert. Diese neue Voraussetzung soll darin bestehen, daß keine diskontinuierlichen, d. h. mit Ecken versehenen Lösungen vorkommen. In der Variationsrechnung wird gezeigt[1], daß diese Bedingung damit gleichbedeutend ist, daß zu jedem Punkt x, y

---

[1] Vgl. z. B. O. BOLZA: Vorlesungen über Variationsrechnung S. 367.

§ 7. Geschlossene Integralkurven.

immer höchstens ein Wertepaar x', y' gehört, für das $\frac{\partial F}{\partial x'}$ und $\frac{\partial F}{\partial y'}$ gegebene Werte annehmen. Nennen wir nun ein Extremalenpolygon, für das die ersten Ableitungen von $J(P_1 \ldots P_n)$ im entsprechenden Punkt des Polygonraumes alle verschwinden, zum Unterschied von den bisher betrachteten Minimumpolygonen ein *Minimaxpolygon* und nehmen an, es habe eine Ecke P_1, so denke man sich dieselbe unter Beibehaltung der übrigen auf einer beliebigen stetig und stetig differenzierbaren Kurve $x = x(\tau), y = y(\tau)$ verschoben[1]. $\tau = 0$ möge dem Punkte P_1 entsprechen. Das Integral J wird eine Funktion von τ, deren Ableitung bei $\tau = 0$ wegen der Minimaxeigenschaft verschwinden muß. Diese Ableitung wird aber:

$$\dot{x}\left[\left(\frac{\partial F}{\partial x'}\right)_1 - \left(\frac{\partial F}{\partial x'}\right)_2\right] + \dot{y}\left[\left(\frac{\partial F}{\partial y'}\right)_1 - \left(\frac{\partial F}{\partial x'}\right)_2\right].$$

Dabei sind $\dot{x}, \dot{y}$ die Ableitungen von $x(\tau)$ und $y(\tau)$ für $\tau = 0$ und in den Klammern stehen die Werte der ersten Ableitungen von F für die beiden in der Ecke P_1 zusammenstoßenden Extremalenbogen. Da diese Ableitung aber bei beliebiger Wahl der $\dot{x}, \dot{y}$ verschwinden soll, so müßten doch $\frac{\partial F}{\partial x'}$ und $\frac{\partial F}{\partial y'}$ für *verschiedene* (x', y') *gleiche* Werte haben, wenn wirklich eine Ecke vorkommen soll. Dies widerspricht der neuen Voraussetzung, so daß das Minimaxpolygon keine Ecken hat. Es besteht somit aus einer einzigen geschlossenen Extremalen.

Nun kann man aber oft aus der Existenz von Minimumpolygonen auf die von Minimaxpolygonen schließen.

Wir machen uns das wieder an der Funktion $f(P_1 \ldots P_n)$ klar, die den Integralwert der Extremalenpolygone darstellt. In Frage kommen diejenigen Stellen, an denen alle erste Ableitungen von f verschwinden. Darunter sind diejenigen, an denen f einen kleineren Wert annimmt, als an den Punkten der Umgebung: Minimumstellen. Darunter gibt es aber auch andere: Minimaxstellen. Aus der Existenz der Minimumpunkte und aus den topologischen Eigenschaften des Bereiches, in dem man die Funktion f untersucht, kann nach dem BIRKHOFFschen Gedanken auf die Existenz von Minimaxstellen geschlossen werden. Machen wir uns diesen Gedanken an dem einfachsten Fall einer Funktion von zwei Variablen $f(x_1, x_2)$ klar, die in einem zweifach zusammenhängenden Bereich samt ihren ersten Ableitungen stetig sei. Ihr absolutes Minimum sei m und werde an einer inneren Stelle des Bereiches angenommen. Man betrachte die Teilmengen, in denen

$$f(x_1, x_2) < \lambda.$$

Ist λ nur wenig größer als m, so wird die Teilmenge aus einem einfach zusammenhängenden Bereich bestehen. Soll sich dieser mit weiterwach-

---

[1] Dies ist möglich, weil das zu untersuchende Minimaxpolygon einem *inneren* Punkt des Polygonraumes entsprechen soll.

sendem λ über den ganzen Ringbereich ausbreiten, so wird an einer gewissen Stelle für ein gewisses λ eine Selbstberührung der Randkurve auftreten müssen. Ein Punkt aber, in dem eine solche Selbstberührung eintritt, ist ein Minimaxpunkt. Denn durch ihn gehen zwei Kurvenäste, auf denen $f(x_1, x_2)$ einem gewissen Wert λ_0 gleich ist. Diese begrenzen in der Umgebung des Selbstberührungspunktes einige Gebiete. In zwei derselben ist $f(x_1, x_2) > \lambda_0$, in zwei anderen $f(x_1, x_2) < \lambda_0$. Daher sind in dem Selbstberührungspunkt alle ersten Ableitungen von f Null. Wir haben einen Minimaxpunkt.

Dies zur Erläuterung dessen, worum es sich bei dem BIRKHOFFschen Minimaxprinzip handelt. Es versteht sich, daß zu einem wirklichen Beweis noch recht viel fehlt, und leider ist bis heute kein Beweis bekannt, der genügend allgemeine Fälle erfaßte, um die Bedürfnisse der Theorie der Differentialgleichungen voll zu decken. Am weitesten ist ein Schüler BIRKHOFFS: M. MORSE, gekommen, der in mehreren Arbeiten diese fruchtbaren Fragestellungen aufgegriffen hat[1].

6. Geschlossene geodätische Linien. Um das Interesse an diesen Dingen noch etwas zu steigern, will ich noch kurz darlegen, wie man sich die Ausnützung des Minimaxprinzips für das *Problem der Existenz der geschlossenen geodätischen Linien auf Flächen vom Geschlecht Null* nach BIRKHOFF denken kann. Vom Geschlecht Null ist dabei eine Fläche, welche vom Typus der Kugel ist, die also durch jede ihrer geschlossenen Kurven in zwei Kalotten zerlegt wird, und die sich umkehrbar eindeutig und stetig auf die Fläche einer Kugel abbilden läßt. Bei diesem Problem leistet die früher benutzte Minimummethode nichts. Aus dem S. 195 aufgestellten Satz folgt nichts über die Existenz geschlossener geodätischer Linien. Das Minimaxprinzip aber führt zu dem folgenden Satz: *Auf jeder geschlossenen Fläche vom Geschlecht Null gibt es geschlossene geodätische Linien.* Wesentlich für seine Zugkraft ist es, daß der lineare Zusammenhang des Raumes der Extremalpolygone hinreichend groß ist.

Wir wollen also zeigen, daß bei passender Wahl von n der Raum der Extremalenpolygone einen linearen Zusammenhang besitzt, der mindestens zwei ist, d. h. daß es in ihm mindestens eine geschlossene Kurve gibt, die sich nicht in dem Raum stetig auf einen Punkt zusammenziehen läßt. Einer geschlossenen Kurve des Polygonraumes entspricht eine stetige Schar von Extremalenpolygonen auf der Fläche. Es handelt sich darum, eine solche Schar von Extremalenpolygonen anzugeben, die man nicht durch stetige Deformation so abändern

---

[1] M. MORSE: Relations between the critical points of a real function of n independent variables. Amer. Trans. Bd. 27. 1925. — The foundations of a theory in the calculus of variations in the large. Amer. Trans. Bd. 30. 1928. — The foundations of the calculus of variations in the large in m space. Amer. Trans. Bd. 31. 1929.

§ 7. Geschlossene Integralkurven.

kann, daß alle Kurven in beliebiger Nähe eines einzigen Punktes verlaufen.

BIRKHOFF selbst hat folgendes Beispiel angegeben: Man betrachte Extremalenpolygone von der Art, daß die einer Ecke P benachbarten Ecken in der dieser Ecke durch Satz I zugeordneten Umgebung liegen und wähle die Eckenzahl n so groß, daß man ein dieser Bedingung genügendes Extremalenpolygon durch stetige Deformation über die ganze Fläche hinübergleiten lassen kann. Man wähle insbesondere die Deformation so, daß die vorkommenden Polygone stetig von einem Parameter t abhängen ($0 \leq t \leq 1$) und sich für $t \to 0$ auf einen Punkt P, für $t \to 1$ auf einen anderen Punkt Q zusammenziehen. Diese Punkte sind als ausgeartete Polygone aufzufassen: Alle Ecken sind zusammengerückt. Wir sprechen von Nullkurven, weil für dieselben $J = 0$ wird. Man verbinde P und Q noch durch eine stetige Kurve auf der Fläche, deren Punkten Nullkurven entsprechen, wenn man sie als ausgeartete Extremalenpolygone auffaßt. Dieser stetigen Deformation entspricht eine Kurve des Polygonraumes, die den bei der Deformation verwendeten Nullkurven entsprechend ein Stück weit in dem Teilraum des Polygonraumes verläuft, der den Nullkurven entspricht und der in umkehrbar eindeutiger stetiger Beziehung zu der geschlossenen Fläche vom Geschlecht Null steht. Denn jedem Punkt derselben entspricht genau eine Nullkurve. Nun läßt sich zeigen, daß man die Kurve nicht so deformieren kann, daß sie ganz in der Fläche der Nullkurven verläuft. Und dies ist gleichbedeutend damit, daß man sie nicht auf einen Punkt zusammenziehen kann.

Der Beweis stützt sich auf den folgenden, einleuchtenden, hier nicht näher zu begründenden Satz aus der Analysis situs[1]. Wir betrachten eine Schar von geschlossenen Jordankurven auf einer geschlossenen Fläche vom Geschlecht Null. Die Kurven sollen stetig von einem Parameter t abhängen. Sie sollen sich für $t \to 0$ auf einen Punkt P der Fläche und für $t \to 1$ auf einen anderen von P verschiedenen Punkt Q der Fläche zusammenziehen. Andere „Nullkurven" als diese beiden sollen in der Schar nicht vorkommen. Nun betrachte man zunächst eine Kurvenschar S, in der sich nie zwei verschiedene Kurven treffen. Dann gehört zu jedem Punkt R der Fläche mindestens ein Parameterwert t derart, daß die diesem Parameterwert entsprechende Kurve durch den Flächenpunkt hindurchgeht. Diese Behauptung bleibt aber auch für jede stetig von einem Parameter abhängende Schar richtig, die aus einer Schar S durch stetige Abänderung hervorgeht.

---

[1] Herrn VON KERÉKJÁRTÓ verdanke ich die folgende Bemerkung: Der erste Teil des Satzes ergibt sich aus S. 71/72 von Gött. Nachr. 1922 (VON KERÉKJÁRTÓ: Über Kurvenscharen auf Flächen). Der zweite Teil des Satzes folgt aus dem BROUWERschen Satze über die Invarianz des Abbildungsgrades bei stetigen Deformationen (Math. Ann. Bd. 71, S. 105).

Auch eine solche Schar kann nicht aus lauter Nullkurven bestehen. Man kann somit die erwähnte geschlossene Kurve des Polygonraumes nicht ganz in die Fläche der Nullkurven hineinziehen.

Daher kann der Polygonraum nicht einfach linear zusammenhängend sein, sondern enthält Kurven, die sich nicht auf einen Punkt zusammenziehen lassen. Ferner aber haben wir mindestens einen Punkt in unserem $2n$-dimensionalen Raume, in welchem J ein Minimum hat, das sind die den Nullkurven entsprechenden Punkte ($J = 0$). Daher liefert das Minimaxprinzip mindestens eine geschlossene Extremale. Die Methode läßt die Frage offen, ob es einfach geschlossene Extremalen gibt. Die eben gefundene könnte Selbstüberkreuzungen haben. URYSOHN[1] hat aber angedeutet, wie man durch eine Modifikation der BIRKHOFFschen Methode auch die Existenz einfach geschlossener Extremalen beweisen könnte.

7. Methode der Schnittfläche. Es ist von vornherein einleuchtend, daß man auch mit Hilfe dieser Methode keinen Aufschluß über die Gesamtheit der geschlossenen Extremalen gewinnt. Da setzt nun eine weitere sehr feinsinnige, in ihren Grundzügen auf POINCARÉ zurückgehende Methode ein. Ich berichte über ihre Ausgestaltung durch BIRKHOFF, *ohne noch auf Beweise einzugehen.*

Zunächst die folgende nützliche geometrische Deutung durch Bewegungszustände. Wir deuten $x = x(t)$, $y = y(t)$ als Bahnkurven einer Bewegung, indem wir den Parameter t als Zeit auffassen. Ein einzelner Bewegungszustand ist dann durch Angabe von x, y, x', y', also von vier Koordinaten, bestimmt. Der Mannigfaltigkeit der Bewegungszustände entspricht eine Punktmenge in einem vierdimensionalen Raum Normieren wir den Parameter t in geeigneter Weise, so machen wir die Beobachtung, daß wir es mit einer dreidimensionalen Mannigfaltigkeit im vierdimensionalen Raum zu tun haben. Wir können die Einheit der Zeitmessung, z. B. so wählen, daß $F = 1$ ist. Das ist dann die Gleichung der erwähnten Fläche im vierdimensionalen Raum, deren Punkte die Bewegungszustände repräsentieren. Einer geschlossenen Extremalen entspricht wieder eine geschlossene Kurve in dieser dreidimensionalen Mannigfaltigkeit. Allen Extremalen entsprechen Kurven, die wir, um einen kurzen Namen zu haben, aus einem bald deutlichen Grund Stromlinien nennen. Die weiteren Darlegungen knüpfen nun an die Einführung einer geeigneten zweidimensionalen Fläche an, welche in *jedem* genügend großen Zeitintervall von allen Stromlinien durchsetzt wird. Diese Fläche, welche wir *Schnittfläche* nennen wollen, wird außerdem von geschlossenen Stromlinien begrenzt und von allen anderen Stromlinien unter einem von Null verschiedenen Winkel getroffen, der

---

[1] Jahresber. d. D. M. V. Bd. 34.

aber bei Annäherung an den Rand wie die erste Potenz der Entfernung vom Rande gegen Null strebt. Es liegt natürlich nicht auf der Hand, daß es eine solche Schnittfläche gibt, aber BIRKHOFF hat für ziemlich allgemeine Klassen von Variationsproblemen die Existenz der Schnittflächen nachgewiesen.

Ich begnüge mich mit der Angabe, daß die Existenz der Schnittfläche durch BIRKHOFF z. B. für das Problem der geodätischen Linien auf den geschlossenen Flächen bewiesen wurde, deren Geschlecht Null übertrifft, und für das Problem der geodätischen Linien auf geschlossenen Flächen vom Geschlechte Null unter der zusätzlichen Voraussetzung, daß keine geschlossenen geodätischen Linien vom Minimumtypus ohne Doppelpunkte vorhanden sind. Ich will nun weiter den Grundgedanken der Methode unter Beschränkung auf das Problem der geodätischen Linien darlegen. Die Methode beruht auf der Einführung einer mit den Stromlinien eng verknüpften *Transformation der Schnittfläche in sich.* Jede Stromlinie trifft, wie vorausgesetzt wurde, in *jedem* genügend großen Zeitintervall die Schnittfläche. Verfolgen wir also eine nicht dem Rande angehörige Stromlinie von einem Schnittpunkt aus für wachsende Zeiten weiter, so folgt aus dieser Voraussetzung, daß sie die Schnittfläche noch ein zweites Mal treffen muß. So wird jedem Punkt der Schnittfläche ein wohl bestimmter anderer zugeordnet, nämlich der nächste Treffpunkt der ihn passierenden Stromlinie. So ist dem Variationsproblem eine umkehrbar eindeutige und, wie man zeigen kann, auch stetige Transformation der Schnittfläche in sich zugeordnet. Geschlossene Stromlinien müssen offenbar durch Punkte der Schnittfläche gehen, die nach endlich oftmaliger Anwendung der Transformation in die Ausgangslage zurückgeführt werden. Denn eine geschlossene Stromlinie hat nur endlich viele Schnittpunkte mit der Schnittfläche gemeinsam. Unsere Transformationen der Schnittfläche in sich besitzen nun außerdem noch eine positive Integralinvariante. D. h. es gibt eine auf der Schnittfläche erklärte positive Funktion p derart, daß das $\iint p\, df$ erstreckt über zwei bei der Transformation einander entsprechende Teile der Schnittfläche denselben Wert hat. Ich lege dies im *Beispiel der geodätischen Linien* etwas näher dar. Wir führen der Bequemlichkeit wegen in der dreidimensionalen Mannigfaltigkeit der Bewegungszustände geeignete Koordinaten ein. Zunächst führen wir auf der Fläche, deren geodätische Linien untersucht werden sollen, isotherme Koordinaten ein. Dadurch wird das Linienelement auf die Form

$$s'^2 = a(x,y)(x'^2 + y'^2)$$

gebracht, wo $a(x,y)$ eine positive analytische Funktion ist. Der Parameter t längs der Extremalen werde wieder durch $a(x'^2 + y'^2) = 1$ normiert. Dann werden die Differentialgleichungen der geodätischen

Linien

(3)
$$a x'' + a_x x'^2 + a_y x' y' - \frac{a_x}{2a} = 0,$$
$$a y'' + a_x x' y' + a_y y'^2 - \frac{a_y}{2a} = 0.$$

Da nun aber x' und y' an die Bedingung $a(x'^2 + y'^2) = 1$ geknüpft sind, liegt es nahe, einen Parameter φ so einzuführen, daß

(4)
$$x' = \frac{1}{\sqrt{a}} \cos \varphi,$$
$$y' = \frac{1}{\sqrt{a}} \sin \varphi$$

wird. Dann liefert die Differentiation von φ nach t:

(5) $$\varphi' = a(x' y'' - y' x'').$$

Aus den beiden Gleichungen (3) findet man dann

(6) $$\varphi' = \frac{1}{2} \frac{a_y x' - a_x y'}{a} = \frac{1}{2} \frac{a_y \cos \varphi - a_x \sin \varphi}{a^{3/2}},$$

so daß (4) und (6) nun die Differentialgleichungen der Stromlinien sind. x, y, φ sind Parameter in der dreidimensionalen Mannigfaltigkeit der Bewegungszustände. Schreibt man (4) und (6) in der Form

(7)
$$\begin{cases} x' = X(x, y, \varphi), \\ y' = Y(x, y, \varphi), \\ \varphi' = \Phi(x, y, -\varphi), \end{cases}$$

so sieht man sofort, daß $X_x + Y_y + \Phi_\varphi = 0$ ist. Das erinnert an die Kontinuitätsgleichung der Hydrodynamik der inkompressiblen Flüssigkeiten. Und tatsächlich kann man auch hier den Schluß ziehen, daß das Volumen $\iiint dx\, dy\, d\varphi$ eines beliebigen Bereiches bei der durch die Gleichungen (7) definierten Strömung unverändert bleibt[1]. Zu dem Zwecke ist nur zu zeigen, daß das über die Oberfläche eines Bereiches erstreckte Integral der zu dieser Oberfläche normalen Geschwindigkeitskomponente der Strömung Null ist. Nun sind aber Y, X, Φ die drei Geschwindigkeitskomponenten. $\mathfrak{v}$ sei der Geschwindigkeitsvektor, ξ der Vektor der Flächennormalen. Dann ist $\iint \mathfrak{v} \cdot \xi\, df$ erstreckt über die Oberfläche des Bereiches das Oberflächenintegral der Normalkomponente der Geschwindigkeit; $\mathfrak{v} \cdot \xi$ ist dabei das innere Produkt der beiden Vektoren, also, da ξ ein Einheitsvektor ist, der Normalkomponente der Geschwindigkeit gleich. Nach dem GAUSSschen Satz der Integralrechnung ist aber dies Oberflächenintegral gleich dem Volumintegral

$$-\iiint (X_x + Y_y + \Phi_\varphi)\, dx\, dy\, d\varphi.$$

---

[1] Vgl. auch den S. 92/93 im Falle der Ebene etwas anders geführten Beweis. Auch dieser läßt sich für den jetzt vorliegenden Fall übertragen.

§ 7. Geschlossene Integralkurven. 205

Hier ist aber das Integral Null, und somit ist unsere Behauptung bewiesen. Wir wenden das Ergebnis insbesondere auf einen Stromfaden an, d. h. wir legen durch die Punkte eines zweidimensionalen Flächenstückes die Stromlinien hindurch und verfolgen dieselben bis zu irgendeinem anderen zweidimensionalen Flächenstück hin. Der von diesen beiden Flächenstücken und den durch ihre Ränder gehenden Stromlinien begrenzte Bereich ist der Stromfaden. Da an den von den Stromlinien gebildeten Rändern die Normalkomponente der Geschwindigkeit Null ist, so bleibt vom Oberflächenintegral nur das über die beiden zweidimensionalen Flächenstücke erstreckte übrig, und die Summe dieser beiden Oberflächenintegrale der Normalkomponente der Geschwindigkeit ist Null. Dabei sind aber immer die äußeren Normalen zu nehmen. Die eine derselben weist in die Stromrichtung, die andere in die entgegengesetzte Richtung. Daher können wir auch sagen, das Integral der Normalkomponente der Geschwindigkeit hänge von der Wahl des zweidimensionalen durch den Stromfaden gelegten Flächenstückes nicht ab, wenn man dabei immer die nach der Bewegungsrichtung genommene Normalkomponente der Geschwindigkeit verwendet. Die Strömung führt ja in der Zeiteinheit durch alle Querschnitte des Stromfadens die gleiche Flüssigkeitsmenge hindurch. Wenden wir dies insbesondere auf die Schnittfläche und zwei auf ihr durch die Strömung ineinander übergeführte Flächenstücke an, so sind dies gerade zwei Querschnitte eines Geschwindigkeitsfadens. Die Normalkomponente der Geschwindigkeit ist eine positive Funktion und das Oberflächenintegral derselben ist die gesuchte Integralinvariante. Das Problem der geschlossenen Extremalen läuft somit jetzt auf die Frage nach denjenigen Punkten der Schnittfläche hinaus, die bei einer umkehrbar eindeutigen Transformation derselben mit positiver Integralinvariante fest bleiben. Darauf war schon POINCARÉ aufmerksam geworden, und er hat in seinem letzten geometrischen Theorem versucht, in einem bestimmten Falle die Existenz solcher Fixpunkte zu beweisen. BIRKHOFF hat dann später den Beweis wirklich erbracht. Dies letzte POINCARÉsche Theorem aber ist dieses: Wenn eine umkehrbare eindeutige und stetige Transformation eines Kreisringes (begrenzt von zwei konzentrischen Kreisen) eine positive Integralinvariante besitzt, stetig aus der Identität erzeugt werden kann und dabei beide Randkurven in verschiedener Richtung transformiert werden, so sind mindestens zwei Fixpunkte vorhanden. BIRKHOFF hat in seiner Arbeit, über die ich hier berichtet habe, noch weitere analoge Sätze ausgesprochen und bewiesen. Aber es mag das Gesagte genügen, um zu zeigen, in welch weitem Maße Sätze der Analysis situs für die Zwecke der Theorie der Differentialgleichungen nutzbar gemacht werden können.

IV. Kapitel.
Lineare Differentialgleichungen zweiter Ordnung im komplexen Gebiet.

§ 1. Lage der Singularitäten der Lösungen.

w und z mögen zwei komplexe Variable bedeuten. Dann erklärt die Differentialgleichung

$$f(w'', w', w, z) = 0,$$

in welcher $f(w'', w', w, z)$ eine analytische Funktion ihrer Argumente sein möge, eine oder mehrere zweiparametrige Scharen analytischer Funktionen. Will man, ausgehend von der Differentialgleichung, die Natur dieser Lösungen untersuchen, so ist es eine *Hauptaufgabe, die Lage der singulären Stellen und nächstdem ihre Natur festzustellen*. Diese Aufgabe ist im allgemeinen recht kompliziert. Darauf deutet schon der Umstand hin, daß gewöhnlich die Lage der Singularitäten der Integrale von den Anfangswerten abhängt, durch welche dieselben festgelegt sind. Betrachtet man z. B. die zweiparametrige Schar von Funktionen

$$w = \frac{1}{z-\alpha} + \beta \quad (\alpha, \beta \text{ Scharparameter}),$$

so sieht man, daß dieselben der Differentialgleichung

$$w''^2 + 4w'^3 = 0$$

genügen. Man kennt allgemein durch die Untersuchungen von PAINLEVÉ[1] die Bedingungen, die bestehen müssen, wenn die Lösungen einer Differentialgleichung zweiter Ordnung nur *feste*, also nicht mit den Anfangsbedingungen *verschiebbare*, Verzweigungspunkte und wesentlich singuläre Stellen besitzen sollen. Doch wollen wir hier auf diese schönen Untersuchungen nicht näher eingehen, sondern uns mit der Feststellung begnügen, daß bei den *linearen Differentialgleichungen zweiter Ordnung nur feste Singularitäten* auftreten. Ich betrachte die Differentialgleichung

(1) $$w'' + p_1(z) w' + p_2(z) w + r(z) = 0.$$

Die Behauptung folgt dann aus dem S. 148 aufgestellten Existenzsatz, der auch für das komplexe Gebiet unverändert gilt. Er führt dann hier zu folgender Aussage:

Liegt in dem Kreise $|z - z_0| < r$ keine Singularität der Koeffizienten p_1, p_2, r von (1)*, so gibt es genau eine in $|z - z_0|$ reguläre analytische Funktion, die* (1) *genügt und für die $w(z_0)$ und $w'(z_0)$ gegebene Werte w_0 und w'_0 haben.*

---
[1] Man vgl. die Literaturangaben in der Enzyklopädie Bd. II, 2, S. 590ff.

§ 2. Die Natur der Singularitäten.

Wir erschließen hieraus den Satz: *An allen Stellen der z-Ebene, über welchen keine Singularitäten der Koeffizienten von* (1) *liegen, sind die sämtlichen Lösungen dieser Differentialgleichung regulär*[1].
Denn sie lassen sich ja aus zwei ein Fundamentalsystem bildenden Lösungen durch lineare Kombination mit konstanten Koeffizienten gewinnen. *Somit kann man jede Lösung auf jedem keine Singularität der Koeffizienten treffenden Weg analytisch fortsetzen.* Betrachten wir nämlich eine von einem Punkt z_0 zu einem Punkt z_1 führende von Singularitäten der Koeffizienten freie stetige Kurve und nehmen an, man könne von z_0 ausgehend bei der analytischen Fortsetzung jeden Punkt der Kurve vor z_1 erreichen, z_1 aber nicht. Da nun aber die Lösung in jedem keinen singulären Punkt der Koeffizienten enthaltenden Kreis regulär ist, so wähle man auf der Kurve vor z_1 einen Punkt z_2, dessen Entfernung von z_1 kleiner ist als die Entfernung δ der Kurve von den singulären Punkten der Koeffizienten. Da die Lösung im Kreise vom Radius δ um z_2 regulär ist und z_1 diesem Kreis angehört, ist sie auch in z_1 regulär.

An den singulären Stellen der Koeffizienten selbst können Singularitäten der Lösungen auftreten. Es kann aber auch geschehen, daß einzelne Lösungen da noch regulär sind. Insofern erweisen sich auch hier die Singularitäten noch als beweglich. Auch ist die Natur der Singularitäten für die einzelnen Lösungen verschieden. Fest sind die Singularitäten nur insofern, als nur über einer ganz bestimmten Kategorie von z-Stellen Singularitäten liegen können.

Über die Natur der Singularitäten kann man auch relativ leicht Aufschluß gewinnen. Das soll im folgenden Paragraphen geschehen. Es genügt, wenn wir dabei nur auf die homogenen Differentialgleichungen achten, weil wir ja seit S. 152 wissen, wie man die Integration der inhomogenen Differentialgleichung auf die der homogenen zurückführen kann.

§ 2. Die Natur der Singularitäten.

1. Die Fundamentalgleichung. Wir betrachten nur isolierte Singularitäten der Koeffizienten. Hier dürfen wir uns auf solche beschränken, in deren Umgebung die Koeffizienten eindeutig sind. Denn die Mehrdeutigkeit kann man bekanntlich durch Einführung geeigneter uniformisierender Parameter auf Eindeutigkeit zurückführen. Es mögen also in der Umgebung von $z = a$ die Koeffizienten der Differentialgleichung

(1) $$w'' + p_1(z)\,w' + p_2(z)\,w = 0$$

---

[1] Wegen der Begriffe regulär und singulär, Funktionselement, analytische Fortsetzung usw. vgl. man mein Lehrbuch der Funktionentheorie Bd. I, 3. Aufl. Leipzig: B. G. TEUBNER 1930.

II. 4. Lineare Differentialgleichungen zweiter Ordnung im komplexen Gebiet.

eindeutig und regulär sein. Im Punkte $z = a$ selbst soll aber für einen oder für beide die Regularität aufhören. Betrachten wir nun irgendein Fundamentalsystem $w_1(z)$ und $w_2(z)$ der Differentialgleichung und sehen zu, wie sich die Funktionen beim Umlauf um die singuläre Stelle ändern. Ich schlage um $z = a$ einen Kreis, in dem die Koeffizienten mit Ausnahme der Stelle $z = a$ keine weiteren Singularitäten haben sollen. $z = z_0$ sei eine Stelle in diesem Kreis. Ich betrachte zwei zum Punkte z_0 gehörige Funktionselemente $\mathfrak{P}_1(z - z_0)$ und $\mathfrak{P}_2(z - z_0)$ des Fundamentalsystems $w_1(z)$, $w_2(z)$ und setze diese beiden Elemente längs eines Weges fort, der $z = a$ einmal im positiven Sinne umschließt. Dadurch entstehen aus den Ausgangselementen zwei neue Elemente, deren Quotient nicht konstant ist[1], die also auch ein Fundamentalsystem ausmachen. Da man alle Lösungen aus dem Fundamentalsystem durch lineare Kombination mit konstanten Koeffizienten erhält, so müssen sich auch die nach der analytischen Fortsetzung erhaltenen beiden Potenzreihen aus denen linear darstellen lassen, mit denen man bei der analytischen Fortsetzung begann und umgekehrt. Daher erfährt jedes Fundamentalsystem beim positiven Umlauf um die singuläre Stelle eine lineare Substitution

$$W_1(z) = a w_1 + b w_2,$$
$$W_2(z) = c w_1 + d w_2$$

mit nicht verschwindender Determinante.

Wenn erst einmal für ein Fundamentalsystem diese Umlaufsubstitution bekannt ist, so kann man aus ihr entnehmen, welchen Einfluß ein positiver Umlauf um die singuläre Stelle auf irgendeine andere Lösung

$$w(z) = \alpha w_1 + \beta w_2$$

besitzt. Sie geht nämlich bei dem Umlauf in

$$\alpha(a w_1 + b w_2) + \beta(c w_1 + d w_2)$$

über. Man kann nun stets mindestens eine Lösung auswählen, die sich beim positiven Umlauf um die Stelle mit einem Faktor multipliziert. Dazu hat man nur die α, β so zu wählen, daß

(2) $\qquad \alpha(a w_1 + b w_2) + \beta(c w_1 + d w_2) = \lambda(\alpha w_1 + \beta w_2)$

ist. Dabei ist λ ein noch zu bestimmender Faktor. Schreibt man die Gleichung anders, so lautet sie

$$w_1(\alpha(a - \lambda) + \beta c) + w_2(\alpha b + \beta(d - \lambda)) = 0.$$

---

[1] Wäre der Quotient konstant, so verfolge man die analytische Fortsetzung wieder rückwärts. Die Ausgangspotenzreihen hätten dann auch einen konstanten Quotienten.

§ 2. Die Natur der Singularitäten.

Da aber w_1 und w_2 ein Fundamentalsystem bilden, so kann sie nur dann erfüllt sein, wenn

(3)
$$\alpha(a-\lambda) + \beta c = 0,$$
$$\alpha b + \beta(d-\lambda) = 0$$

ist. Sollen aber diese beiden Gleichungen durch Werte α und β lösbar sein, die nicht beide verschwinden, so muß λ eine Wurzel von

(4)
$$\begin{vmatrix} a-\lambda & c \\ b & d-\lambda \end{vmatrix} = 0$$

sein. Bestimmt man λ aus dieser Gleichung und trägt einen der gefundenen Werte in (3) ein, so kann man aus diesen Gleichungen die α, β bestimmen und erhält damit diejenigen Lösungen, die beim positiven Umlauf sich nur mit einem Faktor multiplizieren. Es wird *zwei* solche Lösungen geben, wenn die beiden Wurzeln λ_1 und λ_2 der *Fundamentalgleichung* (4) *verschieden* sind. Diese beiden Funktionen machen dann selbst ein Fundamentalsystem aus, denn ihr Quotient kann dann nicht konstant sein. Sonst müßten sich ja beide beim Umlauf mit demselben Faktor multiplizieren.

2. Zwei verschiedene Nullstellen der Fundamentalgleichung. Wir wollen noch einen Augenblick bei diesem Fall stehen bleiben und uns die Gestalt dieser multiplikativen Lösungen noch etwas näher überlegen. Die Funktion

(5) $$(z-a)^{\frac{\log \lambda_1}{2\pi i}} \equiv (z-a)^{r_1} \quad \left(r_1 = \frac{\log \lambda_1}{2\pi i}\right)$$

multipliziert sich ebenfalls mit dem Faktor λ_1, wenn z die Stelle a im positiven Sinne einmal umläuft. Wenn also ein Element von $w_1(z)$ sich beim positiven Umlauf auch mit λ_1 multipliziert, so ist

$$\frac{w_1(z)}{(z-a)^{r_1}}$$

in der Umgebung von $z = a$ eindeutig und kann also in der Umgebung dieser Stelle in eine LAURENT-Reihe entwickelt werden. Daher hat jede multiplikative Lösung die Gestalt

$$(z-a)^{r_1} \cdot \sum_{\nu \to -\infty}^{\nu \to +\infty} a_\nu (z-a)^\nu.$$

Wie man aber, ausgehend von der Differentialgleichung, die Exponenten r und die Koeffizienten der LAURENT-Reihe wirklich ermittelt, wird im nächsten Paragraphen darzulegen sein.

3. Doppelwurzel der Fundamentalgleichung. Jetzt wollen wir uns den Fall, daß die *Fundamentalgleichung* (4) *zwei gleiche Wurzeln* besitzt, etwas näher ansehen. Man wird dann im allgemeinen nur eine multiplikative Lösung zur Verfügung haben. Tatsächlich zeigt die nähere

Betrachtung, daß in die anderen Lösungen dann im allgemeinen ein Logarithmus eingeht. Um das einzusehen, wähle ich ein passendes Fundamentalsystem. Als erste Funktion eines solchen nehme ich nämlich die eine sicher vorhandene multiplikative Lösung. Die andere lasse ich beliebig. Dann erfährt das neu gewählte Fundamentalsystem beim Umlauf eine Substitution dieser Art:

$$W_1 = \lambda_1 w_1$$
$$W_2 = c w_1 + d w_2.$$

Frage ich hier wieder nach den multiplikativen Lösungen, so müssen das natürlich die gleichen sein wie bisher. D. h. die zur neuen Substitution gehörige Fundamentalgleichung muß auch zwei gleiche Wurzeln haben. Sonst gäbe es zwei Lösungen mit verschiedenen Multiplikatoren, und die hätten sich dann auch schon aus der ersten Fundamentalgleichung ergeben müssen. Die neue Fundamentalgleichung wird aber

$$\begin{vmatrix} \lambda_1 - \lambda & c \\ 0 & d - \lambda \end{vmatrix} = 0.$$

Damit ihre beiden Wurzeln λ_1 sind, muß $d = \lambda_1$ sein. Unser Fundamentalsystem erfährt also die folgende Umlaufssubstitution

$$W_1 = \lambda_1 w_1$$
$$W_2 = c w_1 + \lambda_1 w_2.$$

Der Quotient

$$\frac{w_2}{w_1}$$

hat daher diese Umlaufssubstitution

$$\frac{W_2}{W_1} = \frac{w_2}{w_1} + \frac{c}{\lambda_1}.$$

Er erfährt also beim Umlauf einen Zuwachs um $\frac{c}{\lambda_1}$, genau wie

$$\frac{c}{\lambda_1 \cdot 2\pi i} \log(z - a).$$

Daher ist die Differenz

$$\frac{w_2}{w_1} - \frac{c}{\lambda_1 \, 2\pi i} \log(z - a)$$

in der Umgebung der singulären Stelle eindeutig und kann somit wieder in eine LAURENT-Reihe entwickelt werden. Daher besitzt w_2 diese Gestalt

$$(z-a)^{r_1} \left\{ A \cdot \log(z-a) \cdot \sum_{-\infty}^{+\infty} a_\nu (z-a)^\nu + \sum_{-\infty}^{+\infty} b_\nu (z-a)^\nu \right\}.$$

Somit haben wir den folgenden Satz:
Man kann in der Umgebung einer singulären Stelle ein Fundamentalsystem stets so wählen, daß seine Lösungen in der Umgebung der singu-

lären Stelle entweder Entwicklungen von der Form

(6a)
$$\begin{cases} w_1 = (z-a)^{r_1} \sum_{-\infty}^{+\infty} a_\nu (z-a)^\nu, \\ w_2 = (z-a)^{r_2} \sum_{-\infty}^{+\infty} b_\nu (z-a)^\nu \end{cases}$$

oder Entwicklungen von der Form

(6b)
$$\begin{cases} w_1 = (z-a)^{r_1} \sum_{-\infty}^{+\infty} a_\nu (z-a)^\nu, \\ w_2 = (z-a)^{r_1} \left\{ A \log(z-a) \sum_{-\infty}^{+\infty} a_\nu (z-a)^\nu + \sum_{-\infty}^{+\infty} b_\nu (z-a)^\nu \right\} \end{cases}$$

besitzen.

Wie bestimmt man nun r_1, r_2, A und die Koeffizienten der LAURENT-Reihen aus der Differentialgleichung? Bevor wir dazu übergehen, wird es nützlich sein, noch ein Wort über das Verhalten der Lösungen im Unendlichen zu sagen. Um im Unendlichen eine Funktion zu untersuchen, hat man erst

$$z = \frac{1}{\mathfrak{z}}$$

einzuführen. Durch diese Substitution geht die Differentialgleichung (1) in die folgende über:

$$\frac{d^2 w}{d\mathfrak{z}^2} + \frac{dw}{d\mathfrak{z}} \left[\frac{2}{\mathfrak{z}} - \frac{1}{\mathfrak{z}^2} p_1\left(\frac{1}{\mathfrak{z}}\right) \right] + \frac{1}{\mathfrak{z}^4} p_2\left(\frac{1}{\mathfrak{z}}\right) w = 0.$$

Ihre Lösungen hat man dann in der Umgebung von $\mathfrak{z} = 0$ zu betrachten.

§ 3. Außerwesentliche und wesentliche Singularitäten.

Wenn die in den Lösungen des vorigen Paragraphen vorkommenden LAURENT-Reihen höchstens endlich viele negative Potenzen enthalten, so wollen wir sagen, es liege eine *außerwesentliche Singularität* der Differentialgleichung vor; enthält aber auch nur eine derselben unendlich viele negative Potenzen, so sagen wir, es liege eine *wesentliche Singularität* der Differentialgleichung vor. Statt „außerwesentlich singuläre Stelle", sagt man auch „Stelle der Bestimmtheit", weil dann die Lösungen bei Annäherung an diese Stelle im Falle reeller r_1 und r_2 bestimmten Grenzwerten zustrebt.

Wenn eine Differentialgleichung an der Stelle $z = a$ eine *außerwesentliche* Singularität besitzen soll, so müssen die Koeffizienten gewissen Bedingungen genügen, die wir jetzt angeben wollen, um alsdann die im vorigen Paragraphen gestellte Aufgabe für die außerwesentlichen Singularitäten zu lösen.

Nehmen wir also an, die LAURENT-Reihen enthielten nur endlich viele negative Potenzen. Dann bilden wir den Quotienten $\frac{w_1}{w_2}$. Da aber das reziproke einer LAURENT-Reihe mit endlich vielen negativen Potenzen sich als Potenzreihe mit nur positiven Potenzen darstellen läßt, so läßt sich $\frac{w_2}{w_1}$ so schreiben

(1) $\frac{w_2}{w_1} = (z-a)^{r_2-r_1}\{A \log(z-a) + (z-a)^\nu \mathfrak{P}(z-a)\}$ $(\mathfrak{P}(0) \neq 0$,

wo ν eine passende ganze Zahl ist und wo mit $\mathfrak{P}_\nu(z-a)$ weiterhin stets eine keine negative Potenzen enthaltende Potenzreihe bezeichnet werden soll. Das Glied mit dem Logarithmus kann dabei evtl. wegfallen. Steht es da, so ist überdies $r_2 = r_1$ zu nehmen. Nun wissen wir aber von S. 150 her, daß man mit Hilfe irgend zweier unabhängiger Partikularlösungen einer linearen Differentialgleichung zweiter Ordnung

$$w'' + p_1(z) w' + p_2(z) w = 0$$

für $p_1(z)$ die Darstellung hat

(2) $\qquad p_1(z) = -\frac{w_2'' w_1 - w_1'' w_2}{w_2' w_1 - w_1' w_2} = -\frac{d}{dz}\left\{\log\left[w_1^2 \frac{d}{dz}\left(\frac{w_2}{w_1}\right)\right]\right\}.$

Nun rechnet man aber aus

(3) $\frac{d}{dz}\left(\frac{w_2}{w_1}\right) = (r_2 - r_1)(z-a)^{r_2-r_1-1}\{A \log(z-a) + (z-a)^\nu \mathfrak{P}(z-a)\}$
$\qquad + (z-a)^{r_2-r_1}\left\{\frac{A}{z-a} + \nu(z-a)^{\nu-1} \mathfrak{P}(z-a) + (z-a)^\nu \mathfrak{P}'(z-a)\right.$

(4) $\qquad\qquad w_1^2 = (z-a)^{2r_1+\mu} \mathfrak{P}_0(z-a) (\mathfrak{P}_0(0) \neq 0)$.[1]

In (3) kommt nun aber tatsächlich kein Logarithmus vor. Denn entweder ist $A = 0$, oder es ist $r_1 = r_2$. Daher hat $\frac{d}{dz}\left(\frac{w_2}{w_1}\right)$ die Gestalt

$$\frac{d}{dz}\left(\frac{w_2}{w_1}\right) = (z-a)^\lambda \cdot \mathfrak{P}(z-a), \qquad (\mathfrak{P}(0) \neq 0).$$

Also besitzt sowohl die logarithmische Ableitung von (3) wie die von (4) bei $z = a$ einen Pol von höchstens erster Ordnung. Somit hat auch $p_1(z)$ bei $z = a$ einen Pol von höchstens erster Ordnung.

Aus der Gleichung

$$w_1'' + p_1(z) w_1' + p_2(z) w_1 = 0$$

gewinnt man

$$p_2(z) = -\frac{w_1''}{w_1} - p_1(z) \frac{w_1'}{w_1}.$$

Nun ist aber

$$w_1 = (z-a)^{r_1+k} \cdot \mathfrak{P}(z-a) \qquad (\mathfrak{P}(0) \neq 0).$$

Daher hat $\frac{w_1'}{w_1}$ bei $z = a$ einen Pol von höchstens erster Ordnung, während $\frac{w_1''}{w_1}$ bei $z = a$ einen Pol von höchstens zweiter Ordnung hat. Daher hat auch $p_2(z)$ einen Pol von höchstens zweiter Ordnung.

---

[1] μ ist also eine passende ganze Zahl.

§ 3. Außerwesentliche und wesentliche Singularitäten.

So hat man den Satz: *Wenn die Differentialgleichung*
$$w'' + p_1(z)\, w' + p_2(z)\, w = 0$$
an der Stelle $z = a$ nur Lösungen mit außerwesentlichen Singularitäten besitzt, so muß sie in der Umgebung von $z = a$ die Gestalt

(5) $$w'' + \frac{\mathfrak{P}_1(z-a)}{z-a} w' + \frac{\mathfrak{P}_2(z-a)}{(z-a)^2} w = 0$$

haben. D. h. der erste Koeffizient hat dort einen Pol von höchstens erster Ordnung, der zweite Koeffizient einen Pol von höchstens zweiter Ordnung.

Daß die hier für eine Stelle der Bestimmtheit gefundene Bedingung auch hinreichend ist, hat FUCHS durch Aufstellung der Potenzreihenentwicklung der Lösungen bewiesen. Man sieht es aber nach einem von SCHLESINGER und in besonders einfacher Form von BIRKHOFF[1] herrührenden Verfahren am schnellsten so ein: Man führe die Differentialgleichung (5) durch die Substitution $w_1 = w$, $w_2 = (z-a) w'$ in das System

$$w'_1 = \frac{w_2}{z-a}, \qquad w'_2 = w_2 \frac{(1-\mathfrak{P}_1)}{z-a} - \frac{w_1 \mathfrak{P}_2}{z-a}$$

über. Seine Koeffizienten, das sind die Faktoren, mit denen w_1 und w_2 multipliziert sind, haben Pole höchstens erster Ordnung und somit gibt es eine Zahl $M > 0$ und eine Zahl r_0, so daß in der Umgebung $|z-a| \leq r_0$ dieser Stelle die Koeffizienten unter $\frac{M}{|z-a|}$ bleiben. Daher hat man

$$|w'_1| < \frac{M}{|z-a|}(|w_1|+|w_2|), \qquad |w'_2| < \frac{M}{|z-a|}(|w_1|+|w_2|).$$

Setzt man nun $W = |w_1|^2 + |w_2|^2$, so ist weiter für $|z-a| = r$

$$\left|\frac{\partial W}{\partial r}\right| \leq 2\{|w_1|\cdot|w'_1| + |w_2|\cdot|w'_2|\} \leq \frac{4M}{r} W.$$

Also ist
$$-\frac{4M}{r} \leq \frac{\partial \log W}{\partial r} \leq \frac{4M}{r}$$

und daher
$$W \leq W_0 \left(\frac{r}{r_0}\right)^{-4M} \qquad (0 < r < r_0).$$

Daraus folgt sofort, daß für $r < r_0$ auch $|w_1|^2 < W_0 \left(\frac{r}{r_0}\right)^{-4M}$ ist. D. h. also: Das Produkt
$$|w_1|^2 |z-a|^{4M}$$
bleibt in der Umgebung von $z = a$ unter einer festen Schranke und daher können wegen $M > 0$ in der Entwicklung von w_1 nach Potenzen von $z - a$ nur endlich viele negative Potenzen auftreten, so daß eine außerwesentlich singuläre Stelle vorliegt.

---
[1] Man vgl. G. D. BIRKHOFF: Trans. amer. math. Soc. Bd. 11. 1910.

§ 4. Auflösung einer Differentialgleichung in der Nähe einer außerwesentlichen singulären Stelle.

1. Ansatz. Die weitere Aufgabe der Theorie ist es nun, über das Verhalten der Lösungen in der Nähe einer außerwesentlichen oder einer wesentlichen Singularität näheren Aufschluß zu gewinnen. Wir werden uns in diesem Buche auf die ausführliche Behandlung der außerwesentlich singulären Stellen beschränken und gelegentlich nur kurz über die entsprechenden Verhältnisse bei wesentlich singulären Stellen referieren.

Zur Berechnung der Lösungen bedient man sich der Methode der unbestimmten Koeffizienten. Es liege bei $z = a$ eine außerwesentlich singuläre Stelle vor.

Ich schreibe die Differentialgleichung so:
$$\mathfrak{L}(w) \equiv (z-a)^2 w'' + (z-a) \mathfrak{P}_1(z-a) w' + \mathfrak{P}_2(z-a) w = 0.$$

Ich setze
$$\mathfrak{P}_1(z-a) = \sum \alpha_\nu (z-a)^\nu, \qquad \mathfrak{P}_2(z-a) = \sum \beta_\nu (z-a)^\nu$$

und bilde zunächst
$$\mathfrak{L}(z-a)^\lambda = (z-a)^\lambda \cdot f(z, \lambda).$$

Hier ist
$$f(z, \lambda) = \sum_{\nu=0}^{\infty} f_\nu(\lambda)(z-a)^\nu$$

und man hat
$$f_0(\lambda) = \lambda(\lambda - 1) + \lambda \alpha_0 + \beta_0$$
$$f_\nu(\lambda) = \qquad\qquad \lambda \alpha_\nu + \beta_\nu \qquad \nu = 1, 2 \ldots$$

Macht man nun den Ansatz

(1) $$w = (z-a)^\varrho \cdot \sum_{-\infty}^{+\infty} c_k (z-a)^k,$$

so erhält man aus $\mathfrak{L}(w) = 0$ eine gewisse LAURENT-Reihe, die verschwinden muß. Dazu ist notwendig und hinreichend, daß ihre sämtlichen Koeffizienten verschwinden. Das führt auf die unendlich vielen linearen Gleichungen

$\cdot\;\cdot$
$c_k f_0(\varrho + k) + c_{k-1} f_1(\varrho + k - 1) + \cdots + c_0 f_k(\varrho) + c_{-1} f_{k+1}(\varrho - 1) + \cdots = 0$
$\cdot\;\cdot$
$c_1 f_0(\varrho + 1) + c_0 f_1(\varrho) + c_{-1} f_2(\varrho - 1) + c_{-2} f_3(\varrho - 2) \ldots = 0$
$c_0 f_0(\varrho) + c_{-1} f_1(\varrho - 1) + c_{-2} f_2(\varrho - 2) + \cdots = 0$
$c_{-1} f_0(\varrho) + c_{-2} f_1(\varrho - 1) + \cdots = 0$
$\cdot\;\cdot\;\cdot\;\cdot\;\cdot\;\cdot\;\cdot\;\cdot\;\cdot\;\cdot\;\cdot\;\cdot\;\cdot\;\cdot\;\cdot\;\cdot\;\cdot\;\cdot\;\cdot$

mit den unendlich vielen Unbekannten $\ldots c_{-k} \ldots c_{-1}, c_0, c_1, c_2 \ldots$. Die Gleichungen sind nur wenig einfacher als die, welche man erhalten hätte, wenn man für die Koeffizienten der Differentialgleichung bei

$z = a$ beliebige eindeutige isolierte Singularitäten zugelassen hätte. Man ist auch tatsächlich imstande, solche Gleichungssysteme aufzulösen. Wir wollen darauf aber nicht eingehen, sondern verweisen den interessierten Leser auf zwei Abhandlungen von HELGE VON KOCH[1] Hier beschränken wir uns auf die außerwesentlich singuläre Stelle: wir dürfen daher den Ansatz in

$$w = (z-a)^\varrho \cdot \sum_0^\infty c_k (z-a)^k$$

abändern[2]. Setzt man also in den linearen Gleichungen die $c_{-1}, c_{-2} \ldots$ alle Null, so werden die Gleichungen

(2)
$$\begin{aligned}
&c_0 f_0(\varrho) = 0, \\
&c_1 f_0(\varrho+1) + c_0 f_1(\varrho) = 0, \\
&c_2 f_0(\varrho+2) + c_1 f_1(\varrho+1) + c_0 f_2(\varrho) = 0. \\
&\quad \cdots \cdots \cdots \cdots \cdots \cdots \cdots \cdots \cdots \\
&c_n f_0(\varrho+n) + c_{n-1} f_1(\varrho+n-1) + \cdots + c_0 f_n(\varrho) = 0. \\
&\quad \cdots \cdots \cdots \cdots \cdots \cdots \cdots \cdots \cdots
\end{aligned}$$

Wir werden sie auflösen und auch ϱ bestimmen. Wählt man nämlich ϱ so, daß

(3) $\qquad f_0(\varrho) \equiv \varrho(\varrho-1) + \varrho\alpha_0 + \beta_0 = 0$

ist und läßt $c_0 \neq 0$ willkürlich, so kann man aus der zweiten Gleichung c_1 berechnen, dann aus der dritten c_2 usw., es sei denn, daß für das gewählte ϱ und eine der ganzen positiven Zahlen k auch ein $f_0(\varrho+k) = 0$ wird. Dies ist dann der Fall, wenn die beiden Wurzeln der quadratischen Gleichung (3) sich um eine ganze Zahl unterscheiden. Sollte dies einmal eintreten, so verwende man diejenige der beiden Wurzeln ϱ von $f_0(\varrho) = 0$, welche den größeren Realteil hat. Für diese gelingt dann die Bestimmung[3] der c_k.

2. Konvergenzbeweis. Wir haben so scheinbar unsere Aufgabe gelöst und aufs neue erkannt, daß Differentialgleichungen von der im vorigen Paragraphen bestimmten Gestalt tatsächlich bei $z = a$ nur eine außerwesentliche Singularität aufweisen. Aber es bleibt noch eine Lücke: Konvergiert denn auch die gefundene Reihe? Dies verstünde sich nach

---

[1] Acta mathematica Bd. 16 u. 17.
[2] Die endlich vielen negativen Potenzen können durch geeignete Wahl des Exponenten ϱ berücksichtigt werden.
[3] Hat man nicht $f_0(\varrho) = 0$ genommen, so findet man entweder, daß alle $c_k = 0$ sein müssen, oder man muß irgendein $f_0(\varrho+k) = 0$ nehmen. Dann werden $c_0 = c_1 = \ldots = c_{k-1} = 0$. c_k muß $\neq 0$ genommen werden, wenn nicht wieder alle c Null werden sollen. Diese Annahme $f_0(\varrho) \neq 0$, aber $f_0(\varrho+k) = 0$ ist offenbar damit gleichwertig, daß man im Ansatz (1) ϱ durch $\varrho+k$ ersetzt. Sie bietet also nichts Neues und es genügt, $f_0(\varrho) = 0$ zu betrachten.

216 II. 4. Lineare Differentialgleichungen zweiter Ordnung im komplexen Gebiet.

den allgemeinen Resultaten von S. 211 ff. von selbst, wenn wir hätten zeigen können, daß die eben gefundenen Lösungen c_k die einzigen Lösungen der Gleichungen (2) sind. Aber gerade das ist nicht geschehen und auch nicht immer der Fall[1]. Es bleibt uns somit nichts weiter übrig, als den Konvergenzbeweis direkt zu führen. Da

$$f_0(\varrho + n) = (\varrho + n)(\varrho + n - 1) + (\varrho + n)\alpha_0 + \beta_0$$

ist, so hat man von einem gewissen $n = N$ an:

$$|f_0(\varrho + n)| > |\varrho| + n.$$

Daher ist von $n = N$ an

$$(|\varrho| + n)|c_n| < |c_{n-1}||f_1(\varrho + n - 1)| + |c_{n-2}||f_2(\varrho + n - 2)| + \cdots$$
$$+ |c_0||f_n(\varrho)|.$$

Also

$$|c_n| < |c_{n-1}|[|\alpha_1| + |\beta_1|] + |c_{n-2}|[|\alpha_2| + |\beta_2|] + \cdots + |c_0|[|\alpha_n| + |\beta_n|].$$

Aus den N ersten Gleichungen (2) ergeben sich gewisse Werte $c_1, c_2, \ldots, c_{N-1}$. Man wähle N positive Zahlen $d_0, d_1, d_2, \ldots, d_{N-1}$ irgendwie so, daß

$$|c_0| < d_0, \quad |c_1| < d_1, \quad |c_2| < d_2, \ldots, \quad |c_{N-1}| < d_{N-1}$$

gilt. Nun bestimme man unendlich viele positive Zahlen $d_N, d_{N+1}, \ldots,$ aus den Gleichungen

(4)
$$d_N = d_{N-1}\{|\alpha_1| + |\beta_1|\} + d_{N-2}\{|\alpha_2| + |\beta_2|\} + \cdots + d_0\{|\alpha_N| + |\beta_N|\}$$
$$\vdots$$
$$d_n = d_{n-1}\{|\alpha_1| + |\beta_1|\} + d_{n-2}\{|\alpha_2| + |\beta_2|\} + \cdots + d_0\{|\alpha_n| + |\beta_n|\}.$$

Dann hat man auch

$$|c_N| < d_N, \quad |c_{N+1}| < d_{N+1}, \ldots.$$

Wenn man nun zeigen kann, daß die Reihe

(5) $$\sum d_n (z - a)^n$$

in einem gewissen Kreis um $z = a$ konvergiert, so gilt das auch für die Reihe

(6) $$\sum c_n (c - a)^n.$$

---

[1] Denn es ist z. B. bisher kein Grund dafür angegeben worden, daß gerade die eben getroffene Entscheidung für diejenige Wurzel ϱ von (2), welche den größeren Realteil besitzt, zu einer brauchbaren Bestimmung der c_k führt. Es könnte sehr wohl sein, daß gerade die Wurzel vom kleineren Realteil bei passender Wahl der c_k zu einer konvergenten Reihe führte. Das ist z. B. dann der Fall, wenn die auf S. 212 vorkommende Zahl A verschwindet, obwohl $\varrho_1 - \varrho_2$ ganz ist. Es wäre freilich erstrebenswert, durch rein begriffliche Überlegungen diese Schwierigkeit zu überwinden, um so den Konvergenzbeweis einzusparen.

§ 4. Auflösung einer Differentialgleichung. 217

Setzt man nun noch

(7) $$\begin{aligned} b_0 &= d_0 \\ b_1 &= d_1 - d_0\{|\alpha_1| + |\beta_1|\} \\ &\vdots \\ b_{N-1} &= d_{N-1} - d_{N-2}\{|\alpha_1| + |\beta_1|\} - \cdots - d_0\{|\alpha_{N-1}| + \beta_{N-1}|\} \end{aligned}$$

und entwickelt den Quotienten

$$\frac{b_0 + b_1(z-a) + b_2(z-a)^2 + \cdots + b_{N-1}(z-a)^{N-1}}{1 - (|\alpha_1| + |\beta_1|)(z-a) - \cdots - (|\alpha_n| + |\beta_n|)(z-a)^n \cdots}$$

nach Potenzen von $z - a$, so erhält man eine Potenzreihe

(8) $$e_0 + e_1(z-a) + \cdots + e_n(z-a)^n + \cdots,$$

die in einer gewissen Umgebung von $z = a$ konvergiert. Für ihre Koeffizienten erhält man aber die Gleichungen

$$\begin{aligned} b_0 &= e_0 \\ b_1 &= e_1 - e_0\{|\alpha_1| + |\beta_1|\} \\ &\vdots \\ b_{N-1} &= e_{N-1} - e_{N-2}\{|\alpha_1| + |\beta_1|\} - \cdots - e_0\{|\alpha_{N-1}| + |\beta_{N-1}|\} \\ 0 &= e_N - e_{N-1}\{|\alpha_1| + |\beta_1|\} - \cdots - e_0\{|\alpha_N| + |\beta_N|\} \end{aligned}$$
. . . .

Das sind aber gerade die Gleichungen (7) und (6), welchen die d_n genügen. Da aber diese Gleichungen nur auf eine Weise lösbar sind, so gilt

$$e_n = d_n \qquad (n = 0, 1, \ldots)$$

Da also (8) konvergiert und gleich (5) ist, so konvergiert (5) und daher auch (6).

3. Fundamentalsystem. Nachdem wir so gezeigt haben, daß durch die gefundene Reihe ein Element der Lösung dargestellt wird, steht natürlich aus allgemeinen funktionentheoretischen Gründen fest, daß der Konvergenzkreis der Reihe bis zum nächsten singulären Punkt reicht. Die Gleichung

$$\varrho(\varrho - 1) + \varrho\alpha_0 + \beta_0 = 0,$$

aus welcher wir ϱ bestimmten, heißt die *Fundamentalgleichung*. Wenn dieselbe zwei Wurzeln hat, deren *Differenz keine ganze Zahl* ist, so liefert unsere Betrachtung gleich die beiden Lösungen eines Fundamentalsystems. Unterscheiden sich aber die beiden Wurzeln um eine ganze Zahl, so erhalten wir nur eine Lösung. Dieselbe ist durch diejenige der beiden Wurzeln bestimmt, welche den größeren Realteil besitzt. Die bedeutsame Rolle, die hier die Wurzeln spielen, deren Differenz eine ganze Zahl ist, kann nicht überraschen. Denn von (5) S. 209 her wissen wir ja schon, daß die Exponenten nur bis auf ganze

Zahlen bestimmt sind. Dem trugen wir auch schon Rechnung, indem wir die Lösung in der Form
$$w = (z-a)^\varrho \, \mathfrak{P}(z-a)$$
ansetzten.

Wenn nun also die Differenz der Wurzeln eine ganze Zahl ist, so wird es sich darum handeln, eine weitere Lösung zu finden, die mit der schon bekannten zusammen ein Fundamentalsystem bildet. Die Mittel dazu stehen seit S. 151 bereit, denn damals lernten wir schon durch Kenntnis einer Lösung die Ordnung der Differentialgleichung reduzieren. Wir lernten:

Wenn w_1 eine Lösung der Differentialglcichung
$$w'' + p_1(z)\, w' + p_2(z)\, w = 0$$
ist, und wenn man $w = w_1 \int u\, dz$ setzt, so genügt u der linearen Differentialgleichung erster Ordnung:
$$u' + u\left(\frac{2 w_1'}{w_1} + p_1\right) = 0.$$

Tragen wir hier
$$w_1 = (z-a)^{\varrho_1}\, \mathfrak{P}(z-a), \qquad p_1 = \frac{\mathfrak{P}_1(z-a)}{z-a} = \frac{\alpha_0 + \alpha_1(z-a) + \cdots}{z-a}$$
ein, so wird die Gleichung
$$u' + u\left(\frac{2\varrho_1 + \alpha_0}{z-a} + \mathfrak{P}_3(z-a)\right) = 0.$$

Bezeichnet man die zweite „kleinere" Wurzel der Fundamentalgleichung (3) mit ϱ_2, so kann man hierfür schreiben:
$$u' + u\left(\frac{1 + \varrho_1 - \varrho_2}{z-a} + \mathfrak{P}_3(z-a)\right) = 0.$$

Hier ist aber, wegen der Wahl von ϱ_1
$$\varrho_1 - \varrho_2$$
eine nicht negative und damit
$$1 + \varrho_1 - \varrho_2 = \nu$$
eine positive ganze Zahl. Aus der Gleichung für u findet man
$$u = (z-a)^{-\nu}\, \mathfrak{P}_4(z-a).$$

Somit wird die andere Lösung des Fundamentalsystems
$$w = w_1 \int u\, dz = w_1\{A \log(z-a) + (z-a)^{-\nu+1}\, \mathfrak{P}_5(z-a)\}$$
$$= (z-a)^{\varrho_1} \cdot A \cdot \log(z-a) \cdot \mathfrak{P}(z-a) + (z-a)^{\varrho_2} \cdot \mathfrak{P}_6(z-a).$$

Wir können das Resultat so aussprechen:

ϱ_1 *und* ϱ_2 *seien die beiden Wurzeln der Fundamentalgleichung* (2).

§ 5. Anwendung auf die Besselsche Differentialgleichung.

Es möge $\Re(\varrho_1) \geq \Re(\varrho_2)$ sein. Dann besitzt die Differentialgleichung

$$w'' + w' \frac{\mathfrak{P}_1(z-a)}{z-a} + w \frac{\mathfrak{P}_2(z-a)}{(z-a)^2} = 0$$

in der Umgebung von $z = a$ stets ein Fundamentalsystem von der Gestalt

$w_1 = (z-a)^{\varrho_1} \mathfrak{P}(z-a),$

$w_2 = (z-a)^{\varrho_1} \cdot A \cdot \log(z-a) \cdot \mathfrak{P}(z-a) + (z-a)^{\varrho_2} \mathfrak{P}^*(z-a).$

Wenn die Differenz $\varrho_1 - \varrho_2$ keine ganze Zahl ist, so fällt stets das mit dem Logarithmus behaftete Glied weg. Man hat dann die Konstante A gleich Null zu setzen. Wenn aber die Differenz $\varrho_1 - \varrho_2$ eine ganze Zahl ist, dann kann A von Null verschieden sein. Der Konvergenzkreis der beiden hier vorkommenden Potenzreihen reicht bis zum nächsten singulären Punkt.

4. Bemerkung: Es kann sehr wohl der Fall eintreten, daß an einer singulären Stelle der Differentialgleichung alle Lösungen regulär sind. Das trifft z. B. bei $z = 0$ für

$$w'' - w' \frac{2}{z} + w \frac{2}{z^2} = 0$$

zu. Denn ein Fundamentalsystem derselben ist

$w_1 = z,$

$w_2 = z^2.$

Eine singuläre Stelle, in der sich alle Integrale regulär verhalten, nennt man einen *Nebenpunkt*.

§ 5. Anwendung auf die Besselsche Differentialgleichung.

Die Besselsche Differentialgleichung

$$w'' + \frac{1}{z} w' + \frac{z^2 - n^2}{z^2} w = 0$$

besitzt bei $z = 0$ eine außerwesentlich singuläre Stelle. Die Fundamentalgleichung wird:

$$\varrho(\varrho - 1) + \varrho - n^2 = 0.$$

Ihre beiden Wurzeln sind somit

$\varrho_1 = n$
$\varrho_2 = -n$ (wo $\Re(n) \geq \Re(-n)$ sei).

Schon diese kurze Bemerkung lehrt nach einem Blick auf die Formeln des vorigen Paragraphen, daß es, falls nicht gerade n rein imaginär ist, tatsächlich stets nur eine Lösung (die erste oben aufgeschriebene) gibt, welche bei $z = 0$ endlich bleibt. Damit haben wir eine Frage beantwortet, die wir auf S. 186 vertagt hatten.

Es wird eine nützliche Übung für den Leser sein, das folgende Ergebnis selbständig zu gewinnen:

Wenn n keine ganze Zahl ist, dann sind $J_n(z)$ und $J_{-n}(z)$ die beiden Lösungen eines Fundamentalsystems. Wenn aber n eine ganze Zahl

II. 4. Lineare Differentialgleichungen zweiter Ordnung im komplexen Gebiet.

ist, dann verliert $J_{-n}(z)$ seinen Sinn, weil einige seiner Koeffizienten unendlich werden. Alsdann wird die zweite Lösung des Fundamentalsystems für $n > 0$

$$J_n(z) \cdot \log z$$
$$- \left\{ 2^{n-1}(n-1)! \, z^{-n} + \frac{2^{n-3}(n-2)! \, z^{-n+2}}{1!} + \frac{2^{n-5}(n-3)! \, z^{-n+4}}{2!} + \cdots + \frac{z^{n-2}}{2^{n-1}(n-1)!} \right\}$$
$$- \frac{z^n}{2^{n+1} n!} \sum_{1}^{n} \frac{1}{\nu} + \sum_{1}^{\infty} \left[\frac{(-1)^{m-1} z^{n+2m}}{2^{n+2m} m! \, (n+m)!} \cdot \left(\sum_{1}^{m} \frac{1}{2\mu} + \sum_{1}^{n+m} \frac{1}{2\varrho} \right) \right].$$

Für $n = 0$ fällt die geschweifte Klammer und der darauf folgende Summand weg. Ich will dem Leser zur Herleitung dieses letzten Ergebnisses eine auch sonst nützliche Anleitung geben. Wenn wir nach der im vorigen Paragraphen verwendeten Methode rechnen wollten, so hätten wir die Unbequemlichkeit, erst den Quotienten $\frac{J'_n(z)}{J_n(z)}$ in eine Potenzreihe entwickeln zu müssen. Das vermeidet man, wenn man in die Gleichung mit dem durch unser allgemeines Resultat nahegelegten Ansatz

$$w_3 = z^n \cdot \sum (a_m + b_m \log z) z^m$$

hineingeht. Die Methode der unbestimmten Koeffizienten liefert dann das gewünschte Ergebnis. Wir haben diese Methode nicht im vorigen Paragraphen angewandt, weil wir sonst die Rechnung wieder durch einen Konvergenzbeweis hätten ergänzen müssen. Der ergab sich bei der Betrachtung des vorigen Paragraphen ganz von selbst. Der Leser sieht aber an diesem Beispiel, daß es in praxi bequemer sein kann, Wege einzuschlagen, deren *direkte* theoretische Begründung schwieriger wäre.

§ 6. Differentialgleichungen der FUCHSschen Klasse.

Man sagt, eine Differentialgleichung $w'' + p_1(z) w' + p_2(z) w = 0$ gehöre der FUCHSschen Klasse an, wenn sie *nur* außerwesentliche singuläre Stellen besitzt. Der erste Koeffizient besitzt dann im Endlichen nur Pole höchstens erster Ordnung, der zweite nur Pole höchstens zweiter Ordnung. Über das Verhalten der Koeffizienten im Unendlichen müssen wir jetzt noch Aufschluß gewinnen. Schon S. 211 haben wir durch die Substitution

$$z = \frac{1}{\mathfrak{z}}$$

das Unendliche nach 0 gebracht. Wir werden sagen, bei $z = \infty$ liege eine außerwesentliche Singularität, wenn die S. 211 angegebene transformierte Differentialgleichung bei $\mathfrak{z} = 0$ eine außerwesentliche Singularität besitzt. Damit nun aber der erste Koeffizient

$$\frac{2}{\mathfrak{z}} - \frac{1}{\mathfrak{z}^2} p_1\left(\frac{1}{\mathfrak{z}}\right)$$

§ 6. Differentialgleichungen der Fuchsschen Klasse.

der transformierten Gleichung bei $\mathfrak{z} = 0$ einen Pol höchstens erster Ordnung habe, muß die Entwicklung von $p_1\left(\frac{1}{\mathfrak{z}}\right)$ so aussehen:

$$p_1\left(\frac{1}{\mathfrak{z}}\right) = a_1 \mathfrak{z} + a_2 \mathfrak{z}^2 + \cdots.$$

D. h. in der Umgebung von $z = \infty$ muß die Entwicklung von $p_1(z)$ so aussehen

$$p_1(z) = a_1 \frac{1}{z} + a_2 \frac{1}{z^2} + \cdots,$$

$p_1(z)$ hat also dort eine Nullstelle mindestens erster Ordnung. Somit muß $p_1(z)$ eine rationale Funktion mit nur Polen erster Ordnung sein, welche im Unendlichen verschwindet. Versteht man unter $\alpha_1 \ldots \alpha_n$ die Gesamtheit der Stellen, an welchen $p_1(z)$ oder $p_2(z)$ Pole haben, so besitzt $p_1(z)$ folgende Gestalt:

(1) $\qquad p_1(z) = \frac{g(z)}{\varphi(z)} \qquad (\varphi(z) = (z - \alpha_1)(z - \alpha_2) \ldots (z - \alpha_n)),$

wo der Zählergrad um mindestens eins kleiner ist als der Nennergrad. Man braucht natürlich an sich in den Nenner nur die α_i zu schreiben, die wirklich Pole von $p_1(z)$ sind. Für die weitere Betrachtung ist es zweckmäßiger, Zähler und Nenner noch mit den Faktoren $z - \alpha_i$ zu erweitern, die von Polen des $p_2(z)$ herrühren.

Untersuchen wir nun den zweiten Koeffizienten

$$\frac{1}{\mathfrak{z}^4} p_2\left(\frac{1}{\mathfrak{z}}\right)$$

der transformierten Gleichung. Soll er bei $\mathfrak{z} = 0$ einen Pol von höchstens zweiter Ordnung haben, so muß die Entwicklung von $p_2\left(\frac{1}{\mathfrak{z}}\right)$ so aussehen

$$p_2\left(\frac{1}{\mathfrak{z}}\right) = \beta_2 \mathfrak{z}^2 + \cdots.$$

Also folgt

$$p_2(z) = \frac{\beta_2}{z^2} + \cdots.$$

Daraus findet man, daß $p_2(z)$ eine rationale Funktion von folgender Gestalt sein muß

(2) $\qquad p_2(z) = \frac{h(z)}{(\varphi(z))^2} \qquad (\varphi(z) = (z - \alpha_1) \ldots (z - \alpha_n)).$

Der Zählergrad muß dabei um mindestens zwei Einheiten kleiner sein als der Nennergrad. Dabei ist wieder $\alpha_1, \ldots, \alpha_n$ die Gesamtheit der Stellen, an welchen $p_1(z)$ oder $p_2(z)$ Pole besitzen.

Umgekehrt gehört nach § 3 auch eine Differentialgleichung, deren Koeffizienten die eben angegebene Gestalt besitzen, der Fuchsschen Klasse an. Man kann die gefundenen Bedingungen auch mit Hilfe der Partialbruchzerlegung zum Ausdruck bringen.

Sind nämlich

(3)
$$p_1(z) = \sum \frac{A_k}{z - \alpha_k}$$
$$p_2(z) = \sum \left\{ \frac{B_k}{(z - \alpha_k)^2} + \frac{C_k}{z - \alpha_k} \right\}$$

die Partialbruchzerlegungen für die Koeffizienten einer Differentialgleichung

$$w'' + p_1(z) w' + p_2(z) w = 0$$

der FUCHSschen Klasse, so muß

$$\lim_{z \to \infty} p_1(z) = 0 \quad \lim_{z \to \infty} p_2(z) = 0 \quad \lim_{z \to \infty} z \cdot p_2(z) = 0$$

sein[1]. So kann man nämlich die gefundenen Bedingungen ausdrücken. Den beiden ersten Bedingungen haben wir schon dadurch Rechnung getragen, daß wir in den obigen Partialbruchzerlegungen keine additiven ganzen Funktionen angebracht haben. Die letzte Bedingung aber führt zu der Gleichung

(4) $$\sum C_k = 0.$$

Wir wollen noch die Fundamentalgleichung des unendlichfernen Punktes aufschreiben. Dazu müssen wir nur die Fundamentalgleichung der transformierten Gleichung bei $\mathfrak{z} = 0$ aufschreiben. Setzen wir

$$\lim_{\mathfrak{z} \to 0} \left\{ 2 - \frac{1}{\mathfrak{z}} p_1 \left(\frac{1}{\mathfrak{z}} \right) \right\} = \lim_{z \to \infty} \left\{ 2 - z\, p_1(z) \right\} = \alpha$$

$$\lim_{\mathfrak{z} \to 0} \frac{1}{\mathfrak{z}^2} p_2 \left(\frac{1}{\mathfrak{z}} \right) = \lim_{z \to \infty} z^2 p_2(z) = \beta,$$

so wird die Fundamentalgleichung

$$\varrho (\varrho - 1) + \alpha \varrho + \beta = 0.$$

Das Fundamentalsystem des unendlichfernen Punktes sieht dann so aus

$$w_1 = \frac{1}{z^{\varrho_1}} \mathfrak{P} \left(\frac{1}{z} \right)$$

$$w_2 = \frac{1}{z^{\varrho_1}} A \log z \cdot \mathfrak{P} \left(\frac{1}{z} \right) + \frac{1}{z^{\varrho_2}} \mathfrak{P}^* \left(\frac{1}{z} \right).$$

Dabei sind ϱ_1 und ϱ_2 die beiden Wurzeln der Fundamentalgleichung und es ist $R(\varrho_1) \geqq R(\varrho_2)$. Die Zahl A ist stets Null, wenn $\varrho_1 - \varrho_2$ keine ganze Zahl ist.

Ist n die Anzahl der im Endlichen gelegenen singulären Stellen, so hat man noch den Satz, *daß die Summe aller Wurzeln aller charakteristischen Gleichungen $n - 1$ beträgt*. Er beruht auf dem funktionen-

---

[1] Unsere Betrachtung läßt überdies erkennen, daß $z = \infty$ nur dann eine reguläre Stelle der Differentialgleichung ist, wenn überdies noch $\lim z\, p_1(z) = 2$ und $\lim_{z \to \infty} z^3 p_2(z) = 0$ gilt.

theoretischen Satz, daß die Summe der Residuen einer rationalen Funktion Null ist. Nun aber ist die Fundamentalgleichung der singulären Stelle α_k, wenn man die Darstellungen (1), (2) verwendet

$$\varrho(\varrho-1)+\frac{g(\alpha_k)}{\varphi'(\alpha_k)}\varrho+\frac{h(\alpha_k)}{\{\varphi'(\alpha_k)\}^2}=0.$$

Andererseits ist aber

$$\frac{g(\alpha_k)}{\varphi'(\alpha_k)}$$

das Residuum von $p_1(z)$ bei α_k, während die Summe der beiden Wurzeln der Fundamentalgleichung

$$1-\frac{g(\alpha_k)}{\varphi'(\alpha_k)}$$

wird. Im Unendlichen ist das Residuum $\alpha - 2$, die Summe der Wurzeln $1 - \alpha$. Daher wird die Summe aller Wurzeln vermehrt um die Summe aller Residuen gleich $n - 1$. Daher ist die Summe aller Wurzeln aller charakteristischen Gleichungen gleich $n - 1$, da die Summe aller Residuen verschwindet.

Schreiben wir noch die Fundamentalgleichungen unter Verwendung der Partialbruchzerlegungen (3) auf. Sie lauten:

$\varrho(\varrho-1)+A_k\varrho+B_k=0$ für die Stelle $z=\alpha_k$,

$\varrho(\varrho-1)+(2-\sum A_k)\varrho+\sum(B_k+C_k\alpha_k)=0$ für $z=\infty$.

§ 7. Die hypergeometrische Differentialgleichung.

1. Aufstellung der Differentialgleichung. Eine jede Differentialgleichung der FUCHSschen Klasse muß im Endlichen mindestens eine singuläre Stelle haben. Denn sonst wären die Koeffizienten konstant. Aber die Differentialgleichungen mit konstanten Koeffizienten gehören nicht der FUCHSschen Klasse an, es sei denn, daß $w''=0$ vorgelegt ist. Denn die Koeffizienten anderer Differentialgleichungen mit konstanten Koeffizienten werden ja im Unendlichen nicht Null und ihre Integrale haben, wie wir von S. 153 wissen, im Unendlichen wesentlich singuläre Stellen.

Differentialgleichungen der FUCHSschen Klasse aber, welche im Endlichen gerade einen singulären Punkt haben, sind nach (3), (4) S. 222 von der Form

$$w''+\frac{A}{z-a}w'+\frac{B}{(z-a)^2}w=0.$$

Auch sie haben wir schon S. 155 zu integrieren gelernt. Diese Differentialgleichung hat überdies noch $z=\infty$ als singuläre Stelle, falls nicht $A=2$, $B=0$ ist. Denn dies ist nach Fußnote [1] von S. 222 die Bedingung dafür, daß $z=\infty$ eine reguläre Stelle ist.

224 II. 4. Lineare Differentialgleichungen zweiter Ordnung im komplexen Gebiet.

Soll eine Differentialgleichung der FUCHSschen Klasse im Endlichen zwei singuläre Punkte haben und im Unendlichen regulär sein, so muß sie durch lineare Transformation von z aus einer der oben betrachteten hervorgehen.

Der nächst einfachste Fall ist der, daß drei singuläre Punkte vorhanden sind. Sie mögen bei $0, 1, \infty$ liegen[1]. Die Wurzeln ihrer Fundamentalgleichungen mögen

$$(\varrho_{01}, \varrho_{02}), \quad (\varrho_{11}, \varrho_{12}), \quad (\varrho_{\infty 1}, \varrho_{\infty 2})$$

sein. Seit RIEMANN bezeichnet man eine jede Lösung einer solchen Differentialgleichung mit

$$P\begin{pmatrix} 0, & 1, & \infty & \\ \varrho_{01} & \varrho_{11} & \varrho_{\infty 1}, & z \\ \varrho_{02} & \varrho_{12} & \varrho_{\infty 2} & \end{pmatrix}.$$

Man zählt nämlich leicht nach, daß die Anzahl der in die Koeffizienten der Differentialgleichung eingehenden Parameter fünf ist, nämlich zwei Koeffizienten im Zähler von $p_2(z)$ und drei im Zähler von $p_2(z)$. Ebenso groß ist aber die Zahl der in den Ausdruck der P-Funktion eingehenden Parameter: 6 Fundamentalwurzeln ϱ_{ik}, deren Summe 1 ist. Man wird somit erwarten, daß man die Koeffizienten der Differentialgleichung durch diese 5 neuen Parameter ausdrücken kann. Wir wollen das nachher auch tun, vorab aber bemerken, daß ein gleiches Resultat bei mehr als drei singulären Stellen nicht zu erwarten ist. Denn bei n im Endlichen gelegenen Singularitäten hat man in den Differentialgleichungskoeffizienten

$$n + n + 2n - 1 = 4n - 1$$

Parameter. Ferner hat man n singuläre Stellen und $2n + 2$ Fundamentalwurzeln. Da aber die Summe derselben wieder fest ist, so sind das noch $2n + 1$ Parameter. Daher hat man bei dieser Zählung

$$3n + 1$$

Parameter. Beide Zahlen stimmen nur für $n = 2$ überein. Die überschüssigen in die Differentialgleichung eingehenden $n - 2$ heißen die *akzessorischen Parameter*. Man kann — ähnlich wie bei Randwertaufgaben — versuchen, sie durch weitere den Lösungen auferlegte Bedingungen zu bestimmen. Man erhält so mannigfache Oszillationstheoreme, die später noch ein wenig näher berührt werden können.

Wir wollen bei den Differentialgleichungen mit drei singulären Punkten stehen bleiben. Durch die Substitution

$$w = z^\lambda (1 - z)^\mu \cdot W$$

---

[1] Das läßt sich ja durch eine lineare Transformation stets erreichen.

§ 7. Die hypergeometrische Differentialgleichung.

kann man erreichen, daß bei 0 und 1 je eine der Fundamentalwurzeln verschwindet. Die beiden Wurzeln bei ∞ bezeichnet man dann mit α, β, die zweite Fundamentalwurzel von 0 hat man sich gewöhnt, mit $1 - \gamma$ zu bezeichnen. Berücksichtigt man dann noch, daß die Summe aller 1 sein muß, so wird die zweite Wurzel des Punktes 1:

$$\gamma - \alpha - \beta.$$

Das Symbol der neuen P-Funktion wird also

$$P \begin{pmatrix} 0 & 1 & \infty \\ 0 & 0 & \alpha & z \\ 1-\gamma & \gamma-\alpha-\beta & \beta \end{pmatrix}.$$

Nun sollen die Koeffizienten der Differentialgleichung durch α, β, γ ausgedrückt werden. Das gelingt am besten durch Heranziehen der Partialbruchzerlegung der Koeffizienten und unter Verwendung der Schlußformeln des letzten Paragraphen. Denn dort kann man direkt die Ausdrücke der Koeffizienten der Partialbruchzerlegung durch die Fundamentalwurzeln ablesen. Man findet so als Ausdruck der Differentialgleichung

$$w'' + \frac{-\gamma + (1 + \alpha + \beta)z}{z(z-1)} w' + \frac{\alpha\beta}{z(z-1)} w = 0.$$

Sie heißt „*hypergeometrische Differentialgleichung*" aus einem bald anzugebenden Grunde.

2. Hypergeometrische Funktionen. Unsere nächste Aufgabe ist es, die Fundamentalsysteme der drei singulären Punkte anzugeben. Ich beginne mit $z = 0$, und will annehmen, daß γ keine negative ganze Zahl und nicht Null ist. Dann gehört zu der Fundamentalwurzel 0 ein bei $z = 0$ reguläres, dort nicht verschwindendes Integral. Man kann es somit nach S. 214ff. mit der Methode der unbestimmten Koeffizienten berechnen und darf dabei annehmen, daß es bei $z = 0$ den Wert Eins hat. Die so normierte Funktion bezeichnet man mit

$$F(\alpha, \beta, \gamma, z).$$

Die Methode der unbestimmten Koeffizienten liefert, wie der Leser selbst nachrechnen möge,

$$F(\alpha, \beta, \gamma, z) = 1 + \frac{\alpha \cdot \beta}{1 \cdot \gamma} z + \frac{\alpha(\alpha+1) \cdot \beta(\beta+1)}{1 \cdot 2 \cdot \gamma \cdot (\gamma+1)} z^2 + \cdots.$$

Diese Reihe heißt die *hypergeometrische Reihe*, geht sie doch für $\alpha = 1$, $\beta = \gamma$ in die geometrische Reihe über. Ihr Konvergenzkreis ist der Einheitskreis.

Zur Berechnung der zweiten Funktion des Fundamentalsystems führt im Falle, wo γ keine ganze Zahl ist, die folgende Bemerkung.

II.4. Lineare Differentialgleichungen zweiter Ordnung im komplexen Gebiet.

Wenn man in der hypergeometrischen Differentialgleichung die Substitution
$$W = z^{\gamma-1} \cdot w$$
macht, so erhält man eine neue hypergeometrische Differentialgleichung. Denn die Fundamentalwurzeln werden jetzt: Bei $z=0$: $\gamma-1, 0$, bei $z=1$: $0, \gamma-\alpha-\beta$, bei $z=\infty$: $\alpha-\gamma+1, \beta-\gamma+1$[1]: Setzt man daher
$$\alpha_1 = \alpha-\gamma+1, \quad \beta_1 = \beta-\gamma+1, \quad \gamma_1 = 2-\gamma,$$
so erkennt man, daß der neuen Differentialgleichung die hypergeometrische Funktion $F(\alpha_1, \beta_1, \gamma_1, z)$ genügt. Daher ist
$$w_2 = z^{1-\gamma} \cdot F(\alpha-\gamma+1, \beta-\gamma+1, 2-\gamma, z)$$
das andere Integral des Fundamentalsystems der gegebenen Differentialgleichung. Natürlich kann man dies auch auf dem Wege der Rechnung bestätigen.

Nunmehr ist es auch leicht, für die Stellen Eins und Unendlich Fundamentalsysteme anzugeben. Macht man nämlich in der hypergeometrischen Differentialgleichung die Substitution
$$\mathfrak{z} = 1-z,$$
so wird dieselbe
$$w'' - \frac{-\gamma+\alpha+\beta+1-(1+\alpha+\beta)\mathfrak{z}}{\mathfrak{z}(\mathfrak{z}-1)} w' + \frac{\alpha\beta}{\mathfrak{z}(\mathfrak{z}-1)} w = 0.$$
Setzt man nun
$$\alpha_1 = \alpha, \quad \beta_1 = \beta, \quad \gamma_1 = 1+\alpha+\beta-\gamma,$$
so kann man sie auch schreiben:
$$w'' + \frac{-\gamma_1+(1+\alpha_1+\beta_1)\mathfrak{z}}{\mathfrak{z}(\mathfrak{z}-1)} w' + \frac{\alpha_1\beta_1}{\mathfrak{z}(\mathfrak{z}-1)} w = 0.$$
Demnach ist
$$F(\alpha_1, \beta_1, \gamma_1, \mathfrak{z}), \quad \mathfrak{z}^{1-\gamma_1} F(\alpha_1-\gamma_1+1, \beta_1-\gamma_1+1, 2-\gamma_1, \mathfrak{z})$$
ein Fundamentalsystem derselben bei $\mathfrak{z}=0$, falls γ_1 keine ganze Zahl ist. Daher wird
$$F(\alpha, \beta, 1+\alpha+\beta-\gamma, 1-z)$$
$$(1-z)^{\gamma-\alpha-\beta} F(\gamma-\beta, \gamma-\alpha, 1-\alpha-\beta+\gamma, 1-z)$$
ein Fundamentalsystem der ursprünglichen bei $z=1$, falls nicht $\gamma-\alpha-\beta$ eine ganze Zahl ist.

Macht man andererseits die Substitution
$$\mathfrak{z} = \frac{1}{z},$$

---

[1] Wenn z. B. $w = \left(\frac{1}{z}\right)^\alpha \cdot \mathfrak{P}\left(\frac{1}{z}\right)$ ist, so wird $W = \left(\frac{1}{z}\right)^{\alpha-\gamma+1} \mathfrak{P}\left(\frac{1}{z}\right)$.

so entsteht eine Differentialgleichung mit drei singulären Punkten $0, 1, \infty$, deren Fundamentalwurzeln

$$(\alpha, \beta), \quad (0, \gamma - \alpha - \beta), \quad 0, 1 - \gamma$$

sind. Setzt man daher

$$W = \mathfrak{z}^{-\alpha} \cdot w,$$

so wird die Differentialgleichung hypergeometrisch mit den Fundamentalwurzeln: $(0, \beta - \alpha), (0, \gamma - \alpha - \beta), (\alpha, \alpha - \gamma + 1)$. Daher ist

$$F(\alpha, \alpha - \gamma + 1, 1 + \alpha - \beta, \mathfrak{z})$$
$$\mathfrak{z}^{\beta-\alpha} \cdot F(\beta, \beta - \gamma + 1, 1 - \alpha + \beta, \mathfrak{z})$$

ein Fundamentalsystem derselben bei $\mathfrak{z} = 0$, falls $\beta - \alpha$ keine ganze Zahl ist. Daher ist

$$\left(\frac{1}{z}\right)^{\alpha} F\left(\alpha, \alpha - \gamma + 1, 1 + \alpha - \beta, \frac{1}{z}\right)$$
$$\left(\frac{1}{z}\right)^{\beta} F\left(\beta, 1 + \beta - \gamma, 1 + \beta - \alpha, \frac{1}{z}\right)$$

ein Fundamentalsystem der ursprünglichen bei $z = \infty$, falls $\alpha - \beta$ nicht ganzzahlig ist.

§ 8. Analytische Fortsetzung einer einzelnen Lösung.

1. Konforme Abbildung durch den Quotienten zweier Lösungen. Es ist in diesem einführenden Buche nicht meine Aufgabe, eine erschöpfende Theorie der hypergeometrischen Differentialgleichung zu geben. Vielmehr sehe ich meine Aufgabe darin, einen Überblick über die wesentlichsten bisher behandelten Probleme zu geben. Daher will ich auch nicht näher auf die Bestimmung der Fundamentalsysteme in den Fällen eingehen, wo die bisher bestimmten Fundamentalsysteme versagen, wenn also z. B. γ eine ganze Zahl ist. Methodisch würden ja diese Fälle nichts Neues mehr bieten.

Lieber will ich mich jetzt der Frage zuwenden, wie man die analytische Fortsetzung einer einzelnen Lösung bestimmen kann. Wenn z. B. $F(\alpha, \beta, \gamma, z)$ vorgelegt ist, so erhebt sich beispielsweise die Frage, wie sich dieselbe in der Nähe von $z = 1$ oder von $z = \infty$ verhält, überhaupt allgemein die Frage nach ihrer Änderung, wenn z einen geschlossenen Weg in seiner Ebene beschreibt. Ich beschränke mich dabei wieder auf die im vorigen Paragraphen hervorgehobenen Fälle, wo in den Fundamentalsystemen die logarithmischen Glieder fehlen.

Nun kann nach S. 207 jede Lösung auf jedem Wege fortgesetzt werden, der keine singuläre Stelle der Koeffizienten trifft. Daher ist jede Lösung in demjenigen Stern eindeutig, den man erhält, wenn man den Mittelpunkt eines sie definierenden regulären Funktionselementes mit den Stellen 0 und 1 verbindet und die Ebene längs der

Verlängerungen dieser beiden Linien über 0 und 1 hinaus aufschneidet. Es wird also nur darauf ankommen, Umläufe um einzelne singuläre Punkte zu untersuchen. Es ist dazu zweckmäßig, nicht $F(\alpha, \beta, \gamma, z)$ für sich zu untersuchen, sondern die beiden Funktionen

$$w_1 = F(\alpha, \beta, \gamma, z),$$
$$w_2 = z^{1-\gamma} F(\alpha - \gamma + 1, \beta - \gamma + 1, 2 - \gamma, z),$$

welche das Fundamentalsystem bei $z = 0$ bilden, gleichzeitig nebeneinander zu betrachten. Am bequemsten gelangt man zum Ziele, wenn man den Quotienten

$$w = \frac{w_2}{w_1}$$

heranzieht. Wir wollen untersuchen, *welche Abbildung diese Funktion von der oberen Halbebene $\Im(z) > 0$ vermittelt.* Ich setze die α, β, γ als reell voraus. Wir werden erkennen, daß die Halbebene in ein Kreisbogendreieck übergeführt wird.

Es leuchtet ein, daß Zähler und Nenner von w auf der Strecke $0 < z < 1$ reell sind, wenn man sich für den reellen Zweig von $z^{1-\gamma}$ entscheidet. Ferner besitzt die Ableitung von w stets einerlei Vorzeichen. Denn es ist ja

$$w' = \frac{w_1 w_2' - w_2 w_1'}{w_1^2}.$$

Nach S. 151 hat man aber

$$w_1 w_2' - w_2 w_1' = c e^{-\int p(z)\, dz}.$$

Dieser Ausdruck kann nur an einer singulären Stelle der Differentialgleichung verschwinden, wenn er nicht identisch verschwindet. Dann aber wäre w konstant. Daraus folgt, daß durch w das Stück $0 < z < 1$ der reellen Achse in ein monoton durchlaufenes Stück der reellen w-Achse übergeführt wird, wofern man sich für denjenigen Zweig von $z^{1-\gamma}$ entscheidet, der für $0 < z < 1$ positiv reell ist. Dieses Stück der reellen Achse kann $w = \infty$ enthalten und auch Teile der w-Achse mehrfach bedecken.

Was wird nun aus der negativen reellen Achse? Setzt man in der oberen Halbebene $z = r e^{i\varphi}$, $0 \leq \varphi \leq \pi$, so wird für negative z

$$z = r e^{i\pi}.$$

Daher hat man

$$z^{1-\gamma} = r^{1-\gamma} e^{i\pi(1-\gamma)}$$

zu nehmen. Ersetzt man dann F_2 durch $e^{-i\pi(1-\gamma)}$ und wiederholt die vorigen Schlüsse, so erkennt man, daß die negative reelle Achse in ein monoton durchlaufenes Stück der Geraden

$$\arg w = \pi(1-\gamma)$$

der w-Ebene übergeht. Beide bisher genannten Geradenstücke bilden

§ 8. Analytische Fortsetzung einer einzelnen Lösung.

also einen Winkel von $\pi(1-\gamma)$ miteinander. Nun bleibt noch die reelle Achse
$$z > 1$$
übrig. Betrachten wir zunächst einmal in der Umgebung von $z=1$ den Quotienten der beiden Funktionen, durch die wir vorhin S. 226 in der Umgebung dieses Punktes ein Fundamentalsystem darstellten. Dann erkennt man genau wie eben, daß durch diesen Quotienten $z > 1$ in eine gerade Strecke übergeführt wird. Da nun aber w_1 und w_2 bei der Fortsetzung in der Umgebung von $z=1$ in lineare Funktionen der eben benutzten beiden Lösungen übergehen, so wird w eine gebrochene lineare Funktion des eben benutzten Quotienten. Und daher wird durch w die Strecke $z > 1$ auf einen Kreisbogen abgebildet. Derselbe muß mit den beiden schon eingeführten Strecken zusammen ein Dreieck bilden. Denn wenn z die reelle Achse durchläuft, so muß sich w aus funktionentheoretischen Gründen reproduzieren. Denn sonst enthielte die obere Halbebene weitere Singularitäten. Daher wird die reelle Achse auf eine geschlossene Kurve abgebildet, und zwar wie wir sahen, auf den Rand eines Kreisbogendreiecks. Somit wird wieder aus funktionentheoretischen Gründen die obere Halbebene auf dies Kreisbogendreieck selbst abgebildet. Welche Winkel besitzt dasselbe nun in den zwei noch übrigen Ecken? Zur Beantwortung dieser Frage hat man nur den Charakter der Abbildung zu untersuchen, die der Quotient der beiden in der Umgebung von $z=1$ und $z=\infty$ betrachteten ausgezeichneten Lösungen vermittelt. Denn unser Quotient $\frac{w_2}{w_1}$ ist ja bei $z=1$ und $z=\infty$ als lineare Funktion dieser Quotienten darstellbar und lineare Abbildungen sind ja winkeltreu. Nun aber wird jener Quotient bei $z=1$

$$(1-z)^{\gamma-\alpha-\beta}\frac{F(\gamma-\beta,\gamma-\alpha,1-\alpha-\beta+\gamma,1-z)}{F(\alpha,\beta,1+\alpha+\beta-\gamma,1-z)}.$$

Bei $z=\infty$ aber wird er

$$\left(\frac{1}{z}\right)^{\beta-\alpha}\frac{F\left(\beta,1+\beta-\gamma,1+\beta-\alpha,\frac{1}{z}\right)}{F\left(\alpha,\alpha-\gamma+1,1+\alpha-\beta,\frac{1}{z}\right)}.$$

Man erkennt sofort, daß dadurch die reelle Achse bei $z=1$ in zwei unter dem Winkel $\pi(\gamma-\alpha-\beta)$ aneinanderstoßende Geraden übergeführt wird, während bei $z=\infty$ der Winkel $\pi(\beta-\alpha)$ herauskommt. So haben wir das Resultat:

Durch die Abbildung

$$w=\frac{w_2}{w_1}=z^{1-\gamma}\frac{F(\alpha-\gamma+1,\beta-\gamma+1,2-\gamma,z)}{F(\alpha,\beta,\gamma,z)}$$

wird die Halbebene auf ein Kreisbogendreieck abgebildet, das die drei Winkel $\pi(1-\gamma), \pi(\gamma-\alpha-\beta), \pi(\beta-\alpha)$ besitzt. Ich kürze ab $\gamma = 1-\gamma, \mu = \gamma-\alpha-\beta, \nu = \beta-\alpha$.

Die mehr funktionentheoretische Frage nach der Berechnung der Eckenkoordinaten dieses Dreiecks will ich nicht anschneiden; auch die damit zusammenhängende Frage nach den Änderungen, die unser Quotient und damit auch der Zähler w_2 und der Nenner w_1 bei Umlaufung der singulären Stellen erfahren, will ich nicht behandeln. Es mag genügen, die allgemeine Natur des Ergebnisses festgestellt zu haben. Jedenfalls wird einem Umlauf von z um einen singulären Punkt eine lineare Substitution des Quotienten entsprechen.

Ich will nur in gewissen Spezialfällen die qualitative Natur des Ergebnisses noch etwas weiter verfolgen. Nach dem Spiegelungsprinzip geht nämlich die untere Halbebene gleichfalls in ein Kreisbogendreieck über. Denke ich mir weiter die RIEMANNsche Fläche von $w(z)$ in ihre Halbebenen zerlegt und diese längs der drei Strecken $0 < z < 1, z > 1, z < 0$ jeweils aneinandergeheftet, so erhalte ich als Bild der RIEMANNschen Fläche einen aus lauter Kreisbogendreiecken aufgebauten Bereich.

2. Schlichte Abbildung. Besonderes Interesse bietet nun der Fall, wo dieser Bereich *schlicht* ist, wo also kein Stück der Ebene mehrfach von den Kreisbogendreiecken bedeckt wird. Es ist dies der Fall, wo die Umkehrungsfunktion von $\frac{w_2}{w_1}$ eindeutig ist. Es ist dazu erforderlich, daß die Winkel $\lambda\pi, \mu\pi, \nu\pi$ von der Form

$$\frac{\pi}{l}, \frac{\pi}{m}, \frac{\pi}{n}$$

sind, wo l, m, n ganze Zahlen bedeuten. Durch sukzessive Spiegelung der dann schlichten Dreiecke an den freien Rändern erhält man nämlich ein schlichtes Dreiecksnetz. Dieses Netz bedeckt insbesondere in der Umgebung eines jeden Eckpunktes eines Dreiecks die Ebene einfach und lückenlos. Dies bringt aber gerade die eingeführte Winkelbedingung zum Ausdruck. Betrachten wir z. B. die Ecke, an der der Winkel $\frac{\pi}{n}$ liegt, und spiegeln das Dreieck an einer von dieser Ecke ausgehenden Seite, so erhalten wir ein weiteres Dreieck, das an das erste anstößt. Der von beiden gebildete Bereich ist unter anderem von zwei von der Ecke ausgehenden Kreisbogen begrenzt, welche einen Winkel von $\frac{2\pi}{n}$ gegeneinander bilden. Beiläufig bemerkt, ist dieses Doppeldreieck nun das Bild einer vollen längs eines Stücks der reellen Achse aufgeschnittenen z-Ebene. Spiegele ich das Doppeldreieck erneut an einem seiner von der gleichen Ecke ausgehenden Kreisbogen, so erhalte ich ein neues an diese Ecke wieder mit dem Winkel $2\frac{\pi}{n}$ anstoßendes Doppeldreieck. Wenn ich so an den freien Rändern im

§ 8. Analytische Fortsetzung einer einzelnen Lösung. 231

ganzen k-mal spiegele, so erhalte ich k jeweils mit dem Winkel $2\frac{\pi}{n}$ an die Ecke anstoßende Doppeldreiecke, deren jedes aus zwei zueinander spiegelbildlichen Kreisbogendreiecken besteht. Diese $2k$ Dreiecke sollen für passendes k die ganze Umgebung der Ecke gerade einmal lückenlos bedecken. Also muß für passendem k der Bruch $\frac{k}{n} = 1$ sein. Also muß n eine positive ganze Zahl sein.

Schraffiert man diejenigen Hälften der Doppeldreiecke, welche Bilder der oberen Halbebene sind, so besteht jedes Doppeldreieck aus einer schraffierten und einer nicht schraffierten Hälfte. (Vgl. Abb. 15, die für $n = 4$ gezeichnet ist.) Je zwei schraffierte Hälften gehen durch eine gerade Anzahl von Spiegelungen auseinander hervor. Eine solche gerade Anzahl von Spiegelungen ist aber gleichbedeutend mit einer linearen Abbildung, welche die gemeinsame Ecke festläßt. Die so erhaltenen linearen Abbildungen lassen sich alle als Wiederholungen (Potenzen) einer derselben darstellen. Wenn man nämlich zwei benachbarte schraffierte Bereiche ins Auge faßt, so hängen sie durch eine lineare Abbildung zusammen, deren Wiederholungen die übrigen linearen Abbildungen ergeben. Natürlich handelt es sich um elliptische lineare Abbildungen, deren n-te Potenz die identische Abbildung ist, also um Substitutionen der Periode n.

Abb. 15.

In diesen Betrachtungen liegt auch umgekehrt schon begründet, daß die Abbildung in der Umgebung einer jeden Ecke einen schlichten Bildbereich liefert, falls die Winkel die Form $\frac{\pi}{l}, \frac{\pi}{m}, \frac{\pi}{n}$ mit positiven ganzzahligen l, m, n haben. Man kann weiter schließen, daß der ganze Bildbereich schlicht ist, daß also die Winkelbedingung auch hinreichend ist für den eindeutigen Charakter der Umkehrungsfunktion von $\frac{w_2}{w_1}$. Ich will diesen Beweis nicht völlig durchführen, sondern nur einige Gesichtspunkte hervorheben, die bei der Anlage des Beweises zur Geltung kommen. Insbesondere hat man die nachstehend unterschiedenen drei Fälle auch beim Beweis gesondert zu behandeln. Als Muster dient dabei immer die Beweisführung, die man in meinem Lehrbuch der Funktionentheorie, Bd. I, S. 245/246, für die Schlichtheit der durch das elliptische Integral erster Gattung vermittelten Abbildung findet.

3. Automorphe Dreiecksfunktionen. Die Tatsache der Schlichtheit hat zur Folge, *daß die Umkehrungsfunktion unserer Abbildungsfunktion eindeutig ist*. Sie ist weiter eine *automorphe Funktion*. Die linearen Abbildungen nämlich, welche die verschiedenen Bilddreiecke der z-Ebene ineinander überführen, bilden eine Gruppe. Da in jedem der Bildbereiche die Umkehrungsfunktion dieselben Werte annimmt, so bleibt sie ungeändert, wenn man auf ihr Argument irgendeine Transformation dieser Gruppe ausübt. Solche Funktionen nennt man aber *automorphe*. Somit führen unsere an die Differentialgleichung anschließenden Überlegungen hinüber zur Theorie der automorphen Dreiecksfunktionen.

Ich will noch ein Wort über ihre Klassifikation anschließen. Diese hängt von dem Wert der Summe

$$\frac{1}{l}+\frac{1}{m}+\frac{1}{n}$$

ab. Ist diese gleich Eins, so ist die Winkelsumme unseres Dreiecks π. Daraus erschließt man, daß dasselbe geradlinig angenommen werden kann. Man kann nämlich durch eine lineare Substitution stets erreichen, daß zwei seiner Seiten geradlinig werden. Man muß nur Sorge tragen, daß der eine nicht in eine Ecke fallende Schnittpunkt der beiden begrenzenden Kreise ins Unendliche kommt. Nimmt man nun eine weitere Ecke beliebig an, so muß durch dieselbe unter vorgeschriebenem Winkel gegen die schon vorhandene gerade Seite desselben ein Kreisbogen gelegt werden, der die dritte Seite wieder unter vorgeschriebenem Winkel trifft. Dadurch ist aber, wie man leicht einsieht, der Kreisbogen bestimmt. Daß aber in unserem Falle eine dritte gerade Dreiecksseite die Winkelsumme zu π, d. h. $\frac{1}{l}+\frac{1}{m}+\frac{1}{n}$ zu 1 macht, ist selbstverständlich. Durch Ausübung der zugehörigen Gruppe erhält man eine lückenlose Bedeckung der vollen Ebene mit unendlich vielen kongruenten Dreiecken.

Es kommen nur die folgenden endlich vielen Kombinationen von Zahlen l, m, n in Betracht:

l	m	n
2	4	4
2	3	6
3	3	3

Ein weiterer Fall ist der, daß

$$\frac{1}{l}+\frac{1}{m}+\frac{1}{n}>1$$

ist. Hier kommen nur die folgenden Fälle in Betracht:

l	m	n
2	2	beliebig
2	3	3
2	3	4
2	3	5

§ 8. Analytische Fortsetzung einer einzelnen Lösung.

Dann ergibt sich, daß die ganze Ebene mit endlich vielen entsprechenden Dreiecken bedeckt wird. Stereographische Projektion und der Anblick der Tabelle lehrt, daß man es mit den aus der Theorie der regulären Körper bekannten Gruppen zu tun hat. Man denke sich in den Seitenflächen eines Tetraeders, Oktaeders oder Ikosaeders die drei Höhen errichtet, so daß jede Seitenfläche in sechs kleinere Dreiecke zerfällt, beschreibe dann dem regulären Körper eine Kugel um und projiziere das auf dem Körper entstandene Netz vom Mittelpunkt aus auf die Kugel. Dort entstehen dann lauter kongruente sphärische Dreiecke, deren Winkel die an zweiter, dritter und vierter Stelle in unserer Tabelle verzeichneten sind. Da aber ein Kreisbogendreieck durch seine Winkel bestimmt ist (bis auf lineare Transformation), so ist in diesen drei Fällen die Behauptung bewiesen. Der erste Fall entspricht den Diedern. Das sind einer Kugel einbeschriebene gerade Doppelpyramiden, die über einem regelmäßigen n-Eck errichtet sind. Man zerlege jedes Seitendreieck durch seine Höhe in zwei Dreiecke und projiziere wieder auf die umbeschriebene Kugel.

Nun bleibt noch der Fall

$$\frac{1}{l} + \frac{1}{m} + \frac{1}{n} < 1.$$

Alsdann gibt es einen Kreis, der auf den drei Dreiecksseiten senkrecht steht. Zwei der Dreiecksseiten darf man nämlich wieder geradlinig annehmen. Ihr Schnittpunkt werde als Mittelpunkt des gesuchten Orthogonalkreises gewählt. Zieht man nun von ihm aus die beiden Tangenten nach dem Kreise, welchem die dritte Dreiecksseite angehört, so steht der mit der Tangentenlänge als Radius beschriebene Kreis auf dem Seitenkreis senkrecht. So kann man bei jedem nicht geradlinigen Dreiecke schließen, also auch dann, wenn die Winkelsumme π übertrifft. Hier aber, wo sie kleiner als π ist, kann man weiter schließen, *daß unser Kreisbogendreieck völlig dem Innern des Orthogonalkreises angehört*. Denn wegen der Winkelsumme liegt das Dreieck ganz im Inneren des geradlinigen Dreiecks mit den gleichen Ecken. Die Tangenten berühren somit jedenfalls *außerhalb* dieses Dreiecks den Kreis. Daher liegt der die Seite enthaltende Kreisbogen und damit das ganze Dreieck im Inneren des Orthogonalkreises. Durch eine Spiegelung an einer Dreiecksseite geht aber nun der Orthogonalkreis in sich über. Daher liegen alle Dreiecke des Netzes ganz im Inneren des Orthogonalkreises, und man kann, wie hier nicht näher ausgeführt werden soll, unter Heranziehung der auf diesen Kreis gegründeten kreisgeometrischen Maßbestimmung, zeigen[1], daß sie dies Innere einfach und lückenlos

---

[1] Man umgebe durch sukzessives Spiegeln das erste Dreieck mit einem Kranz weiterer, so daß jeder Randpunkt innerer Punkt wird. Um den so erhaltenen Bereich lagere man einen neuen Kranz usw. Nun gibt es eine Zahl $r > 0$ derart,

bedecken. Die Peripherie des Orthogonalkreises ist natürliche Grenze für die automorphe Funktion, weil sich gegen jeden Punkt der Peripherie die Dreiecke häufen und die Funktion in einem jeden Doppeldreieck jeden Wert annimmt.

4. Zusätze. Ich schließe diese Skizze mit einem knappen Hinweis auf die allgemeinen Probleme, die sich ergeben, wenn die Differentialgleichung mehr als drei singuläre Punkte besitzt. Wir haben schon oben (S. 224) festgestellt, daß dann die Koeffizienten nicht eindeutig durch die singulären Stellen und die Wurzeln ihrer Fundamentalgleichungen festgelegt sind, sondern daß dann noch akzessorische Parameter bleiben. Beispielsweise hat eine Differentialgleichung der FUCHSschen Klasse mit vier singulären Stellen a, b, c, ∞ die Gestalt

$$w'' + w'\left(\frac{1-\alpha}{z-a} + \frac{1-\beta}{z-b} + \frac{1-\gamma}{z-c}\right) + \frac{w}{(z-a)(z-b)(z-c)}(Az+B) = 0.$$

a, b, c besitzen die fundamentalen Wurzelpaare

$$(0, \alpha), \quad (0, \beta), \quad (0, \gamma),$$

während die fundamentalen Wurzeln δ_1, δ_2 des unendlich fernen Punktes sich aus den Gleichungen $\alpha + \beta + \gamma + \delta_1 + \delta_2 = 2, \delta_1 \delta_2 = A$ ergeben. B fungiert als *akzessorischer Parameter*. Wenn alles reell ist, kann man B z. B. durch die Zahl der Nullstellen festlegen, die eine Lösung der Gleichung in einem gegebenen Intervall haben soll. Das wäre eine Festlegung im Rahmen eines Oszillationstheorems. Man kann aber auch nach funktionentheoretischen Gesichtspunkten vorgehen. Wenn wieder die Gleichung z. B. reell ist, so wird wieder die obere Halbebene auf ein Kreisbogenviereck abgebildet. Zu diesem gehört aber im allgemeinen kein Kreis, der auf seinen sämtlichen Seiten senkrecht steht. Man kann aber verlangen, den akzessorischen Parameter so zu bestimmen, daß ein Orthogonalkreis auftritt. Fordert man außerdem noch, daß die Umkehrung des Quotienten zweier Lösungen eine eindeutige automorphe Funktion wird, so ist dadurch der akzessorische Parameter sogar eindeutig festgelegt. Ich begnüge mich damit, den Charakter der Probleme anzudeuten. Ein weiteres Eindringen in dieselben muß dem Spezialstudium des Lesers vorbehalten bleiben. Man vergleiche dazu insbesondere KLEIN: Math. Ann. Bd. 64 und HILB: Math. Ann. Bd. 66, 68.

---

daß jeder um einen Randpunkt eines Dreiecks geschlagene Kreis vom kreisgeometrischen Radius r bei Anlagerung eines Kranzes vollständig überdeckt wird. Hieraus folgt sofort, daß bei sukzessivem Anlagern von Kränzen kein Punkt aus dem Inneren des Orthogonalkreises unbedeckt bleiben kann. Daß kein Punkt mehrfach bedeckt wird, lehrt die Anwendung des Monodromiesatzes der Funktionentheorie auf die Umkehrung von $\frac{w_2}{w_1}$, die in der Umgebung jeder Stelle eindeutig ist. Man kann auch ohne Verwendung der Umkehrungsfunktion mit dem Beweisgedanken des Monodromiesatzes arbeiten.

In einer letzten Bemerkung dieses Paragraphen werde noch auf ein berühmtes Problem hingewiesen. Unsere Darlegungen haben klar gezeigt, daß jeder Differentialgleichung eine bestimmte Gruppe von linearen Substitutionen zugehört. Das ist die Gruppe derjenigen linearen Substitutionen, welche ein Fundamentalsystem erfährt, wenn man z irgendwelche Wege in seiner Ebene durchlaufen läßt. Diese Gruppe heißt *Monodromiegruppe* der Differentialgleichung.

Unter dem Namen RIEMANNsches *Problem* ist nun die folgende umgekehrte Frage geläufig: Wenn man Monodromiegruppe und singuläre Stellen $a_1, \ldots, a_n$ einer Differentialgleichung der FUCHSschen Klasse vorgibt, gehört dann dazu auch immer bei passender Wahl der akzessorischen Parameter eine Differentialgleichung, die diese singulären Punkte und diese Monodromiegruppe besitzt? HILBERT und PLEMELJ haben mit Hilfe der Theorie der Integralgleichungen dies Problem gelöst, und der letztere hat sogar einen Überblick über die Mannigfaltigkeit der Lösungen geben können. BIRKHOFF hat ein analoges Problem für Differentialgleichungen mit wesentlich singulären Stellen gegebener Natur formuliert und gelöst. Wegen der Literaturangaben werde wieder auf die Enzyklopädie verwiesen[1].

§ 9. LEGENDREsche Polynome.

Besonderes Interesse verdienen die Polynome, welche der hypergeometrischen Differentialgleichung genügen. Die Methode der unbestimmten Koeffizienten, welche auf die hypergeometrische Reihe führt, lehrt dann, daß diese Reihe abbrechen muß. Dies ist aber nur dann möglich, wenn α oder β eine negative ganze Zahl ist. Die so entstehenden Polynome nennt man nach JACOBI, der sie zuerst allgemein betrachtet hat, JACOBIsche *Polynome*. JACOBI hat auch eine zu (1) von S. 237 analoge interessante Darstellung derselben als mehrfache Ableitung angegeben. Wir wollen dieselbe für den wichtigsten Spezialfall der älteren LEGENDREschen Polynome hernach herleiten. Diese LEGENDREschen *Polynome* erhält man, wenn man in der hypergeometrischen Reihe

$$\alpha = k+1, \quad \beta = -k, \quad \gamma = 1$$

($k > 0$ ganze Zahl) setzt. Genau genommen sind dies allerdings noch nicht die LEGENDREschen Polynome, sondern der den LEGENDREschen entsprechende Spezialfall der JACOBIschen. Die LEGENDREschen selbst erhält man, wenn man die singulären Punkte der Differentialgleichung nach $-1, +1, \infty$ legt, statt nach $0, 1, \infty$. Macht man somit in der

---

[1] Hierzu kommt neuerdings J. A. LAPPO-DANILEVSKI: Résolution algorithmique des problèmes reguliers de POINCARÉ et de RIEMANN. Journal de la soc. phys. math. de Leningrade. Bd. 2 S. 94—154. 1928.

II. 4. Lineare Differentialgleichungen zweiter Ordnung im komplexen Gebiet.

hypergeometrischen Differentialgleichung der S. 225 die Substitution

$$z = \frac{1-\tau}{2},$$

so geht sie in die Differentialgleichung

$$(1-\tau^2)\frac{d^2w}{d\tau^2} - 2\tau\frac{dw}{d\tau} + k(k+1)w = 0$$

der LEGENDREschen Polynome über. Das k-te derselben ist durch

$$P_k(\tau) = F\left(k+1, -k, 1, \frac{1-\tau}{2}\right)$$

gegeben. Die JACOBIsche Darstellung derselben erhält man wie folgt:
Wenn man die hypergeometrische Reihe nach z differenziert, so erkennt man, daß die Ableitung als hypergeometrische Funktion

$$\frac{\alpha\cdot\beta}{\gamma} F(\alpha+1, \beta+1, \gamma+1, z)$$

geschrieben werden kann. Durch Wiederholung dieses Differenzierens erkennt man allgemein die Richtigkeit der Gleichung

$$\frac{d^n F(\alpha, \beta, \gamma, z)}{dz^n}$$
$$= \alpha(\alpha+1)\cdots(\alpha+n-1)\cdot\frac{\beta(\beta+1)\cdots(\beta+n-1)}{\gamma(\gamma+1)\cdots(\gamma+n-1)} F(\alpha+n, \beta+n, \gamma+n, z).$$

Die Ableitungen der hypergeometrischen Reihe sind also selbst hypergeometrische Funktionen, und zwar genügt die n-te $w^{(n)}$ derselben der Differentialgleichung

$$z(z-1)\frac{d^2 w^{(n)}}{dz^2} + [(\alpha+\beta+2n+1)z - \gamma - n]\frac{dw^{(n)}}{dz}$$
$$+ (\alpha+n)(\beta+n) w^{(n)} = 0.$$

Multipliziert man diese Gleichung mit

$$z^{\gamma+n-1}\cdot(z-1)^{\alpha+\beta-\gamma+n},$$

so erkennt man leicht, daß man sie in der Form

$$\frac{d}{dz}\left\{z^{\gamma+n}(z-1)^{\alpha+\beta-\gamma+n+1}\frac{dw^{(n)}}{dz}\right\}$$
$$= -(\alpha+n)(\beta+n) z^{\gamma+n-1}(z-1)^{\alpha+\beta-\gamma+n} w^{(n)}$$

schreiben kann. Differenziert man dies n-mal, so erhält man

$$\frac{d^{n+1}}{dz^{n+1}}\left\{z^{\gamma+n}(z-1)^{\alpha+\beta-\gamma+n+1}\frac{dw^{(n)}}{dz}\right\}$$
$$= -(\alpha+n)(\beta+n)\frac{d^n}{dz^n}\left\{z^{\gamma+n-1}(z-1)^{\alpha+\beta-\gamma+n} w^{(n)}\right\}.$$

Bildet man diese Gleichung der Reihe nach für die Werte $n=0$, $1, \ldots, k-1$ und multipliziert die Ergebnisse miteinander, so er-

§ 9. Legendresche Polynome.

hält man

$$\frac{d^k}{dz^k}\{z^{\gamma+k-1}(z-1)^{\alpha+\beta-\gamma+k}w^{(k)}\}$$
$$= (-1)^k \alpha(\alpha+1)\cdots(\alpha+k-1)\beta(\beta+1)\cdots(\beta+k-1)\cdot z^{\gamma-1}\cdot(z-1)^{\alpha+\beta-\gamma}w.$$

Wenn nun insbesondere die hypergeometrische Reihe mit dem Glied k-ten Grades abbricht, so wird die k-te Ableitung eine Konstante und man kann der letzten Gleichung eine Darstellung von w als k-te Ableitung entnehmen. Für den Fall der Legendreschen Polynome werde dies noch fertig ausgerechnet. Die k-te Ableitung von

$$F(k+1, -k, 1, z)$$

wird aber ersichtlich

$$\frac{(k+1)(k+2)\cdots(2k)(-1)^k \cdot k!}{k!} = (-1)^k \cdot \frac{(2k)!}{k!}.$$

Somit erhält man die Darstellung

$$\frac{(-1)^k(2k)!}{k!}\frac{d^k}{dz^k}(z^k(z-1)^k) = (k+1)(k+2)\cdots(2k)k!w.$$

Also wird

$$w = \frac{(-1)^k}{k!}\frac{d^k}{dz^k}(z^k(z-1)^k).$$

Geht man von hier durch die Substitution $z = \frac{1-\tau}{2}$ zu den echten Legendreschen Polynomen über, so findet man

(1) $$P_k(\tau) = \frac{1}{k!}\frac{1}{2^k}\frac{d^k}{d\tau^k}(\tau^2-1)^k.$$

Man kann die Differentialgleichung derselben auch in der Form

$$\frac{d}{d\tau}\left[(1-\tau^2)\frac{dw}{d\tau}\right] + k(k+1)w = 0$$

schreiben. Mit ihrer Hilfe leitet man leicht nach den Regeln der partiellen Integration die Orthogonalitätseigenschaften derselben her. Man findet

$$\int_{-1}^{+1} P_k^2(\tau)\,d\tau = \frac{2}{2k+1}, \qquad \int_{-1}^{+1} P_n(\tau)P_m(\tau)\,d\tau = 0 \quad (n \neq m).$$

Man kann jede in dem Intervall $-1 \leq \tau \leq +1$ zweimal stetig differenzierbare Funktion $f(\tau)$ in eine nach Legendreschen Polynomen fortschreitende Reihe entwickeln:

$$f(\tau) = \sum a_n P_n(\tau), \quad \text{wo} \quad a_n = \frac{2n+1}{2}\int_{-1}^{+1} f(\tau)P_n(\tau)\,d\tau.$$

Ich bemerke noch, daß die Legendreschen Polynome die Lösungen der folgenden Randwertaufgabe sind:

Wie muß man den Parameter λ wählen, damit die Differentialgleichung
$$\frac{d}{d\tau}\left[(1-\tau^2)\frac{dw}{d\tau}\right] + \lambda w = 0$$
Lösungen besitzt, welche in dem abgeschlossenen Intervall
$$-1 \leqq \tau \leqq +1$$
endlich sind?

Die bisherigen Darlegungen zeigen, daß jedenfalls für $\lambda = k(k+1)$ mit ganzem positiven k solche Lösungen in den LEGENDREschen Polynomen vorliegen. Sie sind aber zugleich, wie man beweisen kann, die einzigen Lösungen der Randwertaufgabe.

Ich will indessen diese Betrachtungen nicht weiter ausführen. Ich will auch darauf verzichten, hier den Entwicklungssatz zu beweisen. Man vergleiche dazu z. B. die mehrerwähnte Arbeit des Herrn PRÜFER in Math. Ann. Bd. 95.

§ 10. Asymptotische Integration.

1. Normalreihen. Wir gehen nun noch kurz auf wesentlich singuläre Stellen ein. Zunächst kann man im Anschluß an das Vorhergehende fragen, ob es nicht auch im Falle wesentlich singulärer Stellen einzelne Integrale gibt, die sich in der Umgebung einer wesentlich singulären Stelle bestimmt verhalten, die sich also durch eine Reihe
$$(z-a)^\varrho \cdot \mathfrak{P}(z-a)$$
darstellen lassen. Man kennt aus Arbeiten von H. VON KOCH und PERRON[1] die notwendigen und hinreichenden Bedingungen für das Vorhandensein solcher Integrale. Aber man bekommt so eben nur in seltenen Fällen Aufschluß über ein oder das andere Integral. Einen Schritt weiter kommt man durch die THOMÉschen Normalreihen[2]. Um sie zu finden, macht man den Ansatz
$$y = e^{g(z)} u.$$
Dabei wird schon angenommen, daß der singuläre Punkt im Unendlichen liegt. Das ist ja auch keine Beschränkung der Allgemeinheit. In dem Ansatz bedeutet $g(z)$ ein Polynom; dies ist so zu bestimmen, daß für u eine Differentialgleichung herauskommt, der man durch eine Reihe
$$u = z^\varrho \mathfrak{P}\left(\frac{1}{z}\right)$$
formal genügen kann. Aber auch nur formal, denn die Reihen diver-

---

[1] H. VON KOCH: Acta math. Bd. 18. O. PERRON: Math. Ann. Bd. 70. E. HILB: Math. Ann. Bd. 82.

[2] CRELLES Journal von Bd. 83 an.

§ 10. Asymptotische Integration.

gieren im allgemeinen. Trotzdem liefern diese Reihen, welche also die Form

$$e^{g(z)} \cdot z^\varrho \cdot \mathfrak{P}\left(\frac{1}{z}\right)$$

haben, gewissen Aufschluß über das Verhalten der Lösungen in der Nähe der wesentlich singulären Stelle. Sie sind nämlich *asymptotische Darstellungen* derselben bei zunächst geradliniger Annäherung. Damit ist folgendes gemeint. Zu jeder Normalreihe

$$e^{g(z)} \cdot z^\varrho \left(c_0 + c_1 \frac{1}{z} + \cdots\right)$$

gehört ein Integral y derart, daß für jedes m

(1) $$y = e^{g(z)} \cdot z^\varrho \left(c_0 + \cdots + \frac{c_m}{z^m} + \frac{\varepsilon_m}{z^m}\right)$$

ist, wo $\varepsilon_m \to 0$ für $z \to \infty$. Diese Untersuchungen hat POINCARÉ begonnen, verschiedene Forscher haben sie gefördert und zu einem gewissen Abschluß gebracht.

Wir nehmen an, daß in der Differentialgleichung

(2) $$w'' + p_1(z) w' + p_2(z) w = 0,$$

(3) $$p_i(z) = z^{ik}\left(a_i + \sum \frac{a_{i\nu}}{z^\nu}\right) \qquad (i = 1, 2)$$

sei. Hier ist k eine ganze nichtnegative Zahl. ($k = -1$ würde eine Stelle der Bestimmtheit liefern.) Man nennt dann $k + 1$ den Rang der singulären Stelle $z = \infty$. Die angegebenen Reihen mögen für genügend große $|z|$ konvergieren. Die Gleichung

(4) $$\alpha^2 + a_1 \alpha + a_2 = 0$$

nennen wir die charakteristische Gleichung. Der einfachste Fall ist der, daß sie lauter einfache Wurzeln α_1, α_2 besitzt. Dann gibt es in der Tat zwei Reihen (1), die (2) formal befriedigen und die zwei linear unabhängige Integrale asymptotisch darstellen. Dabei wird stets Annäherung an ∞ längs einer bestimmten Geraden vorausgesetzt. Bei Wechsel der Richtung ändert sich das asymptotisch dargestellte Integral.

Hat die charakteristische Gleichung (4) eine Doppelwurzel, so erhält man Integrale, die durch Reihen

$$e^{g(z)} z^\varrho \left(c_0 + \frac{c_1}{z} + \cdots + \log z \left(d_0 + \frac{d_1}{z} + \cdots\right)\right)$$

asymptotisch dargestellt werden.

2. Berechnung der Normalreihen. Wir wollen nun den Ansatz im einfachsten Fall einer wesentlich singulären Stelle vom Range 1 mit einfachen Wurzeln von (4) etwas näher betrachten, indem wir für weiteres Eindringen auf den Enzyklopädieartikel von HILB sowie auf die zusammenfassende und abrundende Darstellung von STERNBERG, Math. Ann. Bd. 81, verweisen. Es sei also in der Differentialgleichung (1)

$$\tag{5} p_i(z) = a_i + \sum_{\nu=1}^{\infty} \frac{a_{i\nu}}{z^\nu}.$$

Die Gleichung (4) habe zwei verschiedene Wurzeln α_1 und α_2. Wir machen in (1) den Ansatz

$$\tag{6} w = e^{\alpha z} \cdot y, \qquad \alpha \text{ konstant.}$$

Dann geht (1) über in

$$\tag{7} y'' + q_1 y' + q_2 y = 0.$$

Hier ist

$$\tag{8} \begin{aligned} q_1(z) &= 2\alpha + p_1 &&= 2\alpha + a_1 + \sum \frac{a_{1\nu}}{z^\nu}, \\ q_2(z) &= \alpha^2 + \alpha p_1 + p_2 &&= \alpha^2 + \alpha a_1 + a_2 + \sum \frac{\alpha a_{1\nu} + a_{2\nu}}{z^\nu}. \end{aligned}$$

Setzt man also

$$\tag{9} \alpha = \alpha_i,$$

so wird

$$\tag{10} \begin{aligned} q_1(z) &= 2\alpha_i + a_1 + \sum \frac{a_{1\nu}}{z^\nu} = b_1 + \sum_{\nu=1}^{\infty} \frac{b_{1\nu}}{z^\nu}, \\ q_2(z) &= \sum \frac{\alpha_i a_{1\nu} + a_{2\nu}}{z^\nu} = \sum_{\nu=1}^{\infty} \frac{b_{2\nu}}{z^\nu}. \end{aligned}$$

Hier ist $b_1 = 2\alpha_i + a_1 \neq 0$, da α_i eine einfache Wurzel von (4) ist. Nun machen wir in (7) den Ansatz

$$\tag{11} y = z^\varrho \left(c_0 + \frac{c_1}{z} + \frac{c_2}{z^2} + \cdots \right).$$

Ordnet man nach Potenzen von z und setzt die Koeffizienten einzeln Null, so erhält man, analog wie S. 215, die Gleichungen

$$\tag{12} \begin{aligned} &(b_1 \varrho + b_{21}) c_0 = 0, \\ &(b_1(\varrho - 1) + b_{21}) c_1 + (\varrho(\varrho - 1) + b_{11}\varrho + b_{22}) c_0 = 0, \\ &\vdots \\ &(b_1(\varrho - n) + b_{21}) c_n + \cdots = 0. \end{aligned}$$

Aus der ersten Gleichung entnimmt man

$$\tag{13} \varrho = -\frac{b_{21}}{b_1},$$

da ja $b_1 \neq 0$ ist. c_0 wähle man willkürlich. Aus den anderen Gleichungen entnimmt man sukzessive $c_1, c_2, \ldots$ Denn es ist

$$b_1(\varrho - n) + b_{2'} = -nb_1 \neq 0.$$

§ 10. Asymptotische Integration.

Die so eindeutig festgelegten beiden Reihen (11) — entsprechend der Wahl von α_i — liefern nach (6) zwei Reihen. Es ist zu zeigen, daß diese gewisse Integrale von (1) asymptotisch darstellen. Um dies einzusehen, wollen wir erst (7) umformen. Wir machen darin den Ansatz

$$y = z^\varrho u,$$

wo ϱ nach (13) gewählt sei. Man bekommt so

(14) $$u'' + r_1 u' + r_2 u = 0,$$

wo die r_i durch Reihen folgender Gestalt dargestellt sind

(15) $$r_1 = d_0 + \frac{d_1}{z} + \cdots,$$
$$r_2 = \frac{e_2}{z^2} + \cdots.$$

3. Auflösung der Differentialgleichung. Die vorstehenden Betrachtungen haben gezeigt, daß es genau eine der Differentialgleichung (14) formal genügende Reihe

(16) $$c_0 + \frac{c_1}{z} + \cdots$$

gibt, in der c_0 einen vorgegebenen Wert hat. Wir zeigen nun nach PICARD an Hand der Methode der sukzessiven Approximationen, daß diese Reihe (16) ein Integral von (14) asymptotisch darstellt. Man muß dabei unterscheiden, ob d_0 in (15) reell oder imaginär ist. Ist z. B. d_0 *reell*, so bestimmen wir die Funktionen $u_1, u_2, \ldots$ sukzessive aus den Differentialgleichungen

$$u_1'' + d_0 u_1' = 0,$$
$$u_2'' + d_0 u_2' = -(r_1 - d_0) u_1' - r_2 u_1,$$
$$\vdots$$
$$u_n'' + d_0 u_n' = -(r_1 - d_0) u_{n-1}' - r_2 u_{n-1},$$

so, daß

$$\lim_{z \to a} u_n(z) = c_0$$

ist. Man findet z. B. für *negative* d_0

$$u_1 = c_0$$

und für $n > 0$

17) $$u_n = +\frac{1}{d_0} e^{-d_0 z} \int_{\infty}^{z} ((r_1 - d_0) u_{n-1}' + r_2 u_{n-1}) e^{d_0 x} dx$$
$$-\int_{\infty}^{z} \frac{1}{d_0} [(r_1 - d_0) u_{n-1}' + r_2 u_{n-1}] dx + c_0.$$

BIEBERBACH, Differentialgleichungen. 3. Aufl.

Hier kann man durch partielle Integration u'_{n-1} beseitigen. So findet man

$$u_n = \frac{1}{d_0} e^{-d_0 z} \int_\infty^z e^{d_0 x} u_{n-1} (r_2 - r'_1 - d_0 r_1 + d_0^2)\, dx$$

$$- \int_\infty^z \frac{1}{d_0} u_{n-1} (r_2 - r'_1)\, dx + c_0.$$

Setzen wir zur Abkürzung

(18)
$$s_1 = r_2 - r'_1 - d_0 r_1 + d_0^2,$$
$$s_2 = r_2 - r'_1,$$

so gelten Entwicklungen der Form

$$s_1 = \frac{\sigma_1}{z} + \frac{\sigma_2}{z^2} + \cdots$$

$$s_2 = \frac{\tau_2}{z^2} + \cdots$$

und wir haben

(19) $$u_n = \frac{1}{d_0} e^{-d_0 z} \int_\infty^z e^{d_0 x} u_{n-1} s_1\, dx - \int_\infty^z \frac{1}{d_0} u_{n-1} s_2\, dx + c_0.$$

Somit wird

$$u_n - u_{n-1} = \frac{e^{-d_0 z}}{d_0} \int_\infty^z e^{d_0 x} s_1 (u_{n-1} - u_{n-2})\, dx - \int_\infty^z \frac{u_{n-1} - u_{n-2}}{d_0} s_2\, dx.$$

Hiernach gibt es eine Zahl k derart, daß

$$|u_n - u_{n-1}| < \frac{k}{z} |u_{n-1} - u_{n-2}|.$$

Daher konvergiert die Reihe

$$u = u_1 + \sum_{n=2}^\infty (u_n - u_{n-1})$$

für $z > k + 1$ gleichmäßig und stellt ein Integral von (14) dar, wie man in üblicher Weise an Hand der benutzten Integraldarstellungen (17) beweist. Aus ihr folgt ja für u

(20) $$u = \frac{1}{d_0} e^{-d_0 z} \int_\infty^z e^{d_0 x} u\, s_1\, dx - \int_\infty^z \frac{1}{d_0} u\, s_2\, dx + c_0.$$

Hieraus entnimmt man, daß u die Differentialgleichung (14) befriedigt.

4. Asymptotische Darstellung durch die Normalreihen. Der Nachweis, daß die (14) formal befriedigende Reihe eine asymptotische Darstellung von u liefert, wird am bequemsten an Hand einer beim Grenzübergang $u \to \infty$ aus (17) fließenden Formel geführt. Diese kann man

§ 10. Asymptotische Integration.

auch aus (20) gewinnen, indem man die partielle Integration, die von (17) zu (19) führte, an (20) wieder rückgängig macht. Man findet so

(21)
$$u = \frac{1}{d_0} e^{-d_0 z} \int_\infty^z e^{d_0 x} ((r_1 - d_0) u' + r_2 u) dx \\ - \int_0^z \frac{1}{d_0} ((r_1 - d_0) u' + r_2 u) dx + c_0.$$

Da nun
$$u = c_0 + \frac{c_1}{z} + \cdots$$

die (14) formal befriedigt, so ist formal

(22) $\qquad (r_1 - d_0) u' + r_2 u = -u'' - d_0 u',$

d. h. die auf beiden Seiten in (22) stehenden Reihen sind identisch. Wir tragen nun insbesondere auf der rechten Seite von (21) statt u den Abschnitt

$$a_\nu = c_0 + \frac{c_1}{z} + \cdots + \frac{c_\nu}{z^\nu}$$

ein. Da in $r_1 - d_0$ und in r_2 Glieder nullter Ordnung nicht vorkommen, so sind die Glieder nullter bis $(\nu + 1)$-ter Ordnung von

$$(r_1 - d_0) a_\nu' + r_2 a_\nu$$

dieselben, wie bei

$$(r_1 - d_0) u' + r_2 u,$$

also auch dieselben wie bei

$$-u'' - d_0 u'.$$

Also wird

$$A_\nu = \frac{1}{d_0} e^{-d_0 z} \int_\infty^z e^{d_0 x} ((r_1 - d_0) a_\nu' + r_2 a_\nu) dx - \int_0^z \frac{1}{d_0} ((r_1 - d_0) a_\nu' + r_2 a_\nu) dx + c_0$$

$$= \frac{1}{d_0} e^{-d_0 z} \int_\infty^z e^{d_0 x} [-u'' - d_0 u']_{\nu+1} dx - \int_\infty^z \frac{1}{d_0} [-u'' - d_0 u']_{\nu+1} dx + c_0$$

$$+ \frac{1}{d_0} e^{-d_0 z} \int_\infty^z e^{d_0 x} \frac{\mathfrak{P}\left(\frac{1}{x}\right)}{x^{\nu+2}} dx - \int_\infty^z \frac{1}{d_0} \frac{\mathfrak{P}\left(\frac{1}{x}\right)}{x^{\nu+2}} dx.$$

Dabei bedeutet $[v]_{\nu+1}$ die Glieder nullter bis $-(\nu+1)$-ter Ordnung von v und $\mathfrak{P}\left(\frac{1}{x}\right)$ eine konvergente Potenzreihe. Nun wird

$$[-u'' - d_0 u']_{\nu+1} = \frac{d_0 c_1}{x^2} + \frac{2 c_2 d_0 - 2 c_1}{x^3} + \cdots + \frac{\nu c_\nu d_0 - \nu(\nu-1) c_{\nu-1}}{x^{\nu+1}}.$$

Setzen wir

$$J = -\frac{d_0 c_1}{x} - \frac{c_2 d_0 - c_1}{x^2} - \cdots - \frac{c_\nu d_0 - (\nu-1) c_\nu}{x^\nu}.$$

16*

II. 4. Lineare Differentialgleichungen zweiter Ordnung im komplexen Gebiet.

Dann wird

$$\frac{1}{d_0} e^{-d_0 z} \int_\infty^z e^{d_0 x} [-u'' - d_0 u']_{\nu+1} \, dx = \frac{1}{d_0} J - e^{-d_0 z} \int_\infty^z e^{d_0 x} J \, dx$$

und

$$\int_\infty^z \frac{1}{d_0} [-u'' - d_0 u']_{\nu+1} \, dx = \frac{1}{d_0} J.$$

Ferner

$$- e^{-d_0 z} \int_\infty^z e^{d_0 x} J \, dx$$

$$= e^{-d_0 z} d_0 \int_\infty^z \left(\frac{c_1}{x} + \cdots + \frac{c_\nu - \nu x}{x^\nu} \right) e^{d_0 x} \, dx$$

$$- e^{-d_0 z} \int_\infty^z \left(\frac{c_1}{x^2} + \cdots + \frac{(\nu-1) c_{\nu-1}}{x^\nu} \right) e^{d_0 x} \, dx$$

$$= \frac{c_1}{x} + \cdots + \frac{c_{\nu-1}}{x^{\nu-1}} + e^{-d_0 z} \int_\infty^z e^{d_0 x} \left(\frac{c_1}{x^2} + \cdots + \frac{\nu c_\nu}{x^{\nu+1}} \right) dx$$

$$- e^{-d_0 z} \int_\infty^z e^{d_0 x} \left(\frac{c_1}{x^2} + \cdots + \frac{(\nu-1) c_{\nu-1}}{x^\nu} \right) dx$$

$$= a_\nu - c_0 + e^{-d_0 z} \int_\infty^z e^{d_0 x} \frac{\nu c_\nu}{x^\nu} \, dx.$$

Also wird schließlich

$$A_\nu = a_\nu + e^{-d_0 z} \int_\infty^z e^{d_0 x} \frac{\nu c_\nu}{x^{\nu+1}} \, dx + \frac{1}{d_0} e^{-d_0 z} \int_\infty^z e^{d_0 x} \frac{\mathfrak{P}\left(\frac{1}{x}\right)}{x^{\nu+2}} \, dx$$

$$- \int_\infty^z \frac{1}{d_0} \frac{\mathfrak{P}\left(\frac{1}{x}\right)}{x^{\nu+2}} \, dx.$$

Also ist

$$a_\nu = c_0 + \frac{1}{d_0} e^{-d_0 z} \int_\infty^z e^{d_0 x} ((r_1 - d_0) a'_\nu + r_2 a_\nu) \, dx$$

$$- \int_\infty^z \frac{1}{d_0} ((r_1 - d_0) a'_\nu + r_2 a_\nu) \, dx$$

$$- \frac{k(z)}{z^{\nu+1}},$$

wo $|k(z)|$ für große z unter einer von z unabhängigen Schranke K

bleibt. Wegen (19) ist daher

$$(22) \quad u - a_\nu = \frac{1}{d_0} e^{-d_0 z} \int_\infty^z e^{d_0 x} (u - a_\nu) s_1 \, dx - \int_\infty^z \frac{1}{d_0} (u - a_\nu) s_2 \, dx$$
$$- \frac{k(z)}{z^{\nu+1}}.$$

Da $u - a_\nu \to 0$ für $z \to \infty$, so sei

$$|u - a_\nu| < \mu$$

für große $|z|$. Dann ist nach (22)

$$\mu < \mu \frac{k}{z} + \frac{K}{z^{\nu+1}},$$

Daher ist

$$\mu < \frac{K_1}{z^{\nu+1}},$$

wo wieder k und K_1 von z unabhängig sind. Also ist

$$u = c_0 + \frac{c_1}{z} + \cdots + \frac{c_\nu + \varepsilon_\nu}{z^\nu},$$

wo $\varepsilon_\nu \to 0$ für $z \to \infty$, und das wollten wir beweisen.

Auf ähnliche Weise kann man auch für positive und für imaginäre d_0 den Nachweis führen. Es mag aber hier diese Probe genügen.

§ 11. Integration durch bestimmte Integrale.

1. Der allgemeine Ansatz. Wir betrachten wieder eine lineare homogene Differentialgleichung zweiter Ordnung

$$(1) \quad L(z, w) \equiv p_0 w'' + p_1 w' + p_2 w = 0$$

mit analytischen Koeffizienten p_0, p_1 und p_2 und versuchen die Differentialgleichung durch ein bestimmtes Integral

$$(2) \quad w(z) = \int_{t_0}^{t_1} K(z, t) y(t) \, dt$$

zu befriedigen. Dabei sollen w, K, y, p_0, p_1, p_2 in einem gewissen Bereich der z, t regulär analytisch sein. Will man dann w differenzieren, so kann dies unter dem Integral geschehen. Insbesondere wird also

$$(3) \quad L(z, w) = \int_{t_0}^{t_1} L(z, K) y(t) \, dt.$$

Nimmt man nun an, daß K einer partiellen Differentialgleichung

$$(4) \quad L(z, K) = M(t, K)$$

genügt, wo

$$(5) \quad M(t, w) \equiv q_0(t) \frac{d^2 w}{dt^2} + q_1(t) \frac{dw}{dt} + q_2(t) w$$

II. 4. Lineare Differentialgleichungen zweiter Ordnung im komplexen Gebiet.

ein weiterer linearer Differentialausdruck sei, so wird

(6) $$L(z,w) = \int_{t_0}^{t_1} M(t,K)\,y(t)\,dt.$$

Nun ziehe man die LAGRANGEsche Identität von S. 131 heran. Man führe also den zu M adjungierten Differentialausdruck

(6) $$\overline{M}(t,w) \equiv \frac{d(q_0 w')}{dt} - \frac{d}{dt}(q_1 w) + q_2 w$$

ein. Dann wird nach S. 151

(7) $$y(t)\,M(t,K) - K\overline{M}(t,y) = \frac{d}{dt}\left(\frac{\partial K}{\partial t} q_0 y - K\frac{d(y q_0)}{dt} + y K q_1\right).$$

Somit wird

(8) $$L(z,w) = \int_{t_0}^{t_1} K(z,t)\,\overline{M}(t,y)\,dt + \left(\frac{\partial K}{\partial t} y q_0 - K\frac{d(y q_0)}{dt} + y K q_1\right)_{t_0}^{t_1}.$$

Demnach wird $L(z,w) = 0$, wofern man für y eine Lösung von

(9) $$\overline{M}(t,y) = 0$$

wählt und wofern man dafür sorgt, daß der integralfreie Bestandteil in (8) zu Null wird.

2. LAPLACEsche Transformation. Das wichtigste Anwendungsgebiet sind die Differentialgleichungen mit rationalen Koeffizienten. Es mögen also in (1) die Koeffizienten q_0, q_1, q_2 ganze rationale Funktionen sein. Dann kann man mit Hilfe einer Zahl m die Differentialgleichung so schreiben

(10) $$L(z,w) \equiv \sum_{j=0}^{m} \sum_{k=0}^{2} p_{jk} z^j \frac{d^k w}{dz^k}.$$

Als Kern kann man

(11) $$K(z,t) = e^{zt}$$

wählen. Setzt man dann

(12) $$M(z,w) = \sum_{j=0}^{m} \sum_{k=0}^{2} p_{jk} z^k \frac{d^j w}{dz^j},$$

so ist

(13) $$L(z, e^{zt}) = M(t, e^{zt}).$$

Die zu $M(z,w) = 0$ adjungierte Differentialgleichung

(14) $$\overline{M}(t,y) = 0$$

nennt man die LAPLACEsche Transformierte von $L(z,w) = 0$. Die Transformation selbst

(15) $$w = \int_{t_0}^{t_1} e^{zt} y(t)\,dt$$

§ 11. Integration durch bestimmte Integrale. 247

heißt LAPLACEsche Transformation. Sie führt z. B. dann zu leichten Ergebnissen, wenn in (10) die Zahl $m = 1$ ist. Dann ist nämlich $\overline{M}(t, y) = 0$ von der ersten Ordnung. (In den obigen Formeln ist dann $q_0 = 0$ zu nehmen.) Man kann also y ohne weiteres ermitteln und hat damit $L(z, w) = 0$ gelöst. Eine solche Differentialgleichung

$$L(z, w) \equiv (q_{00} + q_{01} z) w'' + (q_{10} + q_{11} z) w' + (q_{20} + q_{21} z) w = 0$$

heißt LAPLACEsche *Differentialgleichung*.

3. BESSELsche Differentialgleichung. Die BESSELsche Differentialgleichung

(16) $$\frac{d^2 J}{dz^2} + \frac{1}{z} \frac{d^2 J}{dz} + \left(1 - \frac{n^2}{z^2}\right) J = 0, \qquad n^2 > 0$$

wird durch den Ansatz

(17) $$J = z^n w, \qquad n > 0$$

in die LAPLACEsche Differentialgleichung

(18) $$z \frac{d^2 w}{dz^2} + (2n + 1) \frac{dw}{dz} + zw = 0$$

übergeführt. In diesem Fall wird nach (12)

$$M(t, y) \equiv \frac{dy}{dt}(t^2 + 1) + y(2n + 1) t$$

und

$$\overline{M}(t, y) \equiv -\frac{d}{dt}((t^2 + 1) y) + (2n + 1) t y.$$

Aus

$$\overline{M}(t, y) = 0$$

ergibt sich

$$y(t) = (t^2 + 1)^{\frac{2n-1}{2}}.$$

Somit wird

(19) $$w(z) = \int_l e^{zt} (t^2 + 1)^{\frac{2n-1}{2}} dt$$

ein Integral von (18), wenn man den Integrationsweg l in (19) so bestimmt, daß das $y K q_1$ von (8), d. h.

(20) $$e^{zt}(t^2 + 1)^{\frac{2n+1}{2}}$$

an seinen beiden Enden denselben Wert annimmt.

Als solcher Weg eignet sich die geradlinige Verbindung der Punkte $-i$ und $+i$. Wir wollen dabei denjenigen Zweig von $(t^2 + 1)^{\frac{2n-1}{2}}$ nehmen, der für $t = 0$ positiv ausfällt.

Daß das so gewählte Integral (19) eine ganze Funktion von z darstellt, ist aus funktionentheoretischen Gründen klar. Man kann es z. B.

mit Hilfe des VITALIschen Doppelseitensatzes (Satz von der analytischen Fortsetzung der Konvergenz) beweisen[1]. Es bleibt aber festzustellen, daß (19) nicht identisch verschwindet. Ist dies erkannt, so muß (19) ein Multiplum von $J_n(z)\, z^{-n}$ darstellen, da dies die einzige bei $z=0$ endliche Lösung von (18) ist. Welches Multiplum es ist, erkennen wir, indem wir gemäß (19)

$$w(0)$$

berechnen. Ist $w(0) \neq 0$, so verschwindet ja auch $w(z)$ nicht identisch. Es ist

$$w(0) = \int_{-i}^{+i} (t^2+1)^{\frac{2n-1}{2}}\, dt.$$

Der Integrationsweg ist die geradlinige Verbindung von $-i$ bei $+i$.

Wir führen durch

$$\frac{t-i}{t+i} = -\tau$$

eine neue Integrationsvariable ein. Der Integrationsweg wird dann die positive reelle Achse. Das Integral wird

$$w(0) = 2i \int_0^\infty \frac{2^{2n-1}\, \tau^{\frac{2n-1}{2}}}{(1+\tau)^{2n+1}}\, d\tau.$$

Dabei ist unter dem Integral diejenige Bestimmung des Integranden zu nehmen, die für $\tau = 1$ und damit für alle $\tau > 0$ positiv ausfällt.

Nun ist bekanntlich[2]

$$\Gamma(s) = \int_0^\infty e^{-x}\, x^{s-1}\, dx, \qquad s > 0$$

oder durch die Substitution

$$x = (1+\tau)\cdot \varrho,$$

$$\Gamma(s) = \int_0^\infty e^{-(1+\tau)\varrho}\, (1+\tau)^s\, \varrho^{s-1}\, d\varrho.$$

Also

$$\frac{1}{(1+\tau)^s} = \frac{1}{\Gamma(s)} \int_0^\infty e^{-(1+\tau)\varrho}\, \varrho^{s-1}\, d\varrho.$$

Insbesondere also ist für $s = 2n+1 > 1$

$$\frac{1}{(1+\tau)^{2n+1}} = \frac{1}{\Gamma(2n+1)} \int_0^\infty e^{-(1+\tau)\varrho}\, \varrho^{2n}\, d\varrho.$$

---

[1] Vgl. z. B. mein Lehrbuch der Funktionentheorie Bd. I, 3. Aufl., S. 170. 1930.
[2] Vgl. z. B. mein Lehrbuch der Funktionentheorie Bd. I, 3. Aufl., S. 316. 1930.

§ 11. Integration durch bestimmte Integrale.

Also wird[1]

$$\int_0^\infty \frac{\tau^{\frac{2n-1}{2}} d\tau}{(1+\tau)^{2n+1}} = \frac{1}{\Gamma(2n+1)} \int_0^\infty d\tau\, \tau^{\frac{2n-1}{2}} \int_0^\infty e^{-(1+\tau)\varrho}\varrho^{2n}\, d\varrho$$

$$= \frac{1}{\Gamma(2n+1)} \int_0^\infty d\varrho\, \varrho^{2n} e^{-\varrho} \int_0^\infty e^{-\tau\varrho} \tau^{\frac{2n-1}{2}} d\tau$$

$$= \frac{\Gamma(n+\tfrac{1}{2})}{\Gamma(2n+1)} \int_0^\infty d\varrho\, e^{-\varrho} \varrho^{n-\tfrac{1}{2}} = \frac{(\Gamma(n+\tfrac{1}{2}))^2}{\Gamma(2n+1)}\,.$$

Also wird

$$w(0) = i\, 2^{2n} \frac{(\Gamma(n+\tfrac{1}{2}))^2}{\Gamma(2n+1)}\,.$$

Dies ist von Null verschieden, da $\Gamma(s)$ für positive s von Null verschieden ist, wie unmittelbar aus der benutzten Integraldarstellung folgt. Nun war nach S. 186

$$\left.\frac{J_n(z)}{z^n}\right|_{z=0} = \frac{1}{2^n}\frac{1}{\Gamma(n+1)}\,.$$

Also wird[2]

$$J_n(z) = -z^n \cdot i\, \frac{\Gamma(2n+1)}{\Gamma(n+1)\,(\Gamma(n+\tfrac{1}{2}))^2}\,\frac{1}{2^{3n}} \int_{-i}^{+i} e^{zt}(1+t^2)^{\frac{2n-1}{2}} dt$$

$$= -z^n \frac{i}{\sqrt{\pi}\,\Gamma(n+\tfrac{1}{2})\,2^n} \int_{-i}^{+i} e^{zt}(1+t^2)^{\frac{2n-1}{2}} dt\,.$$

Substituiert man hier
$$t = i\cos(\vartheta + \pi)\,,$$
so wird

$$J_n(z) = \frac{z^n}{\sqrt{\pi}\,(\Gamma(n+\tfrac{1}{2})\,2^n} \int_0^\pi \cos(z\cos\vartheta)(\sin\vartheta)^{2n}\, d\vartheta\,.$$

Unter dem Integral ist der reelle positive Wert von $(\sin\vartheta)^{2n}$ zu nehmen.

---

[1] Auf den Beweis der im folgenden benutzten Vertauschung der Integrationsreihenfolge gehe ich nicht ein. Man vgl. dazu z. B. WHITTAKER-WATSON: Modern Analysis, 5. Aufl., S. 255.

[2] Bekanntlich ist
$$\Gamma(n)\,\Gamma(n+\tfrac{1}{2}) = \frac{\sqrt{\pi}}{2^{2n-1}}\Gamma(2n)$$
und
$$\Gamma(p+1) = p\,\Gamma(p)\,.$$

Dritter Abschnitt.

Partielle Differentialgleichungen erster Ordnung und Systeme von gewöhnlichen Differentialgleichungen.

§ 1. Lineare partielle Differentialgleichungen erster Ordnung.

1. Die unbekannte Funktion kommt explizite nicht vor. Unter einer *partiellen Differentialgleichung* versteht man eine Relation zwischen einer unbekannten Funktion von mehreren unabhängigen Veränderlichen, gewissen ihrer Ableitungen nach diesen Veränderlichen und den unabhängigen Veränderlichen selbst. Sie heißt insbesondere von der *ersten Ordnung*, wenn nur partielle Ableitungen erster Ordnung vorkommen. Es müssen natürlich Ableitungen nach mehr als einer solchen Veränderlichen vorkommen, wenn es nötig sein soll, Betrachtungen anzustellen, die aus dem Gebiet der gewöhnlichen Differentialgleichungen herausführen. *Linear* heißt eine partielle Differentialgleichung erster Ordnung, wenn die erwähnte Relation durch Nullsetzen einer linearen Funktion der Ableitungen zum Ausdruck gebracht wird. Die unbekannte Funktion selbst darf bei dieser Begriffsbestimmung in beliebiger Weise in die Koeffizienten dieser linearen Funktion eingehen.

Die Theorie dieser linearen partiellen Differentialgleichungen steht zur Theorie der gewöhnlichen Differentialgleichungen in unmittelbarem Zusammenhang. Betrachten wir nämlich eine gewöhnliche Differentialgleichung

(1) $$\frac{dy}{dx} = f(x, y)$$

und einen Bereich B der (x, y)-Ebene, in dem $f(x, y)$ samt seinen partiellen Ableitungen erster Ordnung stetig und eindeutig erklärt ist. Wir wissen, daß es dann eine wohlbestimmte Lösung

(2) $$y = \varphi(x_0, y_0; x)$$

gibt, die für $x = x_0$ den Wert $y = y_0$ besitzt. Man kann sie auch in der Form

(3) $$y_0 = \varphi(x, y; x_0)$$

§ 1. Lineare partielle Differentialgleichungen erster Ordnung.

schreiben[1]. $\varphi(x, y; x_0)$ besitzt stetige partielle Ableitungen erster Ordnung nach einem jeden seiner Argumente, solange (x, y) ein Punkt aus B ist und x_0 einem nicht zu großen Intervall mit dem Mittelpunkt x angehört. Denkt man sich (2) in (3) eingetragen und differenziert dann nach x, so kommt

$$0 = \frac{\partial \varphi}{\partial x} + \frac{\partial \varphi}{\partial y} \cdot \frac{dy}{dx}$$

oder

$$0 = \frac{\partial \varphi}{\partial x} + \frac{\partial \varphi}{\partial y} f(x, y).$$

D. h. aber die Funktion $\varphi(x, y) = z$ ist eine Lösung der linearen partiellen Differentialgleichung erster Ordnung

$$\frac{\partial z}{\partial x} + \frac{\partial z}{\partial y} f(x, y) = 0$$

oder wie man unter Verwendung der üblichen Abkürzungen

$$\frac{\partial z}{\partial x} = p, \quad \frac{\partial z}{\partial y} = q$$

auch schreibt

(4) $\qquad p + q f(x, y) = 0.$

Ist umgekehrt eine partielle Differentialgleichung (4) vorgelegt, so gewinnt man mit Hilfe der gewöhnlichen Differentialgleichung (1) in der dargelegten Weise eine Lösung

$$z = \varphi(x, y)$$

derselben. Kennt man so erst eine Lösung von (4), so kennt man auf Grund der folgenden Bemerkung sofort beliebig viele. Es sei nämlich

$$w(\varphi)$$

irgendeine in einem gewissen φ-Intervall mit einer stetigen nicht verschwindenden ersten Ableitung versehene eindeutige Funktion. Diesem Intervall mögen die Werte angehören, die $\varphi(x, y)$ im Bereich B oder einem Teilbereich derselben annimmt. Dann ist auch

$$z = w\{\varphi(x, y)\}$$

eine in jenem Teilbereich eindeutig und stetig erklärte mit stetigen

---

[1] Durch diese Betrachtung ist noch nicht bewiesen, daß man die durch die Lösungen von (1) im Bereich B definierte Kurvenschar in der Form $\psi(x, y) = $ konst. darstellen kann, wo $\psi(x, y)$ samt seinen partiellen Ableitungen erster Ordnung in B stetig ist, und längs jeder Scharkurve einen konstanten Wert annimmt. Denn (3) gibt nur bei konstantem x_0 eine solche Darstellung. Es kann aber sein, daß nicht alle Kurven der Schar in B bis zur Abszisse x_0 verfolgt werden können. Man kann aber dann aus abzählbar vielen Darstellungen der Art (3), die in immer anderen Teilbereichen mit immer anderen Abszissen x_0 anzusetzen sind, eine Darstellung in ganz B und damit eine für ganz B brauchbare Funktion ψ gewinnen. Wegen näherer Durchführung vgl. KAMKE: Math. Ann. Bd. 99, S. 602 ff.)

partiellen Ableitungen erster Ordnung versehene Lösung von (4). Ein paar Worte der Beweisführung brauchen wir nur der Behauptung zu widmen, daß
$$z = w\{\varphi(x,y)\}$$
eine Lösung von (4) sei. Man findet nämlich
$$p = w'\{\varphi\} \cdot \frac{\partial \varphi}{\partial x}$$
$$q = w'\{\varphi\} \cdot \frac{\partial \varphi}{\partial y}.$$
Also
$$p + iq = w'\{\varphi_x + i\,\varphi_y\} = 0,$$
womit der Beweis schon erbracht ist. Daß so nun *alle Lösungen* von (4) gefunden sind, erhellt aus folgender Betrachtung: Man denke sich eine beliebige stetig differenzierbare über dem Bereich B verlaufende Kurve:

(5) $\qquad x = x(t), \quad y = y(t), \quad z = z(t) \qquad (x'^2 + y'^2 + z'^2 \neq 0).$

Hier sollen $x(t)$, $y(t)$, $z(t)$ samt ihren ersten Ableitungen für ein gewisses Intervall
$$t_0 \leq t \leq t_1$$
eindeutig und stetig sein und
$$x = x(t), \quad y = y(t)$$
soll eine dem Bereich B angehörige Kurve sein. Dann kann man stets die Funktion $w(\varphi)$ so bestimmen, daß

(6) $\qquad z(t) = w\{\varphi[x(t), y(t)]\}$

ist für $t_0 \leq t \leq t_1$, wofern die Ableitung
$$\frac{d\varphi}{dt} = \varphi_x x' + \varphi_y y'$$
in diesem Intervall nirgends verschwindet. Denn unter dieser Voraussetzung kann man die Gleichung
$$\varphi[x(t), y(t)] = \varphi$$
eindeutig nach t auflösen. Man erhält eine mit stetiger erster Ableitung versehene Funktion
$$t = t(\varphi)$$
und kann mit ihrer Hilfe statt (6) schreiben
$$z\{t(\varphi)\} = w(\varphi),$$
womit die stetige mit stetiger erster Ableitung versehene Funktion $w(\varphi)$ eindeutig bestimmt ist[1].

---

[1] Entsprechend dem in Fußnote [1] auf S. 251 über die Darstellung der Integralkurven von (1) durch (3) Gesagten gelten alle diese Betrachtungen für genügend

§ 1. Lineare partielle Differentialgleichungen erster Ordnung.

2. Charakteristiken. Die über $\frac{d\varphi}{dt} \neq 0$ gemachte Voraussetzung bedeutet, daß die Projektion der gegebenen Kurve (5), d. h. die Kurve $x = x(t)$, $y = y(t)$, keine Lösung von (1) berühren darf. Wir nennen die Lösungen von (1) die *Charakteristiken* oder *charakteristischen* Kurven von (4) und haben dann zur einen Hälfte den folgenden *Satz: Durch jede stetig differenzierbare Kurve* (5), *die über einem Bereich B verläuft, in dem der Koeffizient $f(x, y)$ von* (4) *samt seinen Ableitungen erster Ordnung eindeutig und stetig ist, geht genau eine Lösung von* (4), *wofern die Kurve* (5) *keine Charakteristik berührt.*

3. Unität. Es bleibt noch zu zeigen, daß es nicht mehr als eine Lösung durch die gegebene Kurve gibt. Betrachten wir die Höhenlinien irgendeiner Integralfläche, d. i. die Kurven

$$\varphi(x, y) = \text{konst.},$$

so ist längs derselben

$$\frac{\partial \varphi}{\partial x} x' + \frac{\partial \varphi}{\partial y} y' = 0$$

und so sieht man sofort, daß dies gerade die Charakteristiken sind. Somit erkennt man, daß auch durch gewisse Kurven (5), deren Projektion eine Charakteristik ist, Integralflächen hindurchgehen. Man wähle nur in diesem Fall das $z(t)$ von (5) konstant. Aber durch eine solche Kurve geht nicht nur eine, sondern es gehen beliebig viele Integralflächen hindurch. Wir modifizieren den Begriff Charakteristik ein wenig und nennen fortan *Charakteristiken* diejenigen Raumkurven

$$x = x(t), \quad y = y(t), \quad z = \text{konst.},$$

deren Projektion $x = x(t)$, $y = y(t)$ eine Lösung von (1) ist. Dann lehrt unsere Betrachtung, daß man die durch (5) gehende Integralfläche dadurch gewinnen kann, daß man durch die einzelnen Punkte von (5) die Charakteristiken legt. Nach dem für (1) geltenden Existenzsatz sind diese ja durch ihren Anfangspunkt eindeutig bestimmt.

Nun sieht man auch, daß es durch eine Kurve, deren x-y-Projektion die x-y-Projektion keiner Charakteristik berührt, nur eine Lösung geben kann. Denn sei x_0, y_0, z_0 irgendein Punkt einer Lösung $z = z(x, y)$, so geht durch denselben genau eine Charakteristik. Diese liegt voll-

---

kleine passend abgegrenzte Teilbereiche von B. Zieht man aber den in Fußnote [1] S. 251 genannten Satz von KAMKE heran, so hat man in $z = \psi(x, y)$ ein in ganz B mit seinen ersten Ableitungen stetiges Integral. KAMKE hat in der genannten Arbeit unter Heranziehung der in Fußnote [1] von S. 261 noch zu nennenden Arbeit von KNOPP und R. SCHMIDT über Funktionaldeterminanten weiter gezeigt, daß man jedes in B samt seinen ersten Ableitungen stetige Integral von (4) in der Form $z = w(\psi)$ darstellen kann, wo $w(z)$ eine Funktion ist, die samt ihren ersten Ableitungen für alle die z-Werte stetig ist, die $z = \psi(x, y)$ in B annimmt.

ständig auf der Fläche $z = z(x, y)$. Denn trägt man ihre Gleichungen (2) in $z(x, y)$ ein und differenziert nach x, so kommt

$$p + q f.$$

Dies ist aber längs der Charakteristik Null, weil für $z(x, y)$ die partielle Differentialgleichung (4) gilt. Also ist z längs der Projektion der Charakteristik konstant. Also liegt die Charakteristik auf $z = z(x, y)$. Jede Integralfläche durch eine gegebene Kurve enthält also auch die durch die Punkte derselben gehenden Charakteristiken und ist also mit der vorhin bestimmten Integralfläche identisch.

Als ein wesentlicher Unterschied gegenüber den gewöhnlichen Differentialgleichungen fällt uns auf, daß in die Lösungen der partiellen Differentialgleichungen willkürliche Funktionen eingehen, während bei gewöhnlichen Differentialgleichungen nur willkürliche Parameter vorkamen. Dementsprechend können wir jetzt auch durch willkürliche Anfangs*kurven* Integralflächen legen, während bei den gewöhnlichen Differentialgleichungen nur Punkte oder Richtungen vorgeschrieben werden konnten.

4. Die allgemeine lineare Differentialgleichung. Unsere Betrachtungen haben noch nicht die allgemeinste lineare partielle Differentialgleichung erster Ordnung mit einer unbekannten Funktion z von zwei unabhängigen Veränderlichen x, y erfaßt. Aber unsere Betrachtungen sind verallgemeinerungsfähig. Nach der S. 250 gegebenen Definition sieht die allgemeinste lineare partielle Differentialgleichung erster Ordnung für eine unbekannte Funktion z von zwei unabhängigen Veränderlichen x, y so aus:

(7) $\qquad a_1(x, y, z) p + a_2(x, y, z) q + a_3(x, y, z) = 0.$

Dabei sollen die Koeffizienten in einem gewissen Bereich K der x, y, z samt ihren Ableitungen erster Ordnung eindeutig und stetig sein, und wir betrachten überdies nur die Umgebung eines Punktes x_0, y_0, z_0, wo nicht alle drei Koeffizienten zugleich verschwinden. Es ist zulässig anzunehmen, daß $a_1(x_0, y_0, z_0) \neq 0$ sei. Denn ist zunächst einer der beiden Koeffizienten a_1 oder a_2 von Null verschieden, so ist es keine Beschränkung der Allgemeinheit $a_1 \neq 0$ zu nehmen. Ist aber $a_3(x_0, y_0, z_0) \neq 0$, so kann man z und x vertauschen oder z und y vertauschen, weil $\frac{\partial z}{\partial x}$ und $\frac{\partial z}{\partial y}$ an der Stelle x_0, y_0, z_0 dann nicht beide verschwinden können. Ist z. B. $\frac{\partial z}{\partial x}(x_0, y_0, z_0) \neq 0$, so kann man

$$z = z(x, y)$$

in der Umgebung dieser Stelle sich nach x aufgelöst denken:

$$x = x(y, z).$$

§ 1. Lineare partielle Differentialgleichungen erster Ordnung.

Aus
$$z \equiv z\{x(y,z), y\}$$
folgt dann
$$1 = p \cdot \frac{\partial x}{\partial z}$$
und
$$0 = p \frac{\partial x}{\partial y} + q.$$
Also
$$\frac{\partial x}{\partial z} = \frac{1}{p}, \qquad p = \frac{1}{\frac{\partial x}{\partial z}}$$
$$\frac{\partial x}{\partial y} = -\frac{q}{p}, \qquad q = -\frac{\partial x}{\partial y} : \frac{\partial x}{\partial z}.$$

Aus (7) wird dann
$$a_1(x,y,z) - a_2(x,y,z)\frac{\partial x}{\partial y} + a_3(x,y,z)\frac{\partial x}{\partial z} = 0.$$

Knüpfen wir also weiter an (7) an und nehmen
$$a_1(x_0, y_0, z_0) \neq 0$$
an. Dann kann man in der Umgebung dieser Stelle die Gleichung durch $a_1(x, y, z)$ dividieren und sie so schreiben:

(8) $$p + g(x, y, z)\, q = h(x, y, z).$$

In dem vorhin behandelten Spezialfall ist also $h \equiv 0$, und $g(x, y, z) = f(x, y)$ hängt von z nicht ab.

$g(x, y, z), h(x, y, z)$ sind nun wieder in einem gewissen Bereich K der x, y, z eindeutig und samt ihren partiellen Ableitungen erster Ordnung stetig.

Die Gleichung (8) steht nun aber zu dem System

(9)
$$\frac{dy}{dx} = g(x, y, z)$$
$$\frac{dz}{dx} = h(x, y, z)$$

in dem gleichen engen Zusammenhang, in dem (4) zu (1) stand.

Nach dem für das System (9) geltenden Existenzsatz gibt es zu jedem Punkt x_0, y_0, z_0 aus K genau ein Paar eindeutiger mit stetigen ersten Ableitungen nach sämtlichen Argumenten versehener Lösungen

(11)
$$y = \varphi(x_0, y_0, z_0; x)$$
$$z = \psi(x_0, y_0, z_0; x)$$

von (9). Man kann nach y_0 und z_0 auflösen und schreiben

(12)
$$y_0 = \varphi(x, y, z; x_0)$$
$$z_0 = \psi(x, y, z; x_0).$$

III. Partielle Differentialgleichungen erster Ordnung.

Denn die durch x, y, z gehende Lösung geht auch durch x_0, y_0, z_0 hindurch, wenn (11) besteht. Daraus entnimmt man, daß namentlich auch in der Umgebung jeder Stelle von K

$$(13) \qquad \frac{d(y,z)}{d(y_0,z_0)} \neq 0 \quad \text{und} \quad \frac{d(y_0,z_0)}{d(y,z)} \neq 0$$

ist. Man trage zum Beweise nur (12) in (11) ein und beachte, daß sich bei solchem Einsetzen die Funktionaldeterminanten miteinander multiplizieren. Durch das Einsetzen muß aber wieder identisch

$$y = y,$$
$$z = z$$

herauskommen. Hier ist die Funktionaldeterminante Eins. Sie ist aber das Produkt der beiden Determinanten (13). Diese sind daher von Null verschieden.

Trägt man die Lösungen (11) von (9) in (12) ein, und differenziert nach x, so kommt

$$(14) \qquad \begin{aligned} 0 &= \varphi_x + \varphi_y g + \varphi_z h \\ 0 &= \psi_x + \psi_y g + \psi_z h. \end{aligned}$$

Nun ist wegen (13), wie auch x_0, y_0, z_0, x, y, z gemäß (12) gewählt sein mögen, stets entweder

$$\varphi_z \neq 0 \quad \text{oder} \quad \psi_z \neq 0.$$

Nehmen wir z. B. an, es sei $\varphi_z \neq 0$. Dann kann man aus der ersten Gleichung (12) eine mit stetigen ersten Ableitungen versehene Funktion $z(x, y)$ bestimmen. Für sie wird durch Differentiation von (12)

$$\varphi_x + \varphi_z p = 0$$
$$\varphi_y + \varphi_z q = 0.$$

Daher folgt aus (14)

$$0 = p + qg - h.$$

D. h. die durch Auflösung von

$$y_0 = \varphi(x, y, z; x_0)$$

bestimmte Funktion

$$z = z(x, y)$$

ist eine Lösung von (8). Ebenso gewinnt man aus

$$z_0 = \psi(x, y, z; x_0)$$

eine Lösung von (8), wenn $\psi_z \neq 0$ ist.

Ist weiter

$$w\{\varphi, \psi\}$$

eine Funktion von φ, ψ, die für diejenigen Werte, welche φ und ψ in K oder einem Teilbereich von K annehmen, stetig und eindeutig erklärt

§ 1. Lineare partielle Differentialgleichungen erster Ordnung.

ist, und die daselbst stetige erste Ableitungen hat, und ist w_0 ein Wert, den $w(\varphi, \psi)$ an einer gewissen Stelle x_0, y_0, z_0 annimmt, so kann man
$$w\{\varphi, \psi\} = w_0$$
in der Umgebung von x_0, y_0, z_0 nach z auflösen, falls
$$\frac{\partial w}{\partial z} = w_\varphi \varphi_z + w_\psi \psi_z \neq 0$$
ist an dieser Stelle. Man erhält so eine eindeutige mit stetigen ersten Ableitungen versehene Funktion
(15) $$z = z(x, y),$$
die eine Lösung von (8) darstellt.

Trägt man nämlich in $w\{\varphi, \psi\}$ die durch x_0, y_0, z_0 bestimmte Lösung (11) ein, so bekommt längs derselben, wegen (12)
$$w\{\varphi, \psi\}$$
den konstanten Wert w_0. Differenziert man dann nach x, so kommt nach (14)
(16) $$w_\varphi \varphi_x + w_\varphi \varphi_y g + w_\varphi \varphi_z h + w_\psi \psi_x + w_\psi \psi_y g + x_\psi \psi_z h = 0.$$
Trägt man anderseits in
$$w\{\varphi, \psi\} = w_0$$
(15) ein und differenziert, so kommt
$$(w_\varphi \varphi_x + w_\psi \psi_x) + (w_\varphi \varphi_z + w_\psi \psi_z) p = 0$$
$$(w_\varphi \varphi_y + w_\psi \psi_y) + (w_\varphi \varphi_z + w_\psi \psi_z) q = 0.$$
Da aber nach Voraussetzung
$$w_\varphi \varphi_z + w_\psi \psi_z \neq 0$$
ist, so kann man für (16) auch schreiben
$$p + gq - h = 0$$
und erkennt, daß die durch Auflösung von
$$w\{\varphi, \psi\} = w_0$$
nach z gewonnene Funktion (15) der partiellen Differentialgleichung (8) genügt.

5. Charakteristiken. Daß man so die allgemeinste Lösung von (8) gewonnen hat, erhellt aus den folgenden Betrachtungen:

Wir nennen die Lösungen von (9) wieder die *Charakteristiken* von (8) in genauer Verallgemeinerung der bei (4) eingeführten Benennung. Wir betrachten wieder eine beliebige stetig differenzierbare Kurve

(17) $$x = x(t), \quad y = y(t), \quad z = z(t)$$
$$t_0 \leq t \leq t_1, \quad x'^2 + y'^2 + z'^2 \neq 0$$

aus K, die keine Charakteristik berührt, und zwar soll folgende Voraussetzung gelten. Die Gleichungen

(18a) $\qquad \varphi_x x' + \varphi_y y' + \varphi_z z' = 0$

(18b) $\qquad \psi_x x' + \psi_y y' + \psi_z z' = 0$

sollen in keinem Punkte der Kurve (17) gleichzeitig erfüllt sein. Diese Annahme ist wegen (13) z. B. für jede Kurve einer Ebene $x = x_0$ erfüllt. Betrachten wir z. B. einen Bogen, längs dessen (18a) nirgends erfüllt ist. Dann kann man längs dieses Bogens die Gleichung

$$\varphi\{x(t), \ y(t), \ z(t)\} = \varphi$$

nach t auflösen und erhält eine eindeutige mit stetiger Ableitung versehene Funktion $t = t(\varphi)$. Längs dieses Bogens kann man daher weiter die eindeutige stetig differenzierbare Funktion $w_1(\varphi)$ so bestimmen, daß

(19) $\qquad w_1\{\varphi[x(t), \ y(t), \ z(t)]\} - \psi[x(t), \ y(t), \ z(t)] = 0$

wird. Denn trägt man $t = t(\varphi)$ ein, so wird aus (19)

$$w_1\{\varphi\} = \psi[x(t(\varphi)), \ y(t(\varphi)), \ z(t(\varphi))],$$

womit $w_1\{\varphi\}$ schon bestimmt ist. Man kann also durch Auflösung von

$$w_1(\varphi) - \psi = 0$$

nach z eine Lösung von (8) bestimmen, die durch (17) geht, wofern noch längs dieser Kurve:

$$\frac{\partial [w_1 - \psi]}{\partial z} \neq 0$$

ist. Dies wird aber

$$\frac{\partial w_1}{\partial \varphi} \varphi_z - \psi_z \neq 0.$$

Das ist wieder eine neue Voraussetzung, die sicher erfüllt ist, wenn man als Anfangskurve (17) eine Kurve der Art

(17') $\qquad x = x_0, \quad z = z(y), \quad a \leq y \leq b$

aus K wählt. $z(y)$ ist dabei eine eindeutige mit stetiger erster Ableitung versehene Funktion. Dann wird nämlich aus (18)

(18'a) $\qquad \varphi_y + \varphi_z z' = 0$

(18'b) $\qquad \psi_y + \psi_z z' = 0$

und diese beiden Gleichungen sind wegen (13) in keinem Punkte von (17') gleichzeitig erfüllt. Man betrachte einen Bogen, längs dessen (18'a) nirgends gilt. Längs ihm kann man

$$\varphi(x_0, y, z(y)) = \varphi$$

nach y auflösen. Das gibt eine mit stetiger erster Ableitung versehene Funktion $y(\varphi)$. Längs dieses Bogens kann man daher weiter eine ein-

§ 1. Lineare partielle Differentialgleichungen erster Ordnung. 259

deutige mit stetiger erster Ableitung versehene Funktion $w_1(\varphi)$ so bestimmen, daß

(19') $\quad w_1\{\varphi(x_0, y, z(y))\} - \psi\{x_0, y, z(y)\} = 0$

längs (17') richtig wird. Man trage nur $y(\varphi)$ ein. Dann wird aus (19')

(19'') $\quad w_1(\varphi) = \psi\{x_0, y(\varphi), z\{y(\varphi)\}\},$

womit $w_1(\varphi)$ schon bestimmt ist. Nun kann man auch

$$w_1\{\varphi(x, y, z)\} - \psi(x, y, z) = 0$$

längs (17') nach z auflösen. Denn längs (17') ist die Ableitung

(20) $\quad \dfrac{dw_1}{d\varphi}\varphi_z - \psi_z \neq 0.$

Wegen (19'') ist nämlich

$$\frac{dw_1}{d\varphi} = \frac{\psi_y + \psi_z \dfrac{dz}{dy}}{\dfrac{d\varphi}{dy}} = \frac{\psi_y + \psi_z \dfrac{dz}{dy}}{\varphi_y + \varphi_z \dfrac{dz}{dy}}.$$

Also wird die linke Seite von (20)

$$\left(\psi_y + \psi_z \frac{dz}{dy}\right)\varphi_z - \psi_z\left(\varphi_y + \varphi_z \frac{dz}{dy}\right) = \psi_y \varphi_z - \psi_z \varphi_y.$$

In der Tat ist aber nach (13)

$$\psi_y \varphi_z - \psi_z \varphi_y \neq 0.$$

Damit haben wir zur einen Hälfte den folgenden Satz bewiesen:

Die Koeffizienten $g(x, y, z)$, $h(x, y, z)$ von

(8) $\quad p + gq = h$

seien in einem Bereich K der x, y, z eindeutig und stetig und mit stetigen ersten Ableitungen versehen. Es sei

(17') $\quad x = x_0, \quad z = z(y), \quad a \leq y \leq b$

eine Kurve aus K, die keine Charakteristik berührt. $z(y)$ sei eine eindeutige mit stetiger erster Ableitung versehene Funktion. Dann gibt es genau eine Lösung von (8), die durch (17') hindurchgeht, d. h. genau eine mit stetigen ersten Ableitungen versehene eindeutige Funktion $z = z(x, y)$, die (8) genügt, und für die

$$z(y) = z(x_0, y), \quad a \leq y \leq b$$

gilt.

6. Unität. Bewiesen ist bisher nur, daß man durch gewisse Teilbogen mindestens eine solche Lösung legen kann. Es war nämlich ein Teilbogen betrachtet, längs dem (18'a) nicht gilt. Betrachtet man statt dessen einen Teilbogen, längs dem (18'b) nicht gilt, so sieht man ebenso ein, daß man eine Lösung durch ihn durch Auflösung von

$$\varphi - w_2\{\psi\} = 0$$

17*

nach z gewinnen kann. Solche Bogen bedecken in ihrer Gesamtheit die ganze Kurve (17'). Und wo Bogen übereinandergreifen, stimmen auch die auf beide Weisen gewonnenen Integralflächen überein. Man kann sie nämlich wieder als geometrischen Ort der Charakteristiken auffassen, die durch die einzelnen Punkte von (17') gehen. Denn längs einer jeden Charakteristik hat eine beliebige Funktion

$$w\{\varphi, \psi\}$$

einen unveränderlichen Wert. Denkt man sich nämlich w als eine differenzierbare Funktion, und trägt die Gleichungen (12) einer Charakteristik ein und differenziert dann nach x, so findet man

$$\frac{\partial w}{\partial \varphi}(\varphi_x + \varphi_y g + \varphi_z h) + \frac{\partial w}{\partial \psi}(\psi_x + \psi_y g + \psi_z h) = 0,$$

was wegen (14) verschwindet. Ist also $w(\varphi, \psi) = 0$ längs der Anfangskurve oder eines Bogens desselben, so bleibt es auch Null längs der durch die Punkte dieses Bogens bestimmten Charakteristiken. Damit ist zugleich erkannt, daß es durch (17') nur eine Integralfläche gibt, und unser Satz ist nun restlos bewiesen.

7. Beispiel. Wenn die Funktionaldeterminante

$$\begin{vmatrix} \frac{\partial f}{\partial x} & \frac{\partial f}{\partial y} \\ \frac{\partial \varphi}{\partial x} & \frac{\partial \varphi}{\partial y} \end{vmatrix}$$

in einem Bereiche B, in dem f und φ samt den Ableitungen erster Ordnung stetig sind, identisch verschwindet, so ist f eine Funktion von φ. D. h. es gibt eine in dem Wertevorrat von (f, φ) stetige Funktion h, so daß $h(f, \varphi)$ in B identisch verschwindet. Denn die partielle Differentialgleichung

$$\frac{\partial z}{\partial x}\frac{\partial \varphi}{\partial y} - \frac{\partial z}{\partial y}\frac{\partial \varphi}{\partial x} = 0$$

besitzt das Integral

$$z = w\{\varphi\},$$

wo $w\{\varphi\}$ eine willkürliche stetig differenzierbare Funktion von φ bedeutet. Weiter ist $z = f(x, y)$ ein Integral. Dies läßt sich aber auf die Form $z = w\{\varphi\}$ bringen. Man bestimme nämlich $w\{\varphi\}$ aus $w\{\varphi(x_0, y_0)\} = f(x_0, y_0)$, indem man dabei x_0 als fest, y_0 als variabel ansieht. Durch die angegebene Gleichung ist jedenfalls $w\{\varphi\}$ als eindeutige stetig differenzierbare Funktion in jedem Intervall der y_0 bestimmt, in dem $\frac{\partial \varphi}{\partial y}$ nicht verschwindet. Man kann bei dieser Überlegung auch x_0 und y_0 in ihren Rollen vertauschen und erkennt so, daß f eine Funktion von φ ist, in der Umgebung einer jeden Stelle, wo die partiellen Ableitungen von φ nicht beide verschwinden.

Daher ist

$$z = w\{\varphi\}$$

das allgemeine Integral der partiellen Differentialgleichung. Auch der Satz über die Funktionaldeterminante ist damit bewiesen. Zunächst ist freilich damit entsprechend den in den Fußnoten von S. 251 und S. 252 gemachten Bemerkungen die Beweisführung nur für alle genügend kleinen passend abgegrenzten Teilbereiche von B gelungen. Die oben formulierte allgemeinere Behauptung haben K. KNOPP und R. SCHMIDT bewiesen[1].

§ 2. Geometrische Deutung. Verallgemeinerung.

Vielen Lesern, die den Darlegungen des ersten Paragraphen aufmerksam gefolgt sind, werden gewisse Mängel an Eleganz der Darstellung aufgefallen sein. Der innere Grund und die Mittel zur Abhilfe werden am raschesten klar, wenn wir uns der geometrischen Deutung des Vorgetragenen zuwenden. Zunächst geben $p = \frac{\partial z}{\partial x}$ und $q = \frac{\partial z}{\partial y}$ die Stellung der Tangentialebene an die Fläche $z = z(x, y)$ an. Sie sind Koordinaten einer Ebene mit der Gleichung

$$z - z_0 = p_0(x - x_0) + q_0(y - y_0).$$

Zwischen diesen Ebenenkoordinaten ist durch die lineare partielle Differentialgleichung eine lineare Gleichung vorgeschrieben. Das besagt geometrisch, daß die Tangentialebenen, welche für Integralflächen im Punkte x_0, y_0, z_0 möglich sind, alle in einem Büschel von Ebenen enthalten sind.

Denn wenn

$$p_0 = h - g q_0$$

ist, so sind in

$$z - z_0 = h(x - x_0) + q_0\{y - y_0 - g(x - x_0)\}$$

bei beliebigem q_0 alle in Betracht kommenden Ebenen enthalten. Sie gehen alle durch die Gerade

$$z - z_0 = h(x - x_0)$$
$$y - y_0 = g(x - x_0)$$

und es kommen auch alle Ebenen durch diese Gerade mit Ausnahme der Ebene

$$y - y_0 = g(x - x_0)$$

vor. Daß diese nicht vorkommt, liegt daran, daß sie nicht Tangentialebene an einer Fläche $z = z(x, y)$ sein kann. Man erkennt gleichzeitig, daß durch die gewöhnlichen Differentialgleichungen (9) gerade jedem Punkte die durch ihn gehende Trägergerade seines Büschels von Tangentialebenen zugeordnet wird. Charakteristiken sind also Kurven, die in jedem Punkte die zugehörige Trägergerade berühren. Unter den Trägergeraden kommen parallele zur z-Achse nicht vor. Nennen wir einen Punkt und eine durchgehende Ebene ein Flächenelement, so wird also durch (8) jedem Punkt ein „Büschel" von Flächenelementen zugeordnet, und die Aufgabe der Integration ist es, Flächen zu finden, die

---

[1] Math. Zeitschr. Bd. **25**, S. 373 ff. 1926.

III. Partielle Differentialgleichungen erster Ordnung.

in jedem Punkte ein zugeordnetes Flächenelement berühren. Diese geometrische Fassung läßt es sofort als einen Mangel erscheinen, daß wir nur Fragmente von Büscheln den einzelnen Punkten zuordneten, sowie daß wir nur Flächen suchen, die von dem zugrundegelegten Koordinatensystem insofern abhängen, als sie sich in demselben vermittelst eindeutiger Funktionen $z(x, y)$ sollen darstellen lassen. Die Geometrie hat längst gelernt, durch Abstellung solcher Mängel zu einer eleganten Darstellung ihrer Beweisführungen zu gelangen. Sehen wir zu, was wir hier aus einer Kenntnis geometrischer Dinge an Vorteil ziehen können. Wir deuten x_1, x_2, x_3 als rechtwinklige Cartesische Koordinaten. Jedem Punkt erscheint dann durch eine lineare homogene Gleichung

(1) $\quad a_1(x_1, x_2, x_3)\, \xi_1 + a_2(x_1, x_2, x_3)\, \xi_2 + a_3(x_1, x_2, x_3)\, \xi_3 = 0$

ein Büschel von Einheitsvektoren $\xi = (\xi_1, \xi_2, \xi_3)$ zugeordnet. Setzt man den Vektor

$$(a_1, a_2, a_3) = \mathfrak{a},$$

so kann man für (1) schreiben

(1') $\quad\quad \mathfrak{a} \cdot \xi = 0.$

$\mathfrak{a} \cdot \xi$ ist also das innere Produkt. Die $a_1(x_1, x_2, x_3)$ seien in einem gewissen Bereich k der x_1, x_2, x_3 samt ihren Ableitungen erster Ordnung stetig und mögen in keinem Punkte gleichzeitig verschwinden. Es sollen Flächen

$$\mathfrak{x} = \mathfrak{x}(u, v)$$

gefunden werden, wo $\mathfrak{x} = (x_1, x_2, x_3)$ ein Vektor ist, dessen Endpunkt die Fläche beschreibt, wenn sein Anfangspunkt im Ursprung der Koordinaten liegt, derart, daß der Flächennormalvektor

$$\xi = \frac{\mathfrak{x}_u \times \mathfrak{x}_v}{\sqrt{EG - F^2}}, \qquad \begin{aligned} E &= \mathfrak{x}_u^2 \\ F &= \mathfrak{x}_u \cdot \mathfrak{x}_v \\ G &= \mathfrak{x}_v^2 \end{aligned}$$

in jedem Punkte mit einem der durch (1) vorgeschriebenen zusammenfällt. Anders ausgedrückt: (1) soll erfüllt sein, wenn man

$$\xi(u, v) \quad \text{und} \quad \mathfrak{x}(u, v)$$

einträgt.

Charakteristiken nennen wir dann wieder die Kurven, welche in jedem Punkte auf allen ihm zugeordneten Vektoren ξ senkrecht stehen. Also sind

(2) $\quad \dfrac{dx_1}{dt} = a_1(x_1, x_2, x_3), \quad \dfrac{dx_2}{dt} = a_2(x_1, x_2, x_3), \quad \dfrac{dx_3}{dt} = a_3(x_1, x_2, x_3)$

die Differentialgleichungen der Charakteristiken

(3) $\quad\begin{aligned} x_1 &= \varphi_1(x_1^{(0)}, x_2^{(0)}, x_3^{(0)}, t - t_0) \\ x_2 &= \varphi_2(x_1^{(0)}, x_2^{(0)}, x_3^{(0)}, t - t_0) \\ x_3 &= \varphi_3(x_1^{(0)}, x_2^{(0)}, x_3^{(0)}, t - t_0) \end{aligned}$

§ 2. Geometrische Deutung. Verallgemeinerung.

oder anders geschrieben

(4)
$$x_1^{(0)} = \varphi_1(x_1, x_2, x_3, t_0 - t)$$
$$x_2^{(0)} = \varphi_2(x_1, x_2, x_3, t_0 - t)$$
$$x_3^{(0)} = \varphi_3(x_1, x_2, x_3, t_0 - t)$$

sei die durch den Punkt $x_1^{(0)}$, $x_2^{(0)}$, $x_3^{(0)}$ bestimmte Charakteristik. Jede mit stetigen ersten Ableitungen versehene Funktion

$$w(x_1, x_2, x_3),$$

die von t unabhängig wird, wenn man (3) einträgt, definiert an jeder Stelle, wo nicht alle drei Ableitungen $\frac{\partial w}{\partial x_i} = 0$ sind, eine Integralfläche, wenn man $w = 0$ setzt. Denn nach Voraussetzung soll

(5) $$\frac{dw}{dt} \equiv \frac{\partial w}{\partial x_1}\frac{dx_1}{dt} + \frac{\partial w}{\partial x_2}\frac{dx_2}{dt} + \frac{\partial w}{\partial x_3}\frac{dx_3}{dt} = 0$$

sein. Wegen (2) aber wird dies zu

(6) $$a_1 \frac{\partial w}{\partial x_1} + a_2 \frac{\partial w}{\partial x_2} + a_3 \frac{\partial w}{\partial x_3} = 0.$$

Die $\frac{\partial w}{\partial x_i}$ definieren aber bekanntlich die Flächennormale ξ, und es ist bei dieser Darstellung ins Belieben gestellt, welches Koordinatenpaar man als Parameterpaar u, v nehmen will. Das wird man sich je nach der Ableitung $\frac{\partial w}{\partial x_k}$ aussuchen, die sich als von Null verschieden erweist.

Sei nun durch

$$x_i = x_i(\tau) \qquad \tau_0 \leq \tau \leq \tau_1$$

eine stetig differenzierbare Kurve gegeben, die in keinem Punkte eine Charakteristik berührt, d. h. so, daß der Rang der Matrix

(7) $$\begin{pmatrix} x_1'(\tau), & x_2'(\tau), & x_3'(\tau) \\ a_1(x_1(\tau)\ldots), & a_2(x_1(\tau)\ldots), & a_3(x_1(\tau)\ldots) \end{pmatrix}$$

stets 2 ist, dann lege man durch die einzelnen Punkte dieser Kurve die Charakteristiken. Ihr geometrischer Ort ist dann eine Integralfläche. Denn der geometrische Ort ist nach (3)

(8) $$x_i = \varphi_i(x_1(\tau), x_2(\tau), x_3(\tau); t - t_0). \qquad (i = 1, 2, 3)$$

Hier ist

$$\varphi_t = \left(\frac{\partial x_i}{\partial t}\right) = (a_i(\varphi_1, \varphi_2, \varphi_3)) = \mathfrak{a} \qquad (i = 1, 2, 3)$$

und [1]

$$\varphi_\tau = \left(\frac{\partial x_i}{\partial \tau}\right) = \left(\sum_{k=1}^{3} \frac{\partial \varphi_i}{\partial x_k} \cdot \frac{dx_k}{d\tau}\right).$$

---

[1] Die Ableitungen $\frac{\partial \varphi_i}{\partial x_k}$ existieren und sind stetig nach S. 44, da wir die Existenz und Stetigkeit der ersten Ableitungen der a_i vorausgesetzt haben.

Also ist die Flächennormale

$$\xi = \varphi_t \times \varphi_\tau = \left(\begin{vmatrix} x_{2t} & x_{3t} \\ x_{2\tau} & x_{3\tau} \end{vmatrix}, \begin{vmatrix} x_{3t} & x_{1t} \\ x_{3\tau} & x_{1\tau} \end{vmatrix}, \begin{vmatrix} x_{1t} & x_{2t} \\ x_{1\tau} & x_{2\tau} \end{vmatrix} \right)$$

und diese zweireihigen Determinanten sind für genügend kleine $|t - t_0|$ nicht alle Null. Denn für $t = t_0$ sind sie nach Voraussetzung (7) nicht alle Null. Da $\varphi_t = \mathfrak{a}$ ist, so ist

$$\mathfrak{a} \cdot \xi = 0$$

und daher ist (1) erfüllt. Die (8) stellen also wirklich eine Integralfläche dar. Damit haben wir durch jede Raumkurve, die keine Charakteristik berührt, eine Integralfläche von (1) oder, was dasselbe ist, von (6) gelegt. Ähnlich wie in § 1 erkennt man wieder, daß es nur diese eine Integralfläche durch die gegebene Raumkurve geben kann. Denn jede Charakteristik, die einen Punkt mit einer Integralfläche gemein hat, gehört ihr vollständig an. Sei nämlich durch

$$w(x_1, x_2, x_3) = 0$$

eine Integralfläche dargestellt, und sei $x_1^{(0)}$, $x_2^{(0)}$, $x_3^{(0)}$ einer ihrer Punkte, in dem mindestens eine der Ableitungen $\dfrac{\partial w}{\partial x_k} \neq 0$ ist. Man trage (3) in $w(x_1, x_2, x_3)$ ein und differenziere nach t: Das liefert

$$\sum_{i=1}^{3} \frac{\partial w}{\partial x_i} a_i$$

und das ist nach (6) Null. Wenn also der Punkt $x^{(0)}$ der Charakteristik $w = 0$ angehört, so ist dies für die ganze durch ihn bestimmte Charakteristik so.

Die Verallgemeinerung dieser Betrachtungen auf mehr als zwei unabhängige Veränderliche liegt nun so auf der Hand, daß wir das nicht weiter verfolgen müssen.

Es bedarf auch kaum einer besonderen Hervorhebung, daß unsere Betrachtungen im komplexen Gebiet ohne weiteres gelten, und daß also bei analytischen Koeffizienten und analytischer Anfangskurve auch die Lösung analytisch ausfällt.

§ 3. Vorläufige Betrachtung der allgemeinen partiellen Differentialgleichung erster Ordnung.

Unter einer partiellen Differentialgleichung verstanden wir eine Gleichung zwischen den unabhängigen Variablen, einer unbekannten Funktion derselben und ihren partiellen Ableitungen nach diesen unabhängigen Variablen. Dabei wurde angenommen, daß mehr als eine unabhängige Variable vorkommt. Anderenfalls läge nämlich eine gewöhnliche Differentialgleichung vor. Insbesondere hieß die Gleichung

§ 3. Vorläufige Betrachtung der allgemeinen partiellen Differentialgleichung. 265

von der ersten Ordnung, wenn sie nur Ableitungen erster Ordnung erhält. Eine Gleichung erster Ordnung mit zwei unabhängigen Veränderlichen x, y und einer abhängigen Veränderlichen z sieht also aus:

(1) $$f(x, y, z, p, q) = 0.$$

Dabei sind wieder in üblicher Abkürzung mit p und q die Ableitungen $\frac{\partial z}{\partial x}$ und $\frac{\partial z}{\partial y}$ der gesuchten Funktion $z(x, y)$ bezeichnet worden. Die Funktion $f(x, y, z, p, q)$ soll in einem gewissen Bereich der x, y, z, p, q eindeutig und stetig sein und daselbst stetige erste Ableitungen besitzen. Es soll außerdem vorausgesetzt werden, daß für ein der Gleichung (1) genügendes Wertesystem dieses Bereiches niemals $\frac{\partial f}{\partial p}$ und $\frac{\partial f}{\partial q}$ beide zugleich verschwinden. Es ist keine Beschränkung der Allgemeinheit, wenn wir in der Umgebung der zu betrachtenden Stelle $\frac{\partial f}{\partial p}$ als von Null verschieden voraussetzen. Dann kann man nach dem Satz über implizite Funktionen in der Umgebung eines jeden der Gleichung (1) genügenden Wertesystemes die Gleichung (1) nach p auflösen und so q als eindeutige, stetige, mit stetigen ersten Ableitungen versehene Funktion

(2) $$p = \varphi(x, y, z, q)$$

darstellen. Dabei ist dann $\varphi(x, y, z, q)$ in einem gewissen Bereich seiner Variablen x, y, z, q eindeutig und stetig erklärt und mit stetigen ersten Ableitungen versehen.

Was ist die *geometrische Bedeutung* einer partiellen Differentialgleichung erster Ordnung? Eine gewöhnliche Differentialgleichung erster Ordnung ordnet jedem Punkte ein oder mehrere Linienelemente zu. Die Differentialgleichung integrieren heißt da, Kurven zu finden, die aus lauter Linienelementen der Differentialgleichung aufgebaut sind. Hier liegen die Dinge ähnlich. Den Inbegriff von fünf Zahlen x_0, y_0, z_0, p_0, q_0 nennen wir ein Flächenelement. Der Punkt x_0, y_0, z_0 ist sein Trägerpunkt. p_0 und q_0 geben die Stellung der hindurchgehenden Ebene $z - z_0 = p_0(x - x_0) + q_0(y - y_0)$ an. Rechtwinklige cartesische Koordinaten x, y, z mögen dabei der Betrachtung zugrunde liegen. Einem jeden Punkte eines zugrunde gelegten Bereiches B der x, y, z ordnet also die partielle Differentialgleichung Flächenelemente zu. Vorauszusetzen ist dabei, daß die Differentialgleichung einem gegebenen Punkte x_0, y_0, z_0 des zugrunde gelegten Bereiches überhaupt ein Flächenelement zuordne, daß es also zwei weitere Zahlen p_0 und q_0 gebe, so daß (1) erfüllt ist. Nach unseren Voraussetzungen lehrt dann der Satz über implizite Funktionen, daß, wie es insbesondere Gleichung (2) zum Ausdruck bringt, allen hinreichend wenig von q_0 verschiedenen Werten von q genau ein der Differentialgleichung (1) genügender, wenig von p_0 verschiedener Wert p zugeordnet ist. Mit anderen Worten: die dem

Punkte x_0, y_0, z_0 zugeordneten sich stetig an p_0, q_0 anschließenden Flächenelemente bilden eine einparametrige Schar. Sie umhüllen, wie wir uns ausdrücken wollen, einen Kegel, dessen Spitze im Punkte x_0, y_0, z_0 liegt. Freilich kann dieser Kegel auch ausarten. Wenn z. B. die gegebene Differentialgleichung eine lineare Beziehung zwischen p und q ist, wenn sie also die Form $p + g(x, y) q = h(x, y)$ besitzt, dann gehen alle Flächenelemente durch eine Gerade. Solche Differentialgleichungen nannten wir daher *linear*. Der Kegel artet also hier in ein *Büschel* aus[1].

Was bedeutet es nun, die Differentialgleichung zu integrieren? Man soll eindeutige Funktionen $z = z(x, y)$ finden, die der Differentialgleichung genügen. Geometrisch bedeutet das die Auffindung von Flächen, welche aus Flächenelementen der Differentialgleichung aufgebaut sind, oder anders ausgedrückt, welche in jedem ihrer Punkte eine der Tangentialebenen des zugehörigen Kegels berühren.

Aus diesen Bemerkungen kann man schon einige Anhaltspunkte für die Integration gewinnen. Nehmen wir irgendeine Integralfläche als gegeben an. Ich betrachte einen ihrer Punkte. Dort besitzt sie ein bestimmtes Flächenelement, welches den Kegel dieses Punktes in einer Mantellinie berührt oder durch die Achse des Büschels geht. Jedem Punkt der Fläche ist so eine Fortschreitungsrichtung zugeordnet. Man kann auf der Fläche durch Integration gewöhnlicher Differentialgleichungen diejenigen Kurven bestimmen, welche diese Richtungen stets einhalten. Bringt man dann noch in jedem ihrer Punkte das Flächenelement der Integralfläche an, so erhält man einen Integralstreifen. Unter Streifen also sollen die längs einer beliebigen Kurve aneinandergereihten Flächenelemente einer Fläche verstanden sein. Daher dürfen sie längs der Kurve nicht ganz beliebig gewählt werden, sondern so, daß man den Streifen auf eine Fläche legen kann. Ist also

(3) $\qquad x = x(t), \quad y = y(t), \quad z = z(t), \quad p = p(t), \quad q = q(t)$

die Parameterdarstellung eines Streifens und $z = z(x, y)$ eine Fläche, der er angehört, so muß die Beziehung $z(t) = z\{x(t), y(t)\}$ gelten. Daraus folgt durch Differentiation, daß für einen Streifen die Relation $z' = p x' + q y'$ erfüllt sein muß. Das führt uns zu der

Definition: *Unter einem Streifen verstehen wir eine einparametrige Schar von Flächenelementen* (3). *Die Funktionen* (3) *sollen eindeutig und stetig sein und stetige Ableitungen besitzen für ein bestimmtes Intervall* $a \leq t \leq b$, *und es soll in diesem Intervall für sie die Beziehung* $z' = p x' + q y'$ *bestehen. Die Ableitungen* $x'(t), y'(t)$ *sollen in keinem Punkte von* $a \leq t \leq b$ *zugleich verschwinden.*

Ein solcher Streifen soll insbesondere ein *Integralstreifen* heißen,

---

[1] Näheres siehe S. 275.

wenn seine Flächenelemente der Differentialgleichung genügen, wenn also identisch in t die Beziehung $f\{x(t), y(t), z(t), p(t), q(t)\} = 0$ besteht. Wir werden erkennen, daß man gewisse Integralstreifen, die wir *charakteristische* nennen werden, durch Integration eines Systems gewöhnlicher Differentialgleichungen *ohne* vorherige Kenntnis einer Integralfläche gewinnen kann, und daß man jede Integralfläche dann aus solchen Streifen aufbauen kann. Damit wird es dann ein Hauptergebnis unserer Untersuchung sein, daß man die Integration der partiellen Differentialgleichungen erster Ordnung auf die eines Systems gewöhnlicher Differentialgleichungen zurückführen kann oder anders ausgedrückt, daß die Integration einer partiellen Differentialgleichung erster Ordnung und die eines gewissen Systems gewöhnlicher Differentialgleichungen äquivalente Probleme sind.

§ 4. Die allgemeine Gleichung erster Ordnung.

1. Charakteristische Streifen. Wir betrachten irgendeine Integralfläche:

(1) $$z = \varphi(x, y).$$

Dabei sei z in einem gewissen Bereich der x, y zweimal stetig differenzierbar. Auf ihr wählen wir einen beliebigen Punkt (x_0, y_0, z_0). Das Element $(x_0, y_0, z_0, p_0, q_0)$ dieser Fläche in diesem Punkt gehört einem gewissen Kegel von Flächenelementen an, welche alle der gegebenen partiellen Differentialgleichung genügen. Diese sei

(2) $$f(x, y, z, p, q) = 0.$$

f möge dabei in einem Bereich B der x, y, z, p, q samt seinen partiellen Ableitungen erster und zweiter Ordnung stetig sein und insbesondere sei

(3) $$\frac{\partial f}{\partial p}(x_0, y_0, z_0, p_0, q_0) \neq 0.$$

Diesem Bereich B mögen die Flächenelemente der Integralfläche (1) angehören. Das Flächenelement wird eine bestimmte Mantellinie des Kegels berühren. Durch dieselbe wird auf der Fläche eine bestimmte Fortschreitungsrichtung festgelegt. Wir werden diese Richtung bestimmen und erhalten so auf der Fläche Differentialgleichungen einer Kurvenschar. Dann aber wird sich ein Unterschied gegen den linearen Fall ergeben. Dort konnten die so festgelegten Charakteristiken auch ohne Kenntnis der Integralfläche aus diesen Differentialgleichungen bestimmt werden. Denn jedem Raumpunkt war da ganz unabhängig von der gewählten Integralfläche nur eine bestimmte Richtung zugeordnet, weil der Kegel in ein Büschel ausartete, dessen Trägergerade die angegebene Richtung festlegte. Hier aber ist jedem Punkt ein ganzer Kegel von möglichen Richtungen zugeteilt. Man kann aber annehmen, daß man eine Auswahl unter diesen Fortschreitungsrichtungen wird

III. Partielle Differentialgleichungen erster Ordnung.

treffen können, wenn man statt der charakteristischen Kurven die charakteristischen Streifen betrachtet. Denn dann hat man in der Streifenbedingung $z' = px' + qy'$ das Fortschreitungsgesetz der Streifenebenen zur Verfügung und mit deren Hilfe wird man dann die richtigen Mantellinien ausfindig machen können. Wir schreiten zur Durchführung.

Die dem Punkte x_0, y_0, z_0 zugeordneten Ebenen haben die Gleichungen

(4) $$p(x - x_0) + q(y - y_0) - (z - z_0) = 0$$
(5) $$f(x_0, y_0, z_0, p, q) = 0.$$

Unter den Mantellinien des Kegels verstehen wir diejenigen Geraden, für die auch die durch Differentiation von (4) nach dem Parameter q sich ergebende Gleichung besteht. Das ist wegen (5)

(6) $$\frac{\partial f}{\partial q}(x - x_0) - \frac{\partial f}{\partial p}(y - y_0) = 0.$$

Aus (4) und (6) folgt

$$x - x_0 = \lambda \frac{\partial f}{\partial p},$$
$$y - y_0 = \lambda \frac{\partial f}{\partial q},$$
$$z - z_0 = \lambda \left(p \frac{\partial f}{\partial p} + q \frac{\partial f}{\partial q}\right)$$

als Parameterdarstellung der auf dem Element p, q gelegenen Mantellinie. Somit muß für eine Kurve $x(t), y(t), z(t)$, welche im Punkte x, y, z diese Mantellinie berühren soll — das wird ja von den Charakteristiken verlangt —

$$\frac{dx}{dt} = \lambda_0 \frac{\partial f}{\partial p}$$
$$\frac{dy}{dt} = \lambda_0 \frac{\partial f}{\partial q}$$
$$\frac{dz}{dt} = \lambda_0 \left(p \frac{\partial f}{\partial p} + q \frac{\partial f}{\partial q}\right) \qquad (\lambda_0 \neq 0)$$

sein. Nun wählen wir den Kurvenparameter t so, daß

$$\frac{dx}{dt} = \frac{\partial f}{\partial p}$$

ist. Das ist möglich, denn nach Voraussetzung soll im Punkt x_0, y_0, z_0 für das Element p_0, q_0, in dessen Umgebung sich die Betrachtung bewegt, $\frac{\partial f}{\partial p} \neq 0$ sein. Dann haben wir diese 3 Gleichungen[1]:

(7) $$\begin{cases} \frac{dx}{dt} = f_p, \\ \frac{dy}{dt} = f_q, \\ \frac{dz}{dt} = pf_p + qf_q. \end{cases}$$

---

[1] Der Kürze halber bezeichnen wir dabei die Ableitungen von f durch angefügte Fußmarken, also z. B. $f_p = \frac{\partial f}{\partial p}$ usw.

§ 4. Die allgemeine Gleichung erster Ordnung.

Gehen wir nun wieder zurück zu der Integralfläche (1), auf der wir einen charakteristischen Integralstreifen bestimmen wollten. Sie genügt der Gleichung (2). Trägt man $z = \varphi(x, y)$ in (2) ein, so ist (2) identisch in (x, y) erfüllt. Daher sind auch die Gleichungen richtig, welche sich daraus durch Differentiation nach x und nach y ergeben:

$$f_x + f_z \cdot p + f_p \cdot p_x + f_q \cdot q_x = 0,$$
$$f_y + f_z \cdot q + f_p \cdot p_y + f_q \cdot q_y = 0.$$

$x = x(t), \ldots, q = q(t)$ seien nun die Gleichungen des gesuchten Streifens. Dann müssen für diesen auch die beiden eben aufgeschriebenen Gleichungen erfüllt sein. Das führt nach Berücksichtigung von $q_x = p_y$ und von (7) zu

$$f_x + f_z \cdot p + \frac{dp}{dt} = 0,$$
$$f_y + f_z \cdot q + \frac{dq}{dt} = 0.$$

Also haben wir nun im ganzen für die 5 Streifenkoordinaten x, y, z, p, q die 5 Differentialgleichungen

(8)
$$\begin{cases} x' = f_p, \\ y' = f_q, \\ z' = p f_p + q f_q, \\ p' = -f_x - p f_z, \\ q' = -f_y - q f_z. \end{cases}$$

Unter geringer Abänderung des bisherigen Sprachgebrauches *definiere ich nun: Unter einem charakteristischen Streifen ist ein Streifen zu verstehen, welcher diesen fünf Differentialgleichungen* (8) *genügt*.

Als erste Frage legen wir uns die vor, ob jeder charakteristische Streifen ein Integralstreifen sei. Tragen wir, um das zu sehen, in die linke Seite von (2) die Koordinaten eines Streifens ein, so findet man durch Differentiation nach dem Streifenparameter t

$$f_x \cdot x' + f_y \cdot y' + f_z \cdot z' + f_p \cdot p' + f_q \cdot q'.$$

Nach den Differentialgleichungen (8) ist das aber Null. Somit hat f längs eines jeden charakteristischen Streifens einen konstanten Wert. Man drückt das auch dadurch aus, daß man sagt: *f sei ein Integral der Differentialgleichungen* (8). *Wenn also ein charakteristischer Streifen durch ein Integralelement hindurchgelegt wird, so ist er ein Integralstreifen.* Denn in diesem Anfangselement ist $f = 0$ und daher gilt längs des ganzen Streifens $f = 0$.

2. Integralstreifen. Wir suchen nun ähnlich wie bei den linearen Differentialgleichungen durch eine Anfangskurve eine Integralfläche zu legen. Wir wählen zu dem Zwecke eine Anfangskurve $x = x(\tau)$,

$y = y(\tau)$, $z = z(\tau)$. Dabei sollen diese drei Funktionen samt ihren ersten und zweiten Ableitungen in einem Intervalle $\alpha \leq \tau \leq \beta$ eindeutig und stetig sein. Die Ableitungen $x'(\tau)$, $y'(\tau)$ sollen in keinem Punkte aus $\alpha \leq \tau \leq \beta$ zugleich verschwinden. Unsere erste Aufgabe muß es nun sein, durch diese Anfangskurve einen Anfangsstreifen zu legen, damit wir zur Integration des Systems (8) die richtigen Anfangsbedingungen bekommen. Dieser Anfangsstreifen muß natürlich ein Integralstreifen sein. Zur Bestimmung der beiden weiteren Funktionen $p(\tau)$ und $q(\tau)$ des Anfangsstreifens bekommen wir somit die beiden Gleichungen

$$f(x(\tau), y(\tau), z(\tau), p(\tau), q(\tau)) = 0,$$

$$z'(\tau) - p(\tau) x'(\tau) - q(\tau) y'(\tau) = 0.$$

Um nach dem Satze über implizite Funktionen ihrer Auflösbarkeit sicher zu sein, muß man erst einmal in einem Punkt τ_0 eine Auflösung p_0, q_0 besitzen[1], und man muß weiter voraussetzen, daß die Funktionaldeterminante

(9) $$\frac{\partial f}{\partial p} y'(\tau) - \frac{\partial f}{\partial q} x'(\tau) \neq 0$$

längs des Kurvenbogens ist. Diese letztere Voraussetzung besagt, daß die *Anfangskurve nicht nur keine charakteristische Kurve sein soll, sondern daß sie keine Mantellinie eines der Kegel von Integralelementen berühren soll*. Die andere Bedingung besagt aber, daß ihre Richtung in einem Punkt zum zugehörigen Kegel so liegen soll, daß man durch sie eine Tangentialebene an den Kegel legen kann, eine Bedingung, die ganz und gar nicht immer erfüllt ist. Sind aber beide Bedingungen erfüllt, so erhält man anschließend an die gewählte zu τ_0 gehörige Lösung zwei in $\alpha \leq \tau \leq \beta$ samt den ersten Ableitungen[2] stetig differenzierbare Funktionen $p(\tau), q(\tau)$, die mit den drei gegebenen $x(\tau), y(\tau), z(\tau)$ einen Anfangsstreifen von Integralelementen festlegen.

3. Existenz von Integralflächen. Wir haben damit durch die Anfangskurve einen stetig differenzierbaren Integralstreifen gelegt. Durch jedes seiner Flächenelemente geht nun ein einziger charakteristischer Streifen hindurch. Ich werde zeigen, daß diese Streifen eine Integralfläche bilden. Seien etwa

(10) $\quad x = x(t,\tau), \, y = y(t,\tau), \, z = z(t,\tau), \, p = p(t,\tau), \, q = q(t,\tau)$

die charakteristischen Streifen. Dann geben die drei ersten Funktionen eine Parameterdarstellung der durch die Charakteristiken gebildeten

---

[1] Das ist z. B. der Fall, wenn als Anfangskurve: $z = w(y)$ in der Ebene $x = x_0$, als Differentialgleichung eine von der Form $p = g(x, y, z, q)$ gewählt wird.

[2] Damit diese stetig werden, mußte oben die Stetigkeit der zweiten Ableitungen von $x(\tau), y(\tau), z(\tau)$ angenommen werden.

§ 4. Die allgemeine Gleichung erster Ordnung.

Fläche. Die Determinante

(11)
$$\begin{vmatrix} \dfrac{\partial x}{\partial t} & \dfrac{\partial x}{\partial \tau} \\ \dfrac{\partial y}{\partial t} & \dfrac{\partial y}{\partial \tau} \end{vmatrix}$$

ist nämlich in einer gewissen Umgebung des Anfangsstreifens $t=0$ von Null verschieden. Denn auf $t=0$ ist sie wegen (9) und (8) von Null verschieden, und daher ist dies aus Stetigkeitsgründen auch für genügend kleine Werte von t der Fall. Man kann daher aus den beiden ersten Gleichungen t und τ eindeutig durch x und y ausrücken und in die dritte eintragen und bekommt so die Darstellung der Fläche durch eine eindeutige Funktion $z = z(x,y)$. Es ist nun aber zu beweisen, daß die beiden anderen Funktionen die Tangentialebenen der Fläche festlegen. Sowie wir das eingesehen haben, ist die Überzeugung, daß eine Integralfläche vorliegt, gefestigt.

Nach CAUCHY, von dem die Theorie der Charakteristiken herrührt, erbringt man diesen Nachweis wie folgt. Man hat zu zeigen, daß für die fünf Funktionen diese beiden Gleichungen

(12) $$\frac{\partial z}{\partial t} = p\frac{\partial x}{\partial t} + q\frac{\partial y}{\partial t},$$

(13) $$\frac{\partial z}{\partial \tau} = p\frac{\partial x}{\partial \tau} + q\frac{\partial y}{\partial \tau}$$

richtig sind. Denn dann muß eben wegen des Nichtverschwindens von (11) p die x-Ableitung, q die y-Ableitung von z sein. Die erste der beiden Gleichungen ist wegen des Systems der gewöhnlichen Differentialgleichungen von selbst erfüllt. Die zweite aber ist wenigstens längs des Ausgangsstreifens richtig. Wenn wir den Parameterpunkt $t=0$ der Charakteristiken stets auf der Ausgangskurve wählen, so ist also die zweite Gleichung für $t=0$ richtig. Um zu sehen, daß sie auch für die anderen t-Werte richtig ist, betrachten wir

$$H = \frac{\partial z}{\partial \tau} - p\frac{\partial x}{\partial \tau} - q\frac{\partial y}{\partial \tau}$$

und zeigen zunächst, daß

$$\frac{\partial H}{\partial t} = 0$$

ist. Diese Ableitung wird nämlich[1]

$$\frac{\partial H}{\partial t} = \frac{\partial^2 z}{\partial t \partial \tau} - \frac{\partial p}{\partial t}\frac{\partial x}{\partial \tau} - p\frac{\partial^2 x}{\partial t \partial \tau} - \frac{\partial q}{\partial t}\frac{\partial y}{\partial \tau} - q\frac{\partial^2 y}{\partial t \partial \tau}.$$

---

[1] Daß diese Ableitungen existieren, folgt aus unserer Annahme, daß $f(x,y,z,p,q)$ samt seinen Ableitungen der beiden ersten Ordnungen stetig sein soll. Da nun z. B. $\dfrac{dx}{dt} = f_p(x,y,z,p,q)$ ist, so sieht man sofort, daß auch $\dfrac{\partial}{\partial \tau}\left(\dfrac{dx}{dt}\right)$ existiert und stetig ist. (Vgl. auch S. 274.)

Differenziert man aber (12) nach τ, so erhält man

$$0 = \frac{\partial^2 z}{\partial t \partial \tau} - \frac{\partial p}{\partial \tau}\frac{\partial x}{\partial t} - p\frac{\partial^2 x}{\partial t \partial \tau} - \frac{\partial q}{\partial \tau}\frac{\partial y}{\partial t} - q\frac{\partial^2 y}{\partial t \partial \tau}.$$

Subtrahiert man dies von $\dfrac{\partial H}{\partial t}$, so bekommt man

$$\frac{\partial H}{\partial t} = \frac{\partial p}{\partial \tau}\frac{\partial x}{\partial t} - \frac{\partial p}{\partial t}\frac{\partial x}{\partial \tau} + \frac{\partial q}{\partial \tau}\frac{\partial y}{\partial t} - \frac{\partial q}{\partial t}\frac{\partial y}{\partial \tau},$$

$$= f_p \frac{\partial p}{\partial \tau} + f_q \frac{\partial q}{\partial \tau} + (f_x + pf_z)\frac{\partial x}{\partial \tau} + (f_y + qf_z)\frac{\partial y}{\partial \tau}.$$

Da aber nun $f(x, y, z, p, q) = 0$ wird[1], wenn man $x(t, \tau)$ usw. einträgt, so hat man noch

$$f_x \frac{\partial x}{\partial \tau} + f_y \frac{\partial y}{\partial \tau} + f_z \frac{\partial z}{\partial \tau} + f_p \frac{\partial p}{\partial \tau} + f_q \frac{\partial q}{\partial \tau} = 0.$$

Also wird

$$\frac{\partial H}{\partial t} = pf_z \frac{\partial x}{\partial \tau} + qf_z \frac{\partial y}{\partial \tau} - f_z \frac{\partial z}{\partial \tau},$$

$$= -f_z \cdot H.$$

Daher ist

$$H = H(0)\, e^{-\int_0^t f_z\, dt}.$$

Da aber nun, wie gesagt, $H(0) = 0$ ist, so ergibt sich hieraus, daß für alle t und τ

$$H = 0$$

ist. Damit haben wir erkannt, daß wir tatsächlich eine Integralfläche durch die Ausgangskurve legen können. Es sei noch hervorgehoben, daß diese durch (10) dargestellte Integralfläche $z = \varphi(x, y)$ samt ihren Ableitungen der *beiden* ersten Ordnungen stetig ist. Da wir in $p(t, \tau)$ und $q(t, \tau)$ schon die ersten Ableitungen erkannten und da diese Funktionen stetig sind, so bleibt nur noch zu zeigen, daß diese Funktionen $p(t, \tau)$ und $q(t, \tau)$ stetige erste Ableitungen nach t und nach τ besitzen. Denn aus diesen kann man dann vermittelst

$$x = x(t, \tau),\ y = y(t, \tau)$$

die Ableitungen von $\varphi(x, y)$ nach x und y errechnen und als stetig erkennen. Daß aber die Lösungen $p(t, \tau)$, $q(t, \tau)$ von (8) stetige Ableitungen nach t und nach τ besitzen, folgt nach S. 44 aus unseren Annahmen über f.

4. Unität. Es fragt sich nun, *ob die gefundene zweimal stetig differenzierbare Integralfläche die einzige* ist, oder ob es mehrere zweimal stetig differenzierbare Integralflächen gibt. Wir werden erkennen, daß die

---

[1] Weil dies für $t = 0$ gilt und weil f längs (8) konstant ist.

§ 4. Die allgemeine Gleichung erster Ordnung.

Integralfläche eindeutig bestimmt ist, sowie man sich für einen bestimmten Anfangsstreifen durch die Anfangskurve entschieden hat. Hier hat man ja im allgemeinen die Wahl zwischen mehreren Möglichkeiten. Um also zu beweisen, daß es nur eine zweimal stetig differenzierbare Integralfläche durch einen gegebenen Anfangsstreifen gibt, werde ich zeigen, daß zwei solche Integralflächen, welche ein nichtsinguläres Flächenelement x_0, y_0, z_0, p_0, q_0 gemeinsam haben, sich längs des ganzen durch dieses Element bestimmten charakteristischen Streifens berühren. Zu diesem Zwecke betrachte ich die folgende durch den Trägerpunkt des gemeinsamen Elementes gehende Kurve auf einer jeden der beiden Integralflächen: Die x-y-Projektion der Kurve soll den Bedingungen

$$(14) \quad \begin{cases} \dfrac{dx}{dt} = f_p(x, y, z(x,y), p(x\ y), q(x,y)) \\ \dfrac{dy}{dt} = f_q(x, y, z(x,y), p(x,y), q(x,y)) \end{cases}$$

genügen. Für diese ist dann naturgemäß

$$\frac{dz}{dt} = p f_p + q f_q$$

und längs derselben ist dann nach der S. 269 angestellten Überlegung auch

$$\frac{dp}{dt} = -f_x - f_z p,$$

$$\frac{dq}{dt} = -f_y - f_z q.$$

D. h. also, an jenes gemeinsame Element schließt sich auf beiden Flächen derjenige charakteristische Streifen an, der durch das gemeinsame Element bestimmt ist. Alle vorausgehenden Überlegungen bleiben richtig, wenn $\dfrac{\partial f}{\partial q}$ statt $\dfrac{\partial f}{\partial p}$ von Null verschieden angenommen wird. Aber die zuletzt angestellten Überlegungen versagen, wenn das gegebene Element singulär ist, weil dann in ihm f_q und f_p verschwinden. Dann liegt nämlich ein singulärer Punkt der Differentialgleichung

$$\frac{dy}{dx} = \frac{f_q}{f_p}$$

vor, welche mit den beiden vorhin angeschriebenen gleichbedeutend ist. Es ist ja dann unsicher, ob durch den Punkt x_0, y_0 eine Lösung geht. Zwar haben die Gleichungen (14) Lösungen, die für $t = t_0$ die Werte $x = x_0$, $y = y_0$ haben. Indessen fallen dieselben für alle t mit $x = x_0$, $y = y_0$ zusammen.

5. Zusammenfassung. Wir wollen zusammenfassen und zugleich noch einmal die Voraussetzungen hervorheben, die man machen muß, damit alle vorgenommenen Operationen legal sind. Auch soll der Bereich der x-y-Ebene festgestellt werden, für den wir die partielle Differentialgleichung gelöst haben.

In einem gewissen Bereich (B) des x-y-z-p-q-Raumes möge $f(x, y, z, p, q)$ samt seinen partiellen Ableitungen erster und zweiter Ordnung endlich und stetig sein. Dadurch wird erreicht, daß für die Differentialgleichungen der charakteristischen Streifen alle die Voraussetzungen erfüllt sind, die wir früher für die Integration der Systeme von gewöhnlichen Differentialgleichungen gemacht haben. Wenn z. B. $f(x, y, z, p, q)$ und die Ableitungen, sowie die rechten Seiten der gewöhnlichen Differentialgleichungen für

(15) $\quad |x-x_0|<d, \quad |y-y_0|<d, \quad |z-z_0|<d, \quad |p-p_0|<d, \quad |q-q_0|<d$

dem Betrage nach unter $M > 1$ liegen, so geht durch das *nichtsinguläre* Flächenelement x_0, y_0, z_0, p_0, q_0 ein einziger Streifen, welcher den Ungleichungen

(16)
$$|x-x_0|<\frac{d}{M}, \quad |y-y_0|<\frac{d}{M}, \quad |z-z_0|<\frac{d}{M}, \quad |p-p_0|<\frac{d}{M},$$
$$|q-q_0|<\frac{d}{M}$$

genügt. Es möge nun ein von singulären Elementen freier Anfangsintegralstreifen[1] in (15) gegeben sein:

$$x=x(\tau), \quad y=y(\tau), \quad z=z(\tau), \quad p=p(\tau), \quad q=q(\tau), \quad (\alpha \leq \tau \leq \beta).$$

Die fünf Funktionen mögen eindeutig sein und stetige Ableitungen besitzen. Es sei nicht gleichzeitig $x'(\tau) = y'(\tau) = z'(\tau) = 0$. Der Streifen sei ein Integralstreifen. Ferner sei d der Abstand des Streifens vom Rand des Körpers (15). Die Trägerkurve des Streifens soll für kein τ den durch das Element des gleichen τ gehenden charakteristischen Streifen berühren.

Dann geht durch jedes Element τ des Anfangsstreifens ein einziger charakteristischer Streifen $x = x(t, \tau)$ usw., der den Bedingungen

$$|x(t,\tau) - x(\tau)| < \frac{d}{M} \text{ usw.}$$

genügt. Diese Streifen ergeben in ihrer Gesamtheit eine Integralfläche (10).

Der Nachweis, daß hiermit eine Integralfläche gewonnen ist, benutzte auf S. 272 die ersten Ableitungen der fünf Funktionen nach t

---

[1] Daß es solche Anfangsintegralstreifen gibt, wurde S. 270 unter der Voraussetzung bewiesen, daß $x(\tau), y(\tau), z(\tau)$ stetige partielle Ableitungen zweiter Ordnung besitzen. Damit ist dann gezeigt, daß durch jede zweimal stetig differenzierbare Kurve Integralflächen gehen. Es können deren aber mehrere sein, da nach S. 270 durch dieselbe Anfangskurve mehrere Integralstreifen gehen können. Es erscheint daher vernünftiger — wie oben geschehen — die Formulierung des Existenzsatzes an die Anfangsstreifen anzuschließen.

§ 4. Die allgemeine Gleichung erster Ordnung. 275

und τ sowie die Ableitungen

$$\frac{\partial^2 x}{\partial t \, \partial \tau}, \quad \frac{\partial^2 y}{\partial t \, \partial \tau}, \quad \frac{\partial^2 z}{\partial t \, \partial \tau}$$

nebst der Vertauschbarkeit der Differentiationsfolge. Tatsächlich folgt aus unseren Annahmen, daß die genannten ersten Ableitungen stetig sind und daß

$$\frac{\partial}{\partial \tau}\left(\frac{\partial x}{\partial t}\right)$$

stetig ist. Daraus ergibt sich aber bekanntlich die Vertauschbarkeit der Reihenfolge der Differentiationen. Daß die ersten Ableitungen der fünf Funktionen nach τ stetig sind, wurde S. 212 schon erwähnt. Daß die ersten Ableitungen nach t stetig sind, ergibt sich aus den Differentialgleichungen sofort, da durch diese ja $\frac{dx}{dt}$ usw. durch $x(t)$ usw. selbst dargestellt sind. Daher ergibt die Differentiation der Differentialgleichungen nach τ auch die Stetigkeit von $\frac{\partial}{\partial \tau}\left(\frac{\partial x}{\partial t}\right)$ usw.

Durch den Anfangsstreifen geht daher eine einzige Integralfläche. Diese Aussage ist im folgenden Sinne zu verstehen: Zwei Integralflächen, welche den Anfangsstreifen enthalten, enthalten auch die ganzen an seine Elemente anschließenden charakteristischen Streifen für

$$|x(t,\tau) - x(\tau)| < \frac{d}{M} \quad \text{usw.} \ ^1$$

Wenn man die hiermit abgeschlossene allgemeine Theorie auf die früher behandelten speziellen Fälle anwendet, so findet man die damaligen Resultate wieder. Das möge etwa an

$$p + f(x,y)\, q = g(x,y)$$

kurz dargelegt werden. Für die charakteristischen Streifen findet man zunächst die fünf Gleichungen

$$\frac{dx}{dt} = 1, \quad \frac{dy}{dt} = f, \quad \frac{dz}{dt} = g, \quad \frac{dp}{dt} = -q f_x + g_x, \quad \frac{dq}{dt} = -q f_y + g_y.$$

Da aber die drei ersten nur x, y, z enthalten, so können sie zur Bestimmung der charakteristischen *Kurven* dienen und man kann daher auf die beiden letzten verzichten, da schon diese Kurven zum Aufbau der Integralflächen ausreichen.

Immerhin mag es auffallen, daß wir damals eine von zwei Integrationskonstanten abhängige, also zweiparametrige Schar von charakteristischen Kurven erhielten, während wir im allgemeinen Falle eine dreiparametrige Schar von charakteristischen Streifen bekommen. Der

---

[1] Für die Frage, inwieweit man mit geringeren als den hier gemachten Differenzierbarkeitsannahmen auskommen kann, vgl. man eine Arbeit von A. HAAR: Zur Charakteristikentheorie, Acta Szeged. Bd. 4, S. 103—114. 1928.

Grund dafür ist der, daß in jenen speziellen Fällen durch jede charakteristische Kurve eine einparametrige Schar von charakteristischen Streifen geht, während im allgemeinen Fall verschiedene charakteristische Streifen auch längs verschiedenen Kurven aufgereiht sind.

Ähnlich wie bei den linearen Differentialgleichungen kann man die Theorie auch hier verallgemeinern, indem man sie mehr ins Geometrische wendet und die Beschränkung auf Flächenstücke fallen läßt, die sich durch eindeutige Funktionen $z(x, y)$ darstellen lassen. Näheres siehe S. 317.

§ 5. Überbestimmte Systeme von partiellen Differentialgleichungen.

Wir werden im § 6 die Integration der charakteristischen Gleichungen näher betrachten. Es ist zweckmäßig, dem einige Betrachtungen über ein gewisses System von zwei partiellen Differentialgleichungen vorauszuschicken.

Für eine unbekannte Funktion mögen zwei partielle Differentialgleichungen vorgelegt sein. Man nennt das System überbestimmt, um auszudrücken, daß die Zahl der unbekannten Funktionen kleiner ist als die Zahl der Gleichungen. Es handelt sich darum, die gemeinsamen Integrale dieser beiden Differentialgleichungen zu finden. Man überzeugt sich leicht, daß nicht immer solche gemeinsame Integrale vorhanden sind. Wir wollen annehmen, daß die beiden Gleichungen nach $\frac{\partial z}{\partial x}$ und $\frac{\partial z}{\partial y}$ aufgelöst seien. Es sei das System

(1) $\quad \begin{cases} \dfrac{\partial z}{\partial x} = \varphi_1(x, y, z), \\ \dfrac{\partial z}{\partial y} = \varphi_2(x, y, z) \end{cases}$

gegeben. φ_1 und φ_2 sollen dabei samt ihren partiellen Ableitungen in einem gewissen Bereiche B des x-y-z-Raumes eindeutig und stetig sein. Dann leuchtet ein, daß es nur dann stetige Funktionen $z(x, y)$ geben kann, die diesen beiden Differentialgleichungen genügen, wenn das Gesetz von der Vertauschung der Reihenfolge der Differentiationen erfüllt ist. Das liefert die „Integrabilitätsbedingung"

(2) $\qquad \varphi_{1y} + \varphi_{1z} \dfrac{\partial z}{\partial y} = \varphi_{2x} + \varphi_{2z} \dfrac{\partial z}{\partial x}$

oder

(3) $\qquad \varphi_{1y} + \varphi_{1z} \cdot \varphi_2 = \varphi_{2x} + \varphi_{2z} \cdot \varphi_1.$

Hier sind nun zwei Fälle zu unterscheiden, je nachdem diese Gleichung (3) identisch in x, y, z erfüllt ist oder nicht. Im letzteren Falle ist sie eine neue Gleichung für ein eventuelles gemeinsames Integral der beiden gegebenen Gleichungen (1) und man kann nun durch reine Eliminations-

§ 5. Überbestimmte Systeme von partiellen Differentialgleichungen. 277

prozesse entscheiden, ob eine dann durch (3) definierte Funktion ein Integral von (1) ist.

Der andere Fall, den wir weiter betrachten wollen, ist der, daß die Gleichung (3) identisch für alle x, y, z eines gewissen Bereiches B erfüllt ist.

Es sei x_0, y_0, z_0 ein Punkt aus B. Wir werden zeigen, daß es in einer gewissen Umgebung von (x_0, y_0, z_0) genau eine mit ihren ersten Ableitungen stetige Funktion $z(x, y)$ gibt, die (1) genügt, und für die $z_0 = z(x_0, y_0)$ ist. Dies Ergebnis wird dadurch plausibel, daß man beachtet, daß durch (1) jedem Punkt aus B genau ein Flächenelement zugeordnet wird. Zur Bewältigung des Integrationsproblems kann man ähnlich verfahren, wie in dem bekannten Fall der Quadratur, wo z nicht selbst vorkommt. Wir geben also erst einmal in der ersten der beiden Gleichungen y den Wert y_0. Sie ist dann als gewöhnliche Differentialgleichung

(4) $$\frac{dz}{dx} = \varphi_1(x, y_0, z)$$

für die Schnittkurve der Ebene $y = y_0$ mit der gesuchten Fläche aufzufassen. Ihr Integral, welches für $x = x_0$ den Wert z_0 annimmt, sei

(5) $$z = \varphi(x, x_0, y_0, z_0) = z(x), \quad z(x_0) = z_0.$$

Alsdann betrachten wir die ebenen Schnitte $x =$ konst. der Integralfläche und bestimmen somit dasjenige Integral[1]

(6) $$z = \psi(x, y, y_0, \varphi(x, x_0, y_0, z_0))$$

der gewöhnlichen Differentialgleichung

(7) $$\frac{dz}{dy} = \varphi_2(x, y, z),$$

das für $y = y_0$ der Anfangsbedingung

(8) $$\psi(x, y_0, y_0, \varphi(x, x_0, y_0, z_0)) = \varphi(x, x_0, y_0, z_0)$$

genügt. Man hat also auch

(9) $$z_0 = \psi(x_0, y_0, y_0, z_0).$$

ψ hat stetige Ableitungen nach allen Argumenten. Nun ist zu zeigen, daß die Funktion (6) ein Integral von (1) ist. (6) und seine partiellen Ableitungen nach x, y, x_0, y_0, z_0 sind stetige Funktionen dieser fünf Veränderlichen. Dies gilt nämlich nach S. 43 für die Lösung (5) von (4) und gilt aus demselben Grund weiter für (6) als Lösung von (7).

---

[1] Nach S. 44 ist also auch

(6') $$\varphi(x, x_0, y_0, z_0) = \psi(x, y_0, y, z),$$

da das durch x, y, z bestimmte Integral von (7) durch den Punkt x, y_0, φ geht. Insbesondere ist also, wenn man in (6') $x = x_0$ setzt,

(6'') $$z_0 = \psi(x_0, y_0, y, z).$$

Da wir (6) aus (7) gewonnen haben, ist für (6) die zweite Gleichung (1) erfüllt, und es bleibt nur noch zu zeigen, daß auch die erste Gleichung (1) für (6) gilt. Wegen (8) und (4) ist dies jedenfalls für $y = y_0$ der Fall. Tragen wir nun (6) für beliebiges y in die erste Gleichung (1) ein, so möge sich

(10) $$\frac{\partial z}{\partial x} = \varphi_1(x, y, z) + u(x, y)$$

ergeben. Hier ist jedenfalls

(11) $$u(x, y_0) = 0,$$

und es ist zu zeigen, daß für alle y

(12) $$u(x, y) = 0$$

gilt. Jedenfalls sind u und seine partiellen Ableitungen erster Ordnung stetige Funktionen von x und y. Um (12) zu beweisen, differenzieren wie (10) nach y und finden

(13) $$\frac{\partial^2 z}{\partial x \partial y} = \frac{\partial \varphi_1}{\partial y} + \frac{\partial \varphi_1}{\partial z} \varphi_2 + \frac{\partial u}{\partial y}.$$

Differenziert man aber (7), die ja für (6) gilt, nach x, so kommt

(14) $$\frac{\partial^2 z}{\partial x \partial y} = \frac{\partial \varphi_2}{\partial x} + \frac{\partial \varphi_2}{\partial z} \varphi_1 + \frac{\partial \varphi_2}{\partial z} u.$$

In (13) und (14) sind die linken Seiten gleich, weil rechts stetige Funktionen von x und y stehen. Daher folgt durch Vergleich beider wegen (3)

(15) $$\frac{\partial u}{\partial y} = u \cdot \frac{\partial \varphi_2}{\partial z}.$$

u ist wegen (11) dasjenige Integral von (15), das für $y = y_0$ verschwindet. Also ist wegen der Stetigkeit von $\frac{\partial \varphi_2}{\partial z}$ und seiner Ableitung nach y (12) richtig und damit ist gezeigt, daß (6) das gesuchte Integral von (1) ist. Unsere Überlegung zeigt auch, daß (6) das einzige der Anfangsbedingung (9) genügende Integral von (1) ist. Denn unser Ansatz hat zwangsweise und eindeutig die Schnittkurve $x = x_0$ und die Schnittkurven $x = $ konst. der Integralfläche ergeben. Also gilt der

Satz: *Durch jeden Punkt x_0, y_0, z_0 des Bereiches B geht genau eine Lösung des Systems* (1), *die eindeutig und stetig differenzierbar von x, y, x_0, y_0, z_0 abhängt.*

Es gibt noch eine zweite, die MAYERsche *Methode* zur Integration der Gleichungen (1).

Die MAYERsche Methode geht darauf aus, unmittelbar die Schnittkurven zu bestimmen, die eine durch den Punkt x_0, y_0, z_0 gelegte zur z-Achse parallele Ebene aus der Integralfläche ausschneidet. Die Gleichung einer solchen Ebene sei

$$x - x_0 = \lambda t,$$
$$y - y_0 = \mu t, \quad \lambda = \cos \vartheta, \quad \mu = \sin \vartheta.$$

§ 6. Integration der für die charakt. Streifen aufgestellten Gleichungen.

Schneidet man sie mit der Fläche
$$z = z(x, y),$$
so erhält man für die Schnittkurve
$$z = z(x_0 + \lambda t, y_0 + \mu t).$$
Differenziert man nach t, so erhält man

(16) $\quad \dfrac{dz}{dt} = \varphi_1(x_0 + \lambda t, y_0 + \mu t, z) \lambda + \varphi_2(x_0 + \lambda t, y_0 + \mu t, z) \mu$

als Differentialgleichung der Schnittkurven. Für $t = 0$ wird $x = x_0$ und $y = y_0$. Daher benötigen wir diejenige eindeutig bestimmte Lösung von (16), welche für $t = 0$ den Wert z_0 annimmt. In den so bestimmten Schnittkurven

(17)
$$x = x_0 + t \cos \vartheta,$$
$$y = y_0 + t \sin \vartheta,$$
$$z = f(z_0, t, \vartheta)$$

hat man unmittelbar die Parameterdarstellung der Integralfläche. Dies ist ohne weiteres klar, da durch die vorausgegangenen Betrachtungen die Existenz der Integralfläche schon gesichert ist. Anderenfalls wäre unter Benutzung von (3) dies erst nachzuweisen.

§ 6. Über die Integration der für die charakteristischen Streifen aufgestellten Differentialgleichungen.
Vollständige Integrale.

1. Das vollständige Integral. Während im § 4 gezeigt wurde, wie man die Integrale der charakteristischen Differentialgleichungen zum Aufbau der Integralflächen der partiellen Differentialgleichung verwerten kann, soll nun die umgekehrte Frage erörtert werden. Welchen Nutzen kann man aus der Kenntnis von Integralflächen der partiellen Differentialgleichung für die Ermittlung der charakteristischen Streifen ziehen? Ich stelle folgende aus dem Existenzsatz des § 4 fließende Bemerkung an die Spitze. Wenn sich zwei zweimal stetig differenzierbare Integralflächen der partiellen Differentialgleichung

(1) $\quad\quad\quad\quad p = f(x, y, z, q)$

längs einem Streifen

(2) $\quad x = x(t), \quad y = y(t), \quad z = z(t), \quad p = p(t), \quad q = q(t)$

berühren, so ist dieser Streifen (2) ein charakteristischer Streifen. Vorausgesetzt ist dabei wieder, daß in einem gewissen Bereich der (x, y, z, p, q) das $f(x, y, z, q)$ samt seinen partiellen Ableitungen der beiden ersten Ordnungen stetig ist, daß die Elemente der beiden Integralflächen diesem Bereich angehören, daß die Funktionen (2) stetige Ableitungen besitzen und daß für kein t

(3) $$x'(t) = y'(t) = z'(t) = 0$$

ist. Wäre nämlich der Streifen (2) kein charakteristischer Streifen, so enthielte seine Trägerkurve einen Bogen, der in keinem Punkt die Trägerkurve des charakteristischen Streifens berührt, der durch dasselbe Element bestimmt ist. Dann ginge aber durch diesen Bogen nach dem Existenzsatz nur eine zweimal stetig differenzierbare Integralfläche.

Kennt man weiter eine einparametrige Schar von zweimal stetig differenzierbaren Integralflächen

(4) $$z = \varphi(x, y, \lambda),$$

welche eine zweimal stetig differenzierbare Enveloppe besitzt, so wird die Enveloppe von jeder Integralfläche längs eines Streifens (2) berührt. Die Enveloppe besteht selber aus lauter Integralelementen, ist also selber eine Integralfläche. Somit gewinnt man in den Berührungsstreifen alle auf ihr gelegenen charakteristischen Integralstreifen. So kann man natürlich nur diejenigen charakteristischen Integralstreifen gewinnen, welche den Integralflächen (4) angehören, d. h. die aus Elementen dieser Flächen bestehen. Den Flächen (4) gehört eine dreiparametrige Schar von Elementen an, während der partiellen Differentialgleichung (1) eine vierparametrige Schar von Elementen genügt. Hat man aber statt (4) eine zweiparametrige Schar von Integralflächen

(5) $$z = V(x, y, \lambda_1, \lambda_2),$$

so kann man hoffen, daß diesen alle Elemente, die $f = 0$ genügen, aus einem gewissen Elementebereich angehören. Dann kann man hoffen, durch passende Enveloppenbildungen alle charakteristischen Integralstreifen zu gewinnen und aus diesen dann nach § 4 alle Integralflächen. Es wird also voraussichtlich die Kenntnis einer passenden zweiparametrigen Schar von Integralflächen (5) genügen, um durch bloße Differentiationsprozesse alle Integralflächen zu gewinnen. Wenn nun durch

(6) $$\begin{aligned} z &= V(x, y, \lambda_1, \lambda_2) \\ p &= \frac{\partial V}{\partial x}(x, y, \lambda_1, \lambda_2) \\ q &= \frac{\partial V}{\partial y}(x, y, \lambda_1, \lambda_2) \end{aligned} \qquad \begin{pmatrix} \alpha_1 \leq \lambda_1 \leq \beta_1 \\ \alpha_2 \leq \lambda_2 \leq \beta_2 \end{pmatrix} \\ \begin{pmatrix} a_1 \leq x \leq b_1 \\ a_2 \leq y \leq b_2 \end{pmatrix}$$

alle Integralelemente eines gewissen Elementebereiches dargestellt werden, so nennt man (4) ein *vollständiges Integral*. $V, \frac{\partial V}{\partial x}, \frac{\partial V}{\partial y}$ mögen dabei stetige Ableitungen erster Ordnung nach x, y, λ_1 und λ_2 haben und

§ 6. Integration der für die charakt. Streifen aufgestellten Gleichungen. 281

es sei für alle λ

(7)
$$\begin{vmatrix} \frac{\partial z}{\partial \lambda_1} & \frac{\partial q}{\partial \lambda_1} \\ \frac{\partial z}{\partial \lambda_2} & \frac{\partial q}{\partial \lambda_2} \end{vmatrix} \neq 0.$$

Diese Bedingung hat zur Folge, daß man aus zwei der drei Gleichungen (6) in der Umgebung jedes Elementes λ_1 und λ_2 durch x, y, z, q ausdrücken kann. Dadurch ist gewährleistet, daß alle Elemente von (1) durch die Parameterdarstellung erfaßt werden[1].

2. Integration der partiellen Differentialgleichung. Wir zeigen nun, daß man alle zweimal stetig differenzierbaren Integralflächen als Enveloppen einparametriger Teilscharen des vollständigen Integrals auffassen kann. Wir denken uns, wie in § 4, eine solche Integralfläche durch einen Streifen

(8) $\quad x = x(\tau), \quad y = y(\tau), \quad z = z(\tau), \quad p = p(\tau), \quad q = q(\tau) \quad \alpha \leq \tau \leq \beta$

bestimmt. Dabei seien die Funktionen (8) mit stetigen Ableitungen versehen, und es sei nirgends

$$x'(\tau) = y'(\tau) = z'(\tau) = 0.$$

Durch jedes der Elemente (8) geht eine Fläche aus dem vollständigen Integral, wenn man annimmt, daß der Streifen (8) dem Elementenbereich angehört, für den wir das vollständige Integral gebildet haben. Soll durch das zum Parameterwert τ gehörige Element eine Fläche (λ_1, λ_2) des vollständigen Integrals gehen, so muß

(9)
$$\begin{aligned} z(\tau) &= V(x(\tau), y(\tau), \lambda_1, \lambda_2), \\ p(\tau) &= \frac{\partial V}{\partial x}(x(\tau), y(\tau), \lambda_1, \lambda_2), \\ q(\tau) &= \frac{\partial V}{\partial y}(x(\tau), y(\tau), \lambda_1, \lambda_2), \end{aligned}$$

sein. Nach (7) kann man aus der ersten und der dritten dieser Gleichungen λ_1 und λ_2 ermitteln. Sie werden stetig differenzierbare Funktionen von τ

$$\lambda_i = \lambda_i(\tau) \quad (i = 1, 2) \quad \alpha \leq \tau \leq \beta.$$

Trägt man diese in
$$z = V(x, y, \lambda_1, \lambda_2)$$
ein, so erhält man in

(10) $\quad z = V(x, y, \lambda_1(\tau), \lambda_2(\tau))$

---

[1] Hätten wir die partielle Differentialgleichung in der Form $f(x, y, z, p, q) = 0$ angenommen; so hätte die Auflösung nach p (oder q) zu mehreren Differentialgleichungen (1) führen können. Jede derselben gibt dann zu Betrachtungen der vorstehenden Art Anlaß.

eine einparametrige Teilschar des vollständigen Integrals. Durch jedes Element (8) geht eine solche Integralfläche aus dem vollständigen Integral. Sie berührt daher längs des charakteristischen Streifens, der durch dieses Element bestimmt ist, die Integralfläche, welche durch den Streifen (8) geht. Diese ist daher Enveloppe der Schar (10).

3. Bestimmung der charakteristischen Integralstreifen. Nun kann man von diesem Gedanken ausgehend mit Hilfe des vollständigen Integrals auch alle charakteristischen Integralstreifen ermitteln, soweit sie dem Elementenbereich angehören, für den das vollständige Integral gebildet wurde. Differenziert man nämlich (10) nach τ, so hat man in

(11) $$\frac{\partial V}{\partial \lambda_1} \lambda_1'(\tau) + \frac{\partial V}{\partial \lambda_2} \lambda_2'(\tau) = 0$$

eine Gleichung, der zusammen mit (10) für ein gegebenes τ diejenigen Punkte genügen, welche der Fläche (10) und der Enveloppe gemeinsam sind. Beachtet man nun, daß je nach Wahl von $\lambda_1(\tau)$, $\lambda_2(\tau)$ die λ_1', λ_2' beliebige Zahlen sein können, so erkennt man, daß die charakteristischen Integralstreifen den folgenden Gleichungen genügen:

(12)
$$z = V(x, y, \lambda_1, \lambda_2)$$
$$p = \frac{\partial V}{\partial x}(x, y, \lambda_1, \lambda_2)$$
$$q = \frac{\partial V}{\partial y}(x, y, \lambda_1, \lambda_2)$$
$$0 = \lambda_3 \frac{\partial V}{\partial \lambda_1}(x, y, \lambda_1, \lambda_2) + \lambda_4 \frac{\partial V}{\partial \lambda_2}(x, y, \lambda_1, \lambda_2).$$

Dabei sind $\lambda_1, \lambda_2, \lambda_3, \lambda_4$ beliebige Zahlen, von denen λ_1 und λ_2 den bei (5) angegebenen Intervallen angehören. Für jede Wahl der λ_i stellen die (12) einen charakteristischen Integralstreifen dar, wofern nur λ_3 und λ_4 nicht beide verschwinden. Denn aus der letzten Gleichung (12) kann man y als Funktion von $x, \lambda_1, \lambda_2, \lambda_3, \lambda_4$ ermitteln. Es ist nämlich

$$\lambda_3 \frac{\partial^2 V}{\partial y \partial \lambda_1} + \lambda_4 \frac{\partial^2 V}{\partial y \partial \lambda_1} = \lambda_3 \frac{\partial q}{\partial \lambda_1} + \lambda_4 \frac{\partial q}{\partial \lambda_2} \neq 0,$$

weil sonst die Determinante (7) Null sein müßte. Die letzte Gleichung (12) besagt ja

$$\lambda_3 \frac{\partial z}{\partial \lambda_1} + \lambda_4 \frac{\partial z}{\partial \lambda_2} = 0.$$

Man kann aber sicher die Schar (10) so einrichten, daß für ein gegebenes τ darin ein gegebenes Element vorkommt und daß für dies τ nicht $\lambda_1' = \lambda_2' = 0$ ist. *Die Gleichungen* (12) *liefern also tatsächlich alle charakteristischen Integralstreifen.*

Will man nicht nur die charakteristischen Integralstreifen, sondern vielmehr alle charakteristischen Streifen, d. i. alle Lösungen der Gleichungen (8) von S. 269 ermitteln, so muß man nur beachten, daß f

§ 6. Integration der für die charakt. Streifen aufgestellten Gleichungen.

ein Integral derselben ist, d. h. daß f längs jedem Streifen konstant ist und daß die (8) auch die charakteristischen Streifen für $f + c = 0$ sind, wo c eine beliebige Konstante ist.

4. Konstruktion vollständiger Integrale. Da man nach unseren Darlegungen aus der Kenntnis eines solchen vollständigen Integrals ohne weitere Integrationsprozesse zur Ermittlung aller charakteristischen Integralstreifen und damit nach § 4 zur Aufstellung aller Integralflächen befähigt ist, so wird die Frage brennend, wie man nun vollständige Integrale gewinnen kann. Zu ihrer Beantwortung führen die folgenden Erwägungen. Für die Differentialgleichung (1) wird das System der charakteristischen Differentialgleichungen

$$\text{(13)} \quad \begin{aligned} \frac{dx}{dt} &= 1, \\ \frac{dy}{dt} &= -f_q, \\ \frac{dz}{dt} &= p - q f_q, \\ \frac{dp}{dt} &= f_x + f_z p, \\ \frac{dq}{dt} &= f_y + f_z q. \end{aligned}$$

Unter einem Integral

$$\text{(14)} \quad f_1(x, y, z, p, q)$$

derselben versteht man eine in unserem Elementebereich samt ihren Ableitungen der beiden ersten Ordnungen stetige Funktion f_1, die längs eines jeden charakteristischen Streifens konstant ist.

Es ist also

(15) $0 = f_{1x} - f_{1y} f_q + f_{1z}(p - q f_q) + f_{1p}(f_x + f_z p) + f_{1q}(f_y + f_z q)$

identisch erfüllt in unserem Elementebereich. Dieses gilt längs jedem charakteristischen Streifen, und jedes Element gehört einem solchen an.

Wir fragen nun nach denjenigen Integralflächen von (1), für die f_1 einen festen Wert λ_1 hat. Wir fragen nach den gemeinsamen Lösungen der beiden partiellen Differentialgleichungen

$$\text{(16)} \quad \begin{aligned} \overline{f}(x, y, z, p, q) &\equiv p - f(x, y, z, q) = 0, \\ f_1(x, y, z, p, q) &= \lambda_1. \end{aligned}$$

Nehmen wir an, daß in unserem Elementebereich

$$\text{(16')} \quad \frac{d(\overline{f}, f_1)}{d(p, q)} \neq 0$$

sei. Dann kann man aus (16) p und q ausrechnen. So erhält man

$$\text{(17)} \quad \begin{aligned} p &= \varphi_1(x, y, z, \lambda_1), \\ q &= \varphi_2(x, y, z, \lambda_1). \end{aligned}$$

Die φ_1, φ_2 sind in einem gewissen Bereich der x, y, z, λ mit stetigen Ableitungen versehen. Nach § 5 kann man dann aus (17) für jedes λ_1 eine einparametrige Schar von Integralflächen

(18) $$z = V(x, y, \lambda_1, \lambda_2)$$

ermitteln, wofern die damals angegebene Integrabilitätsbedingung erfüllt ist. Diese war

$$\frac{\partial p}{\partial y} = \frac{\partial q}{\partial x}$$

oder ausführlicher geschrieben:

$$\frac{\partial \varphi_1}{\partial y} + \frac{\partial \varphi_1}{\partial z} \varphi_2 = \frac{\partial \varphi_2}{\partial x} + \frac{\partial \varphi_2}{\partial z} \varphi_1.$$

Dies ist aber der Fall. Differenziert man nämlich die beiden Gleichungen (17), durch deren Auflösung nach p und q ja (18) entstand, nach x und y, so erhält man:

(19) $\begin{aligned}&f_x + f_z \cdot p + f_p \cdot p_x + f_q \cdot q_x = 0 \quad f_y + f_z \cdot q + f_p \cdot p_y + f_q \cdot q_y = 0 \\ &f_{1x} + f_{1z} \cdot p + f_{1p} \cdot p_x + f_{1q} \cdot q_x = 0 \quad f_{1y} + f_{1z} \cdot q + f_{1p} \cdot p_y + f_{1q} \cdot q_y = 0.\end{aligned}$

Bestimmt man hieraus p_y und q_x und setzt die gefundenen Werte einander gleich, so erhält man die Integrabilitätsbedingung

(20) $$[f, f_1] \equiv (f_y + f_z q) f_{1q} - f_q (f_{1y} - f_{1z} q) + f_{1p} (f_x + f_z p) - (f_{1x} + f_{1z} p) f_p = 0,$$

was nur eine andere Schreibweise für (15) ist. Da aber f_1 ein Integral von (15) war, so ist die Integrabilitätsbedingung identisch erfüllt, und der Satz von S. 278 wird anwendbar. Wir erhalten also nach S. 283 für jedes λ_1 durch jeden Punkt x_0, y_0, z_0 eine Integralfläche (18) durch passende Wahl von λ_2. Jede Funktion (18), die (17) genügt, befriedigt ja auch (16).

Man nennt $[f, f_1]$ einen *Klammerausdruck* und sagt, f und f_1 lägen in *Involution*, wenn $[f, f_1] = 0$ ist. Da $[f, f_1] = -[f_1, f]$, so ist $f = \text{konst.}$ auch ein Integral der zu $f_1 = 0$ gehörigen charakteristischen Differentialgleichungen.

5. Bemerkung: Unsere Betrachtungen beweisen gleichzeitig noch einen etwas anderen Satz: *Jedes gemeinsame Integral zweier partiellen Differentialgleichungen $F = 0$ und $F_1 = 0$ genügt auch der Gleichung $[F, F_1] = 0$.* Ist diese also nicht wie in den Fällen, auf die es uns eben ankommt, identisch erfüllt, so ist sie eine neue Gleichung für die gesuchten gemeinsamen Integrale, und wir haben damit jetzt drei Gleichungen, welchen dieselben genügen müssen. Nunmehr aber kann man schon durch Eliminationsprozesse entscheiden, ob überhaupt ein gemeinsames Integral vorhanden ist.

6. Beweisführung für das vollständige Integral. (18) ist nun tatsächlich ein vollständiges Integral für unseren Elementebereich. Die Gleichungen (16) sind nämlich bei passender Wahl von λ_1 für jedes Element unseres Elementebereiches erfüllt. Also gilt das gleiche für die (17), und (18) stellt eine Fläche dar, die bei passender Wahl von λ_2 durch einen beliebigen Punkt geht, wie auch λ_1 gewählt sein mag. Also ist (18), (17) tatsächlich eine Parameterdarstellung aller Elemente unseres Elementebereiches. Wir verlangten bei der Definition des vollständigen Integrals noch die Stetigkeit der partiellen Ableitungen erster Ordnung von V, $\frac{\partial V}{\partial x}$ und $\frac{\partial V}{\partial y}$. Dies ist aber bei den Funktionen (17), (18) der Fall. Endlich ist auch die Bedingung (7) erfüllt. Denn es ist nach (17) $\frac{\partial q}{\partial \lambda_2} = 0$. Also ist die Determinante (7) gleich $-\frac{\partial q}{\partial \lambda_1} \cdot \frac{\partial z}{\partial \lambda_2}$. Da weiter $f_1 = \lambda_1$, die Auflösung von $q = \varphi_2$ nach λ_1 ist, so ist $\frac{\partial q}{\partial \lambda_1} \neq 0$. Ferner ist $\frac{\partial z}{\partial \lambda_2} \neq 0$. Denn als Parameter λ_2 kann man z. B. den Wert z_0 nehmen, den V an der Stelle x_0, y_0 annimmt. Es ist dann

(19) $\qquad z = V(x, y, \lambda_1, \lambda_2) = U(x, y, \lambda_1, x_0, y_0, z_0)$

die Integralfläche von (17) durch den Punkt x_0, y_0, z_0. Sie ist identisch mit der Integralfläche durch den Punkt x, y, z. Also ist

$$z_0 = \lambda_2 = U(x_0, y_0, \lambda_1, x, y, z)$$

die Auflösung von (18) bzw. (19) nach λ_2. Da also (18) eindeutig nach λ_2 lösbar ist, so ist $\frac{\partial z}{\partial \lambda_2} \neq 0$.

Unsere Betrachtungen lehren u. a., daß die Kenntnis eines von $p - f$ unabhängigen[1] Integrals f_1 der charakteristischen Differentialgleichungen (13) die Integration derselben auf die zweier gewöhnlicher Differentialgleichungen reduziert. Denn wir haben in § 5 gelernt, daß die Integration der (17) mit der zweier gewöhnlicher Differentialgleichungen gleichwertig ist.

7. Eine weitere Methode zur Konstruktion eines vollständigen Integrals. Man kann die Integrationsarbeit bei der Ermittlung eines vollständigen Integrals ganz sparen, wenn man noch ein weiteres Integral f_2 von $[f, \varphi] = 0$ kennt, das überdies mit f_1 in Involution liegt. Denn dann gelten für die charakteristischen Integralstreifen die drei Gleichungen

(20) $\qquad p - f = 0, \qquad f_1 = \lambda_1, \qquad f_2 = \lambda_2.$

Kann man sie nach p, q, z auflösen, so hat man damit ein von zwei Parametern abhängendes Integral von $f = 0$ ohne jede Integrationsarbeit. Um das einzusehen, betrachte man ein Element x_0, y_0, z_0, p_0, q_0, das den

---

[1] D. h. daß (16') gilt.

Gleichungen (20) bei passender Wahl der λ_1, λ_2 genügt und setze voraus, daß für dies Element die Funktionaldeterminante

$$\frac{d(f, f_1, f_2)}{d(z, p, q)} \neq 0$$

sei. Durch Auflösung möge sich in der Umgebung dieses Elementes

(21) $\quad z = \varphi(x, y), \quad p = \varphi_1(x, y), \quad q = \varphi_2(x, y)$

ergeben. Ich zeige, daß die drei Funktionen $z - \varphi(x, y)$, $p - \varphi_1(x, y)$, $q - \varphi_2(x, y)$ gleichfalls in Involution liegen, d. h. daß $z_x = p$, $z_y = q$, $p_y = q_x$ ist. Zum Nachweis denke man (21) in (20) eingesetzt und differenziere dann nach x und y. So erhält man

a) $f_x + f_z(z_x - p) + f_z p + f_p \cdot p_x + f_q q_x = 0$,

b) $f_{1x} + f_{1z}(z_x - p) + f_{1z} p + f_{1p} p_x + f_{1q} q_x = 0$,

c) $f_{2x} + f_{2z}(z_x - p) + f_{2z} p + f_{2p} p_x + f_{2q} q_x = 0$,

d) $f_y + f_z(z_y - q) + f_z q + f_p p_y + f_q q_y = 0$,

e) $f_{1y} + f_{1z}(z_y - q) + f_{1z} q + f_{1p} p_y + f_{1q} q_y = 0$,

f) $f_{2y} + f_{2z}(z_y - q) + f_{2z} q + f_{2p} p_y + f_{2q} q_y = 0$.

Man multipliziere a) mit $\frac{\partial f_1}{\partial p}$, d) mit $\frac{\partial f_1}{\partial q}$, b) mit $\frac{\partial f}{\partial p}$, e) mit $\frac{\partial f}{\partial q}$. Dann berechne man

$$\text{a)} \cdot \frac{\partial f_1}{\partial p} + \text{d)} \cdot \frac{\partial f_1}{\partial q} - \text{b)} \cdot \frac{\partial f}{\partial p} - \text{e)} \cdot \frac{\partial f}{\partial q}.$$

Das liefert

$$[f, f_1] + (z_x - p)(f_z f_{1p} - f_{1z} f_p) + (z_y - q)(f_z f_{1q} - f_{1z} f_q)$$
$$+ (q_x - p_y)(f_q f_{1p} - f_{1q} f_p) = 0.$$

Ebenso findet man analoge Relationen durch Verbindung von f mit f_2, und f_1 mit f_2. Da aber die drei Funktionen f, f_1, f_2 in Involution liegen, so kommen schließlich diese linearen Gleichungen heraus.

I. $(z_x - p)(f_z f_{1p} - f_{1z} f_p) \quad + (z_y - q)(f_z f_{1q} - f_{1z} f_q)$
$\qquad\qquad + (q_x - p_y)(f_q f_{1p} - f_{1q} f_p) = 0$,

II. $(z_x - p)(f_z f_{2p} - f_{2z} f_p) \quad + (z_y - q)(f_z f_{2q} - f_{2z} f_q)$
$\qquad\qquad + (q_x - p_y)(f_q f_{2p} - f_{2q} f_p) = 0$,

III. $(z_x - p)(f_{1z} f_{2p} - f_{2z} f_{1p}) + (z_y - q)(f_{1z} f_{2q} - f_{2z} f_{1q})$
$\qquad\qquad + (q_x - p_y)(f_{1q} f_{2p} - f_{2q} f_{1p}) = 0$.

Um zu erkennen, daß nach diesen Gleichungen $z_x = p$, $z_y = q$, $q_x = p_y$ sein muß, hat man nur zu bemerken, daß die Determinante dieses Gleichungssystems aus den zweireihigen Unterdeterminanten der Funktionaldeterminante besteht und daher wie diese von Null verschieden ist.

In den ganzen vorstehenden Erörterungen waren Integralelemente, für die neben $f = 0$ auch $f_p = 0$ und $f_q = 0$ ist, ausgeschlossen. Man nennt sie *singuläre* Elemente und eine aus ihnen aufgebaute Fläche eine singuläre Integralfläche. Natürlich kann man ohne Integrationen aus den angegebenen drei Gleichungen für die singulären Elemente heraus — ähnlich wie bei den gewöhnlichen Differentialgleichungen — entscheiden, ob es singuläre Integralflächen gibt.

§ 7. Integration einiger spezieller Differentialgleichungen.

Es gibt verschiedene Sorten von partiellen Differentialgleichungen, für die man leicht ein vollständiges Integral finden kann.

1. CLAIRAUTsche Differentialgleichung. Wenn z. B. die CLAIRAUTsche *Differentialgleichung*

$$z = xp + yq + f(p, q)$$

vorgelegt ist, so ist die zweiparametrige Ebenenschar

$$z = \lambda_1 x + \lambda_2 y + f(\lambda_1, \lambda_2)$$

ein vollständiges Integral. Denn tatsächlich umfassen diese Ebenen die sämtlichen Flächenelemente der partiellen Differentialgleichung. Die drei Gleichungen

$$z = \lambda_1 x + \lambda_2 y + f(\lambda_1, \lambda_2),$$
$$p = \lambda_1,$$
$$q = \lambda_2$$

erfüllen auch offenbar alle im § 6 aufgezählten Voraussetzungen, wenn man f als zweimal stetig differenzierbar annimmt.

2. $p = f(q, x)$. Wenn weiter eine Differentialgleichung der Form

$$p = f(q, x)$$

vorgelegt ist, so hat man zur Bestimmung weiterer Integrale der charakteristischen Gleichungen die lineare Differentialgleichung

$$\frac{\partial u}{\partial x} - \frac{\partial u}{\partial y} f_q + \frac{\partial u}{\partial z}(p - qf_q) + \frac{\partial u}{\partial p} f_x = 0$$

zu betrachten. Ersichtlich ist

$$u = q$$

ein Integral derselben. Daher hat man zur Bestimmung eines vollständigen Integrales p und q aus

$$p = f(q, y),$$
$$q = \lambda_1$$

auszurechnen. Also ist aus
$$q = \lambda_1,$$
$$p = f(\lambda_1, x)$$
das vollständige Integral zu ermitteln. Man findet
$$z = \lambda_1 y + \int f(\lambda_1, x) \, dx + \lambda_2.$$

3. $f(x, p) = g(y, q)$. Als *drittes* Beispiel wähle ich eine Verallgemeinerung des vorigen
$$f(x, p) = g(y, q).$$
Man sagt hier, die *Variablen seien getrennt*.

Ein Integral von
$$\frac{\partial u}{\partial x} f_p - \frac{\partial u}{\partial y} g_q + \frac{\partial u}{\partial z}(p f_p - q g_q) - \frac{\partial u}{\partial p} f_x + \frac{\partial u}{\partial q} g_y = 0$$
ist hier offenbar
$$u = f(x, p).$$
Zur Bestimmung des vollständigen Integrales hat man somit p und q aus
$$f(x, p) = \lambda_1,$$
$$g(y, q) = \lambda_1$$
zu ermitteln, ein Ergebnis, das man auch unmittelbar aus der partiellen Differentialgleichung entnehmen kann. Man möge etwa
$$p = \varphi(x, \lambda_1),$$
$$q = \psi(y, \lambda_1)$$
finden. Dann ist
$$z = \int \varphi(x, \lambda_1) \, dx + \int \psi(y, \lambda_1) \, dy + \lambda_2$$
das vollständige Integral.

4. $f(z, p, q) = 0$. Sei *viertens*
$$f(z, p, q) = 0$$
vorgelegt, so hat man
$$\frac{\partial u}{\partial x} f_p + \frac{\partial u}{\partial y} f_q + \frac{\partial u}{\partial z}(p f_p + q f_q) - \frac{\partial u}{\partial p} p f_z - \frac{\partial u}{\partial q} q f_z = 0$$
zu betrachten. Ein Integral ist jedenfalls
$$u = \frac{q}{p}.$$
Die Auflösung der Gleichungen
$$q - \lambda_1 p = 0,$$
$$f(z, p, q) = 0$$
möge
$$p = \varphi(\lambda_1, z),$$
$$q = \lambda_1 \varphi(\lambda_1, z)$$

§ 8. Diffgl., in welchen die unbekannte Funktion nicht expl. vorkommt.

ergeben. Dann bekommt man das vollständige Integral in der Form
$$\int \frac{dz}{\varphi(\lambda_1, z)} = x + \lambda_1 y + \lambda_2.$$

5. Bemerkung: Man kann übrigens die letzte Differentialgleichung auch auf den schon behandelten Typus
$$F(y, p, q) = 0$$
umformen, indem man x und z ihre Rollen vertauschen läßt. Soll nämlich durch
$$z = z(x, y)$$
x als abhängige, z als unabhängige Variable eingeführt werden, so hat man
$$1 = p \cdot \frac{\partial x}{\partial z},$$
$$0 = p \frac{\partial x}{\partial y} + q.$$

Also wird die Differentialgleichung
$$f\left(z, \frac{1}{\frac{\partial x}{\partial z}}, -\frac{\frac{\partial x}{\partial y}}{\frac{\partial x}{\partial z}}\right) = 0,$$

ist also vom angegebenen Typus, der dadurch ausgezeichnet ist, daß außer den partiellen Ableitungen nur eine der unabhängigen Variablen, die abhängige aber gar nicht vorkommt.

§ 8. Differentialgleichungen, in welchen die unbekannte Funktion nicht explizite vorkommt.

Es sollen Differentialgleichungen der Form
$$h(x, y, p, q) = 0$$
untersucht werden. Zunächst bemerkt man sofort, daß die fünf charakteristischen Gleichungen in zwei Gruppen zerfallen. Sie werden nämlich
$$\frac{dx}{dt} = h_p, \qquad \frac{dy}{dt} = h_q,$$
$$\frac{dp}{dt} = -h_x, \qquad \frac{dq}{dt} = -h_y,$$
$$\frac{dz}{dt} = p h_p + q h_q.$$

Da aber z selbst in h nicht vorkommt, so kann man aus dieser letzten Gleichung z durch eine Quadratur bestimmen, sobald erst die vier anderen Funktionen aus den vier übrigen Gleichungen bestimmt sind.

Kennt man vollends irgendeine einparametrige Schar von Integralen
$$z = V(x, y, a)$$
der partiellen Differentialgleichung, und zwar so, daß in einem gewissen

Bereich der x, y, a eine der Ableitungen $\frac{\partial}{\partial a}\left(\frac{\partial V}{\partial x}\right)$, $\frac{\partial}{\partial a}\left(\frac{\partial V}{\partial y}\right)$ stetig und von Null verschieden ist, so ist

$$\frac{\partial V}{\partial a} = c$$

ein Integral der charakteristischen Gleichungen.

Unter unseren Voraussetzungen ist nämlich

$$z = V(x, y, a) + b$$

nach S. 280 ein vollständiges Integral der partiellen Differentialgleichung. Denn man kann $z = V + b$, $p = V_x$, $q = V_y$ nach a, b auflösen.

Daher kann man den S. 282 aufgestellten Satz anwenden. Danach findet man die Charakteristiken aus

$$z = V(x, y, a) + b,$$
$$\frac{\partial V}{\partial a} = c.$$

Hier also ergeben sich ihre x-y-Projektionen aus

$$\frac{\partial V}{\partial a} = c.$$

§ 9. Anwendungen in der Mechanik.

1. Die HAMILTONsche Gleichung. Die Betrachtungen des vorigen Paragraphen sind von besonderer Wichtigkeit für die ebene Bewegung eines Massenpunktes, auf welchen eine zeitlich konstante Kraft wirkt, welche ein Potential $U(x, y)$ besitzt. Die Bewegungsgleichungen werden nämlich dann, wenn die Masse des Punktes Eins gesetzt wird,

$$\frac{d^2 x}{dt^2} = -\frac{\partial U}{\partial x},$$
$$\frac{d^2 y}{dt^2} = -\frac{\partial U}{\partial y}.$$

Setzt man $\frac{dx}{dt} = p$ und $\frac{dy}{dt} = q$ und führt noch die kinetische Energie

$$T = \frac{p^2 + q^2}{2}$$

ein, so hat man außerdem

$$\frac{dx}{dt} = \frac{\partial T}{\partial p}, \quad \frac{dy}{dt} = \frac{\partial T}{\partial q},$$

während man die ersten beiden Gleichungen so schreiben kann:

$$\frac{dp}{dt} = -\frac{\partial U}{\partial x},$$
$$\frac{dq}{dt} = -\frac{\partial U}{\partial y}.$$

§ 9. Anwendungen in der Mechanik.

Führt man nun noch die Energie
$$E = T + U$$
ein, so hat man schließlich für die Bewegung diese vier Gleichungen:

(1) $\begin{cases} \frac{dx}{dt} = E_p, \\ \frac{dy}{dt} = E_q, \\ \frac{dp}{dt} = -E_x, \\ \frac{dq}{dt} = -E_y. \end{cases}$

Das sind aber nach § 8 die vier ersten zu

(2) $\qquad \frac{z_x^2 + z_y^2}{2} + U(x,y) = 2c \qquad (c = \text{konst.})$

gehörigen charakteristischen Gleichungen, so daß also die Integration der Bewegungsgleichungen gleichwertig ist mit der partiellen Differentialgleichung (2). Man nennt sie die HAMILTONsche *Gleichung* der Bewegung. (Ihr Bestehen bringt den Energiesatz zum Ausdruck.) Die Bahnkurven der Bewegung sind dann die x-y-Projektionen der Charakteristiken dieser Differentialgleichung. Zur Lösung des mechanischen Problems bedarf man also nur eines vollständigen Integrales dieser Gleichung. Zu seiner Auffindung ist oft die Einführung neuer unabhängiger Variabler zweckmäßig, weil man dadurch z. B. oft die Gleichung auf eine der in § 7 behandelten zurückführen kann.

2. Anziehung eines Massenpunktes aus zwei festen Zentren. Als Beispiel werde die Anziehung eines Massenpunktes aus zwei festen Zentren betrachtet. Die beiden Zentren sollen bei ± 1 auf der x-Achse liegen. Man führt elliptische Koordinaten ein. Dazu betrachtet man die konfokalen Kegelschnitte

(3) $\qquad \frac{x^2}{a_1 + \lambda} + \frac{y^2}{a_2 + \lambda} = 1 \qquad (a_1 > a_2 > 0 \text{ und } a_1 - a_2 = 1)$

mit den Brennpunkten $x = \pm 1$, $y = 0$. Durch jeden Punkt der Ebene gehen zwei Kegelschnitte der Schar hindurch, eine Ellipse und eine Hyperbel. Die Ellipse kommt heraus, wenn der Parameter λ der Ungleichung

(4') $\qquad a_2 + \lambda > 0$

genügt. Hyperbeln erscheinen, wenn

(4'') $\qquad -a_1 < \lambda < -a_2$

ist. Ist aber x, y ein beliebiger Punkt der Ebene, so besitzt die Gleichung

(5) $\qquad x^2(a_2 + \lambda) + y^2(a_1 + \lambda) - (a_1 + \lambda)(a_2 + \lambda) = 0$

für λ stets zwei Wurzeln λ_1 und λ_2 ($\lambda_1 > \lambda_2$), von welchen jeder der beiden Ungleichungen (4'), (4'') je eine genügt. Man erkennt das, wenn man das Vorzeichen der linken Seite von (5) für $\lambda \to +\infty, \lambda = -a_2$, $\lambda = -a_1$ betrachtet. Setzt man dann die beiden Gleichungen

$$x^2(a_2 + \lambda_1) + y^2(a_1 + \lambda_1) = (a_1 + \lambda_1)(a_2 + \lambda_1)$$
$$x^2(a_2 + \lambda_2) + y^2(a_1 + \lambda_2) = (a_1 + \lambda_2)(a_2 + \lambda_2)$$

an, so kann man daraus x^2 und y^2 durch λ_1 und λ_2 ausdrücken. Man führt die Rechnung am bequemsten durch, indem man für (5)

$$x^2(a_2 + \lambda) + y^2(a_1 + \lambda) - (a_1 + \lambda)(a_2 + \lambda) = -(\lambda - \lambda_1)(\lambda - \lambda_2)$$

schreibt und dann nacheinander $\lambda = -a_1$ und $\lambda = -a_2$ setzt. So findet man

(6) $$\begin{cases} x^2 = \dfrac{(a_1 + \lambda_1)(a_1 + \lambda_2)}{a_1 - a_2} = (a_1 + \lambda_1)(a_1 + \lambda_2) \\ y^2 = \dfrac{(a_2 + \lambda_1)(a_2 + \lambda_2)}{a_2 - a_1} = -(a_2 + \lambda_1)(a_2 + \lambda_2). \end{cases}$$

Durch λ_1 und λ_2 ist also in jedem Quadranten genau ein Punkt festgelegt. Man nennt λ_1 und λ_2 seine elliptischen Koordinaten.

Wir müssen nun die Entfernungen r und R des Punktes (x, y) von den beiden Zentren in elliptischen Koordinaten ausdrücken. Man hat

$$r^2 = (x - 1)^2 + y^2 = x^2 + y^2 - 2x + 1$$
$$R^2 = (x + 1)^2 + y^2 = x^2 + y^2 + 2x + 1.$$

Nun folgt aus (6), daß

$$x^2 + y^2 = a_1 + a_2 + \lambda_1 + \lambda_2$$

ist. Daher findet man

$$r^2 = 2a_1 + \lambda_1 + \lambda_2 - 2\sqrt{(a_1 + \lambda_1)(a_1 + \lambda_2)} = \{\sqrt{a_1 + \lambda_1} - \sqrt{a_1 + \lambda_2}\}^2$$
$$R^2 = 2a_1 + \lambda_1 + \lambda_2 + 2\sqrt{(a_1 + \lambda_1)(a_1 + \lambda_2)} = \{\sqrt{a_1 + \lambda_1} + \sqrt{a_1 + \lambda_2}\}^2.$$

Also

$$r = \sqrt{a_1 + \lambda_1} - \sqrt{a_1 + \lambda_2}$$
$$R = \sqrt{a_1 + \lambda_1} + \sqrt{a_1 + \lambda_2}.$$

Betreffs der Vorzeichen der Wurzeln ist dabei folgendes zu bemerken: Zunächst ist sgn $\sqrt{(a_1 + \lambda_1)(a_1 + \lambda_2)} = \text{sgn } x$, also durch den Quadranten bestimmt, den man gerade betrachtet. Die Vorzeichen der beiden Wurzeln $\sqrt{a_1 + \lambda_1}$ und $\sqrt{a_1 + \lambda_2}$ sind dann so zu wählen, daß das Vorzeichen ihres Produktes wieder mit dem von x übereinstimmt.

Daher wird nun das Potential

$$U = -\frac{m_1}{r} - \frac{m_2}{R} = -\frac{(m_1 + m_2)\sqrt{a_1 + \lambda_1} + (m_1 - m_2)\sqrt{a_1 + \lambda_2}}{\lambda_1 - \lambda_2}.$$

§ 9. Anwendungen in der Mechanik.

Für die partielle Differentialgleichung benötigen wir weiter den Ausdruck von $\frac{\partial z}{\partial x}$ und $\frac{\partial z}{\partial y}$ durch $\frac{\partial z}{\partial \lambda_1}$ und $\frac{\partial z}{\partial \lambda_2}$. Man findet aber aus (6)

$$2x = (a_1 + \lambda_2)\frac{\partial \lambda_1}{\partial x} + (a_1 + \lambda_1)\frac{\partial \lambda_2}{\partial x}$$

$$0 = (a_2 + \lambda_2)\frac{\partial \lambda_1}{\partial x} + (a_2 + \lambda_1)\frac{\partial \lambda_2}{\partial x}$$

$$0 = (a_1 + \lambda_2)\frac{\partial \lambda_1}{\partial y} + (a_1 + \lambda_1)\frac{\partial \lambda_2}{\partial y}$$

$$-2y = (a_2 + \lambda_2)\frac{\partial \lambda_1}{\partial y} + (a_2 + \lambda_1)\frac{\partial \lambda_2}{\partial y}.$$

Also

$$\frac{\partial \lambda_1}{\partial x} = \frac{2x(a_2 + \lambda_1)}{\lambda_1 - \lambda_2}, \qquad \frac{\partial \lambda_2}{\partial x} = -\frac{2x(a_2 + \lambda_2)}{\lambda_1 - \lambda_2}$$

$$\frac{\partial \lambda_1}{\partial y} = \frac{2y(a_1 + \lambda_1)}{\lambda_1 - \lambda_2}, \qquad \frac{\partial \lambda_2}{\partial y} = -\frac{2y(a_1 + \lambda_2)}{\lambda_1 - \lambda_2}.$$

Nun wird

$$z_x^2 + z_y^2 = \left(\frac{\partial z}{\partial \lambda_1}\right)^2 (\lambda_{1x}^2 + \lambda_{1y}^2) + 2\frac{\partial z}{\partial \lambda_1}\frac{\partial z}{\partial \lambda_2}(\lambda_{1x}\lambda_{2x} + \lambda_{1y}\lambda_{2y})$$
$$+ \left(\frac{\partial z}{\partial \lambda_2}\right)^2 (\lambda_{2x}^2 + \lambda_{2y}^2).$$

Daraus findet man

$$\frac{z_x^2 + z_y^2}{4} = \left(\frac{\partial z}{\partial \lambda_1}\right)^2 \cdot \frac{(a_1 + \lambda_1)(a_2 + \lambda_1)}{\lambda_1 - \lambda_2} - \left(\frac{\partial z}{\partial \lambda_2}\right)^2 \cdot \frac{(a_1 + \lambda_2)(a_2 + \lambda_2)}{\lambda_1 - \lambda_2}.$$

Die HAMILTONsche Gleichung wird also

$$\left(\frac{\partial z}{\partial \lambda_1}\right)^2 (a_1 + \lambda_1)(a_2 + \lambda_1) - \frac{m_1 + m_2}{2}\sqrt{a_1 + \lambda_1} - \left(\frac{\partial z}{\partial \lambda_2}\right)^2 (a_1 + \lambda_2)(a_2 + \lambda_2)$$
$$+ \frac{(m_2 - m_1)}{2}\sqrt{a_1 + \lambda_2} = c(\lambda_1 - \lambda_2).$$

Hier sind aber die *Variablen getrennt*, und daher findet man nach S. 288 durch Einführung zweier neuen Integrationskonstanten a und b das vollständige Integral:

$$z = \int d\lambda_1 \sqrt{\frac{a + c\lambda_1 + \frac{m_1 + m_2}{2}\sqrt{a_1 + \lambda_1}}{(a_1 + \lambda_1)(a_2 + \lambda_1)}} + \int d\lambda_2 \sqrt{\frac{a + c\lambda_2 + \frac{m_2 - m_1}{2}\sqrt{a_1 + \lambda_2}}{(a_1 + \lambda_2)(a_2 + \lambda_2)}} + b.$$

Daher wird unter Benutzung der weiteren Integrationskonstanten β

$$\frac{\partial z}{\partial a} = \beta$$

die Gleichung der Bahnkurven. Soll der Massenpunkt die Stelle x_0, y_0 mit gegebener Geschwindigkeit passieren, so ist die Bahnkurve ein-

deutig bestimmt. Denn aus der Energiegleichung
$$x'^2 + y'^2 - 2\left(\frac{m_1}{r} + \frac{m_2}{R}\right) = 4c$$
entnimmt man den Wert von c. Trägt man den in die Gleichung der Bahnkurve ein, so liefert die Bedingung, daß der Massenpunkt mit gegebener Geschwindigkeit durch den Punkt x_0, y_0 gehen soll, die Bestimmung der Integrationskonstanten a und β.

Um nun auch noch den zeitlichen Ablauf der Bewegung zu erkennen, achten wir darauf, wie die Lösungen der partiellen Differentialgleichung (2) von c abhängen. Wir fügen also dies c den unabhängigen Variablen zu und beachten, daß dann die Ableitung von z nach dieser neuen unabhängigen Variablen in (2) nicht vorkommt. Stellt man für die so aufgefaßte partielle Differentialgleichung (2) die charakteristischen Differentialgleichungen auf[1], so sind die Gleichungen (1) noch durch die beiden folgenden zu ergänzen:
$$\frac{dc}{dt} = 0, \qquad \frac{d}{dt}\left(\frac{\partial z}{\partial c}\right) = 1.$$
Daraus entnimmt man also, daß
$$\frac{\partial z}{\partial c} = t + \tau$$
ist, und damit ist dann noch der zeitliche Ablauf der Bewegung geregelt. τ ist dabei eine neue Integrationskonstante, durch die der Nullpunkt der Zeitzählung bestimmt wird. Die Bahnkurven der Bewegung lassen sich eingehend diskutieren.

§ 10. Die Charakteristikentheorie im Fall von n unabhängigen Veränderlichen.

1. Charakteristische Streifen. $x_1, x_2, \ldots, x_n$ seien n unabhängige Veränderliche, z sei die gesuchte Funktion derselben. Zur Abkürzung werde

(1) $$\frac{\partial z}{\partial x_k} = p_k \qquad (k = 1, 2, \ldots, n)$$

gesetzt. Dann sei die Differentialgleichung

(2) $f(x_1, \ldots, x_n; z; p_1, p_2, \ldots, p_n) = 0$ oder kurz $f(x, z, p) = 0$ vorgelegt. $f(x_1, x_2, \ldots, x_n; z; p_1, \ldots, p_n)$ und seine Ableitungen erster und zweiter Ordnung sollen in einem gewissen Bereich B der $2n+1$ Variablen x, z, p stetige Funktionen sein. $x_1^{(0)} \ldots x_n^{(0)}; z^{(0)}; p_1^{(0)} \ldots p_n^{(0)}$ sei eine Stelle des Bereiches, an der (2) gilt. An dieser Stelle sei $\frac{\partial f}{\partial p_1} \neq 0$.

---

[1] Die hier im Vorbeigehen benutzte Theorie der partiellen Differentialgleichungen mit mehr als zwei unabhängigen Veränderlichen wird S. 299ff. näher begründet werden.

§ 10. Die Charakteristikentheorie im Fall von n unabhängigen Veränderlichen.

Ohne uns auf geometrische Betrachtungen einzulassen, definieren wir in Analogie zu dem in § 3 und 4 Bewährten: Unter einem *Element* verstehen wir einen Punkt des genannten Bereiches B. Unter einem *Integralelement* verstehen wir ein Element, das (2) genügt. Unter einem *k-dimensionalen Streifen* verstehen wir eine von k Parametern $\tau_1, \ldots, \tau_k$ abhängige Schar von Elementen

(3) $\quad x_\nu = \varphi_\nu(\tau_1, \ldots, \tau_k), \quad z = \varphi(\tau_1, \ldots, \tau_k), \quad p_\nu = \psi_\nu(\tau_1, \ldots, \tau_k).$
$$(\nu = 1, 2, \ldots, n)$$

Hier sind die $\varphi_\nu, \varphi, \psi_\nu$ samt ihren ersten Ableitungen in einem gewissen Bereich T der Parameter stetig und es gelten die Relationen

(4) $\quad \dfrac{\partial z}{\partial \tau_\mu} = p_1 \dfrac{\partial x_1}{\partial \tau_\mu} + \cdots + p_n \dfrac{\partial x_n}{\partial \tau_\mu} \quad (\mu = 1, 2, \ldots, k).$

Endlich soll der Rang der Matrix

(5) $\quad \begin{vmatrix} \dfrac{\partial \varphi_1}{\partial \tau_1} & \dfrac{\partial \varphi_1}{\partial \tau_2} & \cdots & \dfrac{\partial \varphi_1}{\partial \tau_k} \\ \dfrac{\partial \varphi_2}{\partial \tau_1} & \dfrac{\partial \varphi_2}{\partial \tau_2} & \cdots & \dfrac{\partial \varphi_2}{\partial \tau_k} \\ \vdots & & & \\ \dfrac{\partial \varphi_n}{\partial \tau_1} & \dfrac{\partial \varphi_n}{\partial \tau_2} & \cdots & \dfrac{\partial \varphi_n}{\partial \tau_k} \end{vmatrix}$

genau k sein.

Wir nennen einen Streifen *Integralstreifen*, wenn er aus lauter Integralelementen besteht.

Ein eindimensionaler Streifen

(6) $\quad x_\nu = \varphi_\nu(t), \quad z = \varphi(t), \quad p_\nu = \psi_\nu(t), \quad (\nu = 1, \ldots, n)$

heißt *charakteristisch*, wenn er den folgenden Differentialgleichungen genügt:

(7) $\quad \begin{cases} \dfrac{dx_k}{dt} = f_{p_k}; \quad \dfrac{dp_k}{dt} = -f_{x_k} - p_k f_z \quad (k = 1, 2, \ldots, n) \\ \dfrac{dz}{dt} = p_1 f_{p_1} + \cdots + p_n f_{p_n}. \end{cases}$

Als Aufgabe werde gestellt, durch eine $n-1$-dimensionale Mannigfaltigkeit R_{n-1} des $n+1$-dimensionalen R_{n+1} der (x, z) eine n-dimensionale Integralfläche zu legen. Diese R_{n-1} sei durch

(8) $\quad \begin{aligned} x_k &= \varphi_k(\tau_1 \cdots \tau_{n-1}) \\ z &= \varphi(\tau_1 \cdots \tau_{n-1}) \end{aligned} \Bigg\} \quad (k = 1, \ldots, n)$

gegeben. Dabei seien die φ in einem gewissen Bereich T der τ samt ihren

III. Partielle Differentialgleichungen erster Ordnung.

ersten und zweiten Ableitungen stetig. Der Rang der Matrix

(9)
$$\begin{vmatrix} \dfrac{\partial \varphi_1}{\partial \tau_1} & \cdots & \dfrac{\partial \varphi_1}{\partial \tau_{\nu-1}} \\ \vdots & & \\ \dfrac{\partial \varphi_n}{\partial \tau_1} & \cdots & \dfrac{\partial \varphi_n}{\partial \tau_{n-1}} \end{vmatrix}$$

sei $n-1$.

Zunächst müssen wir noch voraussetzen, daß sich durch diese R_{n-1} ein Anfangsintegralstreifen legen lasse. Dieser Streifen ist an die Bedingungen

(10)
$$\frac{\partial z}{\partial \tau_k} = p_1 \frac{\partial x_1}{\partial \tau_k} + \cdots + p_n \frac{\partial x_n}{\partial \tau_k} \quad (k = 1, 2, \ldots, n-1)$$
$$f(x, z, p) = 0$$

gebunden. Nehmen wir an, für $\tau_k = \tau_k^{(0)}$, d. h. $x_k = x_k^{(0)}$, $z = z^{(0)}$, gebe es eine Lösung $p_k = p_k^{(0)}$ dieser Gleichungen und die Funktionaldeterminante

(11)
$$\begin{vmatrix} f_{p_1} & \cdots & f_{p_n} \\ \dfrac{\partial x_1}{\partial \tau_1} & & \dfrac{\partial x_n}{\partial \tau_1} \\ & & \\ \dfrac{\partial x_1}{\partial \tau_{n-1}} & & \dfrac{\partial x_n}{\partial \tau_{n-1}} \end{vmatrix}$$

sei an dieser Stelle von Null verschieden[1]. Dann gibt es nach bekannten Sätzen eine Umgebung jener Stelle $(x^{(0)}, z^{(0)})$ der R_{n-1}, für die die Gleichungen lösbar sind. Die Lösungen hängen stetig und differenzierbar von den Parametern ab. Nehmen wir die eben für $x_k^{(0)}, z^{(0)}$ ausgesprochenen Bedingungen längs ganz (8) als erfüllt an, so sind wir damit in der Lage, durch (8) einen Anfangsintegralstreifen zu legen. Er sei

(12)
$$x_k = \varphi_k(\tau_1 \cdots \tau_{n-1})$$
$$z = \varphi(\tau_1 \cdots \tau_{n-1})$$
$$p_k = \psi_k(\tau_1 \cdots \tau_{n-1})$$

Hier sind die $\varphi_k, \varphi, \psi_k$ in T samt ihren ersten Ableitungen stetig und der Rang von (9) ist $n-1$.

Ein Element eines solchen Anfangsstreifens ist durch $2n+1$ Anfangswerte $x^{(0)}, z^{(0)}, p^{(0)}$ charakterisiert. Wir legen durch dasselbe einen charakteristischen Streifen, indem wir diejenige Lösung der charakteristischen Differentialgleichungen bestimmen, welche für $t=0$ in

---

[1] Dies ist z. B. wegen $\dfrac{\partial f}{\partial p_1} \neq 0$ stets dann der Fall, wenn die R_{n-1} diese ist:
$$x_1 = \text{konst.}, \quad z = \varphi(x_2, \ldots, x_n).$$

§ 10. Die Charakteristikentheorie im Fall von n unabhängigen Veränderlichen. 297

$x^{(0)}$, $z^{(0)}$, $p^{(0)}$ übergehen. *Ein solcher charakteristischer Streifen ist ein Integralstreifen, weil sein zu $t = 0$ gehöriges Anfangselement der partiellen Differentialgleichung $f(x^{(0)}, z^{(0)}, p^{(0)}) = 0$ genügt.* Trägt man nämlich in $f(x, z, p)$ die $2n+1$ den Streifen bestimmenden Funktionen $x = x(t)$, $z = z(t)$, $p = p(t)$ ein und differenziert nach t, so kommt

$$\sum f_{x_k} \cdot \frac{dx_k}{dt} + f_z \frac{dz}{dt} + \sum f_{p_k} \frac{dp_k}{dt}$$
$$= \sum f_{x_k} f_{p_k} + f_z \sum p_k f_{p_k} - \sum f_{p_k} (f_{x_k} + f_z p_k) = 0.$$

Daher ändert sich $f(x, z, p)$ mit t nicht. Da aber für $t = 0$ das verschwindende $f(x_0, z_0, p_0)$ herauskommt, so ist $f(x, z, p) = 0$ für alle t, d. h. die in der angegebenen Weise bestimmten charakteristischen Streifen sind lauter Integralstreifen.

Nach den Existenz- und Stetigkeitssätzen über gewöhnliche Differentialgleichungen hängen die charakteristischen Streifen für einen gewissen Bereich der Parameter (τ, t) stetig und stetig differenzierbar von den Parametern ab:

(13) $$\left.\begin{array}{l} x_k = \varphi_k(\tau, t) \\ z = \varphi(\tau, t) \\ p_k = \psi_k(\tau, t) \end{array}\right\} \quad (k = 1, \ldots, n).$$

2. Aufbau von Integralflächen. Die den charakteristischen Streifen angehörigen Elemente (x, z, p) sind somit lauter Integralelemente. Erfüllen sie aber auch eine Integralfläche? Um hier etwas beweisen zu können, müssen wir erst den *Begriff der Integralfläche* genau feststellen. Wir definieren: Unter einer Integralfläche verstehen wir einen n-dimensionalen Integralstreifen. Wir wollen nun zeigen, daß die Gleichungen (13) eine Integralfläche darstellen.

Für jede einparametrige Schar aus (13) ist die Streifenbedingung erfüllt. Für die Schar, die durch Konstanthalten aller τ charakterisiert ist, sahen wir das eben schon. Für die Schar, welche durch Konstanthalten von irgend $n-1$ anderen der n Parameter τ, t erhalten wird, ist es noch zu zeigen. Wir haben also zu zeigen, daß z. B.

(14) $$\frac{\partial z}{\partial \tau_k} = \sum p_i \frac{\partial x_i}{\partial \tau_k}$$

gilt. Für $t = 0$ ist das richtig. Um es allgemein zu bestätigen, setze man

(15) $$\frac{\partial z}{\partial \tau_k} - \sum p_i \frac{\partial x_i}{\partial \tau_k} = u$$

und differenziere (15) nach t und beachte die charakteristischen Differentialgleichungen. Man bekommt so:

$$\frac{\partial u}{\partial t} = \frac{\partial^2 z}{\partial t \partial \tau_k} - \sum \frac{\partial p_i}{\partial t} \frac{\partial x_i}{\partial \tau_k} - \sum p_i \frac{\partial^2 x_i}{\partial t \partial \tau_k}$$
$$= \frac{\partial^2 z}{\partial t \partial \tau_k} + \sum f_{x_i} \frac{\partial x_i}{\partial \tau_k} + f_z \sum p_i \frac{\partial x_i}{\partial \tau_k} - \sum p_i \frac{\partial f_{p_i}}{\partial \tau_k}$$

oder
$$\frac{\partial u}{\partial t} = \sum f_{p_i}\frac{\partial p_i}{\partial \tau_k} + \sum f_{x_i}\frac{\partial x_i}{\partial \tau_k} + f_z\frac{\partial z}{\partial \tau_k} - u\frac{\partial z}{\partial \tau_k}.$$

Die drei ersten Glieder der rechten Seite aber ergeben Null, da ihr Verschwinden ja nur die schon bekannte Tatsache zum Ausdruck bringt, daß ein charakteristischer Streifen, der ein Integralelement enthält, ein Integralstreifen ist. Da aber $u = 0$ für $t = 0$ gilt, so folgt aus $\frac{\partial u}{\partial t} = -u\frac{\partial z}{\partial \tau_k}$, daß $u \equiv 0$ für alle t. Damit ist noch immer nicht erkannt, daß die gefundene n-parametrige Schar von Integralelementen (13) eine Integralfläche ausmacht. Hierzu ist vielmehr noch zu zeigen, daß

$$\begin{vmatrix} \frac{\partial \varphi_1}{\partial t} & \frac{\partial \varphi_1}{\partial \tau_1} & \cdots & \frac{\partial \varphi_1}{\partial \tau_{n-1}} \\ \frac{\partial \varphi_2}{\partial t} & \frac{\partial \varphi_2}{\partial \tau_1} & \cdots & \frac{\partial \varphi_2}{\partial \tau_{n-1}} \\ \vdots & & & \\ \frac{\partial \varphi_n}{\partial t} & \frac{\partial \varphi_n}{\partial \tau_1} & \cdots & \frac{\partial \varphi_n}{\partial \tau_{n-1}} \end{vmatrix} \neq 0$$

ist. Wegen (7) folgt dies aber unmittelbar aus (10/11) längs $t = 0$ und ist daher aus Stetigkeitsgründen auch in einer gewissen Umgebung von $t = 0$ richtig. Man kann somit aus den n ersten Gleichungen (13) $\tau_1, \ldots, \tau_{n-1}, t$ eindeutig ausrechnen und in $z = \varphi(\tau, t)$ eintragen und bekommt so die Darstellung der Fläche durch eine eindeutige Funktion

$$z = z(x_1, \ldots, x_n).$$

3. Unität. Der Nachweis, daß die gefundene Integralfläche die einzige zweimal stetig differenzierbare durch die gegebene R_{n-1} ist, ergibt sich daraus, daß zwei Integralflächen, welche ein Flächenelement gemein haben, auch den ganzen durch dies Element bestimmten charakteristischen Streifen gemein haben.

Es sei

(16) $\qquad x_i^{(0)}, \quad z^{(0)}, \quad p_i^{(0)} \qquad (i = 1, 2, \ldots, n)$

irgendein nicht singuläres Element einer Integralfläche

(17) $\qquad z = z(x_1, \ldots, x_n).$

Ich zeige, daß dann der durch (16) bestimmte charakteristische Streifen der Fläche (17) angehört. Da für diese (2) gilt, so gelten auch die daraus durch Differentiation noch $x_1, \ldots, x_n$ sich ergebenden Gleichungen (18) längs der Integralfläche:

(18) $\qquad f_{x_k} + f_z \cdot p_k + \sum_{i=1}^{n} f_{p_i}\frac{\partial p_i}{\partial x_k} = 0 \qquad (k = 1, 2, \ldots, n).$

§ 11. Das vollständige Integral im Falle von n unabhängigen Veränderlichen.

Nun betrachte man auf der Integralfläche diejenige Kurve durch den Punkt $x_i^{(0)}$, $z^{(0)}$, für die

(19) $$\frac{dx_k}{dt} = f_{p_k}(x; z(x); p(x))$$

gilt. Längs dieser Kurve ist dann natürlich durch Differentiation von (14) nach t auch

(20) $$\frac{dz}{dt} = \sum_{i=1}^{n} p_i f_{p_i}$$

erfüllt. Beachtet man nun, daß z zweimal stetig differenzierbar ist, daß also

$$\frac{\partial p_i}{\partial x_k} = \frac{\partial p_k}{\partial x_i}$$

ist, so kann man statt (18) auch schreiben

(18') $$f_{x_k} + f_z \cdot p_k + \sum_{i=1}^{n} f_{p_i} \frac{\partial p_k}{\partial x_i} = 0$$

oder wegen (19)

$$f_{x_k} + f_z \cdot p_k + \frac{dp_k}{dt} = 0$$

oder

(21) $$\frac{dp_k}{dt} = -f_{x_k} - f_z \cdot p_k.$$

(19), (20), (21) aber besagen, daß der durch (21) bestimmte Teilstreifen der Integralfläche gerade der durch (16) bestimmte charakteristische Streifen ist. Derselbe gehört also jeder zweimal stetig differenzierbaren Integralfläche an, die das Element (16) enthält. Und daher ist durch den Anfangsstreifen (12) eine solche Integralfläche eindeutig bestimmt.

§ 11. Das vollständige Integral im Falle von n unabhängigen Veränderlichen.

1. Überbestimmte Systeme. Wir haben uns vorab, bevor wir zu unserer eigentlichen Aufgabe übergehen, mit einem überbestimmten Gleichungssystem

(1) $$\begin{aligned} p_1 &= \varphi_1(x_1, \ldots, x_n; z) \\ &\vdots \\ p_n &= \varphi_n(x_1, \ldots, x_n; z) \end{aligned}$$

zu befassen. Hier sollen die φ_k samt ihren ersten und zweiten Ableitungen in einem gewissen Bereich B der x, z eindeutig und stetig sein. Die Inte-

III. Partielle Differentialgleichungen erster Ordnung.

grabilitätsbedingungen

(1') $$\frac{\partial \varphi_k}{\partial x_i} + \frac{\partial \varphi_k}{\partial z} \varphi_i = \frac{\partial \varphi_i}{\partial x_k} + \frac{\partial \varphi_i}{\partial z} \varphi_k \qquad (k = 1, 2, \ldots, n)$$

mögen identisch in B erfüllt sein.

Jedem Punkt desselben wird durch (1) ein Flächenelement zugeordnet. Daher ist zu erwarten, daß durch jeden Punkt $(c_1, \ldots, c_n; c)$ von B genau eine Integralfläche von (1) geht. Das läßt sich analog wie S. 276 ff. beweisen. Wir gehen folgendermaßen vor:

Zunächst integrieren wir

(2) $$\frac{\partial z}{\partial x_1} = \varphi_1(x_1, c_2, \ldots, c_n; z)$$

unter der Anfangsbedingung

$$z = c \quad \text{für} \quad x_1 = c_1.$$

Das möge eine Funktion

(3) $$z = \psi_1(x_1, c_2, \ldots, c_n; c; c_1); \quad c = \psi_1(c_1, \ldots, c_n; c; c_1)$$

liefern. Sie ist samt ihren ersten und zweiten Ableitungen in einer gewissen Umgebung von $(c_1, \ldots, c_n; c)$ stetig. So haben wir die Schnittkurve der Integralfläche mit $x_2 = c_2, \ldots, x_n = c_n$ erhalten. Wir schneiden nun weiter bei festem x_1 mit $x_2 = c_2, \ldots, x_n = c_n$ so, daß für $x_2 = c_2$

$$z = \psi_1(x_1, c_2, \ldots, c_n; c; c_1)$$

herauskommt. Dazu integrieren wir

(4) $$\frac{\partial z}{\partial x_2} = \varphi_2(x_1, x_2, c_3, \ldots, c_n; z)$$

durch eine Funktion

(5') $$z = \psi_2(x_1, x_2, c_3, \ldots, c_n; c; c_1, c_2),$$

wo

(5'') $$\psi_1(x_1, c_2, \ldots, c_n; c; c_1) = \psi_2(x_1, c_2, \ldots, c_n; c; c_1, c_2).$$

In dieser Weise setzen wir das Verfahren fort. Es erreicht seinen Abschluß durch die Integration von

(6) $$\frac{\partial z}{\partial x_n} = \varphi_n(x_1, \ldots, x_n; z)$$

durch eine Funktion

(7) $$z = \psi_n(x_1, \ldots, x_n; c; c_1, c_2, \ldots, c_n)$$

mit der Anfangsbedingung

(8) $$\begin{aligned}&\psi_{n-1}(x_1, x_2, \ldots, x_{n-1}, c_n; c; c_1, \ldots, c_{n-1}) \\ &= \psi_n(x_1, x_2, \ldots, x_{n-1}, c_n; c; c_1, \ldots, c_n).\end{aligned}$$

Dabei besitzt ψ_n stetige erste und zweite Ableitungen nach allen seinen Argumenten Nach (7) ist auch

$$c = \psi_n(c_1, \ldots, c_n; z; x_1, \ldots, x_n),$$

§ 11. Das vollständige Integral im Falle von n unabhängigen Veränderlichen. 301

so daß hier

(8') $$\frac{\partial \psi_n}{\partial c}(x_1,\ldots,x_n;c;c_1,\ldots,c_n) \neq 0$$

ist in einer gewissen Umgebung von $x_1 = c_1,\ldots, x_2 = c_n, z = c$, was für später nützlich zu bemerken ist. Nun hat man zu zeigen, daß die durch (7) erklärte Funktion das gesuchte Integral von (1) ist. Zunächst ist

$$\psi_n(c_1,\ldots,c_n;c;c_1,\ldots,c_n) = \psi_{n-1}(c_1,\ldots,c_n;c;c_1,\ldots,c_{n-1})$$
$$= \psi_{n-2}(c_1,\ldots,c_n;c;c_1,\ldots,c_{n-2}) = \cdots = \psi_1(c_1,\ldots,c_n;c;c_1) = c.$$

Die vorgeschriebene Anfangsbedingung ist also erfüllt. Weiter ist sofort ersichtlich, daß (7) der letzten Gleichung (1) genügt. Denn diese ist mit (6) identisch und aus dieser wurde (7) gewonnen. Um zu sehen, daß (7) auch der vorletzten Gleichung (1) genügt, beachten wir, daß dieser die Funktion $\psi_{n-1}(x_1,\ldots,x_{n-1};c_n;c;c_1,\ldots,c_{n-1})$ genügt, mit der (7) für $x_n = c_n$ nach (8) übereinstimmt. Die Differenz

$$\frac{\partial \psi_n}{\partial x_{n-1}} - \varphi_{n-1}(x_1,\ldots,x_n;\psi_n) = u$$

ist also für $x_n = c_n$ Null; man differenziere sie nach x_n:

$$\frac{\partial u}{\partial x_n} = \frac{\partial^2 \psi_n}{\partial x_n \partial x_{n-1}} - \frac{\partial \varphi_{n-1}}{\partial x_n} - \frac{\partial \varphi_{n-1}}{\partial z}\cdot\frac{\partial \psi_n}{\partial x_n}$$

$$= \frac{\partial \varphi_n}{\partial x_{n-1}} + \frac{\partial \varphi_n}{\partial z}\cdot\frac{\partial \psi_n}{\partial x_{n-1}} - \frac{\partial \varphi_{n-1}}{\partial x_n} - \frac{\partial \varphi_{n-1}}{\partial z}\frac{\partial \psi_n}{\partial x_n}$$

$$= \frac{\partial \varphi_n}{\partial x_{n-1}} + \frac{\partial \varphi_n}{\partial z}\varphi_{n-1} + \frac{\partial \varphi_n}{\partial z}\cdot u - \frac{\partial \varphi_{n-1}}{\partial x_n} - \frac{\partial \varphi_{n-1}}{\partial z}\varphi_n$$

$$= \frac{\partial \varphi_n}{\partial z} u \quad \text{(wegen (1'))}.$$

Da aber $u \equiv 0$ das einzige Integral von

$$\frac{\partial u}{\partial x_n} = \frac{\partial \varphi_n}{\partial z} u$$

ist, das für $x_n = c_n$ verschwindet, so ist $u \equiv 0$ und also genügt (7) auch der vorletzten Gleichung (1). Analog führt man auch den Nachweis, daß (7) allen Gleichungen (1) genügt. *Es gibt also in der Tat ein einziges Integral (7) von (1), das für $x_1 = c_1,\ldots, x_n = c_n$ den Wert $z = c$ hat.* $\psi_n(x_1, x_2,\ldots, x_n,\lambda;\lambda_1,\lambda_2,\ldots\lambda_n)$ *ist dabei samt seinen ersten und zweiten Ableitungen nach $x_1,\ldots,x_n;\lambda;\lambda_1,\ldots,\lambda_n$ stetig in einer gewissen Umgebung des Anfangspunktes $(c_1,\ldots,c_n;c;c_1,\ldots,c_n)$.*

2. Konstruktion eines vollständigen Integrals. Wir wenden uns einer zweiten Vorbereitung zur Konstruktion eines vollständigen Integrales zu: Jedes Integral

(9) $$f_k(x_1,\ldots,x_n;z;p_1,\ldots,p_n) = a_k$$

ist nach S. 284 ein Integral der linearen partiellen Differentialgleichung

(10) $$[f, f_k] \equiv \sum_{\mu=1}^{n} \left(\frac{df}{dx_\mu} \frac{\partial f_k}{\partial p_\mu} - \frac{df_k}{dx_\mu} \frac{\partial f}{\partial p_\mu} \right) = 0 ,$$

wo
$$\frac{du}{dx_i} = \frac{\partial u}{\partial x_i} + p_i \frac{\partial u}{\partial z}$$

gesetzt ist. Wir nennen $[f, f_k]$ wieder einen Klammerausdruck und sagen f und f_k lägen in Involution, wenn $[f, f_k] = 0$ ist.

Ich nehme nun an, man hätte n paarweise in Involution liegende Integrale

(11) $$f = 0, \; f_1 = a_1, \ldots, f_{n-1} = a_{n-1}$$

der charakteristischen Gleichungen, wo also, wenn $f_0 = f$ gesetzt wird,

$$[f_i, f_k] = 0 \quad \text{ist für} \quad i, k = 0, 1, \ldots, n-1.$$

Ich nehme weiter an, daß für einen gewissen Bereich B von Elementen (x, z, p)

(12) $$\frac{d(f, f_1, \ldots, f_{n-1})}{d(p_1, \ldots, p_n)} \neq 0$$

sei und daß

(13) $$f(x^{(0)}, z^{(0)}, p^{(0)}) = 0$$

sei. Endlich seien in B die $f, f_i, \ldots, f_{n-1}$ mit ihren Ableitungen der beiden ersten Ordnungen stetig. Dann kann man in einer gewissen Umgebung U des Elementes $(x^{(0)}, z^{(0)}, p^{(0)})$ die Gleichungen (11) eindeutig nach $p_1, \ldots, p_n$ auflösen und erhält

(14) $$p_i = \varphi_i(x_1, \ldots, x_n; z; a_1, \ldots, a_{n-1}) \quad (i = 1, 2, \ldots, n),$$

wo die φ_i samt ihren Ableitungen der beiden ersten Ordnungen in einem gewissen Bereich G der Veränderlichen $x_1, \ldots, x_n; z; a_1, \ldots, a_{n-1}$ stetige Funktionen sind. Für diese Gleichungen (14) sind nun die Integrabilitätsbedingungen

(15) $$\frac{d\varphi_i}{dx_k} = \frac{d\varphi_k}{dx_i} \quad (i, k = 1, 2, \ldots, n)$$

erfüllt. Trägt man nämlich (14) in (11) ein, so entstehen Identitäten in $x_1, x_2, \ldots, x_n, z$. Differentiation ergibt:

$$\frac{df_i}{dx_\mu} + \sum_{\lambda=1}^{n} \frac{\partial f_i}{\partial p_\lambda} \frac{dp_\lambda}{dx_\mu} = 0 \quad (\mu = 1, 2, \ldots, n).$$

Also wird

$$0 = [f_i, f_k] = -\sum_{\mu=1}^{n} \sum_{\lambda=1}^{n} \left\{ \frac{\partial f_i}{\partial p_\lambda} \frac{\partial f_k}{\partial p_\mu} \left(\frac{dp_\lambda}{dx_\mu} - \frac{dp_\mu}{dx_\lambda} \right) \right\}$$
$$(i, k = 0, 1, \ldots, n-1).$$

§ 11. Das vollständige Integral im Falle von n unabhängigen Veränderlichen.

Durch zweimalige Anwendung von (12) folgt hieraus (15). Man kann somit die erste Vorbemerkung auf (14) anwenden. Es gibt also genau ein Integral

(16) $$z = V(x_1, \ldots, x_n; a_1, \ldots, a_n)$$

von (14), das an einer gegebenen Stelle $x_1^{(0)}, \ldots, x_n^{(0)}$ den willkürlich vorgeschriebenen Wert $z = a_n$ annimmt. V ist samt seinen Ableitungen der beiden ersten Ordnungen eine stetige Funktion von $x_1, \ldots, x_n$; $a_1, \ldots, a_n$ in einem gewissen Bereich dieser Variablen und Parameter. Wir nennen (16) ein vollständiges Integral von

$$f = 0,$$

weil

(17) $$\begin{aligned} z &= V(x_1, \ldots, x_n; \quad a_1, \ldots, a_n) \\ p_k &= V_{x_k}(x_1, \ldots, x_n; \quad a_1, \ldots, a_n) \end{aligned} \qquad (k = 1, 2, \ldots, n)$$

eine Parameterdarstellung von $f = 0$ ist und als solche in einem gewissen Bereich der (x, z, p) bei passender Wahl der Parameter $a_1, \ldots, a_n$ alle Elemente von $f = 0$ darstellt, wofern man $f(x, z, p) = p_1 - F(x; z; p_2, \ldots, p_n)$ annimmt. Man kann nämlich die Gleichungen (17) nach den $a_1, \ldots, a_n$ eindeutig auflösen und so die partielle Differentialgleichung $f = 0$ in der Form

$$p_1 = F(x_1, x_2, \ldots, x_n; z; p_2, \ldots, p_n)$$

wieder gewinnen. Dann beweist man die eben ausgesprochene Behauptung wie folgt: Es folgt aus (8')[1] von S. 301 und (10) von S. 302. Zunächst folgt nämlich aus (8'), daß der Rang der Matrix

(18) $$\begin{vmatrix} \dfrac{\partial V}{\partial a_1} & \cdots & \dfrac{\partial V}{\partial a_n} \\ \dfrac{\partial V_{x_1}}{\partial a_1} & \cdots & \dfrac{\partial V_{x_1}}{\partial a_n} \\ \vdots & & \\ \dfrac{\partial V_{x_n}}{\partial a_1} & \cdots & \dfrac{\partial V_{x_n}}{\partial a_n} \end{vmatrix}$$

n ist. Anderenfalls gäbe es zu jeder Stelle n nicht sämtlich verschwindende Zahlen $\lambda_1, \ldots, \lambda_n$ derart, daß

(19) $$\sum_{i=1}^{n} \lambda_i \frac{\partial V}{\partial a_i} = 0$$
$$\sum_{i=1}^{n} \lambda_i \frac{\partial V_{x_k}}{\partial a_i} = 0 \qquad (k = 1, \ldots, n).$$

Wegen (8') ist hier insbesondere mindestens eine der Zahlen $\lambda_1, \ldots,$

---

[1] Dort ist c durch a_n zu ersetzen.

III. Partielle Differentialgleichungen erster Ordnung.

λ_{n-1} von Null verschieden. Weiter aber sind die (11) identisch erfüllt, wenn man die (17) einträgt. Daher ist

$$(20) \qquad f_{kz}\frac{\partial V}{\partial a_\lambda} + \sum_{i=1}^{n} f_{kp_i}\frac{\partial V_{x_i}}{\partial a_\lambda} = \varepsilon_{k\lambda}, \qquad \begin{pmatrix} k=0,1,\ldots,n-1 \\ \lambda=1,2,\ldots,n \end{pmatrix}$$

wo $\varepsilon_{k\lambda} = 0$, wenn $\lambda \neq k$, $\varepsilon_{k\lambda} = 1$, wenn $\lambda = k$.

Man wähle nun k so, daß
$$\lambda_k \neq 0$$
ist. Für dies k multipliziere man die Gleichungen (20) der Reihe nach mit $\lambda_1, \ldots, \lambda_n$ und addiere sie. Dann entsteht wegen (19) links Null, aber rechts $\lambda_k \neq 0$.

Man zeigt nun weiter auf Grund von (10) S. 302, daß gerade

$$(21) \qquad \begin{vmatrix} \dfrac{\partial V}{\partial a_1} & \cdots & \dfrac{\partial V}{\partial a_n} \\ \dfrac{\partial V_{x_2}}{\partial a_1} & \cdots & \dfrac{\partial V_{x_2}}{\partial a_n} \\ \vdots & & \\ \dfrac{\partial V_{x_n}}{\partial a_1} & \cdots & \dfrac{\partial V_{x_n}}{\partial a_n} \end{vmatrix} \neq 0$$

ist. Denn wäre z. B.

$$\begin{vmatrix} \dfrac{\partial V_{x_1}}{\partial a_1} & \cdots & \dfrac{\partial V_{x_1}}{\partial a_n} \\ \vdots & & \\ \dfrac{\partial V_{x_n}}{\partial a_1} & \cdots & \dfrac{\partial V_{x_n}}{\partial a_n} \end{vmatrix} \neq 0,$$

so könnte man die Gleichungen

$$(22) \qquad p_k = V_{x_k}(x_1, \ldots, x_n; a_1, \ldots, a_n)$$

nach den $a_1, \ldots, a_n$ auflösen und in $z = V(x_1, \ldots, x_n; a_1, \ldots, a_n)$ eintragen. So hätte man $f = 0$ in der Form $z - V = 0$ zurückgewonnen. Wegen $f_{p_1} \neq 0$ aber ist $\dfrac{\partial V}{\partial p_1} \neq 0$. Man bekommt aber

$$\frac{\partial V}{\partial p_1} = \sum_{i=1}^{n} \frac{\partial V}{\partial a_i}\frac{\partial a_i}{\partial p_1}$$

und aus (22)

$$\sum_{i=1}^{n} \frac{\partial V_{x_k}}{\partial a_i}\frac{\partial a_i}{\partial p_1} = \varepsilon_{1k} \qquad (k=1,\ldots,n),$$

wo $\varepsilon_{1k} = 1$ für $k = 1$, $\varepsilon_{1k} = 0$ für $k > 1$.

Daher wird

$$\frac{\partial V}{\partial p_1} = \frac{d(V, V_{x_2}, \ldots, V_{x_n})}{d(a_1, \ldots, a_n)} : \frac{d(V_{x_1}, \ldots, V_{x_n})}{d(a_1, \ldots, a_n)},$$

womit (21) bewiesen ist.

§ 11. Das vollständige Integral im Falle von n unabhängigen Veränderlichen. 305

Abschließend werde noch zur Begriffsbestimmung des vollständigen Integrales folgendes bemerkt: Wir nennen weiterhin eine Funktion

$$z = V(x_1, \ldots, x_n; a_1, \ldots, a_n)$$

ein vollständiges Integral für einen gewissen Elementebereich, wenn sie in demselben, für a-Werte aus einem gewissen Bereich, der partiellen Differentialgleichung

$$p_1 - F(x; z, p_2, \ldots, p_n) = 0$$

genügt, und wenn dazu der Rang von (18) in diesem Bereich n ist. Mit a_n werde stets ein Parameter bezeichnet, für den $\dfrac{\partial V}{\partial a_n} \neq 0$ ist. Dann lehren die vorstehenden Betrachtungen, daß es vollständige Integrale für die Umgebung jedes regulären Elementes gibt. Wir haben im vorstehenden absichtlich die Theorie etwas anders dargestellt, als auf S. 279 ff. Es mag eine nützliche Übung für den Leser sein, die damaligen Betrachtungen auf den jetzigen Fall und die jetzigen Betrachtungen auf den damaligen Fall zu übertragen.

3. Integration der Differentialgleichungen der Charakteristiken. Wir machen nun Anwendungen auf die Integrationstheorie zunächst der partiellen Differentialgleichung $f = 0$. Wenn ein Anfangsstreifen derselben gegeben ist, durch den eine Lösung eindeutig bestimmt ist, so ist durch jedes Element derselben auch eine Fläche des vollständigen Integrales bestimmt, die die gesuchte Integralfläche längs des charakteristischen Streifens berührt, der durch jenes Anfangselement festgelegt ist. Macht man dies für alle Elemente des Anfangsstreifens, so erscheint die Integralfläche als Enveloppe einer Teilschar des vollständigen Integrales. Um diese Enveloppe zu bestimmen, legen wir noch dar, wie man vermittelst des vollständigen Integrales den durch ein Anfangselement bestimmten charakteristischen Streifen darstellen kann. Das belegt dann wieder zugleich den Nutzen, den die Theorie der partiellen Differentialgleichungen für die Integration der Systeme gewöhnlicher Differentialgleichungen bietet.

Aus (17) haben wir nämlich die partielle Differentialgleichung in der Form

$$p_1 = F(x_1, \ldots, x_n; z; p_2, \ldots, p_n)$$

darstellen können, indem wir die erste und die $n-1$ letzten dieser Gleichungen nach den $a_1, \ldots, a_n$ auflösten und das Ergebnis in die zweite Gleichung eintrugen. Diese Form der Differentialgleichung benutzen wir jetzt zur Aufstellung und Integration der Differentialgleichungen der charakteristischen Streifen. Die erste derselben wird jetzt

$$\frac{dx_1}{dt} = 1,$$

III. Partielle Differentialgleichungen erster Ordnung.

so daß wir weiterhin $t = x_1$ nehmen wollen. Dann wird für $k = 2, 3, \ldots, n$

(23) $$\frac{d x_k}{d x_1} = -\frac{\partial F}{\partial p_k} = -\sum_{\lambda=1}^{n} \frac{\partial V_{x_1}}{\partial a_\lambda} \cdot \frac{\partial a_\lambda}{\partial p_k}.$$

Weiter hat man zu beachten, daß die partielle Differentialgleichung identisch erfüllt ist, wenn man darin (17) einträgt. Das gibt die für $a_1, \ldots, a_n$ geltende Identität

$$V_{x_1}(x; a) - V_{x_1}\{x; a[z(x, a); p(x, a)]\} = 0.$$

Also sind auch für alle x und a die Gleichungen erfüllt, die sich hieraus durch Differentiation nach den a ergeben. Das liefert

$$0 = \frac{\partial V_{x_1}}{\partial a_j} - \sum_{\lambda=1}^{n} \frac{\partial V_{x_1}}{\partial a_\lambda} \left(\frac{\partial a_\lambda}{\partial z} \frac{\partial V}{\partial a_j} + \frac{\partial a_\lambda}{\partial p_2} \frac{\partial V_{x_2}}{\partial a_j} + \cdots + \frac{\partial a_\lambda}{\partial p_n} \frac{\partial V_{x_n}}{\partial a_j} \right)$$
$$(j = 1, 2, \ldots, n).$$

Dies gilt also namentlich auch längs eines jeden charakteristischen Streifens. Beachtet man (23), so gilt also längs eines jeden charakteristischen Streifens — für ihn haben ja die a unveränderliche Werte —

(24) $$0 = \frac{\partial V_{x_1}}{\partial a_j} - \sum_{\lambda=1}^{n} \frac{\partial V_{x_1}}{\partial a_\lambda} \frac{\partial a_\lambda}{\partial z} \cdot \frac{\partial V}{\partial a_j} + \sum_{k=2}^{n} \frac{d x_k}{d x_1} \frac{\partial V_{x_k}}{\partial a_j}$$
$$(j = 1, 2, \ldots, n).$$

Faßt man dies als ein homogenes lineares Gleichungssystem für

$$1, \frac{d x_2}{d x_1} \cdots \frac{d x_n}{d x_1}$$

auf, so ist seine Determinante Null. Es ist also stets eine der Gleichungen eine Folge der übrigen, so daß man sich zur Bestimmung der $\frac{d x_n}{d x_1}$ auf $n - 1$ passende aus diesen Gleichungen linear kombinierte beschränken darf. Wegen (8') ist

$$\frac{\partial V}{\partial a_n}$$

von Null verschieden.

Um nun $n - 1$ Gleichungen aus den (24) herzustellen, welche die zu $j = n$ gehörige zur Folge haben, müssen wir nur solche $n - 1$ lineare Kombinationen derselben bilden, in welchen die $\frac{d x_k}{d x_1}$ mit von Null verschiedener Determinante eingehen. Nun kann man aber jedenfalls $n - 1$ Zahlen b_j so bestimmen, daß für das Anfangselement des charakteristischen Streifens die $n - 1$ Gleichungen

(25) $$\frac{\partial V}{\partial a_j} + \frac{\partial V}{\partial a_n} b_j = 0 \qquad (j = 1, 2, \ldots, n - 1)$$

erfüllt sind. Dementsprechend multipliziere man die Gleichung $j = n$

§ 11. Das vollständige Integral im Falle von n unabhängigen Veränderlichen. 307

von (24) mit b_j und füge sie zur j-ten Gleichung hinzu. So erhält man die folgenden $n-1$ Gleichungen

(26) $$0 = \frac{\partial V_{x_1}}{\partial a_j} + b_j \frac{\partial V_{x_1}}{\partial a_n} + \sum_{k=2}^{n} \frac{dx_k}{dx_1}\left(\frac{\partial V_k}{\partial a_j} + b_j \frac{\partial V_k}{\partial a_n}\right)$$
$$(j = 1, 2, 3, \ldots, n-1).$$

Hier ist aber die Determinante

(27) $$\left\| \frac{\partial V_{x_k}}{\partial a_j} + b_j \frac{\partial V_{x_k}}{\partial a_n} \right\| \neq 0 \quad \begin{pmatrix} k = 2, 3, \ldots, n \\ j = 1, 2, \ldots, n-1 \end{pmatrix}$$

Dies lehrt wegen $\frac{\partial V}{\partial a_n} \neq 0$ und wegen (25) ein Blick auf (21). Die b_j werden dabei längs des Streifens unverändert fest gehalten. Zur Bestimmung der x-Koordinaten der charakteristischen Streifen reichen also die (26) völlig aus. Diese aber kann man sofort integrieren. Ihnen genügt nämlich die durch die Gleichungen (25) bestimmte Kurve, welche zum gleichen Anfangselement wie der betrachtete charakteristische Streifen gehört. Zunächst kann man nämlich in der Umgebung dieses Anfangselementes die (25) eindeutig nach $x_2, \ldots, x_n$ auflösen, denn die Funktionaldeterminante hinsichtlich $x_2, \ldots, x_n$ ist gerade (27). Des weiteren lehrt Differentiation nach x_1, daß für die durch (25) bestimmte Kurve gerade (26) gilt. Damit ist nun folgendes Ergebnis gewonnen:

Zu jedem charakteristischen Streifen gehören $2n-1$ Zahlen

$$a_1, \ldots, a_n;\ b_1, \ldots, b_{n-1},$$

derart, daß sich mit Hilfe eines vollständigen Integrales der charakteristische Streifen in der Umgebung jedes Elementes so darstellen läßt:

$$z = V(x_1, \ldots, x_n;\ a_1, \ldots, a_n)$$
$$p_\lambda = V_{x_\lambda}(x_1, \ldots, x_n;\ a_1, \ldots, a_n)$$
$$0 = \frac{\partial V}{\partial a_j} + b_j \frac{\partial V}{\partial a_n},$$

wo $\lambda = 1, 2, \ldots, n, j = 1, 2, \ldots, n-1$ ist.

Die Theorie des vollständigen Integrales hat uns gelehrt, daß man durch die Kenntnis von $n-1$ Integralen

$$f_k = a_k \qquad (k = 1, 2, \ldots, n-1),$$

die mit $f = 0$ und untereinander in Involution liegen, die Integration der $2n+1$ Differentialgleichungen der charakteristischen Streifen auf die von n gewöhnlichen Differentialgleichungen

(14) $$p_i = \varphi_i(x_1, \ldots, x_n;\ z;\ a_1, \ldots, a_{n-1}),$$

die sich durch Auflösung der

$$f = 0,\ f_k = a_k,\ k = 1, 2, \ldots, n-1$$

nach den p_i ergeben, zurückführen kann.

20*

Von besonderer Wichtigkeit ist der Spezialfall, daß in f die unbekannte Funktion z explizite nicht vorkommt, sondern daß sie nur durch ihre Ableitungen in f eingeht[1]. In diesem Falle kann man die Differentialgleichungen der charakteristischen Streifen in zwei Gruppen zerlegen:

$$(15) \qquad x'_k = f_{p_k}, \quad p'_k = -f_{x_k} \qquad (k = 1, 2, \ldots, n)$$

und

$$z' = \sum_{k=1}^{n} p_k f_{p_k}.$$

Die ersten $2n$ Differentialgleichungen enthalten z nicht, können also für sich betrachtet werden. Wir nennen sie die *kanonischen* Differentialgleichungen. Auf sie bezieht sich die HAMILTON-JACOBIsche Theorie. Ein Hauptergebnis derselben entnehmen wir dem vorhin bewiesenen als Spezialfall. Vermittelst eines vollständigen Integrales

$$z = V(x_1, \ldots, x_n; a_1, \ldots, a_n), \frac{\partial V}{\partial a_n} \neq 0$$

von $f = 0$ lassen sich die Lösungen der kanonischen Differentialgleichungen (15) in der folgenden Weise darstellen

$$\frac{\partial V}{\partial a_k} + b_k \frac{\partial V}{\partial a_n} = 0 \qquad (k = 1, 2, \ldots, n-1)$$

$$p_\lambda = \frac{\partial V}{\partial x_\lambda}(x_1, \ldots, x_n; a_1, \ldots, a_n) \qquad (\lambda = 1, 2, \ldots, n).$$

4. Neue Methode zur Konstruktion eines vollständigen Integrals. Unsere bisherigen Betrachtungen lassen noch die Frage offen, welchen Vorteil man aus der Kenntnis *einiger* mit f und untereinander in Involution liegenden Integrale ziehen kann. Sie enthalten nämlich die Antwort auf diese Frage nur für den Fall, daß man n solche in Involution liegende Integrale kennt. Früheren Erwägungen kann man ja die Antwort auf diese Frage entnehmen für den Fall, daß man n solche in Involution liegende Integrale kennt, und unter der Annahme, daß man die Gleichungen

$$f = 0, f_1 = a_1, \ldots, f_{n-1} = a_{n-1}$$

---

[1] Es ist keine Beschränkung der Allgemeinheit, nur diesen Fall zu betrachten. Denn ist $f(x_1, \ldots, x_n; z; p_1, \ldots, p_n) = 0$ eine partielle Differentialgleichung für die Funktion $z = \varphi(x_1, \ldots, x_n)$, so genügt eine Funktion $u = \Phi(x_1, \ldots x_n, z)$ der $n+1$ Variablen $x_1, \ldots x_n, z$ einer partiellen Differentialgleichung, in der u nicht explizite auftritt: wofern $\Phi(x_1, \ldots, x_n, \varphi) \equiv 0$ ist:

$$f\left(x_1, x_2, \ldots, x_n; z; \frac{-\frac{\partial u}{\partial x_1}}{\frac{\partial u}{\partial z}}, \ldots, \frac{-\frac{\partial u}{\partial x_n}}{\frac{\partial u}{\partial z}}\right) = 0.$$

§ 11. Das vollständige Integral im Falle von n unabhängigen Veränderlichen.

(unter f_i die Integrale verstanden) nach den p_i auflösen kann. Dann kann man nach S. 307 durch eine Quadratur ein vollständiges Integral bestimmen. Wir wollen aber nun die Frage allgemein aufrollen. Wir wollen die Methode angeben, auf die die Untersuchungen von LIE geführt haben. Sie führt zu einer sehr eleganten Antwort auf die Frage, welchen Vorteil man aus der Kenntnis einiger in Involution liegenden Integrale für die Integration ziehen kann. Wir beschränken uns dabei auf den Fall, daß die unbekannte Funktion z in den Gleichungen nicht explizite vorkommt[1]; weil sich nur dann ein einfaches abgerundetes Resultat ergibt.

Gegeben seien die in Involution liegenden Integrale

(16) $\quad f = 0, \ f_1 = a_1, \ldots, f_k = a_k.$

Zunächst kann man nun einen ersten Schritt machen, der genau dem entspricht, den wir in dem Falle machten, daß n in Involution liegende Integrale gegeben waren. Wir suchen die $k + 1$ Gleichungen nach $k + 1$ der Ableitungen aufzulösen. Zu dem Zweck müssen wir noch annehmen, daß die f_i mit den Ableitungen der beiden ersten Ordnungen in einem gewissen Gebiet der x, z, p stetig und eindeutig sind, sowie daß die Matrix

$$\left| \begin{array}{ccc} \dfrac{\partial f}{\partial p_1}, & \cdots, & \dfrac{\partial f}{\partial p_n} \\ \dfrac{\partial f_k}{\partial p_1}, & \cdots, & \dfrac{\partial f_k}{\partial p_n} \end{array} \right|$$

den Rang $k + 1$ besitzt. Es ist dann keine Beschränkung der Allgemeinheit, wenn wir annehmen, daß man die Gleichungen (16) nach den $p_1, \ldots, p_{k+1}$ auflösen kann. Diese Auflösung möge ergeben

(17) $\quad \begin{cases} p_1 - \varphi_1(x, p_{k+2} \ldots p_n) = 0 \\ p_2 - \varphi_2(x, p_{k+2} \ldots p_n) = 0 \\ \vdots \\ p_{k+1} - \varphi_{k+1}(x, p_{k+2} \ldots p_n) = 0. \end{cases}$

In dem Falle, daß $n + 1$ Integrale bekannt sind, kann man wie S. 302 ein gemeinsames Integral aller bestimmen, und dies erweist sich als das vollständige Integral. Es ist eben dann allen diesen Gleichungen bei festen $a_1, \ldots, a_n$ nur ein einziges Integral gemeinsam. Im Falle, wo n Integrale bekannt waren, war ihnen eine einparametrige Schar von Integralen gemeinsam. Diese Erfahrungen legen es nahe, nun nach einer $n - k$-parametrigen, den Gleichungen (17) gemeinsamen Schar von Integralen zu fragen. Nun aber wissen wir von S. 302, daß jedes den Gleichungen (17) gemeinsame Integral auch den Gleichungen

---

[1] Vgl. die Fußnote [1] auf S. 308.

$(p_i - \varphi_i, p_l - \varphi_l) = 0$ genügt[1]. Im Bestreben, diese Klammerausdrücke zu bilden, werden wir gewahr, daß sie identisch verschwinden, daß also auch die Funktionen $p_i - \varphi_i$ paarweise in Involution liegen.

Dies wollen wir nun zunächst beweisen. Es gilt der Satz:

Wenn die μ Funktionen $F_1, \ldots, F_\mu$ stetige erste Ableitungen haben und in Involution liegen, wenn sie hinsichtlich der $p_1, \ldots, p_\mu$ in einem gewissen Bereich eine nicht verschwindende Funktionaldeterminante besitzen, und wenn sich durch Auflösung der Gleichungen

(18) $$F_1 = a_1 \ldots F_\mu = a_\mu \quad \text{nach} \quad p_1 \ldots p_\mu$$

(19) $$\begin{cases} p_1 = \varphi_1(x, p_{\mu+1} \ldots p_n) \\ \cdots \cdots \cdots \cdots \cdots \cdots \\ p_\mu = \varphi_\mu(x, p_{\mu+1} \ldots p_n) \end{cases}$$

ergibt, so liegen auch die $p_i - \varphi_i$ in Involution.

Trägt man die Lösungen (19) in die Gleichungen (18) ein, so entstehen gewisse Identitäten, durch deren Differentiation sich ergibt

$$\frac{\partial F_i}{\partial x_\lambda} + \sum_{\nu=1}^{\mu} \frac{\partial F_i}{\partial p_\nu} \cdot \frac{\partial \varphi_\nu}{\partial x_\lambda} = 0 \qquad \begin{array}{l}(\lambda = 1, 2, \ldots, n) \\ (i = 1, 2, \ldots, \mu)\end{array}$$

$$\frac{\partial F_i}{\partial p_\varrho} + \sum_{\nu=1}^{\mu} \frac{\partial F_i}{\partial p_\nu} \frac{\partial \varphi_\nu}{\partial p_\varrho} = 0 \qquad (\varrho = \mu+1, \ldots, n).$$

Da aber weiter $\dfrac{\partial \varphi_\nu}{\partial x_\lambda} = \dfrac{\partial}{\partial x_\lambda}(\varphi_\nu - p_\nu)$ und $\dfrac{\partial \varphi_\nu}{\partial p_\varrho} = \dfrac{\partial}{\partial p_\varrho}(\varphi_\nu - p_\nu)$ ist für $\nu = 1, \ldots, \mu$, so kann man diese Gleichungen auch so schreiben:

$$\frac{\partial F_i}{\partial x_\lambda} = \sum_{\nu=1}^{\mu} \frac{\partial F_i}{\partial p_\nu} \frac{\partial (p_\nu - \varphi_\nu)}{\partial x_\lambda},$$

$$\frac{\partial F_i}{\partial p_\lambda} = \sum_{\nu=1}^{\mu} \frac{\partial F_i}{\partial p_\nu} \frac{\partial (p_\nu - \varphi_\nu)}{\partial p_\lambda}.$$

Diese gelten nun beide für $\lambda = 1, 2, \ldots, n$. Denn man sieht leicht, daß die nur für $\lambda = \mu+1, \ldots, n$ abgeleitete zweite auch für die kleineren λ mit Selbstverständlichkeit gilt. Daraus ergibt sich nun sofort

$$(F_i, F_k) = \sum_{\varrho=1}^{\mu} \sum_{\sigma=1}^{\mu} \frac{\partial F_i}{\partial p_\varrho} \frac{\partial F_k}{\partial p_\sigma} (p_\varrho - \varphi_\varrho, p_\sigma - \varphi_\sigma).$$

---

[1] Man schreibt runde Klammern, statt der eckigen im Klammerausdruck, wenn die unbekannte Funktion nicht explizite vorkommt. Es wird also definiert

$$(f_1, f_2) = \sum_{\lambda=1}^{n} \left(\frac{\partial f_1}{\partial x_\lambda} \frac{\partial f_2}{\partial p_\lambda} - \frac{\partial f_1}{\partial p_\lambda} \frac{\partial f_2}{\partial x_\lambda} \right),$$

wenn z nicht explizite in den f_i steht.

§ 11. Das vollständige Integral im Falle von n unabhängigen Veränderlichen.

Schreibt man diese Gleichungen für $i = 1, 2, \ldots, n$ auf und beachtet das Nichtverschwinden der Funktionaldeterminante $\frac{d(F_1 \ldots F_\mu)}{d(p_1 \ldots p_\mu)}$, so ergibt sich daraus

$$\sum_{\sigma=1}^{\mu} \frac{\partial F_k}{\partial p_\sigma}(p_\varrho - \varphi_\varrho, p_\sigma - \varphi_\sigma) = 0 \qquad (\varrho = 1, 2, \ldots, \mu).$$

Diese schreibe man wieder für $k = 1, 2, \ldots, n$ auf und schließe dann aus dem Nichtverschwinden der genannten Determinante, daß

$$(p_\varrho - \varphi_\varrho, p_\sigma - \varphi_\sigma) = 0 \qquad (\varrho, \sigma = 1, 2, \ldots, \mu).$$

Die linken Seiten der Gleichungen (17) *also, die wir oben durch Auflösung des Involutionssystemes* (16) *erhalten haben, liegen selbst in Involution.* Unser Ziel ist es, ein von $n - k$ Parametern abhängiges gemeinsames Integral dieser Gleichungen zu finden. Es liegt nahe, den Gleichungen ein Integral abzugewinnen, das für $x_1 = x_1^{(0)}, \ldots, x_{k+1} = x_{k+1}^{(0)}$ in

$$z = a_{k+1} + a_{k+2} x_{k+2} + \cdots + a_n x_n$$

übergeht. Dabei sind $a_{k+1}, \ldots, a_n$ die gewünschten Parameter. Wir werden das ein vollständiges Integral des Involutionssystems nennen. Es liegt nahe, mit der sogenannten MAYERschen Transformation

$$x_1 = x_1^{(0)} + y_1, \quad x_2 = x_2^{(0)} + y_1 y_2, \ldots, \quad x_{k+1} = x_{k+1}^{(0)} + y_1 y_{k+1}$$

in die Gleichungen hineinzugehen. Dabei gehen die Gleichungen (17) in die folgenden über

$$\frac{\partial z}{\partial y_1} = \varphi_1 + y_2 \varphi_2 + \cdots + y_{k+1}\varphi_{k+1} = \Phi_1(y_1, y_2, \ldots, y_{k+1}, x_{k+2} \ldots x_n),$$

$$\frac{\partial z}{\partial y_2} = y_1 \varphi_2 = \Phi_2,$$

$$\frac{\partial z}{\partial y_{k+1}} = y_1 \varphi_{k+1} = \Phi_{k+1}.$$

Setzen wir $q_i = \frac{\partial z}{\partial y_i}$ $(i = 1, 2, \ldots, k+1)$, so kann man sie auch schreiben

$$(20) \quad \begin{cases} q_1 = \Phi_1(y_1, y_2, \ldots, y_{k+1}, x_{k+2}, \ldots, x_n), \\ q_2 = \Phi_2, \\ \vdots \\ q_{k+1} = \Phi_{k+1} \end{cases}$$

Wenn es nun tatsächlich ein der angegebenen Anfangsbedingung genügendes Integral gibt, so muß dies schon durch die erste Gleichung bestimmt sein. Denn die Anfangsbedingung lautet jetzt

(20′) $z = a_{k+1} + a_{k+2} x_{k+2} + \cdots + a_n x_n$ für $y_1 = 0$, d.h. für $x_1 = x_1^{(0)}$.

Wir werden dies Integral der ersten Gleichung bestimmen und nachweisen, daß es von selbst auch den anderen Gleichungen genügt.

312   III. Partielle Differentialgleichungen erster Ordnung.

Zur Gewinnung dieses Integrals der ersten Gleichung legt man nach S. 296 durch die Anfangsmannigfaltigkeit (20') einen Anfangsintegralstreifen. Nach S. 296 geht das bei unserer Wahl der Anfangsmannigfaltigkeit immer. So gehören nun zu dem Anfangspunkt $x_{k+2} = b_{k+2}, \ldots, x_n = b_n$ Anfangs-p-Werte $p_{k+2} = a_{k+2}, \ldots, p_n = a_n$. Der Anfangs-$z$-Wert ist dann $a_{k+1} + a_{k+2} b_{k+2} + \cdots + a_n b_n$. Durch diese Anfangswerte für $y_1 = 0$ ist eine Lösung der zur ersten partiellen Differentialgleichung gehörigen charakteristischen Gleichungen

$$(21) \qquad \frac{dx_\varrho}{dy_1} = -\frac{\partial \Phi_1}{\partial p_\varrho}, \quad \frac{dp_\varrho}{dy_1} = \frac{\partial \Phi_1}{\partial x_\varrho} \qquad (\varrho = k+2, \ldots, n)$$

$$\frac{dz}{dy_1} = q_1 - \sum_{k+2}^n p_\varrho \frac{\partial \Phi_1}{\partial p_\varrho} = \Phi_1 - \sum_{k+2}^n p_\varrho \frac{\partial \Phi_1}{\partial p_\varrho}$$

bestimmt[1]. Diese sei

$$(22) \qquad x_\varrho = x_\varrho(y_1, y_2, \ldots, y_{k+1}, a_{k+1} \ldots a_n, b_{k+2} \ldots b_n)$$
$$(23) \qquad z = z(y_1, y_2, \ldots, y_{k+1}, a_{k+1} \ldots a_n, b_{k+2} \ldots b_n) \qquad (\varrho = k+2, \ldots, n)$$
$$(24) \qquad p_\varrho = p_\varrho(y_1, y_2, \ldots, y_{k+1}, a_{k+1}, \ldots a_n, b_{k+2} \ldots b_n)$$

Dann ist durch (22), (23) unmittelbar eine Parameterdarstellung der durch unsere Anfangsbedingung festgelegten Integralfläche gegeben. $y_1 \ldots y_{k+1}, b_{k+2} \ldots b_n$ sind die Parameter. Will man z als Funktion von $y_1 \ldots y_{k+1}, x_{k+2} \ldots x_n$ darstellen, so hat man aus (22) die $b_{k+2} \ldots b_n$ durch die $x_{k+2} \ldots x_n$ auszudrücken. Das geht, weil für $y_1 = 0$ die (22) in $x_\varrho = b_\varrho$ übergehen. Daher ist für genügend kleine $|y_1|$ die Funktionaldeterminante der x_k nach den b_j von Null verschieden. Nun ist es leicht, zu verifizieren, daß dieses Integral auch den übrigen partiellen Differentialgleichungen genügt.

Man setze

$$q_i = \frac{\partial z}{\partial y_i} \qquad (i = 1, 2, \ldots, k+1),$$
$$q_i = p_i \qquad (i = k+2 \ldots n).$$

Dann folgt aus

$$(q_1 - \Phi_1, q_i - \Phi_i) = 0, *$$

wenn man die b durch die x, y ausdrückt, daß

$$\frac{\partial \Phi_i}{\partial y_i} - \frac{\partial \Phi_1}{\partial y_1} + \sum_{\varrho = k+2}^n \left(\frac{\partial \Phi_1}{\partial x_\varrho} \frac{\partial \Phi_i}{\partial p_\varrho} - \frac{\partial \Phi_1}{\partial p_\varrho} \frac{\partial \Phi_i}{\partial x_\varrho} \right) = 0$$

---

[1] Die $y_2 \ldots y_{k+1}$ werden in den (21) nicht berücksichtigt, da Ableitungen von z nach diesen in der ersten Gleichung (20) nicht vorkommen. Die Ableitungen längs der Charakteristiken bezeichnen wir durch d, die partielle Ableitung nach y_1 durch ∂.

* Bei Änderung der Variablen $x_1 \ldots x_n$ in $y_1 \ldots y_{k+1} x_{k+2}, \ldots, x_n$ bleibt die Involutionsbeziehung erhalten.

§ 11. Das vollständige Integral im Falle von n unabhängigen Veränderlichen. 313

ist. Längs der Charakteristiken aber folgt daraus

$$\frac{\partial \Phi_i}{\partial y_1} - \frac{\partial \Phi_1}{\partial y_i} + \sum_{\varrho=k+2}^{n}\left(\frac{\partial \Phi_i}{\partial p_\varrho}\frac{dp_\varrho}{dy_1} + \frac{\partial \Phi_i}{\partial x_\varrho}\frac{dx_\varrho}{dy_1}\right) = 0.$$

Also wird längs der Charakteristiken

(25) $$\frac{\partial \Phi_1}{\partial y_i} = \frac{d\Phi_i}{dy_1}.$$

Es ist aber, da die b durch die x, y ausgedrückt sind,

$$\frac{\partial z}{\partial y_1} = \Phi_1.$$

Daher ist nach (25)

$$\frac{\partial}{\partial y_1}\left(\frac{\partial z}{\partial y_1}\right) = \frac{d\Phi_i}{dy_1}.$$

Also wird durch Integration nach y_1 längs der Charakteristiken:

$$\frac{\partial z}{\partial y_i} = \Phi_i + C.$$

Da aber für $y_1 = 0$ die Integrationskonstante Null ist, so ist sie überhaupt Null und wir haben

$$\frac{\partial z}{\partial y_i} = \Phi_i,$$

wie wir beweisen wollten.

Das gefundene Integral ist ein vollständiges Integral der ersten partiellen Differentialgleichungen (20) in einer gewissen Umgebung der Anfangsmannigfaltigkeit. Denn für $y_1 = 0$ hat die Funktionaldeterminante der z, p_ϱ ($\varrho = k+2, \ldots, n$) hinsichtlich der a_ϱ den Wert Eins. Somit kann man die Gleichungen

(26) $$\begin{cases} z = V(y_1, y_2, \ldots, y_{k+1}, x_{k+2}, \ldots, x_n), \\ p_{k+2} = \dfrac{\partial V}{\partial x_{k+2}}, \\ \vdots \\ p_n = \dfrac{\partial V}{\partial x_n} \end{cases}$$

nach den a_ϱ auflösen. Von oben wissen wir bereits, daß auch die Gleichungen

$$p_1 = \frac{\partial V}{\partial x_1},$$
$$\vdots$$
$$p_{k+1} = \frac{\partial V}{\partial x_{k+1}}$$

nach $a_1 \ldots a_k$ auflösbar sind. Denn diese waren ja aus den Gleichungen $f = 0, f_1 = a_1 \ldots f_k = a_k$ durch Auflösung nach den $p_1 \ldots p_{k+1}$ entstanden. Diese Werte der $a_1 \ldots a_k$ kann man in (22) eintragen. Damit hat man das Ergebnis, daß man die Gleichungen

$$z = V(y_1, y_2, \ldots, y_{k+1}, x_{k+2}, \ldots, x_n),$$
$$p_1 = \frac{\partial V}{\partial x_1},$$
$$\vdots$$
$$p_n = \frac{\partial V}{\partial x_n}$$

nach den $a_1 \ldots a_n$ auflösen kann. Damit aber erweist sich

$$z = V_1(x_1 \ldots x_n) = V(y_1, y_2, \ldots, y_{k+1}, x_{k+2}, \ldots, x_n)$$

nicht nur als Integral der ursprünglichen partiellen Differentialgleichung $f = 0$, sondern sogar als vollständiges Integral derselben. Somit ist bewiesen, *daß die Kenntnis von $k+1$ in Involution liegenden Integralen von $f = 0$, also die Kenntnis der Integrale $f = 0, f_1 = a_1 \ldots f_k = a_k$ es erlaubt, die Integration von $f = 0$ auf die Integration einer einzigen partiellen Differentialgleichung $\frac{\partial z}{\partial y_1} = \Phi_1$ mit $n - k$ unabhängigen Variablen zurückzuführen. Gleichzeitig aber lehrt unsere Betrachtung, daß die Kenntnis von $k+1$ in Involution liegenden Integralen der charakteristischen Gleichungen* (7) S. 295, *nämlich der Integrale $f = a, f_1 = a_1 \ldots f_k = a_k$ es erlaubt, dies System auf ein nur noch $2n - k - 1$ Gleichungen umfassendes* (21) *zurückzuführen, das wieder als System der charakteristischen Gleichungen einer partiellen Differentialgleichung $\frac{\partial z}{\partial y_1} = \Phi_1$ auftritt.*

5. Bemerkung. Ein gleich abgerundetes Ergebnis läßt sich nicht erzielen, wenn in den Gleichungen (16) das z explizite vorkommt. Zwar kann man unsere Betrachtungen bis einschließlich der MAYERschen Transformation ohne weiteres auf diesen Fall übertragen. Es ist aber nicht richtig, daß auch jetzt noch ein durch die Anfangsbedingung (20') festgelegtes Integral der ersten Gleichung (20) auch den übrigen genügte. So liegen z. B. die beiden Gleichungen

$$\frac{\partial z}{\partial y_1} = z + \frac{\partial z}{\partial x_3}$$
$$\frac{\partial z}{\partial y_2} = z + \frac{\partial z}{\partial x_3}$$

in Involution. Setzt man nämlich

$$\varphi_1 = q_1 - z - p_3,$$
$$\varphi_2 = q_2 - z - p_3,$$

so ist $[\varphi_1, \varphi_2] = 0$, sobald $\varphi_1 = 0$ und $\varphi_2 = 0$ ist. Ferner ist $z = e^{y_1}(y_1 + x_3)$ dasjenige Integral der ersten Gleichung, das für $y_1 = 0$ zu x_3 wird. Es genügt aber nicht der zweiten.

§ 11. Das vollständige Integral im Falle von n unabhängigen Veränderlichen. 315

Zunächst könnte diese Tatsache paradox erscheinen. Man könnte nämlich glauben, daß man wieder ein Involutionssystem erhielte, wenn man in der S. 308 angegebenen Weise von den Differentialgleichungen (16) zu einem System übergeht, in dem z explizite fehlt. Dies ist aber nicht der Fall. Es bleiben dann eben nur die Betrachtungen anwendbar, die weiter unten für den Fall eines Systems (16) skizziert sind, das kein Involutionssystem ist. So kommt es, daß man in diesem allgemeinen Falle der Differentialgleichungen (16) mit explizite vorkommendem z einigermaßen befriedigende, d. h. in runden Existenzsätzen gipfelnde Aussagen nicht kennt.

6. **Zusätze.** Ich schließe der Darstellung noch einige Zusätze an. Zunächst enthalten unsere Betrachtungen eine *Integrationstheorie der Systeme partieller Differentialgleichungen mit einer unbekannten Funktion*. Man kann nämlich die Untersuchung eines beliebigen solchen Systems von partiellen Differentialgleichungen stets auf die Integration eines Involutionssystems zurückführen. Dies geht deshalb, weil doch für jedes gemeinsame Integral zweier Gleichungen auch der betreffende Klammerausdruck verschwinden muß. Mehr als n voneinander unabhängiger solcher Gleichungen können aber für ein Integral nicht bestehen. Denn aus n solchen voneinander unabhängigen Gleichungen kann man durch Auflösung schon die Ableitungen p eindeutig finden. Entweder sind dann für diese die übrigen Gleichungen von selbst erfüllt, und dann hat man ein Integral oder man kommt zu Widersprüchen, die sich auch schon darin äußern können, daß die gefundenen p nicht die Ableitungen eines z sind. Dazu ist nämlich nach S. 302 gerade notwendig und hinreichend, daß die Klammerausdrücke der zur Auflösung benutzten Gleichungen verschwinden. So schließt man leicht, daß man in dem Falle, wo überhaupt gemeinsame Lösungen da sind, nach endlich vielen Schritten auf ein Involutionssystem geführt wird. Und dies kann man nach den vorstehenden Betrachtungen behandeln. Wegen weiterer Einzelheiten muß auf Spezialwerke, wie z. B. GOURSAT: Vorlesungen über die Integration der partiellen Differentialgleichungen erster Ordnung verwiesen werden.

Eine *zweite Bemerkung*: Unsere bisherigen Betrachtungen geben noch keinen Aufschluß darüber, welchen Vorteil man aus der Kenntnis einiger untereinander *nicht* in Involution liegenden Integrale für die Integration ziehen kann. Darüber liegen abschließende Untersuchungen von LIE vor, die auch in dem erwähnten Werke von GOURSAT zur Darstellung gebracht sind. Sie gipfeln darin, daß der Vorteil, den man aus ihrer Kenntnis ziehen kann, bestimmt ist durch die Zahl der in Involution liegenden Integrale, welche man aus den gegebenen zu bilden vermag. Diese Andeutung mag hier genügen.

Ein aus $k + 1$ Gleichungen von n unabhängigen Veränderlichen bestehendes Involutionssystem hat nach unseren Überlegungen ein von $n-k$ Parametern abhängendes Integral gemeinsam. Es hat die Eigentümlichkeit, daß man die Gleichungen (26) nach diesen $n-k$ Parametern auflösen kann. Eliminiert man nun aus den $k+1$ Gleichungen des Involutionssystems die k ersten Ableitungen, so erhält man eine partielle Differentialgleichung für z als Funktion der $n-k$ letzten Ableitungen, in die $x_1 \ldots x_k$ nur als Parameter eingehen. Das gefundene $n-k$-parametrige gemeinsame Integral genügt auch dieser neuen Gleichung, und zwar ist es nach der Definition des vollständigen Integrales ein vollständiges Integral dieser neuen Gleichung. Die hinsichtlich der $x_{k+1} \ldots x_n$ gebildeten charakteristischen Gleichungen der neuen partiellen Differentialgleichung können daher mit Hilfe dieses vollständigen Integrales in bekannter Weise integriert werden:

$$(27) \quad \begin{cases} \dfrac{\partial V}{\partial a_\varrho} + b_\varrho \dfrac{\partial V}{\partial a_{k+1}} = 0, & (\varrho = k+2, \ldots, n) \\ z = V(x_1, \ldots, x_n, a, \ldots, a_n), \\ p_\sigma = \dfrac{\partial V}{\partial x_\sigma} & (\sigma = k+1, \ldots, n). \end{cases}$$

Dabei sind b_k neue willkürliche Konstanten. Man gewinnt die Lösungen der charakteristischen Gleichungen als Funktionen von x_k durch Auflösung dieser Gleichungen nach den $x_{k+1}, \ldots, x_n, z, p_{k+1}, \ldots, p_n$. Nun aber wissen wir, daß uns mit diesem vollständigen Integral der neuen partiellen Differentialgleichung zugleich ein vollständiges Integral der ursprünglichen gegeben ist, wofern wir nur noch die k im Involutionssystem steckenden Parameter $a_1 \ldots a_k$ mit heranziehen. Die Lösungen der ursprünglichen charakteristischen Gleichungen gewinnt man dann durch Auflösung aus dem nachfolgenden Gleichungssystem:

$$(28) \quad \begin{cases} \dfrac{\partial V}{\partial a_\varrho} + b_\varrho \dfrac{\partial V}{\partial a_k} = 0 & (\varrho = 1, 2, \ldots, n, \varrho \neq k) \\ z = V & (x_1, \ldots, x_n, a_1, \ldots, a_n) \\ p_\sigma = \dfrac{\partial V}{\partial x_\sigma} & (\sigma = 1, 2, \ldots, n). \end{cases}$$

In diesen Gleichungen sind die Gleichungen (26) enthalten.

Wir können den Zusammenhang, der hiernach zwischen den charakteristischen Gleichungen der neuen partiellen Differentialgleichung und den charakteristischen Gleichungen der alten besteht, noch deutlicher hervortreten lassen. Hat man nämlich die neuen charakteristischen Gleichungen integriert, so kennt man hiernach die Auflösungen der Gleichungen (26). Man kennt also die Koordinaten $x_{k+1} \ldots x_n$ der Charakteristiken, allerdings noch nicht als Funktionen des Parameters x_{k+1} allein, sondern es gehen noch die k ersten Koordinaten als Parameter ein. Diese aber kann man dann als Funktionen des Parameters x_{k+1} bestimmen, ohne noch einmal auf die Gleichungen zurückgehen zu müssen. Man kann vielmehr aus den Integralen der neuen charakteristischen Gleichungen jedes Integral der neuen partiellen aufbauen. Namentlich also kann man dann auch ihr durch die Anfangsbedingung (20′) bestimmtes, vollständiges Integral angeben. Dies ist aber gerade das dem ganzen Involutionssystem gemeinsame vollständige Integral, das also auch der ursprünglichen partiellen Differentialgleichung genügt. Und zwar ist es ein vollständiges Integral derselben, wenn man noch die Parameter $a_1 \ldots a_k$ beachtet, von denen es ja auch abhängt. Mit anderen Worten also kann man aus der Kenntnis irgendeines vollständigen Integrales der neuen partiellen erst die Lösungen der neuen charakteristischen Differentialgleichungen, aus diesen alsdann ein vollständiges Integral der alten partiellen, und daraus endlich die Lösungen der gegebenen charakteristischen Gleichungen gewinnen. Damit ist also folgende Regel zu deren Integration gewonnen: *Falls man k mit f und untereinander in Involution liegende unabhängige Integrale kennt, so eliminiert man aus dem Involutionssystem k der Ableitungen der unbekannten Funktion. Für die so entstandene neue partielle Differentialgleichung bilde man das System der charakteristischen Gleichungen. Auf ihre Integration ist damit bis auf Eliminationsprozesse die Integration des vorgelegten Systems zurückgeführt.*

§ 12. Kanonische Transformationen und Berührungstransformationen.

1. Übergang zu Differentialgleichungen, in denen z fehlt. Es ist zweckmäßig, auf die Sonderstellung der einen Raumkoordinate z und damit auf die Darstellung der Integralflächen durch eindeutige Funktionen

$$z = z(x_1, \ldots, x_n)$$

zu verzichten.

Wir denken uns vielmehr die Flächen in beliebiger Lage zum Koordinatensystem durch Gleichungen

(1) $$u(x_1, x_2, \ldots, x_n; z) = 0$$

dargestellt, lassen es dementsprechend dahingestellt, nach welcher Koordinate gerade im einzelnen Punkt die Auflösung möglich ist. Es ist also nur anzunehmen, daß in einem regulären Punkt nicht sämtliche ersten Ableitungen von u gleichzeitig verschwinden. Aus (1) ergibt sich durch Differentiation nach x_k

(2) $$u_{x_k} + u_z \frac{\partial z}{\partial x_k} = 0.$$

Setzen wir für den Augenblick

$$\bar{p}_k = \frac{\partial z}{\partial x_k}$$

$$u_{x_k} = p_k, \quad u_z = p_0, \quad z = x_0$$

und betrachten den Fall $u_z \neq 0$, der uns bisher allein interessierte, so ist

(3) $$\bar{p}_k = -\frac{p_k}{p_0}$$

und die Differentialgleichung

(4) $$f(x_1, \ldots, x_n; z; p_1, \ldots, p_n) = 0$$

wird, wie schon S. 308 bemerkt wurde, zu

(5) $$f\left(x_1, \ldots, x_n, x_0, -\frac{p_1}{p_0}, \ldots, -\frac{p_n}{p_0}\right) = 0.$$

Dies ist eine Differentialgleichung, die nur die unabhängigen Veränderlichen x und die Ableitungen von u enthält, in der aber u selbst nicht explizite vorkommt. Sie ist außerdem homogen von der nullten Dimension in den Abteilungen. Wenn wir uns also weiterhin mit der Theorie von Differentialgleichungen

(6) $$f(x_1, \ldots, x_n, p_1, \ldots, p_n) = 0,$$

welche die abhängige Veränderliche nicht explizit enthalten, befassen, so sind darin die Differentialgleichungen (4) bzw. (5) für einen um eins kleineren Wert von n enthalten. Die unabhängige Variable in (6) wollen wir wieder mit z bezeichnen, so daß in (6)

$$p_k = \frac{\partial z}{\partial x_k}$$

ist.

Außer dem schon erwähnten Vorzug, nämlich der Aufhebung der Sonderstellung der einen Raumkoordinate, sprechen noch einige weitere Momente für den in Aussicht genommenen Ansatz. Einmal läßt sich die nun folgende Theorie viel eleganter und einfacher entwickeln als bei explizitem Vorkommen der unbekannten Funktion. Des weiteren bietet sich in den Anwendungen in der Mechanik der Fall (6) unmittelbar dar. Aus diesen Gründen ziehen wir es vor, (6) als den allgemeinen Fall und (4) als den sich daraus für kleineres n ergebenden Spezialfall anzusehen, statt, wie es auch möglich wäre (6) als Spezialfall von (4) für das gleiche n anzusehen.

Zur Gleichung (6) gehören gewisse Differentialgleichungen für die charakteristischen Streifen:

(7) $$\frac{dx_k}{dt} = \frac{\partial f}{\partial p_k}, \quad \frac{dp_k}{dt} = -\frac{\partial f}{\partial x_k},$$

(8) $$\frac{dz}{dt} = \sum_{k=1}^{n} p_k \frac{\partial f}{\partial p_k}.$$

Da z in den Gleichungen (7) nicht vorkommt, so können diese Gleichungen (7), von (8) getrennt, für sich untersucht werden. Wir nennen sie die zu (6) gehörigen *kanonischen* Gleichungen.

§ 12. Kanonische Transformationen und Berührungstransformationen. 319

2. Kanonische Transformationen. Unsere Aufgabe ist es im folgenden, diejenigen Transformationen zu untersuchen, welche die Form der kanonischen Gleichungen ungeändert lassen. Wir nennen sie *kanonische Transformationen*. Es sind Transformationen

(9) $$\begin{aligned} X_k &= \varphi_k(x_1, \ldots, x_n; p_1, \ldots, p_n) \\ P_k &= \psi_k(x_1, \ldots, x_n; p_1, \ldots, p_n) \end{aligned} \quad (k = 1, 2, \ldots, n)$$

mit zweimal stetig differenzierbaren φ_k und ψ_k und mit einer Funktionaldeterminante, die in dem betrachteten Bereich der x und p nicht verschwindet. Es ist nämlich natürlich, alle unbekannten Funktionen der kanonischen Gleichungen (7) an der Transformation zu beteiligen. Durch die Transformation (9), deren Umkehrung durch

(10) $$\begin{aligned} x_k &= \Phi_k(X_1, \ldots, X_n; P_1, \ldots, P_n) \\ p_k &= \Psi_k(X_1, \ldots, X_n; P_1, \ldots, P_n) \end{aligned} \quad (k = 1, 2, \ldots, n)$$

gegeben sei, geht

(11) $$f(x_1, \ldots, x_n; p_1, \ldots, p_n)$$

in

(12) $$\begin{aligned} &F(X_1, \ldots, X_n; P_1, \ldots, P_n) \\ &= f(\Phi_1, \ldots, \Phi_n; \Psi_1, \ldots, \Psi_n) \end{aligned}$$

über, und wir verlangen, daß durch die Transformation (9) die kanonischen Gleichungen von f in die von F übergehen sollen, und zwar soll die Transformation (9) erst dann kanonisch heißen, wenn sie dies für beliebige Wahl von (11) leistet. f soll immer samt seinen partiellen Ableitungen der beiden ersten Ordnungen in dem zu betrachtenden Bereiche stetig sein. Wir definieren also:

Eine Transformation (9) *heißt kanonisch, wenn sie die kanonischen Gleichungen von f in die von F überführt, wo F durch* (12) *erklärt ist, und zwar bei beliebiger Wahl von f.*

Wir verzichten also darauf, auch solche Transformationen zu untersuchen, die nur für *gewisse* f das gleiche leisten. Bezeichnet man die in den kanonischen Gleichungen vorkommenden Ableitungen nach t durch beigesetzte Striche, bezeichnet man ferner die Ableitungen nach x_λ oder X_λ durch einen unten beigesetzten Index λ, und zwar durch den an zweiter Stelle stehenden, wenn eine schon mit einem Index versehne Funktion zu differenzieren ist, und bezeichnet man endlich die Differentiation nach p_λ oder P_λ durch den unten an erster oder zweiter Stelle angefügten Index $n + \lambda$, so bekommt man

(13) $$\begin{aligned} X'_k &= \sum_{\lambda=1}^{n} (\varphi_{k\lambda} x'_\lambda + \varphi_{k, n+\lambda} p'_\lambda) \\ P'_k &= \sum_{\lambda=1}^{n} (\psi_{k\lambda} x'_\lambda + \psi_{k, n+\lambda} p'_\lambda) \end{aligned} \quad (k = 1, 2, \ldots, n)$$

III. Partielle Differentialgleichungen erster Ordnung.

(14)
$$F_k = \sum_{\lambda=1}^{n}(f_\lambda \Phi_{\lambda k} + f_{n+\lambda} \Psi_{\lambda k})$$
$$F_{n+k} = \sum_{\lambda=1}^{n}(f_\lambda \Phi_{\lambda, n+k} + f_{n+\lambda} \Psi_{\lambda, n+k})$$
$(k = 1, 2, \ldots, n).$

Daher wird

(15)
$$X'_k - F_{n+k} = \sum_{\lambda=1}^{n}(x'_\lambda - f_{n+\lambda}) \Psi_{\lambda, n+k}$$
$$- \sum_{\lambda=1}^{n}(p'_\lambda + f_\lambda) \Phi_{\lambda, n+k}$$
$$+ \sum_{\lambda=1}^{n} x'_\lambda (\varphi_{k\lambda} - \Psi_{\lambda, n+k})$$
$$+ \sum_{\lambda=1}^{n} p'_\lambda (\varphi_{k, n+\lambda} + \Phi_{\lambda, n+k}).$$

(16)
$$P'_k + F_k = - \sum_{\lambda=1}^{n}(x'_\lambda - f_{n+\lambda}) \Psi_{\lambda k}$$
$$+ \sum_{\lambda=1}^{n}(p'_\lambda + f_\lambda) \Phi_{\lambda k}$$
$$+ \sum_{\lambda=1}^{n} x'_\lambda (\psi_{k\lambda} + \Psi_{\lambda k})$$
$$+ \sum_{\lambda=1}^{n} p'_\lambda (\psi_{k, n+\lambda} - \Phi_{\lambda, k}).$$

Sollen nun die kanonischen Gleichungen von f in die von F übergehen, so müssen in (15) und (16) rechts die an dritter und vierter Stelle stehenden Summen stets dann verschwinden, wenn (7) gilt, d. h. wenn $x'_k = f_{n+k}$, $p'_k = - f_k$ gilt. Da aber f beliebig gewählt werden darf, so müssen die dritten und vierten Summanden bei beliebiger Wahl von x'_λ, p'_λ verschwinden. Daher ergibt sich:

Eine Transformation (9), (10), *mit nicht verschwindender Funktionaldeterminante ist dann und nur dann kanonisch, wenn*

(17)
$$\frac{\partial \varphi_k}{\partial x_\lambda} = \frac{\partial \Psi_\lambda}{\partial P_k}, \quad \frac{\partial \varphi_k}{\partial p_\lambda} = - \frac{\partial \Phi_\lambda}{\partial P_k}$$
$$\frac{\partial \psi_k}{\partial x_\lambda} = - \frac{\partial \Psi_\lambda}{\partial X_k}, \quad \frac{\partial \psi_k}{\partial p_\lambda} = \frac{\partial \Phi_\lambda}{\partial X_k}$$
$(\lambda, k = 1, 2, \ldots, n)$

ist.

Auch ergibt sich nach (17) aus (13) und (14):

Eine Transformation (9), (10) *mit nicht verschwindender Determinante ist dann und nur dann kanonisch, wenn die*

(18)
$$- x'_k \qquad p'_k$$

§ 12. Kanonische Transformationen und Berührungstransformationen.

die gleiche Transformation erfahren wie die

(19) $$\frac{\partial f}{\partial p_k}, \quad \frac{\partial f}{\partial x_k},$$

und zwar bei beliebiger Wahl von f oder, wie wir in üblicher Weise sagen wollen, wenn die beiden Größenreihen (18), (19) *kogredient transformiert werden.*

Wir haben nun gleich auch kontragrediente lineare Transformationen zu betrachten. Die unabhängigen Veränderlichen ξ_k, η_k mögen in $\bar{\xi}_k$, $\bar{\eta}_k$ linear transformiert werden ($k = 1, 2, \ldots, n$) derart, daß

(20) $$\sum_{k=1}^{n} \xi_k \eta_k = \sum_{k=1}^{n} \bar{\xi}_k \bar{\eta}_k.$$

Dann sagen wir, die beiden linearen Transformationen seien kontragredient.

Trägt man in (12) für die x und p beliebige zweimal stetig differenzierbare Funktionen eines Parameters τ ein und differenziert dann (12) nach demselben, was durch aufgesetzte Punkte bezeichnet sei, so erhält man

(21) $$\sum_{k=1}^{n} \frac{\partial f}{\partial x_k} \dot{x}_k + \sum_{k=1}^{n} \frac{\partial f}{\partial p_k} \dot{p}_k$$
$$= \sum_{k=1}^{n} \frac{\partial F}{\partial X_k} \dot{X}_k + \sum_{k=1}^{n} \frac{\partial F}{\partial P_k} \dot{P}_k.$$

Nach (20) werden also die

(22) $$\dot{x}_k, \quad \dot{p}_k$$

kontragredient zu den

(23) $$\frac{\partial f}{\partial x_k}, \quad \frac{\partial f}{\partial p_k}$$

transformiert. Sie werden also nach (18), (19) auch kontragredient zu den

(24) $$p'_k, \quad -x'_k$$

transformiert. *Daher gilt wegen* (20)

(25) $$\sum_{k=1}^{n}(P'_k \dot{X}_k - \dot{P}_k X'_k) = \sum_{k=1}^{n}(p'_k \dot{x}_k - \dot{p}_k x'_k)$$

für jede kanonische Transformation. Umgekehrt ist aber auch jede Transformation, für die (25) *bei beliebiger Wahl der* $x_k(\tau)$, $p_k(\tau)$ *und bei beliebiger Wahl von f, d. h. bei beliebiger Wahl der* x'_k, $\dot{x}_k$, p'_k, $\dot{p}_k$ *gilt, kanonisch.* Denn (25) besagt, daß (22) und (24) kontragredient transformiert werden. Wegen (21) werden (22) und (23) bei beliebigen f kontragredient transformiert und daher werden (18) und (19) kogredient transformiert. Daher ist die Transformation kanonisch.

Trägt man in (25) eine einparametrige Schar von Charakteristiken von f ein, setzt also $x_k = x_k(t,\tau)$, $p_k = p_k(t,\tau)$, so daß τ der Scharparameter ist und die x_k, p_k zweimal stetig differenzierbar sind, so folgt die Existenz einer zweimal stetig differenzierbaren Funktion $\Phi(t,\tau)$ derart, daß

(26) $$\sum_{k=1}^{n}(P_k X_k' - p_k x_k') = \Phi',\quad \sum_{k=1}^{n}(P_k \dot{X}_k - p_k \dot{x}_k) = \dot{\Phi}$$

ist. Denn (25) besagt, daß

(27) $$\frac{d}{d\tau}\sum_{k=1}^{n}(P_k X_k' - p_k x_k') = \frac{d}{dt}\sum_{k=1}^{n}(P_k \dot{X}_k - p_k \dot{x}_k)$$

ist. Umgekehrt folgt (27) aus (26) und (27) ist mit (25) gleichbedeutend. Daher haben wir das Ergebnis:

Eine Transformation (9), (10) *mit nicht verschwindender Funktionaldeterminante ist dann und nur dann kanonisch, wenn es für jede Wahl der* $x_k(\tau)$, $p_k(\tau)$ *eine Funktion* Φ *gibt, für die* (26) *gilt.*

Hier kann nun aber die Beifügung „mit nicht verschwindender Funktionaldeterminante" weggelassen werden. Denn *wenn zu Funktionen* (10) *eine* Φ *gehört, so daß* (26) *gilt, so ist die Funktionaldeterminante von Null verschieden,* wie wir jetzt zeigen wollen.

Zunächst ergibt sich aus (26) auch jetzt wieder (27) und daraus (25). Nun wende man (25) unter der Annahme an, daß die aufgesetzten Punkte Ableitung nach x_λ oder p_λ bedeuten. Dann wird

(28) $$p_\lambda' = \sum_{k=1}^{n}\left(P_k'\frac{\partial X_k}{\partial x_\lambda} - X_k'\frac{\partial P_k}{\partial x_\lambda}\right)$$
$$x_\lambda' = \sum_{k=1}^{n}\left(-P_k'\frac{\partial X_k}{\partial p_\lambda} + X_k'\frac{\partial P_k}{\partial p_\lambda}\right).$$

Dies sind somit die hiernach eindeutig bestimmten Auflösungen der Gleichungen (13). Das Produkt der Determinanten von (13) und (28) ist Eins, wie man durch Einsetzen von (28) in (13) erkennt. Daher ist die Funktionaldeterminante von Null verschieden. Beachtet man noch, daß die Determinante von (28) der von (13) gleich ist, weil sie durch gewisse Vertauschungen und Vorzeichenänderungen aus jener hervorgeht, so erkennt man, daß die Funktionaldeterminante einer kanonischen Transformation stets ± 1 ist. Dies hätte man auch aus (17) ablesen können, doch dort nur mit der hier beseitigten Voraussetzung einer nicht verschwindenden Funktionaldeterminante.

Man kann auch noch zeigen, daß die Funktionaldeterminante stets $+1$ ist. Man vgl. dazu z. B. GOURSAT[1].

---

[1] Leçons sur le problème de Pfaff. S. 204, Paris 1922.

§ 12. Kanonische Transformationen und Berührungstransformationen.

Betrachten wir nun zwei stetig differenzierbare Funktionen
$$g(x_1, \ldots, x_n;\ p_1, \ldots, p_n)$$
$$h(x_1, \ldots, x_n;\ p_1, \ldots, p_n),$$
die durch (10) in

(29)
$$G(X_1, \ldots, X_n;\ P_1, \ldots, P_n)$$
$$= g(\Phi_1, \ldots, \Phi_n;\ \Psi_1, \ldots, \Psi_n)$$
$$H(X_1, \ldots, X_n;\ P_1, \ldots, P_n)$$
$$= h(\Phi_1, \ldots, \Phi_n;\ \Psi_1, \ldots, \Psi_n)$$

übergehen mögen.

Die
$$\frac{\partial g}{\partial x_k} \quad \frac{\partial g}{\partial p_k}$$
werden kontragredient zu
$$x'_k \quad p'_k$$
transformiert, und diese, falls sie die Ableitungen der Charakteristiken von $f = 0$ sind, kogredient zu
$$\frac{\partial f}{\partial p_k},\quad -\frac{\partial f}{\partial x_k}.$$

Daher ist

(30)
$$\sum_{k=1}^{n}\left(\frac{\partial G}{\partial X_k}\frac{\partial F}{\partial P_k} - \frac{\partial G}{\partial P_k}\frac{\partial F}{\partial X_k}\right)$$
$$= \sum_{k=1}^{n}\left(\frac{\partial g}{\partial x_k}\frac{\partial f}{\partial p_k} - \frac{\partial g}{\partial p_k}\frac{\partial f}{\partial x_k}\right).$$

Wir setzen ähnlich wie S. 310 abkürzend
$$(g, f) = \sum_{k=1}^{n}\left(\frac{\partial g}{\partial x_k}\frac{\partial f}{\partial p_k} - \frac{\partial g}{\partial p_k}\frac{\partial f}{\partial x_k}\right)$$

und können dann für (30) auch schreiben

(31) $$(G, F) = (g, f).$$

Das Bestehen von (31) für beliebige g, h ist nun aber auch wieder hinreichend dafür, daß die Transformation (9), (10) mit nichtverschwindender Funktionaldeterminante kanonisch ist. Denn (30) besagt, daß

(32)
$$\frac{\partial g}{\partial x_k} \quad \frac{\partial g}{\partial p_k}$$
kontragredient zu
$$\frac{\partial f}{\partial p_k},\quad -\frac{\partial f}{\partial x_k}$$

transformiert werden. Zieht man die Charakteristiken von $f = 0$ heran, so folgt aus (7), daß

$$\frac{\partial h}{\partial p_k}, \quad -\frac{\partial h}{\partial x_k}$$

kontragredient zu

(33) $$p'_k, \quad -x'_k$$

transformiert werden. Also werden tatsächlich (32) und (33) kogredient transformiert. Daher ist die Transformation kanonisch.

Setzt man in (30) für g und f die Funktionen φ_k, ψ_k ein, so erhält man

(34)
$$\begin{aligned}(\varphi_i, \varphi_k) &= 0 \\ (\psi_i, \psi_k) &= 0 \\ (\varphi_i, \psi_k) &= 0 \\ (\varphi_i, \psi_i) &= 1\end{aligned} \quad \begin{aligned}&(i \neq k)\\ &\\ &\\ &(i, k = 1, 2, \ldots, n).\end{aligned}$$

Dies sind wieder notwendige Bedingungen dafür, daß die (9) eine kanonische Transformation darstellen. Sie sind aber für Funktionen X, P mit nicht verschwindender Funktionaldeterminante auch hinreichend. Man berechne zum Beweis nach (29) die

$$\frac{\partial G}{\partial X_k}, \quad \frac{\partial G}{\partial P_k}, \quad \frac{\partial F}{\partial X_k}, \quad \frac{\partial F}{\partial P_k}$$

und trage sie in

$$(G, F)$$

ein und beachte (34); damit findet man wieder (31).

Nun nehme man an, daß es eine zweimal stetig differenzierbare Funktion $\varphi(x \ldots x_n; p \ldots p_n)$ gibt, für die nach Eintragung der $x_k(t, \tau), p_k(t, \tau)$ (26) gilt. Dann kann man die (9) noch durch

(35) $$Z = z - \Phi$$

ergänzen. Dann wird

(36) $$Z' - \sum P_k X'_k = z' - \sum p_k x'_k.$$

Daher sind die P_k die Ableitungen von Z nach den X_k, wenn für p_k die Ableitungen von z nach den x_k genommen werden.

Transformationen, die der Bedingung (36) genügen, rechnet man zu den *Berührungstransformationen*, weil (36) u. a. sagt, daß jeder Streifen in einen Streifen übergeht.

3. Beispiele. Ich gebe einige *Beispiele von kanonischen Transformationen* an.

(37) $$\begin{aligned}X_k &= p_k \\ P_k &= -x_k\end{aligned}$$

definiert eine solche kanonische Transformation. Denn es ist

$$\sum P_k X'_k - \sum p_k x'_k = -\frac{d}{dt} \sum x_k p_k.$$

§ 12. Kanonische Transformationen und Berührungstransformationen.

Geometrisch bedeutet diese Transformation den Übergang von Punkt- zu Ebenenkoordinaten. Man nennt sie auch die EULERsche Transformation.

Ein weiteres Beispiel einer kanonischen Transformation ist die folgende von POINCARÉ angegebene:

$$(38) \qquad \begin{aligned} x_k &= \sqrt{2 X_k} \cos P_k \\ p_k &= \sqrt{2 X_k} \sin P_k \end{aligned} \qquad (k = 1, 2, \ldots, n).$$

Es ist nämlich

$$p'_k \dot{x}_k - \dot{p}_k x'_k = P'_k \dot{X}_k - \dot{P} X'_k.$$

Bedeutet weiter

$$(39) \qquad \Omega(x_1, \ldots, x_n; X_1, \ldots, X_n)$$

eine beliebige zweimal stetige Funktion der x, X, so wird durch

$$(40) \qquad \begin{aligned} p_i &= -\frac{\partial \Omega}{\partial x_i} \\ P_i &= \frac{\partial \Omega}{\partial X_i} \end{aligned} \qquad (i = 1, 2, \ldots, n)$$

eine kanonische Transformation definiert, sofern

$$(41) \qquad \left|\frac{\partial^2 \Omega}{\partial x_i \partial X_k}\right| \neq 0$$

ist. Es ist nämlich

$$(42) \qquad \sum P_i X'_i - \sum p_i x'_i = \Omega'.$$

Freilich ist hier Ω anders wie in (26) eine Funktion der x, X. Aber man kann wegen (41) die X aus den n ersten Gleichungen (40) durch die p, x ausdrücken und in (39) eintragen.

Um aus (42) auf (40) schließen zu können, müssen die X' von den x' unabhängig sein. Diese Bemerkung führt zu einer Erweiterung des Ansatzes.

Man nehme nämlich an, daß zwischen den x, X die folgenden ν Relationen

$$(43) \qquad \Omega_k(x_1, \ldots, x_n; X_1, \ldots, X_n) = 0 \qquad (k = 1, 2, \ldots, \nu)$$

bestehen. Sie mögen voneinander unabhängig sein, d. h. der Rang von

$$(44) \qquad \left(\frac{\partial \Omega_k}{\partial Y_i}\right) \qquad \begin{pmatrix} i = 1, \ldots, n \\ k = 1, \ldots, \nu \end{pmatrix}$$

möge ν sein.

Dann hat man die Relationen

$$(45) \qquad \sum_{i=1}^{n} \frac{\partial \Omega_k}{\partial X_i} X'_i + \sum_{i=1}^{n} \frac{\partial \Omega_k}{\partial x_i} x'_i = 0 \qquad (k = 1, 2, \ldots, \nu).$$

III. Partielle Differentialgleichungen erster Ordnung.

Man setze mit zunächst noch unbestimmten Funktionen λ_k an:

(46)
$$P_i = \frac{\partial \Omega}{\partial X_i} - \sum_{k=1}^{\nu} \lambda_k \frac{\partial \Omega_k}{\partial X_i}$$
$$p_i = -\frac{\partial \Omega}{\partial x_i} + \sum_{k=1}^{\nu} \lambda_k \frac{\partial \Omega_k}{\partial x_i} \qquad (i = 1, \ldots, n).$$

Diese Gleichungen zusammen mit (43) definieren eine kanonische Transformation stets dann, wenn sie überhaupt eine Transformation bestimmen; jedenfalls kann man wegen der Annahme über (44) die λ_k aus der ersten Zeile von (46) ermitteln. Dann ergeben die (43) und die übrigen $n - \nu$ Gleichungen der ersten Zeile von (46) immer noch n Gleichungen für die x. Daß eine kanonische Transformation vorliegt, folgt aus (46). Denn es ist

$$\sum (P_i X_i' - p_i x_i') = \Omega' - \sum_{1}^{\nu} \lambda_k \Omega_k' = \Omega',$$

weil nach (43) die $\Omega_k = 0$ sind.

Wenn z. B. $\nu = 1$ ist, also nur eine Relation (43) besteht, so gehen die einem Punkte x angehörigen Elemente in die Elemente X, P über, welche der Fläche $\Omega_1(x, X) = 0$ angehören.

Jeder Punkt x geht also kurz gesagt in eine Fläche über. Bestehen z. B. für drei unabhängige Variable zwei Relationen

$$\Omega_1 = 0, \qquad \Omega_2 = 0,$$

so wird jedem Punkt x eine Kurve X zugeordnet.

Bestehen endlich bei drei unabhängigen Variablen drei Relationen, so liegen Punkttransformationen vor.

Man entnimmt dann unserer eben abgeschlossenen Betrachtung, wie man eine Punkttransformation zur kanonischen Transformation erweitert. In diesem Falle sind nämlich durch (43) die X als Funktionen der x gegeben.

Man nehme etwa

$$\Omega_k \equiv X_k - \Phi_k(x_1, \ldots, x_n) \qquad (k = 1, 2, \ldots, n)$$
$$\Omega \equiv 0$$

an. Dann folgt aus (46)

$$\lambda_k = -P_k$$

und

$$p_i = \sum_{k=1}^{\nu} P_k \frac{\partial \Phi_k}{\partial x_i},$$

woraus man die Darstellung der P_k durch die x, p ablesen kann. Im Falle linearer Φ erleiden also, wie es sein muß, die P die zu den X kontragrediente Transformation.

§ 12. Kanonische Transformationen und Berührungstransformationen.

4. Berührungstransformationen. Die bisher betrachteten kanonischen Transformationen fallen als Spezialfall unter den allgemeinen Begriff der *Berührungstransformation*. Darunter versteht man Transformationen der x, z, p in die X, Z, P, die Streifen in Streifen überführen, für die also eine nichtverschwindende Funktion
$$\varrho\,(x_1, \ldots, x_n;\, p_1, \ldots, p_n)$$
existiert, derart, daß
(47) $$Z' - \sum P_k X_k' = \varrho\,(z' - \sum p_k x_k')$$
gilt. Die bisher von uns betrachteten Transformationen sind vor allem dadurch ausgezeichnet, daß in den Transformationsformeln
(48) $$\begin{aligned}Z &= \varphi\,(x_1, \ldots, x_n;\, z;\, p_1, \ldots, p_n)\\ X_k &= \varphi_k(x_1, \ldots, x_n;\, z;\, p_1, \ldots, p_n) \quad (k = 1, 2, \ldots, n)\\ P_k &= \psi_k(x_1, \ldots, x_n;\, z;\, p_1, \ldots, p_n)\end{aligned}$$
die φ_k und ψ_k von z unabhängig sind. *Dann ist aber notwendig*
$$\varrho = \mathrm{konst.}$$

Bezieht man nämlich in (47) die Striche auf eine Differentiation nach z, so folgt
(49) $$\varrho = \frac{\partial Z}{\partial z} = \frac{\partial \varphi}{\partial z}.$$
Bezieht man die Striche auf eine Differentiation nach p_λ, so erhält man rechts Null und daher lehrt (47), daß
(50) $$\frac{\partial \varphi}{\partial p_\lambda} = \sum \psi_k \frac{\partial \varphi_k}{\partial p_\lambda}.$$
Differenziert man (50) nach z und beachtet, daß die rechte Seite von z unabhängig ist, so bekommt man
$$\frac{\partial \varrho}{\partial p_\lambda} = \frac{\partial}{\partial p_\lambda}\left(\frac{\partial \varphi}{\partial z}\right) = \frac{\partial}{\partial z}\left(\frac{\partial \varphi}{\partial p_\lambda}\right) = 0$$
und daher ist ϱ von p_λ unabhängig.

Bezieht man die Striche in (47) auf eine Differentiation nach x_λ, so folgt
(51) $$\frac{\partial \varphi}{\partial x_\lambda} - \sum \psi_k \frac{\partial \varphi_k}{\partial x_\lambda} = -\varrho\, p_\lambda.$$
Differenziert man (51) nach p_λ, so kommt rechts nach dem eben Bewiesenen $-\varrho$ heraus; links kann man $\dfrac{\partial^2 \varphi}{\partial x_\lambda \partial p_\lambda}$ aus (50) durch Differentiation nach x_λ ausdrücken. Daher läßt sich ϱ allein durch die φ_k und die ψ_k und ihre Ableitungen ausdrücken, hängt also von z nicht ab. Differenziert man nun (51) nach z, so erhält man
(52) $$\frac{\partial}{\partial z}\left(\frac{\partial \varphi}{\partial x_\lambda}\right) = 0$$

oder es ist auch
$$\frac{\partial}{\partial x_\lambda}\left(\frac{\partial \varphi}{\partial z}\right) = \frac{\partial \varrho}{\partial x_\lambda} = 0.$$

Also hängt ϱ auch von x_λ nicht ab. Daher ist ϱ konstant.

Wir sehen aber auch aus (52), daß
$$\frac{\partial \varphi}{\partial x_\lambda}$$
von z unabhängig ist. Daher ist

(53) $\quad Z = \varrho z + \Phi(x_1, \ldots, x_n; p_1, \ldots, p_n).$

Die Konstanz von ϱ ermöglicht es, die eben betrachteten Berührungstransformationen auf die kanonischen zu reduzieren. Setzt man nämlich
$$\xi_k = x_k$$
$$\pi_k = \varrho p_k$$
$$\zeta = \varrho z,$$
so wird nach (47) und (53)
$$Z' - \sum P_k X_k' = \zeta' - \sum \pi_k \xi_k'$$
$$Z = \zeta + \Phi\left(\xi_1, \ldots, \xi_n; \frac{\pi_1}{\varrho}, \ldots, \frac{\pi_n}{\varrho}\right)$$
$$= \zeta + \Psi(\xi_1, \ldots, \xi_n; \pi_1, \ldots, \pi_n).$$
Also
$$\sum P_k X_k' = \sum \pi_k \xi_k' + \psi'.$$

Auch die allgemeinsten durch (47), (48) definierten Berührungstransformationen kann man auf die kanonischen Transformationen reduzieren, wenn man die Zahl der x und p um je eine vermehrt.

Man setze nämlich
$$z = x_0, \quad Z = X_0, \quad p_\nu = -\frac{y_\nu}{y_0}, \quad P_\nu = -\frac{Y_\nu}{Y_0}, \quad \varrho = \frac{y_0}{Y_0}.$$

Dann wird (47), (48) zu
$$Y_0 X_0' + Y_1 X_1' + \cdots + Y_n X_n' = y_0 x_0' + \cdots + y_n x_n'$$
$$X_0 = \varphi\left(x_1, \ldots, x_n; x_0; -\frac{y_1}{y_0}, \ldots, -\frac{y_n}{y_0}\right)$$
$$X_k = \varphi_k\left(x_1, \ldots, x_n; x_0; -\frac{y_1}{y_0}, \ldots, -\frac{y_n}{y_0}\right)$$
$$Y_0 = \frac{y_0}{\varrho}$$
$$Y_k = -\psi_k\left(x_1, \ldots, x_n; x_0; -\frac{y_1}{y_0}, \ldots, -\frac{y_n}{y_0}\right) \cdot \frac{y_0}{\varrho}. \quad (k = 1, \ldots, n).$$

Man kann daher die Theorie der allgemeinen Berührungstransformationen aus der Theorie der kanonischen Transformationen ent-

§ 12. Kanonische Transformationen und Berührungstransformationen.

nehmen, statt sie direkt in Analogie zu der der kanonischen Transformationen herzuleiten.

Der eben betrachtete Übergang entspricht durchaus dem zu Beginn dieses Paragraphen an Hand der partiellen Differentialgleichungen dargelegten.

Durch diesen Ansatz findet man, daß bei einer Berührungstransformation, die
$$x'_\nu, \quad p'_\nu$$
kogredient zu
$$\frac{\partial f}{\partial p_\nu}, \quad -\frac{df}{dx_\nu}$$
und kontragredient zu
$$\frac{df}{dx_\nu}, \quad \frac{\partial f}{\partial p_\nu}$$
transformiert werden, daß also die charakteristischen Gleichungen von
$$F(X_k, Z, P_k) = 0$$
in die von
$$f(x_k, z, p_k) \equiv F(\varphi_k, \varphi, \psi_k) = 0$$
übergehen, sowie daß
$$[g, f] = \varrho\,[G, F]$$
ist.

5. Gruppen von kanonischen Transformationen. Zu einer Differentialgleichung (6) gehört ein System kanonischer Differentialgleichungen

(54) $$\frac{dx_k}{dt} = \frac{\partial f}{\partial p_k}, \quad \frac{dp_k}{dt} = -\frac{\partial f}{\partial x_k} \qquad (k = 1, \ldots, n).$$

Für einen gewissen Bereich der x, p gilt der Existenzsatz für Systeme von Differentialgleichungen, wenn man annimmt, daß f mit seinen Ableitungen der drei ersten Ordnungen stetig ist. Schreibt man daher für $t = 0$ die Werte X_k, P_k der x_k, p_k vor, so werden

(55) $$\begin{aligned} x_k &= \Phi_k(t, X_1, \ldots, X_n; P_1, \ldots, P_n) \\ p_k &= \Psi_k(t, X_1, \ldots, X_n; P_1, \ldots, P_n) \end{aligned} \qquad (k = 1, 2, \ldots, n).$$

Die Gleichungen (55) definieren dann für jedes genügend kleine t kanonische Transformationen, die nach S. 56 eine Gruppe bilden. Für $t = 0$ kommt die identische Transformation heraus. Die Φ_k, Ψ_k sind nämlich nach unserer Annahme über f samt den Ableitungen der beiden ersten Ordnungen stetig. Man denke sich für die X_k, P_k irgendwelche zweimal stetige differenzierbare Funktionen von τ eingesetzt, So werden die x_k, p_k Funktionen von t und τ. Bedeuten wieder Punkte Ableitung nach τ, Striche Ableitung nach t, so gilt

$$\frac{d}{dt} \sum_{k=1}^{n} (\dot{p}_k x'_k - p'_k \dot{x}_k) = 0.$$

Denn es ist

$$\frac{d}{dt}\sum_{k=1}^{n}(\dot{p}_k x'_k - p'_k \dot{x}_k) = \frac{d}{dt}\sum_{k=1}^{n}\left(\dot{p}_k \frac{df}{dp_k} + \dot{x}_k \frac{df}{dx_k}\right)$$

$$= \frac{d}{d\iota}\left(\frac{df}{d\tau}\right) = \frac{d}{d\tau}\left(\frac{df}{dt}\right) = 0,$$

weil f längs den Charakteristiken (55) konstant ist.

Bezeichnet man die Werte der $\dot{x}_k, x'_k$ usw. an zwei beliebigen t-Stellen mit $\dot{x}_k, x'_k$ usw. und $\dot{X}_k, X'_k$ usw., so ist

$$\sum_{k=1}^{n}(\dot{p}_k x'_k - p'_k \dot{x}_k) = \sum_{k=1}^{n}(\dot{P}_k X'_k - P'_k \dot{X}_k).$$

Die Transformation ist also kanonisch.

6. Vollständige Integrale. Kanonische Transformationen sind auch eng mit dem vollständigen Integral von (6) verknüpft. Sei

(55) $\qquad z \equiv V(x_1, x_2, \ldots, x_n; X_1, \ldots, X_n)$

ein solches, so daß

(56) $\qquad \begin{aligned} p_1 &= \frac{\partial V}{\partial x_1}(x_1, \ldots, x_n; X_1, \ldots, X_n) \\ &\vdots \\ p_n &= \frac{\partial V}{\partial x_n}(x_1, \ldots, x_n; X_1, \ldots, X_n) \end{aligned}$

nach den $X_1, \ldots, X_n$ auflösbar ist. Dann ist (56) zusammen mit

(57) $\qquad P_k = -\frac{\partial V}{\partial X_k}(x_1, \ldots, x_n; X_1, \ldots, X_n)$

eine kanonische Transformation. Denn es ist

$$\sum p_k x'_k - \sum P_k X'_k = V'.$$

Da aber die Gleichung (6) durch (56) identisch in den x, P befriedigt wird, so wird die Transformierte von f, d. i. $F \equiv 0$. Und von F sind die transformierten kanonischen Gleichungen zu bilden. Man erhält nämlich F aus f, indem man in dieses (56) einträgt und darin noch die aus (57) errechneten x einsetzt. Die neuen kanonischen Gleichungen werden daher

$$\frac{dX_k}{dt} = 0, \qquad \frac{dP_k}{dt} = 0.$$

Also

$$X_k = a_k, \qquad P_k = b_k \qquad (k = 1, 2, \ldots, n),$$

wo a_k, b_k Konstanten sind, werden die Lösungen der neuen kanonischen Gleichungen. Man erhält daher die Lösungen der alten kanonischen Gleichungen, indem man in (56), (57) die X_k, P_k als Integrationskonstanten ansieht. Wir haben bei dieser Überlegung den Begriff des vollständigen Integrals etwas anders gefaßt als auf S. 303, indem wir jetzt

§ 12. Kanonische Transformationen und Berührungstransformationen. 331

annahmen, daß man (56) nach den X_k auflösen könne. Dies wird bei der früheren Definition des vollständigen Integrals nicht stets der Fall sein. Dann geben (56), (57) auch keine kanonische Transformation.

Man kann mit Hilfe der Theorie der Berührungstransformationen auch das S. 307 gewonnene Ergebnis über die Integration der charakteristischen Differentialgleichungen mit Hilfe eines vollständigen Integrals wiederfinden. Ich begnüge mich mit der folgenden kurzen Andeutung.

(58) $$z = V(x_1, \ldots, x_n, P_1, \ldots, P_n)$$

sei ein vollständiges Integral von

$$f(x_1, \ldots, x_n, z, p_1, \ldots, p_n) = 0.$$

Es soll also möglich sein, die Gleichungen (58) und

(59) $$p_1 = \frac{\partial V}{\partial x_1}, \ldots, p_n = \frac{\partial V}{\partial x_n}$$

für die $f = 0$ genügenden x, z, p aus einem gewissen Bereich nach den p aufzulösen. Für n der $n + 1$ Gleichungen (58), (59) sei die zugehörige Funktionaldeterminante von Null verschieden. Die Ableitungen der beiden ersten Ordnungen seien für V stetig. Wir setzen

(60) $$X_1 = \frac{\partial V}{\partial P_1}, \ldots, X_n = \frac{\partial V}{\partial P_n},$$

(61) $$\Phi = X_1 P_1 + X_2 P_2 + \cdots + X_n P_n,$$

(62) $$Z = z - V + \Phi.$$

Dann ist durch (59), (60), (62) eine Berührungstransformation erklärt. Die transformierte Differentialgleichung gewinnt man durch Elimination von $p_1, \ldots, p_n$ aus (58), (60) und (62).

Dieselbe wird

(63) $$Z = X_1 P_1 + \cdots + X_n P_n,$$

also eine CLAIRAUTsche Differentialgleichung. Die transformierten charakteristischen Differentialgleichungen werden daher

$$X'_i = -X_i$$
$$Z' = -Z$$
$$P'_i = 0 \qquad (i = 1, 2, \ldots, n).$$

Also werden die Charakteristiken

(64) $$\begin{cases} X_k + m_k X_n = 0 & (k = 1, \ldots, n-1) \\ Z + m X_1 = 0 \\ \quad P_i = a_i & (i = 1, 2, \ldots n) \end{cases}$$

wo die a_i, m_k und m willkürliche Konstanten sind. Für die Integralstreifen liefert (63) insbesondere

(65) $$m = -a_1 + a_2 m_2 + a_3 m_3 + \cdots + a_n m_n.$$

III. Partielle Differentialgleichungen erster Ordnung.

Daher werden die Lösungen der ursprünglichen zu $f(x, y, z, p, q) = 0$ gehörigen charakteristischen Differentialgleichungen gegeben durch (59) und durch

(66) $\begin{cases} \dfrac{\partial V}{\partial P_k} m_k + \dfrac{\partial V}{\partial P_n} = 0 \qquad k = 1, \ldots, n-1) \\ z - V(x_1, \ldots, x_n, a_1, \ldots, a_n) + a_1 \dfrac{\partial V}{\partial P_1} + \cdots + a_n \dfrac{\partial V}{\partial P_n} + m \dfrac{\partial V}{\partial P_1} = 0. \end{cases}$

Insbesondere werden also die charakteristischen *Integralstreifen* gegeben durch

(67) $\begin{cases} \dfrac{\partial V}{\partial a_k} + m_k \dfrac{\partial V}{\partial a_n} = 0 & (k = 1, \ldots, n-1) \\ z - V(x_1, \ldots, x_n, a_1, \ldots, a_n) = 0 \\ p_i = \dfrac{\partial V(x, a)}{\partial x_i} & (i = 1, 2, \ldots, n). \end{cases}$

Bemerkung. Ein Leser, der sich über die hier besprochenen Dinge aus der HAMILTON-JACOBIschen Theorie noch weiter informieren will, sei auch auf das Buch von WHITTAKER, Analytische Dynamik, aus dieser Sammlung verwiesen. In der Dynamik liegt auch das Hauptanwendungsgebiet der kanonischen Transformationen vor. Es sind dort praktische Zwecke der Umformung der Integrationsprobleme, die die kanonischen Transformationen als sehr nützlich erscheinen lassen. Für Fragen mehr prinzipieller Erkenntnis wird davon nur ein bescheidener Gebrauch gemacht.

§ 13. Systeme gewöhnlicher linearer Differentialgleichungen mit konstanten Koeffizienten.

1. Rechnen mit Differentialausdrücken. Differentialgleichungen n-ter Ordnung. Die Theorie solcher Systeme ist ganz unabhängig von den übrigen Erörterungen dieses Kapitels über Systeme von Differentialgleichungen. Es handelt sich wesentlich um eine Verallgemeinerung des Ansatzes, den wir auch bei den linearen Differentialgleichungen zweiter Ordnung mit konstanten Koeffizienten auf S. 153 ff. verwendeten. CAMILLE JORDAN hat in Erweiterung jenes Ansatzes das folgende elegante Verfahren ersonnen. Es sei zunächst eine einzelne lineare Differentialgleichung n-ter Ordnung für die unbekannte Funktion z vorgelegt:

(1) $\qquad a_0 \dfrac{d^n z}{d t^n} + \cdots + a_n z = 0,$

wo $a_0, \ldots, a_n$ Konstanten sind. Für die Methode ist ein ausgiebiges Rechnen mit Differentialausdrücken charakteristisch. Wir bezeichnen mit
$$Dz$$
den auf der linken Seite von (1) stehenden Differentialausdruck. Wir nennen Dz das (symbolische) Produkt von

(1') $\qquad D \equiv a_0 \dfrac{d^n}{d t^n} + \cdots + a_n$

§ 13. Systeme gewöhnlicher linearer Differentialgleichungen.

und z. Analog erklären wir das (symbolische) Produkt
$$D \cdot D_1,$$
wo
$$D_1 \equiv b_0 \frac{d^m}{dt^m} + \cdots + b_m$$
ein zweiter Differentialausdruck ist, durch formales Ausmultiplizieren. Unter der charakteristischen Gleichung von (1) verstehen wir die Gleichung
(2) $$a_0 \varrho^n + \cdots + a_n = 0.$$
Ihrer Zerlegung
$$a_0 (\varrho - \varrho_1)^{\mu_1} \cdots (\varrho - \varrho_\nu)^{\mu_\nu} = 0$$
in Linearfaktoren entspricht die Zerlegung
$$a_0 \left(\frac{d}{dt} - \varrho_1\right)^{\mu_1} \cdots \left(\frac{d}{dt} - \varrho_\nu\right)^{\mu_\nu} z = 0$$
von (1). Die ϱ_k sollen hier voneinander verschieden sein. Daher hat (1) als Lösungen auch die Lösungen der Differentialgleichungen
$$\left(\frac{d}{dt} - \varrho_1\right)^{\mu_1} z = 0$$
$$\left(\frac{d}{dt} - \varrho_\nu\right)^{\mu_\nu} z = 0.$$
Denn die Reihenfolge der Faktoren in der Zerlegung ist gleichgültig, und wenn
$$\left(\frac{d}{dt} - \varrho_\nu\right)^{\mu_\nu} z = 0$$
ist, so führen auch alle darauf angewendeten homogenen Differentialprozesse zu Null. Um aber
(3) $$\left(\frac{d}{dt} - \varrho_k\right)^{\mu_k} z = 0$$
zu integrieren, mache man den Ansatz
$$z = e^{\varrho_k t} \cdot y.$$
Dann wird
$$\left(\frac{d}{dt} - \varrho_k\right) z = e^{\varrho_k t} \frac{dy}{dt}.$$
Also
$$\left(\frac{d}{dt} - \varrho_k\right)^{\mu_k} z = e^{\varrho_k t} \cdot \frac{d^{\mu_k} y}{dt^{\mu_k}}.$$
Daher muß y ein Polynom von höchstens $\mu_k - 1$-tem Grad sein, das also μ_k Parameter enthält. Nennen wir die allgemeinste so gefundene Lösung von (3) z_k, so wird
(4) $$z = z_1 + \cdots + z_\nu$$

eine Lösung von (1), die

$$\mu_1 + \mu_2 + \cdots + \mu_\nu = n$$

Parameter enthält. Sie ist die allgemeinste Lösung von (1). Um das einzusehen, bemerke ich zunächst, daß eine jede Lösung durch ihren Wert bei $t = 0$ und den Wert ihrer $n - 1$ ersten Ableitungen an dieser Stelle bestimmt ist. Die Gesamtheit der Lösungen bedeckt also diesen $2n$-dimensionalen Bereich vollständig. Ich werde weiter zeigen, daß zwei Lösungen (4), welche sich in ihren Parametern unterscheiden, auch verschieden sind: Daraus folgt, daß die linearen Gleichungen, durch die die Anfangswerte der Lösung und ihrer $n - 1$ ersten Ableitungen dargestellt werden, eine von Null verschiedene Determinante besitzen, und daß man daher durch passende Wahl der Parameter jede Lösung herstellen kann.

Es bleibt also zu zeigen, daß in der Form (4) die Null nicht dargestellt werden kann. Wäre aber

$$z \equiv z_1 + z_2 \cdots + z_\nu \equiv 0,$$

so betrachte man den Differentialausdruck

$$D_1 \equiv \left(\frac{d}{dt} - \varrho_2\right)^{\mu_2} \cdots \left(\frac{d}{dt} - \varrho_\nu\right)^{\mu_\nu}.$$

Dann ist

(5) $$D_1 z = D_1 z_1 = 0,$$

weil $z \equiv 0$ sein soll. Man betrachte ferner

$$D_2 \equiv \left(\frac{d}{dt} - \varrho_1\right)^{\mu_1}.$$

Es ist

(6) $$D_2 z_1 = 0.$$

Nun ersetze man $\frac{d}{dt}$ durch eine Variable ϱ; dann sind die Polynome D_1 und D_2 teilerfremd und es gibt daher zwei andere Polynome P und Q derart, daß

(7) $$PD_1 + QD_2 = 1$$

ist. Man ersetze wieder ϱ durch $\frac{d}{dt}$, dann sind P und Q zwei Differentialausdrücke, für die (7) gilt. Daher ist

$$(PD_1 + QD_2) z_1 = z_1.$$

Nach (5) und (6) aber wäre

$$(PD_1 + QD_2) z_1 = 0.$$

Daher ist $z_1 \equiv 0$ und daher sind in dem in z_1 vorkommenden Polynom alle Koeffizienten Null.

§ 13. Systeme gewöhnlicher linearer Differentialgleichungen.

2. Systeme. Nun betrachten wir ein beliebiges System linearer Differentialgleichungen mit konstanten Koeffizienten

(8)
$$L_{11}x_1 + L_{12}x_2 + \cdots + L_{1n}x_n = 0$$
$$L_{21}x_1 + L_{22}x_2 + \cdots + L_{2n}x_n = 0$$
$$\cdots\cdots\cdots\cdots\cdots\cdots\cdots\cdots$$
$$L_{n1}x_2 + L_{n2}x_2 + \cdots + L_{nn}x_n = 0.$$

Hier sollen L_{ik} lineare Differentialausdrücke von der durch (1') erklärten Art sein und $x_1, \ldots, x_n$ sind die gesuchten Funktionen von t. Es sei
$$\Delta = \|L_{ik}\|$$
und δ der größte gemeinschaftliche Teiler aller L_{ik}. Dann multiplizieren wir die Gleichungen (8) der Reihe nach mit
$$\frac{L_{1k}}{\delta}, \quad \frac{L_{2k}}{\delta} \ldots \frac{L_{nk}}{\delta} \qquad (k = 1, \ldots, n)$$
und addieren sie. Dann findet man

(9) $$\frac{\Delta}{\delta} x_k = 0 \qquad (k = 1, 2, \ldots, n).$$

Daher ist jedes x_k notwendig Lösung der einen Differentialgleichung (9). Diese haben wir vorab zu integrieren gelernt. Es mögen wieder $\varrho_1 \ldots \varrho_\nu$ die Wurzeln ihrer charakteristischen Gleichung sein und μ_α die Vielfachheit von ϱ_α. Dann gibt es Polynome $P_\alpha^{(k)}$ vom Grade $\mu_\alpha - 1$, so daß

(10) $$x_k = P_1^{(k)} e^{\varrho_1 t} + \cdots + P_\nu^{(k)} e^{\varrho_\nu t} \qquad (k = 1, \ldots, n).$$

Die Koeffizienten der $P_\alpha^{(k)}$ sind noch nicht ganz willkürlich, sondern noch an die Bedingung geknüpft, daß bei Einsetzen von (10) die Gleichungen (8) erfüllt werden. Aber unsere Betrachtung lehrt, daß man stets alle Lösungen in der Form (10) darstellen kann.

3. Kanonischer Fall. Ein wichtiger Spezialfall ist durch die Gleichungen

(11) $$\frac{dx_k}{dt} = a_{k1}x_1 + \cdots + a_{kn}x_n \qquad (k = 1, 2, \ldots, n)$$

gegeben. Hier ist
$$L_{ik} \equiv -a_{ik} \qquad (i \neq k)$$
$$L_{kk} = \frac{d}{dt} - a_{kk}.$$
$$\delta \equiv 1$$

$$\Delta \equiv \begin{vmatrix} a_{11} - \frac{d}{dt}, & a_{12}, & \ldots, & a_{1n} \\ \cdots & \cdots & \cdots & \cdots \\ a_{n1}, & a_{n2}, & \ldots, & a_{nn} - \frac{d}{dt} \end{vmatrix}$$

Bilden insbesondere die a_{ik} eine symmetrische Matrix, so sind alle Wurzeln der charakteristischen Gleichung

(12)
$$\begin{vmatrix} a_{11}-\varrho, & a_{12}, & \ldots, & a_{1n} \\ \cdots & \cdots & \cdots & \cdots \\ a_{n1}, & a_{n2}, & \ldots, & a_{nn}-\varrho \end{vmatrix} = 0$$

reell und für eine Wurzel ϱ_k der Vielfachheit μ_k wird der Rang der Matrix auf der linken Seite von (12) $n - \mu_k$, wie aus der Hauptachsentransformation der analytischen Geometrie geläufig ist[1]. Trägt man daher die Ausdrücke (10) in die Gleichungen (11) ein, so erkennt man, daß alle Polynome $P_\alpha^{(k)}$ Konstanten sein müssen. Man mache nämlich in (11) den Ansatz

$$x_k = A_{ki} e^{\varrho_i t} \qquad (k = 1, 2, \ldots, n),$$

wo die A_{ki} Konstanten sind. Dies führt auf die linearen Gleichungen

$$(a_{11} - \varrho_i) A_{1i} + a_{12} A_{2i} + \cdots a_{1n} A_{ni} = 0$$
$$\cdots \cdots \cdots \cdots \cdots \cdots \cdots \cdots$$
$$a_{n1} A_{i1} + a_{n2} A_{2i} \quad + (a_{nn} - \varrho_i) A_{ni} = 0.$$

Da dies lineare Gleichungssystem den Rang $n - \mu_i$ hat, besitzt sein Lösungssystem den Rang μ_i, hängt also von μ_i linear unabhängigen Parametern ab. Durch Addition der zu den einzelnen i so gehörigen Lösungen erhält man eine n-parametrige Schar von Lösungen von (11). Die die einzelne Lösung bestimmenden Anfangswerte hängen wieder linear von den Parametern ab. Jedes einzelne x_k genügt der Gleichung

$$\Delta x_k = 0,$$

und wie oben erkennt man, daß eine solche Lösung

$$\sum A_i e^{\varrho_i t}$$

nur verschwinden kann, wenn alle A_i verschwinden. Daher ist die Determinante jenes linearen Gleichungssystems von Null verschieden, und man kann die A_i so wählen, daß die die Lösung bestimmenden Anfangswerte beliebig gegebenen Werten gleich werden.

Wären also die Koeffizienten der $e^{\varrho_i t}$ nicht notwendig Konstanten, so müßte man gegen die uns bekannten Tatsachen einzelne Lösungen auf mehrere verschiedene Weisen darstellen können.

---

[1] Vgl. BIEBERBACH: Analytische Geometrie S. 99ff. Leipzig: B. G. TEUBNER 1929 oder BIEBERBACH-BAUER: Vorlesungen über Algebra S. 95. Leipzig: B. G. TEUBNER 1928.

Vierter Abschnitt.

Partielle Differentialgleichungen zweiter Ordnung.

I. Kapitel.
Allgemeines.

§ 1. Existenzsatz.

1. Streifen. Unsere Ergebnisse im Gebiete der partiellen Differentialgleichungen erster Ordnung legen es nahe, zunächst einmal den Versuch eines ähnlichen Vorgehens zu wagen. Wir wollen also auch jetzt durch Anfangsstreifen Lösungsflächen hindurchlegen. Ich setze dabei voraus, daß die Funktion

$$F(x, y, z, p, q, r, s, t),$$

durch deren Nullsetzen die partielle Differentialgleichung zweiter Ordnung

(1) $$F\left(x, y, z, \frac{\partial z}{\partial x}, \frac{\partial z}{\partial y}, \frac{\partial^2 z}{\partial x^2}, \frac{\partial^2 z}{\partial x \partial y}, \frac{\partial^2 z}{\partial y^2}\right) = 0$$

entsteht, eine eindeutige analytische[1] Funktion ihrer Argumente in einem gewissen für dieselben zugrunde gelegten Bereich sei. Zur Abkürzung werden wir häufig setzen

$$p = \frac{\partial z}{\partial x}, \quad q = \frac{\partial z}{\partial y}, \quad r = \frac{\partial^2 z}{\partial x^2}, \quad s = \frac{\partial^2 z}{\partial x \partial y}, \quad t = \frac{\partial^2 z}{\partial y^2}.$$

Unter einem Streifen verstehen wir fünf analytische Funktionen

(2) $$x = x(u), \ y = y(u), \ z = z(u), \ p = p(u), \ q = q(u),$$

die für einen gewissen Bereich des Parameters u eindeutig und regulär analytisch sind, und die noch der Streifenbedingung

(3) $$z' = p x' + q y'$$

genügen. Bei Gleichungen erster Ordnung ergab sich die Möglichkeit, im allgemeinen durch eine gegebene Kurve einen Integralstreifen hindurchzulegen. Die partielle Differentialgleichung und die Streifenbedingung ergaben nämlich zwei Gleichungen, aus welchen man im

---

[1] Über nichtanalytische Differentialgleichungen zweiter Ordnung ist verhältnismäßig wenig bekannt.

allgemeinen zwei der fünf Funktionen, z. B. p und q, durch die drei anderen ausdrücken kann. Hier bei den Gleichungen zweiter Ordnung entfällt diese Möglichkeit wegen des Auftretens der zweiten Ableitungen r, s, t. Daher erweitern wir unsere Begriffsbildung durch Einführung von *Streifen zweiter Ordnung* und nennen zur Unterscheidung die bisher schlechthin Streifen genannten Gebilde (2) *Streifen erster Ordnung*. Unter einem Streifen zweiter Ordnung verstehen wir nun acht in einem gewissen Bereich des Parameters u eindeutige reguläre analytische Funktionen

$$(4) \quad \begin{aligned} x &= x(u), \quad y = y(u), \quad z = z(u), \quad p = p(u), \quad q = q(u), \\ r &= r(u), \quad s = s(u), \quad t = t(u), \end{aligned}$$

die noch gewissen Streifenbedingungen genügen müssen. Eine solche ist zunächst einmal die für die fünf ersten Funktionen bestehende Gleichung (3), die auch jetzt wieder erfüllt sein soll. Dazu kommen aber noch zwei weitere, die aus der gleichen Quelle fließen. Wir finden sie, wenn wir uns vorstellen, daß der durch die fünf ersten Funktionen bestimmte Streifen erster Ordnung einer Fläche angehört, deren zweite Ableitungen r, s, t sind. Dann muß längs des Streifens

$$(5) \quad \begin{cases} p' = r x' + s y' \\ q' = s x' + t y' \end{cases}$$

sein, und das sind die beiden neuen Streifenbedingungen.

Nunmehr wollen wir versuchen, durch einen Streifen erster Ordnung eine Integralfläche zu legen. Wir werden damit beginnen, erst einmal einen Integralstreifen zweiter Ordnung hindurchzulegen. Es gilt jetzt, drei Funktionen

$$r(u), \quad s(u), \quad t(u)$$

aus den drei Gleichungen (1) und (5) zu gewinnen. Bei der Frage nach der Möglichkeit, die drei Gleichungen aufzulösen, spielt ihre Funktionaldeterminante eine Rolle. Ich setze zur Abkürzung

$$R = \frac{\partial F}{\partial r}, \quad S = \frac{\partial F}{\partial s}, \quad T = \frac{\partial F}{\partial t}.$$

Dann ist diese Funktionaldeterminante

$$(6) \quad \begin{vmatrix} x' & y' & 0 \\ 0 & x' & y' \\ R & S & T \end{vmatrix} = R y'^2 - S x' y' + T x'^2.$$

Setzt man nun voraus, daß man ein erstes Element zweiter Ordnung

$$r_0 = r(u_0), \ldots, t_0 = t(u_0)$$

hat, das den drei Gleichungen genügt und für das die Determinante (6) nicht verschwindet, so kann man nach einem bekannten Satz über implizite Funktionen für einen gewissen Bereich $|u - u_0| < \delta$ die

§ 1. Existenzsatz.

Auflösung bewerkstelligen und für diesen Parameterbereich einen Integralstreifen zweiter Ordnung bestimmen. Man sieht, wie hier diejenigen Integralstreifen zweiter Ordnung eine gewisse Ausnahmerolle spielen werden, für die die Gleichung

(7) $$R y'^2 - S x' y' + T x'^2 = 0$$

besteht. Diese wollen wir *charakteristische Streifen* zweiter Ordnung nennen.

2. Integralflächen. Es wäre nun weiter zu zeigen, daß durch einen nichtcharakteristischen Streifen zweiter Ordnung genau eine Integralfläche hindurchgeht. Um aber bei diesem Nachweis unangenehmer Rechnerei auszuweichen, will ich durch eine gewisse Transformation zu einem einfacheren Fall übergehen. Zunächst will ich die Trägerkurve des nicht charakteristischen Streifens in die x-Achse überführen. Zu dem Zwecke führe ich statt x den Parameter u als eine unabhängige Veränderliche $\mathfrak{x}$ ein und setze außerdem $\mathfrak{y} = y - y(u)$, $\mathfrak{z} = z - z(u)$. Dies setzt voraus, daß man $x = x(u)$ nach u auflösen kann, d. h. daß die Ableitung $x'(u)$ nicht verschwindet. Durch diese Transformation geht unser Streifen in einen neuen Streifen über. Er erstreckt sich längs eines Stückes der $\mathfrak{x}$-Achse. Soll er kein charakteristischer Streifen sein, so darf jene Determinante (6) nicht verschwinden. Da aber jetzt längs des Streifens $\mathfrak{y}' = 0$ ist, so darf jetzt T nicht verschwinden. Daher kann man in der Umgebung des gegebenen Streifens die partielle Differentialgleichung nach t auflösen. Wir dürfen daher die weitere Betrachtung an eine Differentialgleichung der Gestalt

(8) $$t = f(x, y, z, p, q, r, s)$$

anknüpfen. Hier ist $f(x, y, z, p, q, r, s)$ eine eindeutige analytische Funktion in einem gewissen Bereich ihrer Argumente; gegeben ist ein längs einer Strecke der x-Achse erstreckter Streifen erster Ordnung. Durch ihn geht, wie wir schon wissen, gerade ein Streifen zweiter Ordnung. Es soll gezeigt werden, daß durch diesen genau eine Integralfläche geht. Dieser Nachweis kann jetzt ohne sonderliche rechnerische Schwierigkeit erbracht werden. Es handelt sich darum, eine Lösung $z(x, y)$ von (8) zu finden, für die $z(x, 0) = 0$, $p(x, 0) = 0$[1], $q(x, 0) = q(x)$ gegeben ist. Durch eine weitere Transformation kann man die Aufgabe erneut ein wenig vereinfachen. Ich setze nämlich an

$$z_1 = z - y q(x).$$

Dann wird

$$p_1 = p - y q', \quad q_1 = q - q(x),$$
$$r_1 = r - y q'', \quad s_1 = s - q', \quad t_1 = t.$$

Die Differentialgleichung geht dadurch in eine neue derselben Art über.

---

[1] Dies folgt daraus, daß jedes Element des Streifens durch die x-Achse geht.

Die Aufgabe lautet jetzt: Es ist ein Integral von (8) zu bestimmen, so daß
(9) $$z(x,0) = 0, \quad p(x,0) = 0, \quad q(x,0) = 0$$
ist. Diese Aufgabe kann nun leicht durch Potenzreihenentwicklung gelöst werden. Es ist keine Beschränkung der Allgemeinheit, anzunehmen, daß das Intervall der x-Achse, in dem der Streifen gegeben ist, den Punkt $x = 0$ enthält. Dann ist die Aufgabe die, das gesuchte Integral nach Potenzen von x und y zu entwickeln. Für die zweiten Ableitungen erhält man zunächst die drei Gleichungen
$$t = f(x, y, z, p, q, r, s),$$
$$p' = rx' + sy',$$
$$q' = sx' + ty',$$
wie sie ja für einen Streifen zweiter Ordnung gelten müssen. Trägt man hier die Bestimmungsstücke des Streifens erster Ordnung bei $x = 0, y = 0$ ein, so werden diese Gleichungen
$$t = f(0,0,0,0,0,r,s),$$
$$0 = r,$$
$$0 = s,$$
und man entnimmt ihnen $r = 0, s = 0, t = f(0, 0, 0, 0, 0, 0, 0,)$. Man sieht ohne weiteres ein, daß die Ableitungen $\frac{\partial^\mu z}{\partial x^\mu}$ und $\frac{\partial^\mu z}{\partial y \cdot \partial x^{\mu-1}}$ für $\mu > 2$ in $x = y = 0$ alle verschwinden; denn sie können durch Differentiation von $z(x,0)$ und von $q(x,0)$ nach x erhalten werden. Da aber beide zu differenzierende Funktionen identisch in x verschwinden, so sind diese Ableitungen auch Null. Die noch zu berechnenden Ableitungen enthalten also alle eine mindestens zweimalige Differentiation nach y. Somit können sie durch Differentiation von t erhalten werden. In
$$t = f(x, y, z, p, q, r, s)$$
stehen aber rechts nur Ableitungen, die eine höchstens einmalige Differentiation nach y enthalten. Differenziert man also t z. B. n-mal nach x, so läßt sich diese Ableitung durch andere ausdrücken, die eine höchstens einmalige Differentiation nach y enthalten. Diese sind aber, wie schon festgestellt, bei $x = y = 0$ alle Null. Somit sind auch alle Ableitungen bekannt, in welchen eine höchstens zweimalige Differentiation nach y vorkommt. Differenziert man aber t n-mal nach x und m-mal nach y, so erscheint diese Ableitung ausgedrückt durch andere, in welchen eine höchstens $(m-1)$-malige Differentiation nach y vorkommt. Somit kann man auch diese Ableitungen rekurrent ausrechnen. Somit sind bei $x = y = 0$ alle Ableitungen des gesuchten Integrals eindeutig bestimmt, und es fehlt nun nur noch der Nachweis, daß die so für die Integralfläche gefundene Potenzreihe kon-

§ 1. Existenzsatz.

vergiert. Dieser Nachweis wird mit Hilfe der von CAUCHY erfundenen *Majorantenmethode* geführt. Diese Methode knüpft daran an, daß sich nach der eben angestellten Überlegung die höheren Ableitungen linear aus gewissen niedrigeren ausdrücken lassen, mit gewissen Koeffizienten, welche weiter nichts sind als Multipla der Werte von $f(x, y, z, p, q, r, s)$ und seiner Ableitungen an der Stelle $x = y = z = p = q = r = s = 0$. Wir ziehen daher zum Vergleich eine andere partielle Differentialgleichung heran, deren Funktion $f(x, y, z, p, q, r, s)$ bei $x = y = 0$ lauter größere Ableitungen hat. Dann hat die nach dem gleichen Verfahren für ihre den gleichen Anfangsbedingungen genügende Lösung zu findende Potenzreihe sicher größere Koeffizienten. Können wir nun aber irgendwie die Konvergenz dieser neuen Reihe in einem gewissen Bereich der x und y feststellen, so folgt daraus auch die Konvergenz derjenigen Reihe, welche der ersten Differentialgleichung genügt. Um eine geeignete derartige Majorante angeben zu können, nehme ich an, $f(x, y, z, p, q, r, s)$ sei für $|x| < \varrho$, $|y| < \varrho$, ..., $|s| < \varrho$ regulär[1] und der Betrag von f läge in diesem Bereiche unter M. Dann lehrt der CAUCHYsche Koeffizientensatz der Funktionentheorie, daß bei $x = y = 0$

$$\frac{1}{\nu_1! \ldots, \nu_7!} \left| \frac{\partial^{\nu_1 + \nu_2 + \cdots + \nu_7} f}{\partial x^{\nu_1} \partial y^{\nu_2} \ldots \partial s^{\nu_7}} \right| < M$$

ist. Die entsprechenden Ableitungen von

$$V = \frac{M}{(1-x)(1-y) \ldots (1-s)}$$

sind nun aber gerade diesen Schranken gleich. Es ist nämlich

$$V = \sum_{\nu_1 + \nu_2 + \cdots + \nu_7 \geq 0} M \cdot x^{\nu_1} \ldots s^{\nu_7}.$$

Daher ist

$$t = V$$

als majorante Gleichung zu brauchen. Aber man übersieht nicht sofort, daß sie ein unseren Anfangsbedingungen genügendes Integral besitzt. Daher benutzen wir eine andere Majorante.

Am einfachsten ist wohl der folgende Weg. Man gehe zunächst zu einem System über, das mit der Gleichung

(10) $$t = V(x, y, z, p, q, r, s)$$

gleichbedeutend ist[2]. Dies System ist

(11)
$$z_{1y} = z_3,$$
$$z_{2y} = z_{3x},$$
$$z_{3y} = V(x, y, z_1, z_2, z_3, z_{2x}, z_{3x}).$$

---

[1] Da es natürlich keine Beschränkung der Allgemeinheit ist, aber formale Vereinfachungen mit sich bringt, werde weiterhin $\varrho = 1$ angenommen.

[2] Man hätte natürlich auch von Anfang an zu einem System übergehen können.

IV. 1. Allgemeines.

Es ist unter den Anfangsbedingungen

(12) $\quad z_1(x, 0) = 0, \quad z_2(x, 0) = 0, \quad z_3(x, 0) = 0$

zu integrieren und entsteht offenbar aus der Gleichung zweiter Ordnung (10), indem man

$$z = z_1, \quad p = z_2, \quad q = z_3$$

setzt. Umgekehrt stehen drei Funktionen, welche dem System (10) und den Anfangsbedingungen (12) genügen, in der Beziehung zueinander, daß $z_2 = z_{1x}$, $z_3 = z_{1y}$ ist. Es ist nämlich nach (11) $z_{2y} = z_{1xy}$. Also ist $z_2 = z_{1x} + f(x)$, wo $f(x)$ gemäß (12) zu bestimmen ist. Das liefert aber $f(x) \equiv 0$. Daher genügt die durch (11), (12) bestimmte Funktion $z = z_1(x\,y)$ auch der Gleichung (10). Alsdann setzen wir folgende majoranten Gleichungen an

(13) $\begin{cases} z_{1y} = \dfrac{M}{(1-x)(1-y)(1-z_1)(1-z_2)(1-z_3)(1-z_{2x})(1-z_{3x})}, \\[4pt] z_{2y} = \dfrac{M}{(1-x)(1-y)(1-z_1)(1-z_2)(1-z_3)(1-z_{2x})(1-z_{3x})}, \\[4pt] z_{3y} = \dfrac{M}{(1-x)(1-y)(1-z_1)(1-z_2)(1-z_3)(1-z_{2x})(1-z_{3x})}. \end{cases}$

Daß das wirklich Majoranten sind, bestätigt man ohne weiteres, denn bei der Entwicklung der rechten Seiten, d. i.

$$M \sum x^k \sum y^k \sum z_1^k \sum z_2^k \sum z_3^k \sum z_{2x}^k \sum z_{3x}^k,$$

kommen doch alle möglichen Potenzprodukte wirklich vor und ihre Koeffizienten sind alle positive ganze Zahlen.

Die majoranten Gleichungen sind unter den Anfangsbedingungen (12) zu integrieren. Da auch diese wie die drei Gleichungen völlig symmetrisch in den drei unbekannten Funktionen aufgebaut sind, ist der Ansatz $z_1 = z_2 = z_3 = \mathfrak{z}$ erlaubt, und es bleibt somit nur die eine Gleichung erster Ordnung

$$\frac{\partial \mathfrak{z}}{\partial y} = \frac{M}{(1-x)(1-y)(1-\mathfrak{z})^3(1-\mathfrak{z}_x)^2}$$

unter der Anfangsbedingung $\mathfrak{z}(x, 0) = 0$ zu integrieren und zu zeigen, daß die Lösung in der Umgebung von $x = y = 0$ nach Potenzen von x und y entwickelt werden kann. Daß aber die Lösungen von analytischen partiellen Differentialgleichungen erster Ordnung mit analytischen Anfangsbedingungen analytisch sind, läßt die früher gegebene Integrationstheorie erkennen.

§ 2. Charakteristiken.

Im Laufe unserer Betrachtungen über das Existenztheorem sind wir auf die Charakteristiken geführt worden. Und zwar verstanden

§ 2. Charakteristiken.

wir unter einem charakteristischen Streifen zweiter Ordnung die acht Funktionen

$$x(u), \ldots, s(u), t(u),$$

welche der partiellen Differentialgleichung (1) bzw. (8), den drei Streifenbedingungen (3), (5) und der Gleichung (6) genügten. Ähnlich wie die charakteristischen Streifen erster Ordnung bei den partiellen Differentialgleichungen erster Ordnung, spielten auch hier diese Streifen eine Ausnahmerolle beim Existenzsatz. Es gelten auch weiterhin für sie ähnliche Sätze wie bei den Gleichungen erster Ordnung. Ich will aber nur kurz bei diesen Dingen verweilen, so interessant sie an sich sein mögen. Der Grund ist der, daß die Betrachtungen zu einer Integrationstheorie der partiellen Differentialgleichungen zweiter Ordnung nicht ausgebaut werden konnten. Es ist nicht gelungen, die allgemeine Gleichung zweiter Ordnung auf ein System von gewöhnlichen zurückzuführen. Ob das überhaupt möglich ist, ist noch eine offene Frage. Das ist auch der Grund, aus dem wir mit dem Existenzsatz nicht wie bei den Gleichungen erster Ordnung über den analytischen Fall hinausgedeihen konnten, und daß sich hier nicht der Existenzsatz organisch einer Integrationstheorie einfügt. Ich will somit nur ohne Beweis einige Sätze über Charakteristiken hervorheben. Zunächst sieht man, daß es zwei Scharen von Charakteristiken gibt, da die Gleichung (6) vom zweiten Grade ist. Verfolgt man aber die Sache näher, so erkennt man, daß aus unserer Definition nur sechs gewöhnliche Differentialgleichungen für die acht Streifenfunktionen fließen. Ein Streifen zweiter Ordnung ist also nicht durch eines seiner Elemente bestimmt. Wenn man auch beweisen kann, daß auf jeder Integralfläche durch jedes ihrer Elemente ein ihr angehöriger charakteristischer Streifen zweiter Ordnung gelegt werden kann, so erhält man damit doch keine Integrationstheorie, wie bei den Gleichungen erster Ordnung, wo man nur durch die Elemente eines nichtcharakteristischen Anfangsstreifens die dadurch bestimmten charakteristischen Streifen hindurchlegen mußte. Durch einen jeden charakteristischen Streifen zweiter Ordnung kann man unendlich viele Integralflächen hindurchlegen. Sie haben längs dieses Streifens eine Berührung zweiter Ordnung. Falls zwei Charakteristiken zweiter Ordnung verschiedenen Scharen angehören und ein Element zweiter Ordnung gemeinsam haben, so geht durch beide genau eine Integralfläche hindurch. Diese Bemerkung fließt aus einem allgemeinen von GOURSAT angegebenen Existenzsatz, den wir auch bald bei gewissen linearen Differentialgleichungen bestätigt finden werden. Dieser Satz sagt kurz aus, daß man durch zwei einander schneidende Raumkurven genau eine Integralfläche legen kann. Genauer formuliert sind die folgenden Voraussetzungen zu machen. *Die beiden gegebenen analytischen Raumkurven sollen von einem Punkte ausgehen und zwei von diesem Punkte ausgehende Trägerkurven von charakteristischen Streifen berühren.* Diese beiden Streifen sollen verschiedenen Scharen angehören. *Dann geht durch beide Kurven gerade eine Integralfläche,* welche sich in der Umgebung der Koordinaten x_0, y_0 des Schnittpunktes nach Potenzen von $x - x_0$ und $y - y_0$ entwickeln läßt. Zunächst kann man durch eine Transformation der x, y erreichen, daß die beiden Kurven der x-z- bzw. y-z-Ebene angehören. Denn durch eine lineare Transformation der x, y kann man zunächst bewerkstelligen, daß die Tangenten der beiden Kurven in diese Ebenen fallen und daß der Schnittpunkt beider Kurven auf die z-Achse fällt. Die Gleichungen der beiden Kurven sehen dann so aus:

$$\begin{cases} y = a_2 x^2 + \cdots, \\ z = f(x) \end{cases} \quad \begin{cases} x = b_2 y^2 + \cdots, \\ z = g(y) \end{cases}$$

und nun mache man die neue Transformation

$$y_1 = y - a_2 x^2 + \ldots,$$
$$x_1 = x - b_2 y^2 + \ldots.$$

Damit fallen die beiden Kurven in die beiden erwähnten Ebenen hinein. Nun kann man endlich noch durch eine Transformation von z allein erreichen, daß die beiden Kurven in die x- und in die y-Achse fallen. Wenn nämlich jetzt $z = f(x)$ und $z = g(y)$ die beiden Kurven sind und also $z(x, y)$ der Bedingung

$$z(0,0) = z_0, \qquad z(0,y) = g(y), \qquad z(x,0) = f(x)$$

genügen soll, so setze man

$$z_1 = z - f(x) - g(y) + z_0,$$

und nun ist $z_1(0, y) = 0, z_1(x, 0) = 0$. Somit kann man sich beim Beweis auf den Fall beschränken, daß ein Integral der Differentialgleichung (5) durch die x- und die y-Achse hindurchgelegt werden soll. Es soll also $z(x, 0) = z(0, y) = 0$ sein. Nun aber war noch angenommen, daß die beiden gegebenen Kurven in ihrem Schnittpunkt Charakteristiken berühren. Somit muß die Gleichung (7), welche die Richtungen der Charakteristiken im Koordinatenanfangspunkt bestimmt, durch $x' = 0$ sowohl wie durch $y' = 0$ erfüllt sein. Wenn nun aber im Ursprung die Integralfläche durch die beiden Koordinatenachsen hindurchgehen soll, so muß die x-y-Ebene dort ihre Tangentialebene sein, also ist im Ursprung $p = q = 0$. Das erkennt man ja auch durch Differentiation von $z(x, 0)$ bzw. $z(0, y)$. Ebenso folgt, daß im Ursprung auch $r = t = 0$ sein muß, sowie daß im Ursprung $\dfrac{\partial^\nu z}{\partial x^\nu} = \dfrac{\partial^\nu z}{\partial y^\nu} = 0$ ist für alle ν. Soll nun also (7) im Ursprung durch $x' = 0$ sowohl wie durch $y' = 0$ erfüllt sein, so muß im Ursprung $R = 0$ und $T = 0$ sein. Dabei sind diese Funktionen für die Werte $x = y = z = p = q = r = t = 0$

§ 2. Charakteristiken.

und für $s = f(0, 0, \ldots, 0)$ zu bilden. Da aber $R = -\frac{\partial f}{\partial r}$ und $T = -\frac{\partial f}{\partial t}$ ist, so muß in der Umgebung des Ursprungs die Differentialgleichung (5) so aussehen

(14) $\quad s = a + bx + cy + dz + ep + fq +$ Glieder höherer Ordnung.

Die Glieder r und t fehlen, $a, b, c, \ldots$ sind Konstanten, und die nicht aufgeschriebenen Glieder sind alle vom zweiten oder höheren Grade. Nunmehr kann der Beweis durch die Majorantenmethode zu Ende geführt werden.

Man kann nämlich aus (14) sämtliche Ableitungen der Lösung im Ursprung durch sukzessives Differenzieren nach x und y bestimmen, da wir schon wissen, daß die Ableitungen nach den x oder nach den y allein alle verschwinden. Daher lassen sich alle Ableitungen additiv aus solchen niedrigerer Ordnung aufbauen und man bekommt sicherlich Majoranten für diese Koeffizienten, wenn man den Koeffizientenbestimmungsprozeß auf eine Gleichung anwendet, die aus (14) dadurch hervorgeht, daß man alle Koeffizienten von (14) durch positive absolut genommen nicht kleinere ersetzt. Die majorante Differentialgleichung muß dazu so beschaffen sein, daß man die Konvergenz der Lösungsreihe übersieht.

Zunächst schätzen wir die Koeffizienten von (14) ab. Ich nehme dazu an, daß die rechte Seite von (14) absolut genommen kleiner als M sei, während

$|x| < 1, \quad |y| < 1, \quad |z| < 1, \quad |p| < 1, \quad |q| < 1, \quad |r| < 1, \quad |t| < 1$

ist.

Die Abschätzungen sollen für beliebige komplexe Variablenwerte gelten. Dann ergibt sich rechts in (14) für den Koeffizienten eines jeden Gliedes, in das die Variablen zur Exponentensumme ν eingehen, als majoranter Wert
$$M.$$
Eine majorante Differentialgleichung ist dann

(15) $\quad s = \dfrac{M}{(1-(x+y))(1-z)(1-(p+q))(1-(r+t))} - M(1+r+t).$

Zur Integration von (15) machen wir den Ansatz
$$z = f(u), \quad u = x + y.$$
Dadurch geht (15) in (16) über:

(16) $\quad z'' = \dfrac{M}{(1-u)(1-z)(1-2z')(1-2z'')} - M(1+2z'')$

oder anders geschrieben

$$z''(1-2z'') + M(1-4(z'')^2) = \dfrac{M}{(1-u)(1-z)(1-2z')}$$

oder
$$-(z'')^2(2+4M) + z'' = \frac{M}{(1-u)(1-z)(1-2z')} - M.$$

Diese Gleichung kann man in der Umgebung von $u = z = z' = 0$ nach z'' auflösen:
$$z'' = \varphi(u, z, z'),$$

wo φ nach Potenzen von u, z, z' fortschreitet und lauter positive Koeffizienten besitzt. Nach der Theorie der gewöhnlichen Differentialgleichungen besitzt diese Gleichung eine wohlbestimmte Lösung, welche nach Potenzen von u in der Umgebung von $u = 0$ entwickelt werden kann und die bei $u = 0$ verschwindet. Ihre Koeffizienten bekommt man durch sukzessives Differenzieren von φ. Sie sind also alle positiv. Ersetzt man u durch $x + y$, so hat man eine Lösung von (15) mit lauter positiven Koeffizienten, die größer sind als die der gesuchten Reihe, die (14) befriedigt. Denn die Koeffizienten von x^ν und y^ν sind in der neuen Reihe positiv und die übrigen Koeffizienten gewinnt man aus diesen als ganze rationale Funktionen mit positiven Koeffizienten.

§ 3. MONGE-AMPÈREsche Differentialgleichungen.

1. Charakteristiken erster Ordnung. Das sind Differentialgleichungen von folgender Gestalt:

(17) $\qquad 0 = A + Br + Cs + Dt + E(rt - s^2).$

Die Koeffizienten sind analytische Funktionen von y, y, z, p, q. Sie umfassen also namentlich auch die in den Ableitungen r, s, t linearen Differentialgleichungen, für die $E = 0$ ist. Diesem wichtigen Sonderfall werden wir uns bald zuwenden. Hier soll es sich um die Feststellung handeln, daß man in gewissen Fällen die Integration auf die von partiellen Differentialgleichungen erster Ordnung zurückführen kann. Dies hängt mit Besonderheiten zusammen, welche die Charakteristiken der MONGE-AMPÈREschen Gleichungen aufweisen. *Man kann nämlich Streifen erster Ordnung angeben, welche Träger aller charakteristischen Streifen zweiter Ordnung sind.* Für einen charakteristischen Streifen zweiter Ordnung müssen neben der partiellen Differentialgleichung (17) noch die beiden Gleichungen (5) sowie die Gleichung (7) gelten. Diese letztere lautet hier so:

(18) $\qquad (B + Et)y'^2 - (C - 2Es)x'y' + (D + Er)x'^2 = 0.$

Nun folgt aber aus (5), daß
$$ty'^2 + 2s x'y' + rx'^2 = x'p' + y'q'$$
ist. Daher kann man statt (18) auch schreiben

(19) $\qquad By'^2 - Cx'y' + Dx'^2 + E(x'p' + y'q') = 0.$

§ 3. Monge-Ampèresche Differentialgleichungen.

Löst man endlich (5) nach r und t auf und trägt das Gefundene in (17) ein, so wird wegen (19) auch noch

(20) $\qquad A x'y' + B p'y' + D q'x' + E p'q' = 0.$

Ein Streifen erster Ordnung nun, für welchen die beiden Gleichungen (19) und (20) gelten, soll ein charakteristischer Streifen erster Ordnung heißen. Aus der eben angestellten Betrachtung folgt, daß jeder charakteristische Streifen zweiter Ordnung einen solchen erster Ordnung enthält, oder mit anderen Worten, daß die fünf ersten Funktionen eines charakteristischen Streifens zweiter Ordnung einen charakteristischen Streifen erster Ordnung bestimmen. Umgekehrt kann man auch zeigen, daß unter der Zusatzannahme, daß $C^2 - 4BD + 4EA \neq 0$ ist, d. h. nach (18), daß die beiden Scharen der Streifen zweiter Ordnung nirgends zusammenfallen, jeder charakteristische Streifen erster Ordnung in einem charakteristischen Streifen zweiter Ordnung enthalten ist; die zu einem charakteristischen Streifen erster Ordnung gehörigen charakteristischen Streifen zweiter Ordnung hängen noch von einem Parameter ab. Doch will ich dem nicht weiter nachgehen. Die charakteristischen Streifen erster Ordnung müssen sich nun ebenso wie die Streifen zweiter Ordnung in zwei Scharen zerlegen lassen. Diese Zerlegung bewerkstelligt man leicht, wenn man von der Zerlegung der Streifen zweiter Ordnung in zwei Scharen ausgeht. Zu dem Zweck löse man die Gleichung (18) nach $y' : x'$ auf. Man findet wegen (17)

(21) $\qquad \dfrac{y'}{x'} = \dfrac{C - 2Es \pm \sqrt{C^2 - 4BD + 4EA}}{2(B + Et)}$

oder

(22) $\qquad \dfrac{x'}{y'} = \dfrac{C - 2Es \pm \sqrt{C^2 - 4BD + 4EA}}{2(D + Er)}$

als die beiden Wurzeln. Nennt man nun die beiden Wurzeln der Gleichung

(21a) $\qquad \lambda^2 + C\lambda + BD - EA = 0$

λ_1 und λ_2, so kann man für (21) auch kurz schreiben

(21') $\qquad \begin{aligned} y'(B + Et) + Esx' + \lambda_1 x' &= 0 \\ y'(B + Et) + Esx' + \lambda_2 x' &= 0. \end{aligned}$

Analog folgt für (22)

(22') $\qquad \begin{aligned} x'(D + Er) + Esy' + \lambda_1 y' &= 0. \\ x'(D + Er) + Esy' + \lambda_2 y' &= 0. \end{aligned}$

Wegen (5) kann man für (21') aber wieder schreiben

(22a) $\qquad y'B + Eq' + \lambda_1 x' = 0,$
(22b) $\qquad y'B + Eq' + \lambda_2 x' = 0.$

Analog formt man (22') mit Hilfe von (5) um und findet:

(23a) $\qquad x'D + Ep' + \lambda_2 y' = 0,$

(23b) $\qquad x'D + Ep' + \lambda_1 y' = 0.$

Damit sind die beiden Scharen der Charakteristiken erster Ordnung getrennt. Die eine Schar ist definiert durch (3), (22a), (23a), die andere durch (3), (22b), (23b).

2. Integralflächen. Auf jeder Integralfläche von (17) liegen sowohl Charakteristiken der ersten wie der zweiten Art. Beide fallen übrigens für $\lambda_1 = \lambda_2$ zusammen.

An der Spitze der Integrationstheorie steht der *Satz, daß eine jede Fläche, welche aus solchen Charakteristiken erster Ordnung aufgebaut ist, eine Integralfläche von* (17) *ist*. Ich will also annehmen, ein Flächenstück werde durch eine einparametrige Schar von Charakteristiken erster Ordnung lückenlos überdeckt, und zwar sei

$$x = x(u,v), \ldots, \quad q = q(u,v)$$

eine Parameterdarstellung des Flächenstückes und seiner Ableitungen, wobei diese Funktionen analytische Funktionen und $v = $ konst. die Charakteristiken seien. Also gelten für jedes v längs eines Streifens der Fläche die Gleichungen

$$\begin{aligned} y'B + Eq' + \lambda_1 x' &= 0 \\ Ep' + y'\lambda_2 \qquad + Dx' &= 0 \\ p' - y's \qquad - rx' &= 0 \\ -y't \quad + q' - sx' &= 0. \end{aligned}$$

Dabei nehme ich an, es läge gerade ein Streifen der ersten Sorte vor. Im anderen Falle schließt man ganz analog. Die beiden letzten Gleichungen bringen ja nur zum Ausdruck, daß ein Streifen auf einer Fläche vorliegt. Faßt man die vier Gleichungen als vier lineare Gleichungen für x', y', p', q' auf und beachtet, daß längs eines Streifens einer Fläche $z = f(x,y)$ diese Funktionen nicht alle verschwinden können, so muß die Determinante des Gleichungssystemes Null sein. Diese ist aber wegen (18')

$$-E\{A + Br + Cs + Dt + E(rt - s^2)\}.$$

Im Fall $E \neq 0$, in dem Falle also, wo (17) nichtlinear ist, ist also (17) erfüllt. Ist aber (17) linear, so gilt der Schluß nicht. Will man auch in diesem somit hier unerledigten Fall einer in den Ableitungen linearen Differentialgleichung zu einer Charakteristikentheorie gelangen, so muß man wesentlich umständlicher verfahren. Man vgl. das Werk von GOURSAT über diesen Gegenstand.

Daß auch umgekehrt jede Integralfläche so entsteht, beruht auf der früher angeführten Bemerkung, daß eine jede Integralfläche von (17) aus charakteristischen Streifen zweiter Ordnung aufgebaut ist, in

§ 3. MONGE-AMPÈREsche Differentialgleichungen.

Verbindung mit der anderen Bemerkung, daß jeder Streifen zweiter Ordnung von einem der ersten getragen wird.

3. Zurückführung auf partielle Differentialgleichungen erster Ordnung. Die ganze weitere Schwierigkeit der Integration liegt jetzt darin, die Charakteristiken erster Ordnung zu bestimmen und aus ihnen Flächen aufzubauen. Diese Aufgabe erinnert an die analoge, welche wir bei den partiellen Differentialgleichungen erster Ordnung bereits gelöst haben. Tatsächlich kann man nun unsere jetzige etwas kompliziertere Aufgabe auf die frühere zurückführen und damit gleichzeitig auch angeben, inwiefern die jetzige Aufgabe schwieriger ist als die frühere. Die Zurückführung gelingt dadurch, daß man partielle Differentialgleichungen erster Ordnung angibt, deren Charakteristiken sämtlich in einer der beiden Scharen unserer jetzigen Charakteristiken erster Ordnung enthalten sind. Sei also

(24) $$V(x, y, z, p, q) = 0$$

eine solche partielle Differentialgleichung erster Ordnung. Die gewöhnlichen Differentialgleichungen

(25)
$$\begin{cases} x' = \dfrac{\partial V}{\partial p} \\ y' = \dfrac{\partial V}{\partial q} \\ z' = p \dfrac{\partial V}{\partial p} + q \dfrac{\partial V}{\partial q} \\ p' = -\dfrac{\partial V}{\partial x} - p \dfrac{\partial V}{\partial z} \\ q' = -\dfrac{\partial V}{\partial y} - q \dfrac{\partial V}{\partial z} \end{cases}$$

bestimmen ihre Charakteristiken. Die Frage lautet: wann sind mit diesen Gleichungen notwendig auch die drei Gleichungen (3), (22a), (23a) oder (3), (22b), (23b) einer unserer Scharen von Charakteristiken erster Ordnung der Gleichung (17) erfüllt? Tragen wir, um das zu erkennen, die Gleichungen (25) z. B. in die erste der beiden Gruppen, also in (3), (22a), (23a) ein, so ist (3) von selbst erfüllt, und die beiden anderen führen zu den beiden linearen partiellen Differentialgleichungen

(26a)
$$\frac{\partial V}{\partial x} + p \frac{\partial V}{\partial z} - \frac{D}{E} \frac{\partial V}{\partial p} - \frac{\lambda_2}{E} \frac{\partial V}{\partial q} = 0$$
$$\frac{\partial V}{\partial y} + q \frac{\partial V}{\partial z} - \frac{\lambda_1}{E} \frac{\partial V}{\partial p} - \frac{B}{E} \frac{\partial V}{\partial q} = 0,$$

welchen V genügen muß. Aus der anderen Schar von Charakteristiken werden die beiden Gleichungen

(26b)
$$\frac{\partial V}{\partial x} + p \frac{\partial V}{\partial z} - \frac{D}{E} \frac{\partial V}{\partial p} - \frac{\lambda_1}{E} \frac{\partial V}{\partial q} = 0$$
$$\frac{\partial V}{\partial y} + q \frac{\partial V}{\partial z} - \frac{\lambda_2}{E} \frac{\partial V}{\partial p} - \frac{B}{E} \frac{\partial V}{\partial y} = 0$$

gewonnen. *Wenn somit die Charakteristiken von* (24) *sämtlich in einer unserer beiden Scharen von Charakteristiken erster Ordnung enthalten sein sollen, so muß notwendig V entweder den beiden partiellen Differentialgleichungen* (26a) *oder den beiden* (26b) *genügen.* Diese notwendige Bedingung ist aber auch hinreichend. Nehmen wir also z. B. an, V genüge den beiden Gleichungen (26a), dann sind für die durch (25) bestimmten Charakteristiken von $V = 0$ notwendig auch die Gleichungen (3), (22a), (23a) erfüllt. Für (3) ist das wieder selbstverständlich, und die beiden anderen verifiziert man einfach durch Einsetzen von (25) in (22a) und (23a). Da nun aber nach S. 348 jede aus einer der beiden Charakteristikenscharen erster Ordnung aufgebaute Fläche eine Integralfläche von (17) ist, so können wir unser Ergebnis nun auch so aussprechen: *Falls V einem der beiden Gleichungspaare* (26a) *oder* (26b) *genügt, so ist jede Integralfläche von* (24) *auch Integralfläche von* (17). Wir nennen dann V ein *erstes Integral* von (17).

Man kann auch umgekehrt aus unseren Betrachtungen leicht den Schluß ziehen, daß die sämtlichen Integrale von (24) nur dann auch (17) genügen können, wenn V einem der beiden Gleichungspaare (26a) oder (26b) genügt. Je nach der Zahl von unabhängigen Integralen eines der beiden Paare linearer partieller Differentialgleichungen (26a) oder (26b), die man zu bestimmen in der Lage ist, wird man nun die Integration der Gleichung (17) mehr oder weniger vollständig beherrschen. Kennt man insbesondere zwei unabhängige Integrale eines der beiden Systeme (26a) oder (26b), V_1 und V_2, so genügt auch $V_1 - \varphi(V_2)$ dem gleichen System, wenn φ eine willkürliche Funktion ist. Dann ist neben $V_1 = 0$ und $V_2 = 0$ auch $V_1 - \varphi(V_2) = 0$ ein Integral von (17), d. h. jede Lösung von $V_1 - \varphi(V_2) = 0$ genügt auch (17). Dann ist die Integration von (17) erledigt. Nach S. 339 ist nämlich jede Lösung von (17) durch einen Anfangsstreifen bestimmt. Man wähle dann die willkürliche Funktion φ so, daß für den gegebenen Anfangsstreifen $V_1 - \varphi(V_2) = 0$ ist und lege dann durch seine Elemente die charakteristischen Streifen von

$$V_1 - \varphi(V_2) = 0.$$

Das für die Integration der Systeme von partiellen Differentialgleichungen erster Ordnung mit einer Unbekannten Erforderliche ist bereits früher vorgebracht worden.

Es ist aber zu bemerken, daß die Zahl der überhaupt vorhandenen unabhängigen Integrale von vornherein feststeht. Sie ist von Fall zu Fall verschieden. Nach S. 284 genügt nämlich jedes Integral, das zwei linearen partiellen Differentialgleichungen $A(V) = 0$ und $B(V) = 0$ genügt, auch der Gleichung $[A, B] = 0$ und das kann eine neue, nicht von selbst erfüllte sein[1]. Die Methode führt daher nicht immer zum

---

[1] Der eben benutzte Klammerausdruck wurde S. 284 erklärt.

Ziel. Mehr als ein gemeinsames Integral der beiden Gleichungen (26a) kann nämlich nur dann vorhanden sein, wenn die Integrabilitätsbedingung $[A B] = 0$ identisch erfüllt ist.

4. Beispiel. Wir betrachten nun noch ein Beispiel aus der Flächentheorie. Es handelt sich darum, die Differentialgleichung der abwickelbaren Flächen zu integrieren, also um den Nachweis, daß alle Flächen mit lauter parabolischen Punkten längentreu auf die Euklidische Ebene abgebildet werden können. Diese Aufgabe läuft auf die Integration der Differentialgleichung

(27) $$rt - s^2 = 0$$

hinaus. Die beiden Scharen von Charakteristiken erster Ordnung fallen hier zusammen. Denn die Gleichung (21a) wird hier $\lambda^2 = 0$ und ihre beiden Wurzeln sind also $\lambda_1 = \lambda_2 = 0$. Daher sind jetzt die Charakteristiken erster Ordnung aus den Gleichungen

$$q' = 0, \quad p' = 0, \quad z' - p x' - q y' = 0$$

zu bestimmen. Für die Integrale V ergeben sich die Gleichungen

$$\frac{\partial V}{\partial x} + p \frac{\partial V}{\partial z} = 0, \qquad \frac{\partial V}{\partial y} + q \frac{\partial V}{\partial z} = 0.$$

Wir erkennen sofort, daß $V_1 = p$, $V_2 = q$, $V_3 = z - px - qy$ drei Integrale sind. Also sind auch

$$q = f(p), \quad z - px - qy = g(p)$$

Integrale von (27). Die zweite ist eine CLAIRAUTsche Differentialgleichung, und deren Theorie lehrt, daß man alle Integrale derselben als Einhüllende der Ebenenschar

$$z - cx - w(c)y = g(c),$$

wo $w(c)$ eine willkürliche Funktion ist, erhält. Die Integralflächen sind also abwickelbare Flächen. Aber $z = cx + f(c)y + d$ ist auch ein vollständiges Integral der Gleichung $q = f(p)$, so daß diese auch nichts Neues mehr liefert.

§ 4. Lineare Differentialgleichungen.

Darunter versteht man eine Differentialgleichung, welche die unbekannte Funktion z und ihre sämtlichen Ableitungen nur linear enthält. Sie ist also von der Form

(28) $$a_0 r + a_1 s + a_2 t + b_1 p + b_2 q + cz + d = 0.$$

Die Koeffizienten $a_0, \ldots, d$ sind stetige Funktionen der unabhängigen Veränderlichen x, y.

Die Charakteristiken erfahren hier eine weitere Spezialisierung. Die Gleichung (7)

(29) $$a_0 y'^2 - a_1 x' y' + a_2 x'^2 = 0$$

nämlich, welche die Charakteristiken definierte, enthält jetzt nur noch x, y, legt also gewisse Kurven der x-y-Ebene fest, die wir jetzt kurz als Charakteristiken bezeichnen wollen. Wir werden dieselben jetzt nur dazu verwenden, um eine Einteilung der linearen Gleichungen anzugeben und um dieselben auf gewisse Normalformen zu transformieren. Dabei benutze ich die leicht zu verifizierende Tatsache, daß bei Koordinatentransformation Charakteristiken in Charakteristiken übergehen[1]. Ich nehme zunächst an, die beiden Scharen von Charakteristiken fielen nicht zusammen. Dann kann ich dieselben als Koordinatenlinien nehmen und mir die Frage vorlegen, wie eine auf ihre Charakteristiken $x =$ konst. und $y =$ konst. als Koordinatenlinien bezogene lineare partielle Differentialgleichung zweiter Ordnung aussieht. Soll aber die Gleichung (29) sowohl für $x' = 0$ wie für $y' = 0$ erfüllt sein, so muß $a_0 = 0$ und $a_2 = 0$ sein. Somit sieht die Gleichung (28) dann so aus

(30) $$a_1 s + b_1 p + b_2 q + c z + d = 0.$$

Diese Normalform wollen wir nun beibehalten, wenn die Charakteristiken reell sind. Wir wollen dann sagen, die Gleichung sei vom *hyperbolischen* Typus und (30) sei eine Normalform derselben. Sind die Charakteristiken imaginär, so sagen wir, die Gleichung sei vom *elliptischen* Typus. Hier kommt man leicht zu einer reellen Normalform, indem man verlangt, $x + iy =$ konst. und $x - iy =$ konst.

---

[1] Führt man nämlich durch
$$x = x(\xi, \eta)$$
$$y = y(\xi, \eta)$$
neue Koordinaten ein, so setze man
$$A = \begin{pmatrix} a_0 & \frac{a_1}{2} \\ \frac{a_1}{2} & a_2 \end{pmatrix}, \quad S = \begin{pmatrix} \frac{\partial x}{\partial \xi} & \frac{\partial x}{\partial \eta} \\ \frac{\partial y}{\partial \xi} & \frac{\partial y}{\partial \eta} \end{pmatrix}.$$
Man bezeichne die durch Vertauschen der Zeilen und Kolonnen entstehenden transponierten Matrizen mit A' und S' und setze ferner
$$A^{-1} = \begin{pmatrix} a_2 & -\frac{a_1}{2} \\ -\frac{a_1}{2} & a_0 \end{pmatrix}, \quad S^{-1} = \begin{pmatrix} \frac{\partial y}{\partial \eta} & -\frac{\partial x}{\partial \eta} \\ -\frac{\partial y}{\partial \xi} & \frac{\partial x}{\partial \xi} \end{pmatrix}.$$
Dann sind die Koeffizienten der Glieder zweiter Ordnung nach der Transformation die Koeffizienten der Matrix
$$A_1 = S' A S$$
und es ist
$$(A_1)^{-1} = S^{-1} A^{-1} S'^{-1}$$
die Matrix der aus (29) bei der Transformation entstehenden Gleichung. Dieser Sachverhalt beweist die ausgesprochene Behauptung.

sollten die Charakteristiken sein. Dann muß die Gleichung (29) so aussehen: $a(x'^2 + y'^2) = 0$, d. h. es muß $a_0 = a_2 = a$ und $a_1 = 0$ sein. Dann wird also
$$a(r+t) + b_1 p + b_2 q + cz + d = 0$$
eine Normalform des elliptischen Typus. Auf ähnliche Weise kann man leicht eine weitere Normalform des hyperbolischen Typus bekommen. Man verlange, daß $x + y =$ konst. und $x - y =$ konst. die Charakteristiken seien. Dann muß (29) so aussehen: $a(x'^2 - y'^2) = 0$, d. h. es ist $a_0 = -a_2 = a$ und $a_1 = 0$. Also wird
$$a(r-t) + b_1 p + b_2 q + cz + d = 0$$
eine weitere Normalform des hyperbolischen Typus.

Den noch übrigen Fall, wo die beiden Scharen von Charakteristiken zusammenfallen, nennt man den parabolischen Fall. Jetzt nehmen wir $x =$ konst. als Charakteristikenschar doppeltzählend. Dann muß sich (29) auf $a_2 x'^2 = 0$ reduzieren. Also wird
$$a_2 t + b_1 p + b_2 q + cz + d = 0$$
Normalform des *parabolischen Typus*.

II. Kapitel.
Hyperbolische Differentialgleichungen.
§ 1. Die LAPLACEsche Kaskadenmethode.

Ihr Ziel ist es, durch Quadraturen eine hyperbolische Differentialgleichung zu integrieren. Die Gleichung

(1) $\quad \frac{\partial^2 z}{\partial x \partial y} + a(x,y) \frac{\partial z}{\partial x} + b(x,y) \frac{\partial z}{\partial y} + c(x,y) z + d(x,y) = 0,$

deren Koeffizienten stetig differenzierbare Funktionen sein sollen, kann man auf die Form bringen

(2) $\quad \frac{\partial}{\partial x}\left(\frac{\partial z}{\partial y} + az\right) + b\left(\frac{\partial z}{\partial y} + az\right) - hz + d = 0.$

Dabei ist zur Abkürzung

(3) $\quad h = \frac{\partial a}{\partial x} + ab - c$

gesetzt. Man kann dafür auch schreiben

(4) $\quad \frac{\partial z_1}{\partial x} + b z_1 - h z + d = 0,$

indem man

(5) $\quad z_1 = \frac{\partial z}{\partial y} + az$

setzt. Ist dann $h = 0$, so ist (4) eine Gleichung für z_1 allein, die man als gewöhnliche lineare Differentialgleichung erster Ordnung integrieren kann. Hat man z_1 bestimmt, so erhält man aus (5) z, da dies wieder eine gewöhnliche lineare Differentialgleichung für z ist.

Ist aber $h \neq 0$, so eliminiere man z aus (4) und (5), um eine Gleichung für z_1 allein zu erhalten. Sie ist wieder vom hyperbolischen Typus und kann ganz analog weiter behandelt werden. Wenn ihr h Null ist, kann sie durch Quadratur gelöst werden. Sonst führt der Ansatz auf eine neue Gleichung usw. Es werden aber nur vereinzelte Fälle sein, denen man so beikommen wird. Immerhin hat man noch einen zweiten analogen Fall zur Verfügung, indem man die Rollen von x und y vertauscht.

Ist z. B.

$$\text{(1')} \qquad \frac{\partial^2 z}{\partial x \, \partial y} + e^x \frac{\partial z}{\partial x} - \frac{\partial z}{\partial y} = 0$$

vorgelegt, so wird $h = 0$. Man hat

$$\text{(4')} \qquad \frac{\partial z_1}{\partial x} - z_1 = 0.$$

Also wird $z_1 = e^x \cdot \varphi(y)$, wo $\varphi(y)$ eine „willkürliche" Funktion von y ist. Demnach findet man für z die Differentialgleichung

$$\text{(5')} \qquad \frac{\partial z}{\partial y} + e^x z = e^x \cdot \varphi(y).$$

Demnach wird

$$z = \exp(-y\,e^x) \cdot \left\{ \psi(x) + e^x \int^y \varphi(\eta) \exp(\eta\,e^x)\, d\eta \right\}$$

mit einer zweiten willkürlichen Funktion $\psi(x)$ die allgemeinste Lösung von (1'). $\exp(x)$ bedeutet dabei wieder e^x.

§ 2. Die RIEMANNsche Integrationsmethode.

1. Existenzbeweis. Das Ziel ist es, durch einen gegebenen Streifen erster Ordnung ein Integral von (1) zu legen. Dabei werde angenommen, daß dieser Streifen über keiner Charakteristik liegt. D. h. also: Es seien längs einer stetig differenzierbaren Kurve $\mathfrak{C}: x = x(t)$, $y = y(t)$ ($a \leq t \leq b$), die nirgends der x-Achse oder der y-Achse parallel sein möge, die Werte von z, p, q vorgeschrieben, derart, daß die Streifenbedingung

$$z'(t) = p(t)\, x'(t) + q(t)\, y'(t)$$

erfüllt ist. Die Gleichung der Kurve $\mathfrak{C}$ kann somit sowohl in der Form $y = f(x)$, wie in der Form $x = g(y)$ geschrieben werden. Diese stetig differenzierbare Kurve wird also von keiner Parallelen zu einer Koordinatenachse in mehr als einem Punkte getroffen. $\mathfrak{C}$ gehöre weiter einem Bereiche an, in welchem die Koeffizienten von (1) stetige Funktionen seien, und längs der Kurve seien auch z', p, q als stetige Funktionen vorgeschrieben.

§ 2. Die RIEMANNsche Integrationsmethode.

Man kann z. B. den Ansatz so machen: Längs der Kurve sei $z = \varphi(x) + \psi(y)$, $p = \varphi'(x)$, $q = \psi'(y)$. Ein erstes Verfahren zur Lösung dieses Problems wird durch die Methode der sukzessiven Approximationen geliefert. Zunächst ist es leicht, die Gleichung $\frac{\partial^2 z_0}{\partial x \partial y} + d = 0$ unter der angegebenen Anfangsbedingung zu integrieren. Denn ihr genügt
$$z_0 = \varphi(x) + \psi(y) - \iint d \cdot d\xi \, d\eta.$$
Dabei ist das Doppelintegral über den in Abb. 16 schraffierten Bereich G zu erstrecken. Man kann also schreiben
$$z_0 = \varphi(x) + \psi(y) - \int_{g(y)}^{x} \int_{y}^{f(\xi)} d(\xi, \eta) \, d\eta \, d\xi.$$
Hieraus leuchtet ein, daß $z_0 = \varphi(x) + \psi(y)$ wird auf $\mathfrak{C}$, d. h. für $x = g(y)$, sowie daß
$$\frac{\partial^2 z_0}{\partial x \partial y} + d = 0$$
ist.

Als nächsten Schritt integrieren wir
$$\frac{\partial^2 z_1}{\partial x \partial y} + a \frac{\partial z_0}{\partial x} + b \frac{\partial z_0}{\partial y} + c z_0 = 0$$

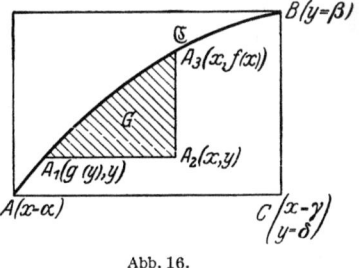

Abb. 16.

mit der folgenden Anfangsbedingung: z_1 soll auf $\mathfrak{C}$ verschwinden. Ihre Lösung im Punkte (x, y) ist

(6) $$z_1 = -\iint \left(a \frac{\partial z_0}{\partial x} + b \frac{\partial z_0}{\partial y} + c z_0 \right) d\xi \, d\eta,$$

wo das Integral über den in Abb. 16 schraffierten Bereich G zu erstrecken ist. Rekurrent wird

(7) $$z_n = -\iint \left(a \frac{\partial z_{n-1}}{\partial x} + b \frac{\partial z_{n-1}}{\partial y} + c z_{n-1} \right) d\xi \, d\eta$$

gesetzt, wo wieder das Integral über den Bereich G der Abb. 16 zu erstrecken ist.

Dann läßt sich beweisen, daß die Reihe

(8) $$z_0 + z_1 + \cdots$$

gleichmäßig konvergiert und der gegebenen Gleichung (1) unter den vorgeschriebenen Anfangsbedingungen genügt.

Ich zeige zunächst, daß die Reihe (8) und die Reihen ihrer Ableitungen nach x und nach y gleichmäßig im abgeschlossenen Rechteck der Abb. 16 konvergieren. In diesem Bereich mögen die absoluten Beträge von $a, b, c, \frac{\partial z_0}{\partial x}, \frac{\partial z_0}{\partial y}, z_0$ unter der Schranke M liegen. F sei der Flächen-

inhalt des schraffierten Gebietes G. Dann ist nach (6)
$$|z_1| < 3M^2 F < 3M^2(x-\alpha)(\beta-y).$$
Ferner ist

(9) $$\frac{\partial z_n}{\partial x} = -\int_y^{f(x)} \left(a\frac{\partial z_{n-1}}{\partial x} + b\frac{\partial z_{n-1}}{\partial y} + c z_{n-1}\right) d\eta.$$

Ferner ist

(10) $$\frac{\partial z_n}{\partial y} = \int_{g(y)}^x \left(a\frac{\partial z_{n-1}}{\partial x} + b\frac{\partial z_{n-1}}{\partial y} + c z_{n-1}\right) d\xi.$$

Daher wird zunächst
$$\left|\frac{\partial z_1}{\partial x}\right| < 3M^2(\beta-y),$$
$$\left|\frac{\partial z_1}{\partial y}\right| < 3M^2(x-\alpha).$$

Ich setze fortan
$$\mu = x - \alpha + \beta - y, \quad N = \max\left(3M, \frac{(\gamma-\alpha)(\beta-\delta)}{\gamma-\alpha+\beta-\delta} 3M\right).^1$$

Dann ist in G
$$|z_1| < MN\mu, \quad \left|\frac{\partial z_1}{\partial x}\right| < MN\mu, \quad \left|\frac{\partial z_1}{\partial y}\right| < MN\mu.$$

Wir wollen nun zeigen, daß allgemein in G
$$|z_n| < \frac{MN^n\mu^n}{n!}, \quad \left|\frac{\partial z_n}{\partial x}\right| < \frac{MN^n\mu^n}{n!}, \quad \left|\frac{\partial z_n}{\partial y}\right| < \frac{MN^n\mu^n}{n!}$$
gilt. Zum Beweis nehme ich an, diese für $n=1$ richtige Abschätzung sei bereits für $n=\nu-1$ bewiesen und schließe daraus auf ihre Geltung für $n=\nu$. Nach (7) wird nämlich für $n=\nu$

$$|z_\nu| < 3M \cdot \frac{MN^{\nu-1}}{(\nu-1)!} \iint_G (\xi-\alpha+\beta-\eta)^{\nu-1} d\xi\, d\eta,$$

$$< 3M \frac{MN^{\nu-1}}{(\nu-1)!} \int_\alpha^x \int_y^\beta (\xi-\alpha+\beta-\eta)^{\nu-1} d\xi\, d\eta,$$

$$\leq 3M \cdot \frac{MN^{\nu-1}}{\nu!} \frac{(\xi-\alpha+\beta-y)^{\nu+1} - (\xi-\alpha)^{\nu+1} - (\beta-y)^{\nu+1}}{\nu+1},$$

$$\leq 3M \cdot \frac{MN^{\nu-1}}{\nu!} (x-\alpha)(\beta-y)(x-\alpha+\beta-y)^{\nu-1},$$

$$\leq \frac{(\gamma-\alpha)(\beta-\delta)}{\gamma-\alpha+\beta-\delta} \mu^\nu.$$

Also
$$|z_\nu| \leq \frac{MN^\nu \mu^\nu}{\nu!}.$$

---

[1] $\max(a, b)$ ist so definiert
$$\max(a,b) = \begin{cases} a & \text{wenn } a \geq b \\ b & \text{wenn } b \geq a \end{cases}$$

§ 2. Die RIEMANNsche Integrationsmethode.

Ferner wird nach (9)
$$\left|\frac{\partial z_\nu}{\partial x}\right| \leq 3M\frac{MN^{\nu-1}}{(\nu-1)!}\int_y^\beta (x-\alpha+\beta-\eta)^{\nu-1}dy,$$
$$\leq 3M\cdot\frac{MN^{\nu-1}}{\nu!}\left[(x-\alpha+\beta-y)^\nu-(x-\alpha)^\nu\right],$$
$$\leq \frac{MN^\nu\mu^\nu}{\nu!}.$$

Ebenso findet man
$$\left|\frac{\partial z_\nu}{\partial y}\right| \leq \frac{MN^\nu\mu^\nu}{\nu!}.$$

Aus der gleichmäßigen Konvergenz von (8) im abgeschlossenen Bereich folgt sofort, daß sie den vorgeschriebenen Randbedingungen genügt und folgt auch, daß die gefundene Reihe (1) genügt. Dies erkennt man, indem man (1) so schreibt

$$z(x,y) = -\iint\left(a\frac{\partial z}{\partial x}+b\frac{\partial z}{\partial y}+cz+d\right)d\xi\,d\eta,$$

wo das Integral wieder über den in Abb. 16 schraffierten Bereich zu erstrecken ist.

2. Die RIEMANNsche Methode. Die RIEMANNsche Integrationsmethode, der ich mich jetzt zuwende, gestattet es oft, ohne solche Reihenentwicklungen das Problem zu lösen. Ich knüpfe zunächst an die homogene Gleichung an. Ich nehme also in (1) $d = 0$ an, und will somit die Differentialgleichung

(11) $$s + ap + bq + cz = 0$$

behandeln. Die RIEMANNsche Integrationsmethode geht von der sogenannten GREENschen Formel aus. Ich bezeichne den Differentialausdruck auf der linken Seite von (11) abkürzend mit $\mathfrak{L}(z)$. Versucht man dann partielle Integration auf $\iint v\,\mathfrak{L}(u)\,dx\,dy$ anzuwenden, so wird man auf die GREENsche Formel geführt[1]:

(12) $$\iint (v\,\mathfrak{L}(u) - u\,\mathfrak{M}(v))\,dx\,dy = \int(P\,dy - Q\,dx).$$

---

[1] Man nehme einen Bereich, der in jeder der beiden folgenden Formen dargestellt werden kann:

$$f_1(y) \leq x \leq f_2(y), \qquad a \leq y \leq b$$
oder
$$g_1(x) \leq y \leq g_2(x), \qquad \alpha \leq x \leq \beta.$$

Dann ist
$$\iint v\frac{\partial^2 u}{\partial x\,\partial y}d\xi\,d\eta = \int_\alpha^\beta dx\int_{g_1(x)}^{g_2(x)} v\frac{\partial^2 u}{\partial x\,\partial y}dy = -\int_{\mathfrak{C}} v\frac{\partial u}{\partial x}dx - \iint\frac{\partial v}{\partial y}\frac{\partial u}{\partial x}dx\,dy$$
$$= -\int_{\mathfrak{C}} v\frac{\partial u}{\partial x}dx - \int_a^b dy\int_{f_1(x)}^{f_2(x)}\frac{\partial v}{\partial y}\frac{\partial u}{\partial x}dx$$
$$= -\int_{\mathfrak{C}} v\frac{\partial u}{\partial x}dx - \int_{\mathfrak{C}} u\frac{\partial v}{\partial y}dy + \iint u\frac{\partial^2 v}{\partial x\,\partial y}dx\,dy.$$

IV. 2. Hyperbolische Differentialgleichungen.

Hier ist das Doppelintegral über einen Bereich, in dem die Koeffizienten und die Funktionen u und v mit den vorkommenden Ableitungen stetig sind, zu erstrecken. Es ist $\mathfrak{M}$ der adjungierte Differentialausdruck

$$\mathfrak{M}(v) = \frac{\partial^2 v}{\partial x \partial y} - \frac{\partial (av)}{\partial x} - \frac{\partial (bv)}{\partial y} + cv$$

und es ist

$$P = \frac{1}{2} \frac{\partial (uv)}{\partial y} - u\left(\frac{\partial v}{\partial y} - av\right)$$

$$Q = \frac{1}{2} \frac{\partial (uv)}{\partial x} - u\left(\frac{\partial v}{\partial x} - bv\right).$$

Das Kurvenintegral ist über den Bereichrand zu erstrecken, so daß das Innere zur Linken bleibt. Wir werden die Formel hernach ausschließlich auf einen Bereich G (Abb. 16) anwenden, der einesteils von einem Bogen der Kurve $\mathfrak{C}$ begrenzt ist, auf dem die Anfangsbedingungen für u vorgeschrieben sind, und von zwei Charakteristiken durch einen Punkt (ξ, η), in welchem wir die Lösung u zu berechnen wünschen. Für u wähle ich die gesuchte Lösung von $\mathfrak{L}(u) = 0$ und für v wähle ich eine noch näher zu bestimmende Lösung von $\mathfrak{M}(v) = 0$. Dann ist

$$\int (P\,dy - Q\,dx) = 0,$$

mit anderen Worten ist nach Abb. 16

$$\int_{A_2}^{A_3} P\,d\eta - \int_{A_1}^{A_2} Q\,d\xi + \int_{A_3}^{A_1} (P\,d\eta - Q\,d\xi) = 0$$

oder

$$(uv)_{A_2} = \tfrac{1}{2}(uv)_{A_1} + \tfrac{1}{2}(uv)_{A_3} - \int_{A_2}^{A_3} u(v_y - av)\,d\eta + \int_{A_1}^{A_2} u(v_x - bv)\,d\xi$$
$$+ \int_{A_3}^{A_1} (P\,d\eta - Q\,d\xi).$$

Läßt man x und y ihre Rollen bei dieser Rechnung vertauschen, so findet man

$$\iint v \frac{\partial^2 u}{\partial x \partial y} = \int_{\mathfrak{C}} v \frac{\partial u}{\partial y}\,dy + \int v \frac{\partial u}{\partial x}\,dx + \iint u \frac{\partial^2 v}{\partial x \partial y}\,dx\,dy.$$

Daraus folgt

$$\iint \left(v \frac{\partial^2 u}{\partial x \partial y} - u \frac{\partial^2 v}{\partial x \partial y}\right) dx\,dy = \frac{1}{2} \int_{\mathfrak{C}} \left[\left(u \frac{\partial v}{\partial x} - v \frac{\partial u}{\partial x}\right) dx + \left(v \frac{\partial u}{\partial y} - u \frac{\partial v}{\partial y}\right) dy\right]$$

$$= \int_{\mathfrak{C}} \left[\frac{1}{2} \frac{\partial (uv)}{\partial y} - u \frac{\partial v}{\partial y}\right] dy - \int_{\mathfrak{C}} \left(\frac{1}{2} \frac{\partial (uv)}{\partial x} - u \frac{\partial v}{\partial x}\right) dx.$$

Ferner ist

$$\iint va \frac{\partial u}{\partial x}\,dx\,dy = \int_{\mathfrak{C}} auv\,dy - \iint u \frac{\partial (av)}{\partial x}\,dx\,dy$$

$$\iint vb \frac{\partial u}{\partial y}\,dx\,dy = -\int_{\mathfrak{C}} buv\,dx - \iint u \frac{\partial (bv)}{\partial y}\,dx\,dy.$$

Alles zusammen liefert die Formel des Textes.

§ 2. Die RIEMANNsche Integrationsmethode.

Nun wähle ich insbesondere v so, daß auf $A_2 A_3$
$$v_y - av = 0$$
und daß auf $A_1 A_2$:
$$v_x - bv = 0$$
ist. Das ist also gleichbedeutend damit, zu fordern: Auf $A_2 A_3$ sei
$v = \exp\left(\int_y^{f(x)} a(x,\eta)\,d\eta\right)$; auf $A_1 A_2$ sei $v = \exp\left(\int_x^{g(y)} b(\xi,y)\,d\xi\right)$*. Daß es solche Integrale von $\mathfrak{M}(v) = 0$ stets gibt, wird S. 361 bewiesen werden. Somit wird schließlich[1]

$$u(x,y) = \tfrac{1}{2}(uv)_{A_1} + \tfrac{1}{2}(uv)_{A_3} + \int_{A_3}^{A_1}(P\,dy - Q\,dx).$$

Daß die so gefundene Lösung wirklich den Anfangsbedingungen und der Gleichung genügt, bedarf keiner näheren Erörterung, weil wir ja gerade vorher sahen, daß man mit Hilfe der Methode der sukzessiven Approximationen den Existenzbeweis der Lösung erbringen kann. Die jetzige Betrachtung fügt den Nachweis hinzu, daß es nur eine solche Lösung gibt. Denn jede muß durch die gefundene Formel dargestellt werden. Übrigens könnte man auch unschwer direkt an der gefundenen Formel verifizieren, daß sie die gestellte Aufgabe löst.

Unsere Methode gestattet auch die Lösung der inhomogenen Gleichung unter den vorgeschriebenen Anfangsbedingungen. Man trägt in (12) für u die betreffende Lösung ein, und findet dann durch die gleiche Betrachtung diese Lösung von (1)

$$u(x,y) = \tfrac{1}{2}(uv)_{A_1} + \tfrac{1}{2}(uv)_{A_3} + \int_{A_3}^{A_1}(P\,dy - Q\,dx) - \iint v d \cdot dx\,dy.\text{[2]}$$

Unschwer kann man übrigens ganz analoge Formeln auch für die andere hyperbolische Normalform gewinnen. Es sei also jetzt

(13) $$\mathfrak{L}(u) = \frac{\partial^2 u}{\partial x^2} - \frac{\partial^2 u}{\partial y^2} + a\frac{\partial u}{\partial x} + b\frac{\partial u}{\partial y} + cu.$$

Dann hat man

$$\mathfrak{M}(v) = \frac{\partial^2 v}{\partial x^2} - \frac{\partial^2 v}{\partial y^2} - \frac{\partial(av)}{\partial x} - \frac{\partial(bv)}{\partial y} + cv,$$

$$P = \frac{\partial(uv)}{\partial x} - 2u\left(v_x - \tfrac{1}{2}av\right),$$

$$Q = -\frac{\partial(uv)}{\partial y} + 2u\left(v_y + \tfrac{1}{2}bv\right)$$

und die GREENsche Formel (12).

---

* Vgl. die Erklärung dieses Zeichens auf S. 354.

[1] Im Punkte A_2 ist nämlich $v(x,y) = 1$.

[2] Man kann auch an die Bemerkung anknüpfen, daß man die Lösung der inhomogenen Gleichung (1) erhält, indem man zu der Lösung gleicher Randwerte von (11) die auf $\mathfrak{C}$ verschwindende Lösung von $\frac{\partial^2 z}{\partial x \partial y} + d = 0$ addiert. Letztere wurde auf S. 355 bestimmt.

Mit ihr verfährt man genau wie eben und erhält schließlich als Lösung von $\mathfrak{L}(u) = 0$ diesen Ausdruck

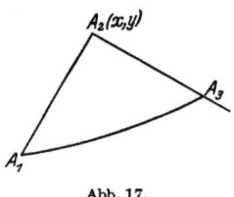
Abb. 17.

$$u(x,y) = \frac{(uv)_{A_1} + (uv)_{A_3}}{2} + \frac{1}{2}\int_{A_1}^{A_3}(P\,dy - Q\,dx).$$

An Stelle der Abb. 16 tritt jetzt die Abb. 17, wo die Geraden wieder Charakteristiken sind. v ist bestimmt durch die Forderung

$$\mathfrak{M}(v) = 0 \quad \text{und} \quad \int_{A_1}^{A_2}\left[2u\left(v_x - \frac{1}{2}av\right)d\eta + 2u\left(v_y + \frac{1}{2}bv\right)d\xi\right] = 0$$

$$\int_{A_2}^{A_3}\left[2u\left(v_x - \frac{1}{2}av\right)d\eta + 2u\left(v_y + \frac{1}{2}bv\right)d\xi\right] = 0.$$

Setzt man auf $A_1 A_2$: $\xi = x + t$, $\eta = y + t$, so wird

$$\frac{d\xi}{dt} = \frac{d\eta}{dt} = 1, \quad \frac{dv}{dt} = v_x + v_y.$$

Auf $A_2 A_3$ aber setze man $\xi = x + t$, $\eta = y - t$. Dann wird

$$\frac{d\xi}{dt} = -\frac{d\eta}{dt} = 1, \quad \frac{dv}{dt} = v_x - v_y.$$

Also werden die Integrale

$$\int_{A_1}^{A_2}2u\left[\frac{dv}{dt} - \frac{1}{2}(a-b)v\right]dt = 0, \quad \int_{A_2}^{A_3}2u\left[\frac{dv}{dt} + \frac{1}{2}(a-b)\right]dt = 0.$$

Man bestimme v aus den gewöhnlichen Differentialgleichungen:

$$v' - \tfrac{1}{2}(a-b)\,v = 0 \text{ auf } A_1 A_2$$

bzw.

$$v' + \tfrac{1}{2}(a-b)\,v \text{ auf } A_2 A_3.$$

3. Existenzbeweise. Zum Schluß dieses Paragraphen möge noch angegeben werden, wie man auch mit Hilfe der sukzessiven Approximationen das Anfangswertproblem löst, auf das wir bei der RIEMANNschen Methode gestoßen sind[1]. Es soll sich also um die Aufgabe handeln, die Gleichung (11) unter den Anfangsbedingungen $z = f(x)$ für $y = y_0$ und $z = \varphi(y)$ für $x = x_0$ zu lösen. Dabei sollen diese Bedingungen auf gewissen von (x_0, y_0) ausgehenden Strecken der Geraden $x = x_0$ und $y = y_0$ erfüllt sein. Diese sollen in die Richtung der wachsenden x bzw. y weisen und einem Bereiche angehören, in dem die Koeffizienten der

---

[1] Der entsprechende Existenzbeweis S. 344 setzte analytische Koeffizienten voraus.

§ 2. Die RIEMANNsche Integrationsmethode.

Gleichung stetig sind. Damit im Punkte (x_0, y_0) die Stetigkeit keine Unterbrechung erleidet, soll noch vorausgesetzt werden, daß $f(x_0) = \varphi(y_0)$ ist. Dann ist jedenfalls $z_0 = f(x) + \varphi(y) - f(x_0)$ eine Funktion, welche die Anfangsbedingungen erfüllt. Sie genügt der Differentialgleichung $\frac{\partial^2 z_0}{\partial x \partial y} = 0$. Alsdann bestimme man z_1 aus der Gleichung

$$\frac{\partial^2 z_1}{\partial x \partial y} + a \frac{\partial z_0}{\partial x} + b \frac{\partial z_0}{\partial y} + c z_0 = 0,$$

so daß es auf $x = x_0$ und auf $y = y_0$ verschwindet, setze also

$$z_1 = - \int_{x_0}^{x} \int_{y_0}^{y} (a z_{0x} + b z_{0y} + c z_0) \, d\xi \cdot d\eta.$$

Alsdann bestimme man analog z_2 und allgemein werde z_n aus

(14) $$\frac{\partial^2 z_n}{\partial x \partial y} + a \frac{\partial z_{n-1}}{\partial x} + b \frac{\partial z_{n-1}}{\partial y} + c z_{n-1} = 0$$

so bestimmt, daß es auf $x = x_0$ und auf $y = y_0$ verschwindet. Dann ist

$$z = z_0 + z_1 + \cdots$$

die gewünschte Lösung von (11). Dies ist bewiesen, sowie nur erkannt ist, daß diese Reihe samt den Reihen ihrer ersten Ableitungen gleichmäßig konvergiert. Es gilt doch für eine jede Teilsumme $s_n = z_0 + z_1 + \cdots + z_n$

$$s_n = z_0 - \int_{x_0}^{x} \int_{y_0}^{y} \left(a \frac{\partial s_{n-1}}{\partial x} + b \frac{\partial s_{n-1}}{\partial y} + c s_{n-1}\right) d\xi \, d\eta$$

und daraus folgt durch Grenzübergang zu $n \to \infty$

$$z = z_0 - \int_{x_0}^{x} \int_{y_0}^{y} \left(a \frac{\partial z}{\partial x} + b \frac{\partial z}{\partial y} + c z\right) dx \, dy$$

und daraus durch Differentiation

$$\frac{\partial^2 z}{\partial x \partial y} + a \frac{\partial z}{\partial x} + b \frac{\partial z}{\partial y} + c z = 0.$$

Auf den Konvergenzbeweis selbst will ich nicht näher eingehen. Er unterscheidet sich nicht wesentlich von den Betrachtungen, die wir bereits in diesem Paragraphen zu gleichem Zweck angestellt haben. Dazu ist ja das hier zur Betrachtung stehende Randwertproblem schon auf S. 344 für allgemeinere allerdings analytische Differentialgleichungen gelöst worden.

Der eben besprochene Ansatz ist auf die homogene Gleichung besonders zugeschnitten. Man kann ihn aber durch geringe Abänderung so einrichten, daß er für die inhomogene Gleichung (1) und für noch

IV. 2. Hyperbolische Differentialgleichungen.

allgemeinere Gleichungen zum Ziel führt. Man gehe nur dazu von der gleichen ersten Näherung z_0 aus wie eben, bestimme auch jetzt wieder rekurrent die n-te Näherung aus der $n-1$-ten durch die Gleichung

$$\frac{\partial z_n}{\partial x \partial y} + a \frac{\partial z_{n-1}}{\partial x} + b \frac{\partial z_{n-1}}{\partial y} + c z_{n-1} + d = 0,$$

indessen so, daß sie auf $x = x_0$ und auf $y = y_0$ die verlangten Anfangsbedingungen besitzt. Man hat also

$$(15) \qquad z_n = z_0 - \int_{x_0}^{x} \int_{y_0}^{y} \left(a \frac{\partial z_{n-1}}{\partial x} + b \frac{\partial z_{n-1}}{\partial x} + c z_{n-1} + d \right) d\xi \, d\eta$$

zu setzen. Jetzt wird die gesuchte Lösung nicht mehr die Summe der z_n, sondern vielmehr der Grenzwert der z_n oder, anders ausgedrückt, die Summe der Reihe

$$z = z_0 + (z_1 - z_0) + \cdots + (z_n - z_{n-1}) + \cdots.$$

Denn es ist ja durch Grenzübergang $n \to \infty$ aus (15) zu finden

$$z = z_0 - \int_{x_0}^{x} \int_{y_0}^{y} (a z_x + b z_y + c z + d) d\xi \, d\eta$$

und daraus durch Differentiation alles Gewünschte.

Dieser Ansatz nun ist es, der auch für allgemeinere Gleichungen wie z. B. die in der Flächentheorie wichtige

$$(16) \qquad \frac{\partial^2 z}{\partial x \partial y} = \sin z$$

zur Lösung des gleichen Problemes führt.

Ein Wort ist nur noch darüber zu sagen, daß die Lösungen durch die Anfangsbedingungen eindeutig bestimmt sind. Man kann sie im Rahmen der Methode der sukzessiven Approximationen durch die gleichen Überlegungen gewinnen, die zum Konvergenzbeweis führen. Wenn nämlich z eine beliebige, den Anfangsbedingungen genügende Lösung z. B. von (16) ist, so ist jedenfalls

$$z = z_0 + \int_{x_0}^{x} \int_{y_0}^{y} \sin z \, d\xi \, d\eta,$$

wo wieder $z_0 = f(x) + \varphi(y) - f(x_0)$ sei. Ferner gilt auch für die n-te Näherung

$$z_n = z_0 + \int_{x_0}^{x} \int_{y_0}^{y} \sin z_{n-1} \, d\xi \, d\eta;$$

also haben wir

$$z - z_n = \int_{x_0}^{x} \int_{y_0}^{y} (\sin z - \sin z_{n-1}) d\xi \, d\eta.$$

§ 3. Die Differentialgleichung der schwingenden Saite. 363

Nun ist

$$|z - z_0| = \left|\int_{x_0}^{x}\int_{y_0}^{y} \sin z \, d\xi \, d\eta\right| < |x - x_0||y - y_0|$$

$$|z - z_1| = \left|\int_{x_0}^{x}\int_{y_0}^{y} (\sin z - \sin z_0) \, d\xi \, d\eta\right|$$

$$= \left|\int_{x_0}^{x}\int_{y_0}^{y} 2 \sin \frac{z - z_0}{2} \cos \frac{z + z_0}{2} \, d\xi \, d\eta\right|$$

$$< \left|\int_{x_0}^{x}\int_{y_0}^{y} |x - x_0||y - y_0| \, d\xi \, d\eta\right| = \frac{|x - x_0|^2 |y - y_0|^2}{2^2}.$$

Daraus gewinnt man durch vollständige Induktion

$$|z - z_n| < \frac{|x - x_0|^{n+1}|y - y_0|^{n+1}}{[(n+1)!]^2},$$

so daß es also nur eine Lösung gibt, weil hiernach $z_n \to z$ strebt.

§ 3. Die Differentialgleichung der schwingenden Saite.

1. Die Riemannsche Methode. Die freien Schwingungen einer längs der x-Achse ausgespannten Saite werden durch die Differentialgleichung

(17) $$\frac{\partial^2 z}{\partial t^2} - a^2 \frac{\partial^2 z}{\partial x^2} = 0$$

beschrieben. t bedeutet darin die Zeit, z die Entfernung von der geradlinigen Gleichgewichtslage. In $a^2 = \frac{S}{\varrho}$ bedeutet S die Spannung, ϱ die Masse der Längeneinheit, so daß also in dem von uns allein zu betrachtenden Fall der homogenen Saite a^2 eine positive Konstante ist. Die Charakteristiken sind in diesem Falle $x + at =$ konst. und $x - at =$ konst. Das bedingt einen geringen Unterschied gegenüber den bisher betrachteten Fällen. Man überträgt aber auch auf ihn ohne sonderliche Schwierigkeit die angestellten Überlegungen.

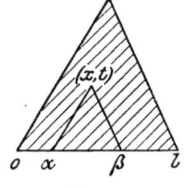

Abb. 18.

Wir betrachten nun eine an ihren beiden Enden bei $x = 0$ und bei $x = l$ eingeklemmte Saite. Es soll also für alle t: $z(0, t) = 0$ und $z(l, t) = 0$ sein. Ferner ist die Anfangslage und die Anfangsgeschwindigkeit der Saite gegeben. D. h. für $t = 0$ soll $z(x, 0) = f(x)$ und $\frac{\partial z}{\partial t}(x, 0) = F(x)$ sein. Zunächst kann man die Riemannsche Methode anwenden, um in einem beliebigen Punkte (x, t) des in Abb. 18 schraffierten Bereiches die Lösung zu berechnen. Dieser Bereich ist nämlich seitlich von den beiden durch die Saitenenden gehenden Charakteristiken begrenzt. In einem inneren Punkt ist nach dem RIEMANNschen Verfahren die Lösung durch $f(x)$ und $F(x)$ allein bestimmt. Man findet nämlich in dem Punkte (x, t), dessen Charakteristiken $t = 0$ in $\alpha = x - at$ und $\beta = x + at$ treffen mögen,

$$(18) \qquad z(x,t) = \frac{f(x-at) + f(x+at)}{2} + \frac{1}{2a} \int_{x-at}^{x+at} F(\xi)\, d\xi.$$

Damit ist das Problem nun erst für gewisse x und t gelöst[1] und es gilt nun, unter Berücksichtigung der an den Saitenenden vorgeschriebenen Bedingungen den Bewegungsverlauf auch für andere Zeiten zu bestimmen. Dies erzwingt man nach RIEMANN durch einen Kunstgriff. Daß nämlich die RIEMANNsche Methode nicht zur Berechnung der Lösung in einem größeren Bereiche brauchbar ist, liegt darin begründet, daß $f(x)$ und $F(x)$ nur für $0 \leq x \leq l$ gegeben sind. Man erklärt nun in einer zweckmäßigen Weise diese Funktionen über dies Intervall hinaus, so daß die zugehörigen Lösungen bei $x = 0$ und bei $x = l$ für alle Zeiten verschwinden. Zu dem Zweck setze man fest

$$f(-x) = -f(x) \qquad f(x+2l) = f(x)$$
$$F(-x) = -F(x) \qquad F(x+2l) = F(x).$$

Damit sind dann die beiden Funktionen für alle x erklärt, wenn man sie für $0 \leq x \leq l$ kennt. Die RIEMANNsche Lösung (18) verschwindet dann, wie man sich leicht überzeugt, tatsächlich bei $x = 0$ und bei $x = l$ für alle t. Ähnliche Überlegungen führen auch zur Beherrschung des Falles, wo an den Saitenenden ein anderer Bewegungszustand vorgeschrieben ist.

2. Superposition von Partikularlösungen. Ich will nun noch auf eine etwas andere Methode hinweisen. Das ist die Trennung der Variablen. Geht man nämlich mit dem Ansatz

$$z = u(x)\, v(t)$$

in die Gleichung der schwingenden Saite hinein, so geht diese in

$$\frac{1}{a^2} \frac{v''}{v} = \frac{u''}{u}$$

über. Da die rechte Seite nur von x, die linke nur von t abhängt, so

---

[1] Eines merkwürdigen Umstandes mag hier Erwähnung geschehen. Will man verifizieren, daß durch (18) die Gleichung (17) befriedigt wird, so muß man die zweiten Ableitungen von f und die ersten von F verwenden. Führt man aber in (17) durch $x_1 = x - at$, $t_1 = x + at$ neue Variable ein, so wird (17) zu

$$(17') \qquad \frac{\partial^2 z}{\partial x_1 \partial t_1} = 0.$$

Dieser neuen Gleichung (17') genügt nun (18) auch, wenn $f(x)$ nur einmal und $F(x)$ nicht differenzierbar ist.

§ 3. Die Differentialgleichung der schwingenden Saite.

müssen beide ein und derselben Konstanten: $-\lambda^2$ gleich sein. Also erhalten wir die beiden gewöhnlichen Differentialgleichungen

$$u'' + \lambda^2 u = 0$$
$$v'' + \lambda^2 a^2 v = 0$$

und sind damit in der Lage, einige Lösungen der Gleichung zu bestimmen. Es sind die Lösungen

$$u = c_1 \cos \lambda x + c_2 \sin \lambda x$$
$$v = d_1 \cos a\lambda t + d_2 \sin a\lambda t,$$

die man so erhält. c_1, c_2, d_1, d_2 sind dabei Konstanten. Sollen dieselben aber bei $x = 0$ und bei $x = l$ verschwinden, so muß $c_1 = 0$ und $\lambda = \dfrac{n\pi}{l}$ mit ganzem n sein, und es bleiben nur diese Lösungen als brauchbar übrig:

$$\sin \frac{n\pi}{l} x \left(d_1 \cos \frac{an\pi}{l} t + d_2 \sin \frac{an\pi}{l} t \right).$$

Da nun aber die Gleichung (17) linear und homogen ist, so kann man durch Addition bekannter Lösungen neue finden, und somit sind auch die Summen

$$\sum_n \sin \frac{n\pi}{l} x \left(d_{1n} \cos \frac{an\pi}{l} t + d_{2n} \sin \frac{an\pi}{l} t \right)$$

Lösungen. Nunmehr ist man auch in der Lage, durch passende Bestimmung der Koeffizienten passende Anfangszustände der Lösung vorzuschreiben. Man wird nämlich durch die Anfangsbedingungen auf die beiden Gleichungen

$$f(x) = \sum d_{1n} \sin \frac{n\pi}{l} x$$
$$F(x) = \sum d_{2n} \frac{an\pi}{l} \sin \frac{n\pi}{l} x$$

geführt und steht so vor dem bekannten Problem aus der Theorie der FOURIERschen Reihen. Freilich enthält dieser Gedankengang nur dann die volle Lösung des Problems, wenn diejenigen Reihen, welche aus den für $f(x)$ und $F(x)$ erhaltenen durch zweimalige Differentiation entstehen, selbst gleichmäßig konvergieren.

III. Kapitel.

Elliptische Differentialgleichungen.

Die Theorie der elliptischen Differentialgleichungen ist viel gestaltenreicher als die der hyperbolischen. Es kann sich in dieser einführenden Darstellung nur darum handeln, einen Überblick über die Probleme und die Wege zu ihrer Lösung zu geben. Z. B. ist die Potentialtheorie in der Ebene weiter nichts als die Theorie der speziellen elliptischen Differentialgleichung

$$\Delta u \equiv \frac{\partial^2 u}{\partial x^2} + \frac{\partial^2 u}{\partial y^2} = 0.$$

Die Potentialtheorie im Raume untersucht analog die Lösungen von

$$\Delta u \equiv \frac{\partial^2 u}{\partial x^2} + \frac{\partial^2 u}{\partial y^2} + \frac{\partial^2 u}{\partial z^2} = 0.$$

Es ist auch nicht unsere Absicht, hier eine volle Potentialtheorie zu entwickeln[1]. Vielmehr wollen wir, allerdings vielfach gerade an Hand dieser Differentialgleichung, einen Überblick zu gewinnen suchen. Diese Bevorzugung der Differentialgleichung $\Delta u = 0$ rechtfertigt sich auch dadurch, daß der Ausdruck einer jeden elliptischen Differentialgleichung in der Normalform mit Δu beginnt.

§ 1. Die GREENsche Formel.

1. Aufstellung der GREENschen Formel. $u(x, y)$ und $v(x, y)$ seien beide in einem gewissen Bereiche B und an seinem Rande zweimal stetig differenzierbar. Sein Rand bestehe aus einer endlichen Anzahl geschlossener analytischer Kurven[2]. Dann gewinnt man durch partielle Integration die folgenden Formeln

(1) $\quad \iint\limits_B u \Delta v \, dx \, dy = \int (u v_x \, dy - u v_y \, dx) - \iint\limits_B (u_x v_x + u_y v_y) \, dx \, dy,$

(2) $\quad \iint\limits_B v \Delta u \, dx \, dy = \int (v u_x \, dy - v u_y \, dx) - \iint\limits_B (u_x v_x + u_y v_y) \, dx \, dy.$

Aus (1) und (2) folgt die GREENsche Formel:

(3) $\quad \iint (u \Delta v - v \Delta u) \, dx \, dy = \int \{(u v_x - v u_x) \, dy - (u v_y - v u_y) \, dx\}.$

In (1), (2), (3) ist das Kurvenintegral so über den Rand zu erstrecken, daß dabei das Innere zur Linken bleibt.

Führt man in jedem Randpunkt zwei neue Koordinaten s und n ein, so daß die mit der Durchlaufungsrichtung gleichgerichtete Tangente s-Achse und die nach innen gerichtete Normale n-Achse wird, so ist im Punkte x_0, y_0:

$$x - x_0 = \cos(xs) \, s - \sin(xs) \, n$$
$$y - y_0 = \sin(xs) \, s + \cos(xs) \, n,$$

wenn man annimmt, daß das Achsenpaar (s, n) mit dem Achsenpaar (x, y) gleichorientiert ist.

---

[1] Dies kann um so weniger unsere Aufgabe sein, als ein besonderer von O. D. KELLOG verfaßter Band dieser Sammlung der Potentialtheorie gewidmet ist.

[2] Die nachstehenden Ergebnisse gelten zum Teil auch unter viel allgemeineren Annahmen über u, v und B. Wir verfolgen das in dieser einführenden Skizze nicht weiter.

§ 1. Die GREENsche Formel.

Somit ist
$$\frac{\partial x}{\partial s} = \frac{\partial y}{\partial n}, \quad \frac{\partial y}{\partial s} = -\frac{\partial x}{\partial n},$$
also ist
$$\frac{\partial u}{\partial n} = -\frac{\partial u}{\partial x}\frac{\partial y}{\partial s} + \frac{\partial u}{\partial y}\frac{\partial x}{\partial s}.$$

Führt man s als neue Integrationsvariable ein, so kann man die GREENsche Formel auch so schreiben:

(4) $$\iint (u \Delta v - v \Delta u)\, dx\, dy = \int \left(v \frac{\partial u}{\partial n} - u \frac{\partial v}{\partial n} \right) ds.$$

2. Die GREENsche Funktion. Trägt man in (4) für u eine beliebige reguläre[1] Lösung der Gleichung $\Delta u = 0$ und $v = 1$ ein, so kommt

(5) $$\int \frac{\partial u}{\partial n}\, ds = 0.$$

Eine weitere Anwendung ist diese: Man bestätigt leicht, daß
$$v_0 = \log \frac{1}{r}$$
eine Potentialfunktion ist, d. h. der Potentialgleichung
$$\Delta v_0 = 0$$
genügt. Dabei ist r die positive Entfernung des variablen Punktes x, y von einem festen Punkte ξ, η, also
$$r^2 = (x - \xi)^2 + (y - \eta)^2.$$
Diese Potentialfunktion $\log \frac{1}{r}$ ist nicht durchweg regulär. Sie weist vielmehr bei $(x, y) = (\xi, \eta)$ eine Unterbrechung der Stetigkeit auf. Ich will nun in (4)
$$v = \log \frac{1}{r} + v_1$$
eintragen, wo v_1 eine reguläre Potentialfunktion sein möge. Damit die Formel anwendbar wird, muß man einen Bereich zugrunde legen, in welchem der Punkt (ξ, η) nicht enthalten ist. Einen solchen kann man aus einem Bereich B, welcher ξ, η enthält, dadurch herstellen, daß man aus ihm eine genügend kleine Kreisscheibe mit dem Mittelpunkt ξ, η wegläßt, über deren Rand dann auch das Kurvenintegral zu erstrecken ist. Somit folgt aus der GREENschen Formel
$$\int \left(v \frac{\partial u}{\partial n} - u \frac{\partial v}{\partial n} \right) ds + \int \left(v \frac{\partial u}{\partial r} - u \frac{\partial v}{\partial r} \right) ds = 0.$$

---

[1] Eine im abgeschlossenen Bereich B zweimal stetig differenzierbare Lösung von $\Delta u = 0$ nennen wir eine reguläre Potentialfunktion.

368   IV. 3. Elliptische Differentialgleichungen.

Dabei ist das erste Integral über den Rand $\mathfrak{C}$ des Bereiches B, das zweite über den Kreis zu erstrecken (Abb. 19). Das Kreisintegral ist aber

$$\int_0^{2\pi}\left\{\log\frac{1}{r}\frac{\partial u}{\partial r} - u\frac{\partial}{\partial r}\left(\log\frac{1}{r}\right)\right\}r\,d\varphi + \int_0^{2\pi}\left\{v_1\frac{\partial u}{\partial r} - u\frac{\partial v_1}{\partial r}\right\}r\,d\varphi.$$

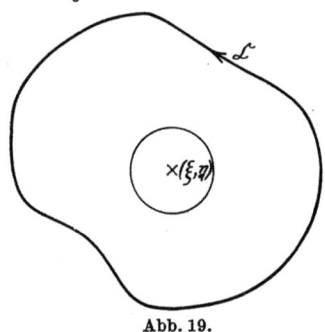
Abb. 19.

Für $r \to 0$ ist $r \cdot \log\frac{1}{r} \to 0$. Daher wird für $r \to 0$ der erste Summand des ersten Integrales zu Null. Es ist aber

$$-r\frac{\partial}{\partial r}\log\left(\frac{1}{r}\right) \to 1 \text{ für } r \to 0$$

und daher wird bei diesem Grenzübergang der zweite Summand des ersten Integrales $2\pi u(\xi, \eta)$. Das letzte Integral endlich wird für $r \to 0$ wieder Null. Da dabei aber das über den Rand $\mathfrak{C}$ erstreckte Integral nicht beeinflußt wird, so kommt heraus

(6) $$u(\xi, \eta) = -\frac{1}{2\pi}\int_{\mathfrak{f}}\left(v\frac{\partial u}{\partial n} - u\frac{\partial v}{\partial n}\right)ds.$$

Somit sind wir in der Lage, *eine Potentialfunktion im Inneren eines Bereiches durch ihre Werte und die Werte ihrer Ableitungen am Rande des Bereiches darzustellen* und wir sind im Einklang mit dem Satze von S. 340, wonach die Lösung durch einen Streifen bestimmt sein muß. Die Funktion ist, wie wir wenigstens für analytische Streifen noch von damals wissen, durch diesen Streifen eindeutig bestimmt. Das hat aber hier zur Folge, daß man den Randstreifen einer Potentialfunktion, welche im Inneren von B regulär sein soll, nicht beliebig vorschreiben kann. Denn auch die Funktion $\log\frac{1}{r}$ mit Unstetigkeitspunkt im Bereichinneren ist ja durch ihren Randstreifen bestimmt. Zu diesem gehört also keine im Inneren des Bereiches reguläre Potentialfunktion. Es erhebt sich also die Frage, *zu welchen Randstreifen Potentialfunktionen gehören, welche im ganzen Bereichinneren regulär sind*. Die Antwort auf diese Frage gewinnt man durch weitere Spezialisierung der Funktion v, die bisher bis auf ihre logarithmische Unstetigkeit ganz willkürlich war. Wäre es möglich, sie so einzurichten, daß sie am Rande verschwindet, so würde sich die Formel

(7) $$u(\xi, \eta) = \frac{1}{2\pi}\int_{\mathfrak{f}} u\frac{\partial v}{\partial n}ds$$

ergeben, und wir hätten den *Satz, daß eine in B und an seinem Rande reguläre Potentialfunktion durch ihre Randwerte bestimmt ist.* Eine solche

§ 1. Die GREENsche Formel. 369

Funktion v wollen wir als GREENsche Funktion des Bereiches bezeichnen. Wir schreiben
$$v = G(x, y;\ \xi, \eta),$$
um auch ihren Aufpunkt (ξ, η) kenntlich zu machen. Dort wird sie unendlich wie $\log\frac{1}{r}$, und am Rande verschwindet sie. Die Frage ist aber nun, ob eine solche GREENsche Funktion stets existiert.

3. Prinzip des Maximums. Vor der allgemeinen Erörterung dieser Frage weise ich auf einen besonderen Fall hin. Es sei z. B. ein Kreis vom Radius R vorgelegt und ξ, η sei sein Mittelpunkt. Dann ist
$$v = G(x, y;\ \xi, \eta) = \log\frac{R}{r} \quad (r^2 = (x-\xi)^2 + (y-\eta)^2).$$
Dann wird $\frac{\partial v}{\partial n} = -\frac{\partial v}{\partial r} = +\frac{1}{r}$ (weil n die *innere* Normale ist). Wir haben somit für den Wert einer Potentialfunktion im Mittelpunkt eines Kreises diesen Ausdruck durch die Randwerte

(8) $$u(\xi, \eta) = \frac{1}{2\pi}\int_0^{2\pi} u(R;\ \varphi)\,d\varphi.$$

Der Wert im Mittelpunkt ist somit das arithmetische Mittel der Randwerte. Er ist daher stets kleiner als der größte Randwert und diesem nur dann gleich, wenn die Funktion am Rande konstant ist. Schon diese Bemerkung genügt nun aber, um tatsächlich zu beweisen, daß es nicht mehr als eine in einem Bereiche B reguläre Potentialfunktion gibt, welche am Rande des Bereiches gegebene Randwerte besitzt, und welche im Bereiche und an seinem Rande stetig ist. Denn wenn u_1 und u_2 zwei in B reguläre Potentialfunktionen gleicher Randwerte sind, so ist $u_1 - u_2$ eine im Bereiche reguläre einschließlich des Randes stetige Potentialfunktion, welche am Rande des Bereiches verschwindet. Wäre sie nun nicht im Bereiche überall Null, so müßte sie in seinem Inneren ein Maximum oder ein Minimum haben und es ist keine Beschränkung der Allgemeinheit anzunehmen, daß es ein positives Maximum sei. Alsdann schlage man um eine Stelle, wo die Funktion diesem Maximum gleich ist, einen dem Bereiche angehörigen Kreis. Da sie im Mittelpunkt dem arithmetischen Mittel der Randwerte gleich ist, ihren größten Wert aber daselbst annimmt, so muß sie am Rande überall diesem größten Werte gleich sein. Da dies für jeden Kreis um den Maximumpunkt gilt, so ist sie im größten um diesen in B schlagbaren Kreis konstant. Durch Heranziehung weiterer Kreisscheiben schließt man hieraus, daß die Funktion im ganzen Bereiche konstant sein muß. Da sie aber am Rande verschwindet und im abgeschlossenen Bereiche stetig ist, so muß sie auch im Inneren verschwinden. *Eine im Inneren des Bereiches B reguläre einschließlich des Randes stetige Potentialfunktion ist also durch ihre Randwerte eindeutig bestimmt*[1]. Die gleiche Schlußweise führt auch zu dem allgemeinen Satz, *daß keine nichtkonstante Potentialfunktion im Inneren eines Regularitätsbereiches ihren größten oder kleinsten Wert annimmt*. Es sei hervorgehoben, daß für diese letzten Ergebnisse durch unsere Beweisführung die zu Beginn dieses Kapitels (§ 1) gemachten Annahme über u und B schon wesentlich gelockert erscheinen.

Zur Entscheidung der Frage, ob eine Potentialfunktion durch ihre Randwerte bestimmt ist, haben wir die GREENsche Funktion in ihrer Allgemeinheit nicht nötig. Sie kann aber dazu dienen, die Funktion in ihrer Bestimmtheit durch die Randwerte wirklich aufzuschreiben. Dabei erhebt sich aber dann die weitere Frage, ob etwa diese Randwerte willkürlich vorgeschrieben werden können, ob es also Potentialfunktionen gibt, die im Inneren von B regulär sind, und die am Rande von B gegebene Werte haben[2].

§ 2. Die erste Randwertaufgabe.

1. Das POISSONsche Integral. Die eben formulierte Aufgabe nennt man die *erste Randwertaufgabe*. Sie entspricht der ersten Randwertaufgabe, mit der wir uns schon bei den gewöhnlichen Differentialgleichungen befaßt haben. Damals waren bei der ersten Randwertaufgabe die Werte der Funktion an den Rändern (Enden) eines Intervalles gegeben. Bei anderen Randwertaufgaben kamen auch noch die Randwerte der Ableitungen vor. Solche Probleme haben auch hier Analoga.

Am einfachsten gelingt nun die Lösung der ersten Randwertaufgabe im Falle des Kreises. Ich wähle den Kreis $|z| < R$ der komplexen z-Ebene ($z = x + iy$) und befasse mich zunächst mit der Konstruktion der GREENschen Funktion. Man wird am leichtesten durch die folgende heuristische Betrachtung darauf geführt: Es ist aus der Funktionentheorie geläufig, daß jede zweimal differenzierbare Potentialfunktion Realteil einer bis auf eine rein imaginäre additive Konstante bestimmten analytischen Funktion der komplexen Variablen $z = x + iy$ ist[3]. So gibt es auch zur GREENschen Funktion $G(x, y; \xi, \eta)$ eine konjugierte Potentialfunktion $H(x, y; \xi, \eta)$, so daß $G + iH$ eine analytische Funk-

---

[1] Wird nicht Stetigkeit im abgeschlossenen Bereich verlangt, so gilt dieser Satz nicht, wie z. B. die Funktion $u = J(z) = y$, ($z = x + iy$) in der Halbebene $y > 0$ lehrt.

[2] Potentialfunktionen zu verlangen, die im abgeschlossenen B regulär sind und die am Rande von B gegebene Werte besitzen, würde sich als eine zu weitgehende Forderung erweisen.

[3] Sie ist somit beliebig oft stetig differenzierbar. Vgl. mein Lehrbuch der Funktionentheorie 3. Aufl. Bd. I, S. 36.

§ 2. Die erste Randwertaufgabe. 371

tion $f(z)$ ist. Auch $e^{-f(z)} = \varphi(z)$ ist eine analytische Funktion und dann ist $G = -\log|\varphi(z)|$. Somit ist $\varphi(z)$ eine im abgeschlossenen Kreise reguläre analytische Funktion, welche an seinem Rande den konstanten absoluten Betrag Eins hat und welche im Punkte $\zeta = \xi + i\eta$ desselben verschwindet. Denn jeder Nullstelle von $\varphi(x)$ würde eine Unstetigkeitsstelle von G entsprechen. An der Stelle ξ hat φ eine einfache Nullstelle. Denn dort ist

$$G = \log\frac{1}{r} + \text{reguläre Funktion}.$$

Also
$$f(z) = G + iH = \log\frac{1}{z-\zeta} + \text{reguläre Funktion}.$$

Also
$$e^{-f(z)} = \varphi(z) = (z-\zeta)(1 + \mathfrak{P}(z-\zeta)).$$

$\mathfrak{P}(z-\zeta)$ bedeutet wieder eine Potenzreihe.

$\varphi(z)$ hat dort zudem eine einfache Nullstelle und hat keine anderen Nullstellen im Bereiche. Die Funktion $w = \varphi(z)$ leistet somit eine schlichte Abbildung[1] des Kreises auf den Kreis $|w| < 1$. Daher muß $\varphi(z)$ eine lineare Funktion sein, und zwar ist $\varphi(z) = \dfrac{R(z-\zeta)}{R^2 - \bar{\zeta}z}$ die gewünschte lineare Funktion. Sie ist nicht die einzige, die unseren Zwecken genügt. Man erhält andere, wenn man die angegebene mit einer Zahl vom Betrage Eins multipliziert. Aber diese führen natürlich zu derselben GREENschen Funktion. Für diese findet man somit die Darstellung

(9) $$G(x, y; \xi, \eta) = -\log\frac{|z-\zeta|\cdot R}{|z-\zeta_1|\cdot|\zeta|} \quad \left(\zeta_1 = \frac{R^2}{\bar{\zeta}}\right).$$

Man verifiziert leicht, daß die auf diesem heuristischen Weg gefundene, durch (9) dargestellte Funktion wirklich alle Eigenschaften der GREENschen Funktion besitzt. Als Realteil einer analytischen Funktion genügt G der Gleichung $\Delta G = 0$. Bei $z = \zeta$ ist

$$G = \log\frac{1}{z-\zeta} + \text{reguläre Funktion}.$$

Am Rande ist $G = 0$. Denn dort ist $|\varphi| = 1$. Am Rande ist nämlich $z = Re^{i\vartheta}$. Also

$$\left|\frac{R(Re^{i\vartheta} - \zeta)}{R^2 - \bar{\zeta}Re^{i\vartheta}}\right| = \left|\frac{Re^{i\vartheta} - \zeta}{(Re^{-i\vartheta} - \bar{\zeta})e^{i\vartheta}}\right| = \left|\frac{Re^{i\vartheta} - \zeta}{Re^{-i\vartheta} - \bar{\zeta}}\right| = 1.$$

---

[1] Das SCHWARZsche Spiegelungsprinzip (vgl. mein Lehrbuch der Funktionentheorie 3. Aufl., Bd. I, S. 225) lehrt, daß $\varphi(z)$ durch Spiegelung in das Kreisäußere analytisch fortgesetzt werden kann und daß es bei $\dfrac{R^2}{\bar{\zeta}}$ einen einfachen Pol hat sonst aber regulär ist. Also ist $\varphi(z)$ rational, wie jede bis auf Pole in der ganzen Ebene reguläre Funktion. Da $\varphi(z)$ nur eine dazu einfache Nullstelle hat, so ist es linear.

Denn zwei konjugiert imaginäre Zahlen haben denselben absoluten Betrag. Zur Lösung der ersten Randwertaufgabe durch die Formel (7) benötigen wir nun noch die Ableitung der GREENschen Funktion nach der nach innen gerichteten Normalen.

Setzt man $z = re^{i\varphi}$, so ist $\dfrac{\partial G}{\partial n}$ weiter nichts als die negative Ableitung von G nach r, gebildet für $r = R$. Da liefert aber die Rechnung das Ergebnis

$$\tag{10} \frac{\partial G}{\partial n} = \frac{R^2 - |\zeta|^2}{R|z - \zeta|^2}.$$

Setzt man noch $\zeta = \varrho e^{i\vartheta}$, so kann man nach dem Kosinussatz der Trigonometrie auch schreiben:

$$\frac{\partial G}{\partial n} = \frac{R^2 - \varrho^2}{R(R^2 + \varrho^2 - 2R\varrho \cos(\vartheta - \varphi))}$$

und somit wird die erste Randwertaufgabe durch das folgende POISSONsche Integral gelöst:

$$\tag{11} u(\varrho, \vartheta) = \frac{1}{2\pi} \int_0^{2\pi} \frac{(R^2 - \varrho^2) u(R, \varphi)}{R^2 + \varrho^2 - 2R\varrho \cos(\vartheta - \varphi)} d\varphi.$$

Freilich ist diese Formel bisher nur unter der Voraussetzung bewiesen, daß es eine reguläre Potentialfunktion gibt, welche die gegebenen Randwerte besitzt. Aber man kann nun nachträglich unter ziemlich allgemeinen Annahmen über die Randwerte zeigen[1], daß das POISSONsche Integral eine wenigstens im Bereichinneren reguläre Potentialfunktion darstellt, welche die gegebenen Randwerte besitzt. Dazu würde z. B. die Annahme ausreichen, daß die Randwerte abteilungsweise stetig sind.

2. Existenzbeweis. Ich ziehe es indessen vor, auf einem etwas anderen Wege die Existenz einer Potentialfunktion mit gegebenen Randwerten nachzuweisen. Ich betrachte dazu eine analytische Funktion, deren Realteil die gesuchte Potentialfunktion mit den gegebenen Randwerten sein soll. Da diese analytische Funktion nun im Kreise regulär ist, so kann man sie in eine in diesem Kreise konvergente Potenzreihe entwickeln. Dann hat man also eine Potenzreihe dieser Form

$$\tag{12} \sum a_n z^n \qquad (a_n = a_n' + i a_n'').$$

Ihr Realteil ist die gesuchte Potentialfunktion. Für diese hat man daher die Reihe

$$\tag{13} \sum r^n (a_n' \cos n\varphi - a_n'' \sin n\varphi).$$

Für $r = R$ ist dies eine trigonometrische Reihe, welche die gegebenen

---

[1] Vgl. z. B. den in meinem Lehrbuch der Funktionentheorie Bd. II, S. 71 durchgeführten Beweis.

§ 2. Die erste Randwertaufgabe. 373

Randwerte darstellt, falls sie da noch konvergiert. Es ist auch leicht zu sehen, daß jede Reihe (13) in ihrem Konvergenzkreis eine Potentialfunktion darstellt. Ohne weiteres leuchtet das in dem Falle ein, wo auch die konjugierte Reihe

(14) $\qquad i \sum r^n (a'_n \sin n\varphi + a''_n \cos n\varphi)$

konvergiert. Dann ist nämlich die Summe beider die Potenzreihe (12), welche eine analytische Funktion darstellt, deren Realteil jene Reihe ist. Nur dieser Fall ist für das Folgende nötig. Ich nehme nun an, die Randwerte seien so beschaffen, daß die sie darstellende FOURIERsche Reihe (13) die nötigen Konvergenzeigenschaften hat. Das ist z. B. dann der Fall, wenn die Randwerte als Funktion von φ mit ihren Ableitungen der beiden ersten Ordnungen stetig sind. Alsdann folgt aus der Integraldarstellung der Koeffizienten, daß ihre Summe wie $\sum \frac{1}{n^2}$ konvergiert[1]. Und daraus ergibt sich, daß auch die konjugierte Reihe und damit die Potenzreihe im abgeschlossenen Kreise $|z| \leq R$ gleichmäßig konvergiert.

Daher konvergiert auch die Reihe, welche die Potentialfunktion darstellt, im abgeschlossenen Kreise $|z| \leq R$ gleichmäßig und stellt daher eine im abgeschlossenen Kreise stetige Potentialfunktion dar. Sie besitzt daher die gegebenen Randwerte, und die Randwertaufgabe ist für diesen allerdings ziemlich speziellen Fall gelöst. Dieser Weg ist mancherlei Verallgemeinerungen fähig. Ich will aber diesen Betrachtungen nicht nachgehen, sondern nur noch das weitestgehende Resultat erwähnen, über das man heute verfügt: *Wenn die Randwerte durch irgendeine im LEBESGUEschen Sinne integrierbare Funktion gegeben sind, so stellt das POISSONsche Integral im Kreisinneren eine reguläre Potentialfunktion dar, welche bei radialer Annäherung an einen, nicht einer gewissen Ausnahmemenge vom Maß Null angehörigen Randpunkt den gegebenen Randwerten zustrebt.*

3. Allgemeine Bereiche. Soviel über die Lösung der ersten Randwertaufgabe für den Kreis. Nun ist leicht zu sehen, daß damit die erste Randwertaufgabe auch für alle diejenigen einfachzusammenhängenden Bereiche gelöst ist, die man auf die Fläche eines Kreises so konform abbilden kann, daß dabei der analytische Charakter der Abbildung am Rande gewahrt bleibt. Dies trifft für alle von geschlossenen analytischen Kurven begrenzte Bereiche zu[1]. Denn wenn $w = \varphi(z; \zeta)$ diejenige analytische Funktion ist, welche den Bereich so auf $|w| < 1$ abbildet, daß dabei der Aufpunkt ζ in $w = 0$ übergeht, so ist $-\log|\varphi(z; \zeta)|$ die GREENsche Funktion des Bereiches, und man kann eine dem POISSONschen Integral ähnliche Formel ansetzen[2].

---

[1] Vgl. meinen Leitfaden der Integralrechnung 3. Aufl. S. 81.
[2] Man vgl. hier und im Folgenden Bd. II meines Lehrb. d. Funktionentheorie

Man kann aber auch die Lösbarkeit der Randwertaufgabe sofort für alle die Bereiche erschließen, die sich so umkehrbar eindeutig konform auf eine Kreisfläche abbilden lassen, daß die Abbildung im abgeschlossenen Bereich stetig ist. Durch die Abbildung $w = \varphi(z;\zeta)$ geht der Rand des Bereiches in stetiger Weise in die Peripherie des Kreises über. Die am Rande des Bereiches vorgeschriebenen Randwerte gehen somit in bestimmte Werte am Rande des Kreises über. Man löse mit diesen Randwerten die Randwertaufgabe für den Kreis. Diese Potentialfunktion ist Realteil einer analytischen Funktion $\psi(w)$. Dann ist $\psi\{\varphi(z;\zeta)\}$ eine im Bereiche analytische Funktion, deren Realteil eine Potentialfunktion ist, welche die gegebenen Randwerte besitzt.

Da man nun aber heute aus der Theorie der konformen Abbildung weiß, daß man jeden von einer JORDANschen Kurve, d. h. einer stetigen Kurve ohne Selbstüberschneidungen begrenzten Bereich auf einen Kreis so konform abbilden kann, daß auch am Rande noch die Stetigkeit der Abbildung gewahrt bleibt, so ist auch für solche Bereiche die erste Randwertaufgabe lösbar, für Randwerte, welche den gleichen Bedingungen genügen, wie sie beim Kreise angegeben wurden.

4. Bemerkungen. 1. Dem direkten Beweis, daß das POISSONsche Integral zum Beispiel für stetige Randwerte eine Potentialfunktion dieser Randwerte darstellt, liegen folgende Gedanken zugrunde. Zunächst ergibt sich durch Differentiation unter dem Integralzeichen, daß eine Potentialfunktion vorliegt. Daß sie aber die gegebenen Randwerte besitzt, zeigt man so: Durch konforme Abbildung wird aus einer Potentialfunktion wieder eine Potentialfunktion. Soll man nun in einem Punkte P, der einem Peripheriepunkte nahe liegt, die Potentialfunktion berechnen, um zu erkennen, daß sie daselbst von dem vorgeschriebenen Randwerte nur wenig abweicht, so mache man eine konforme Abbildung des Kreises, die P in den Mittelpunkt überführt. Der Wert im Mittelpunkt wird dann das arithmetische Mittel der durch die Abbildung abgeänderten Randwerte. Bei dieser Abbildung geht nun aber ein gewisses Kreisbüschel in die Geraden durch den Mittelpunkt über. Es sind die Kreise, welche durch P gehen und die Peripherie senkrecht durchsetzen. Die Winkel, welche sie in P miteinander bilden, sind den Winkeln ihrer geradlinigen Bilder im Mittelpunkt gleich. Je näher nun P an der Peripherie liegt, um so größer ist der Winkelraum derjenigen Geraden, welche aus Kreisen hervorgehen, welche in der *Nähe* von P die Peripherie treffen. Die verpflanzten Randwerte werden also auf sehr großen Bogen der Peripherie nahezu dem Wert gleich sein, welcher in dem P benachbarten Peripheriepunkt vorgeschrieben ist, und das arithmetische Mittel wird also auch diesem Wert um so mehr gleichkommen, je näher P an dem Rande liegt.

2. H. A. SCHWARZ, dem die Theorie der Potentialfunktionen so viel zu danken hat, hat als erster die Lösbarkeit der Randwertaufgabe für allgemeinere Klassen von Bereichen auf einem Wege erkannt, den wir noch kurz skizzieren wollen Es ist die berühmte *Methode des alternierenden Verfahrens*. Sie ist auf Bereiche zugeschnitten, die man mit endlich vielen anderen dachziegelartig so bedecken kann, daß für jeden dieser Ziegel die Randwertaufgabe lösbar ist. Die Ziegel dürfen dabei nicht über den Bereichrand hinübergreifen. Die Methode ist also z. B. anwendbar, wenn der Rand aus endlich vielen Bogen analytischer Kurven besteht. Denn eine analytische Kurve ist dadurch definiert, daß man sie durch eine in ihrer Umgebung analytische Funktion auf ein Stück einer geraden Linie ab-

§ 2. Die erste Randwertaufgabe.

bilden kann[1]. Dadurch geht aber auch ein gewisser an einem genügend kleinen Bogen derselben nach dem Bereichinneren zu gelegener Bereich in einen Halbkreis über, den man dann leicht auf einen Vollkreis abbilden kann. Nehmen wir also nun einen Bereich an, der von endlich vielen solcher Ziegel bedeckt ist. Dann ist offenbar nur zu zeigen, daß man auch für einen aus zwei solchen Ziegeln aufgebauten Bereich die Randwertaufgabe lösen kann. Und da setzt nun das alternierende Verfahren ein. In Abb. 20 sind zwei solche Dachziegel gezeichnet. Wir sehen vier Kurvenstücke. Auf L_1 und L_4 sind Randwerte gegeben, zu denen eine im großen Bereich reguläre Potentialfunktion konstruiert werden soll. Man gebe zunächst auf L_3 irgendwelche Randwerte vor, so daß dann auf $L_1 + L_3$ eine stetige Randfunktion des linken Ziegels gegeben ist. Man bestimme die in diesem Ziegel reguläre Funktion, welche die erwähnten Randwerte hat. Diese Funktion u_1 hat auf L_2 gewisse Werte, die die auf L_4 schon gegebenen zu stetigen Randwerten am rechten Ziegel ergänzen. Mit diesen Randwerten löse man für den rechten Ziegel die Randwertaufgabe und erhält eine Funktion u_2, die wieder auf L_3 gewisse Werte hat, die die auf L_1 gegebenen zu Randwerten am linken Ziegel ergänzen. Mit diesen löse man wieder die Randwertaufgabe für den linken Ziegel und fahre so immer mit beiden Ziegeln abwechselnd fort. Dann konvergieren die so erhaltenen Potentialfunktionen in einem jeden Ziegel gegen eine Potentialfunktion, und beide Grenzfunktionen stimmen in dem, beiden Ziegeln gemeinsamen Gebiete überein, so daß wir also eine im großen Bereich reguläre Potentialfunktion mit den gegebenen Randwerten erhalten haben.

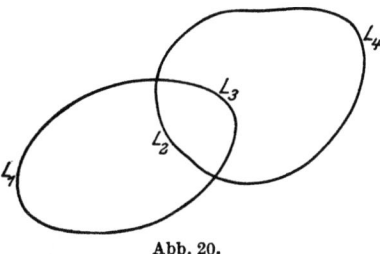

Abb. 20.

3. Älter noch als diese Methode ist die Methode des DIRICHLETschen Prinzips. Sie beruht auf der Betrachtung des Variationsproblems

$$D(u,u) \equiv \iint_B \left\{ \left(\frac{\partial u}{\partial x}\right)^2 + \left(\frac{\partial u}{\partial y}\right)^2 \right\} dx\, dy = \text{Min.}$$

Die Aufgabe ist die: Man soll eine in einem Bereich B zweimal stetig differenzierbare Funktion finden, welche diesem Integral einen kleineren Wert erteilt als alle anderen zweimal stetig differenzierbaren Funktionen, welche am Rande von B dieselben Werte haben wie die gesuchte. Wenn es eine solche Lösung gibt, so schließt man ähnlich wie auf S. 191/192, daß die betreffende Funktion der Gleichung $\Delta u = 0$ genügen muß. Es ist aber nicht von vornherein einleuchtend, daß es unter allen Funktionen gegebener Randwerte eine gibt, welche dem Integral einen kleineren Wert erteilt als die übrigen. Schlußmethoden, welche von der Evidenz dieser Tatsache ausgingen, wurden durch die Kritik von WEIERSTRASS zu Fall gebracht. Inzwischen aber ist es im Anschluß daran HILBERT gelungen, den fehlenden Existenzbeweis nachzutragen. Es gibt somit unter allen in einem Bereiche zweimal stetig differenzierbaren Funktionen mit gegebenen Randwerten eine, welche dem DIRICHLETschen Integral einen möglichst kleinen Wert erteilt. Das ist die Potentialfunktion, welche diese Randwerte besitzt. Auf den Beweis will ich nicht näher eingehen, zumal ja ein anderes Buch dieser Sammlung sich ausführlich mit diesen Dingen beschäftigt. (Vgl. COURANT-HILBERT: Methoden der mathematischen Physik.)

Sehr einfach ist es allerdings, einzusehen, daß eine am Rande reguläre Potential-

---

[1] Ihre Koordinaten sind also analytische Funktionen eines reellen Parameters t.

funktion dem DIRICHLETschen Integral einen kleineren Wert erteilt, als jede andere reguläre Funktion gleicher Randwerte. Denn sei u eine Potentialfunktion und $u + v$ irgendeine andere reguläre Funktion gleicher Randwerte, also $v = 0$ am Rande, dann ist

$$D(u+v, u+v) = D(u, u) + 2D(u, v) + D(v, v).$$

Hier ist

$$D(u, v) = \iint (u_x \cdot v_x + u_y \cdot v_y) \, dx \, dy$$

gesetzt. Nun ist aber nach S. 366

$$\iint (u_x v_x + u_y v_y) \, dx \, dy = \int v(u_x \, dy - u_y \, dx) - \iint \Delta u \cdot v \, dx \, dy.$$

Hier ist das Linienintegral über den Bereichrand zu erstrecken. Da hier $v = 0$ ist, so ist es Null, und wegen $\Delta u = 0$ verschwindet auch das Doppelintegral. Also ist

$$D(u+v, u+v) = D(u, u) + D(v, v) > D(u, u).$$

4. Auf einem ganz anderen Wege haben kürzlich PERRON und REMAK die Randwertaufgabe gelöst[1]. Sie gewinnen die Potentialfunktion als untere Grenze derjenigen stetigen Funktionen, die am Rande zu große Werte annehmen, und im Inneren eines jeden Teilkreises des Bereiches größer sind als das POISSONsche Integral, das auf dem Kreis mit der Funktion übereinstimmt.

5. Schon 1914 hat LE ROUX[2] das Problem der Potentialtheorie aus dem analogen für Differenzengleichungen durch Grenzübergang behandelt. Dazu wird der Bereich mit einem Quadratnetz bedeckt und werden Funktionen gesucht, deren Wert in jedem Netzpunkt das arithmetische Mittel aus den Werten in den vier nächst benachbarten Netzpunkten ist, während in den am Rand des Netzes gelegenen Punkten vorgegebene Werte verwendet werden.

5. Existenz der GREENschen Funktion. Durch eine jede dieser Methoden erscheint nun auch die Existenz der GREENschen Funktion von $\Delta u = 0$ sichergestellt. Denn nach ihrer auf S. 369 gegebenen Definition läuft ihre Bestimmung auf die Berechnung einer im Bereiche regulären Funktion hinaus, deren Randwerte die von $\log \frac{1}{r}$ zu Null ergänzen. Mit der Lösung der ersten Randwertaufgabe ist also auch die Existenz der GREENschen Funktion gesichert. Sie spielt für die Gleichung $\Delta u = 0$ eine analoge Rolle, wie die früher eingeführte GREENsche Funktion eines Randwertproblemes einer gewöhnlichen Differentialgleichung. Eine Anwendung mag das noch erhärten. Es möge sich darum handeln, diejenige Lösung der inhomogenen Gleichung

(15) $$\Delta u = f(x, y)$$

zu bestimmen, welche am Rande des Bereiches gegebene Werte besitzt. Zu dem Zweck bezeichne ich mit u_0 die Potentialfunktion, welche diese Randwerte besitzt, und setze $u = u_0 + u_1$. Dann genügt u_1 wieder der Differentialgleichung (15) und hat die Randwerte Null. Nur um die Bestimmung von u_1 handelt es sich also noch. Ich knüpfe an die GREENsche Formel S. 366 an und setze darin für u die gesuchte

---

[1] PERRON: Math. Zeitschr. Bd. 18. 1923; REMAK: Math. Zeitschr. Bd. 18. 1924.
[2] Liouv. Journal t 10 (1914).

Lösung u_1 von (15) ein, für v wähle ich die GREENsche Funktion, die ich wieder in der Form $G = \log \frac{1}{r} + v_1$ schreibe. Dann muß man zunächst wieder um den Aufpunkt (ξ, η) der GREENschen Funktion einen kleinen Kreis schlagen, sein Inneres vom Bereich weglassen, im Doppelintegral über diesen Restbereich und im Kurvenintegral über seinen vollen Rand integrieren. Das Kreisintegral wird ganz auf dieselbe Weise wie S. 368 berechnet, und man findet dafür den Wert

$$2\pi u_1(\xi, \eta).$$

Das Randintegral wird zu Null und das Doppelintegral zu

$$-\iint G \cdot f \, dx \, dy,$$

und so hat man diese Darstellung der Lösung unserer Aufgabe

$$u_1(\xi, \eta) = -\frac{1}{2\pi} \iint G(x, y; \xi, \eta) f(x, y) \, dx \, dy.$$

Sie ist abgeleitet unter der Voraussetzung, daß eine reguläre Lösung existiert und daß die GREENsche Funktion am Rande regulär ist. Man kann aber hinterher verifizieren, daß u_1 der Differentialgleichung unter viel allgemeineren Voraussetzungen genügt. Das gelingt durch direktes Differenzieren, wie der Leser selbst nachprüfen möge.

§ 3. Die Differentialgleichung $\Delta u + \lambda u = 0$.

1. Zusammenhang mit der Theorie der Integralgleichungen. Wir legen uns für diese Differentialgleichung wieder die erste Randwertaufgabe vor. Von vornherein wird man erwarten, daß wie bei der ersten Randwertaufgabe bei gewöhnlichen Differentialgleichungen nicht immer eine nicht identisch verschwindende Lösung existiert. Wir können mit Hilfe der uns zur Verfügung stehenden Methoden einen vollen Einblick in die Verhältnisse gewinnen. Nach den Schlußbetrachtungen des vorigen Paragraphen genügt nämlich jede im abgeschlossenen Bereiche B stetige, am Rande desselben verschwindende Lösung von

(16) $$\Delta u + \lambda u = 0$$

der linearen homogenen Integralgleichung[1]

(16′) $$u(\xi, \eta) = \frac{\lambda}{2\pi} \iint_B G(x, y; \xi, \eta) u(x, y) \, dx \, dy.$$

Aus der Theorie derselben folgt der volle Aufschluß über unser Randwertproblem. Sie ergibt ein ähnliches Ergebnis wie dasjenige,

---

[1] Durch Differenzieren unter dem Doppelintegral kann man hieraus den Schluß ziehen, daß u zweimal stetig differenzierbar ist.

welches uns bei der STURM-LIOUVILLEschen Aufgabe begegnete. Nur für gewisse Werte des Parameters λ, die sogenannten *Eigenwerte* ist das Problem durch eine nicht überall in B verschwindende, im Inneren zweimal stetig differenzierbare, im abgeschlossenen Bereich stetige Funktion lösbar. Daß diese Eigenwerte sämtlich positiv sind, ist von vornherein leicht einzusehen. Denn nehmen wir an, zu einem negativen Werte von λ gehöre eine Eigenfunktion, welche im Bereiche irgendwo ein positives Maximum besitze. Dann ist einmal nach den Regeln der Differentialrechnung in diesem Punkte $\Delta u \leq 0$, andererseits aber wegen $\lambda < 0$ und $u > 0$ auch $\lambda u < 0$, so daß an dieser Stelle die Summe beider nicht Null sein könnte. Also sind alle reellen Eigenwerte positiv oder Null: $\lambda = 0$ ist aber nach dem uns über $\Delta u = 0$ bereits Bekannten sicher kein Eigenwert. Also sind alle Eigenwerte positiv. Die Eigenwerte λ_k sind weiter alle reell und häufen sich nirgends im Endlichen, ja sie sind so verteilt, daß $\sum \frac{1}{\lambda_k^2}$ konvergiert. Dies sowie die Existenz der Eigenwerte entnehmen wir der Theorie der linearen Integralgleichungen. Wegen der sonstigen Behauptungen lese man E. SCHMIDT: Annalen Bd. 63 nach. Das gilt auch für die in dem nun folgenden Absatz angeführten Tatsachen. Man vgl. auch COURANT-HILBERT: Methoden der mathematischen Physik.

Zu jedem Eigenwert gehören endlich viele linear unabhängige Eigenfunktionen, und man darf annehmen, daß dieselben zueinander orthogonal sind. Ebenso sind die zu verschiedenen Eigenwerten gehörigen Eigenfunktionen orthogonal, d. h. es ist

$$\iint_B \varphi_n(x,y)\,\varphi_m(x,y)\,dx\,dy = 0,$$

und man hat den Entwicklungssatz, wonach man jede zweimal stetig differenzierbare, am Rande verschwindende Funktion in eine nach Eigenfunktionen fortschreitende Reihe entwickeln kann. Denn jede zweimal stetig differenzierbare Funktion $\varphi(x,y)$, welche am Bereichrand verschwindet, kann man mit Hilfe der GREENschen Funktion, also des Kernes der Integralgleichung, so darstellen

$$\varphi(\xi,\eta) = -\iint_B G(x,y,\xi,\eta)\,f(x,y)\,dx\,dy.$$

Dabei ist $f(x,y) = \Delta \varphi$ gesetzt.

2. Differentialgleichung der schwingenden Membran. Ich will nun diese Folgerungen aus der allgemeinen Theorie durch ein weiteres Eingehen auf die Besonderheiten der Differentialgleichung (16) noch etwas ergänzen.

Zunächst will ich auf das physikalische Problem hinweisen, dem diese Differentialgleichung entspringt. Es ist das Problem der Schwingungen einer Membran, die an ihrem Rande eingespannt ist. An sich

§ 3. Die Differentialgleichung $\Delta u + \lambda u = 0$.

werden diese Schwingungen durch die Differentialgleichung

$$\frac{\partial^2 z}{\partial t^2} = c^2 \Delta z$$

beschrieben. Dabei ist c^2 eine von Spannungszustand und Material abhängige Konstante. Ähnlich wie S. 364 bei der schwingenden Saite führt der Ansatz

$$z = \cos k(t+h)\, u(x,y) \qquad (k \text{ und } h \text{ konstant})$$

zur Trennung der Variablen. Er liefert für $u(x,y)$ die Differentialgleichung

$$\Delta u + \frac{k^2}{c^2} u,$$

die also mit der hier betrachteten übereinstimmt.

Aus den hieraus gefundenen Einzellösungen, d. i. den Eigenfunktionen setzt man, genau wie bei der schwingenden Saite, allgemeinere Lösungen additiv zusammen. Dem Entwicklungssatz entspricht wieder die Aufgabe, eine solche Lösung den Anfangsbedingungen anzupassen.

3. Spezialfall des Quadrates. Des weiteren will ich in einem speziellen Fall die Lösungen des Problems wirklich angeben. Es sei der Fall der quadratischen Membran. Hier liegt es nahe, in (13) den Ansatz $u = f(x) \cdot g(y)$ zu machen. Man nimmt dabei an, daß das Quadrat parallel zu den Koordinatenachsen orientiert ist.

Dadurch findet man für f und g die beiden Differentialgleichungen

$$f'' + a^2 f = 0, \qquad g'' + b^2 g = 0, \quad \text{wo} \quad a^2 + b^2 = \lambda$$

und schließt so, daß die folgenden Lösungen in Betracht kommen:

$$u = (c_1 \cos ax + c_2 \sin ax)(d_1 \cos by + d_2 \sin by).$$

Das Quadrat sei nun von den Geraden

$$x = 0, \qquad y = 0, \qquad x = \pi, \qquad y = \pi$$

begrenzt. Sollen dann die Lösungen am Rande des Quadrates verschwinden, so zeigt sich, daß allein noch

(17) $\qquad\qquad c \sin ax \sin by$

übrig bleibt und daß dabei $a = m$ und $b = n$ sein muß, wo m und n ganze Zahlen sind. Für λ kommen somit nur die Werte

$$\lambda_{m,n} = m^2 + n^2$$

in Betracht. Das sind die Eigenwerte. Freilich steht zunächst noch dahin, ob wir so alle Eigenwerte gefunden haben. Dies aber folgt daraus, daß man willkürliche Funktionen nach unseren Eigenfunktionen (17) entwickeln kann. Ein solcher Entwicklungssatz gilt nämlich nach der Theorie der Integralgleichungen nur für das vollständige System aller Eigenfunktionen. Tatsächlich aber läßt sich ganz analog wie in der Theorie der FOURIERschen Reihen beweisen, daß man jede zweimal stetig differenzierbare Funktion $f(x, y)$, welche am Rande des Quadrates verschwindet, in eine Reihe

$$f(x, y) = \sum c_{m,n} \sin mx \sin ny$$

entwickeln kann, deren Koeffizienten

$$c_{m,n} = \frac{1}{\pi^2} \int_0^\pi \int_0^\pi f(x, y) \sin mx \sin ny\, dx\, dy$$

sind. Wir finden auch hier bestätigt, daß verschiedene Eigenfunktionen zueinander orthogonal sind, denn es ist ja

$$\int_0^\pi \int_0^\pi \sin mx \sin ny \sin kx \sin ly\, dx\, dy$$
$$= \int_0^\pi \sin mx \sin kx\, dx \cdot \int_0^\pi \sin ny \sin ly\, dy = 0,$$

falls entweder $m^2 \neq k^2$ oder $n^2 \neq l^2$ ist. Zum gleichen Eigenwert $\lambda = m^2 + n^2$ gehören offenbar alle die Eigenfunktionen $\sin mx \sin ny$, für welche $\lambda = m^2 + n^2$ den gleichen Wert hat. Zur gleichen durch den Eigenwert bestimmten Schwingungsdauer gehören daher oft mehrere linear unabhängige Eigenfunktionen. Auch deren lineare Kombinationen gehören zur gleichen Schwingungsdauer. Sucht man diejenigen Stellen der Membran auf, für welche während der ganzen Schwingung Ruhe herrscht, also die Knotenlinien der Schwingung, so erhält man die in der Akustik unter dem Namen Klangfiguren bekannten Kurven, deren mannigfaches Aussehen dem Umstande entspringt, daß zu einem und demselben Eigenwert verschiedene Eigenfunktionen gehören können.

4. Verteilung der Eigenwerte. Ich wende mich nun wieder allgemeineren Fragen zu und stelle mir die *Aufgabe, Aufschluß über die Verteilung der Eigenwerte und ihre Abhängigkeit vom Gebiet zu gewinnen.* Es handelt sich hier um die Übertragung derjenigen Ergebnisse, welche wir früher anläßlich des Oszillationstheorems über die Verteilung der Eigenwerte der Differentialgleichung $y'' + \lambda \varrho y = 0$ gewonnen hatten. Neuerdings sind in der uns hier beschäftigenden Frage durch Arbeiten von WEYL[1] und COURANT[2] erhebliche Fortschritte erzielt worden, um deren Darstellung es sich hier handeln soll. Ich berichte über die von COURANT entwickelte Methode der Variationsrechnung. Diese Beziehungen zu einem Variationsproblem beruhen auf dem folgenden Satz: *Denkt man sich die Eigenwerte der Größe nach geordnet, und dabei jeden*

---

[1] WEYL, H.: Math. Ann. Bd. 71; Crelles Journ. Bd. 141, 143.
[2] COURANT, R.: Math. Zeitschr. Bd. 7.

§ 3. Die Differentialgleichung $\Delta u + \lambda u = 0$.

Eigenwert seiner Vielfachheit[1] nach aufgeschrieben $\lambda_1 \leq \lambda_2 \leq \ldots$, so ist der n-te Eigenwert λ_n der kleinste Wert, welchen das DIRICHLET*sche Integral*

$$D(\varphi, \varphi) = \iint\limits_B \left\{ \left(\frac{\partial \varphi}{\partial x}\right)^2 + \left(\frac{\partial \varphi}{\partial y}\right)^2 \right\} dx\, dy$$

annehmen kann, wenn zum Vergleich alle im abgeschlossenen Bereich stetigen und mit stetigen ersten und zweiten Ableitungen versehenen am Rande verschwindenden Funktionen zugelassen werden, welche den weiteren Bedingungen

(18) $\qquad\qquad \iint\limits_B \varphi u_i\, dx\, dy = 0, \qquad (i = 1, \ldots, n-1)$

(19) $\qquad\qquad \iint\limits_B \varphi^2\, dx\, dy = 1$

genügen. Die u_i sind dabei die zu den λ_i gehörigen durch

$$\iint\limits_B u_i^2\, dx\, dy = 1$$

normierten Eigenfunktionen, wobei also jetzt jedem λ_i gerade eine Eigenfunktion zugeordnet ist. Das Minimum von $D(\varphi, \varphi)$ wird für die n-te Eigenfunktion u_n angenommen.

Der Beweis dieses Satzes kann folgendermaßen geführt werden: Aus (1) von S. 366 folgt[2]

$$D(\varphi, \varphi) = -\iint\limits_B \varphi \Delta \varphi\, dx\, dy.$$

Wir bedienen uns nun der sogenannten Vollständigkeitsrelation der Integralgleichungstheorie. Sie lehrt, daß

(20) $\qquad \iint\limits_B \varphi \Delta \varphi\, dx\, dy = \sum_i \iint\limits_B \varphi u_i\, dx\, dy \cdot \iint\limits_B \Delta \varphi \cdot u_i\, dx\, dy.$

Allgemein lautet die Vollständigkeitsrelation

(21) $\qquad \iint\limits_B f(x,y) g(x,y)\, dx\, dy = \sum \iint\limits_B f u_i\, dx\, dy \iint\limits_B g u_i\, dx\, dy.$

Sie ergibt sich aus der Entwicklung von f nach den Eigenfunktionen

(22) $\qquad\qquad\qquad f = \sum c_i u_i.$

Denn hier ist wegen der Orthogonalität derselben

$$c_i = \iint\limits_B f u_i\, dx\, dy.$$

---

[1] Das ist die Zahl der linear unabhängigen zu ihm gehörigen Eigenfunktionen. Daß diese Anzahl endlich ist, wird in der Theorie der Integralgleichungen bewiesen. Man vgl. (16'). Siehe z. B. E. SCHMIDT: Math. Ann. Bd. 63, S. 445.

[2] B möge wie S. 366 von endlich vielen analytischen Kurven begrenzt sein. Daran werde in der Folge festgehalten.

Multipliziert man (22) mit g und integriert über B, so hat man die Formel (21). Nun ist aber wegen des Verschwindens von φ und u_i am Rande nach der GREENschen Formel (3) von S. 366

$$\iint_B \Delta\varphi \cdot u_i\, dx\, dy = \iint_B \varphi \cdot \Delta u_i\, dx\, dy = -\lambda_i \iint_B \varphi u_i\, dx\, dy.$$

Somit wird

(23) $$D(\varphi, \varphi) = \sum_i \lambda_i \{\iint_B \varphi u_i\, dx\, dy\}^2.$$

Nun ist aber nach der Vollständigkeitsrelation wegen (21)

$$1 = \iint_B \varphi^2\, dx\, dy = \sum_i \{\iint_B \varphi u_i\, dx\, dy\}^2.$$

Weiter aber ist nach (18)

$$\iint_B \varphi u_i\, dx\, dy = 0 \qquad \text{für } i = 1, 2, \ldots, n-1.$$

Daher wird

$$D(\varphi, \varphi) \geq \lambda_n.$$

Das Gleichheitszeichen kann hierbei nur stehen, wenn in (23) nur eines der Integrale von Null verschieden ist, welche zu den λ_n gleichen Eigenwerten gehören. Dann ist aber wegen des Entwicklungssatzes φ eine der zugehörigen Eigenfunktionen, für die also allein das Minimum angenommen wird. COURANT hat diese schon länger bekannte Extremaleigenschaft der Eigenfunktion so umgestaltet, daß sie für die weiteren Schlüsse brauchbar wird. Sie krankt nämlich noch an dem Übelstand, daß man zur Charakterisierung der n-ten Eigenfunktion sich auf die Eigenfunktionen mit kleinerer Nummer beziehen muß. Zu dieser Umgestaltung gelangt man durch die folgenden Überlegungen. Statt der Nebenbedingungen (12), (19) wollen wir der Funktion φ die Zusatzbedingungen (19) und

(24) $$\iint_B \varphi v_i\, dx\, dy = 0 \qquad (i = 1, 2, \ldots, n-1)$$

auferlegen. Dabei sollen die v_i irgendwelche in B stetige Funktionen sein. Für hiernach zulässige Funktionen φ besitzt das Integral $D(\varphi, \varphi)$ eine untere Grenze, welche von den $v_1 \ldots v_{n-1}$ abhängt und daher mit $d(v_1 \ldots v_{n-1})$ bezeichnet werden soll. Dann ist

$$d(v_1 \ldots v_{n-1}) \leq \lambda_n = d(u_1 \ldots u_{n-1}).$$

Zum Beweise ist nur zu zeigen, daß man bei beliebiger Wahl der $v_1 \ldots v_{n-1}$ eine Funktion φ bestimmen kann, für die $D(\varphi, \varphi) \leq \lambda_n$ ist. Eine solche Funktion φ kann man z. B. als lineare Verbindung

(25) $$\varphi = c_1 u_1 + \cdots + c_n u_n$$

der u_i herstellen. Denn die ihr aufzuerlegenden Bedingungen (24) und (19) bedeuten $n-1$ lineare homogene Gleichungen für die c_i ($i = 1$,

§ 3. Die Differentialgleichung $\Delta u + \lambda u = 0$.

2, ..., n) nebst der Gleichung $\sum c_i^2 = 1$. Dem kann man aber durch passende c_i stets genügen. Die Funktion (25) verschwindet auch am Rande und ist wie die Eigenfunktionen u_i zweimal stetig differenzierbar. Für sie wird aber nach (23)

$$D(\varphi, \varphi) = \sum_{i=1}^{n} \lambda_i c_i^2.$$

Also ist $D(\varphi, \varphi) \leq \lambda_n$ wegen $\lambda_i \leq \lambda_{i+1}$ und $c_1^2 + \ldots + c_n^2 = 1$. Somit haben wir den folgenden Satz: *Es seien $v_1 \ldots v_{n-1}$ in B stetige Funktionen, und $d(v_1 \ldots v_{n-1})$ sei die untere Grenze der Werte, welche $D(\varphi, \varphi)$ annimmt, wenn φ irgendeine in B zweimal stetig differenzierbare am Rande verschwindende Funktion ist, welche den Bedingungen* (19), (24) *genügt. Dann ist λ_n gleich dem Maximum, welches $d(v_1 \ldots v_{n-1})$ bei beliebiger Wahl der $v_1 \ldots v_{n-1}$ annehmen kann. Das Maximum wird erreicht für $v_1 = u_1, \ldots, v_{n-1}, = u_{n-1}, \varphi = u_n$.*

In diesem Satz kann man die Voraussetzungen noch ein wenig erweitern. Nach einer in der Variationsrechnung viel verwandten Schlußweise kann man nämlich eine jede stetige abteilungsweise stetig differenzierbare Funktion beliebig genau approximieren, und daraus ergibt sich die Gültigkeit des Satzes auch für solche Funktionenklassen φ, die zwar stetig, aber nur einmal abteilungsweise stetig differenzierbar sind.

Diesen Satz koppelt man nun nach COURANT mit folgendem *allgemeinen Prinzip*. Man stelle sich vor, daß man zur Konkurrenz nur solche Funktionen zuläßt, welche außer den ihnen bisher auferlegten Bedingungen noch einigen weiteren genügen. Innerhalb dieser engeren Klasse von Funktionen φ werde das Maximum jener unteren Grenze gesucht. Für eine engere Funktionenklasse kann aber die untere Grenze nicht kleiner sein als für die weitere Funktionenklasse, und daher kann das Maximum der unteren Grenze nicht abnehmen. Ebenso nimmt das Maximum der unteren Grenze nicht zu, wenn die Konkurrenzbedingungen für φ erleichtert werden, d. h. wenn umfassendere Funktionenklassen zur Konkurrenz zugelassen werden.

Aus diesen Betrachtungen kann man nun den Schluß ziehen, daß *bei Vergrößerung des Gebietes die Eigenwerte nicht zunehmen*. Betrachtet man nämlich zwei Gebiete B_1 und B_2, von denen das zweite ein Teil des ersten sein möge, und die beide den bisher immer gemachten Voraussetzungen genügen mögen[1]. Dann können die in B_2 zweimal stetig differenzierbaren Funktionen φ, welche am Rande von B_2 verschwinden, offenbar aufgefaßt werden als Funktionen, welche in dem größeren Gebiete B_1 abteilungsweise stetig differenzierbar sind, dazu aber am Rande von B_2 und in dem nicht zu B_2 gehörigen Teile von B_1 verschwinden. Das ist eine engere Funktionenklasse als die zur Definition

---

[1] Man vgl. z. B. Fußnote [1] auf S. 381.

der Eigenwerte für B_1 benutzte. Daher sind die Eigenwerte des kleineren Gebietes sicher nicht kleiner als die Eigenwerte des größeren. Genauer: *der n-te Eigenwert des kleineren Gebietes ist nicht kleiner als der n-te Eigenwert des größeren Gebietes.*

Man kann diesen Schluß für den Fall verallgemeinern, daß jenes Teilgebiet von B_1 nicht aus einem Stücke, sondern aus mehreren punktfremden Teilgebieten von B_1 besteht. Für dieses aus mehreren Teilen bestehende Gebiet erhält man aber die Eigenwerte als Gesamtheit der Eigenwerte der einzelnen Teilgebiete. Somit ist der n-te Eigenwert des großen Gebietes nicht größer als die n-te Zahl in der Reihe der der Größe nach geordneten Eigenwerte der Teilgebiete.

Anders gewendet kann man sagen: *Die Anzahl der unterhalb einer Schranke λ liegenden Eigenwerte eines Gebietes B ist nicht kleiner als die Summe der entsprechenden Anzahlen für eine Menge irgendwie gewählter punktfremder Teilgebiete.* Zerlegt man insbesondere B durch stetig differenzierbare Jordankurven in eine Anzahl ν von Teilgebieten und bezeichnet mit $A(\lambda)$ die Anzahl der zu B gehörigen Eigenwerte, die unter λ liegen, mit $A_k(\lambda)$ die Anzahl der zum k-ten Teilgebiet gehörigen Eigenwerte, die unter λ liegen, so ist nach dem bewiesenen

$$(23) \qquad A_1(\lambda) + \cdots + A_\nu(\lambda) \leq A(\lambda).$$

Wir schließen die Feststellung an, *daß der n-te Eigenwert sich stetig mit dem Gebiete ändert.* Dabei wird unter einer „Gebietsänderung unter ε" eine Abbildung

$$x' = x + g(x, y),$$
$$y' = y + h(x, y)$$

des abgeschlossenen Gebietes B auf ein anderes B' verstanden, die jeden Punkt um weniger als ε aus seiner Lage verschiebt und bei der sich die ersten Ableitungen von g und h von den ersten Ableitungen von x und y selbst um weniger als ε unterscheiden. Dabei unterscheidet sich also die Funktionaldeterminante der Abbildung von 1 um weniger als eine mit ε gleichmäßig in B gegen Null strebende Zahl $o(1)$[1]. Jede in B erklärte Funktion geht bei der Abbildung in eine in B' erklärte über, und das DIRICHLETsche Integral der in B erklärten Funktion φ unterscheidet sich von dem DIRICHLETschen Integral der in B' erklärten transformierten Funktion φ nur durch einen Faktor, der nach 1 strebt, wenn $\varepsilon \to 0$ konvergiert. Wenn nämlich M die Funktionaldeterminante bedeutet, so wird

$$D_B(\varphi, \varphi) = \iint\limits_{B'} \left[\left\{ \frac{\partial \varphi}{\partial x'}\left(1 + \frac{\partial g}{\partial x}\right) + \frac{\partial \varphi}{\partial y'}\frac{\partial h}{\partial x} \right\}^2 + \left\{ \frac{\partial \varphi}{\partial x'}\frac{\partial g}{\partial y} + \frac{\partial \varphi}{\partial y'}\left(1 + \frac{\partial h}{\partial y}\right) \right\}^2 \right] \frac{dx'\,dy'}{|M|}$$

$$(M = (1 + g_x)(1 + h_y) - g_y h_x).$$

---

[1] Damit soll immer eine mit ε gegen Null strebende Zahl bezeichnet werden.

§ 3. Die Differentialgleichung $\Delta u + \lambda u = 0$.

Also

$$D_B(\varphi, \varphi) = (1 + o(1)) \iint_{B'} \left[\left\{\frac{\partial \varphi}{\partial x'}\right\}^2 + \left\{\frac{\partial \varphi}{\partial y'}\right\}^2 \right] dx' dy' + o(1) \iint_{B'} \frac{\partial \varphi}{\partial x'} \frac{\partial \varphi}{\partial y'} dx' dy'$$

$$= (1 + o(1)) D_{B'}(\varphi, \varphi) + o(1) \iint_{B'} \frac{\partial \varphi}{\partial x'} \frac{\partial \varphi}{\partial y'} \partial x' \partial y'.$$

Nun ist aber

$$2 \iint_{B'} \frac{\partial \varphi}{\partial x'} \frac{\partial \varphi}{\partial y'} dx' dy' \leqq D_{B'}(\varphi, \varphi).$$

Also

$$D_B(\varphi, \varphi) = (1 + o(1)) D_{B'}(\varphi, \varphi).$$

Ferner wird bei der Transformation

$$\iint_B \varphi^2 \, dx \, dy = \iint_{B'} \varphi^2 \frac{dx' \, dy'}{|M|},$$

$$\iint_B \varphi v_i \, dx \, dy = \iint_{B'} \varphi v_i \frac{dx' \, dy'}{|M|} \quad (i = 1, 2, \ldots, n-1).$$

Nun ersetze man die Funktionen v_i durch $v_i |M|^{-1} = v'_i$ und multipliziere φ mit einem für $\varepsilon \to 0$ wenig von 1 verschiedenen *konstanten* Faktor — so entstehe φ' — daß wieder

$$\iint_{B'} \varphi'^2 \, dx' \, dy' = 1,$$

$$\iint_{B'} \varphi' v'_i \, dx' \, dy' = 0 \quad (i = 1, 2, \ldots, n-1)$$

gilt. Dann wird

$$D_B(\varphi, \varphi) = (1 + o(1)) D_{B'}(\varphi', \varphi').$$

Da nun aber weiter mit den v_i auch die v'_i alle möglichen Systeme zweimal stetig differenzierbarer Funktionen durchlaufen, so kann sich das Maximum der unteren Grenze der rechten Seite von dem der linken nur um einen Faktor unterscheiden, der nach 1 strebt, wenn $\varepsilon \to 0$ rückt. Damit ist die stetige Änderung der Eigenwerte mit dem Gebiet erkannt.

Die gewonnenen Ergebnisse werden wir nun für die *Frage einer Abschätzung des n-ten Eigenwertes* dadurch ausnützen, daß wir das Gebiet durch andere, bequemer zugängliche approximieren. Als solche bieten sich Quadratpackungen dar. Wir werden nämlich jetzt gleich sehen, daß man für solche aus aneinandergelegten Quadraten aufgebaute Bereiche die Eigenwerte leicht abschätzen kann.

Vorher muß indessen noch auf eine Verallgemeinerung hingewiesen werden, deren Beweis dem hier vorgeführten durchaus analog ist.

Diese Verallgemeinerung bezieht sich auf die zweite Randwertaufgabe, bei der das Verschwinden der Normalableitung $\frac{\partial u}{\partial n}$ am Rande gefordert wird. Die k-ten Eigenwerte können auch bei diesem Problem ganz analog durch Extremaleigenschaften charakterisiert werden. Die betreffenden Sätze lauten ganz analog wie bei der ersten Randwertaufgabe, nur daß der Funktion φ stets die zweite Randbedingung aufzuerlegen ist.

Etwas mehr Aufmerksamkeit müssen wir auf die Größenänderung der Eigenwerte bei Änderung des Gebietes verwenden. In der Tat liegen die Verhältnisse durchaus anders wie bei der ersten Randwertaufgabe.

Das Gebiet B werde durch gewisse stetig differenzierbare JORDAN-Kurven in eine Anzahl Teilgebiete B_i zerlegt. *Dann ist der n-te Eigenwert λ'_n der zweiten Randwertaufgabe des ganzen Gebietes nicht kleiner als der n-te Wert in der Reihe der der Größe nach geordneten entsprechenden Eigenwerte aller dieser Teilgebiete.* Während bei der Bestimmung von λ'_n von den Vergleichsfunktionen außer dem Verschwinden der Normalableitung am Rande von B die zweimalige stetige Differenzierbarkeit in B verlangt wird, lasse man jetzt zum Vergleich alle Funktionen zu, die zwar in den Teilgebieten B_i stetig und abteilungsweise stetig differenzierbar sind und deren Normalableitung an den Rändern aller Teilgebiete verschwindet. Beim Übergang von einem Teilgebiet in ein benachbartes dürfen sie also einen Sprung erleiden[1]. Das zu diesem erweiterten Bereich von Vergleichsfunktionen gehörige Maximum der unteren Grenze sei λ''_n. Dann ist jedenfalls nach S. 383 $\lambda''_n \leq \lambda'_n$. Die Zahl λ''_n erweist sich als die n-te Zahl in der Reihe der Eigenwerte der B_i. Sie ist also nicht größer als der n-te Eigenwert des Gesamtgebietes B. Das Ergebnis kann man auch so aussprechen:

$$(24) \qquad A_1^*(\lambda) + \cdots + A_\nu^*(\lambda) \geq A^*(\lambda).$$

Hier ist $A_k^*(\lambda)$ die Zahl der Eigenwerte der zweiten Randwertaufgabe von B_k, welche unter λ liegen. ν ist die Zahl der Teilgebiete. $A^*(\lambda)$ ist die Anzahl der Eigenwerte von B, die unter λ liegen.

Was weiter die stetige Abhängigkeit der Eigenwerte vom Gebiet anlangt, so muß man bei der Übertragung dieses Satzes auf die zweite Randwertaufgabe dafür Sorge tragen, daß die Randkurven der approximierenden Gebiete sich auch in ihren Richtungen approximieren. Dann läßt sich der Satz wieder übertragen.

Wir sind nun auch imstande, die zu verschiedenen Randwertproblemen gehörigen n-ten Eigenwerte miteinander zu vergleichen. Hier

---

[1] Die Funktionen dieser erweiterten Klasse können daher — anders wie bei der ersten Randwertaufgabe — nicht durch Funktionen der engeren Klasse beliebig genau approximiert werden.

§ 3. Die Differentialgleichung $\Delta u + \lambda u = 0$.

gilt der Satz, daß der *n-te Eigenwert* λ_n *der ersten Randwertaufgabe nie kleiner ist als der n-te* k_n *der zweiten*. Man nehme ein Teilgebiet B' von B und λ'_n sei sein n-ter auf die erste Randwertaufgabe bezüglicher Eigenwert. In dem Extremalproblem nun, welches den n-ten Eigenwert k_n der zweiten Randwertaufgabe für B charakterisiert, werde der Funktion φ die zweite Bedingung auferlegt, in B außerhalb von B' zu verschwinden. Dadurch wird das zugehörige Extremum nicht verkleinert. Es ist aber mit dem Eigenwert λ'_n identisch, der sich also als nicht kleiner wie k_n erweist. Wenn man nun das Gebiet B' hinreichend wenig von B' verschieden wählt, so ist auch λ'_n von λ_n beliebig wenig verschieden. Also ist auch dieser n-te Eigenwert von B bei der ersten Randwertaufgabe nicht kleiner als der n-te Eigenwert von B bei der zweiten Randwertaufgabe. Ist $A(\lambda)$ die Zahl der Eigenwerte der ersten Randwertaufgabe unter λ, $A^*(\lambda)$ die Zahl der Eigenwerte der zweiten Randwertaufgabe unter λ, so kann man das Ergebnis durch

$$(25) \qquad A(\lambda) \leqq A^*(\lambda)$$

ausdrücken.

Nun sind wir gerüstet, um zur Abschätzung der Eigenwerte zu schreiten.

Wir hatten schon auf S. 379/380 die zur ersten Randwertaufgabe gehörigen Eigenfunktionen des Quadrates von der Kantenlänge 1 bestimmt. Durch ganz analoge Betrachtungen würden wir bei einem Quadrat der Kantenlänge a die $\sin \frac{l \pi x}{a} \sin \frac{m \pi y}{a}$ als Eigenfunktionen und die Zahlen $\frac{\pi^2}{a^2}(l^2 + m^2)$, $l, m = 1, 2, 3 \ldots$ als Eigenwerte finden. Als Eigenfunktionen der zweiten Randwertaufgabe findet man auf dem gleichen Weg $\cos \frac{l \pi x}{a} \cos \frac{m \pi y}{a}$, und $\frac{\pi^2}{a^2}(l^2 + m^2)$, $l, m = 0, 1, 2 \ldots$ sind die zugehörigen Eigenwerte. Die Zahl der Eigenwerte, die kleiner als λ sind, ist also mit der Zahl der ganzzahligen Lösungen der Ungleichung

$$l^2 + m^2 < \lambda \frac{a^2}{\pi^2}$$

identisch. Dabei sind bei der ersten Randwertaufgabe nur solche Lösungen zu nehmen, deren ganze Zahlen beide größer als Null sind. Bei der zweiten Randwertaufgabe sind dagegen alle nichtnegativen Werte zu nehmen. Die Anzahlen $A(\lambda)$ und $A^*(\lambda)$ kann man leicht schätzungsweise bestimmen. Man findet

$$A(\lambda) = \frac{a^2}{4\pi} \lambda + \vartheta c a \sqrt{\lambda} \quad \text{und} \quad A^*(\lambda) = \frac{a^2}{4\pi} \lambda + \vartheta' c a \sqrt{\lambda}.$$

Dabei ist c eine von a und λ unabhängige Zahl, ϑ und ϑ' liegen zwischen -1 und $+1$. Das erkennt man etwa so: Man denke sich in einem rechtwinkligen Koordinatensystem die Geraden parallel zu den Koordinatenachsen gezeichnet, welche diese Achsen in ganzzahligen Punkten treffen. Die Schnittpunkte dieser Geraden sind die Punkte mit ganzzahligen Koordinaten. Wir wollen sie üblicherweise Gitterpunkte nennen. Die Frage ist nun, wieviele Gitterpunkte innerhalb des ersten Quadranten im Kreise vom Radius $\lambda \frac{a^2}{\pi^2}$ liegen, und je nachdem, ob es sich um $A^*(\lambda)$ handelt oder um $A(\lambda)$, sind die am Rande des Quadranten gelegenen Gitterpunkte mitzuzählen oder nicht. Betrachten wir erst den Fall $A^*(\lambda)$. Die Anzahl ist kleiner als der vierte Teil aller im Kreise gelegenen Gitterpunkte. Diese Anzahl ist nun aber gleich der Anzahl derjenigen Gitterquadrate, welche ganz dem Kreisinneren angehören. Diese Anzahl ist aber gleich dem Kreisinhalt vermindert um die Anzahl derjenigen Quadrate, welche Punkte mit der Kreisperipherie gemein haben. Diese Anzahl ist aber höchstens gleich dem Kreisumfang dividiert durch die Kantenlänge des Quadrates, die aber hier Eins ist. Daraus fließt sofort die für $A^*(\lambda)$ angegebene Formel. Im Falle $A(\lambda)$ sind außerdem noch die auf den Koordinatenachsen gelegenen Gitterpunkte abzuziehen, deren Anzahl aber höchstens dem Radius des Kreises gleich ist, und das gibt wieder nur eine Anzahl von der Größenordnung $a\sqrt{\lambda}$. So folgt auch die für $A(\lambda)$ gegebene Formel.

Nun betrachten wir ein Gebiet, das aus ν Quadraten der Kantenlänge a aufgebaut ist. Diese Quadrate seien Q_k und $A_k(\lambda)$ und $A_k^*(\lambda)$ seien die zugehörigen Anzahlen. Dann ist nach (23), (24)

$$A_{Q_1}(\lambda) + \cdots + A_{Q_n}(\lambda) \leq A(\lambda)$$
$$A_{Q_1}^*(\lambda) + \cdots + A_{Q_n}^*(\lambda) \leq A^*(\lambda).$$

Andererseits ist nach (25) $A(\lambda) \leq A^*(\lambda)$. Also haben wir

$$A_{Q_1}(\lambda) + \cdots + A_{Q_n}(\lambda) \leq A(\lambda) \leq A_{Q_1}^*(\lambda) + \cdots + A_{Q_n}^*(\lambda).$$

Daraus folgt aber

$$A(\lambda) = \frac{f}{4\pi}\lambda + \Theta C a \sqrt{\lambda}.$$

Hier ist f der Flächeninhalt des Gebietes, C wieder eine feste von a und λ unabhängige Zahl. Θ aber liegt zwischen -1 und $+1$.

Denkt man nun daran zurück, daß die Eigenwerte stetig vom Gebiete abhängen und daß man jedes Gebiet durch eine Quadratpackung approximieren kann, so ergibt sich für jedes Gebiet vom Inhalt f bei der ersten Randwertaufgabe

$$\lim_{\lambda \to \infty} \frac{A(\lambda)}{\lambda} = \frac{f}{4\pi}.$$

Erwähnt sei noch, daß diese asymptotische Formel unverändert auch für die Eigenwerte der zweiten Randwertaufgabe gilt, daß sich also im asymptotischen Verhalten der Eigenwerte die verschiedenen Randwertaufgaben gar nicht unterscheiden. Dieser Satz ist analog dem, den wir auf S. 173 für die Eigenwerte STURM-LIOUVILLEscher Randwertprobleme bewiesen haben.

§ 4. Verallgemeinerungen.

Die im vorstehenden gewonnenen Ergebnisse sind in vieler Beziehung typisch. Man kann sie zu erweitern suchen, z. B. durch Verallgemeinerung der zugrunde gelegten elliptischen Differentialgleichung, aus der wir ja immer die Glieder mit den ersten Ableitungen weggelassen haben. Ferner sind Verallgemeinerungen möglich durch Heranziehung allgemeiner Bereiche, da wir uns ja bisher wesentlich auf einfach zusammenhängende, nicht zu kompliziert berandete beschränkt haben. Endlich kann man an die Betrachtung allgemeinerer Randwertprobleme herantreten. Wir haben uns ja im allgemeinen auf das erste beschränkt und nur gelegentlich andere erwähnt. Die Ergebnisse, die sich in diesen anderen Fällen erzielen lassen, sind mutatis mutandis die gleichen, wie wir sie in unseren Fällen gewonnen haben. Methodisch verlangen die allgemeineren Probleme manch anderes Hilfsmittel. Sukzessive Approximationen führen nun in gewissen Fällen, z. B. bei genügend kleinen Bereichen, zum Ziel. Zugkräftiger ist diese Methode bei gewissen nichtlinearen Differentialgleichungen vom elliptischen Typus, aus denen ich z. B. die vielbehandelte $\Delta u = e^u$ nennen möchte. Das alternierende Verfahren bleibt gleichfalls anwendbar. Aber erschwert wird immer alles durch die Möglichkeit, daß gerade für die vorgelegte Differentialgleichung das betreffende Randwertproblem nicht lösbar ist. Das hängt mit den Eigenwerten zusammen, die man erhält, wenn man in die Differentialgleichung noch einen Parameter einführt. Die Theorie der Integralgleichungen oder die Methode der unendlich vielen Variablen führt hier überall zum Ziel, sobald man sich nur in diesen allgemeineren Fällen ein Fundament geschaffen hat, das in der direkten Behandlung einer Differentialgleichung vom Typus

$$L(u) \equiv \Delta u + a\frac{\partial u}{\partial x} + b\frac{\partial u}{\partial x} = 0$$

besteht. Hier ist die erste Randwertaufgabe genau wie bei $\Delta u = 0$ stets lösbar, man erhält eine GREENsche Funktion und kann dann an die allgemeinere Differentialgleichung

$$L(u) + cu + d = 0$$

beispielsweise mit der Methode der Integralgleichungen erfolgreich herangehen. Der allgemeinste Satz, den man bisher für $L(u) = 0$ erhalten hat, ist dieser: Vorgelegt sei ein beschränkter irgendwie —

nur niemals durch einzelne isolierte Punkte[1] — begrenzter Bereich B. In einem Kreise, der diesen Bereich umfaßt, sei eine zweimal stetig differenzierbare Funktion $\varphi(x, y)$ gegeben, die also am Rande des Bereiches B gewisse Werte annimmt. Dann besitzt diese Gleichung $L(u) = 0$ genau eine im Bereiche B zweimal stetig differenzierbare Lösung, die im Bereiche und an seinem Rande stetig ist und am Rande mit der gegebenen φ übereinstimmt. Man verdankt dies Ergebnis wesentlich LEBESGUE und LICHTENSTEIN (vgl. z. B. des letzteren zusammenfassende Darstellung in Bd. 15 der Sitzungsberichte der Berliner mathematischen Gesellschaft). Kürzlich hat FELLER[2] durch Heranziehung differentialgeometrischer Begriffsbildung gezeigt, wie man die Theorie beliebiger linearer elliptischer Differentialgleichung ganz parallel zur Theorie der Potentialgleichungen entwickeln kann. Für den Satz, daß bei beliebigen (nichtlinearen) elliptischen Differentialgleichungen jede im abgeschlossenen Bereich stetige Lösung durch ihre Randwerte eindeutig bestimmt ist, hat kürzlich EBERHARD HOPF in einer schönen Arbeit einen überaus einfachen Beweis angegeben (Sitzungsberichte der preuß. Akademie der Wissenschaften 1927).

Für die zweite und dritte Randwertaufgabe läßt sich bei der Differentialgleichung $L(u) = 0$ kein ganz so glattes Ergebnis aussprechen, weil für sie schon das Problem unlösbar sein kann. Statt dessen ist es dann natürlich für jede zugehörige inhomogene Gleichung lösbar, wie das ja zu erwarten ist.

Will man die Theorie von (1) an die von $\Delta u = 0$ anschließen, so wird unter Verwendung der Formel (16') von S. 377 auf die *Integrodifferentialgleichung*

$$u = -\frac{1}{2\pi} \iint G(x, y; \xi, \eta) \left[a \frac{\partial u}{\partial x} + b \frac{\partial u}{\partial y} + c u + d \right] dx\, dy$$

geführt.

---

[1] Z. B. gibt es keine in $0 < x^2 + y^2 \leq 1$ reguläre Potentialfunktion, die in dem Kreis $x^2 + y^2 \leq 1$ stetig ist, für $x^2 + y^2 = 1$ den Wert Eins hat und die für $x = y = 0$ verschwindet. Zu jedem $\varepsilon > 0$ gehörte dann nämlich ein $r_0(\varepsilon)$, so daß die Funktion für $x^2 + y^2 = r_0^2$ einen Betrag unter ε hätte. Daher wäre sie in dem Ring $r_0^2 < y^2 + y^2 < 1$ kleiner als die Potentialfunktion

$$\frac{\log \frac{r_0}{r} + \eta \log r_0}{(1 + \eta) \log r_0}, \quad \text{wo } \frac{\eta}{1 + \eta} = \varepsilon$$

und größer als die Potentialfunktion

$$\frac{\log \frac{r_0}{r} + \sigma \log r_0}{(1 + \sigma) \log r_0}, \quad \text{wo } \frac{-\sigma}{1 + \sigma} = \varepsilon.$$

Beide haben auf $x^2 + y^2 = 1$ den Wert 1. Auf $x^2 + y^2 = r_0^2$ hat die erste den Wert ε, die zweite den Wert $-\varepsilon$. Für $\varepsilon \to 0$ gilt $r_0 \to 0$. Für jedes $r \neq 1$ streben aber beide Funktionen nach Null. Also muß auch die zwischen beiden gelegene gesuchte Potentialfunktion an jedem inneren Punkte des Bereiches verschwinden.

[2] Math. Ann. Bd. 102 (1930).

IV. Kapitel.

Parabolische Differentialgleichungen.

§ 1. Existenz und Unität der Lösungen.

Die Theorie der parabolischen Differentialgleichungen ist bei weitem nicht so durchgearbeitet und entwickelt, wie die der hyperbolischen oder die der elliptischen. Schon bei den einfachsten Fragen der Existenz und Unität stößt man auf unerledigte Probleme. Ich will mich im folgenden damit begnügen, an Hand der Differentialgleichung der linearen Wärmeleitung einen Einblick in die Verhältnisse zu geben. Es ist dabei keine Beschränkung der Allgemeinheit, wenn ich die Differentialgleichung

(1) $$\frac{\partial^2 u}{\partial x^2} - \frac{\partial u}{\partial t} = 0$$

zugrunde lege. Charakteristiken sind jetzt die Geraden $t =$ konst. Die Analogie der hyperbolischen Differentialgleichungen legt die folgende Frage nahe: Man betrachte einen Bereich B, wie ihn Abb. 21 zeigt. Er ist außer durch eine Charakteristik noch durch einen Kurvenbogen L begrenzt. Nach den allgemeinen Existenzsätzen ist eine Lösung der Gleichung (1) jedenfalls bestimmt, wenn man einen nichtcharakteristischen Anfangsstreifen vorgibt. Die Lösung muß also bestimmt sein, wenn man längs L die Werte von u und von $\frac{\partial u}{\partial x}$ vorschreibt. Zunächst will ich auf einen merkwürdigen Umstand hinweisen, welcher der Stellung der parabolischen Differentialgleichung zwischen den hyperbolischen und den elliptischen entspricht: Es reichen nämlich manchmal die Werte von

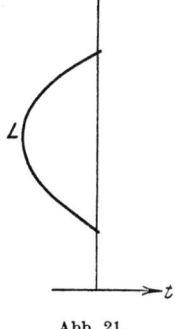

Abb. 21.

u selbst längs der Kurve hin, um die Lösung zu bestimmen, falls man noch die Zusatzforderung stellt, daß sie in dem von der Kurve L und der Charakteristik begrenzten Bereiche und auf seinem Rand zweimal stetig differenzierbar sein soll. Auf der Charakteristik hat man also ebensowenig wie bei den elliptischen Gleichungen etwas vorzuschreiben. Dort sind ja auch die Charakteristiken imaginär. Allerdings ist die Lösung durch ihre Werte auf L nur in einem besonderen Fall bestimmt, nämlich dann, wenn die Kurve wie in der Abbildung *links* von der Charakteristik liegt. Liegt sie rechts, so ist die Lösung nicht bestimmt. Nach VOLTERRA, dem man diese Bemerkung verdankt, beweist man die Unität der Lösung im ersten Falle (Abb. 21) folgendermaßen. Man nehme an, es gäbe zwei Lösungen, die im abgeschlossenen

Bereiche regulär sind und auf L die gleichen Werte haben[1]. Dann verschwindet ihre Differenz u auf L und genügt im abgeschlossenen Bereiche der Gleichung (1). Demnach ist

$$0 = \iint_B u \left(\frac{\partial^2 u}{\partial x^2} - \frac{\partial u}{\partial t} \right) dx\, dt$$

$$= \iint_B \left\{ \frac{\partial}{\partial x} \left(u \frac{\partial u}{\partial x} \right) - \frac{1}{2} \frac{\partial u^2}{\partial t} \right\} dx\, dt - \iint_B \left(\frac{\partial u}{\partial x} \right)^2 dx\, dt$$

$$= -\int_{Rand} u \frac{\partial u}{\partial x} dt - \frac{1}{2} \int_{Rand} u^2\, dx - \iint \left(\frac{\partial u}{\partial x} \right)^2 dx\, dt$$

$$= -\frac{1}{2} \int u^2\, dx - \iint_B \left(\frac{\partial u}{\partial x} \right)^2 dx\, dt.$$

Daher muß $u = 0$ sein auf der Charakteristik und $\frac{\partial u}{\partial x} = 0$ im Bereiche. Also ist $u = 0$ im Bereiche.

Anders im zweiten Falle. Dann erscheinen die obigen Randintegrale mit entgegengesetzten Vorzeichen, und man kann daher nicht den gleichen Schluß ziehen. Betrachten wir z. B. die Lösung

$$u = \cos x\, e^{-t} - \tfrac{1}{2} \cos 2x\, e^{-4t}$$

der Gleichung (1). Sie verschwindet auf der Kurve

$$t = \frac{1}{3} \log \frac{1}{2} \frac{\cos 2x}{\cos x}.$$

Ein Stück derselben ist in der schematischen Abb. 22 zur Anschauung gebracht.

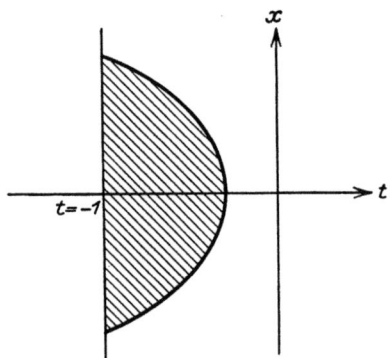

Abb. 22.

In den physikalischen Problemen der Wärmeleitung sind es andere Randwertprobleme, die im Vordergrund des Interesses stehen. Dort handelt es sich um die Wärmeleitung in einem längs der x-Achse erstreckten linearen Leiter. In diesem Leiter ist $u = f(x)$ für $t = 0$ vorgeschrieben.

Handelt es sich außerdem um einen bei $x = 0$ und $x = l$ begrenzten Leiter, so ist weiter noch der Wärmezustand an den Enden für alle Zeiten vorgeschrieben, also z. B. $u(0, t) = \varphi(t)$, $u(l, t) = \psi(t)$. Durch diese Anfangsbedingungen ist im begrenzten Leiter die Lösung ein-

---

[1] Sind die Voraussetzungen nur im offenen Bereich erfüllt, so gilt der Unitätssatz nicht. Vgl. DOETSCH: Math. Zeitschr. Bd. 22, S. 299. 1925.

deutig bestimmt, falls wieder angenommen wird, daß sie in einem abgeschlossenen[1] Bereich $0 \leq x \leq l$, $0 \leq t \leq T$ mit ihren Ableitungen der beiden ersten Ordnungen stetig ist. Ob es stets eine den Bedingungen genügende Lösung gibt, soll uns hernach erst, im Anschluß an die Methoden zu ihrer wirklichen Aufstellung beschäftigen. Hier soll nun erst die Unität der Lösung erörtert werden. Man beweist sie folgendermaßen: Gäbe es zwei Lösungen gleicher Anfangs- und Randbedingungen, so wäre auch die Differenz eine Lösung, welche nun an den Leiterenden für alle Zeiten verschwindet und welche auch für $t=0$ verschwindet. Diese Differenzlösung werde mit u bezeichnet. Man betrachte das Integral

$$(2) \qquad J(t) = \int_0^l \frac{u^2}{2} dx.$$

Dann wird

$$\frac{dJ}{dt} = \int_0^l u \frac{\partial u}{\partial t} dx = \int_0^l u \frac{\partial^2 u}{\partial x^2} dx$$

$$= u \frac{\partial u}{\partial x} \Big|_0^l - \int_0^l \left(\frac{\partial u}{\partial x}\right)^2 dx = -\int_0^l \left(\frac{\partial u}{\partial x}\right)^2 dx.$$

Demnach ist $\frac{dJ}{dt} \leq 0$ und weil $J(0) = 0$ ist, so wäre $J \leq 0$. Nach Formel (2) ist aber $J \geq 0$. Also muß $J = 0$ sein. Also ist $u \equiv 0$.

§ 2. Der lineare begrenzte Leiter.

Ähnlich wie bei der schwingenden Saite bedient man sich am besten der Methode der Partikularlösungen, um in dem letztbehandelten Randwertproblem neben einem Beweis für die Existenz der Lösung auch diese selbst sofort zu gewinnen. Machen wir nämlich in (1) den Ansatz

$$u = v(x) w(t),$$

so erhalten wir

$$\frac{v''}{v} = \frac{w'}{w}.$$

und daher muß es eine Konstante λ geben, so daß

$$v'' + \lambda v = 0,$$
$$w' + \lambda w = 0$$

ist. Somit sind die Funktionen

$$u = (a_1 \cos \sqrt{\lambda} x + a_2 \sin \sqrt{\lambda} x) e^{-\lambda t}$$

---

[1] Gilt die Voraussetzung nur im gegen $t=0$ offenen Bereich, so ist der Unitätssatz nicht richtig. Vgl. DOETSCH: Math. Zeitschr. Bd. 22, S. 299. 1925.

IV. 4. Parabolische Differentialgleichungen.

Lösungen. Sollen sie für $x = 0$ und für $x = l$ bei beliebigem t verschwinden, so muß $a_1 = 0$, $\lambda = \frac{n^2 \pi^2}{l^2}$ ($n = 0, 1, 2, \ldots$) sein. Durch Addition mehrerer Lösungen erhält man neue Lösungen. Also ist

$$u(x, t) = \sum c_n \sin \frac{n \pi x}{l} \cdot e^{-\frac{n^2 \pi^2}{l^2} t}$$

eine Lösung, immer dann, wenn diese Reihe samt ihren in der Differentialgleichung vorkommenden Ableitungen für $0 \leq x \leq l$ und ein gewisses t-Intervall gleichmäßig konvergiert. Diese Lösung passe man nun dem Anfangszustand an. Für $t = 0$ sollte $u(x, 0) = f(x)$ sein. Das liefert die Gleichung

$$f(x) = \sum c_n \sin \frac{n \pi x}{l},$$

und wir haben wieder Anschluß an die Theorie der FOURIERschen Reihen.

Wenn die Enden nicht ständig auf der Temperatur Null gehalten werden, sondern wenn etwa an dem Ende $x = 0$ die konstante Temperatur u_0 an dem Ende $x = l$ die konstante Temperatur u_1 vorgeschrieben ist, so führt der Gedanke, daß sich nach hinreichend langer Zeit eine proportionale Temperaturverteilung einstellen wird, dazu, die Lösung in der Form

$$u = u_0 + \frac{x}{l}(u_1 - u_0) + v$$

anzusetzen. Da aber, wie man sofort sieht,

$$u_0 + \frac{x}{l}(u_1 - u_0)$$

selbst eine Lösung ist, so genügt v der gleichen Differentialgleichung, und wir sind auf das gerade behandelte Problem zurückgekommen. Denn v muß bei $x = 0$ und bei $x = l$ für alle Zeiten verschwinden.

§ 3. Der unbegrenzte Leiter.

Hier soll längs der ganzen unbegrenzten x-Achse eine stetige Funktion $f(x)$ gegeben sein, und es fragt sich, ob man stets eine Lösung von (1) finden kann, für die $u(x, 0) = f(x)$ ist, und weiter, ob diese Lösung eindeutig bestimmt ist. Man bedient sich einer Erweiterung der Methode der Partikularlösungen und schließt so: Die Funktion

$$u = \frac{1}{\sqrt{t}} e^{-\frac{x^2}{4t}}$$

genügt jedenfalls der Differentialgleichung. Daher ist auch

$$f(\xi) \cdot \frac{1}{2\sqrt{\pi t}} e^{-\frac{(x-\xi)^2}{4t}}$$

§ 3. Der unbegrenzte Leiter.

eine Lösung. Und daher dürfte

$$u(x,t) = \frac{1}{2\sqrt{\pi t}} \int_{-\infty}^{+\infty} f(\xi) e^{-\frac{(x-\xi)^2}{4t}} d\xi$$

der Differentialgleichung genügen. Tatsächlich kann man nun, wie ich hier nicht näher ausführen will, unter der Voraussetzung eines stetigen und beschränkten $f(x)$ beweisen, daß diese Funktion der Differentialgleichung genügt und daß für $t \to 0$ gilt.

$$f(x) = \lim_{t \to 0} \frac{1}{2\sqrt{\pi t}} \int_{-\infty}^{+\infty} f(\xi) e^{-\frac{(x-\xi)^2}{4t}} d\xi.$$

Unser Problem wäre damit gelöst. Aber die Unität der Lösung, die man nach physikalischer Analogie vermuten möchte, bleibt unbewiesen und ist auch nach der im vorigen Paragraphen benutzten Methode jedenfalls nicht ohne weitere Einschränkungen für die Anfangsfunktion $f(x)$ zu beweisen.

Ähnlich gelingt es auch, das im ersten Paragraphen schon erwähnte Problem der durch einen Anfangsstreifen bestimmten Lösung zu lösen. Wir knüpfen also wieder an den dort in Abb. 21 dargestellten Bereich an und werden zunächst eine GREENsche Formel für den Bereich gewinnen. Wir bezeichnen

$$\mathfrak{L}(u) = \frac{\partial^2 u}{\partial x^2} - \frac{\partial u}{\partial t}$$

und nennen

$$\mathfrak{M}(v) = \frac{\partial^2 v}{\partial x^2} + \frac{\partial v}{\partial t}$$

den adjungierten Differentialausdruck. Dann ist

$$\iint (v\mathfrak{L}(u) - u\mathfrak{M}(v)) d\xi\, dt = \iint \left\{ \frac{\partial}{\partial x}(vu_x - uv_x) - \frac{\partial(uv)}{dt} \right\} d\xi\, dt$$

$$= \int_{L} (vu_x - uv_x)\, dt + \int_{L} uv\, d\xi + \int uv\, d\xi.$$

Nun wähle man als u eine Lösung von $\mathfrak{L}(u) = 0$ und für v eine noch näher festzulegende Lösung von $\mathfrak{M}(v) = 0$. Dann wird

$$\int uv\, d\xi = \int_{L} (vu_z - uv_z)\, d\tau + \int_{L} uv\, d\xi.$$

Kann man nun die Lösung v so wählen, daß

(3) $$\lim_{\tau \to t} \int uv\, d\xi = u(x,t)$$

wird, so gewinnen wir eine Formel, die unser Problem löst. Wir wählen nach den Erfahrungen zu Beginn dieses Paragraphen

$$v(\xi,\tau) = \frac{1}{2\sqrt{\pi(t-\tau)}} e^{-\frac{(y-\xi)^2}{4\pi(t-\tau)}}.$$

Wirklich läßt sich dann bei stetiger Funktion $u(\xi,\tau) = f(\xi)$ (3) beweisen.

Daher finden wir

$$u(x,t) = \int_L (vu_x - uv_x)\,d\tau + \int_L uv\,d\xi.$$

Es fällt auf, daß hier auch die Ableitung $\frac{\partial u}{\partial x}$ vorkommt, während doch im Falle der Abb. 21 die Lösung schon durch ihre Werte auf L bestimmt war. Aber unsere Formel gilt ja allgemein, also auch für den Fall der Abb. 22, wo die Kurve L rechts von der Charakteristik liegt.

Offen blieb bisher noch die Frage, ob man im Falle der Abb. 21 auf der Kurve L die Werte der Lösung als stetige Funktion beliebig vorschreiben kann, so daß dazu immer eine im Gebiete reguläre Lösung dieser Randwerte gehört. Ich füge an, daß der Beweis für die Existenz dieser Lösung unter gewissen Annahmen über L von HOLMGREN[1], von E. E. LEVI[2] und M. GEVREY[3] unter Heranziehung von Integralgleichungen erbracht wurde.

Neuerdings hat W. STERNBERG[4] die S. 376 erwähnte PERRONsche Methode der Ober- und Unterfunktionen übertragen[5].

---

[1] Ark. mat. Bd. 3, 4, 5.   [2] Ann. di mat., Folge 3, Bd. 14.
[3] Liouv. Journal (6) 9.   [4] Math. Ann. Bd. 101. 1929.
[5] Vgl. auch F. BERNSTEIN u. G. DOETSCH und G. DOETSCH: Math. Zeitschr. Bd. 22. 1925.

Namenverzeichnis.

Die Zahlen geben die Seiten an.

ABEL 57.
AMPÈRE 346.
BAUER 336.
BENDIXSON 79, 97, 101, 104ff.
BERNOULLI 12, 13.
BERNSTEIN 396.
BESSEL 185ff., 219, 247.
BIANCHI 27.
BIEBERBACH 74, 90, 336.
BIRKHOFF 114, 115, 191ff., 213.
BOLZA 193, 194, 198.
BOREL 83.
BRAMFORTH 114.
R. BRAUER 197.
BROUWER 92, 201.
CARATHÉODORY 94.
CAUCHY 45, 46, 47, 49, 90, 271.
CLAIRAUT 21, 22, 24, 70, 71, 118, 287, 351.
COURANT 189, 193, 315, 318, 380ff.
CRELLE 25, 238.
DIRICHLET 375ff.
DOETSCH 392, 393, 396.
DULAC 113.
EMDE 147.
EULER 25, 45, 46, 47, 49, 58, 116 191, 325.
FELLER 390.
FOURIER 183, 365, 380.
FREDHOLM 191.
FUCHS 130, 220ff.
GEVREY 396.
GOURSAT 315, 322, 343, 348.
GREEN 161, 190, 357ff.
HAAR 275.

HAMILTON 290ff.
HERMITE 132.
HILB 234, 238.
HILBERT 189, 190, 193, 235, 375, 378.
HOLMGREN 396.
E. HOPF 390.
JACOBI 67, 235ff.
JAHNKE 147.
JORDAN 82, 116, 332, 386.
KAMKE 24, 251, 253.
KELLOG 366.
KERÉKJÁRTO 201.
KLEIN 68, 234.
H. KNESER 71.
KNOPP 253, 261.
KOCH 215, 238.
H. KÖNIG 55.
KUTTA 54, 55.
LAGRANGE 24, 151, 152, 181, 246.
LAPLACE 246, 353.
LAPPO-DANILEVSKI 235.
LAURENT 209ff.
LEGENDRE 189, 235ff.
LEBESGUE 93, 390.
LEVI 396.
LE ROUX 376.
LICHTENSTEIN 390.
LIE 27, 56ff., 68.
LIEBMANN 24.
LINDELÖF 132, 139.
LIOUVILLE 25, 26, 158ff., 378, 389.
LIPSCHITZ 28, 35, 45, 46, 70, 92, 115.
MALMQUIST 131.
MAYER 278, 311, 314.
MIE 32.
MONGE 346.
MORSE 200.

M. MÜLLER 71.
OSGOOD 71.
PAINLEVÉ 131, 206.
PEANO 32.
PERRON 32, 97, 113, 238, 376, 396.
PICARD 130.
PLEMELJ 235.
POINCARÉ 79, 92, 93, 94, 109, 115, 132, 205, 325.
POISSON 370ff.
PRINGSHEIM 90.
PRÜFER 168, 189, 238.
REMECK 376.
RICCATI 25, 26, 27, 130, 131, 132, 155, 156.
RIEMANN 224, 230, 235, 354ff.
ROUCHÉ 116.
RUNGE 54, 55.
SCHEFFERS 27.
SCHLESINGER 213.
E. SCHMIDT, 83, 179, 191, 318, 381
R. SCHMIDT 253, 261.
SCHWARZ 370, 374.
SIGNORINI 195.
SIMPSON 53.
STERNBERG 396.
STURM 158ff., 378, 389.
TAMARKINE 71.
TAYLOR 54.
THOMÉ 238.
URYSOHN 202.
VITALI 248.
VOLTERRA 391.
WATSON 249.
WEYL 380.
WEIERSTRASS 90, 375.
WHITTAKER 249, 332.

Sachverzeichnis.

Die Zahlen geben die Seiten an.

Abgeschlossenheit 176.
adjungierter Differentialausdruck 151.
affin 66.
akzessorische Parameter 224, 234.
allgemeines Integral 19.
analytische Fortsetzung 227.
Anfangsbedingung 32.
asymptotische Integration 238.
außerwesentliche Singularität 211.
automorphe Funktionen 231.
Bernoullische Differentialgleichung 12.
Berührungstransformation 317.
bewegliche Singularität 206.
Besselsche Differentialgleichung 185, 219, 247.
— Funktion 186.
Charakteristik 253 ff., 342 ff.
charakteristische Gleichung 75, 154.
— Streifen 267.
Clairautsche Differentialgleichung 20, 207.
Dirichletsches Prinzip 375.
Eigenfunktionen 167.
Eigenwerte 167.
elliptische Differentialgleichung 352.
Entwicklungssatz 174, 180, 189.
Enveloppe 22.
Erweiterte Gruppe 59.
Eulersche Gleichung der Variationsrechnung 192.
— Transformation 324.
Eulerscher Polyedersatz 116.
exakte Differentialgleichungen 15.
Existenz der Lösungen 27, 210.
Extremalen 191.
Feste Singularität 206.
Flächenelement 261.
Fuchssche Klasse 220.
Fundamentalgleichung 209.
Fundamentalsystem 150, 217.
Geodätische Linien 203 ff.
gewöhnliche Differentialgleichung 1.
graphische Darstellung einer Differentialgleichung 36 ff.

graphische Integration 3.
Greensche Formel 357, 367.
— Funktion 161, 367.
Grenzzykel 84.
Gruppe 56.
Hamiltonsche Gleichung 290.
Hamilton-Jacobische Theorie 308.
homogene Differentialgleichung 8, 11, 74.
hyperbolische Differentialgleichung 352.
hypergeometrische Differentialgleichung 223.
— Reihe 225.
Jacobische Polynome 235.
Infinitesimale Transformationen 57.
Identität von Lagrange 151, 152.
Integralgleichung 190.
Integralfläche 339.
Integralkurve 2.
Integration durch Potenzreihen 51.
integrierender Faktor 17.
Involution 284.
Isoklinen 33.
kanonische Differentialgleichungen 308.
— Transformation 317 ff.
Kaskadenmethode 353.
Kettenlinie 145.
Klammerausdruck 284.
Knotenpunkt 72.
Kurvenscharen 13.
Lagrangesche Differentialgleichung 23.
Laplacesche Transformation 246.
— Differentialgleichung 247.
Legendresche Polynome 235.
lineare Differentialgleichung 1, 148, 206, 250, 351.
Linienelement 3.
Lipschitzsche Bedingung 28, 35, 70.
Lösung 2.
Majorantenmethode 341.
Methode der unbestimmten Koeffizienten 55, 214.
Minimaxprinzip 198.

Sachverzeichnis.

Monge-Ampèresche Differentialgleichungen 356.
Monodromiegruppe 235.
Multiplikator 17, 61.
Nebenpunkt 195.
Normalreihen 238.
normiert 168.
Ordnung einer Differentialgleichung 1.
orthogonal 168, 179.
Oszillationstheorem 167, 234.
Parabolische Differentialgleichung 352.
partielle Differentialgleichung 1.
partikuläres Integral 22.
Poissonsches Integral 370.
Polygonmethode 45.
Prinzip des Maximums 369.
projektiv 66.
Randwertaufgabe 157.
Riccatische Differentialgleichung 25, 130, 131, 132, 155.
Riemannsche Integrationsmethode 354 ff.
Riemannsches Problem 235.
Runge-Kuttasche Formel 54.
Sattelpunkt 72.

Schnittfläche 202.
schwingende Membran 378.
— Saite 363.
selbstadjungierter Differentialausdruck 152.
Simpsonsche Regel 53.
singuläre Stelle 70.
— Lösung 22, 118.
Stelle der Bestimmtheit 211.
Streifen 266, 337.
Strudelpunkt 74.
Sturm-Liouvillesche Differentialgleichung 158, 160.
sukzessive Approximationen 27 ff., 115 f,
System von Differentialgleichungen 1, 34, 332.
Tangentenfeld 2.
Trennung der Variablen 6, 253.
Treppenpolygon 4.
Variation der Konstanten 11, 129.
vollständiges Integral 279.
W-Kurven 68.
wesentliche Singularität 211.
Wiederkehrsatz 92.
Wirbelpunkt 73.

If you have any concerns about our products,
you can contact us on
ProductSafety@springernature.com

In case Publisher is established outside the EU,
the EU authorized representative is:
**Springer Nature Customer Service Center GmbH
Europaplatz 3, 69115 Heidelberg, Germany**

Printed by Libri Plureos GmbH
in Hamburg, Germany